Solid Edge 工程应用精解丛书

Solid Edge ST10 产品设计实例精解

北京兆迪科技有限公司　编著

机 械 工 业 出 版 社

本书是进一步学习 Solid Edge ST10 产品设计的实例图书，书中选用的 34 个实例涉及多个行业和领域，都是关于生产一线实际应用中的各种产品设计。

这些实例是根据北京兆迪科技有限公司给国内外众多行业的一些著名公司（含国外独资和合资公司）的培训案例整理而成的，具有很强的实用性和广泛的适用性。本书附带 1 张多媒体 DVD 学习光盘，制作了大量 Solid Edge 产品设计技巧和具有针对性的实例教学视频，并进行了详细的语音讲解；光盘还包含本书所有的范例文件以及练习素材文件。

本书在内容上，针对每一个实例先进行概述，说明该实例的特点，使读者有一个整体概念的认识，学习也更有针对性，接下来的操作步骤翔实、透彻，图文并茂，引领读者一步一步地完成设计。这种讲解方法能使读者更快、更深入地理解 Solid Edge 产品设计中的一些抽象的概念、重要的设计技巧和复杂的命令及功能，还能使读者较快地进入产品设计实战状态。在写作方式上，本书紧贴 Solid Edge 的实际操作界面进行讲解，使初学者能够尽快提高学习效果。本书内容全面，条理清晰，实例丰富，讲解详细，可作为广大工程技术人员和设计工程师学习 Solid Edge 的自学教程和参考书，也可作为大中专院校学生和各类培训学校学员的 CAD/CAM 课程的教材。

图书在版编目（CIP）数据

Solid Edge ST10 产品设计实例精解/北京兆迪科技有限公司编著. —3 版. —北京：机械工业出版社，2018.9
(Solid Edge 工程应用精解丛书)
ISBN 978-7-111-60568-3

Ⅰ. ①S… Ⅱ. ①北… Ⅲ. ①产品设计—计算机辅助设计—应用软件—教材 Ⅳ. ①TB472-39

中国版本图书馆 CIP 数据核字（2018）第 170910 号

机械工业出版社（北京市百万庄大街 22 号 邮政编码：100037）
策划编辑：丁 锋 责任编辑：丁 锋
责任校对：陈 越 张晓蓉 封面设计：张 静
责任印制：常天培
北京铭成印刷有限公司印刷
2018 年 10 月第 3 版第 1 次印刷
184mm×260 mm · 22 印张 · 406 千字
0001—3000 册
标准书号：ISBN 978-7-111-60568-3
ISBN 978-7-88709-980-8(光盘)
定价：69.90 元(含多媒体 DVD 光盘 1 张)

凡购本书，如有缺页、倒页、脱页，由本社发行部调换
电话服务 网络服务
服务咨询热线：010-88361066 机 工 官 网：www.cmpbook.com
读者购书热线：010-68326294 机 工 官 博：weibo.com/cmp1952
010-88379203 金 书 网：www.golden-book.com
 教育服务网：www.cmpedu.com

前　　言

Solid Edge 是 Siemens PLM Software 公司旗下的一款三维 CAD 应用软件，采用 Siemens PLM Software 公司自己拥有的专利 Parasolid 作为软件核心，将普及型 CAD 系统与世界上最具领先地位的实体造型引擎结合在一起，是基于 Windows 平台、功能强大且易用的三维 CAD 软件。已经成功应用于机械、电子、航空、汽车、仪器仪表、模具、造船、消费品等行业。

零件建模与设计是产品设计的基础和关键，要熟练掌握应用 Solid Edge 设计各种零件的方法，只靠理论学习和少量的练习是远远不够的。编著本书的目的正是为了使读者通过学习书中的经典实例，迅速掌握各种零件的建模方法、技巧和构思精髓，使读者在短时间内成为一名 Solid Edge 产品设计高手。本书特色如下。

- 实例丰富。与其他的同类书籍相比，本书包括更多的零件建模方法，尤其是书中的自顶向下（Top_Down）设计实例，方法独特，令人耳目一新，对读者的实际设计工作具有很好的指导和借鉴作用。
- 讲解详细，条理清晰，图文并茂，保证自学的读者能独立学习。
- 写法独特，全书采用 SolidEdge ST10 软件中真实的对话框、操控板和按钮等进行讲解，使初学者能够直观、准确地操作软件，从而大大提高学习效率。
- 附加值高，本书附带 1 张多媒体 DVD 学习光盘，制作了大量 Solid Edge 产品设计技巧和具有针对性的实例教学视频，并进行了详细的语音讲解，可以帮助读者轻松、高效地学习。

本书由北京兆迪科技有限公司编著，参加编写的人员有詹友刚、王焕田、刘静、雷保珍、刘海起、魏俊岭、任慧华、詹路、冯元超、刘江波、周涛、赵枫、侯俊飞、龙宇、施志杰、詹棋、高政、孙润、李倩倩、黄红霞、尹泉、李行、詹超、尹佩文、赵磊、王晓萍、陈淑童、周攀、吴伟、王海波、高策、冯华超、周思思、黄光辉、党辉、冯峰、詹聪、平迪、管璇、王平、李友荣。本书已经多次校对，如有疏漏之处，恳请广大读者予以指正。

电子邮箱：zhanygjames@163.com　咨询电话：010-82176248，010-82176249。

编　者

读者购书回馈活动

活动一：本书“随书光盘”中含有“读者意见反馈卡”的电子文档，请认真填写本反馈卡，并 E-mail 给我们。E-mail: 兆迪科技 zhanygjames@163.com，丁锋 fengfener@qq.com。

活动二：扫一扫右侧二维码，关注兆迪科技官方公众微信（或搜索公众号 zhaodikeji），参与互动，也可进行答疑。

凡参加以上活动，即可获得兆迪科技免费奉送的价值 48 元的在线课程一门，同时有机会获得价值 780 元的精品在线课程。

本书导读

为了能更好地学习本书的知识，请您仔细阅读下面的内容。

写作环境

本书使用的操作系统为 Windows 7 专业版，系统主题采用 Windows 经典主题。

本书采用的写作蓝本是 Solid Edge ST10 中文版。

光盘使用

为方便读者练习，特将本书所有素材文件、已完成的范例文件、配置文件和视频语音讲解文件等放入随书附带的光盘中，读者在学习过程中可以打开相应素材文件进行操作和练习。

本书附赠多媒体 DVD 光盘 1 张，建议读者在学习本书前，先将 DVD 光盘中的所有文件复制到计算机硬盘的 D 盘中。在光盘的 sest10.3 目录下共有 3 个子目录。

（1）se10_system_file 子目录：包含一些系统配置文件。

（2）work 子目录：包含本书讲解中所有的教案文件、范例文件和练习素材文件。

（3）video 子目录：包含本书讲解中全部的操作视频录像文件（含语音讲解）。

光盘中带有“ok”扩展名的文件或文件夹表示已完成的范例。

相比于老版本的软件，Solid Edge ST10 中文版在功能、界面和操作上变化极小，经过简单的设置后，几乎与老版本完全一样（书中已介绍设置方法）。因此，对于软件新老版本操作完全相同的内容部分，光盘中仍然使用老版本的视频讲解，对于绝大部分读者而言，并不影响软件的学习。

本书约定

- 本书中有关鼠标操作的简略表述说明如下。
  - ☑ 单击：将鼠标指针移至某位置处，然后按一下鼠标的左键。
  - ☑ 双击：将鼠标指针移至某位置处，然后连续快速地按两次鼠标的左键。
  - ☑ 右击：将鼠标指针移至某位置处，然后按一下鼠标的右键。
  - ☑ 单击中键：将鼠标指针移至某位置处，然后按一下鼠标的中键。
  - ☑ 滚动中键：只是滚动鼠标的中键，而不能按中键。
  - ☑ 选择（选取）某对象：将鼠标指针移至某对象上，单击以选取该对象。
  - ☑ 拖移某对象：将鼠标指针移至某对象上，然后按下鼠标的左键不放，同时移动鼠标，将该对象移动到指定的位置后再松开鼠标的左键。
- 本书中的操作步骤分为 Task、Stage 和 Step 三个级别，说明如下。

☑ 对于一般的软件操作，每个操作步骤以 Step 字符开始，例如，下面是草绘环境中绘制椭圆操作步骤的表述。

Step1. 单击“中心点画圆”命令按钮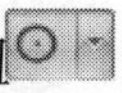中的，然后单击按钮。

Step2. 在绘图区的某位置单击，放置椭圆的中心点，移动鼠标指针，在绘图区的某位置单击，放置椭圆的一条轴线轴端点。

Step3. 移动鼠标指针，将椭圆拖动至所需形状并单击左键，完成椭圆的创建。

☑ 每个 Step 操作视其复杂程度，其下面可含有多级子操作。例如 Step1 下可能包含（1）、（2）、（3）等子操作，子操作（1）下可能包含①、②、③等子操作，子操作①下可能包含 a)、b)、c）等子操作。

☑ 如果操作较复杂，需要几个大的操作步骤才能完成，则每个大的操作冠以 Stage1、Stage2、Stage3 等，Stage 级别的操作下再分 Step1、Step2、Step3 等操作。

☑ 对于多个任务的操作，则每个任务冠以 Task1、Task2、Task3 等，每个 Task 操作下则可包含 Stage 和 Step 级别的操作。

● 由于已建议读者将随书光盘中的所有文件复制到计算机硬盘的 D 盘中，所以书中在要求设置工作目录或打开光盘文件时，所述的路径均以“D:”开始。

技术支持

本书是根据北京兆迪科技有限公司给国内外一些著名公司（含国外独资和合资公司）的培训教案整理而成的，具有很强的实用性，编写人员均来自北京兆迪科技有限公司。该公司专门从事 CAD/CAM/CAE 技术的研究、开发、咨询及产品设计与制造服务，并提供 Solid Edge、UG、Ansys、Adams 等软件的专业培训及技术咨询。读者在学习本书的过程中如果遇到问题，可通过访问该公司的网站 http://www.zalldy.com 来获得技术支持。

本书随书光盘中的所有文件已经上传至网络，如果您的随书光盘丢失或损坏，可以登录网站 http://www.zalldy.com//page/book 下载。

咨询电话：010-82176248，010-82176249。

目　　录

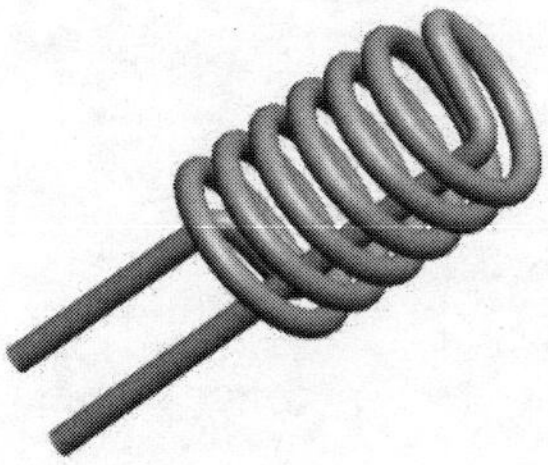

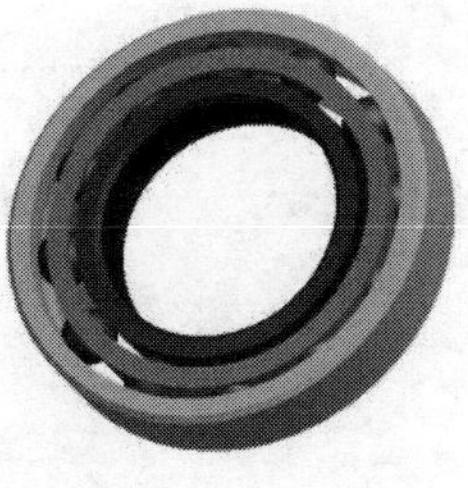

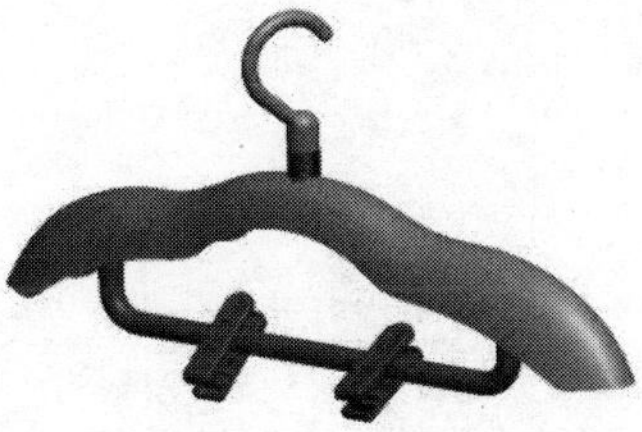

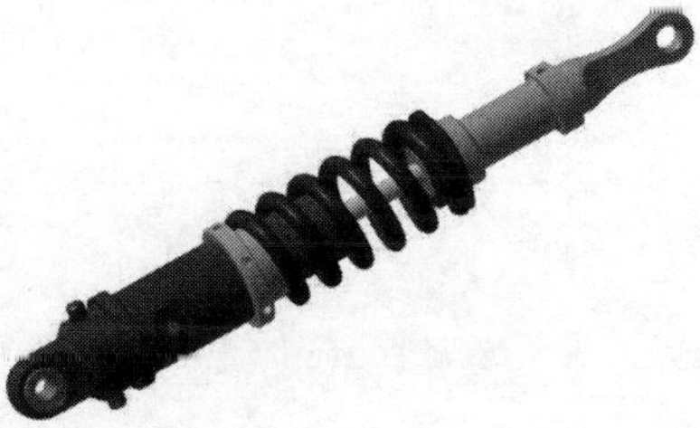

实例 1　减速器上盖

实例概述

本实例介绍了减速器上盖模型的设计过程，其设计过程是先由一个拉伸特征创建出主体形状，再利用薄壁形成箱体，在此基础上创建其他修饰特征，其中筋（肋板）的创建需要读者注意学习。零件模型及路径查找器如图 1.1 所示。

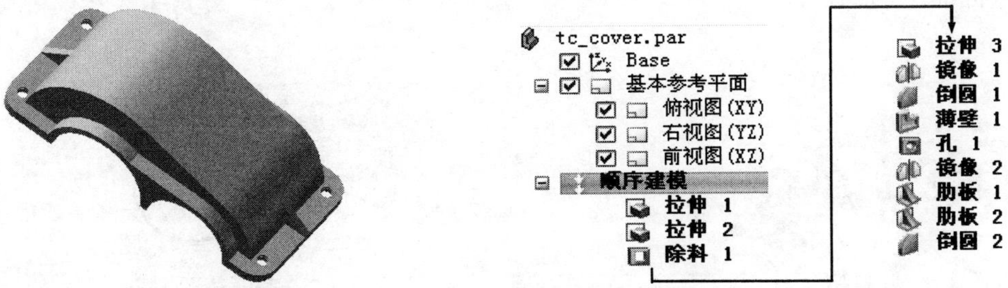

图 1.1　零件模型及路径查找器

Step1. 新建一个零件模型，进入建模环境。

Step2. 创建图 1.2 所示的拉伸特征 1。在 实体 区域中单击按钮，选取俯视图（XY）平面作为草图平面，绘制图 1.3 所示的截面草图，绘制完成后，单击按钮；确认与按钮未被按下，在 距离: 下拉列表中输入值 15，并按 Enter 键，拉伸方向为 Z 轴正方向，在图形区空白区域单击；单击“拉伸”命令条中的 完成 按钮，单击 取消 按钮，完成拉伸特征 1 的创建。

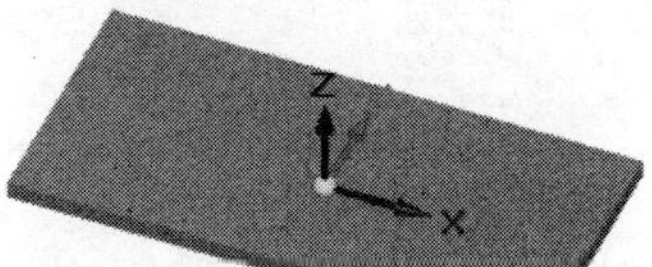

图 1.2　拉伸特征 1

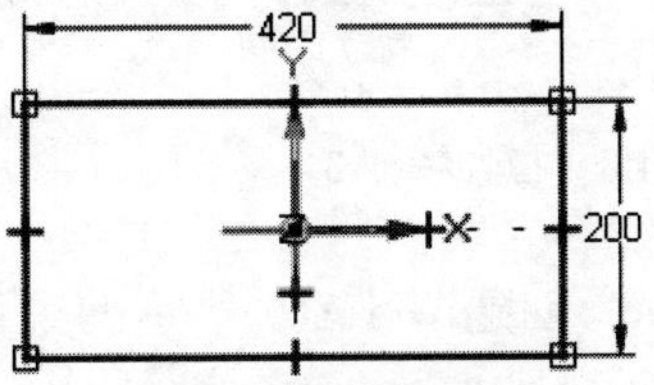

图 1.3　截面草图

Step3. 创建图 1.4 所示的拉伸特征 2。在 实体 区域中单击按钮，选取前视图（XZ）平面作为草图平面，绘制图 1.5 所示的截面草图，绘制完成后，单击按钮，选择命令条中的“对称延伸”按钮，在 距离: 下拉列表中输入值 160，并按 Enter 键，单击“拉伸”命令条中的 完成 按钮，单击 取消 按钮，完成拉伸特征 2 的创建。

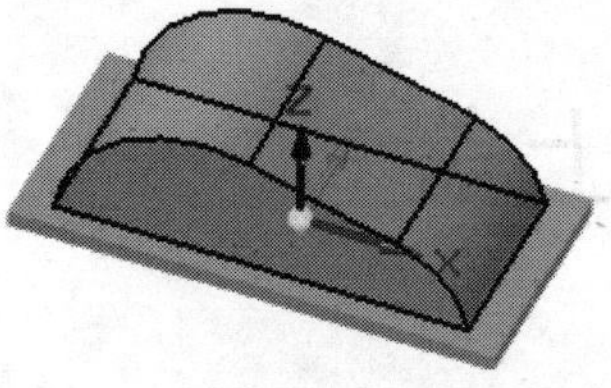

图 1.4　拉伸特征 2

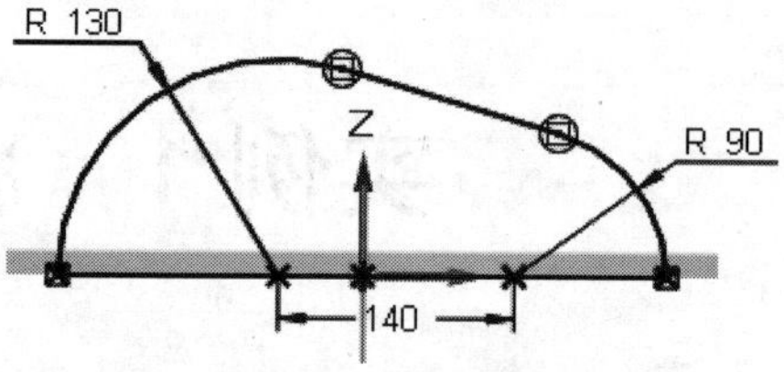

图 1.5　截面草图

Step4. 创建图 1.6 所示的除料特征 1。在 实体 区域中单击 按钮，选取前视图（XZ）平面作为草图平面，绘制图 1.7 所示的截面草图；绘制完成后，单击 按钮，选择命令条中的“贯通”按钮，调整除料方向为两侧除料，单击 完成 按钮，单击 取消 按钮，完成除料特征 1 的创建。

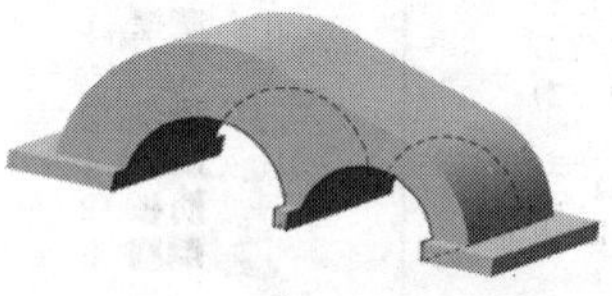

图 1.6　除料特征 1

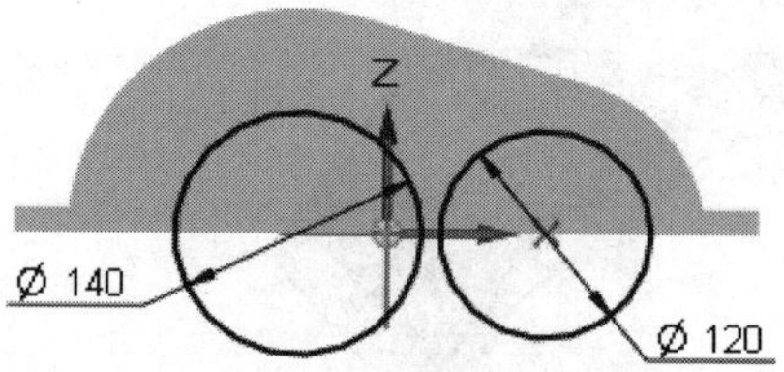

图 1.7　截面草图

Step5. 创建图 1.8 所示的拉伸特征 3。在 实体 区域中单击 按钮，选取图 1.9 所示的模型表面作为草图平面，绘制图 1.10 所示的截面草图，绘制完成后，单击 按钮；确认 与 按钮未被按下，在 距离: 下拉列表中输入值 20，并按 Enter 键，拉伸方向为 Y 轴负方向，在图形区空白区域单击；单击“拉伸”命令条中的 完成 按钮，单击 取消 按钮，完成拉伸特征 3 的创建。

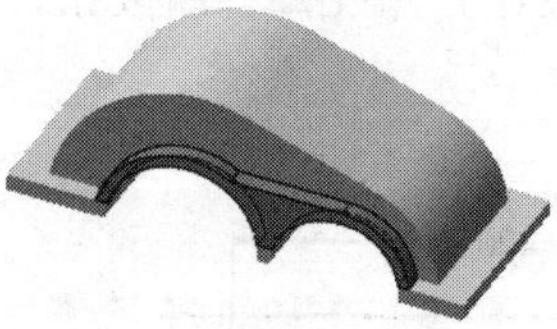

图 1.8　拉伸特征 3

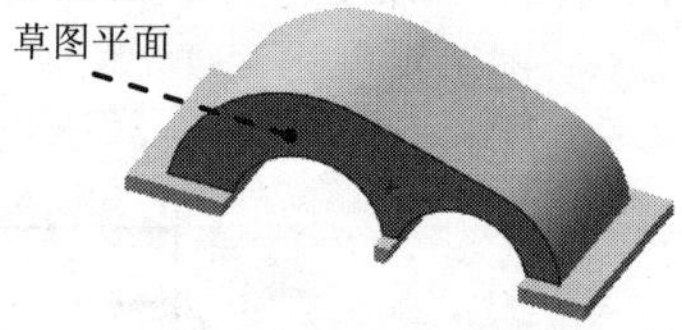

图 1.9　定义草图基准面

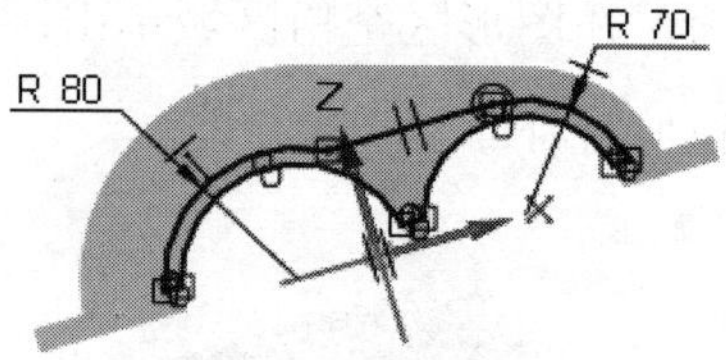

图 1.10　截面草图

Step6. 创建图 1.11b 所示的镜像 1，在 阵列 区域中选择 镜像 命令，选取拉伸特征 3 作为镜像特征，单击 按钮；选取前视图（XZ）平面作为镜像中心平面，单击“镜像”命令条中的 完成 按钮，完成镜像 1 的创建。

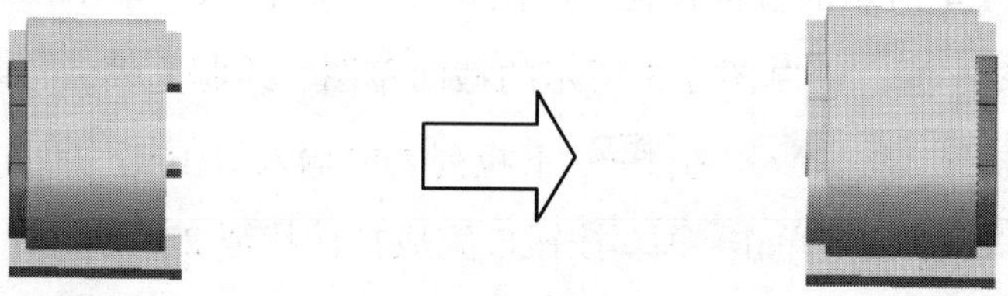

a）镜像前　　b）镜像后

图 1.11　镜像 1

Step7. 创建图 1.12b 所示的倒圆特征 1。选取图 1.12a 所示的模型边线为倒圆的对象，倒圆半径值为 30。

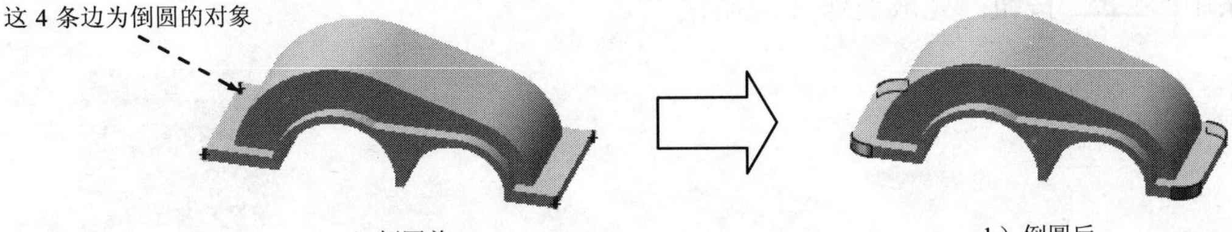

a）倒圆前　　b）倒圆后

图 1.12　倒圆特征 1

Step8. 创建图 1.13b 所示的薄壁特征。在 实体 区域中单击 按钮，在“薄壁”命令条的 同一厚度: 文本框中输入薄壁厚度值 10，然后右击；选择图 1.13a 所示的模型表面为要移除的面，然后右击；单击“薄壁”命令条中的 预览 按钮，单击 完成 按钮，完成薄壁特征的创建。

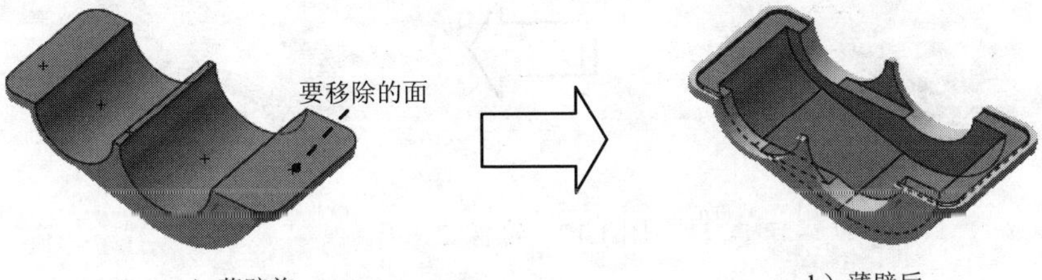

a）薄壁前　　b）薄壁后

图 1.13　薄壁特征

Step9. 创建图 1.14 所示的孔。

（1）定义孔的参数。在 实体 区域中单击 按钮，单击 按钮，系统弹出“孔选项”对话框，在该对话框中选择“沉头孔”选项 ，在“标称直径” 10 mm 下拉列表中选择 9，在“沉头直径” 15.00 mm 下拉列表中输入值 18，在“沉头深度” 9.00 mm 下拉列表中输入值 3，选中 ☑ 螺纹(R): 复选框，并在其下拉列表中选择 M8 选项，在 子类型: 下拉列表中选择 标准螺纹 选项，选中 ⊙ 至孔全长(X) 单选项，在 孔范围: 区域选择延伸类型为 ，单击 确定 按钮。完成孔参数的设置。

（2）定义孔的放置面。选取图 1.15 所示的表面为孔的放置面，在模型表面单击完成孔的放置。

（3）编辑孔的定位。为孔添加图 1.16 所示的尺寸及几何约束，约束完成后，单击 按钮，退出草绘环境。

（4）调整孔的方向。移动鼠标调整孔的方向为 Z 轴负方向。

（5）单击命令条中的 完成 按钮。单击 取消 按钮，完成“孔”的创建。

Step10. 创建图 1.17b 所示的镜像 2，在 阵列 区域中选择 镜像 命令，选取孔特征作为镜像特征，单击按钮；选取右视图（YZ）平面作为镜像中心平面，单击“镜像”命令条中的 完成 按钮，完成镜像 2 的创建。

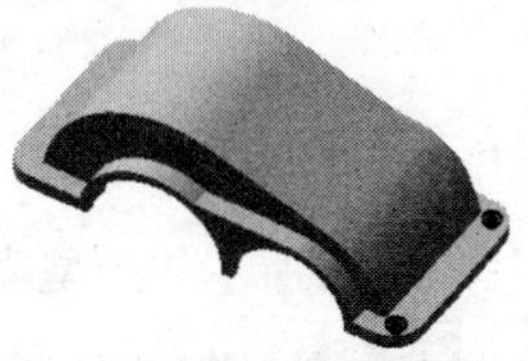

图 1.14　孔 1

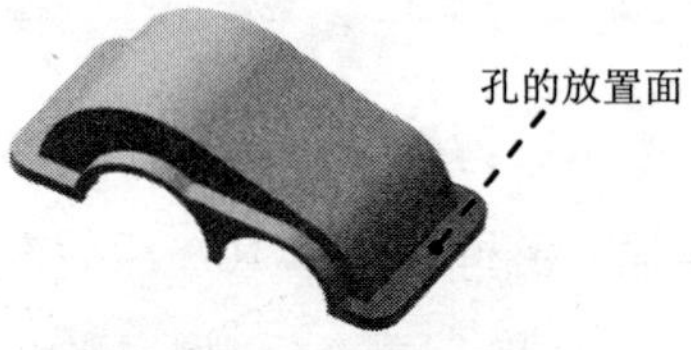

图 1.15　定义孔的放置面

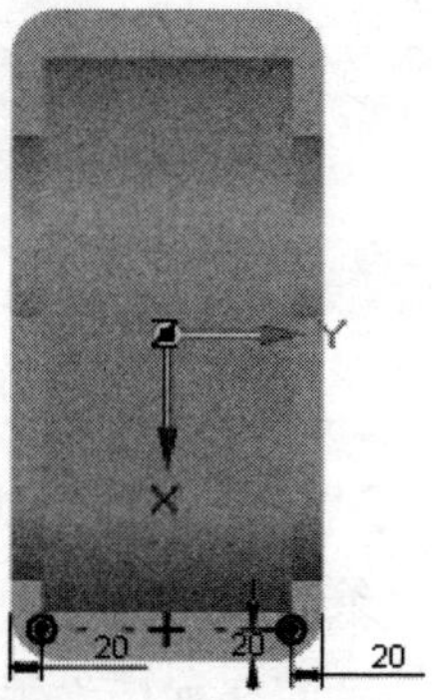

图 1.16　孔的约束

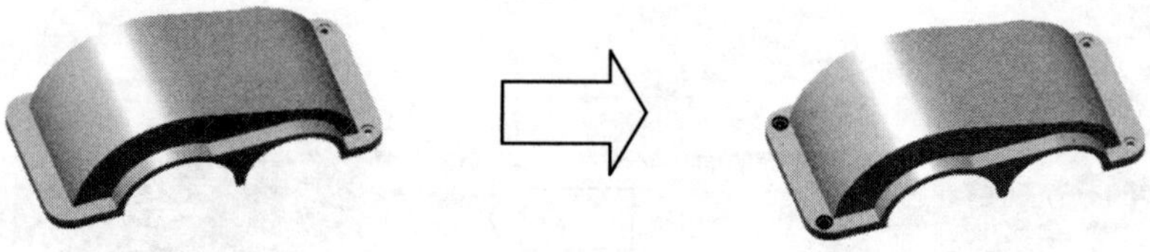

a）镜像前　　b）镜像后

图 1.17　镜像 2

Step11. 创建图 1.18 所示的肋板特征 1。在 实体 区域中单击 薄壁 后的小三角，选择 肋板 命令，在“肋板”命令条中选择 重合平面，选择前视图（XZ）平面作为肋板的草图平面，绘制图 1.19 所示的草图，单击按钮；在命令条的厚度文本框中输入厚度值 10；移动鼠标将拔模方向调整至朝向实体的方向后单击，单击命令条中的 完成 按钮，然后单击 取消 按钮，完成肋板特征的创建。

图 1.18　肋板特征 1

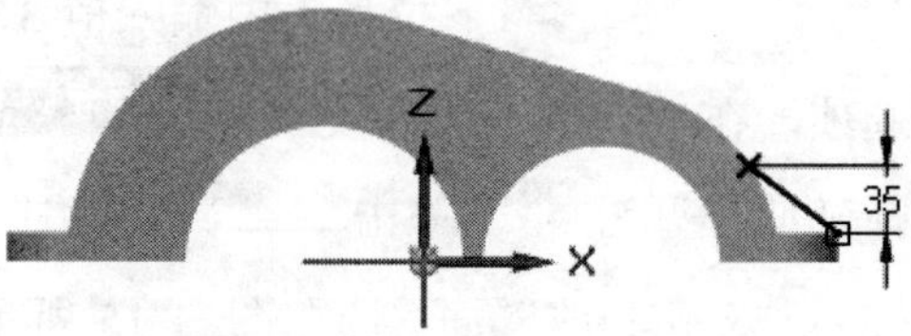

图 1.19　截面草图

Step12. 创建图 1.20 所示的肋板特征 2。在 实体 区域中单击 薄壁 后的小三角，选择 肋板 命令，在“肋板”命令条中选择 重合平面，选择前视图（XZ）平面作为肋板的草图平面，绘制图 1.21 所示的草图，单击按钮；在命令条的厚度文本框中输入厚度值 10；移动鼠标将拔模方向调整至朝向实体的方向后单击，单击命令条中的 完成 按钮，然后单击 取消 按钮，完成肋板特征的创建。

Step13. 创建图 1.22b 所示的倒圆特征 2。选取图 1.22a 所示的模型边线为倒圆的对象，倒圆半径值为 2。

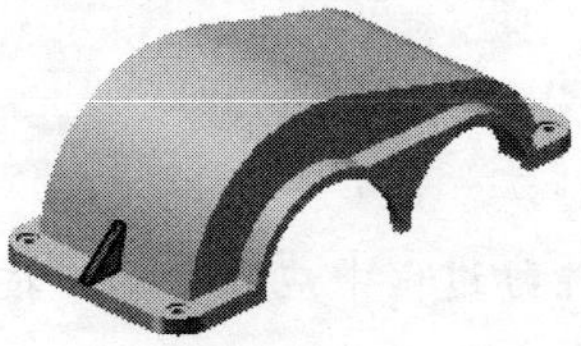

图 1.20　肋板特征 2

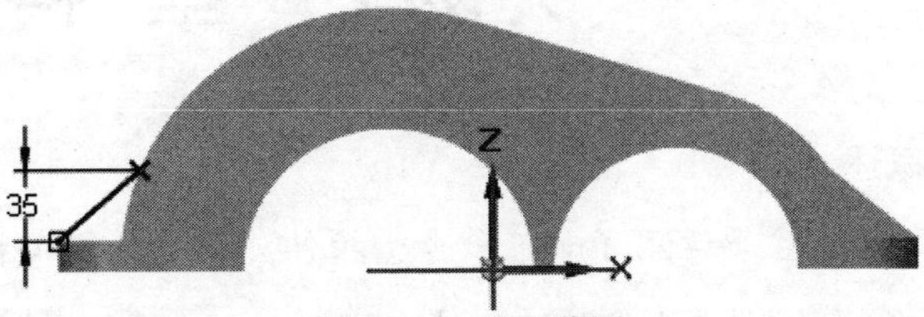

图 1.21　截面草图

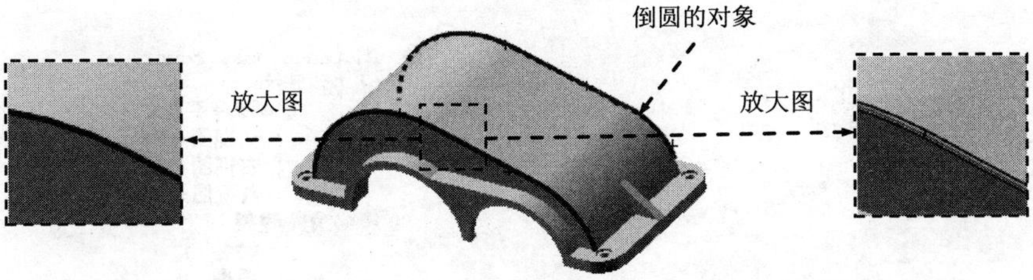

a）倒圆前　　b）倒圆后

图 1.22　倒圆特征 2

Step14. 保存文件，文件名称为 tc_cover。

学习拓展：扫一扫右侧二维码，可以免费学习更多视频讲解。

讲解内容：二维草图精讲，拉伸特征、旋转特征详解。

实例2 塑 料 薄 板

实例概述

本实例主要运用了如下命令：拉伸、扫掠、圆角和薄壁。练习过程中应注意如下技巧：薄壁前，用一个实体拉伸特征填补模型上的一个缺口。零件模型及路径查找器如图 2.1 所示。

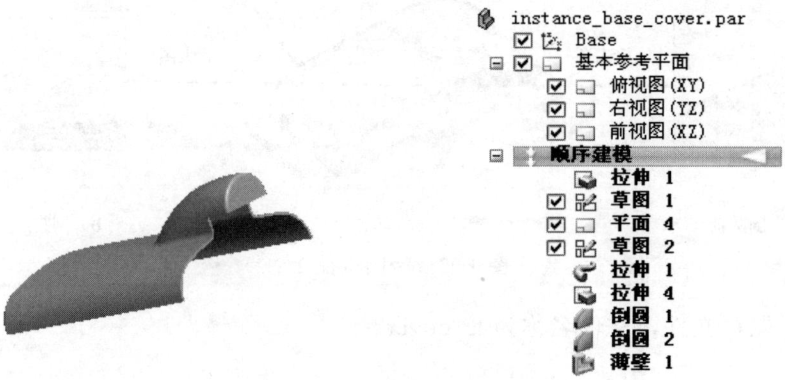

图 2.1　零件模型及路径查找器

Step1. 新建一个零件模型，进入建模环境。

Step2. 创建图 2.2 所示的拉伸特征 1。在 实体 区域中单击按钮，选取前视图（XZ）平面作为草图平面，绘制图 2.3 所示的截面草图；绘制完成后，单击按钮；确认与按钮不被按下，在 距离: 下拉列表中输入值 200.0，并按 Enter 键；拉伸方向为 Y 轴的正方向，在图形区空白区域单击；单击 完成 按钮，单击 取消 按钮，完成拉伸特征 1 的创建。

图 2.2　拉伸特征 1

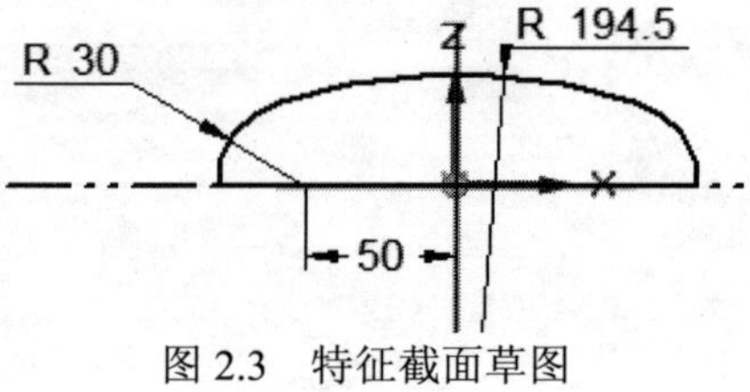

图 2.3　特征截面草图

Step3. 创建图 2.4 所示的草图 1。在 草图 区域中单击按钮，选取右视图（YZ）平面为草图平面，进入草绘环境，绘制图 2.5 所示的草图 1，单击按钮，退出草绘环境。

Step4. 创建图 2.6 所示的平面 4。在 平面 区域中单击按钮，选择 垂直于曲线 选项，在绘图区域选取草图 1 为参考，在图 2.7 所示的顶点处单击，完成平面 4 的创建。

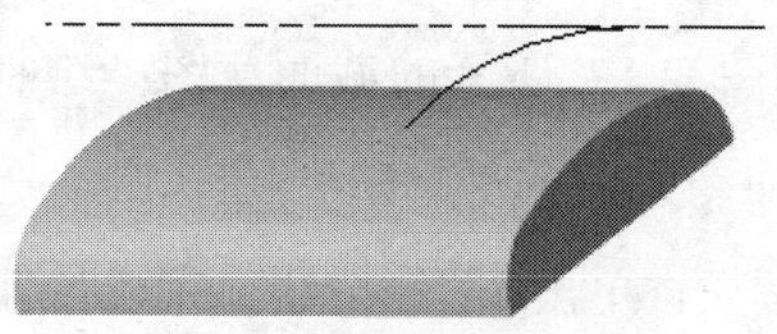

图 2.4 草图 1（建模环境）

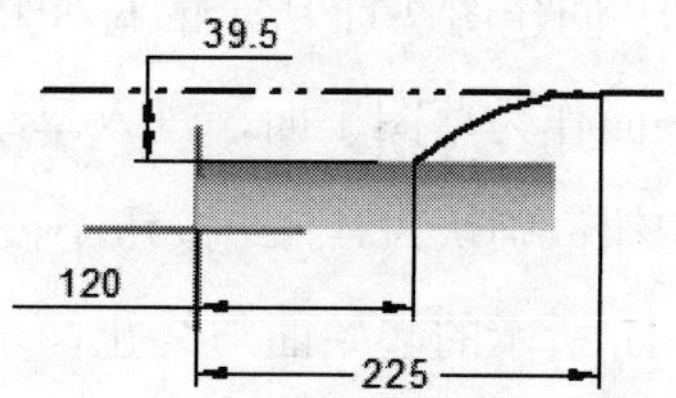

图 2.5 草图 2（草绘环境）

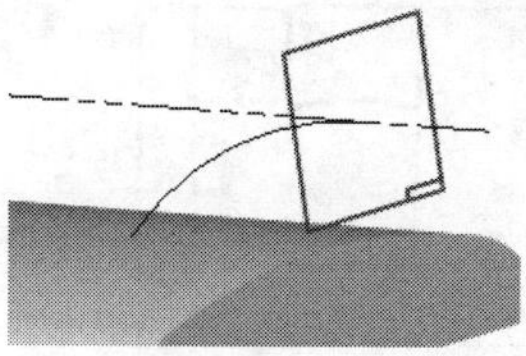

图 2.6 平面 4

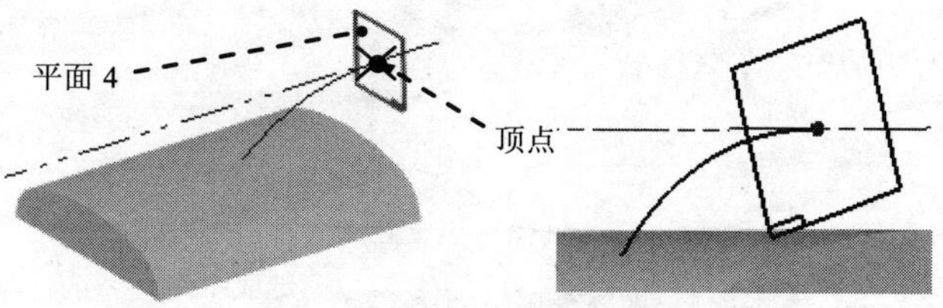

图 2.7 平面 4 的创建

Step5. 创建图 2.8 所示的草图 2。在 草图 区域中单击 按钮，选取平面 4 为草图平面，进入草绘环境，绘制图 2.9 所示的草图 2，单击 按钮，退出草绘环境。

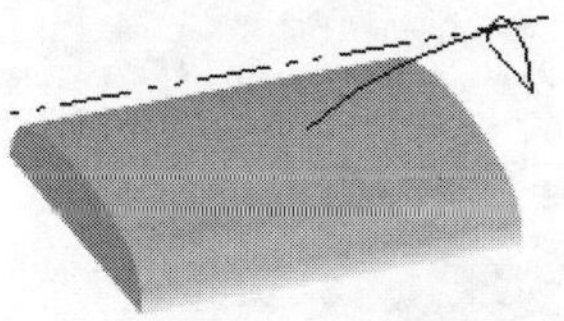

图 2.8 草图 2（建模环境）

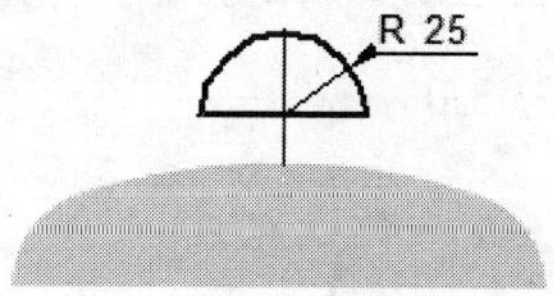

图 2.9 草图 2（草绘环境）

Step6. 创建图 2.10 所示的扫掠特征。

（1）在 实体 区域中单击 后的小三角，选择 扫掠 命令后。系统弹出“扫掠”对话框。

（2）在“扫掠”对话框的 默认扫掠类型 区域中选中 单一路径和横截面(S) 单选项，其他参数接受系统默认设置值，单击 确定 按钮。

（3）在“创建起源”选项下拉列表中选择 从草图/零件边选择 选项，在图形区中选取草图 1 为扫掠轨迹曲线。单击 按钮，完成扫掠轨迹曲线的选取。

（4）在图形区中选取草图 2 为扫掠截面。

（5）单击 完成 按钮，单击 取消 按钮，完成扫掠特征的创建。

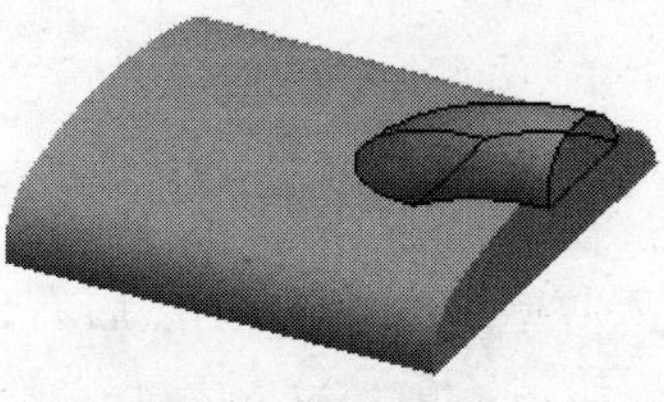

图 2.10 扫掠特征

Step7. 创建图 2.11 所示的拉伸特征 2。在 实体 区域中单击按钮，选取俯视图（XY）平面作为草图平面，进入草绘环境。绘制图 2.12 所示的截面草图；绘制完成后，单击按钮；确认与按钮不被按下，选择命令条中的“起始/终止范围”选项，分别选取图 2.11 所示的起始面与终止面。单击 完成 按钮，单击 取消 按钮，完成拉伸特征 2 的创建。

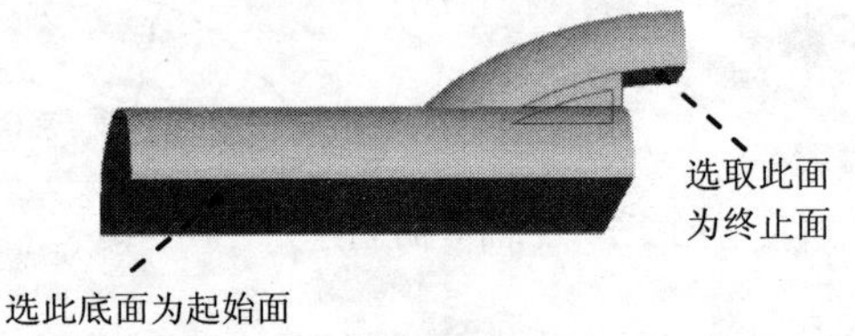

图 2.11 拉伸特征 2

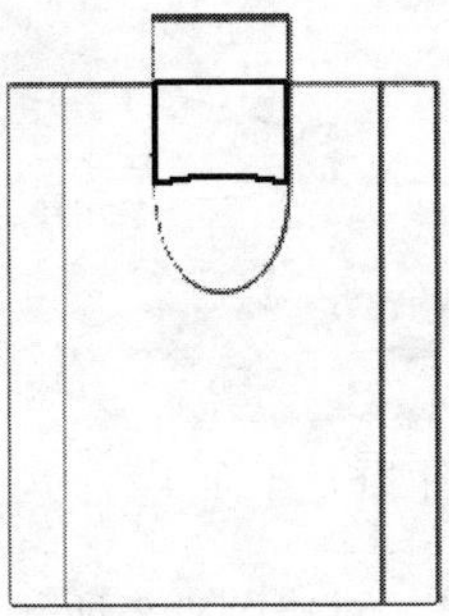

图 2.12 截面草图

Step8. 创建图 2.13b 所示的倒圆特征 1，选取图 2.13a 所示的模型边线为要圆角的对象，倒圆半径值为 3.0。

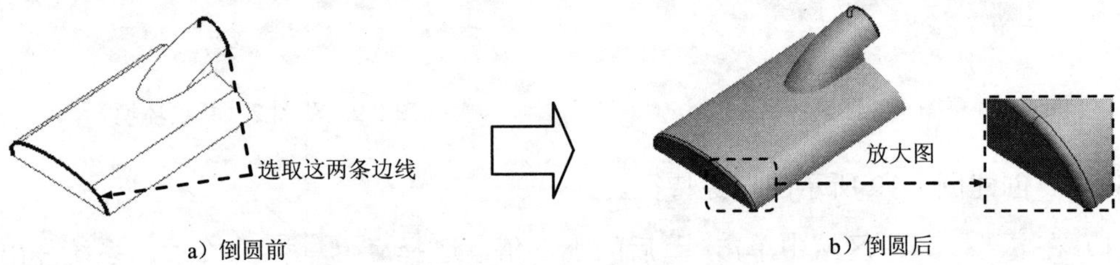

图 2.13 倒圆特征 1

Step9. 创建图 2.14b 所示的倒圆特征 2，选取图 2.14a 所示的模型边线为要圆角的对象，倒圆半径值为 5.0。

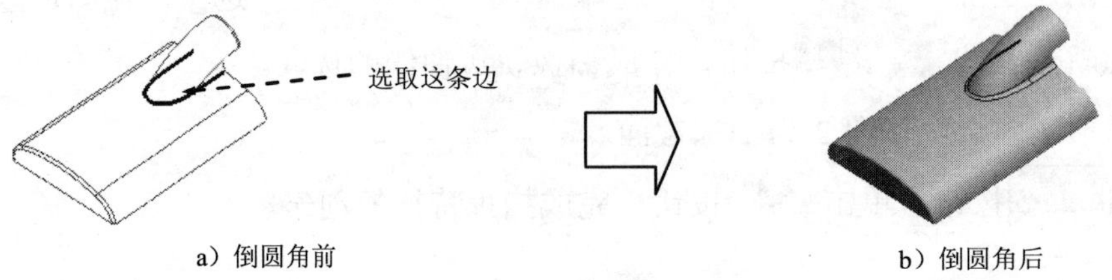

图 2.14 倒圆特征 2

Step10. 创建图 2.15b 所示的薄壁特征 1。在 实体 区域中单击按钮，在“薄壁”命令条的 同一厚度: 文本框中输入薄壁厚度值 2.0，然后右击；在系统提示下，选择图 2.15a 所示的模型表面为要移除的面，然后右击；单击窗口中的 预览 按钮，单击 完成 按钮，完成薄壁特征的创建。

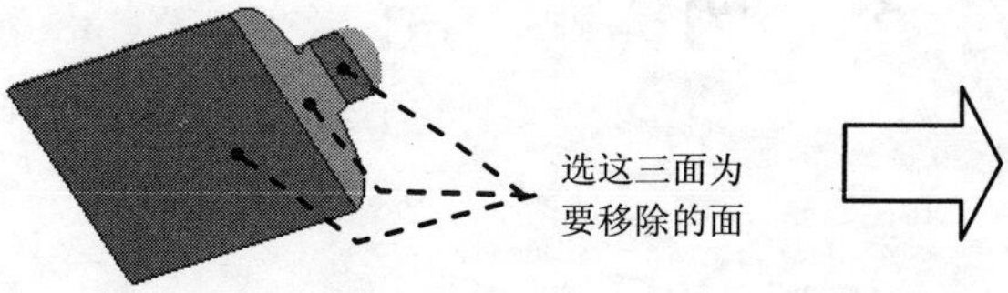

a）薄壁前

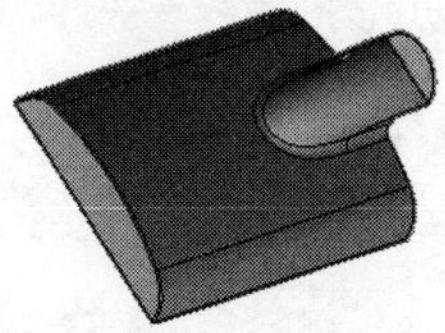

b）薄壁后

图 2.15　薄壁特征 1

Step11．保存模型文件，文件名称为 instance_base_cover。

学习拓展：扫一扫右侧二维码，可以免费学习更多视频讲解。

讲解内容：产品的自顶向下设计。

实例3　外　　壳

实例概述

该实例是一个外壳模型，主要运用基本的拉伸和除料特征，该零件模型及路径查找器如图 3.1 所示。

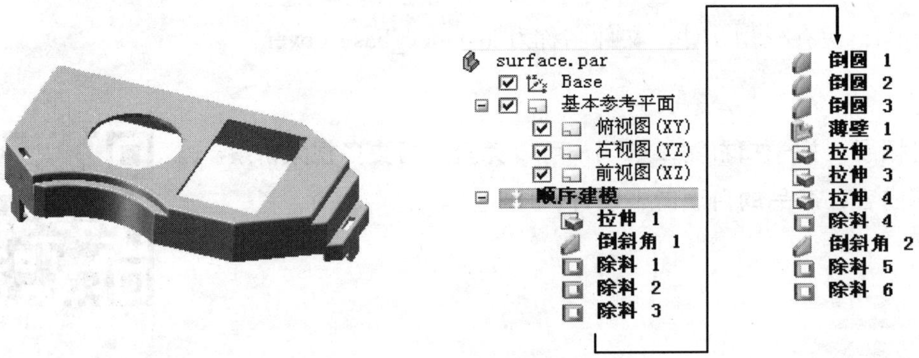

图 3.1　零件模型和路径查找器

说明： 本例前面的详细操作过程请参见随书光盘中 video\ch03\reference\文件下的语音视频讲解文件 surface-r01.exe。

Step1. 打开文件 D:\ sest10.3\work\ch03\surface_ex.par。

Step2. 创建图 3.2 所示的除料特征 1。在 实体 区域中单击按钮，选取前视图（XZ）平面作为草图平面，绘制图 3.3 所示的截面草图；绘制完成后，单击按钮，选择命令条中的“贯通”按钮，在需要移除材料的一侧单击鼠标左键，单击 完成 按钮，单击 取消 按钮，完成除料特征 1 的创建。

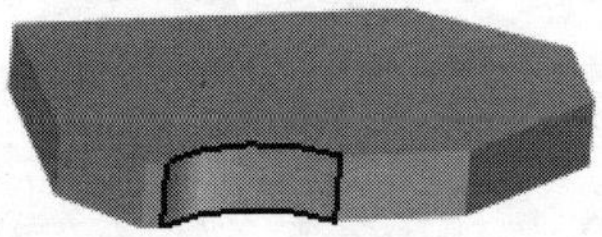

图 3.2　除料特征 1

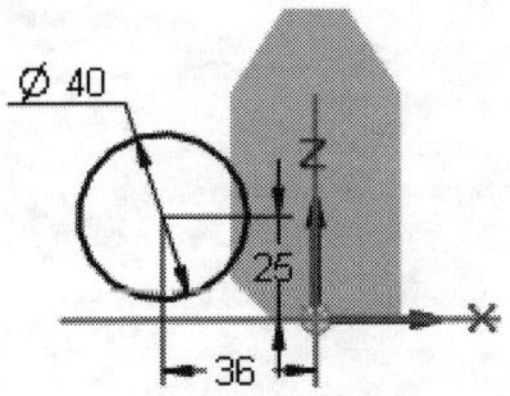

图 3.3　截面草图

Step3. 创建图 3.4 所示的除料特征 2。在 实体 区域中单击按钮，选取图 3.4 所示的模型表面作为草图平面，绘制图 3.5 所示的截面草图；绘制完成后，单击按钮，选择命令条中的“有限范围”按钮，在 距离: 下拉列表中输入值 2，然后按 Enter 键，在需要移除材料的一侧单击鼠标左键，单击 完成 按钮，单击 取消 按钮，完成除料特征 2 的创建。

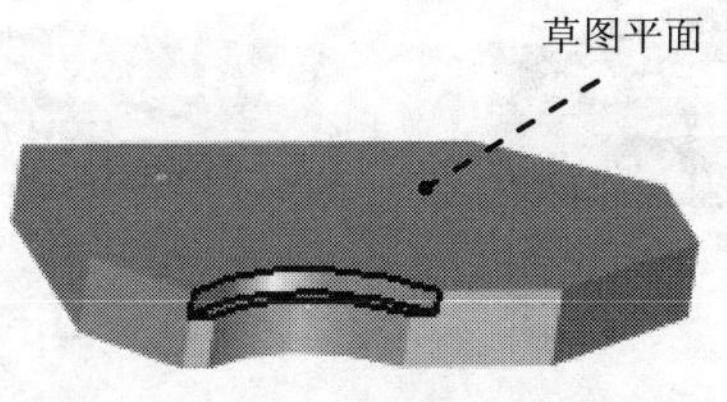

图 3.4 除料特征 2

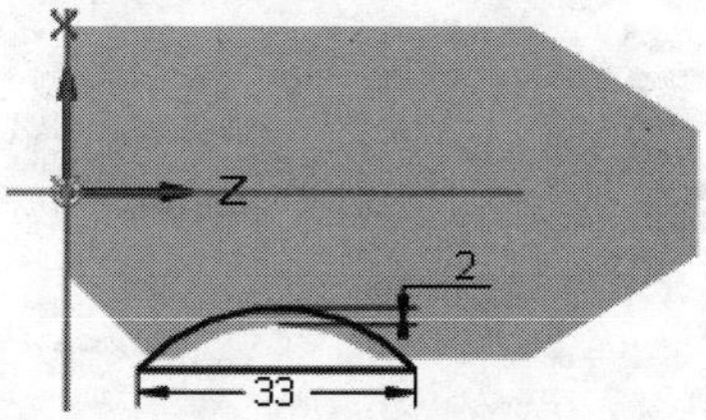

图 3.5 截面草图

Step4. 创建图 3.6 所示的除料特征 3。在 实体 区域中单击 按钮，选取右视图（YZ）平面作为草图平面，绘制图 3.7 所示的截面草图；绘制完成后，单击 按钮，选择命令条中的“贯通”按钮 ，调整除料方向为两侧除料，单击 完成 按钮，单击 取消 按钮，完成除料特征 3 的创建。

Step5. 创建图 3.8b 所示的倒圆特征 1。选取图 3.8a 所示的模型边线为倒圆的对象，倒圆半径值为 1。

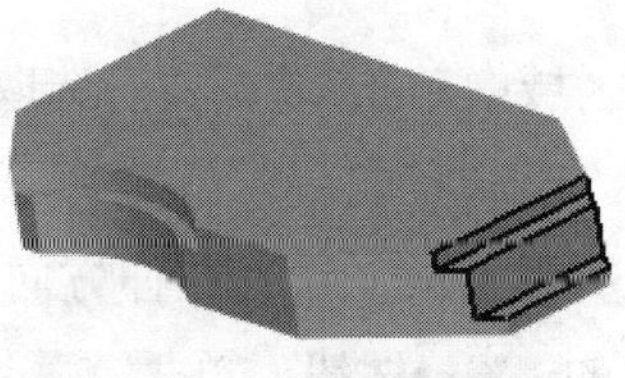

图 3.6 除料特征 3

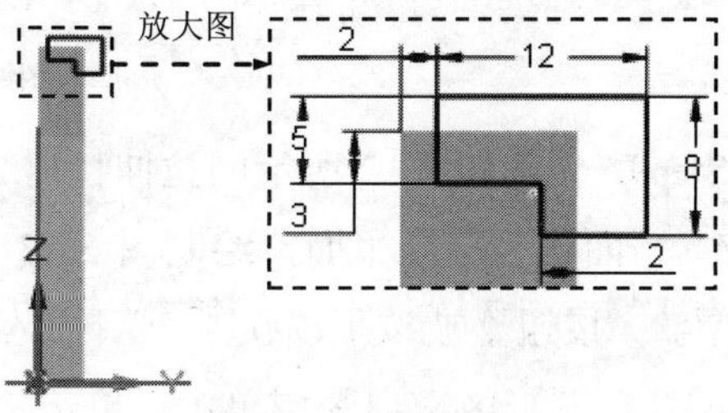

图 3.7 截面草图

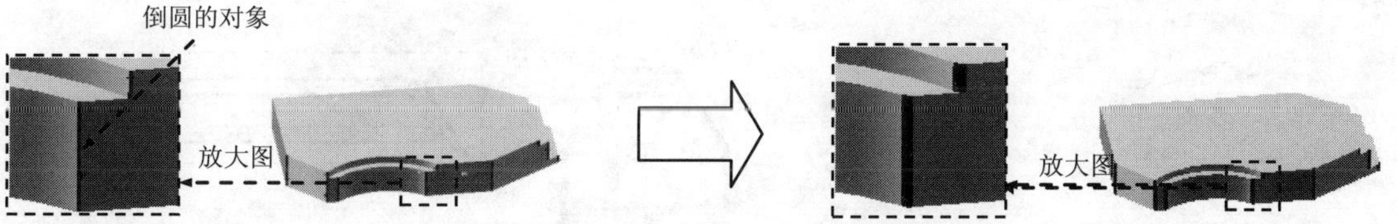

a）倒圆前

b）倒圆后

图 3.8 倒圆特征 1

Step6. 创建图 3.9b 所示的倒圆特征 2。选取图 3.9a 所示的模型边线为倒圆的对象，倒圆半径值为 1。

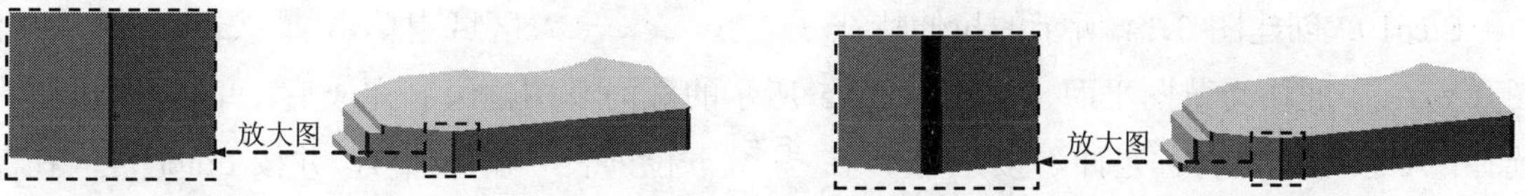

a）倒圆前

b）倒圆后

图 3.9 倒圆特征 2

Step7. 创建图 3.10b 所示的倒圆特征 3。选取图 3.10a 所示的模型边线为倒圆的对象，倒圆半径值为 0.5。

a）倒圆前　　b）倒圆后

图 3.10　倒圆特征 3

Step8. 创建图 3.11b 所示的薄壁特征。在 实体 区域中单击按钮，在“薄壁”命令条的同一厚度:文本框中输入薄壁厚度值 1，然后右击；选择图 3.11a 所示的模型表面为要移除的面，然后右击；单击“薄壁”命令条中的 预览 按钮，单击 完成 按钮，完成薄壁特征的创建。

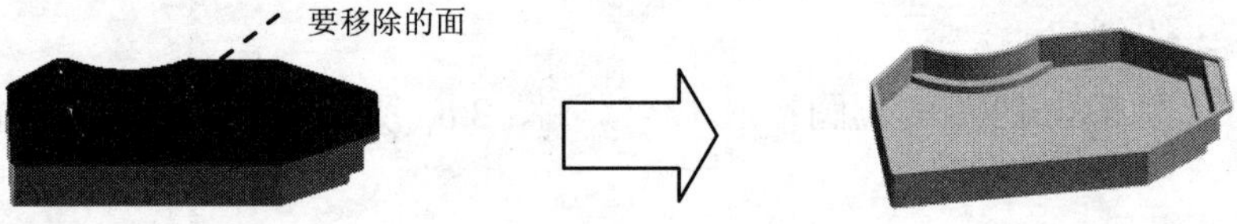

a）薄壁前　　b）薄壁后

图 3.11　薄壁特征

Step9. 创建图 3.12 所示的拉伸特征 2。在 实体 区域中单击按钮，选取前视图（XZ）平面作为草图平面，绘制图 3.13 所示的截面草图，绘制完成后，单击按钮；确认与按钮不被按下，在 距离: 下拉列表中输入值 2，并按 Enter 键，拉伸方向为 Y 轴负方向，在图形区空白区域单击；单击“拉伸”命令条中的 完成 按钮，单击 取消 按钮，完成拉伸特征 2 的创建。

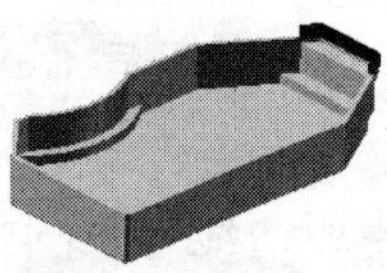

图 3.12　拉伸特征 2

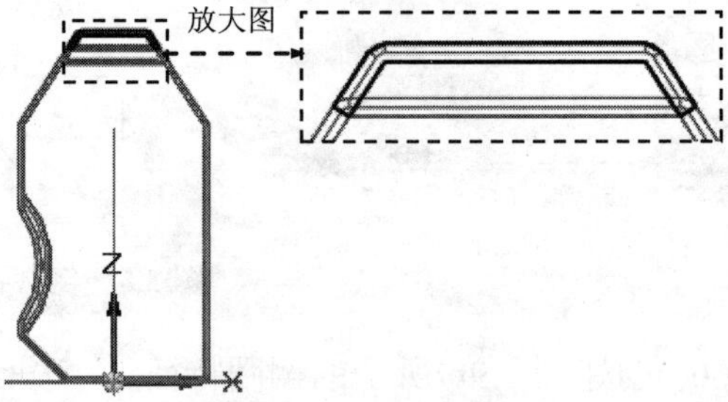

图 3.13　截面草图

Step10. 创建图 3.14 所示的拉伸特征 3。在 实体 区域中单击按钮，选取右视图（YZ）平面作为草图平面，绘制图 3.15 所示的截面草图，绘制完成后，单击按钮；选择命令条中的“对称延伸”按钮，在 距离: 下拉列表中输入值 4，并按 Enter 键，在图形区空白区域单击；单击“拉伸”命令条中的 完成 按钮，单击 取消 按钮，完成拉伸特征 3 的创建。

Step11. 创建图 3.16 所示的拉伸特征 4。在 实体 区域中单击按钮，选取前视图（XZ）平面作为草图平面，绘制图 3.17 所示的截面草图，绘制完成后，单击按钮；确认与按钮不被按下，在 距离: 下拉列表中输入值 6，并按 Enter 键，拉伸方向为 Y

轴负方向，在图形区空白区域单击；单击“拉伸”命令条中的完成按钮，单击取消按钮，完成拉伸特征 4 的创建。

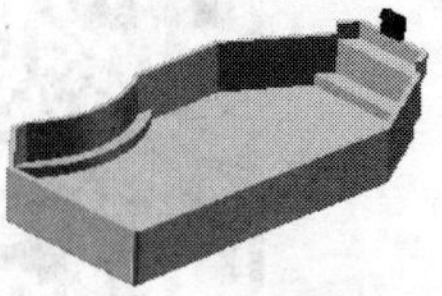

图 3.14 拉伸特征 3

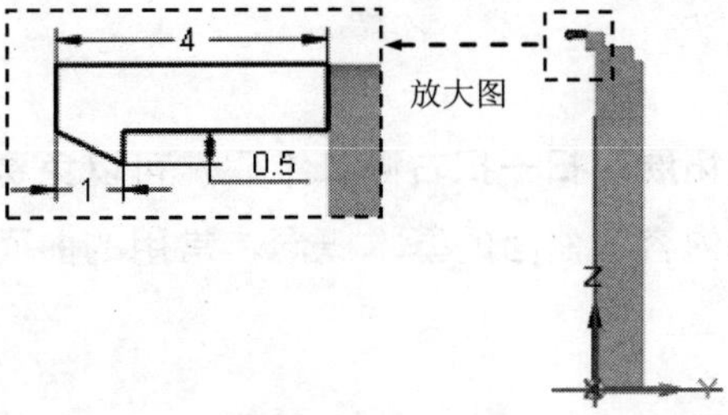

图 3.15 截面草图

图 3.16 拉伸特征 4

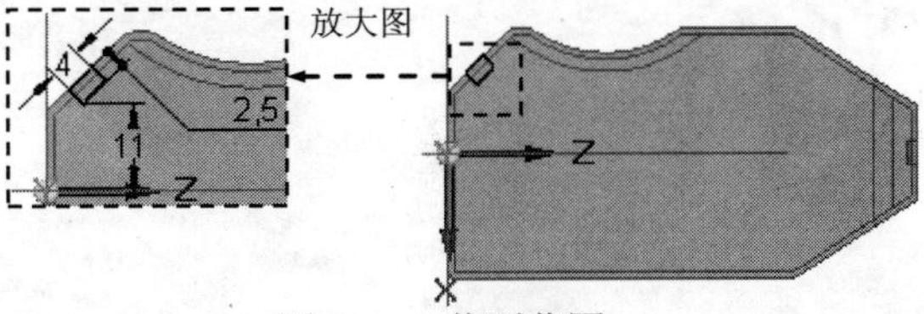

图 3.17 截面草图

Step12. 创建图 3.18 所示的除料特征 4。在实体区域中单击按钮，选取前视图（XZ）作为草图平面，绘制图 3.19 所示的截面草图；绘制完成后，单击按钮，选择命令条中的“非对称拉伸”按钮，单击“贯通”按钮，除料方向为 Y 轴正方向，在图形区空白区域单击；单击“有限范围”按钮，在距离:下拉列表中输入值 5，除料方向为 Y 轴负方向，在图形区空白区域单击；单击完成按钮，单击取消按钮，完成除料特征 4 的创建。

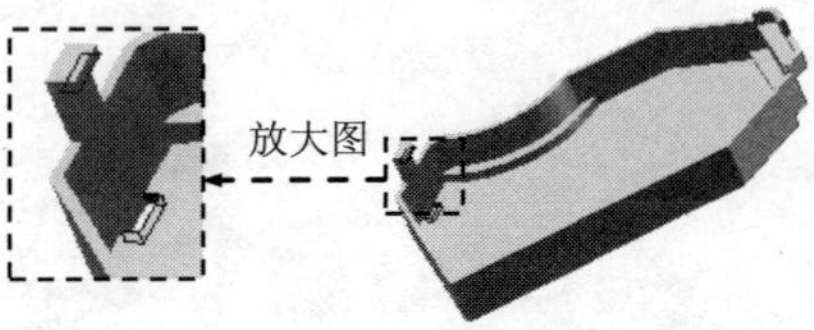

图 3.18 除料特征 4

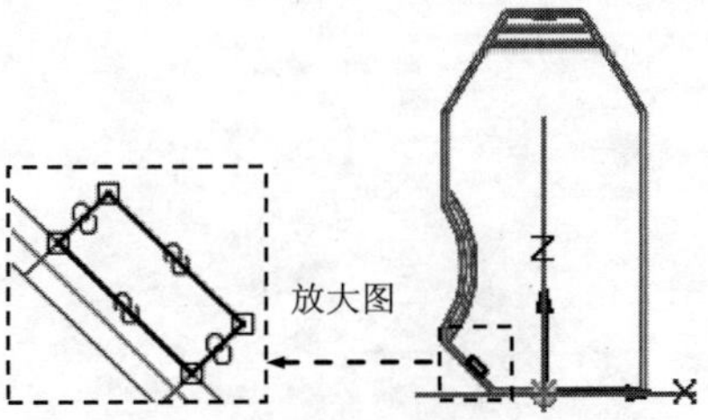

图 3.19 截面草图

Step13. 创建图 3.20b 所示的倒斜角特征 2。选取图 3.20a 所示的模型边线为倒斜角的对象，倒斜角回切值为 1.5。

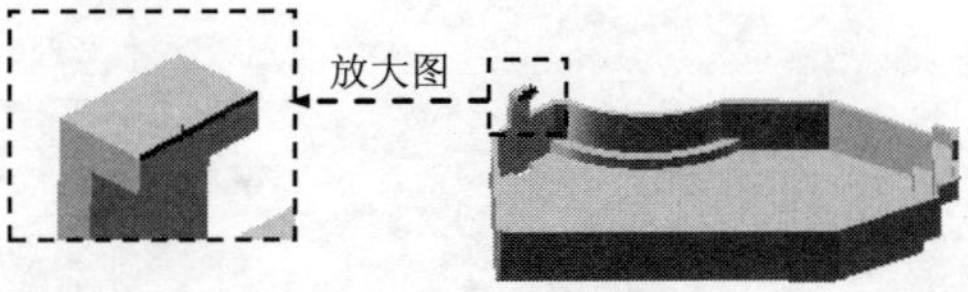

a）倒斜角前

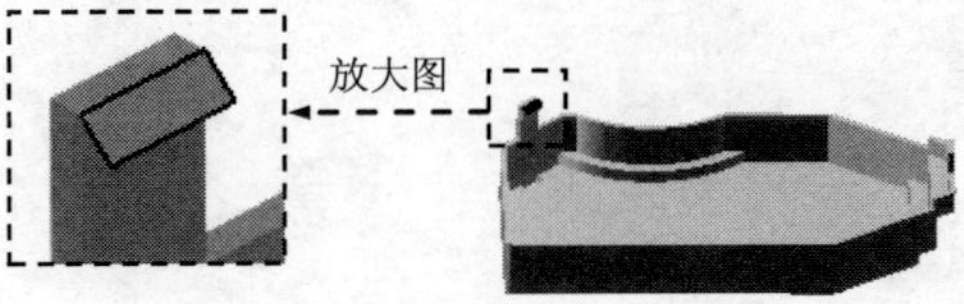

b）倒斜角后

图 3.20 倒斜角特征 2

Step14. 后面的详细操作过程请参见随书光盘中 video\ch03\reference\文件下的语音视频讲解文件 surface-r02.exe。

学习拓展：扫一扫右侧二维码，可以免费学习更多视频讲解。

讲解内容：曲面的基本概念，常用的曲面设计方法及流程。

实例4 圆 形 盖

实例概述

本实例设计了一个简单的圆形盖，主要运用了旋转、薄壁、拉伸和倒圆等特征命令，先创建基础旋转特征，再添加其他修饰，重在零件的结构安排。零件模型及路径查找器如图 4.1 所示。

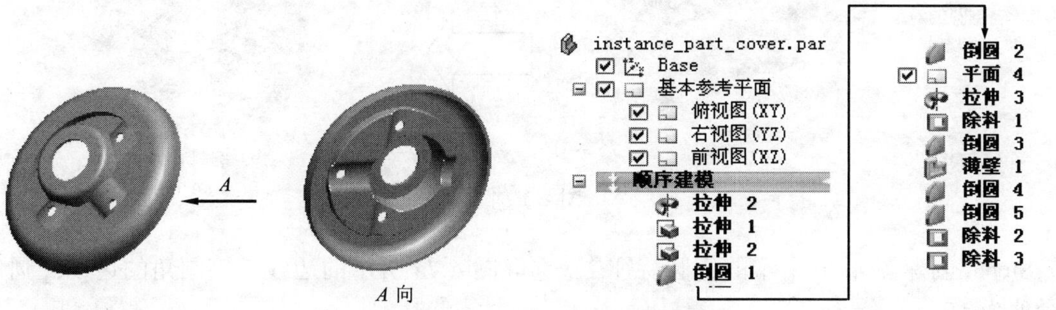

图 4.1 零件模型及路径查找器

说明：本例前面的详细操作过程请参见随书光盘中 video\ch04\reference\文件下的语音视频讲解文件 instance_part_cover-r01.exe。

Step1. 打开文件 D:\ sest10.3\work\ch04\instance_part_cover_ex.par。

Step2. 创建图 4.2 所示的实体拉伸特征 1。在 实体 区域中单击按钮，选取右视图（YZ）平面作为草图平面，进入草绘环境，绘制图 4.3 所示的截面草图；绘制完成后，单击按钮，选择命令条中的“对称延伸”按钮，在 距离: 下拉列表中输入值 170，并按 Enter 键，单击 完成 按钮，单击 取消 按钮，完成拉伸特征 1 的创建。

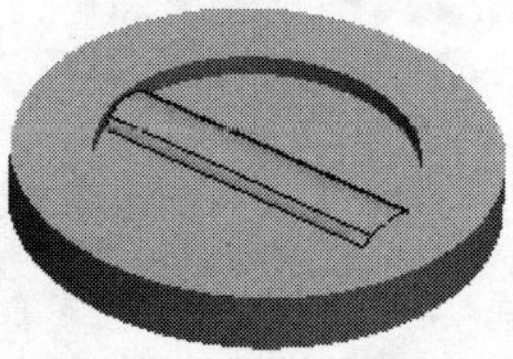

图 4.2 拉伸特征 1

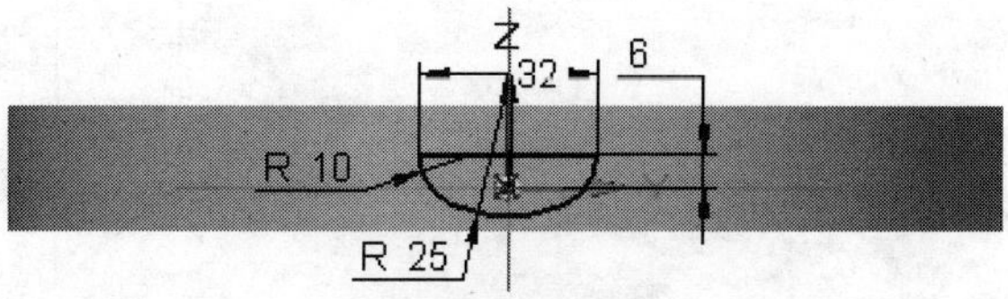

图 4.3 截面草图

Step3. 创建图 4.4 所示的实体拉伸特征 2。在 实体 区域中单击按钮，选取前视图（XZ）平面作为草图平面，进入草绘环境，绘制图 4.5 所示的截面草图；绘制完成后，单击按钮；选择命令条中的“对称延伸”按钮，在 距离: 下拉列表中输入值 170，并按 Enter 键，单击 完成 按钮，单击 取消 按钮，完成拉伸特征 2 的创建。

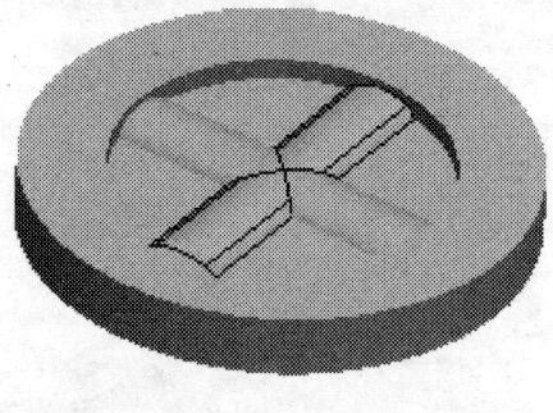

图 4.4　拉伸特征 2

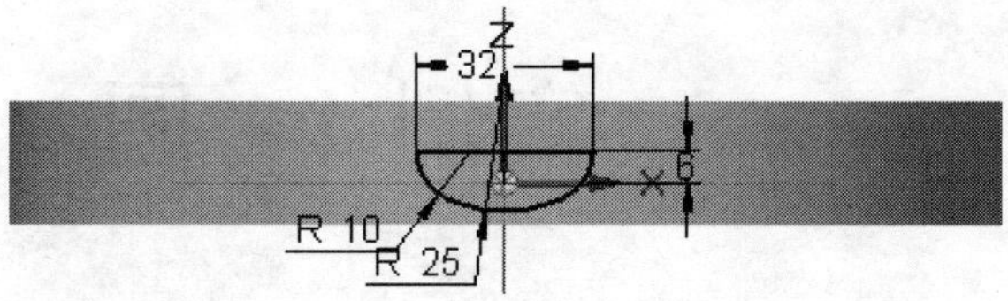

图 4.5　截面草图

Step4. 创建图 4.6b 所示倒圆特征 1，选取图 4.6a 所示的边线作为倒圆的对象；倒圆半径值为 6。

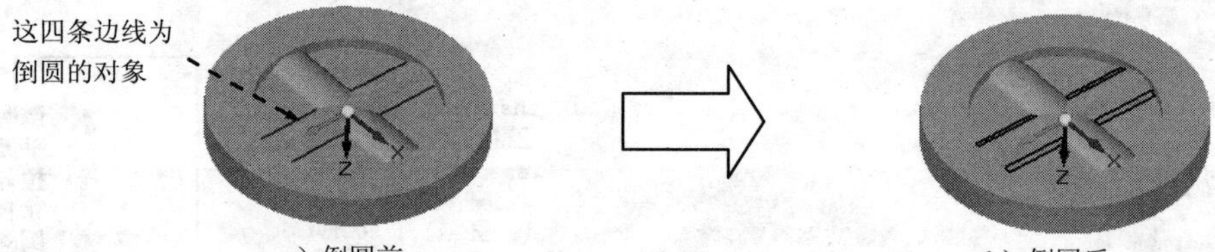

a）倒圆前　　　　b）倒圆后

图 4.6　倒圆特征 1

Step5. 创建图 4.7b 所示的倒圆特征 2。选取图 4.7a 所示的边线为倒圆角的边线；圆角半径值为 15。

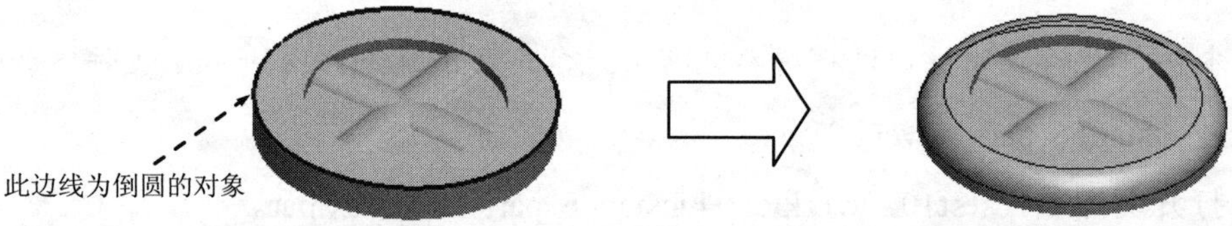

a）倒圆前　　　　b）倒圆后

图 4.7　倒圆特征 2

Step6. 创建图 4.8 所示的平面 4（本步的详细操作过程请参见随书光盘中 video\ch04\reference\文件下的语音视频讲解文件 instance_part_cover-r02.exe）。

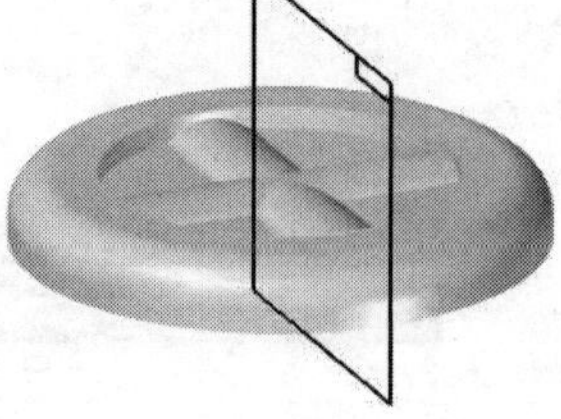

图 4.8　平面 4

Step7. 创建图 4.9 所示的旋转特征 2。在 实体 区域中单击 按钮，选取平面 4 作为草图平面，进入草绘环境，绘制图 4.10 所示的截面草图；单击 绘图 区域中的 按钮，选取图 4.10 所示的线为旋转轴，单击“关闭草图”按钮，退出草绘环境；在“旋转”命令条的 角度(A): 文本框中输入值 360.0。在图形区空白区域单击，单击窗口中的 完成 按钮，完成旋转特征 2 的创建。

图 4.9　旋转特征 2

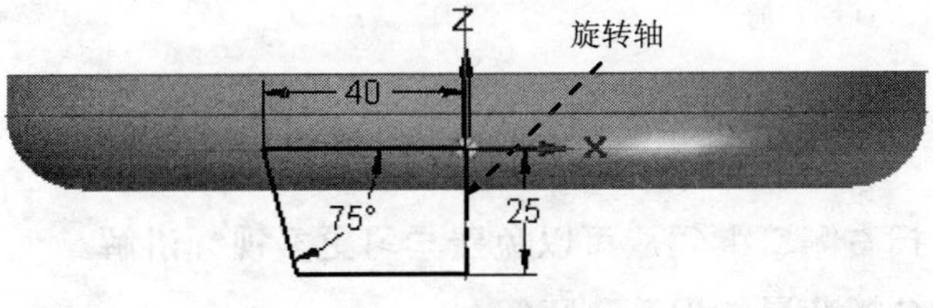

图 4.10　截面草图

Step8. 创建图 4.11 所示的除料特征 1。在 实体 区域中单击按钮，选取右视图（YZ）平面为草图平面，进入草绘环境。绘制图 4.12 所示的截面草图；绘制完成后，单击按钮；选择命令条中的“贯通”按钮，调整除料的方向为二侧除料，单击 完成 按钮，单击 取消 按钮，完成除料特征 1 的创建。

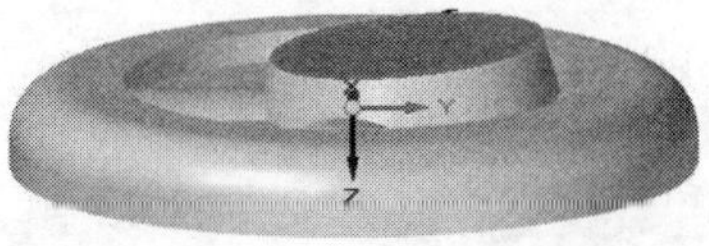

图 4.11　除料特征 1

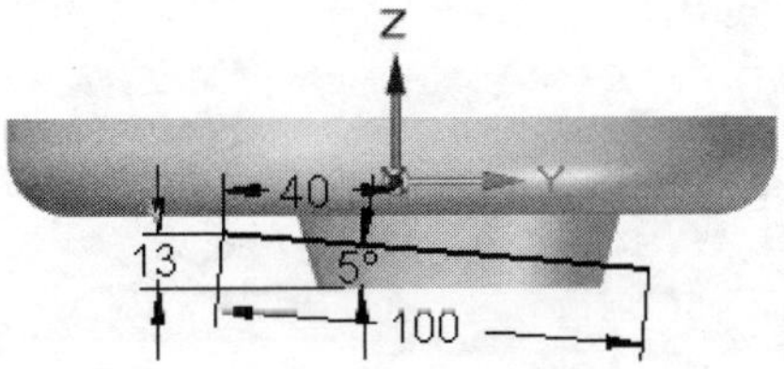

图 4.12　截面草图

Step9. 创建图 4.13b 所示的倒圆特征 3，选取图 4.13a 所示的边链作为倒圆的对象；倒圆半径值为 6。

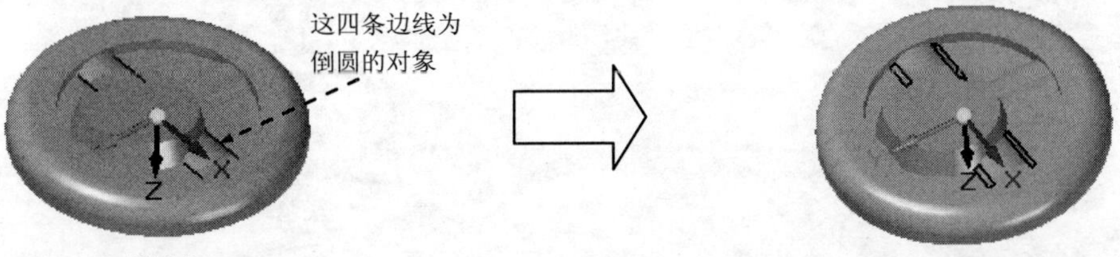

a）倒圆前　　b）倒圆后

图 4.13　倒圆特征 3

Step10. 创建图 4.14b 所示的薄壁特征。在 实体 区域中单击按钮，在“薄壁”命令条的 同一厚度: 文本框中输入薄壁厚度值3.0，然后右击；选取图 4.14a 所示的模型表面为要移除的面，然后右击；单击“薄壁”命令条中的 预览 按钮，单击 完成 按钮，完成薄壁特征的创建。

Step11. 后面的详细操作过程请参见随书光盘中 video\ch04\reference\文件下的语音视频讲解文件 instance_part_cover-r03.exe。

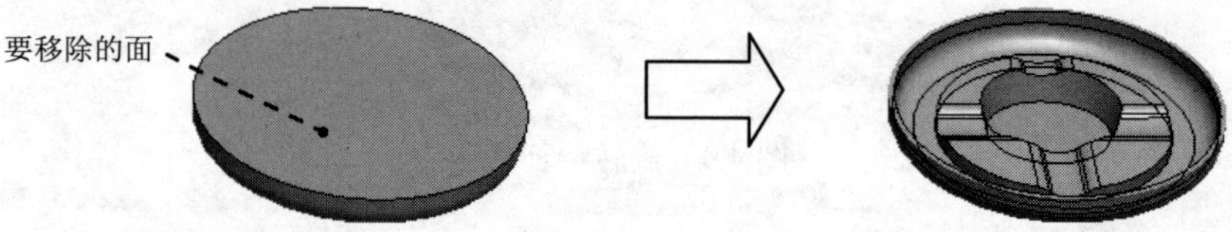

a）薄壁前　　b）薄壁后

图 4.14　薄壁特征

学习拓展：扫一扫右侧二维码，可以免费学习更多视频讲解。

讲解内容：结构分析背景知识及流程等。

实例5　手　　柄

实例概述

本实例介绍了手柄的设计过程。希望读者在学习本实例后，可以熟练掌握拉伸、旋转切削、倒圆、倒斜角特征和镜像特征的创建。零件模型及相应的路径查找器如图 5.1 所示。

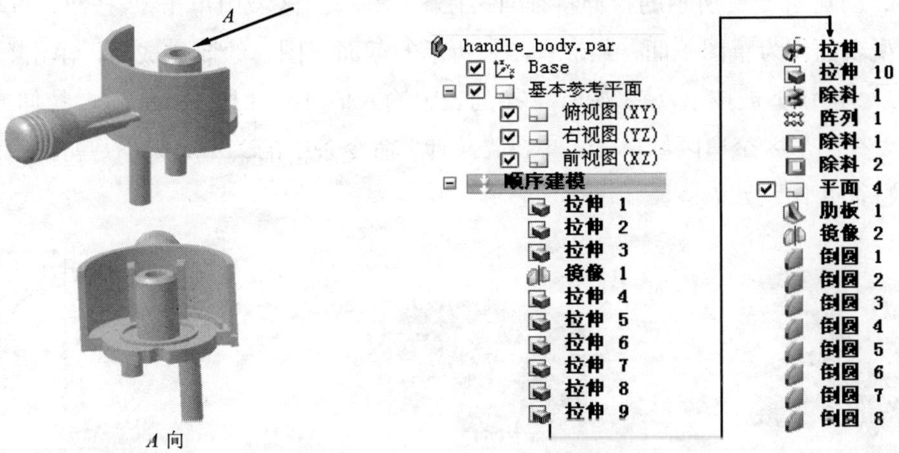

图 5.1　零件模型及路径查找器

说明：本例前面的详细操作过程请参见随书光盘中 video\ch05\reference\文件下的语音视频讲解文件 handle_body-r01.exe。

Step1．打开文件 D:\ sest10.3\work\ch05\handle_body_ex.par。

Step2. 创建图 5.2 所示的拉伸特征 3。在 实体 区域中单击按钮，选取图 5.3 所示的模型表面作为草图平面，绘制图 5.4 所示的截面草图，绘制完成后，单击按钮；确认与按钮不被按下，在 距离: 下拉列表中输入值 8，并按 Enter 键，拉伸方向为 Z 轴正方向，在图形区空白区域单击；单击“拉伸”命令条中的 完成 按钮，单击 取消 按钮，完成拉伸特征 3 的创建。

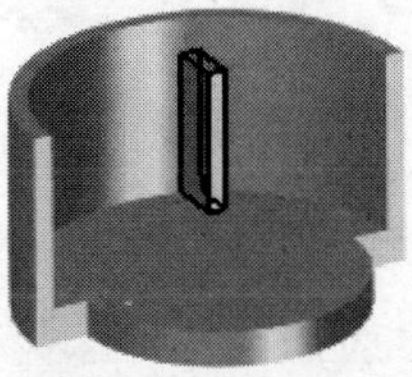

图 5.2　拉伸特征 3

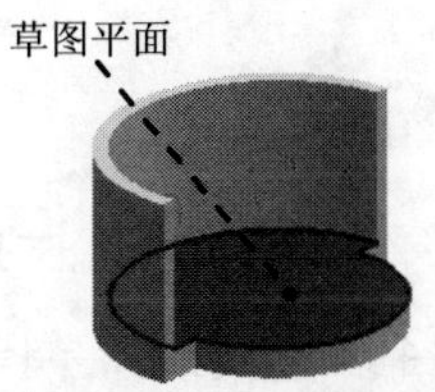

图 5.3　定义草图平面

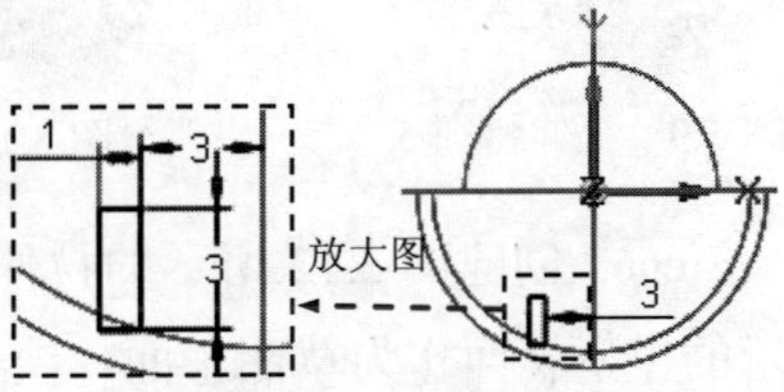

图 5.4　截面草图

Step3. 创建图 5.5b 所示的镜像 1，在 阵列 区域中选择 镜像 命令，选取拉伸 3 作为镜像特征，单击按钮；选取右视图（YZ）平面作为镜像中心平面，单击“镜像”命令条中的完成按钮，完成镜像 1 的创建。

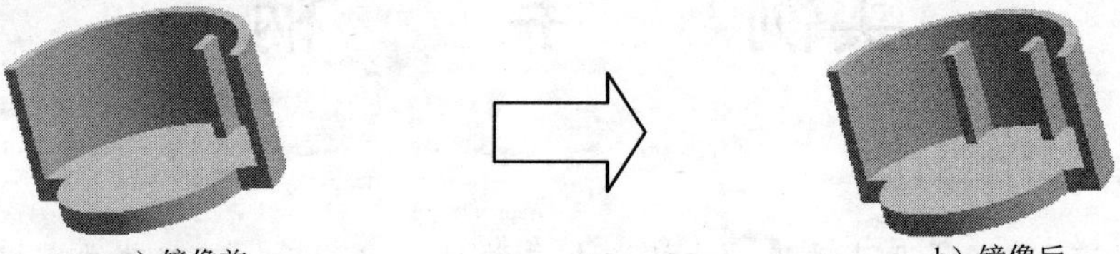

a）镜像前　　　　b）镜像后

图 5.5　镜像 1

Step4. 创建图 5.6 所示的拉伸特征 4。在实体区域中单击按钮，选取图 5.7 所示的模型表面作为草图平面，绘制图 5.8 所示的截面草图，绘制完成后，单击按钮；确认与按钮不被按下，在距离下拉列表中输入值 1，并按 Enter 键，拉伸方向为 Z 轴正方向，在图形区空白区域单击；单击“拉伸”命令条中的完成按钮，单击取消按钮，完成拉伸特征 4 的创建。

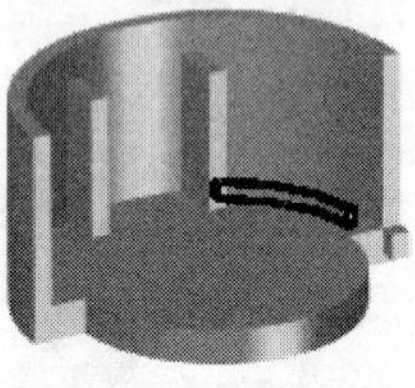

图 5.6　拉伸特征 4

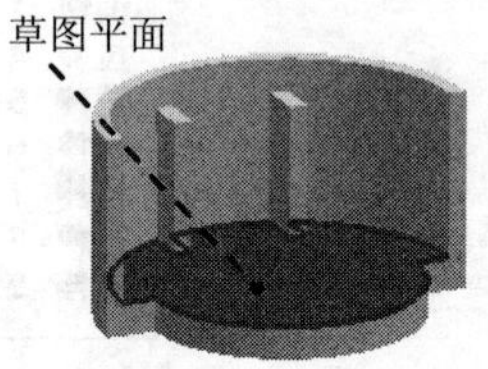

图 5.7　定义草图平面

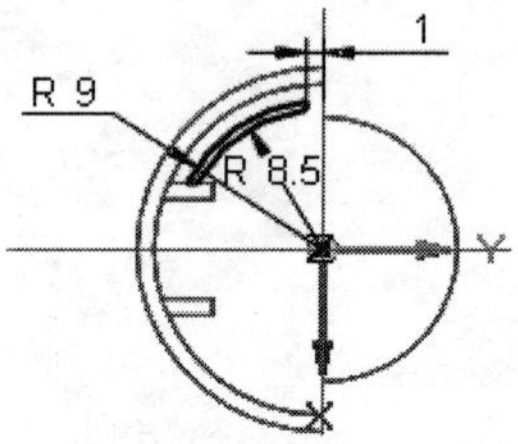

图 5.8　截面草图

Step5. 创建图 5.9 所示的拉伸特征 5。在实体区域中单击按钮，选取图 5.10 所示的模型表面作为草图平面，绘制图 5.11 所示的截面草图，绘制完成后，单击按钮；确认与按钮不被按下，在距离下拉列表中输入值 1.5，并按 Enter 键，拉伸方向为 Z 轴负方向，在图形区空白区域单击；单击“拉伸”命令条中的完成按钮，单击取消按钮，完成拉伸特征 5 的创建。

图 5.9　拉伸特征 5

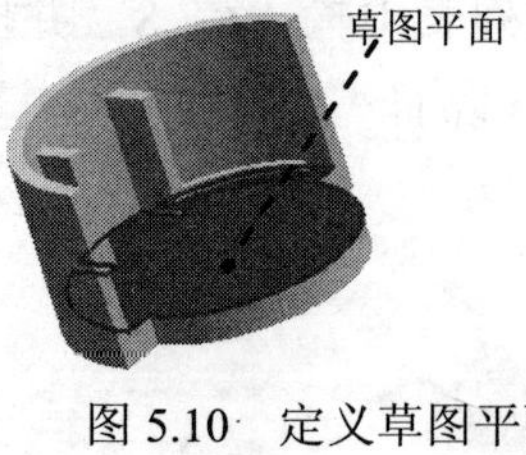

图 5.10　定义草图平面

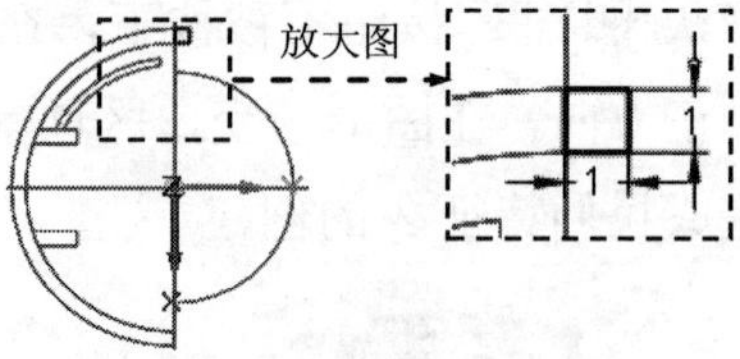

图 5.11　截面草图

Step6. 创建图 5.12 所示的拉伸特征 6。在实体区域中单击按钮，选取图 5.13 所示的模型表面作为草图平面，绘制图 5.14 所示的截面草图，绘制完成后，单击按钮；确认与按钮不被按下，在距离下拉列表中输入值 0.5，并按 Enter 键，拉伸方向为 Z 轴正方向，在图形区空白区域单击；单击“拉伸”命令条中的完成按钮，单击取消按钮，完成拉伸特征 6 的创建。

图 5.12　拉伸特征 6

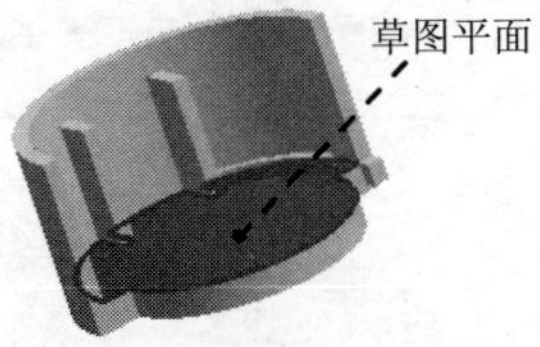

图 5.13　定义草图平面

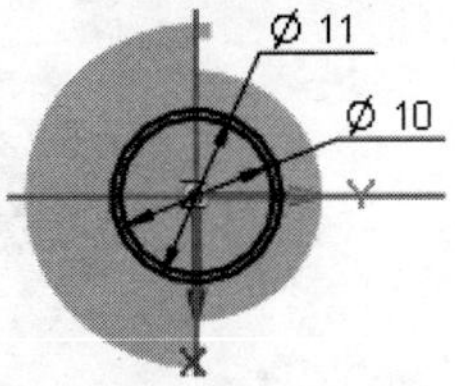

图 5.14　截面草图

Step7. 创建图 5.15 所示的拉伸特征 7。在 实体 区域中单击按钮，选取图 5.16 所示的模型表面作为草图平面，绘制图 5.17 所示的截面草图，绘制完成后，单击按钮；确认与按钮不被按下，在 距离: 下拉列表中输入值 9，并按 Enter 键，拉伸方向为 Z 轴正方向，在图形区空白区域单击；单击“拉伸”命令条中的 完成 按钮，单击 取消 按钮，完成拉伸特征 7 的创建。

图 5.15　拉伸特征 7

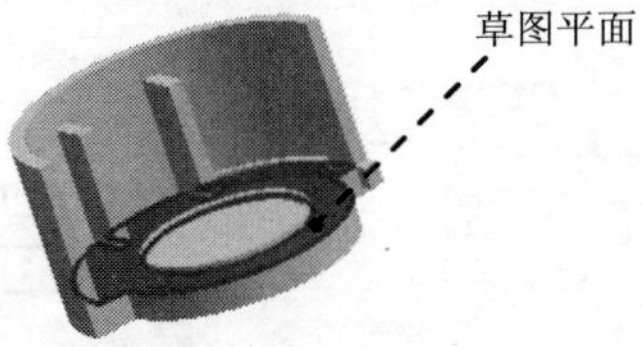

图 5.16　定义草图平面

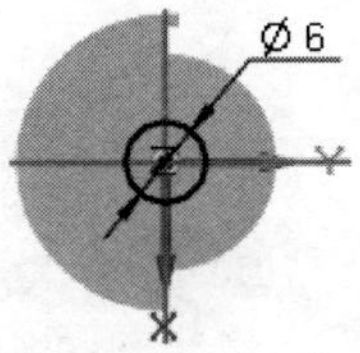

图 5.17　截面草图

Step8. 创建图 5.18 所示的拉伸特征 8。在 实体 区域中单击按钮，选取俯视图（XY）平面作为草图平面，绘制图 5.19 所示的截面草图，绘制完成后，单击按钮；确认与按钮不被按下，在 距离: 下拉列表中输入值 5，并按 Enter 键，拉伸方向为 Z 轴负方向，在图形区空白区域单击；单击“拉伸”命令条中的 完成 按钮，单击 取消 按钮，完成拉伸特征 8 的创建。

图 5.18　拉伸特征 8

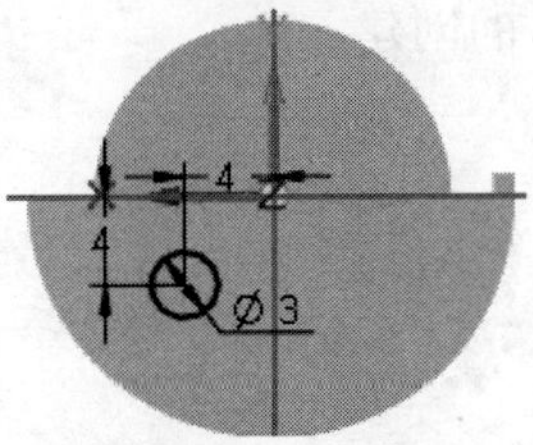

图 5.19　截面草图

Step9. 创建图 5.20 所示的拉伸特征 9。在 实体 区域中单击按钮，选取俯视图（XY）平面作为草图平面，绘制图 5.21 所示的截面草图，绘制完成后，单击按钮；确认与按钮不被按下，在 距离: 下拉列表中输入值 12，并按 Enter 键，拉伸方向为 Z 轴负方向，在图形区空白区域单击；单击“拉伸”命令条中的 完成 按钮，单击 取消 按钮，完成拉伸特征 9 的创建。

图 5.20　拉伸特征 9

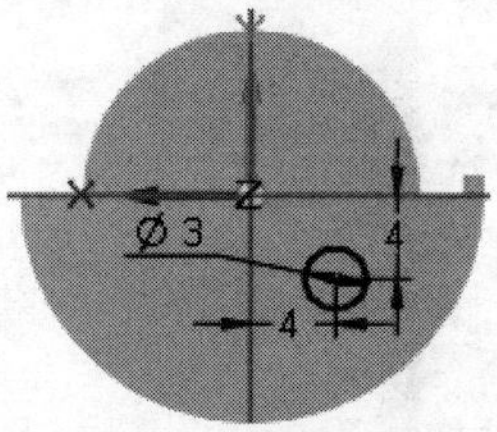

图 5.21　截面草图

Step10. 创建图 5.22 所示的旋转特征 1。在 实体 区域中选择命令，选取右视图（YZ）平面为草图平面，绘制图 5.23 所示的截面草图；单击 绘图 区域中的按钮，选取图 5.23 所示的线为旋转轴；单击“关闭草图”按钮，在“旋转”命令条的 角度(A): 文本框中输入值 360.0，在图形区空白区域单击；单击“旋转”命令条中的 完成 按钮，完成旋转特征 1 的创建。

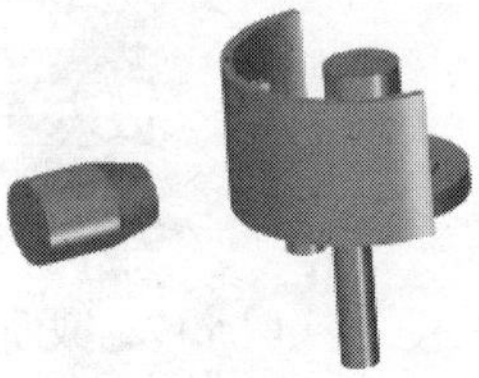

图 5.22　旋转特征 1

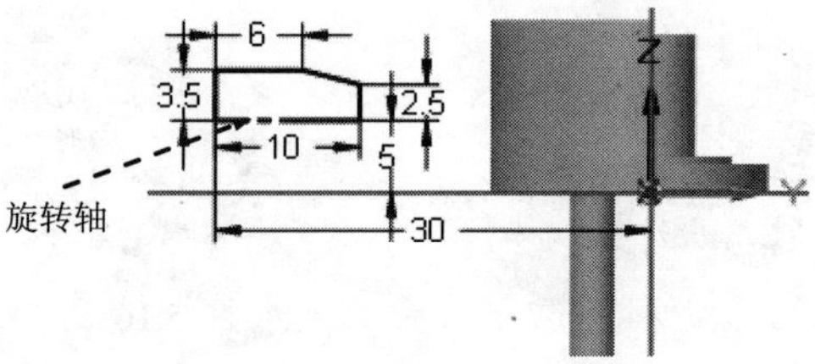

图 5.23　截面草图

Step11. 创建图 5.24 所示的拉伸特征 10。在 实体 区域中单击按钮，选取图 5.25 所示的模型表面作为草图平面，绘制图 5.26 所示的截面草图，绘制完成后，单击按钮；确认与按钮不被按下，选择命令条中的“穿透下一个”按钮，拉伸方向为 Y 轴正方向，在图形区空白区域单击；单击“拉伸”命令条中的 完成 按钮，单击 取消 按钮，完成拉伸特征 10 的创建。

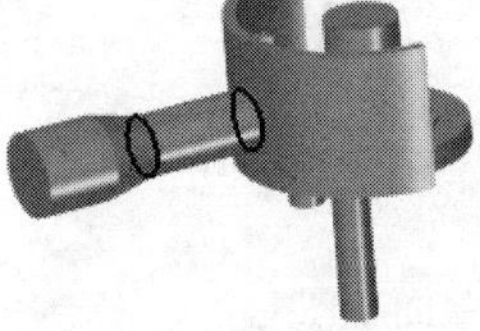

图 5.24　拉伸特征 10

图 5.25　草图平面

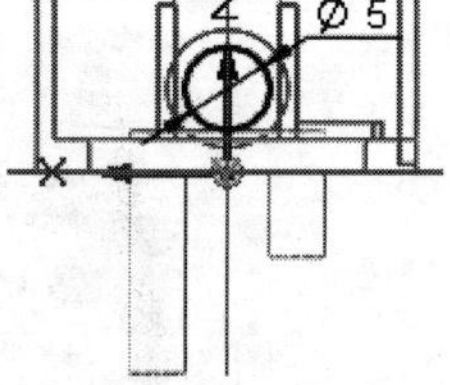

图 5.26　截面草图

Step12. 创建图 5.27 所示的旋转切削特征。在 实体 区域中单击按钮，选取右视图（YZ）平面作为草图平面，绘制图 5.28 所示的截面草图；单击区域中的按钮，选取图 5.28 所示的线为旋转轴，单击按钮；在“旋转”命令条的 角度(A): 文本框中输入值 360.0。在图形区空白区域单击，单击窗口中的 完成 按钮，完成旋转切削的创建。

图 5.27　旋转切削

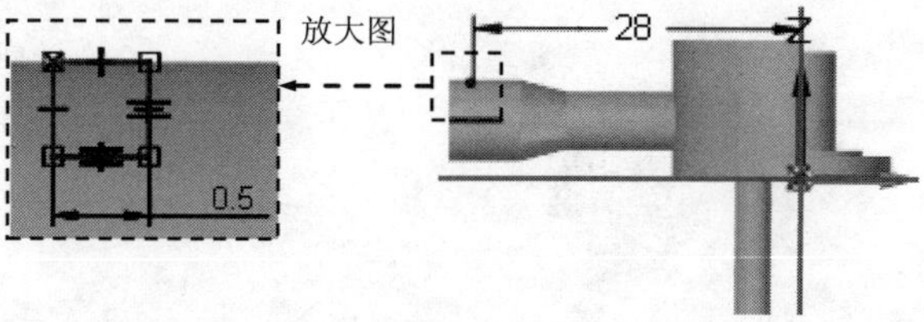

图 5.28　截面草图

Step13. 创建图 5.29 所示的阵列特征，在 阵列 区域中单击 阵列 命令，在图形区中选取要阵列的除料特征，单击按钮，完成特征的选取；选取右视图（YZ）平面作为阵列草图平面。单击 特征 区域中的按钮，绘制图 5.30 所示的矩形；在“阵列”命令条 翻转 后的下拉列表中选择 固定，在“阵列”命令条 X: 后的文本框中输入第一方向的阵列个数为 3，输入间距值为 1。在“阵列”命令条 Y: 后的文本框中输入第一方向的阵列个数为 1，输入间距值为 0，然后按 Enter 键；单击按钮，退出草绘环境，在命令条中单击 完成 按钮，完成阵列特征的创建。

图 5.29　阵列特征

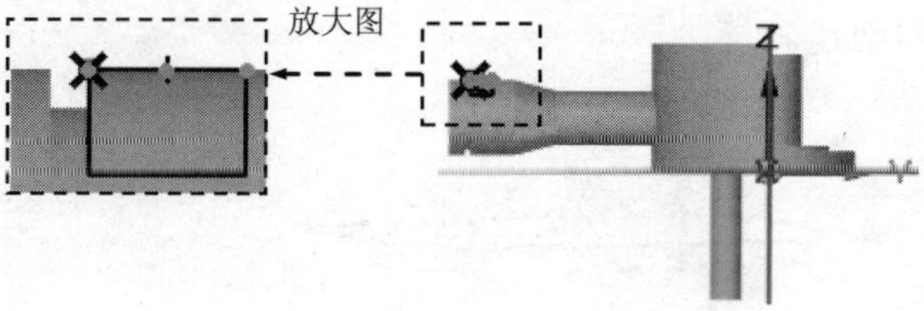

图 5.30　矩形阵列轮廓

Step14. 创建图 5.31 所示的除料特征 1。在 实体 区域中单击按钮，选取图 5.32 所示的模型表面作为草图平面，绘制图 5.33 所示的截面草图；绘制完成后，单击按钮，选择命令条中的“有限范围”按钮，在 距离: 下拉列表中输入值 6，在需要移除材料的一侧单击鼠标左键，单击 完成 按钮，单击 取消 按钮，完成除料特征 1 的创建。

图 5.31　除料特征 1

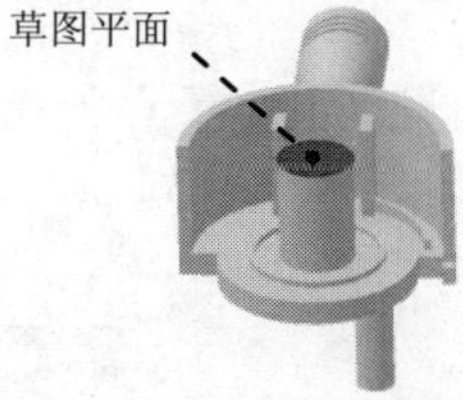

图 5.32　选取草图平面

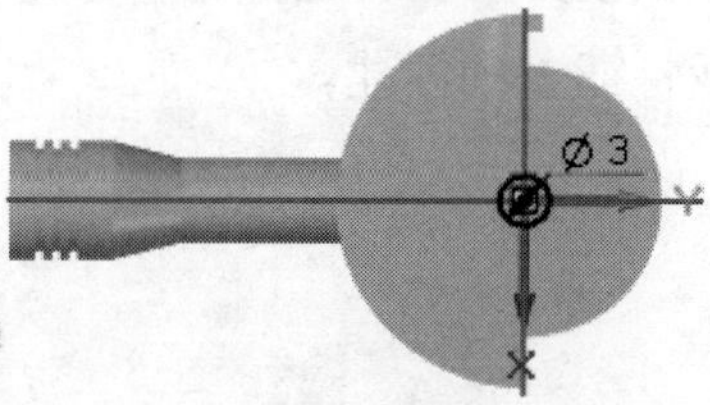

图 5.33　截面草图

Step15. 创建图 5.34 所示的除料特征 2。在 实体 区域中单击按钮，选取 5.35 所示的模型表面作为草图平面，绘制图 5.36 所示的截面草图；绘制完成后，单击按钮，选择命令条中的“贯通”按钮，在需要除料的一侧单击鼠标左键，单击 完成 按钮，单击 取消 按钮，完成除料特征 2 的创建。

图 5.34 除料特征 2

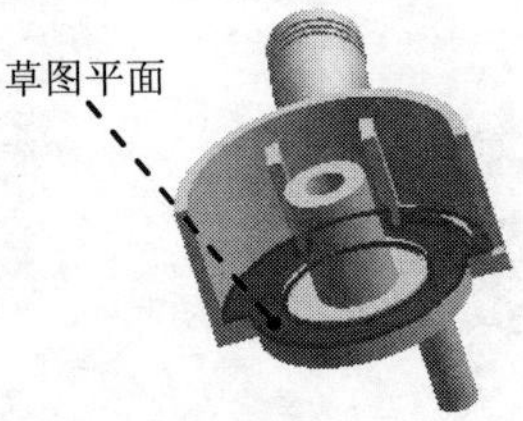

图 5.35 选取草图平面

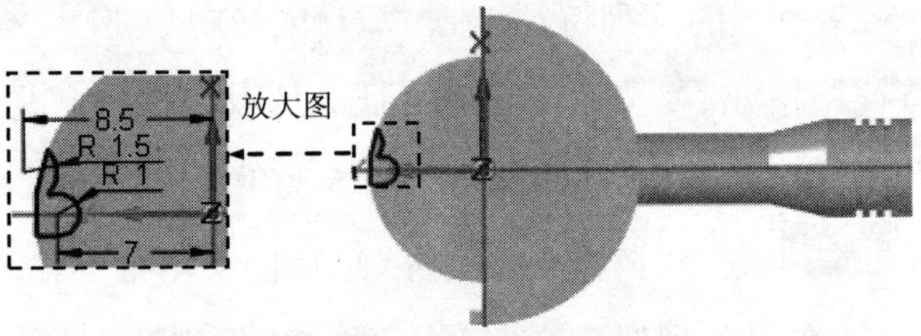

图 5.36 截面草图

Step16. 创建图 5.37 所示的平面 4。在平面区域中单击按钮，选择平行选项；选取俯视图（XY）平面作为参考平面，选取图 5.38 所示的模型截面轮廓为参照，完成平面 4 的创建。

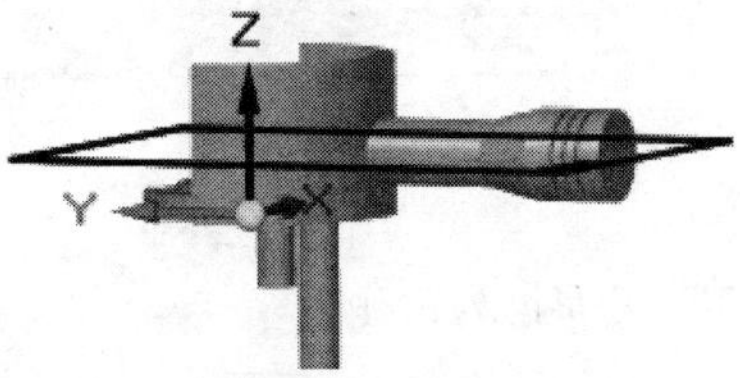

图 5.37 平面 4

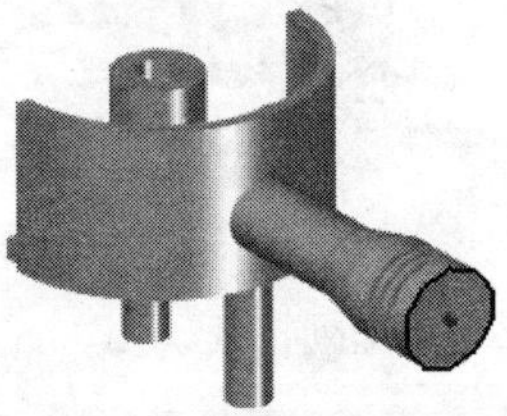

图 5.38 定义参考对象

Step17. 创建图 5.39 所示的肋板特征 1。在实体区域中单击薄壁下的小三角，选择肋板命令，在“肋板”命令条中选择重合平面，选择平面 4 作为肋板的草图平面，绘制图 5.40 所示的草图，单击按钮；在命令条的厚度文本框中输入厚度值 0.4；移动鼠标调整拔模方向至合适位置后单击，单击命令条中的完成按钮，然后单击取消按钮，完成肋板特征 1 的创建。

图 5.39 肋板特征 1

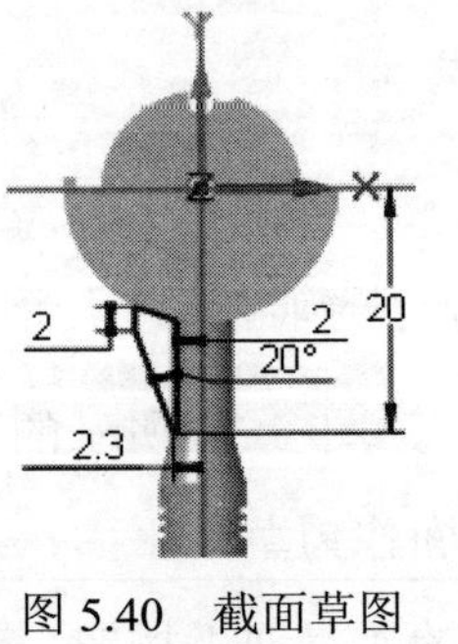

图 5.40 截面草图

Step18. 创建图 5.41 所示的镜像 1，在阵列区域中选择镜像命令，选取肋板作为镜像特征，单击按钮；选取右视图（YZ）作为镜像中心平面，单击“镜像”命令条中的按钮，完成镜像 1 的创建。

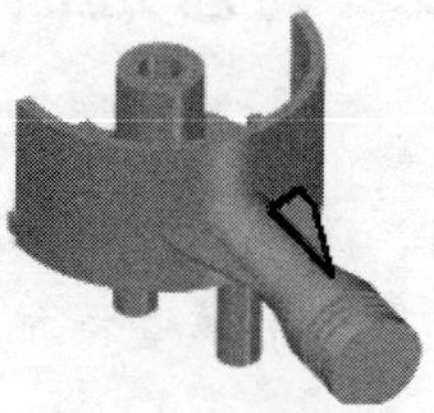

图 5.41 镜像 1

Step19. 后面的详细操作过程请参见随书光盘中 video\ch05\reference\文件下的语音视频讲解文件 handle_body-r02.exe。

学习拓展：扫一扫右侧二维码，可以免费学习更多视频讲解。

讲解内容：渲染设计背景知识及流程等。

实例6　挖掘机铲斗

实例概述

本实例主要运用了拉伸、倒圆、薄壁、阵列和镜像等特征命令，其中的主体造型是通过实体倒圆（一个大直径圆角）后用薄壁特征完成的，构思很巧妙。零件模型及路径查找器如图 6.1 所示。

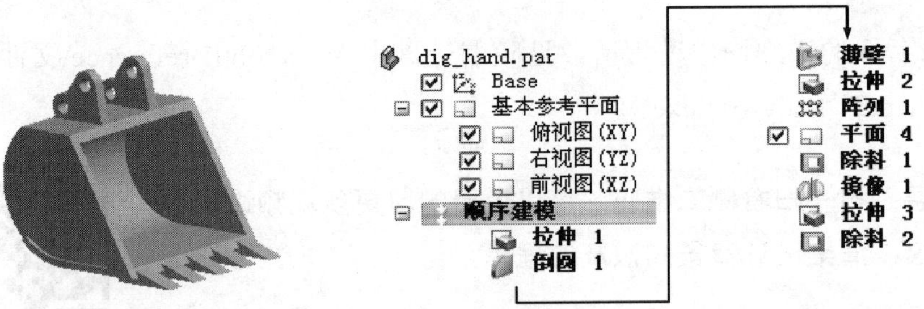

图 6.1　零件模型及路径查找器

说明：本例前面的详细操作过程请参见随书光盘中 video\ch06\reference\文件下的语音视频讲解文件 dig_hand-r01.exe。

Step1. 打开文件 D:\ sest10.3\work\ch06\dig_hand_ex.par。

Step2. 创建图 6.2 所示的拉伸特征 2。在 实体 区域中单击 按钮，选取图 6.3 所示的平面作为草图平面，绘制图 6.4 所示的截面草图，绘制完成后，单击 按钮，确认 与 按钮不被按下，在 距离: 下拉列表中输入值 40，并按 Enter 键，拉伸方向为 Y 轴正方向，在图形区空白区域单击；单击 完成 按钮，单击 取消 按钮，完成拉伸特征 2 的创建。

图 6.2　拉伸特征 2

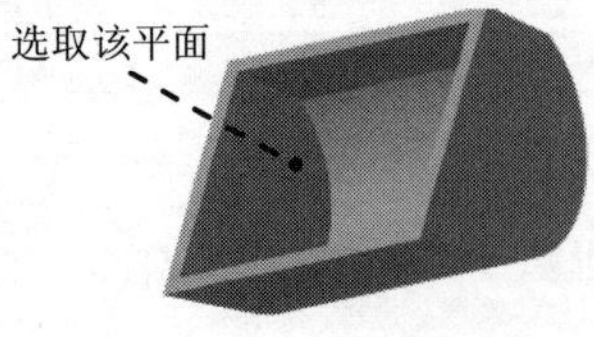

图 6.3　选取草图平面

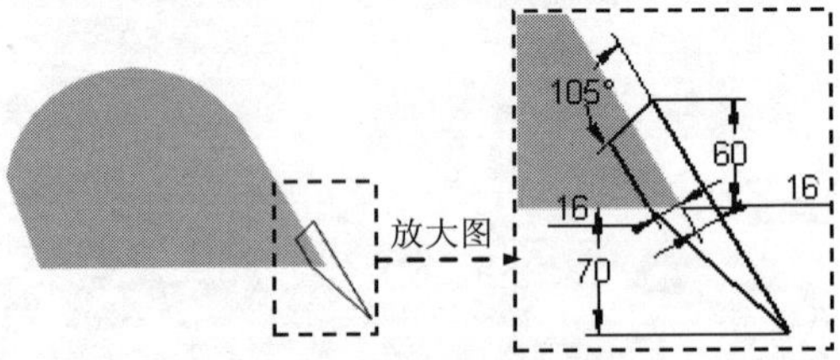

图 6.4　截面草图

Step3. 创建图 6.5 所示的阵列特征 1，在 阵列 区域中单击 阵列 命令，在图形区中选取要阵列的拉伸特征 2，单击 按钮，完成特征的选取；选取图 6.6 所示的平面作为阵列草图平面。单击 特征 区域中的 按钮，绘制图 6.7 所示的矩形；在“阵列”命令条的 翻转 下拉列表中选择 固定 选项，在“阵列”命令条的 X: 文本框中输入第一方向的阵列个数为 5，输入间距值 80；在“阵列”命令条的 Y: 文本框中输入第一方向的阵列个数为 1，输入间距值 0，然后右击；单击 按钮，退出草绘环境，在命令条中单击 完成 按钮，完成阵列特征 1 的创建。

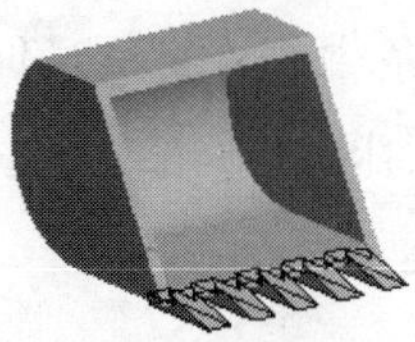

图 6.5 阵列特征 1

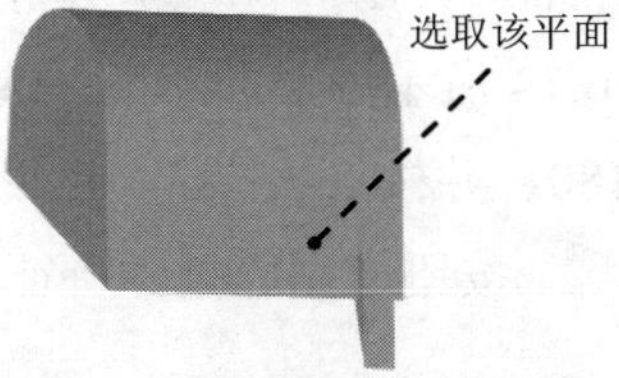

图 6.6 选取阵列草图平面

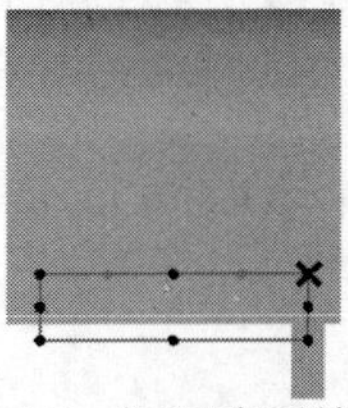

图 6.7 矩形阵列轮廓

Step4. 创建图 6.8 所示的平面 4。在 平面 区域中单击 按钮，选择 平行 选项。在绘图区域选取前视图 XZ 平面为参考平面。在 距离: 下拉列表中输入偏移距离值 192，偏移方向参考图 6.9 所示。单击完成平面 4 的创建。

图 6.8 平面 4

图 6.9 平面 4 偏移方向

Step5. 创建图 6.10 所示的除料特征 1。在 实体 区域中单击 按钮，选取平面 4 作为草图平面，进入草绘环境。绘制图 6.11 所示的截面草图；绘制完成后，单击 按钮；选择命令条中的“贯通”按钮，在需要移除材料的一侧单击鼠标左键，单击 完成 按钮，单击 取消 按钮，完成除料特征 1 的创建。

图 6.10 除料特征 1

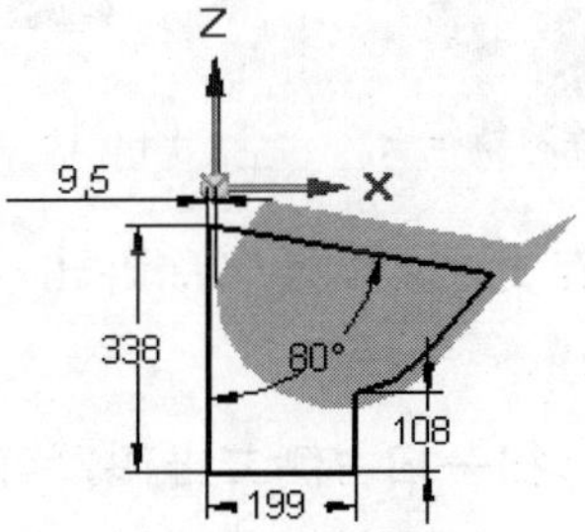

图 6.11 截面草图

Step6. 创建图 6.12b 所示的镜像 1，在 阵列 区域中单击 镜像 命令，在图形区中选取除料特征 1 作为镜像特征，单击 按钮，完成特征的选取；选取前视图（XZ）平面作为镜像中心平面，单击“镜像”命令条中的 完成 按钮，完成镜像特征的创建。

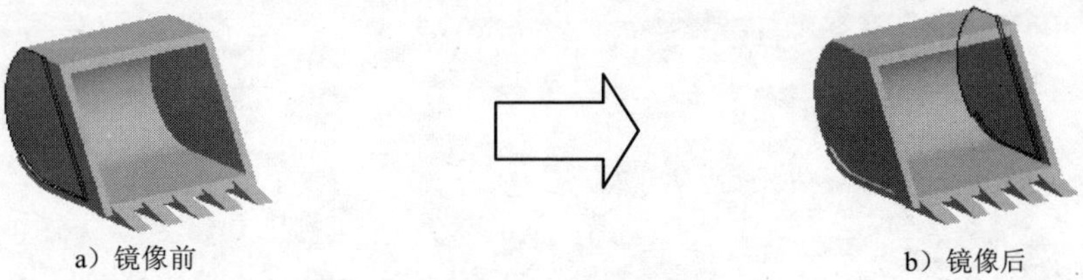

a）镜像前 b）镜像后

图 6.12 镜像 1

Step7. 创建图 6.13 所示的拉伸特征 3。在 实体 区域中单击按钮，选取前视图（XZ）平面作为草图平面，绘制图 6.14 所示的截面草图，选择命令条中的“对称延伸”按钮，在 距离: 下拉列表中输入值 180，并按 Enter 键，在图形区空白区域单击；单击“拉伸”命令条中的 完成 按钮，单击 取消 按钮，完成拉伸特征 3 的创建。

图 6.13 拉伸特征 3

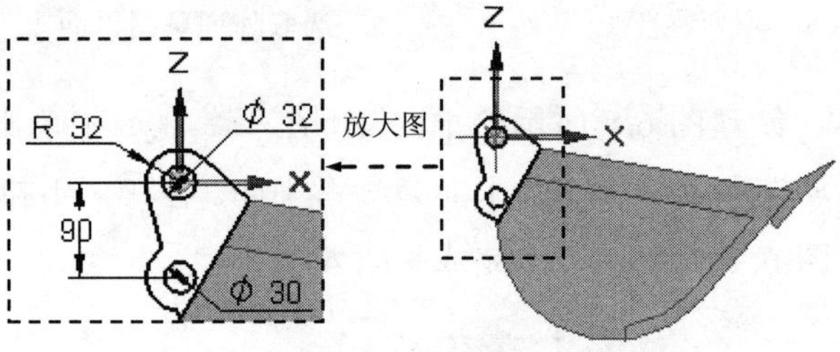

图 6.14 截面草图

Step8. 创建图 6.15 所示的除料特征 2。在 实体 区域中单击按钮，选取图 6.16 所示的模型表面作为草图平面，进入草绘环境。绘制图 6.17 所示的截面草图；绘制完成后，单击按钮。选择命令条中的“贯通”按钮，在需要移除材料的一侧单击鼠标左键，单击 完成 按钮，单击 取消 按钮，完成除料特征 2 的创建。

图 6.15 除料特征 2

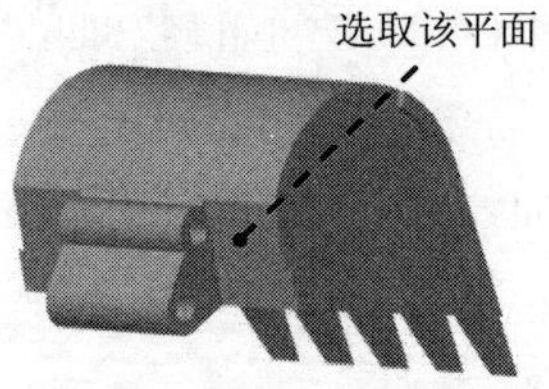

图 6.16 定义草图平面

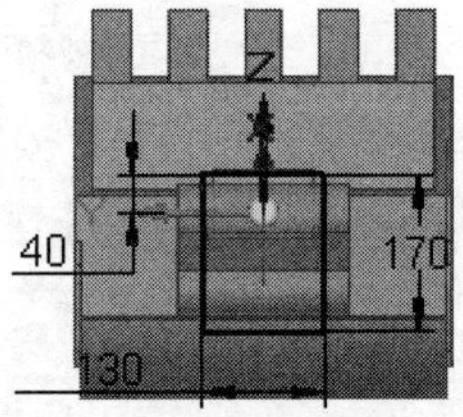

图 6.17 截面草图

Step9. 保存文件，文件名称为 dig_hand。

学习拓展：扫一扫右侧二维码，可以免费学习更多视频讲解。

讲解内容：钣金设计的背景知识，钣金的基本概念，常见的钣金产品及工艺流程等。

实例 7 上 箱 体

实例概述

本实例介绍了上箱体的设计过程。此例是对前面几个实例以及相关命令的总结性练习，模型本身虽然是一个很单纯的机械零件，但是通过练习本例，读者可以熟练掌握拉伸特征、孔特征、倒圆特征及扫掠特征的应用。零件模型及相应的路径查找器如图 7.1 所示。

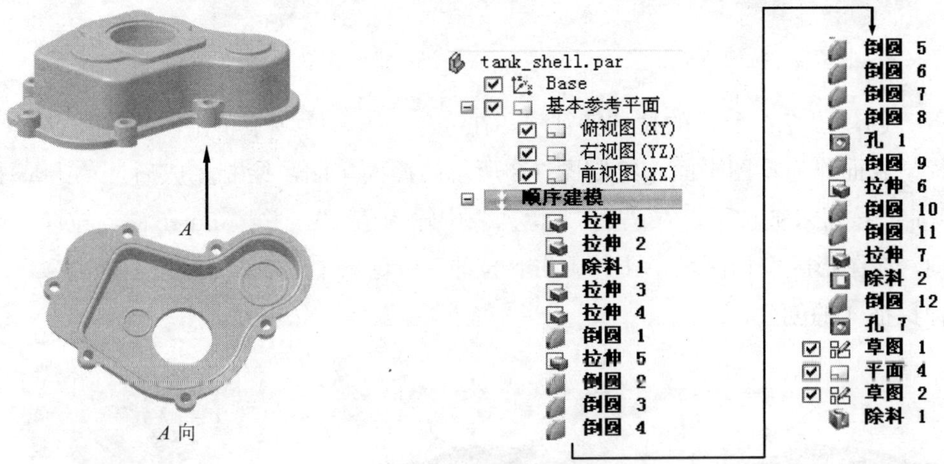

图 7.1　零件模型及路径查找器

说明：本例前面的详细操作过程请参见随书光盘中 video\ch07\reference\文件下的语音视频讲解文件 tank_shell-r01.exe。

Step1. 打开文件 D:\ sest10.3\work\ch07\tank_shell_ex.par。

Step2. 创建图 7.2 所示的除料特征 1。在 实体 区域中单击 按钮，选取图 7.2 所示的模型表面作为草图平面，绘制图 7.3 所示的截面草图；绘制完成后，单击 按钮，选择命令条中的“有限范围”按钮 ，在 距离: 下拉列表中输入值 110，并按 Enter 键，在需要移除材料的一侧单击，单击 完成 按钮，单击 取消 按钮，完成除料特征 1 的创建。

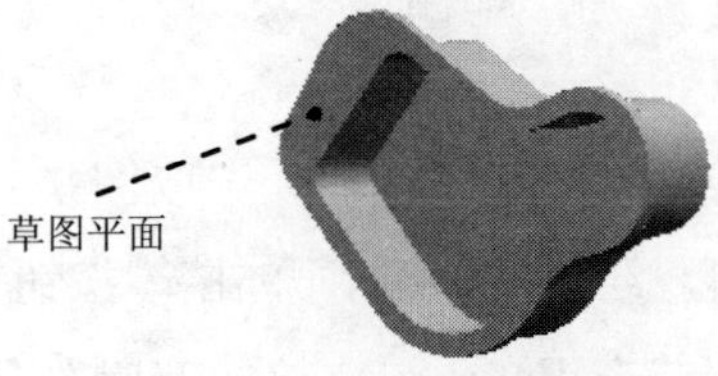

图 7.2　除料特征 1

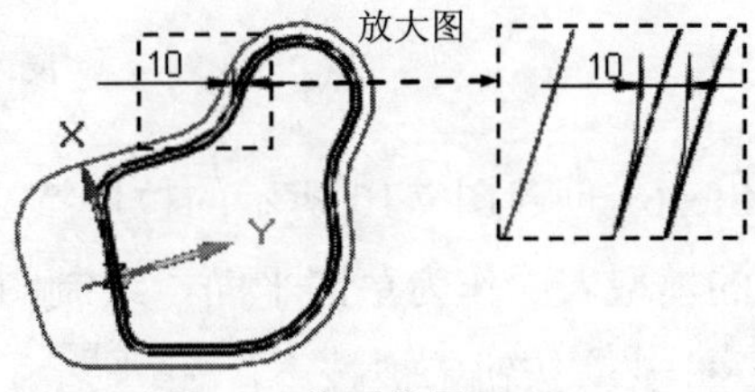

图 7.3　截面草图

Step3. 创建图 7.4 所示的拉伸特征 3。在 实体 区域中单击 按钮，选取俯视图

（XY）平面作为草图平面，绘制图 7.5 所示的截面草图，绘制完成后，单击按钮；确认与按钮不被按下，在距离:下拉列表中输入值 50，并按 Enter 键，拉伸方向为 Z 轴正方向，在图形区空白区域单击；单击“拉伸”命令条中的完成按钮，单击取消按钮，完成拉伸特征 3 的创建。

图 7.4　拉伸特征 3

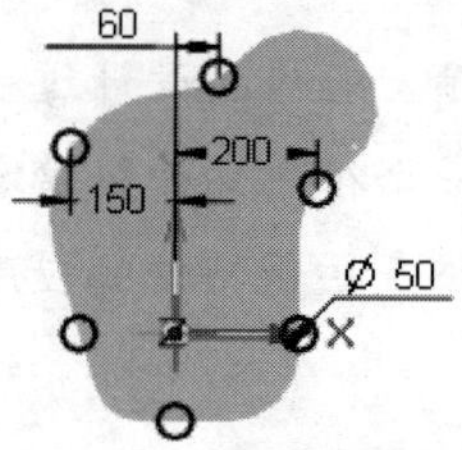

图 7.5　截面草图

Step4. 创建图 7.6 所示的拉伸特征 4。在实体区域中单击按钮，选取图 7.7 所示的模型表面作为草图平面，绘制图 7.8 所示的截面草图，绘制完成后，单击按钮；确认与按钮未被按下，在距离:下拉列表中输入值 10，并按 Enter 键，拉伸方向为 Z 轴正方向，在图形区空白区域单击；单击“拉伸”命令条中的完成按钮，单击取消按钮，完成拉伸特征 4 的创建。

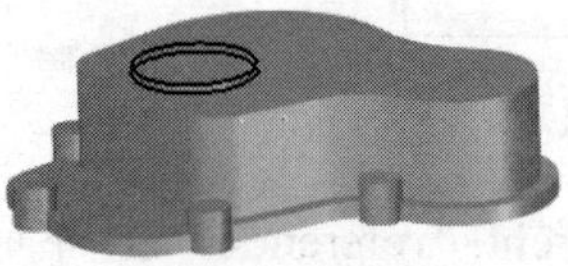

图 7.6　拉伸特征 4

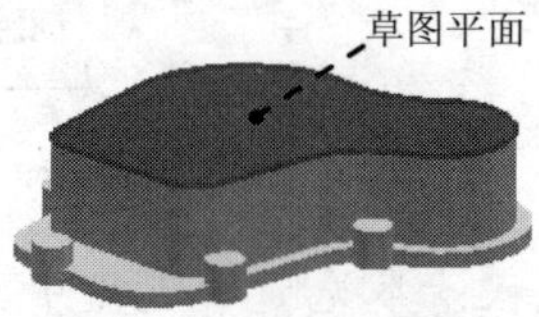

图 7.7　定义草图平面

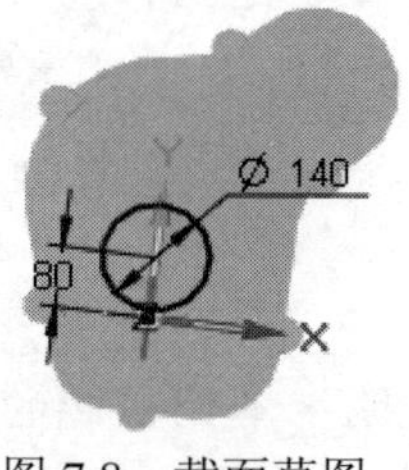

图 7.8　截面草图

Step5. 创建图 7.9b 所示的倒圆特征 1。选取图 7.9a 所示的模型边线为倒圆的对象，倒圆半径值为 10。

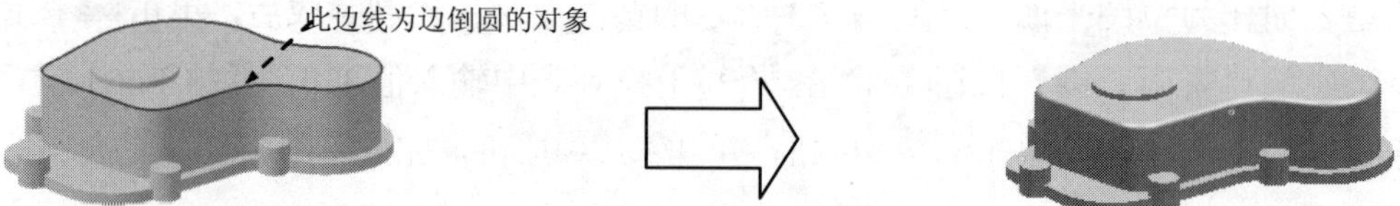

图 7.9　倒圆特征 1

Step6. 创建图 7.10 所示的拉伸特征 5。在实体区域中单击按钮，选取图 7.11 所示的模型表面作为草图平面，绘制图 7.12 所示的截面草图，绘制完成后，单击按钮；确认与按钮未被按下，在距离:下拉列表中输入值 14，并按 Enter 键，拉伸方向为 Z 轴正方向，在图形区空白区域单击；单击“拉伸”命令条中的完成按钮，单击取消按钮，完成拉伸特征 5 的创建。

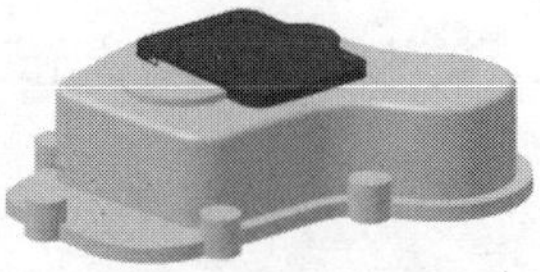

图 7.10 拉伸特征 5

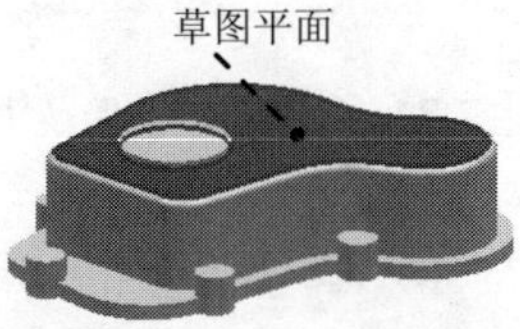

图 7.11 定义草图平面

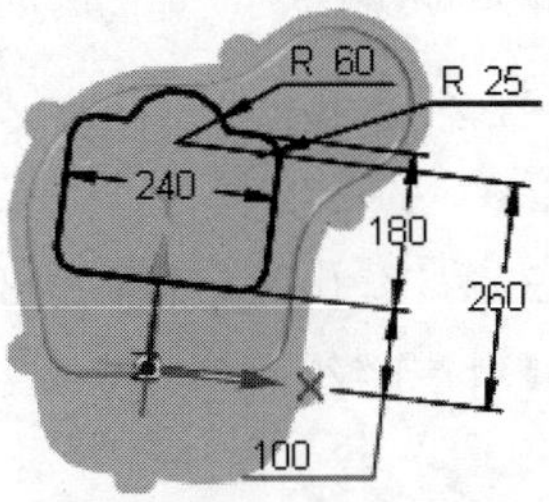

图 7.12 截面草图

Step7. 创建图 7.13 所示的倒圆特征 2。选取图 7.13a 所示的模型边线为倒圆的对象，倒圆半径值为 20。

Step8. 创建图 7.14 所示的倒圆特征 3。选取图 7.14a 所示的模型边线为倒圆的对象，倒圆半径值为 3。

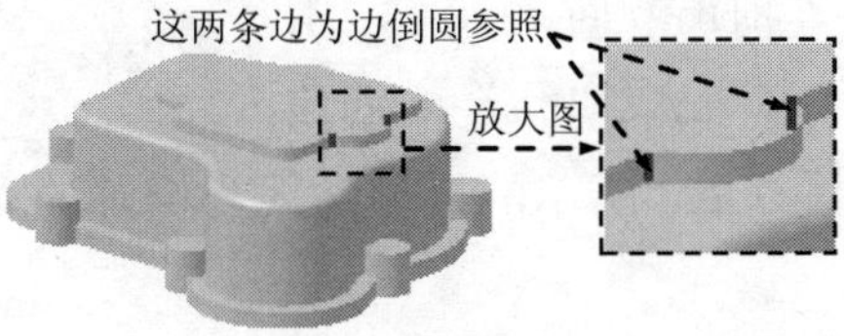

图 7.13 倒圆特征 2

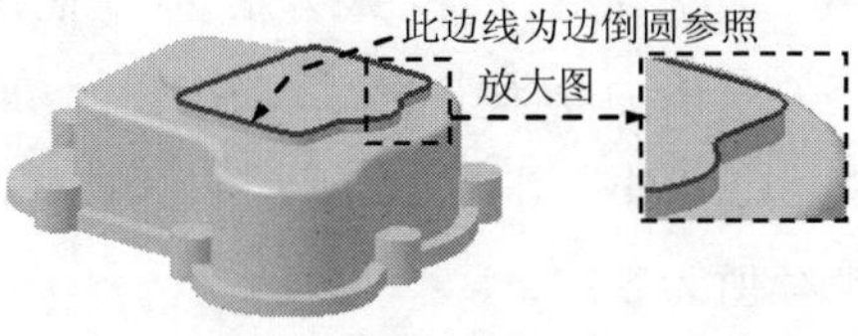

图 7.14 倒圆特征 3

Step9. 创建倒圆特征 4。选取图 7.15 所示的边线为倒圆的对象，倒圆半径值为 2。

Step10. 创建倒圆特征 5。选取图 7.16 所示的边线为倒圆的对象，倒圆半径值为 10。

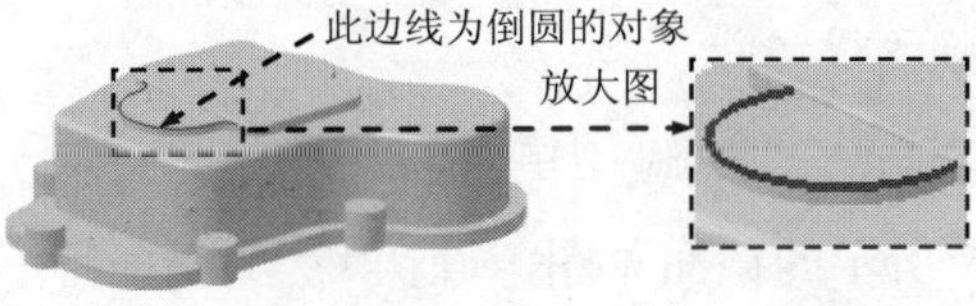

图 7.15 倒圆特征 4

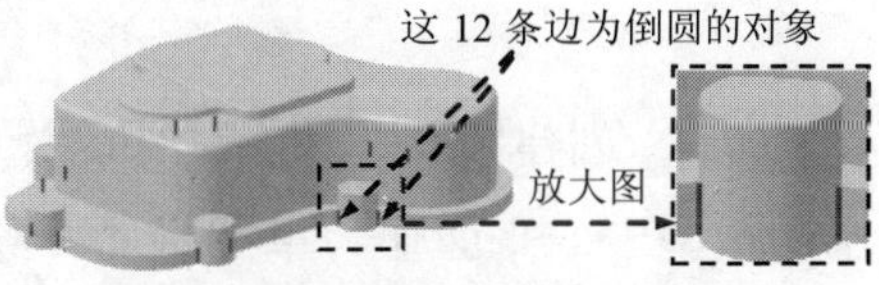

图 7.16 倒圆特征 5

Step11. 创建倒圆特征 6。选取图 7.17 所示的边线为倒圆的对象，倒圆半径值为 10。

Step12. 创建倒圆特征 7。选取图 7.18 所示的边线为倒圆的对象，倒圆半径值为 5。

Step13. 创建倒圆特征 8。选取图 7.19 所示的边线为倒圆的对象，倒圆半径值为 5。

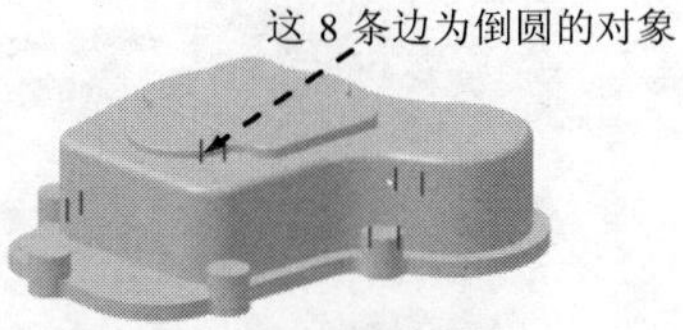

图 7.17 倒圆特征 6

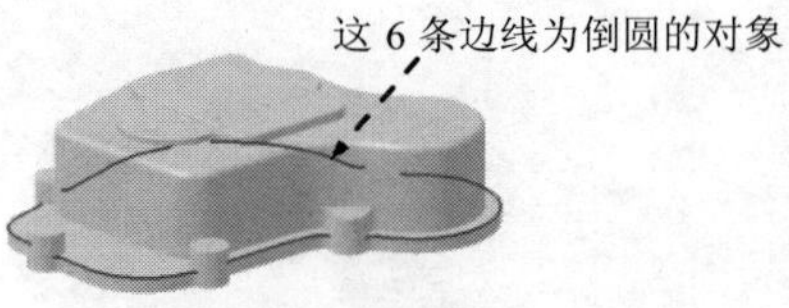

图 7.18 倒圆特征 7

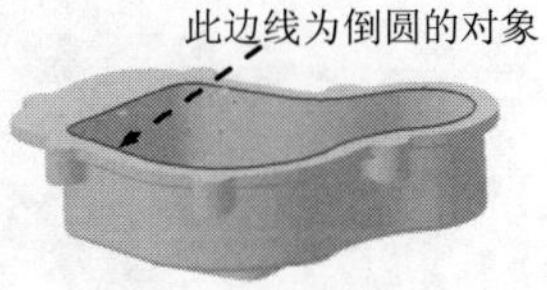

图 7.19 倒圆特征 8

Step14. 创建图 7.20 所示的孔。

（1）定义孔的参数。在 实体 区域中单击按钮，单击按钮，在“孔选项”对话框中选择“简单孔”选项，在 4 mm 下拉列表中输入值 26，在 孔范围: 区域选择延伸类型为（贯通），单击确定按钮。完成孔参数的设置。

（2）定义孔的放置面。选取俯视图（XY）平面为孔的放置面，在模型表面单击完成孔的放置。

（3）编辑孔的定位。为孔添加图 7.21 所示的尺寸及几何约束，约束完成后，单击按钮，退出草图绘制环境。

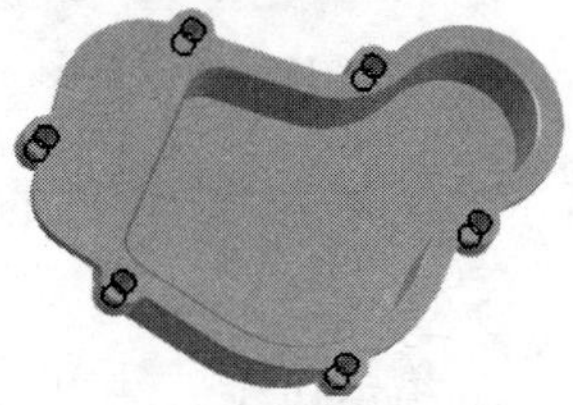

图 7.20　孔特征 1

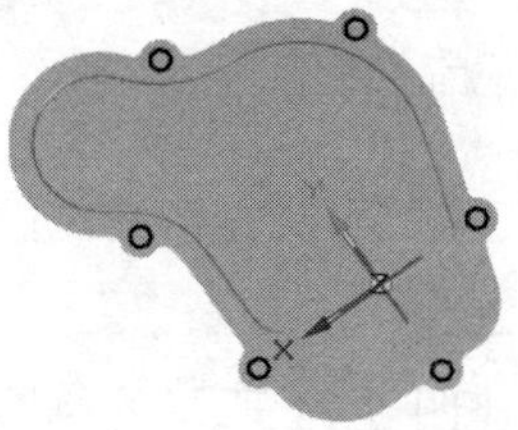

图 7.21　孔的尺寸及几何约束

（4）调整孔的方向。移动鼠标调整孔的方向为 Z 轴正方向。

（5）单击命令条中的完成按钮。单击取消按钮，完成“孔”的创建。

Step15. 创建图 7.22b 所示的倒圆特征 9。选取图 7.22a 所示的模型边线为倒圆的对象，倒圆半径值为 5。

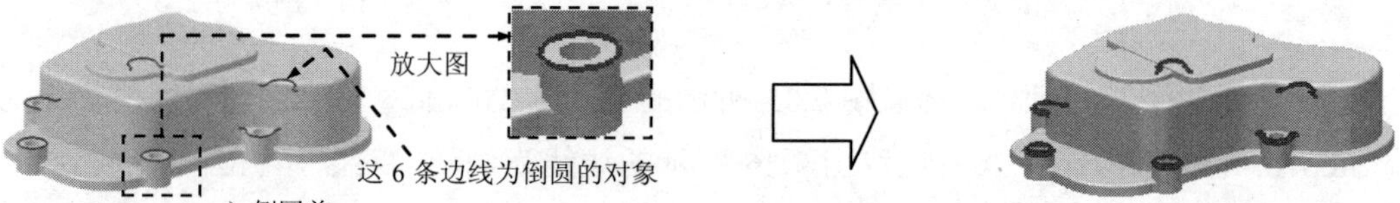

a）倒圆前

b）倒圆后

图 7.22　倒圆特征 9

Step16. 创建图 7.23 所示的拉伸特征 6。在实体区域中单击按钮，选取图 7.24 所示的模型表面平面作为草图平面，绘制图 7.25 所示的截面草图，确认与按钮不被按下，在距离:下拉列表中输入值 14，并按 Enter 键，拉伸方向为 Z 轴正方向，在图形区空白区域单击；单击“拉伸”命令条中的完成按钮，单击取消按钮，完成拉伸特征 6 的创建。

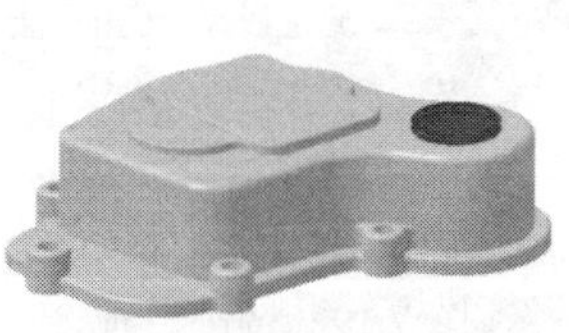

图 7.23　拉伸特征 6

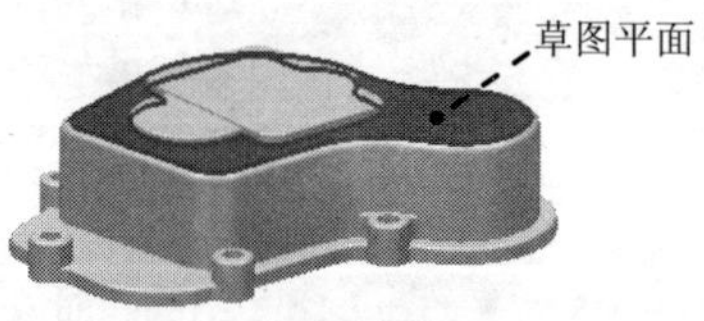

图 7.24　定义截面草图

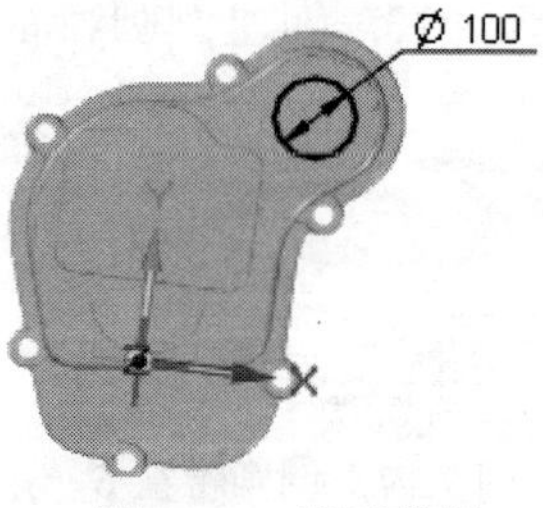

图 7.25　截面草图

Step17. 创建图 7.26 所示的倒圆特征 10。选取图 7.26 所示的模型边线为倒圆的对象，倒圆半径值为 2。

Step18. 创建图 7.27 所示的倒圆特征 11。选取图 7.27 所示的模型边线为倒圆的对象，倒圆半径值为 3。

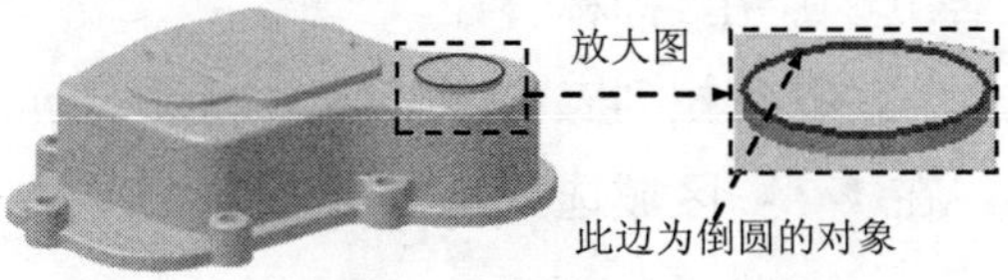

图 7.26 倒圆特征 10

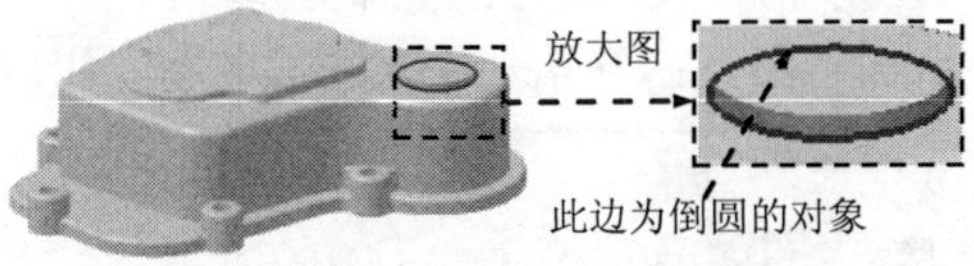

图 7.27 倒圆特征 11

Step19. 创建图 7.28 所示的拉伸特征 7。在 实体 区域中单击按钮，选取图 7.29 所示的模型表面平面作为草图平面，绘制图 7.30 所示的截面草图，确认与按钮不被按下，在 距离: 下拉列表中输入值 10，并按 Enter 键，拉伸方向为 Z 负方向，在图形区空白区域单击；单击“拉伸”命令条中的 完成 按钮，单击 取消 按钮，完成拉伸特征 7 的创建。

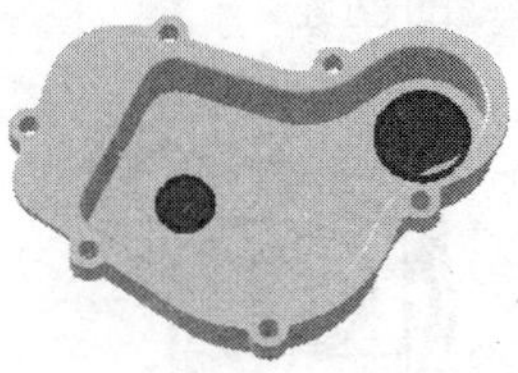
图 7.28 拉伸特征 7

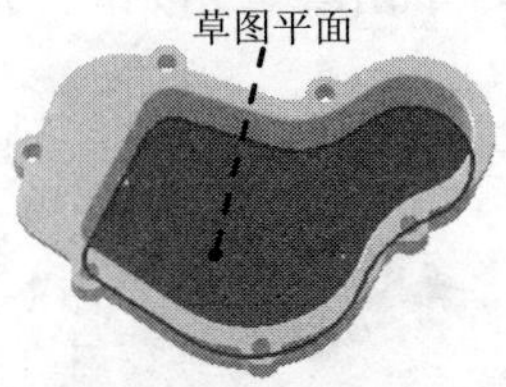

图 7.29 定义草图平面

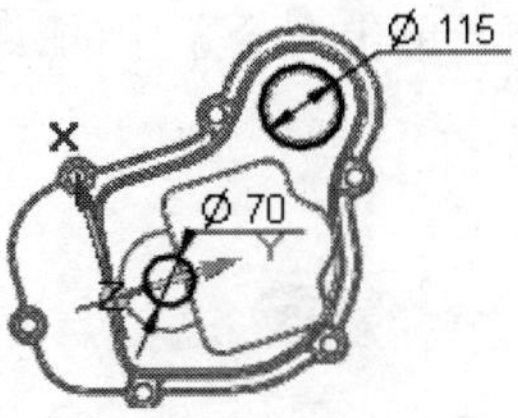

图 7.30 截面草图

Step20. 创建图 7.31 所示的除料特征 2。在 实体 区域中单击按钮，选取图 7.32 所示的模型表面平面作为草图平面，绘制图 7.33 所示的截面草图，确认与按钮不被按下，在 距离: 下拉列表中输入值 15，并按 Enter 键，在需要移除材料的一侧单击鼠标左键，在图形区空白区域单击；单击“除料”命令条中的 完成 按钮，单击 取消 按钮，完成除料特征 2 的创建。

图 7.31 除料特征 2

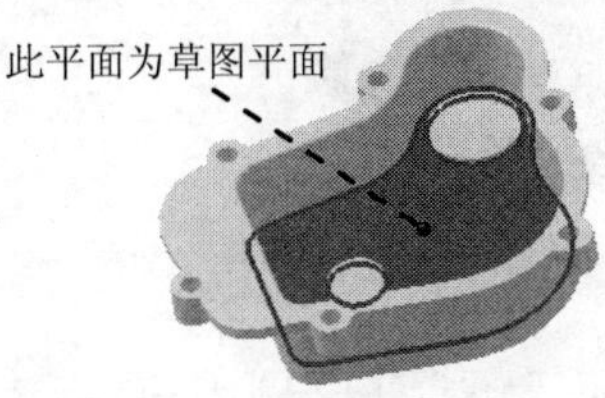

图 7.32 定义草图平面

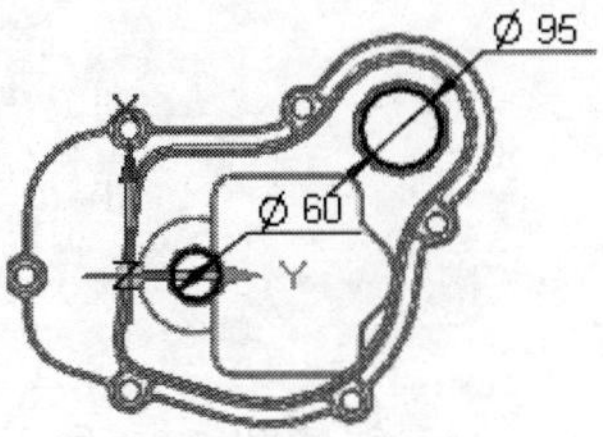

图 7.33 截面草图

Step21. 创建图 7.34 所示的倒圆特征 12。选取图 7.34 所示的模型边线为倒圆的对象，倒圆半径值为 2。

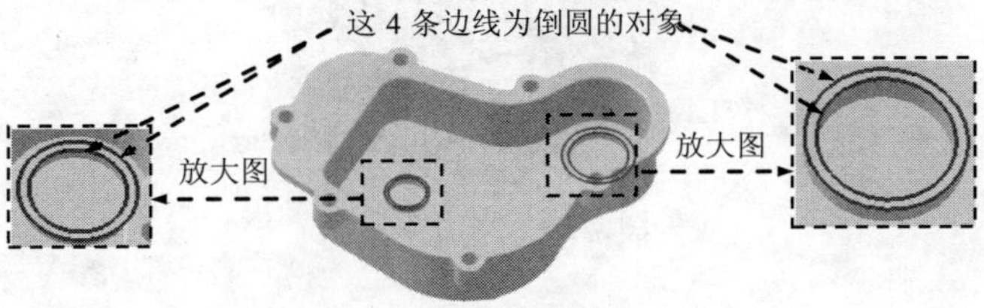

图 7.34 倒圆特征 12

Step22. 创建图 7.35 所示的孔。

（1）定义孔的参数。在 实体 区域中单击按钮，单击按钮，系统弹出“孔选项”对话框，在该对话框中选择“沉头孔”选项选项，在“标称直径” 10 mm 下拉列表中选择 120，在“沉头直径” 15.00 mm 下拉列表中输入值 160，在“沉头深度” 9.00 mm 下拉列表中输入值 25，在 孔范围 区域选择延伸类型为，单击 确定 按钮。完成孔参数的设置。

（2）定义孔的放置面。选取图 7.36 所示的表面为孔的放置面，在模型表面单击完成孔的放置。

（3）编辑孔的定位。为孔添加图 7.37 所示的尺寸及几何约束，约束完成后，单击按钮，退出草图绘制环境。

（4）调整孔的方向。移动鼠标调整孔的方向为 Z 轴负方向。

（5）单击命令条中的 完成 按钮。单击 取消 按钮，完成“孔”的创建。

图 7.35 孔特征 2

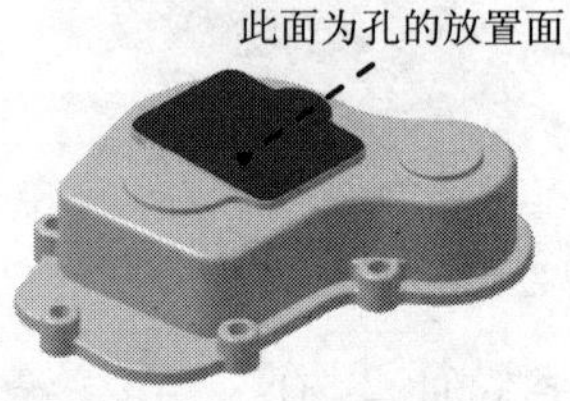

图 7.36 定义孔的放置面

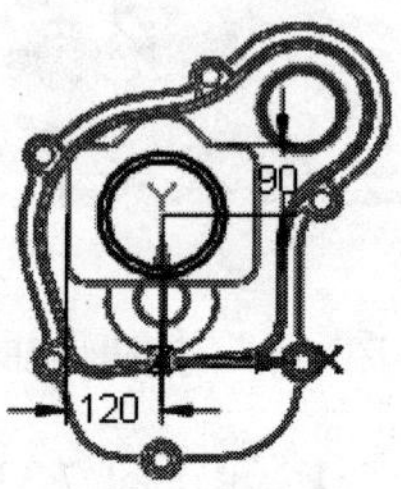

图 7.37 孔的位置尺寸

Step23. 创建图 7.38 所示的草图 1（本步的详细操作过程请参见随书光盘中 video\ch07\reference\文件下的语音视频讲解文件 tank_shell-r02.exe）。

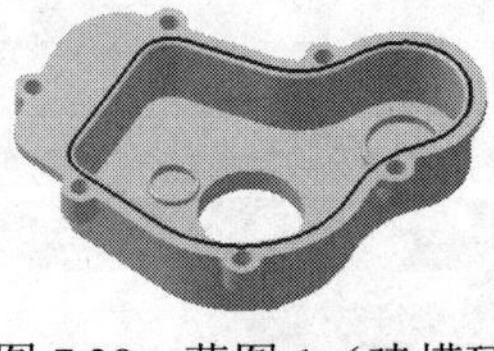

图 7.38 草图 1（建模环境）

Step24. 创建图 7.39 所示的平面 4。在 平面 区域中单击按钮，选择 垂直于曲线 选项，在绘图区域选取草图 1 为参考，在任意位置处单击，完成平面 4 的创建。

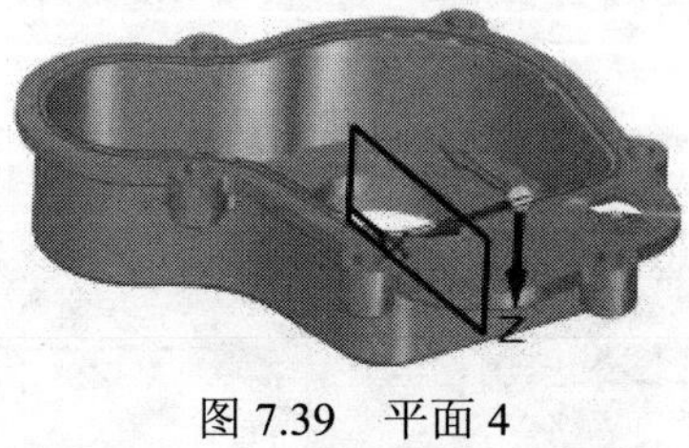

图 7.39 平面 4

Step25. 创建草图 2（本步的详细操作过程请参见随书光盘中 video\ch07\reference\文件下的语音视频讲解文件 tank_shell-r03.exe）。

Step26. 创建图 7.40 所示的除料扫掠特征，在 实体 区域中单击 后的小三角，选择 扫掠 命令，在“除料扫掠”对话框的 默认扫掠类型 区域中选中 ⊙ 单一路径和横截面(S) 单选项，其他参数接受系统默认，单击 确定 按钮；在命令条中选择 从草图/零件边选择，选取草图 1 作为扫掠轨迹曲线，单击右键；选择草图 2 作为扫掠截面；单击 “除料扫掠”命令条中的 完成 按钮，单击 取消 按钮，完成除料扫掠特征的创建。

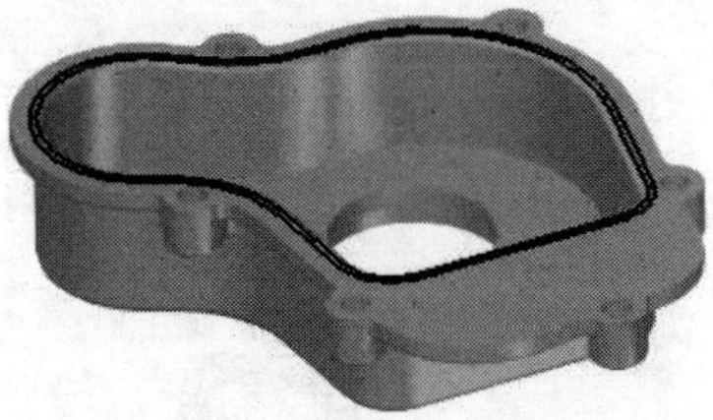

图 7.40　除料扫掠特征

Step27. 保存文件，文件名称为 tank_shell。

学习拓展：扫一扫右侧二维码，可以免费学习更多视频讲解。
讲解内容：动画与运动仿真。

实例8 剃须刀盖

实例概述

本实例主要运用了实体建模的基本技巧，包括拉伸、除料及变圆角等特征命令，其中的变圆角特征的创建需要读者多花时间练习才能熟练地掌握。该零件模型及路径查找器如图 8.1 所示。

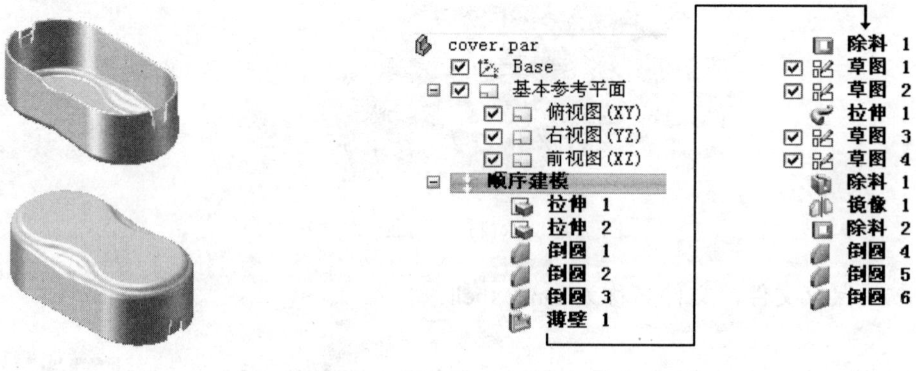

图 8.1 零件模型及路径查找器

说明：本例前面的详细操作过程请参见随书光盘中 video\ch08\reference\文件下的语音视频讲解文件 cover-r01.exe。

Step1. 打开文件 D:\sest10.3\work\ch08\cover_ex.par。

Step2. 创建图 8.2 所示的倒圆特征 3。单击按钮，选取倒圆类型为 可变半径(V)，单击 确定 按钮；选取图 8.3 所示的模型边线为倒圆的对象，然后右击；选取图 8.3 所示的点 1、2，输入倒圆半径值 1.5，然后右击，选取图 8.3 所示的点 3、点 4、点 5、点 6，输入倒圆半径值 3，然后右击，选取图 8.3 所示的点 7、点 8，输入倒圆半径值 4，单击命令条中的 预览 按钮，然后单击 完成 按钮，完成倒圆特征 3 的创建。

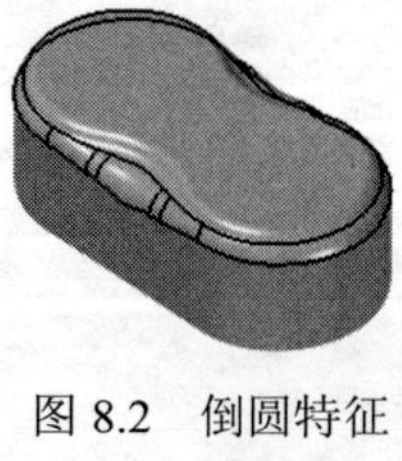

图 8.2 倒圆特征 3

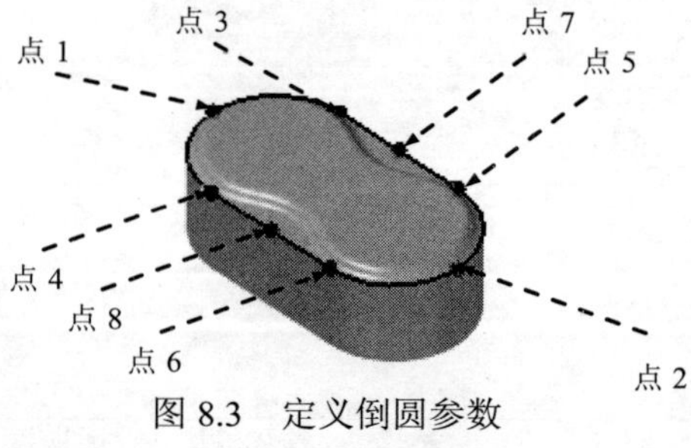

图 8.3 定义倒圆参数

Step3. 创建图 8.4b 所示的薄壁特征。在 实体 区域中单击按钮，在“薄壁”命令条的同一厚度:文本框中输入薄壁厚度值 1，然后右击；选择图 8.4a 所示的模型表面为要移除的面，然后右击；单击“薄壁”命令条中的预览按钮，单击完成按钮，完成薄壁特征的创建。

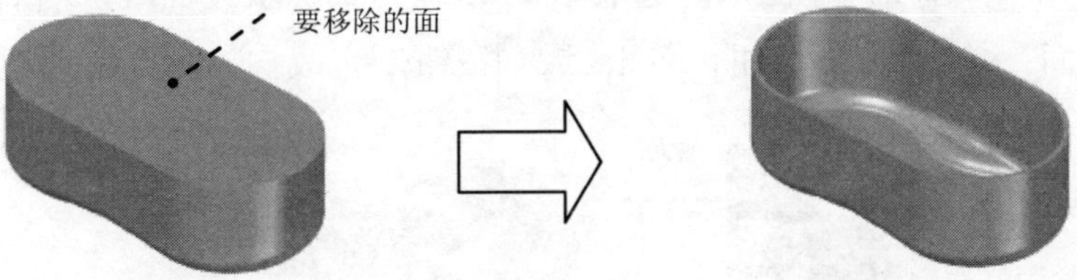

a）薄壁前　　b）薄壁后

图 8.4　薄壁特征

Step4. 创建图 8.5 所示的除料特征 1。在实体区域中单击按钮，选取右视图（YZ）平面作为草图平面，绘制图 8.6 所示的截面草图；绘制完成后，单击按钮，选择命令条中的“贯通”按钮，调整除料方向为两侧除料，单击完成按钮，单击取消按钮，完成除料特征 1 的创建。

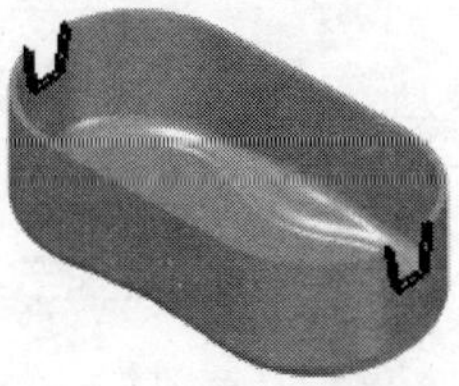

图 8.5　除料特征 1

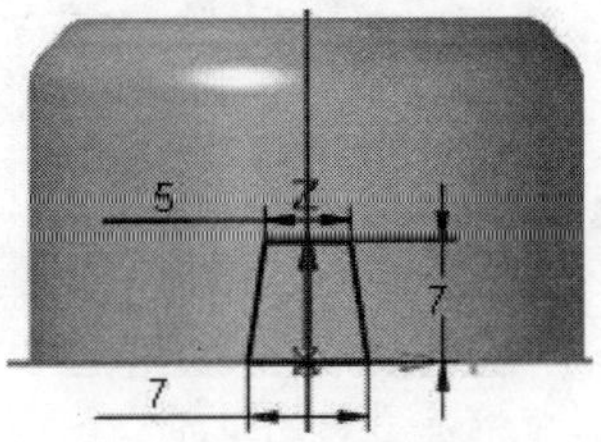

图 8.6　截面草图

Step5. 创建草图 1。在草图区域中单击按钮，选取图 8.7 所示的模型表面作为草图平面，绘制图 8.8 所示的草图 1。

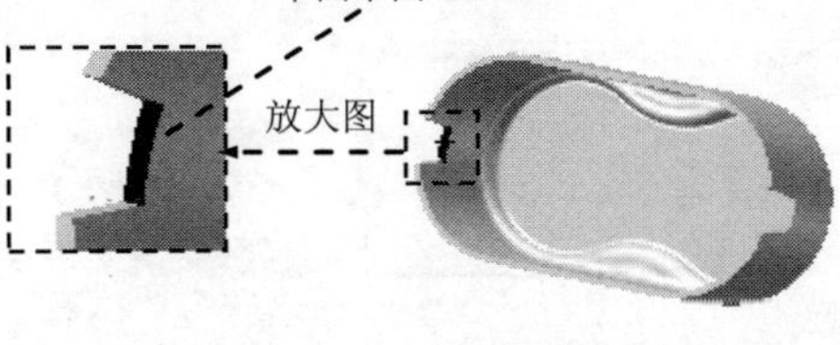

图 8.7　定义草图平面

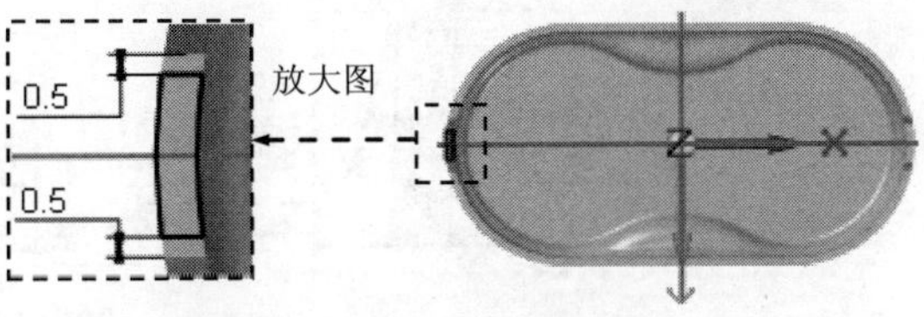

图 8.8　草图 1（草绘环境）

Step6. 创建草图 2。在草图区域中单击按钮，选取图 8.8 所示的前视图（XZ）模型表面作为草图平面，绘制图 8.9 所示的草图 2。

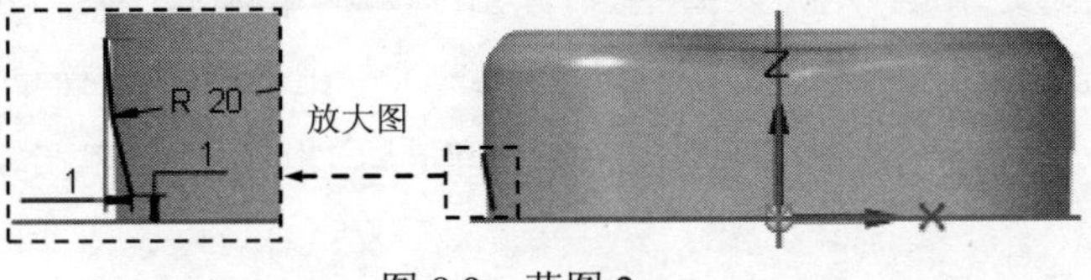

图 8.9　草图 2

Step7. 创建图 8.10 所示的扫掠特征。在 实体 区域中单击 后的小三角，选择 扫掠 命令后，在“扫掠”对话框的 默认扫掠类型 区域中选中 单一路径和横截面(S) 单选项。其他参数接受系统默认设置值，单击 确定 按钮。在“创建起源”选项下拉列表中选择 从草图/零件边选择 选项，在图形区选取草图 2 作为扫掠轨迹曲线，然后右击；选取草图 1 作为扫掠截面；单击 完成 按钮，单击 取消 按钮，完成扫掠特征的创建。

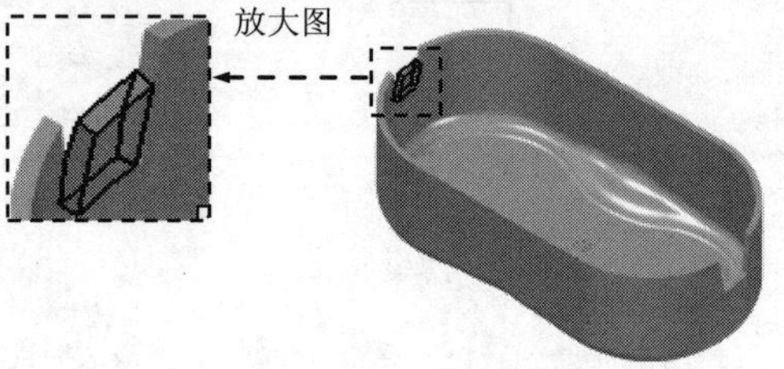

图 8.10　扫掠特征

Step8. 创建草图 3。在 草图 区域中单击 按钮，选取图 8.11 所示的模型表面作为草图平面，绘制图 8.12 所示的草图 3。

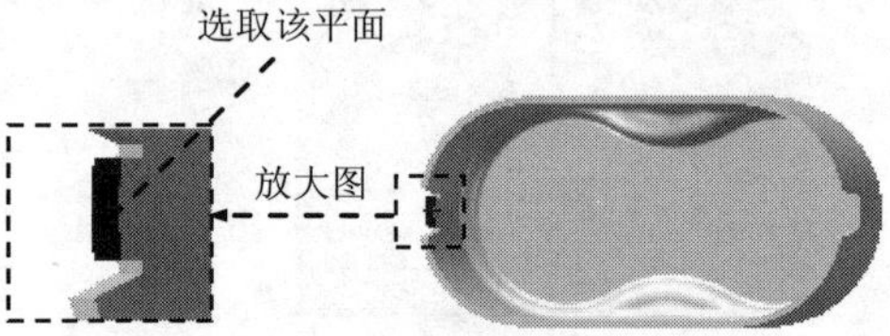

图 8.11　定义草图平面

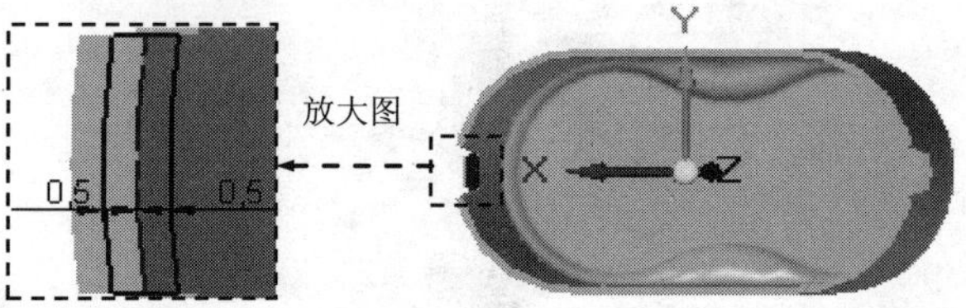

图 8.12　草图 3

Step9. 创建草图 4。在 草图 区域中单击 按钮，选取前视图（XZ）所示的模型表面作为草图平面，绘制图 8.13 所示的草图 4。

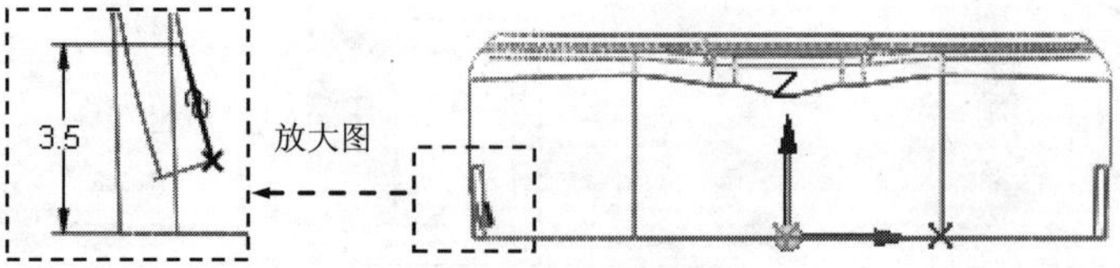

图 8.13　草图 4

Step10. 创建图 8.14 所示的除料扫掠特征。在 实体 区域中单击 后的小三角，选择 扫掠 命令，在“除料扫掠”对话框的 默认扫掠类型 区域中选中 单一路径和横截面(S) 单选项，其他参数接受系统默认设置值，单击 确定 按钮；在命令条中选择 从草图/零件边选择，选取草图 4 作为扫掠轨迹曲线，单击右键；选择草图 3 作为扫掠截面；单击 “除料扫掠”命令条中的 完成 按钮，再单击 完成 按钮；单击 取消 按钮，完成除料扫掠特征的创建。

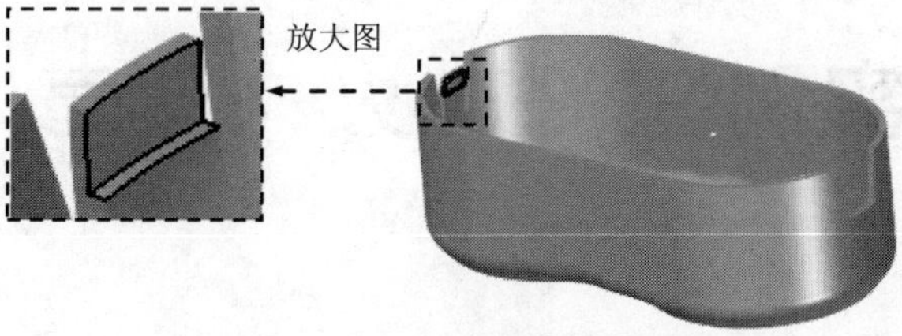

图 8.14 除料扫掠特征

Step11. 创建图 8.15b 所示的镜像 1，在 阵列 区域中选择 镜像 命令，在路径查找器中选取 **拉伸 1** 与 **除料 1** 作为镜像特征，单击 按钮；选取右视图（YZ）平面作为镜像中心平面，单击“镜像”命令条中的 完成 按钮，完成镜像 1 的创建。

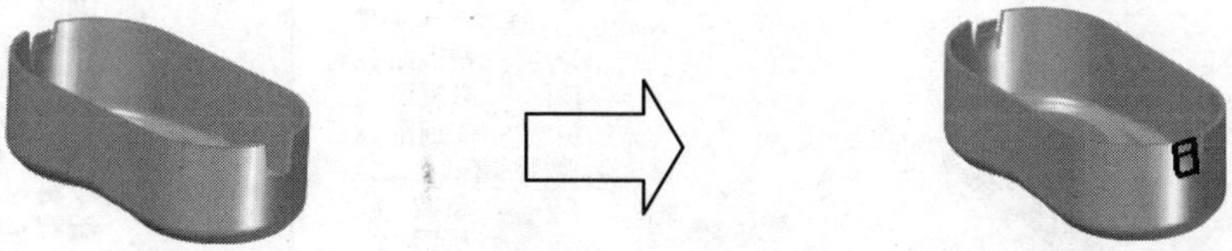

a）镜像前　　b）镜像后

图 8.15 镜像 1

Step12. 创建图 8.16 所示的除料特征 2。在 实体 区域中单击 按钮，选取图 8.16 所示的模型表面作为草图平面，绘制图 8.17 所示的截面草图；绘制完成后，单击 按钮，选择命令条中的“穿透下一个”按钮，在需要移除材料的一侧单击鼠标左键，单击 完成 按钮，单击 取消 按钮，完成除料特征 2 的创建。

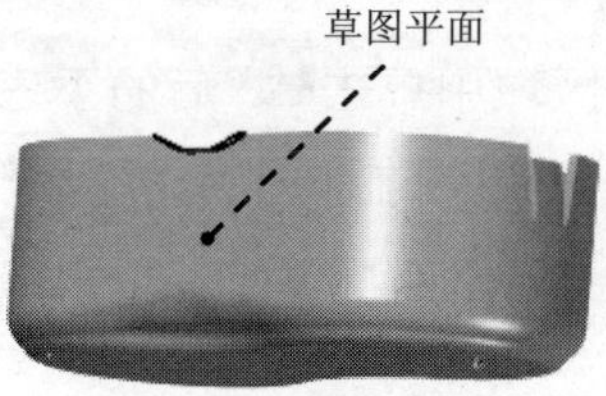

图 8.16 除料特征 2

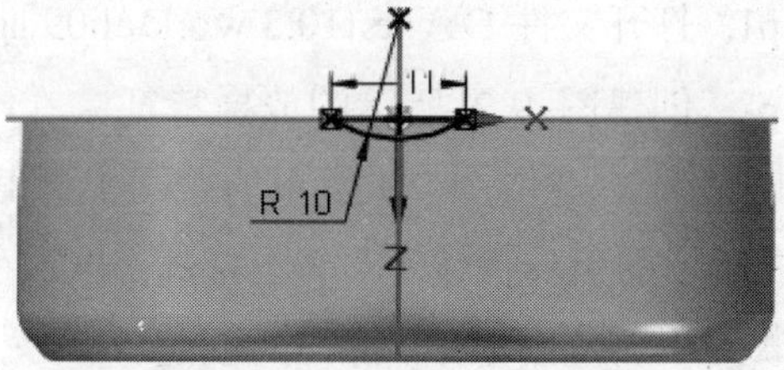

图 8.17 截面草图

Step13. 后面的详细操作过程请参见随书光盘中 video\ch08\reference\文件下的语音视频讲解文件 cover-r02.exe。

学习拓展：扫一扫右侧二维码，可以免费学习更多视频讲解。

讲解内容：框架结构设计。

实例 9　打 火 机 壳

实例概述

该实例介绍了一个打火机壳的创建过程，其中用到的命令比较简单，关键在于草图中曲线轮廓的构建，曲线的质量决定了曲面是否光滑，读者也可留意一下。该零件模型及路径查找器如图 9.1 所示。

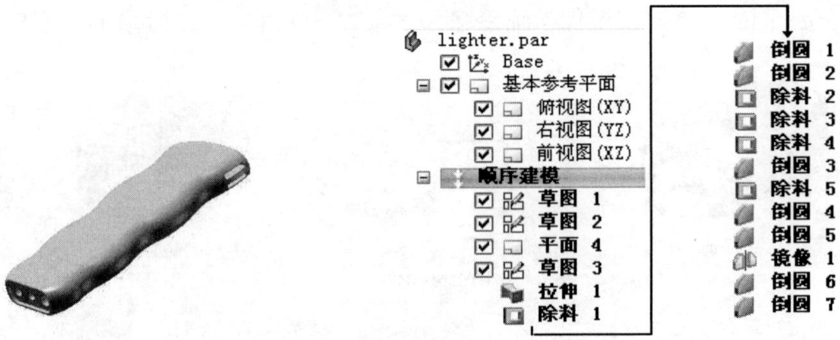

图 9.1　零件模型和路径查找器

说明：本例前面的详细操作过程请参见随书光盘中 video\ch09\reference\文件下的语音视频讲解文件 lighter-r01.exe。

Step1. 打开文件 D:\sest10.3\work\ch09\lighter_ex.par。

Step2. 创建图 9.2 所示的放样特征。在 实体 区域中单击 后的小三角，选择 放样 命令，选取图 9.3 所示的截面 1 与截面 2；在“添料”命令条中单击 按钮；选取图 9.3 所示的引导曲线 1，单击右键；选取引导曲线 2，单击两次右键；单击 完成 按钮，单击 取消 按钮，完成放样特征的创建。

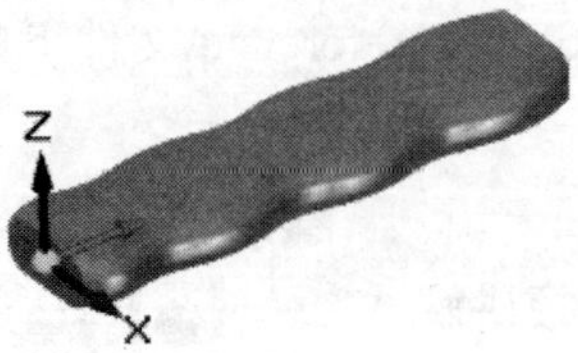

图 9.2　放样特征

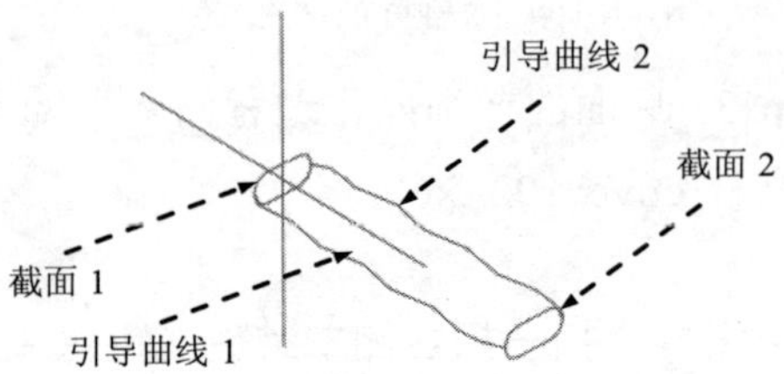

图 9.3　定义截面及引导曲线

Step3. 创建图 9.4 所示的除料特征 1。在 实体 区域中单击 按钮，选取前视图（XZ）平面作为草图平面，绘制图 9.5 所示的截面草图；绘制完成后，单击 按钮，选择命令条中的“有限范围”按钮，在 距离: 下拉列表中输入值 1，然后按 Enter 键，在需要移除材料的一侧单击鼠标左键，单击 完成 按钮，单击 取消 按钮，完成除料特征 1 的创建。

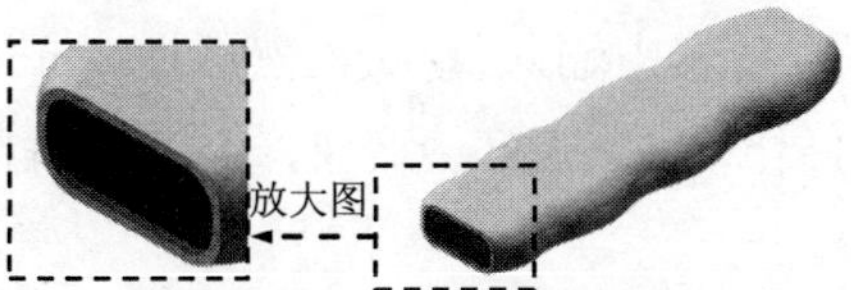

图 9.4 除料特征 1

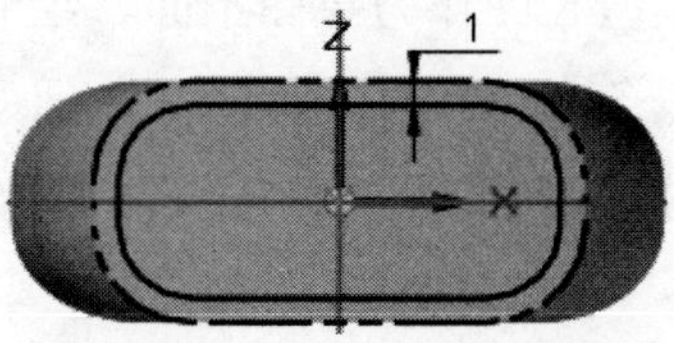

图 9.5 截面草图

Step4. 创建图 9.6b 所示的倒圆特征 1，在命令条的选择:下拉列表中选择环选项，选取图 9.6a 所示的模型边线为倒圆的对象，倒圆半径值为 0.5。

Step5. 创建图 9.7b 所示的倒圆特征 2，选取图 9.7a 所示的模型边线为倒圆的对象，倒圆半径值为 0.1。

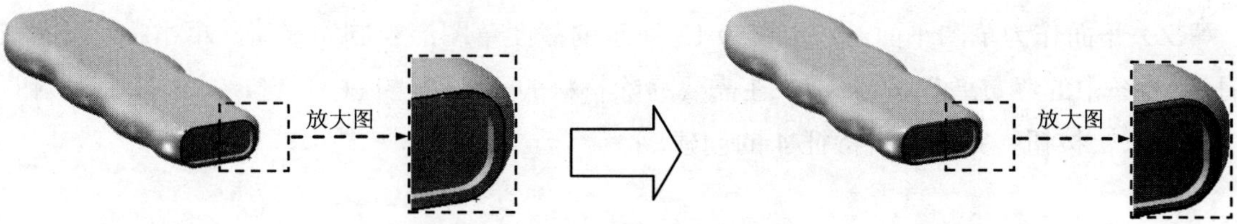

a）倒圆前 b）倒圆后

图 9.6 倒圆特征 1

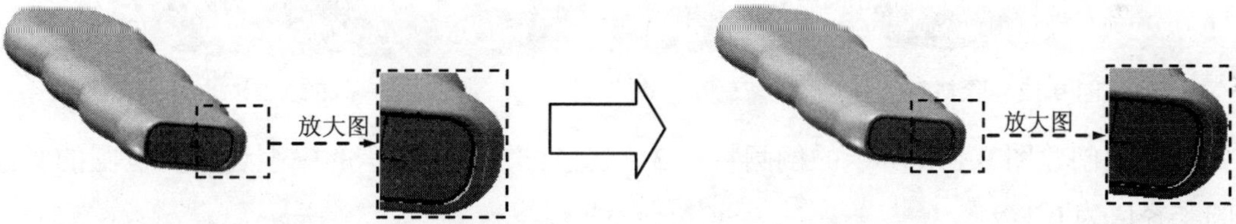

a）倒圆前 b）倒圆后

图 9.7 倒圆特征 2

Step6. 创建图 9.8 所示的除料特征 2。在实体区域中单击按钮，选取俯视图（XY）平面作为草图平面，绘制图 9.9 所示的截面草图；绘制完成后，单击按钮，选择命令条中的“贯通”按钮，调整除料方向为两侧除料，单击完成按钮，单击取消按钮，完成除料特征 2 的创建。

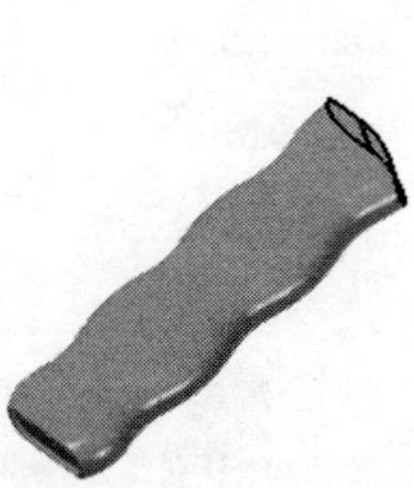

图 9.8 除料特征 2

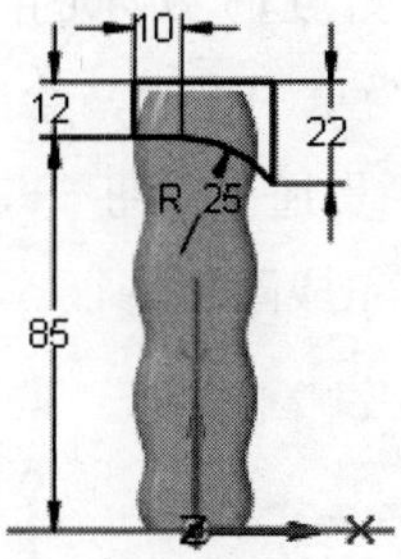

图 9.9 截图草图

Step7. 创建图 9.10 所示的除料特征 3。在实体区域中单击按钮，选取图 9.10

所示的模型表面作为草图平面，绘制图 9.11 所示的截面草图；绘制完成后，单击按钮，选择命令条中的“有限范围”按钮，在距离下拉列表中输入值 80，然后按 Enter 键，在需要移除材料的一侧单击鼠标左键，单击完成按钮，单击取消按钮，完成除料特征 3 的创建。

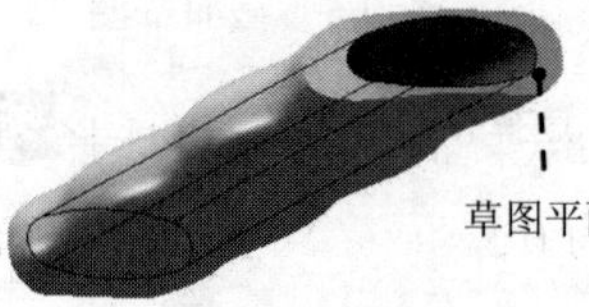

图 9.10　除料特征 3

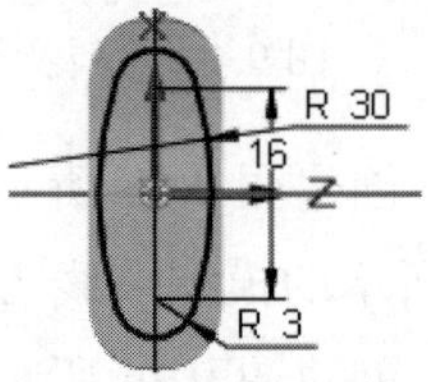

图 9.11　截面草图

Step8. 创建图 9.12 所示的除料特征 4。在实体区域中单击按钮，选取前视图（XZ）平面作为草图平面，绘制图 9.13 所示的截面草图；绘制完成后，单击按钮，选择命令条中的“贯通”按钮，在需要移除材料的一侧单击鼠标左键，单击完成按钮，单击取消按钮，完成除料特征 4 的创建。

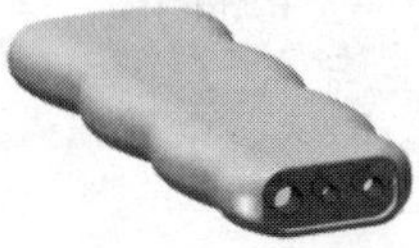

图 9.12　除料特征 4

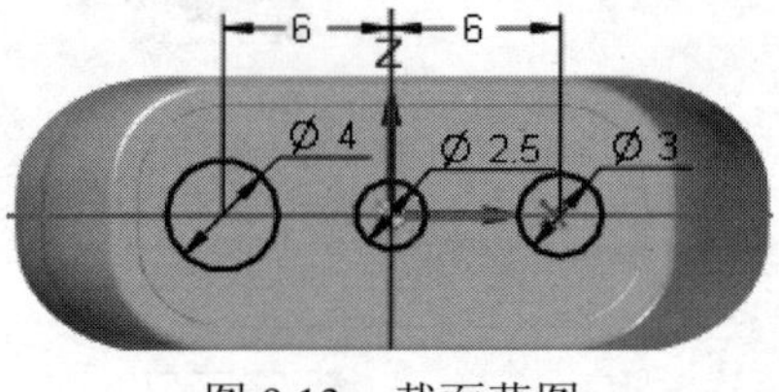

图 9.13　截面草图

Step9. 创建图 9.14b 所示的倒圆特征 3，选取图 9.14a 所示的模型边线为倒圆的对象，倒圆半径值为 0.2。

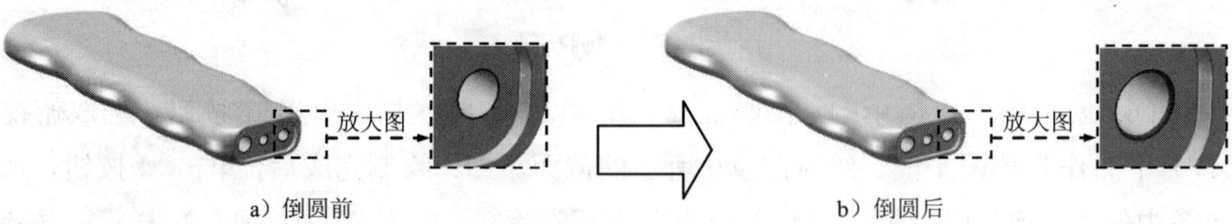

a）倒圆前　　b）倒圆后

图 9.14　倒圆特征 3

Step10. 创建图 9.15 所示的除料特征 5。在实体区域中单击按钮，选取右视图（YZ）平面作为草图平面，绘制图 9.16 所示的截面草图；绘制完成后，单击按钮，选择命令条中的“贯通”按钮，在需要移除材料的一侧单击鼠标左键，单击完成按钮，单击取消按钮，完成除料特征 5 的创建。

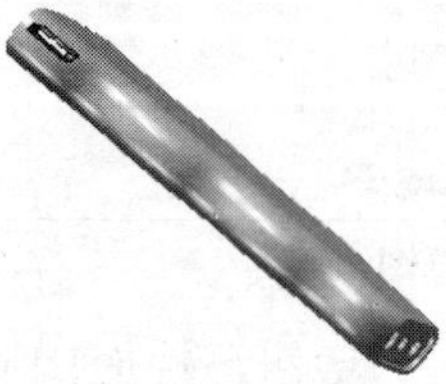

图 9.15　除料特征 5

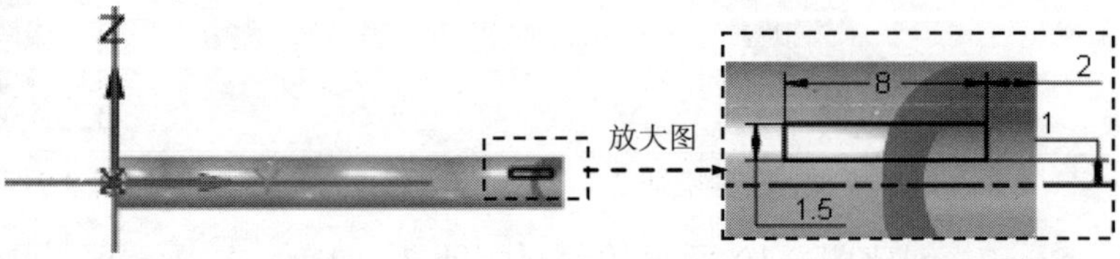

图 9.16　截面草图

Step11. 创建图 9.17b 所示的倒圆特征 4，选取图 9.17a 所示的模型边线为倒圆的对象，倒圆半径值为 0.5。

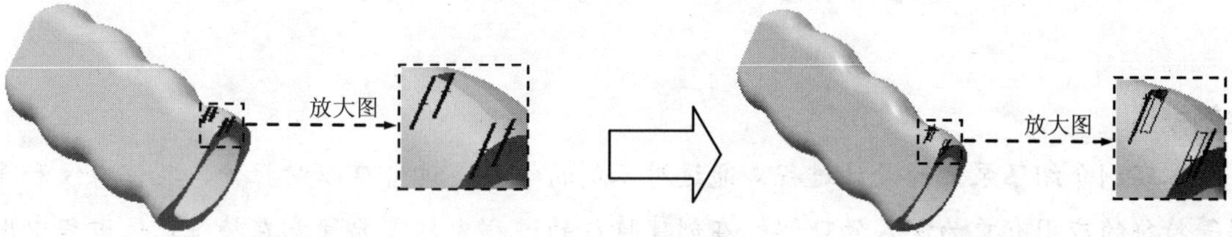

a）倒圆前　　　　b）倒圆后

图 9.17　倒圆特征 4

Step12. 创建图 9.18b 所示的倒圆特征 5，选取图 9.18a 所示的模型边线为倒圆的对象，倒圆半径值为 0.2。

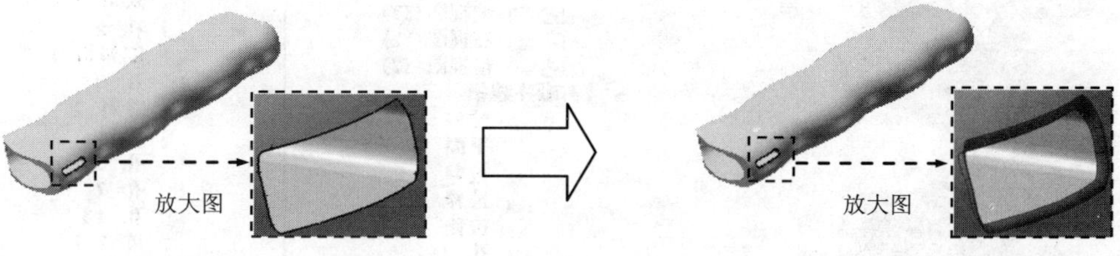

a）倒圆前　　　　b）倒圆后

图 9.18　倒圆特征 5

Step13. 创建图 9.19b 所示的镜像特征 1，在 阵列 区域中选择 镜像 命令，在路径查找器中选择 **除料 5**、**倒圆 4** 与 **倒圆 5** 作为镜像特征，单击 按钮；选取俯视图（XY）平面作为镜像中心平面，单击“镜像”命令条中的 完成 按钮，完成镜像特征 1 的创建。

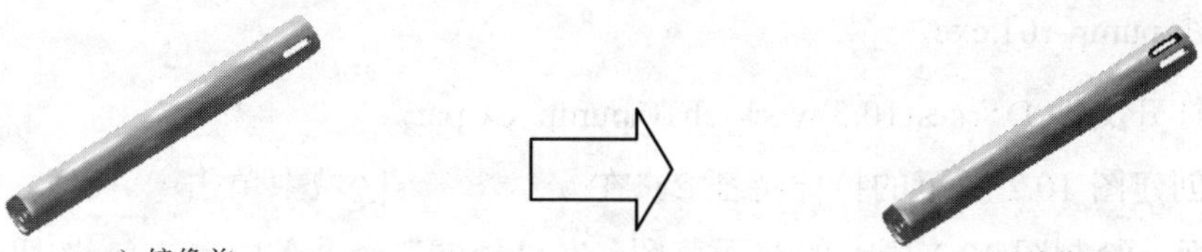

a）镜像前　　　　b）镜像后

图 9.19　镜像特征 1

Step14. 后面的详细操作过程请参见随书光盘中 video\ch09\reference\文件下的语音视频讲解文件 lighter-r02.exe。

学习拓展：扫一扫右侧二维码，可以免费学习更多视频讲解。

讲解内容：冲压模具设计流程。

实例 10　泵　　体

实例概述

本实例介绍了泵体的设计过程。通过对本例的学习，读者可以对拉伸、孔、螺纹和阵列等特征的应用有更为深入的理解。在创建特征的过程中，需要注意在特征定位过程中用到的技巧和某些注意事项。零件模型及相应的路径查找器如图 10.1 所示。

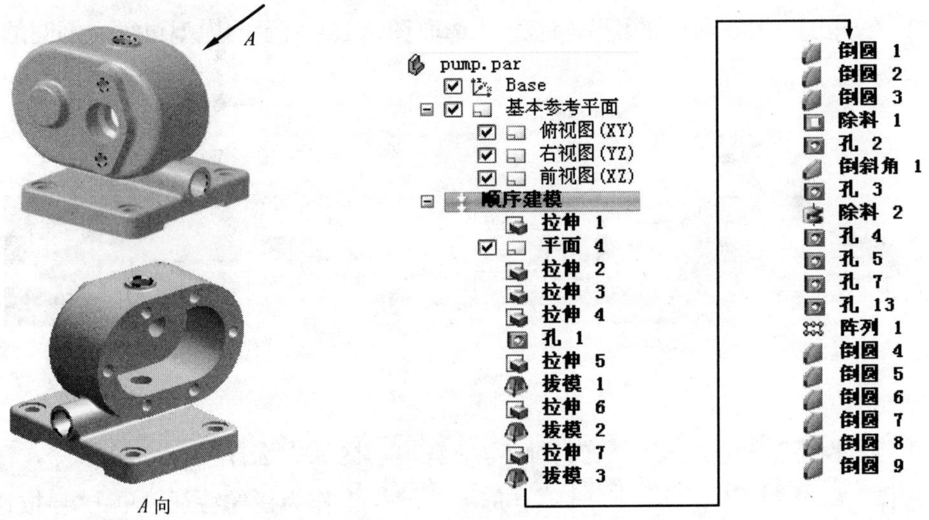

图 10.1　零件模型及路径查找器

说明：本例前面的详细操作过程请参见随书光盘中 video\ch10\reference\文件下的语音视频讲解文件 pump-r01.exe。

Step1. 打开文件 D:\sest10.3\work\ch10\pump_ex.par。

Step2. 创建图 10.2 所示的拉伸特征 2。在 实体 区域中单击按钮，选取平面 4 作为草图平面，绘制图 10.3 所示的截面草图，在“拉伸”命令条中单击按钮，选择命令条中的“非对称延伸”按钮，在 距离: 下拉列表中输入值 10，并按 Enter 键，拉伸方向为 X 轴正方向，在图形区空白区域单击；在 距离: 下拉列表中输入值 48，并按 Enter 键，拉伸方向为 X 轴负方向，在图形区空白区域单击；单击“拉伸”命令条中的 完成 按钮，单击 取消 按钮，完成拉伸特征 2 的创建。

Step3. 创建图 10.4 所示的拉伸特征 3。在 实体 区域中单击按钮，选取图 10.5 所示的模型表面作为草图平面，绘制图 10.7 所示的截面草图，绘制完成后，单击按钮；确认与按钮不被按下，选择命令条中的“起始/终止范围”按钮，选取 10.6 所示草图平面作为拉伸起始面，选取 10.6 所示模型表面作为拉伸终止面；单击“拉伸”命令条中的完成按钮，单击取消按钮，完成拉伸特征 3 的创建。

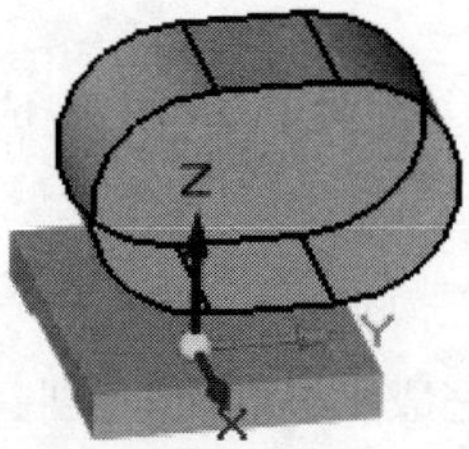

图 10.2 拉伸特征 2

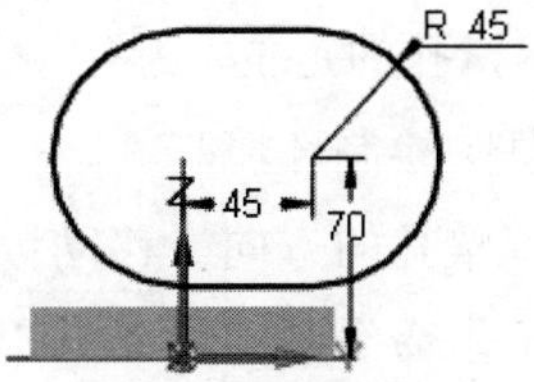

图 10.3 截面草图

图 10.4 拉伸特征 3

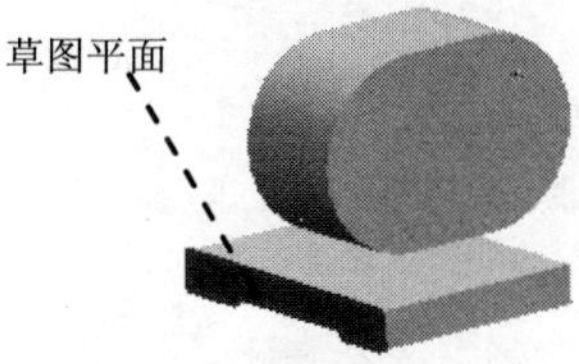

图 10.5 定义草图平面

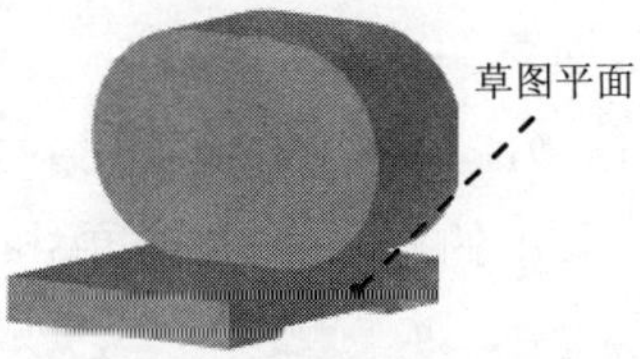

图 10.6 拉伸终止面

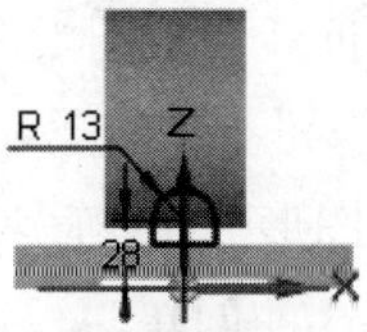

图 10.7 截面草图

Step4. 创建图 10.8 所示的拉伸特征 4。在 实体 区域中单击按钮，选取图 10.9 所示的模型表面作为草图平面，绘制图 10.10 所示的截面草图，绘制完成后，单击按钮；确认与按钮不被按下，在距离下拉列表中输入值 5，并按 Enter 键，拉伸方向为 Y 轴负方向，在图形区空白区域单击；单击“拉伸”命令条中的完成按钮，单击取消按钮，完成拉伸特征 4 的创建。

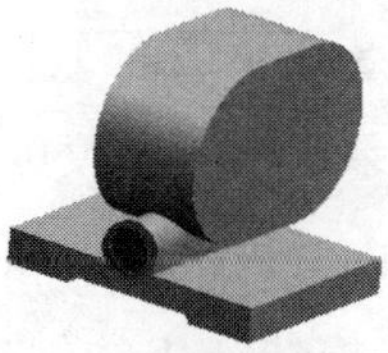
图 10.8 拉伸特征 4

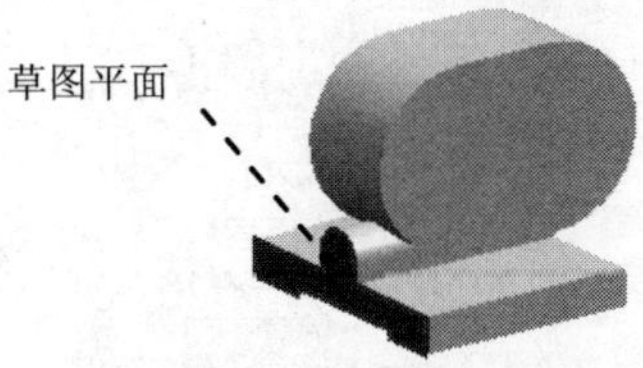

图 10.9 定义草图平面

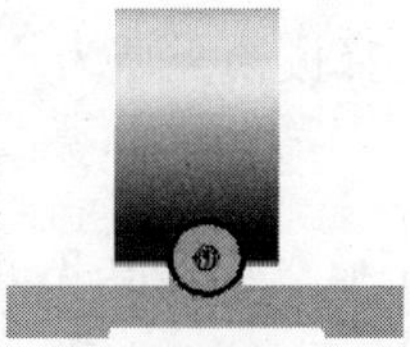
图 10.10 截面草图

Step5. 创建图 10.11 所示的孔特征 1。

（1）定义孔的参数。在 实体 区域中单击按钮，单击按钮，在“孔选项”对话框中选择“螺纹孔”选项，在子类型(Y):下拉列表中选择标准螺纹选项，在大小(Z):下拉列表中选择M20 x 2选项，选中有限范围(F):单选项，在有限范围(F):下拉列表中选择 20，在孔范围:区域选择延伸类型为，在孔深(P):文本框中输入值 96，选中V 型孔底角度(O):复选框；孔深类型选择；单击确定按钮。完成孔参数的设置。

（2）定义孔的放置面。选取图 10.12 所示的模型表面为孔的放置面，在模型表面单击完成孔的放置。

（3）编辑孔的定位。为孔添加图 10.13 所示的尺寸及几何约束，约束完成后，单击按钮，退出草图绘制环境。

（4）调整孔的方向。移动鼠标调整孔的方向为 Y 轴正方向。

（5）单击命令条中的完成按钮。单击取消按钮，完成孔特征 1 的创建。

图 10.11 孔特征 1

图 10.12 孔的放置面

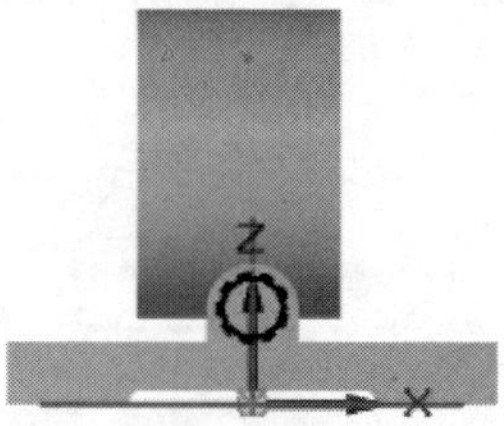

图 10.13 定义孔位置

Step6. 创建图 10.14 所示的拉伸特征 5。在实体区域中单击按钮，选取图 10.15 所示的模型表面作为草图平面，绘制图 10.16 所示的截面草图，绘制完成后，单击按钮；确认与按钮不被按下，在距离:下拉列表中输入值 9，并按 Enter 键，拉伸方向为 X 轴负方向，在图形区空白区域单击；单击“拉伸”命令条中的完成按钮，单击取消按钮，完成拉伸特征 5 的创建。

图 10.14 拉伸特征 5

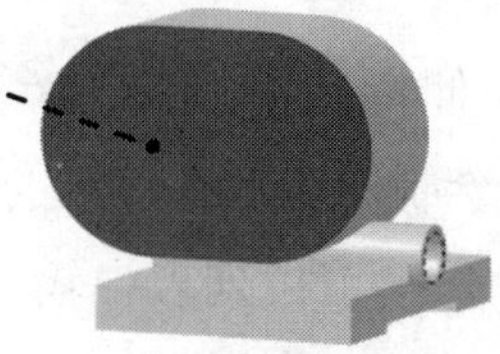

图 10.15 定义草图平面

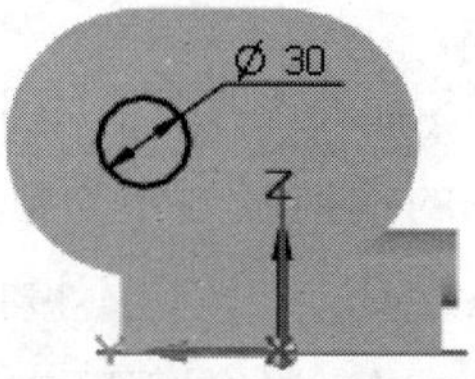

图 10.16 截面草图

Step7. 创建图 10.17 所示的拔模特征 1。在实体区域中单击按钮，单击按钮，选择拔模类型为从平面(F)，单击确定按钮；选取图 10.18 所示的面 1 为拔模参考面，选取图 10.18 所示的面 2 为需要拔模的面。在“拔模”命令条的拔模角度区域的文本框中输入角度值 8，单击鼠标右键。然后单击下一步按钮。移动鼠标将拔模方向调整至图 10.19 所示的位置后单击，单击完成按钮，单击取消按钮，完成拔模特征 1 的创建。

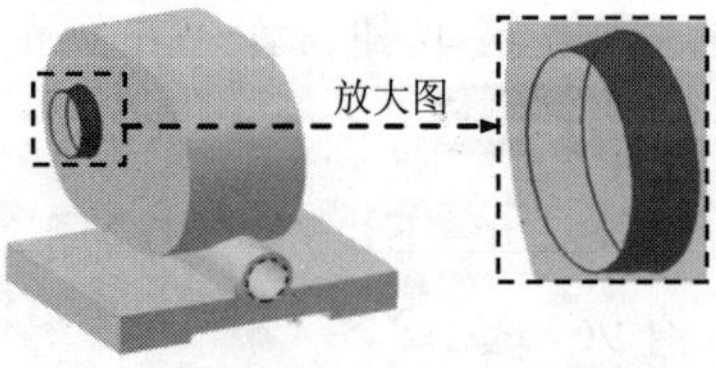

图 10.17 拔模特征 1

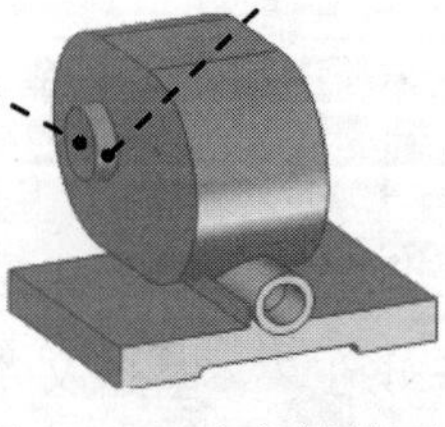

图 10.18 定义拔模面

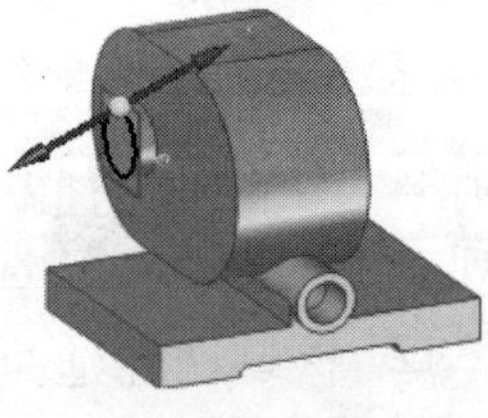

图 10.19 拔模方向

Step8. 创建图 10.20 所示的拉伸特征 6。在 实体 区域中单击 按钮，选取图 10.21 所示的模型表面作为草图平面，绘制图 10.22 所示的截面草图，绘制完成后，单击 按钮；确认 与 按钮不被按下，在 距离: 下拉列表中输入值 9，并按 Enter 键，拉伸方向为 X 轴负方向，在图形区空白区域单击；单击“拉伸”命令条中的 完成 按钮，单击 取消 按钮，完成拉伸特征 6 的创建。

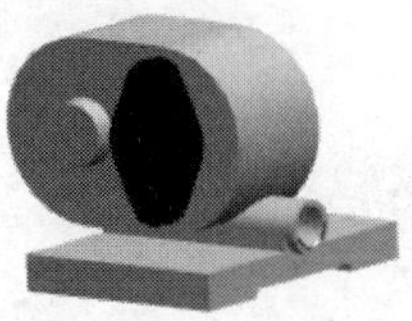
图 10.20　拉伸特征 6

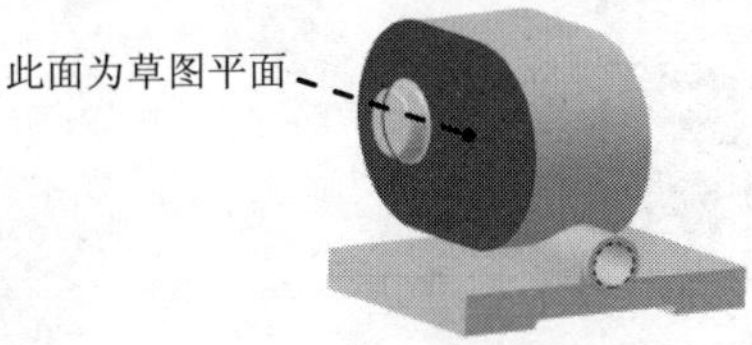

图 10.21　定义草图平面

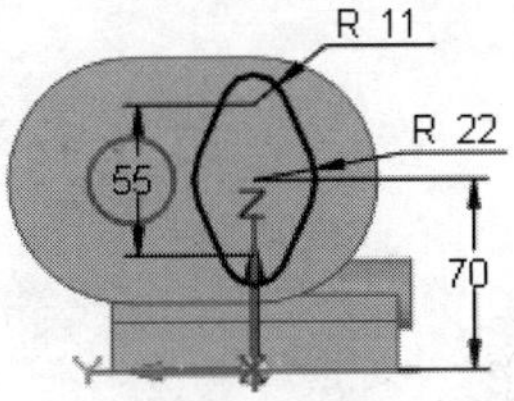

图 10.22　截面草图

Step9. 创建图 10.23 所示的拔模特征 2。在 实体 区域中单击 按钮，单击 按钮，选择拔模类型为 从平面(F)，单击 确定 按钮；选取图 10.24 所示的面 1 为拔模参考面，选取图 10.24 所示的面 2 为需要拔模的面。在“拔模”命令条的拔模角度区域的文本框中输入角度值 8，单击鼠标右键。然后单击 下一步 按钮。移动鼠标将拔模方向调整至图 10.25 所示的位置后单击，单击 完成 按钮，单击 取消 按钮，完成拔模特征 2 的创建。

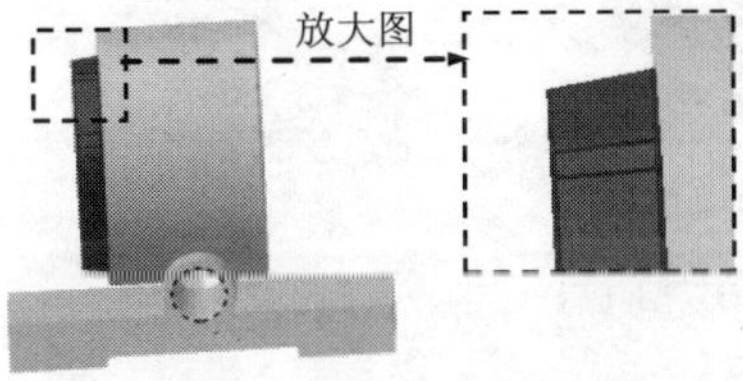

图 10.23　拔模特征 2

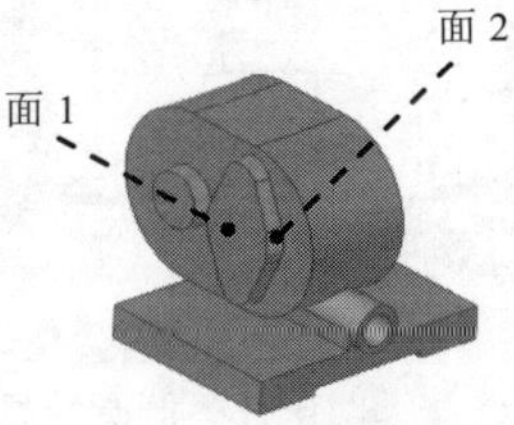

图 10.24　定义拔模面

图 10.25　拔模方向

Step10. 创建图 10.26 所示的拉伸特征 7。在 实体 区域中单击 按钮，选取图 10.27 所示的模型表面作为草图平面，绘制图 10.28 所示的截面草图，绘制完成后，单击 按钮；确认 与 按钮不被按下，在 距离: 下拉列表中输入值 3，并按 Enter 键，拉伸方向为 Z 轴正方向，在图形区空白区域单击；单击“拉伸”命令条中的 完成 按钮，单击 取消 按钮，完成拉伸特征 7 的创建。

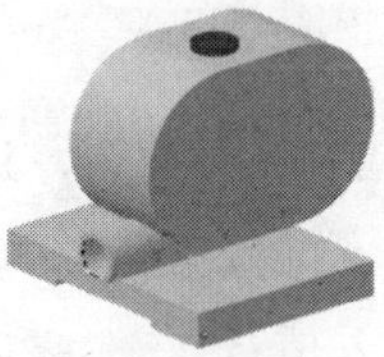
图 10.26　拉伸特征 7

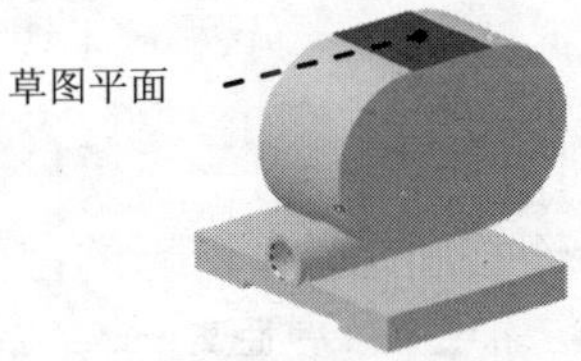

图 10.27　定义草图平面

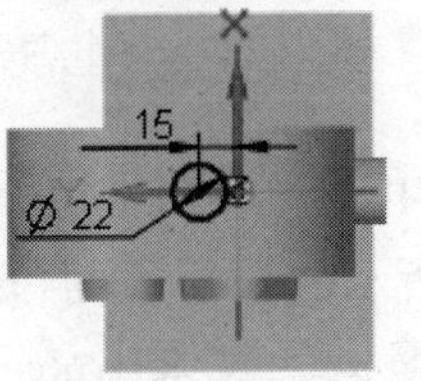

图 10.28　截面草图

Step11. 创建图 10.29 所示的拔模特征 3。在 实体 区域中单击 按钮，单击 按钮，选择拔模类型为 ⊙ 从平面(F)，单击 确定 按钮；选取图 10.29 所示的面 1 为拔模参考面，选取图 10.29 所示的面 2 为需要拔模的面。在“拔模”命令条的拔模角度区域的文本框中输入角度值为 8，单击鼠标右键。然后单击 下一步 按钮。移动鼠标将拔模方向调整至图 10.30 所示的位置后单击，单击 完成 按钮，单击 取消 按钮，完成拔模特征 3 的创建。

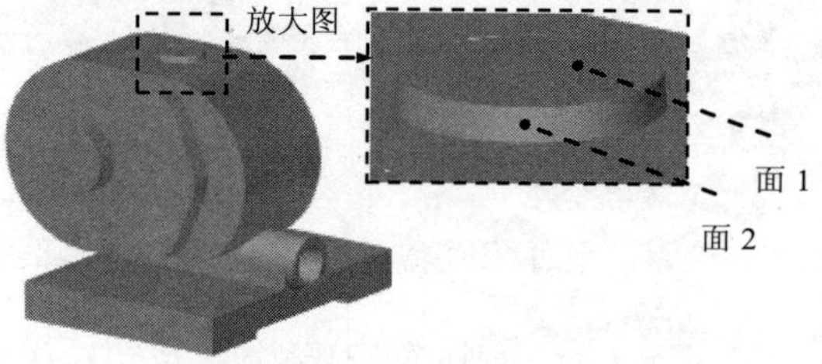

图 10.29　拔模特征 3

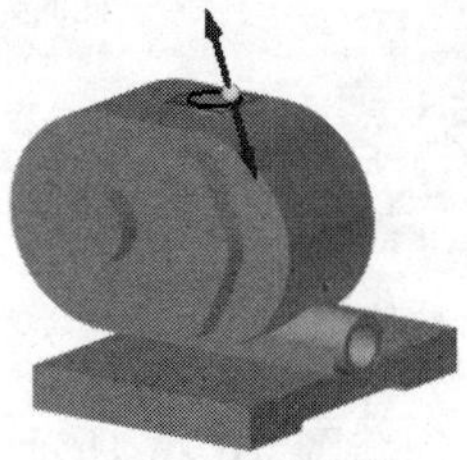
图 10.30　拔模方向

Step12. 创建图 10.31b 所示的倒圆特征 1。选取图 10.31a 所示的模型边线为倒圆的对象，倒圆半径值为 3。

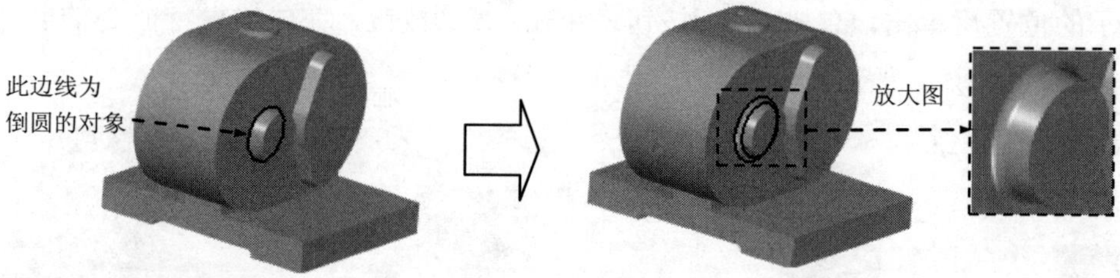

a）倒圆前　　b）倒圆后

图 10.31　倒圆特征 1

Step13. 创建倒圆特征 2。选取图 10.32 所示的边线为倒圆的对象，倒圆半径值为 2。

Step14. 创建倒圆特征 3。选取图 10.33 所示的边线为倒圆的对象，倒圆半径值为 2。

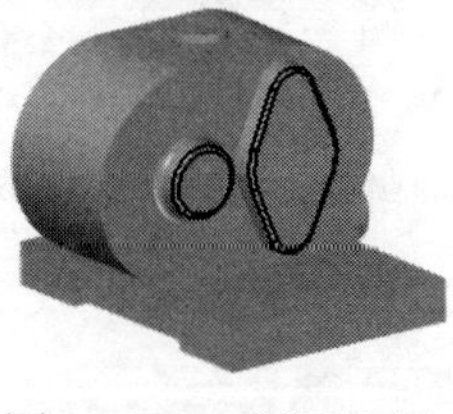
图 10.32　倒圆特征 2

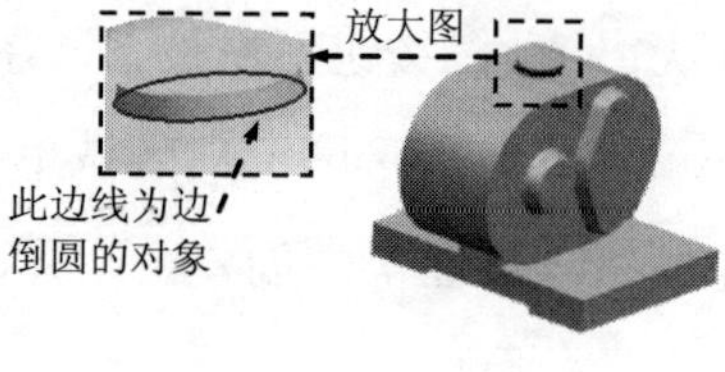

图 10.33　倒圆特征 3

Step15. 创建图 10.34 所示的除料特征 1。在 实体 区域中单击 按钮，选取图 10.35 所示的模型表面作为草图平面，绘制图 10.36 所示的截面草图；绘制完成后，单击 按钮，选择命令条中的“有限范围”按钮，在 距离: 下拉列表中输入值 43，在需要移除材料的一侧单击鼠标左键，单击 完成 按钮，单击 取消 按钮，完成除料特征 1 的创建。

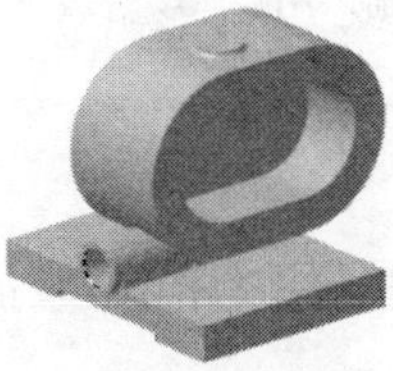

图 10.34 除料特征 1

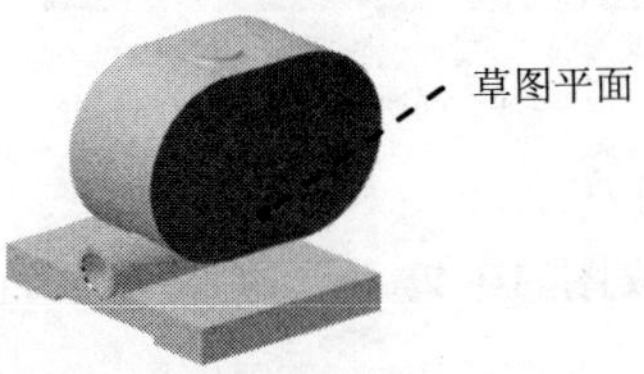

图 10. 35 定义草图平面

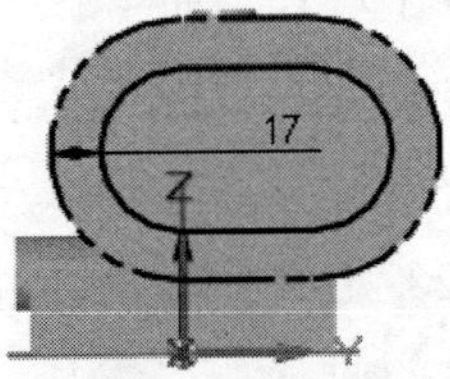

图 10.36 截面草图

Step16. 创建图 10.37 所示的孔特征 2。

（1）定义孔的参数。在 实体 区域中单击按钮，单击按钮，在“孔选项”对话框中选择“螺纹孔”选项，在 子类型(Y): 下拉列表中选择 标准螺纹 选项，在 大小(Z): 下拉列表中选择 M17 x 1 选项，选中 有限范围(F): 单选项，在 有限范围(F): 下拉列表中选择 16，在 孔范围: 区域选择延伸类型为，在 孔深(P): 文本框中输入值 20，单击 确定 按钮。完成孔参数的设置。

（2）定义孔的放置面。选取图 10.38 所示的模型表面为孔的放置面，在模型表面单击完成孔的放置。

（3）编辑孔的定位。为孔添加图 10.39 所示的尺寸及几何约束，约束完成后，单击按钮，退出草图绘制环境。

（4）调整孔的方向。移动鼠标调整孔的方向为 Z 轴负方向。

（5）单击命令条中的 完成 按钮。单击 取消 按钮，完成孔特征 2 的创建。

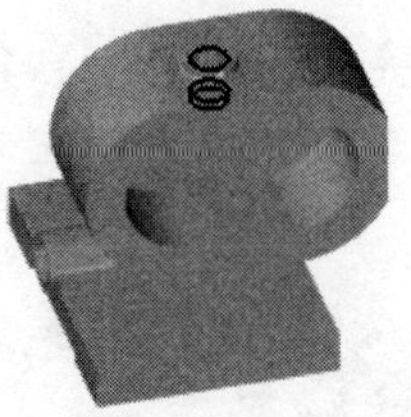

图 10.37 孔特征 2

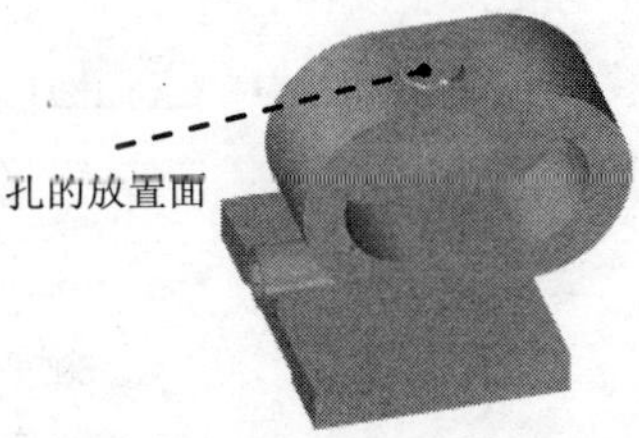

图 10.38 定义草图平面

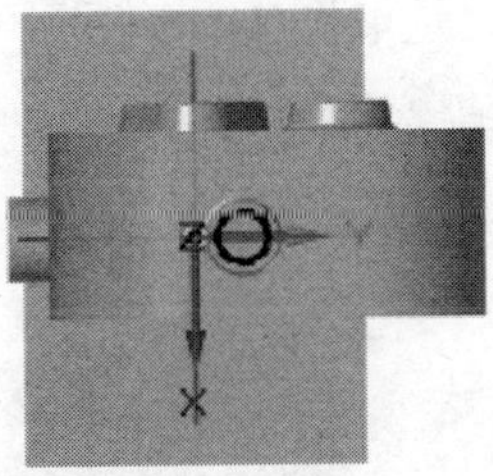

图 10.39 定义孔位置

Step17. 创建图 10.40b 所示的倒斜角特征 1。选取图 10.40a 所示的模型边线为倒斜角的对象，倒斜角回切值为 1。

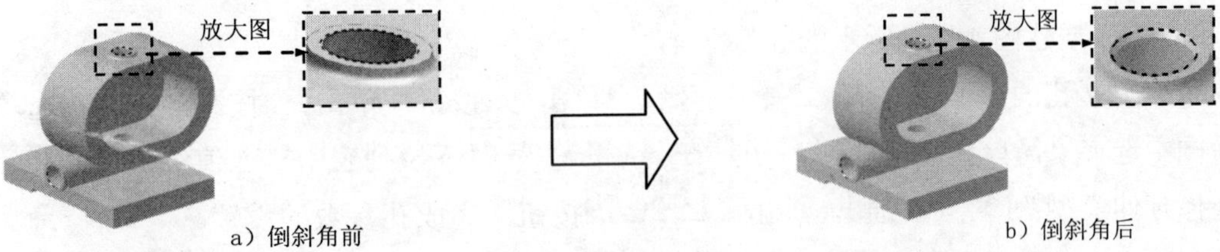

a）倒斜角前 b）倒斜角后

图 10.40 倒斜角特征 1

Step18. 创建图 10.41 所示的孔特征 3。

（1）定义孔的参数。在 实体 区域中单击按钮，单击按钮，在“孔选项”

对话框中选择“简单孔”选项，在4 mm下拉列表中输入值 26，在孔范围:区域选择延伸类型为，在孔深(P):文本框中输入值 20，单击确定按钮。完成孔参数的设置。

（2）定义孔的放置面。选取图 10.42 所示的模型表面为孔的放置面，在模型表面单击完成孔的放置。

（3）编辑孔的定位。为孔添加图 10.43 所示的同轴约束，约束完成后，单击按钮，退出草图绘制环境。

（4）调整孔的方向。移动鼠标调整孔的方向为 X 轴负方向。

（5）单击命令条中的完成按钮。单击取消按钮，完成孔特征 3 的创建。

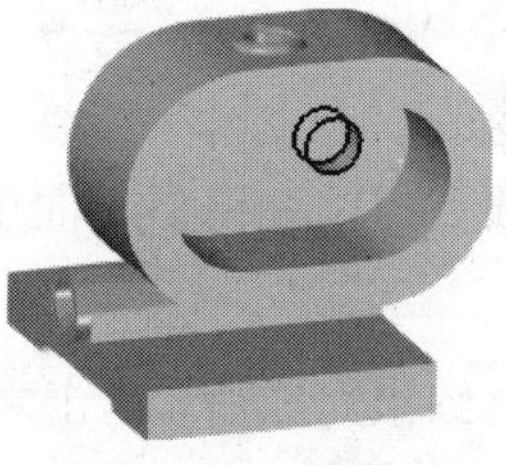

图 10.41　孔特征 3

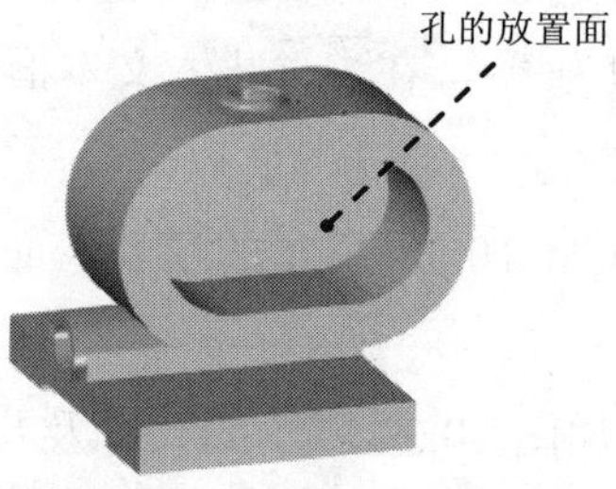

图 10.42　孔的放置面

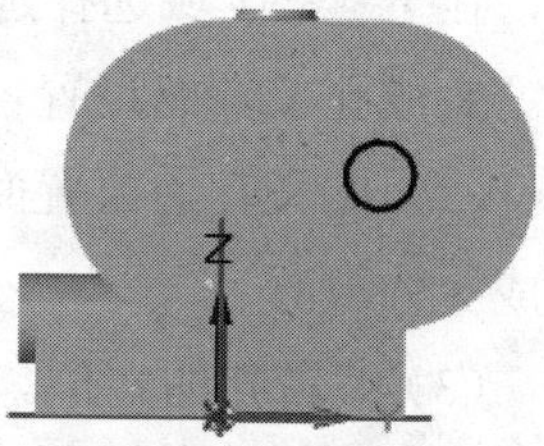

图 10.43　定义孔约束

Step19. 创建图 10.44 所示的旋转切削特征。在实体区域中单击按钮，选取前视图(XZ)平面作为草图平面，绘制图 10.45 所示的截面草图；单击绘图区域中的按钮，选取图 10.45 所示线为旋转轴，单击按钮；在“旋转”命令条的角度(A):文本框中输入值 360.0。在图形区空白区域单击，单击窗口中的完成按钮，完成旋转切削特征的创建。

图 10.44　旋转切削特征

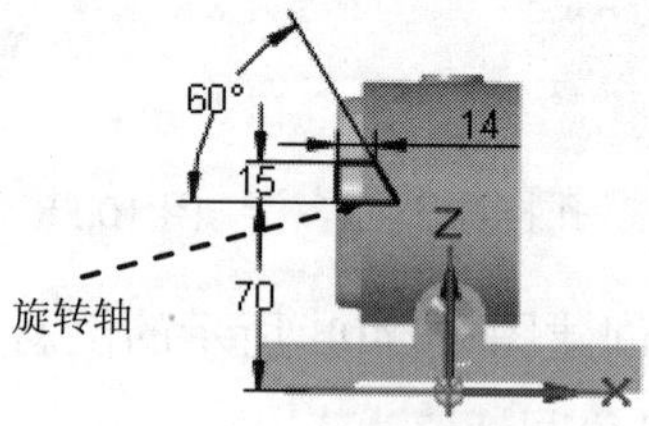

图 10.45　截面草图

Step20. 创建图 10.46 所示的孔特征 4。

（1）定义孔的参数。在实体区域中单击按钮，单击按钮，在“孔选项”对话框中选择“简单孔”选项，在4 mm下拉列表中输入值 22，在孔范围:区域选择延伸类型为（贯通），单击确定按钮。完成孔参数的设置。

（2）定义孔的放置面。选取图 10.47 所示的模型表面为孔的放置面，在模型表面单击完成孔的放置。

（3）编辑孔的定位。为孔添加图 10.48 所示的同轴约束，约束完成后，单击按钮，退出草图绘制环境。

图 10.46 孔特征 4

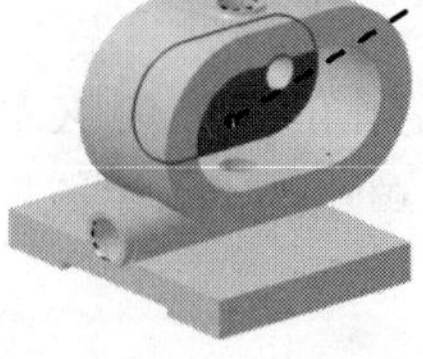

图 10.47 定义孔放置面

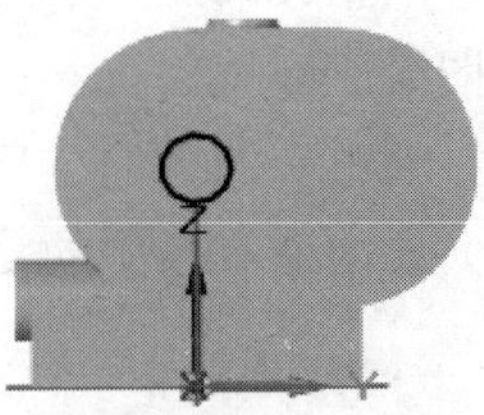

图 10.48 定义孔约束

（4）调整孔的方向。移动鼠标调整孔的方向为 X 轴负方向。

（5）单击命令条中的完成按钮。单击取消按钮，完成孔特征 4 的创建。

Step21. 创建图 10.49 所示的孔特征 5。

（1）定义孔的参数。在实体区域中单击按钮，单击按钮，在“孔选项”对话框中选择“螺纹孔”选项，在子类型(Y):下拉列表中选择标准螺纹选项，在大小(Z):下拉列表中选择M10选项，选中有限范围(F):单选项，在有限范围(F):下拉列表中选择 10，在孔范围:区域选择延伸类型为，在孔深(P):文本框中输入值 15，单击确定按钮。完成孔参数的设置。

（2）定义孔的放置面。选取图 10.50 所示的模型表面为孔的放置面，在模型表面单击完成孔的放置。

（3）编辑孔的定位。为孔添加图 10.51 所示的同轴约束，约束完成后，单击按钮，退出草图绘制环境。

（4）调整孔的方向。移动鼠标调整孔的方向为 X 轴正方向。

（5）单击命令条中的完成按钮。单击取消按钮，完成孔特征 5 的创建。

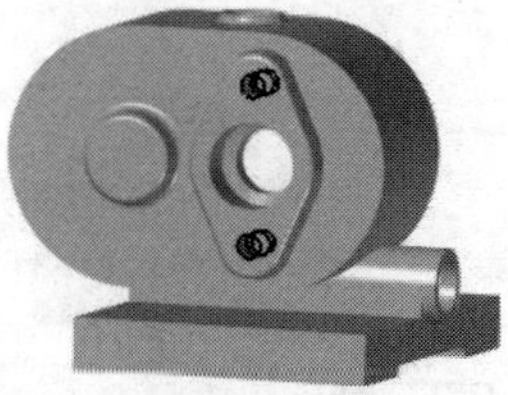

图 10.49 孔特征 5

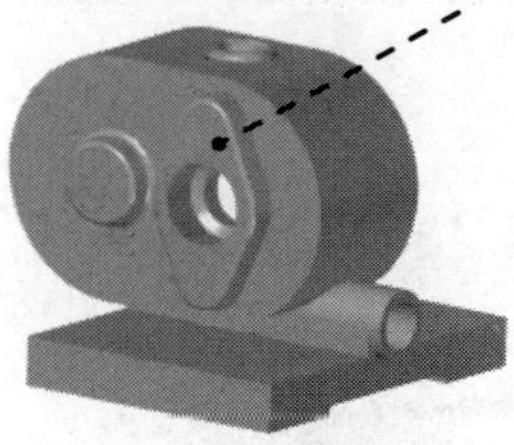

图 10.50 孔的放置面

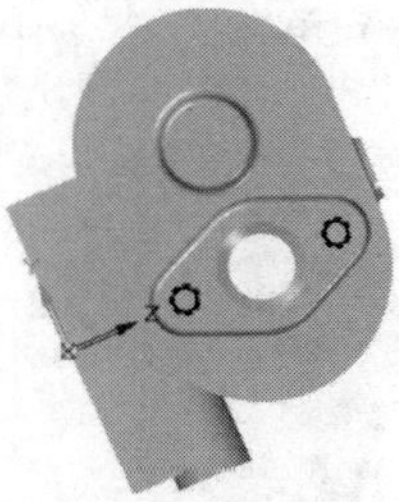

图 10.51 定义孔约束

Step22. 创建图 10.52 所示的孔特征 6。

（1）定义孔的参数。在实体区域中单击按钮，单击按钮，在“孔选项”对话框中选择“螺纹孔”选项，在子类型(Y):下拉列表中选择标准螺纹选项，在大小(Z):下拉列表中选择M10选项，选中有限范围(F):单选项，在有限范围(F):下拉列表中选择 8，在孔范围:区域选择延伸类型为，在孔深(P):文本框中输入值 15，勾选V 型孔底角度(O):选项；孔深类型选择；单击确定按钮。完成孔参数的设置。

（2）定义孔的放置面。选取图 10.53 所示的模型表面为孔的放置面，在模型表面单击完成孔的放置。

（3）编辑孔的定位。为孔添加图 10.54 所示的同轴约束，约束完成后，单击按钮，退出草图绘制环境。

（4）调整孔的方向。移动鼠标调整孔的方向为 X 轴负方向。

（5）单击命令条中的完成按钮。单击取消按钮，完成孔特征 6 的创建。

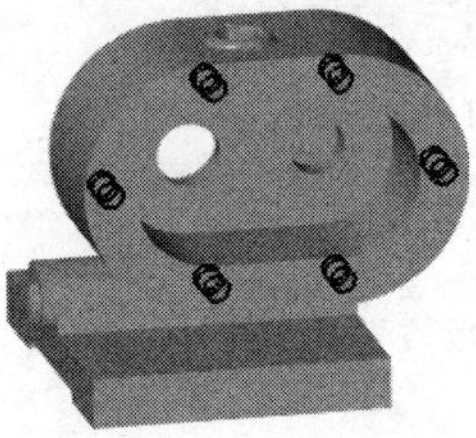

图 10.52　孔特征 6

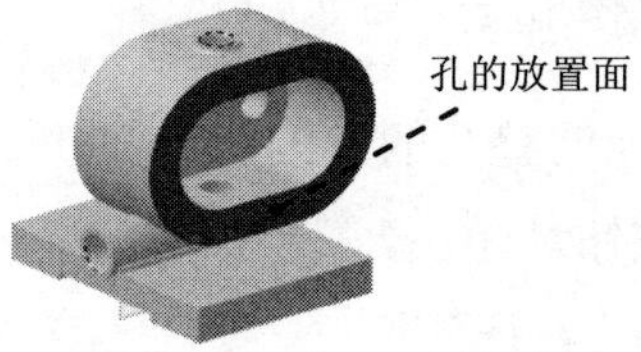

图 10.53　孔的放置面

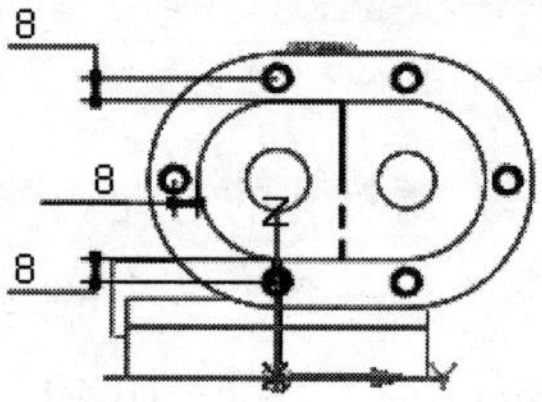

图 10.54　定义孔约束

Step23. 创建图 10.55 所示的孔特征 7。

（1）定义孔的参数。在实体区域中单击按钮，单击按钮，系统弹出“孔选项”对话框，在该对话框中选择“沉头孔”选项，在“标称直径”10 mm下拉列表中选择 11，在“沉头直径”15.00 mm下拉列表中输入值 20，在“沉头深度”9.00 mm下拉列表中输入值 2，在孔范围区域选择延伸类型为，单击确定按钮。完成孔参数的设置。

（2）定义孔的放置面。选取图 10.56 所示的表面为孔的放置面，在模型表面单击完成孔的放置。

（3）编辑孔的定位。为孔添加图 10.57 所示的尺寸及几何约束，约束完成后，单击按钮，退出草图绘制环境。

（4）调整孔的方向。移动鼠标调整孔的方向为 Z 轴负方向。

（5）单击命令条中的完成按钮。单击取消按钮，完成孔特征 7 的创建。

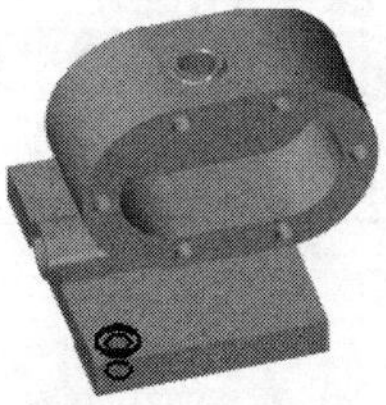

图 10.55　孔特征 7

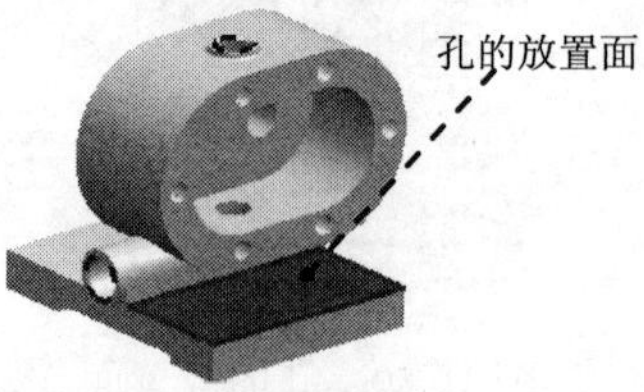

图 10.56　孔的放置面

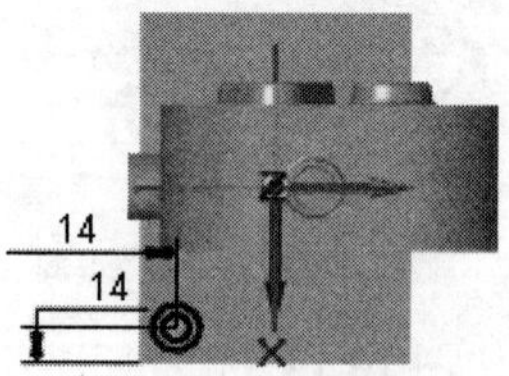

图 10.57　定义孔约束

Step24. 创建图 10.58 所示的阵列特征。在阵列区域中单击阵列命令，在图形区中选取要阵列的除料特征，单击按钮，完成特征的选取；选取图 10.56 所示的平面作为阵列草图平面。单击特征区域中的按钮，绘制图 10.59 所示的矩形；在“阵列”命令条翻转后的下拉列表中选择固定，在“阵列”命令条的X:文本框中输入第一方向的阵列个数为 2，输入间距值 77。在“阵列”命令条的Y:文本框中输入第一方向的阵列个数为 2，输入间距值 112，然后右击；单击按钮，退出草绘环境，在命令条中单击完成按钮，完成阵列特征的创建。

图 10.58 阵列特征

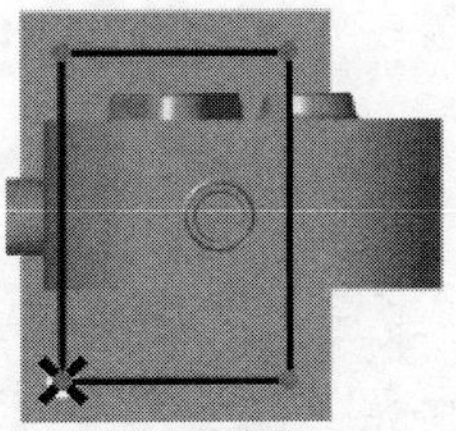

图 10.59 矩形阵列轮廓

Step25. 后面的详细操作过程请参见随书光盘中 video\ch10\reference\文件下的语音视频讲解文件 pump-r02.exe。

实例 11　淋浴喷头盖

实例概述

本实例主要运用了拉伸、倒圆、薄壁、扫掠、阵列等特征命令，零件模型及路径查找器如图 11.1 所示。

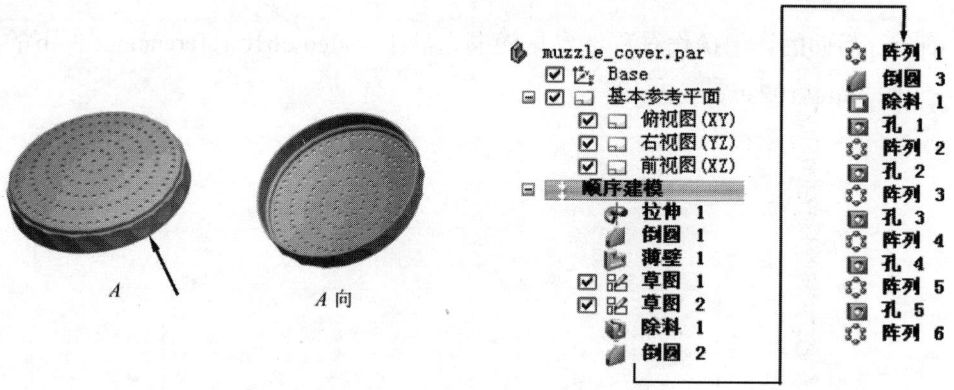

图 11.1　零件模型及路径查找器

说明：本例前面的详细操作过程请参见随书光盘中 video\ch11\reference\文件下的语音视频讲解文件 muzzle_cover-r01.exe。

Step1. 打开文件 D:\ sest10.3\work\ch11\muzzle_cover_ex.par。

Step2. 创建图 11.2 所示的倒圆特征 1。选取图 11.2 所示的模型边线为倒圆的对象，倒圆半径值为 1。

图 11.2　倒圆特征 1

Step3. 创建图 11.3b 所示的薄壁特征。在 实体 区域中单击 按钮，在“薄壁”命令条的 同一厚度: 文本框中输入薄壁厚度值 1.2，然后右击；选择图 11.3a 所示的表面为要移除的面，然后右击；单击“薄壁”命令条中的 预览 按钮，单击 完成 按钮，完成薄壁特征的创建。

Step4. 创建图 11.4 所示的草图 1。在 草图 区域中单击 按钮，选取俯视图（XY）平面为草图平面，绘制图 11.5 所示的草图 1。

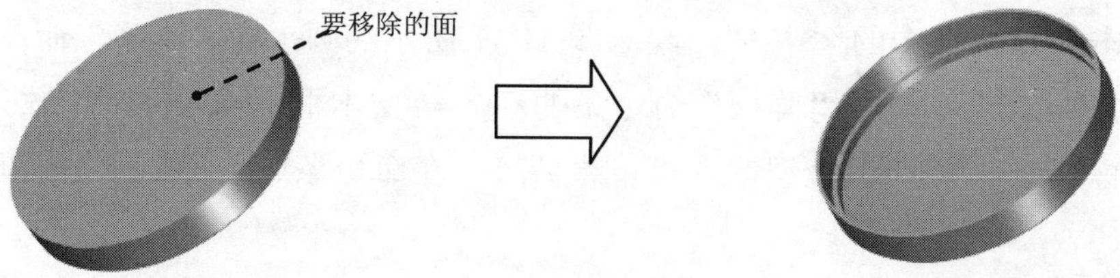

a）薄壁前　　　　b）薄壁后

图 11.3　薄壁特征

图 11.4 草图 1（建模环境）

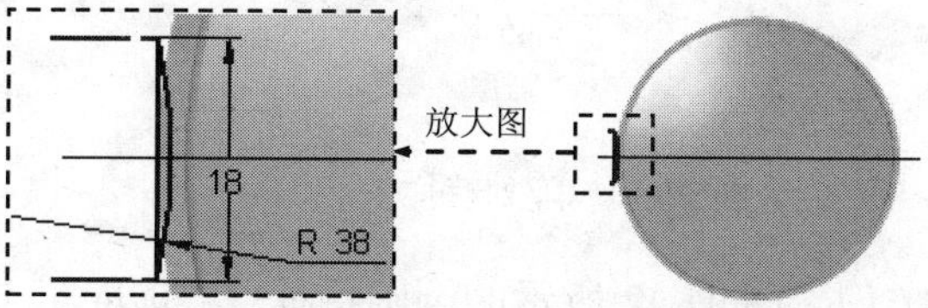

图 11.5 草图 1（草绘环境）

Step5. 创建图 11.6 所示的草图 2。在 草图 区域中单击按钮，选取前视图（XZ）平面为草图平面，绘制图 11.7 所示的草图 2。

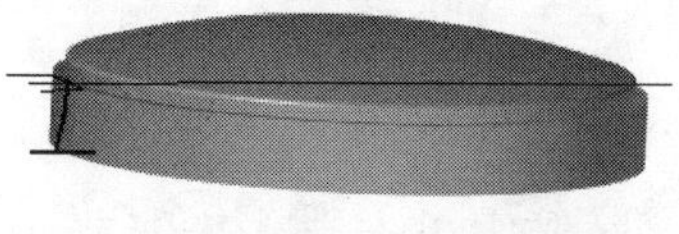

图 11.6 草图 2（建模环境）

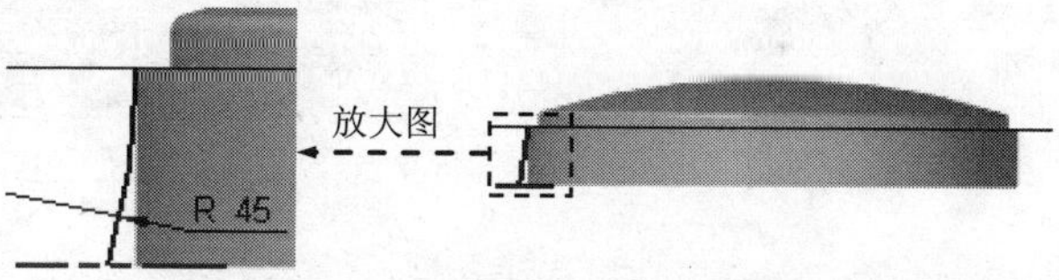

图 11.7 草图 2（草绘环境）

Step6. 创建图 11.8 所示的除料扫掠特征。在 实体 区域中单击后的小三角，选择 扫掠 命令后；在“扫掠选项”对话框的 默认扫掠类型 区域中选中 单一路径和横截面(S) 单选项。其他参数接受系统默认设置值，单击 确定 按钮。在图形区中选取草图 2 扫掠轨迹曲线；单击按钮，在图形区中选取草图 1 扫掠的截面，单击命令条中的 完成 按钮，单击 取消 按钮，完成扫掠特征的创建。

Step7. 创建图 11.9 所示的倒圆特征 2。选取图 11.9 所示的模型边线为倒圆的对象，倒圆半径值为 0.2。

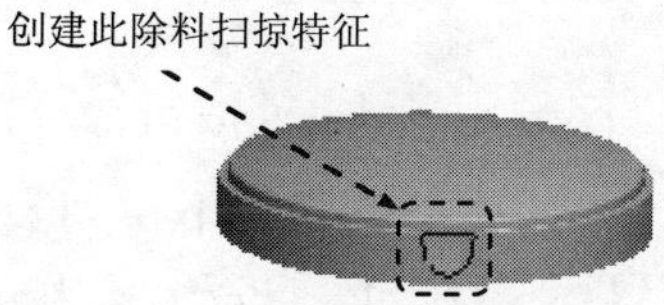

图 11.8　除料扫掠特征

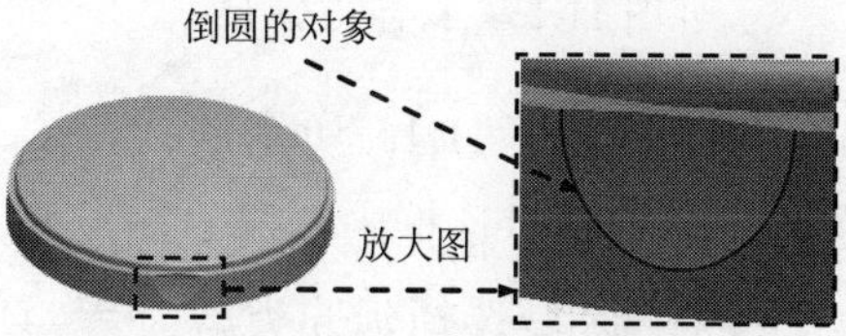

图 11.9　倒圆特征 2

Step8. 创建图 11.10b 所示的阵列特征 1。在 阵列 区域中单击 阵列 命令，选择步骤选项为智能。在图形区中选取要阵列的拉伸特征（或在路径查找器中选择“除料 2”

及“倒圆 3”特征）。单击按钮，完成特征的选取，选取俯视图（XY）平面作为阵列草图平面。单击特征区域中的按钮，绘制图 11.11 所示的圆，在“阵列”命令条的翻转下拉列表中选择适合选项。在“阵列”命令条的计数(C):文本框中输入阵列个数为 20，在空白处单击鼠标左键，单击按钮，退出草绘环境。在命令条中单击完成按钮，完成特征的创建。

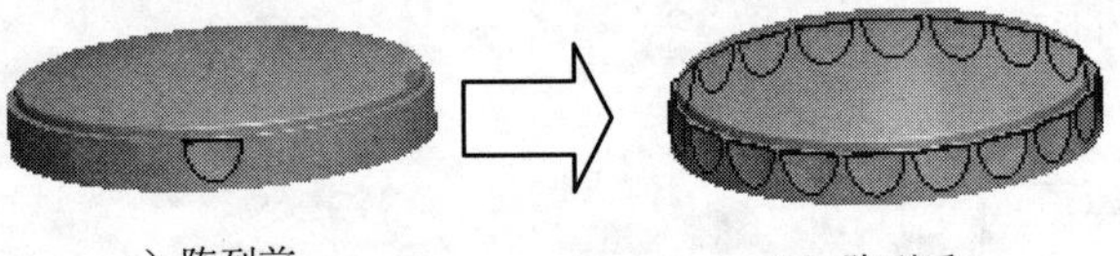

a）阵列前　　b）阵列后

图 11.10　阵列特征 1

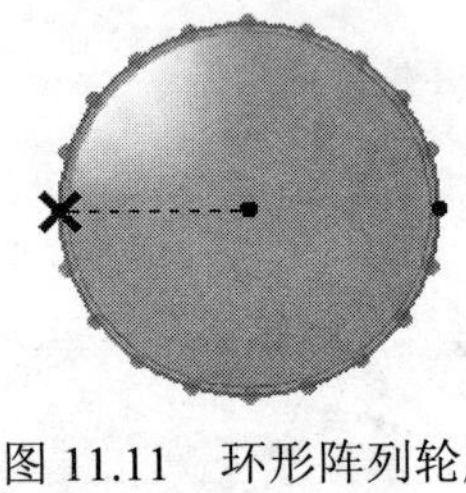

图 11.11　环形阵列轮廓

Step9. 创建图 11.12 所示的倒圆特征 3。选取图 11.12 所示的模型边线为倒圆的对象，倒圆半径值为 0.2。

图 11.12　倒圆特征 3

Step10. 创建图 11.13 所示的拉伸特征 1。在实体区域中单击按钮，选取俯视图（XY）平面作为草图平面，绘制图 11.14 所示的截面草图；绘制完成后，单击按钮，选择命令条中的“贯通”按钮，调整拉伸方向为两侧拉伸，单击完成按钮，单击取消按钮，完成拉伸特征 1 的创建。

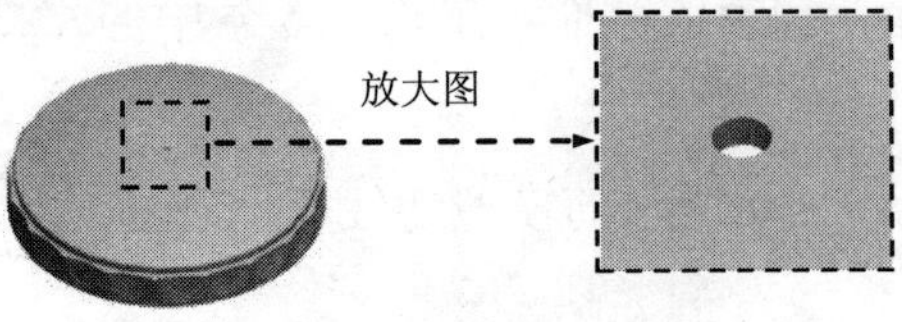

图 11.13　拉伸特征 1

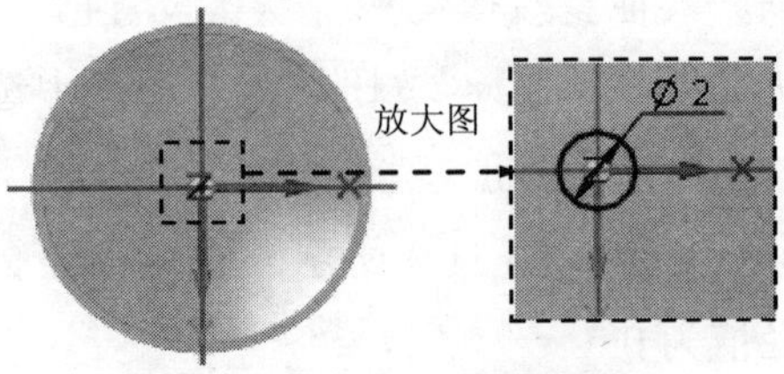

图 11.14　截面草图

Step11. 创建图 11.15 所示的孔特征 1。在实体区域中单击按钮，单击按钮，在“孔选项”对话框中选择“简单孔”选项，在4 mm下拉列表中输入值 2，在孔范围:区域选择延伸类型为（贯通），单击确定按钮，完成孔参数的设置；选取俯视图（XY）平面作为孔的放置面；为孔添加图 11.16 所示的尺寸约束，约束完成后，单击按钮，退出草图绘制环境，移动鼠标调整孔的方向；单击命令条中的完成按钮。单击取消按钮，完成孔特征 1 的创建。

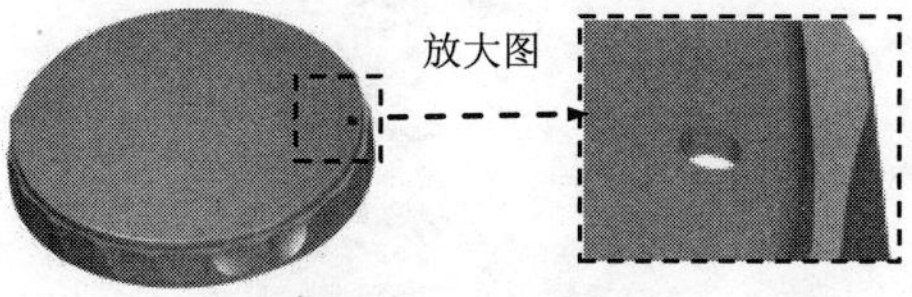

图 11.15 孔特征 1

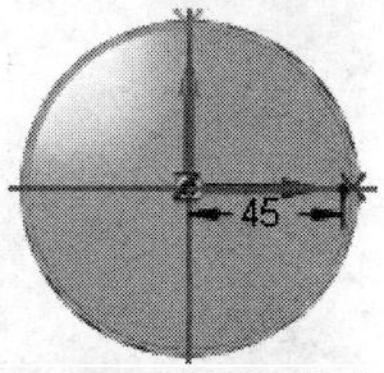

图 11.16 孔的约束

Step12. 创建图 11.17 所示的阵列特征 2。在 阵列 区域中单击 阵列 命令后，在图形区中选取要阵列的孔 1，单击按钮；选取俯视图（XY）平面作为阵列草图平面；单击 特征 区域中的按钮，绘制图 11.18 所示的圆（注：圆心要与坐标原点重合，对于圆的大小没有要求），在“阵列”命令条的 翻转 下拉列表中选择 适合 选项，在 计数(C): 后的文本框中输入阵列个数为 40，单击左键，单击按钮，退出草绘环境；在命令条中单击 完成 按钮，完成阵列特征 2 的创建。

图 11.17 阵列特征 1

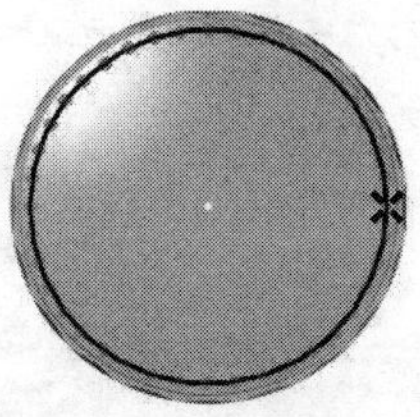

图 11.18 环形阵列轮廓

Step13. 创建图 11.19 所示的孔特征 2。在 实体 区域中单击按钮，单击按钮，在“孔选项”对话框中选择“简单孔”选项，在 4 mm 下拉列表中输入值 2，在 孔范围: 区域选择延伸类型为（贯通），单击 确定 按钮，完成孔参数的设置；选取俯视图（XY）作为孔的放置面；为孔添加图 11.20 所示的尺寸约束，约束完成后，单击按钮，退出草图绘制环境，移动鼠标调整孔的方向；单击命令条中的 完成 按钮。单击 取消 按钮，完成孔特征 2 的创建。

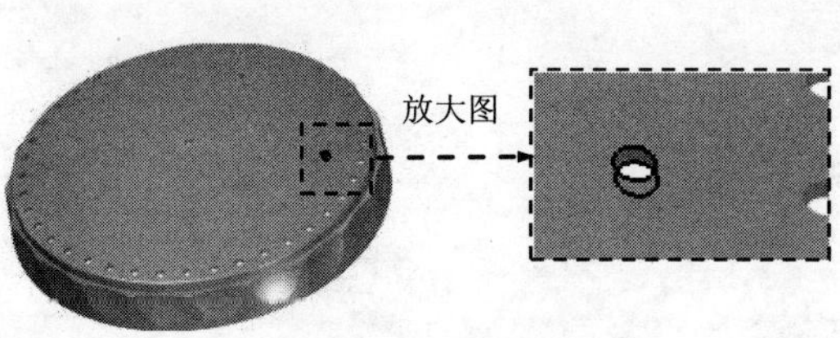

图 11.19 孔特征 2

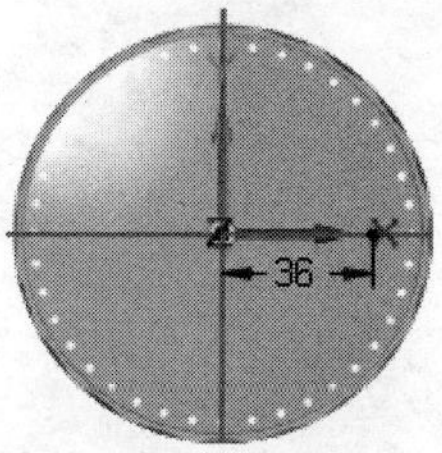

图 11.20 孔的约束

Step14. 创建图 11.21 所示的阵列特征 3。在 阵列 区域中单击 阵列 命令后，在图形区中选取要阵列的孔 2，单击按钮；选取俯视图（XY）平面作为阵列草图平面；单击 特征 区域中的按钮，绘制图 11.22 所示的圆（注：圆心要与坐标原点重合，对于圆的大小没有要求），在“阵列”命令条的 翻转 下拉列表中选择 适合 选项，在 计数(C): 文本框中输入阵列个数为 30，单击左键，单击按钮，退出草绘环境；在命令条中单击 完成 按钮，完成阵列特征 3 的创建。

图 11.21　阵列特征 3

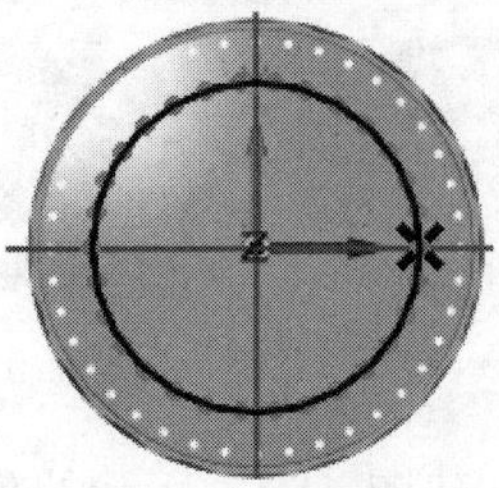

图 11.22　环形阵列轮廓

Step15. 后面的详细操作过程请参见随书光盘中 video\ch11\reference\文件下的语音视频讲解文件 muzzle_cover-r02.exe。

实例 12　修正液笔盖

实例概述

本实例是一个修正液笔盖的设计，其总体上没有复杂的特征，但设计得十分精致，主要运用了旋转、除料、阵列、拉伸、曲面拔模及倒圆等特征命令，其中拉伸曲面的使用值得读者注意。零件模型及路径查找器如图 12.1 所示。

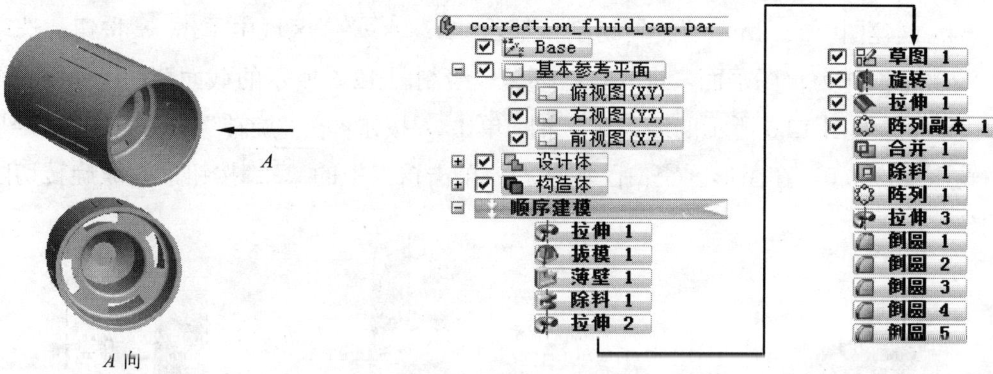

图 12.1　零件模型及路径查找器

说明：本例前面的详细操作过程请参见随书光盘中 video\ch12\reference\文件下的语音视频讲解文件 correction_fluid_cap-r01.exe。

Step1. 打开文件 D:\ sest10.3\work\ch12\correction_fluid_cap_ex.par。

Step2. 创建图 12.2 所示的拔模特征 1。在 实体 区域中单击按钮，选取图 12.3 所示的面 1 为拔模参考面，选取图 12.3 所示的面 2 与面 3 为需要拔模的面；在“拔模”命令条的拔模角度区域的文本框中输入角度值 1，然后右键；单击 下一步 按钮。移动鼠标将拔模方向调整至图 12.3 所示的位置后单击，单击 完成 按钮，单击 取消 按钮，完成拔模特征 1 的创建。

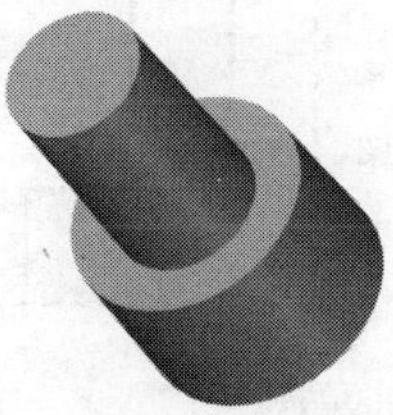

图 12.2　拔模特征 1

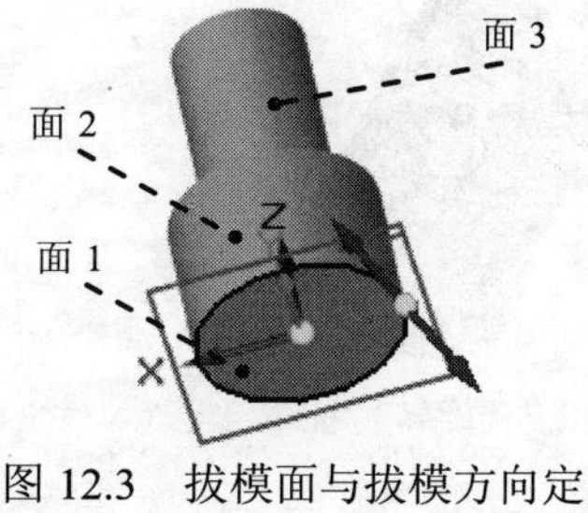

图 12.3　拔模面与拔模方向定义

Step3. 创建图 12.4b 所示的薄壁特征 1。在 实体 区域中单击按钮，在“薄壁”

命令条的同一厚度:文本框中输入薄壁厚度值 0.5，然后右击；选择图 12.4a 所示的模型表面为要移除的面，然后右击；单击“薄壁”命令条中的预览按钮，单击完成按钮，完成薄壁特征 1 的创建。

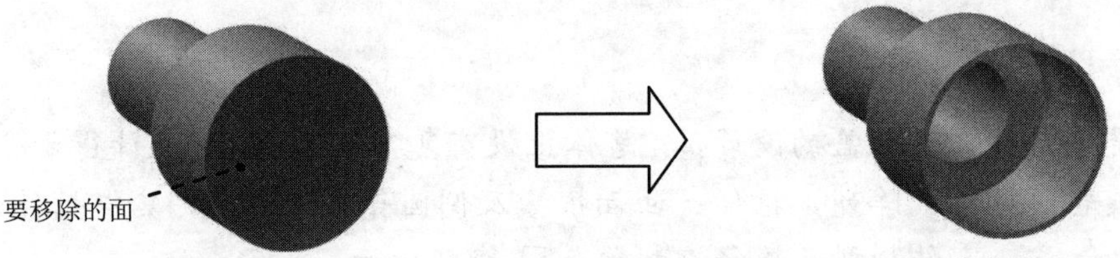

a）薄壁前　　b）薄壁后

图 12.4　薄壁特征 1

Step4. 创建图 12.5 所示的旋转切削特征。在实体区域中单击按钮，选取前视图（XZ）平面作为草图平面，进入草绘环境。绘制图 12.6 所示的截面草图；单击区域中的按钮，选取图 12.6 所示的线为旋转轴，单击按钮；在“旋转”命令条的角度(A):文本框中输入值 360.0。在图形区空白区域单击，单击窗口中的完成按钮，完成旋转切削特征的创建。

图 12.5　旋转切削特征

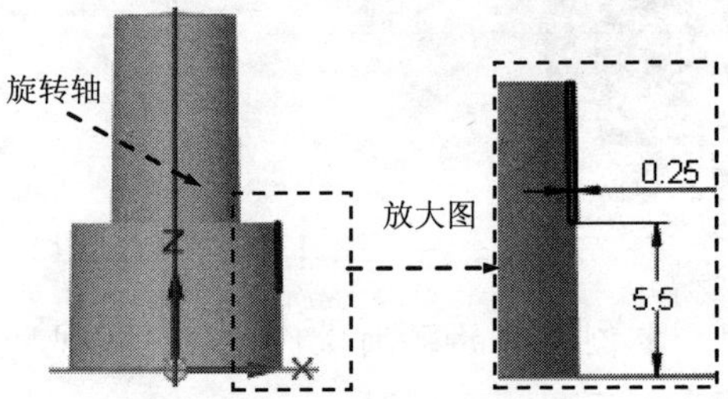

图 12.6　截面草图

Step5. 创建图 12.7 所示的旋转特征 1。在实体区域中选择命令，选取前视图（XZ）平面为草图平面，绘制图 12.8 所示的截面草图；单击绘图区域中的按钮，选取图 12.8 所示的线为旋转轴；单击“关闭草图”按钮，在“旋转”命令条的角度(A):文本框中输入值 360.0，在图形区空白区域单击；单击“旋转”命令条中的完成按钮，完成旋转特征 1 的创建。

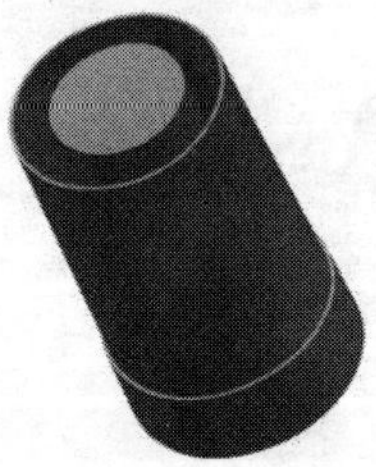

图 12.7　旋转特征 1

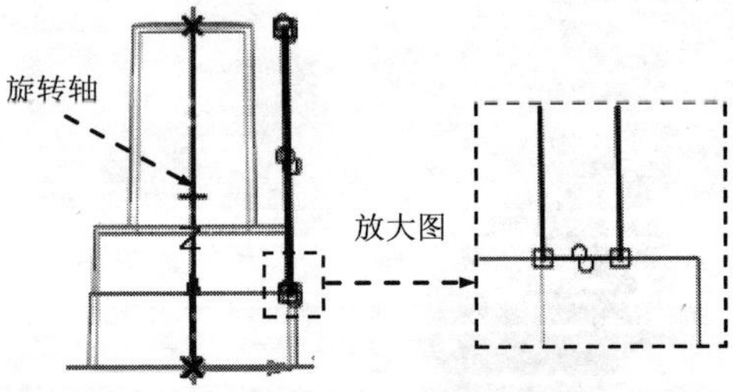

图 12.8　截面草图

Step6. 创建图 12.9 所示的草图 1。在草图区域中单击按钮，选取前视图（XZ）平面作为草图平面，绘制图 12.10 所示的草图 1。

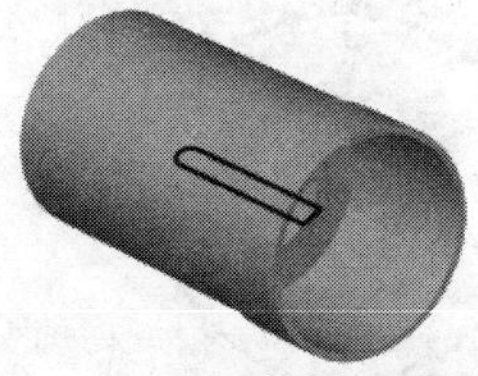

图 12.9 草图 1（建模环境）

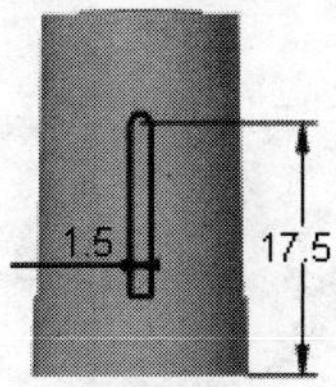

图 12.10 草图 1（草绘环境）

Step7. 创建图 12.11 所示的旋转曲面 1，选择曲面区域中的旋转命令，选取前视图（XZ）平面作为草图平面，绘制图 12.12 所示的截面草图；单击绘图区域中的按钮，选取图 12.12 所示的线为旋转轴；单击“关闭草图”按钮，在“旋转”命令条的角度(A):文本框中输入值 360.0，在图形区空白区域单击；单击“旋转曲面”命令条中的完成按钮，完成旋转曲面 1 的创建。

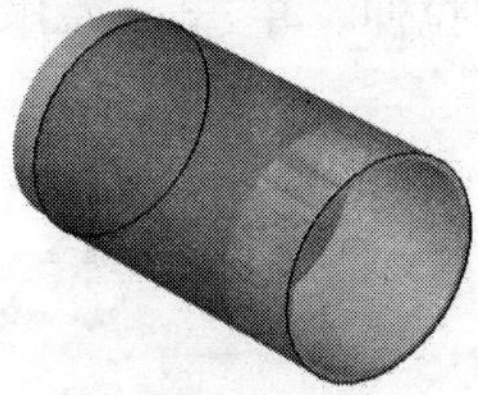

图 12.11 旋转曲面 1

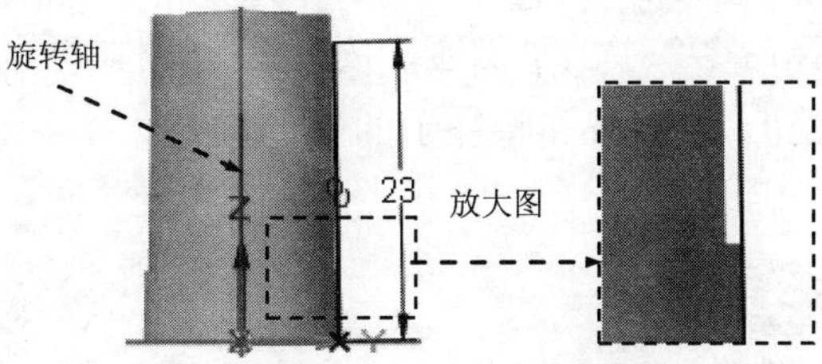

图 12.12 截面草图

Step8. 创建图 12.13 所示的拉伸曲面 1。选择曲面区域中的命令，在“拉伸曲面”命令条的下拉列表中选择从草图选择选项，在选择:下拉列表中选择链选项；选取草图 1 为拉伸曲线，然后单击右键；选择命令条中的“起始/终止范围”按钮，选取图 12.14 所示的旋转曲面作为拉伸起始面，在路径查找器中单击 **旋转 1** 前的“对号”将其隐藏，选取图 12.15 所示的模型表面为拉伸终止面，选中命令条中的“封闭端”按钮，单击完成按钮，完成拉伸曲面 1 的创建，单击取消按钮，完成拉伸曲面 1 的创建。

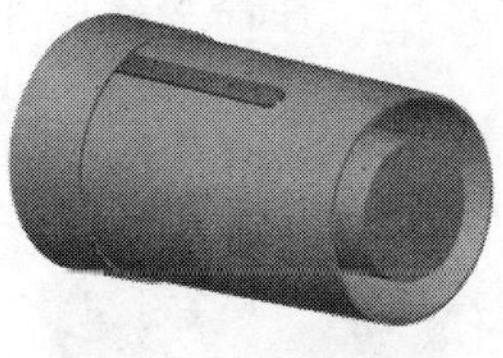

图 12.13 拉伸曲面 1

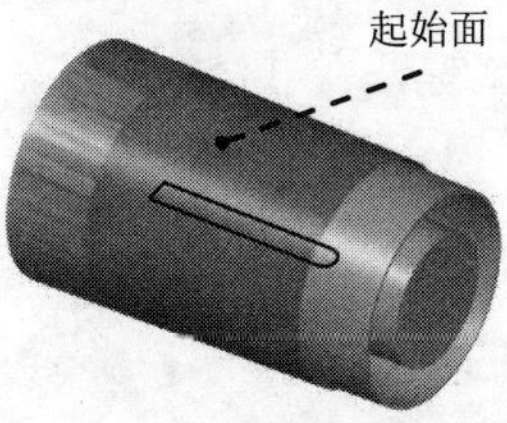

图 12.14 拉伸起始面

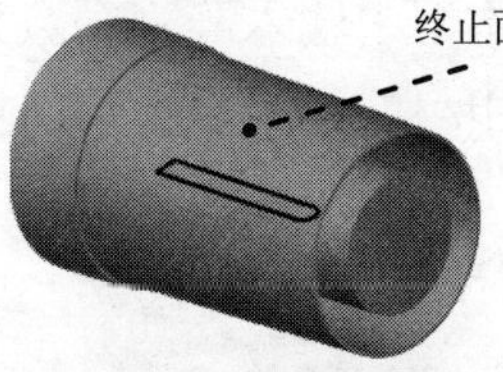

图 12.15 拉伸终止面

Step9. 创建图 12.16 所示的阵列副本 1。在阵列区域中单击阵列命令后，在命令条的选择:下拉列表中选择体选项，在图形区中选取要阵列的拉伸曲面，单击按钮；选取俯视图（XY）平面作为阵列草图平面；单击特征区域中的按钮，绘制图 12.17 所示的圆（注：圆心要与坐标原点重合，对于圆的大小没有要求），在“阵列”命令条的翻转下拉列表中选择适合选项，在计数(C):文本框中输入阵列个数为 15，单击左键，单击按钮，退出草绘环境；在命令条中单击完成按钮，完成阵列副本 1 的创建。

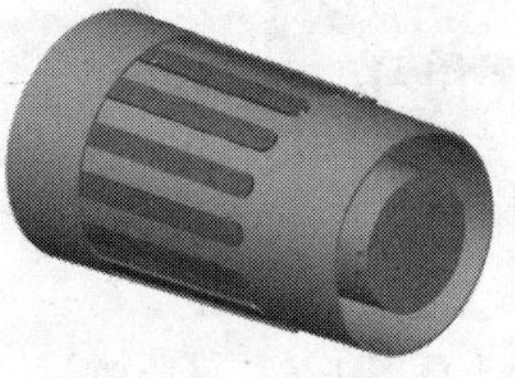

图 12.16　阵列副本 1

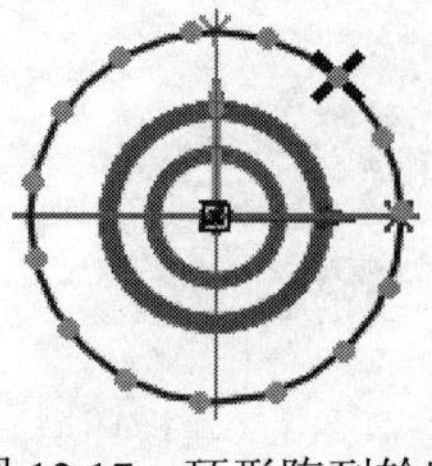

图 12.17　环形阵列轮廓

Step10. 创建合并特征 1。选择 实体 区域中 后的小三角，单击“合并”按钮 合并 ，然后依次在图形区中选取拉伸曲面及所有阵列副本，单击右键，单击 完成 按钮，完成合并特征的创建。

Step11. 创建图 12.18 所示的除料特征 1。在 实体 区域中单击 按钮，选取图 12.19 所示的模型表面作为草图平面，绘制图 12.20 所示的截面草图；绘制完成后，单击 按钮，选择命令条中的“贯通”按钮 ，调整拉伸方向为两侧拉伸，单击 完成 按钮，单击 取消 按钮，完成除料特征 1 的创建。

图 12.18　除料特征 1

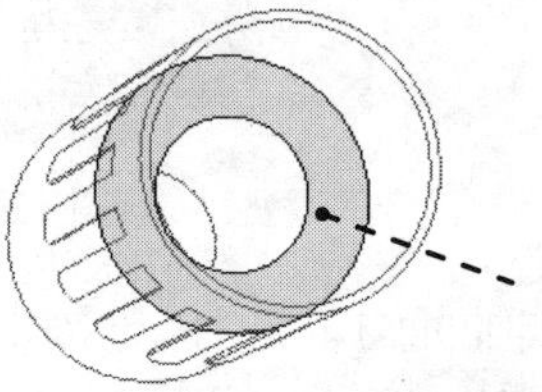

图 12.19　定义草图平面

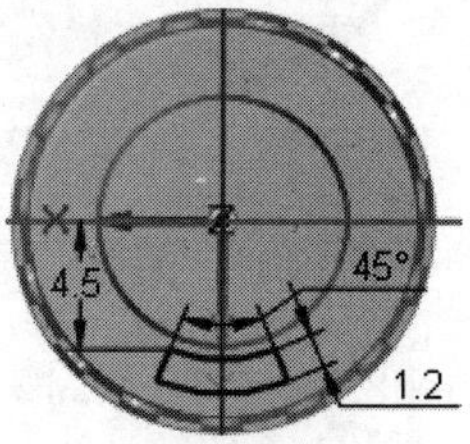

图 12.20　截面草图

Step12. 创建图 12.21b 所示的阵列特征 1。在 阵列 区域中单击 阵列 命令后，在图形区中选取要阵列的除料特征 1，单击 按钮；选取图 12.19 所示的模型表面作为阵列草图平面；单击 特征 区域中的 按钮，绘制图 12.22 所示的圆（注：圆心要与坐标原点重合，对于圆的大小没有要求），在“阵列”命令条的 翻转 下拉列表中选择 适合 选项，在 计数(C): 后的文本框中输入阵列个数为 4，单击左键，单击 按钮，退出草绘环境；在命令条中单击 完成 按钮，完成阵列特征 1 的创建。

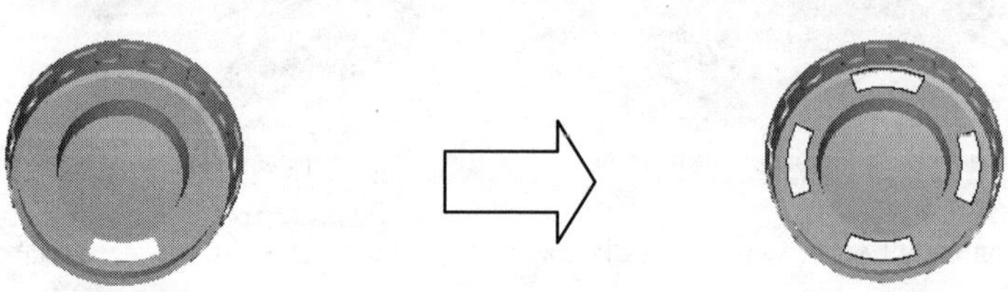

a）阵列前　　b）阵列后

图 12.21　阵列特征 1

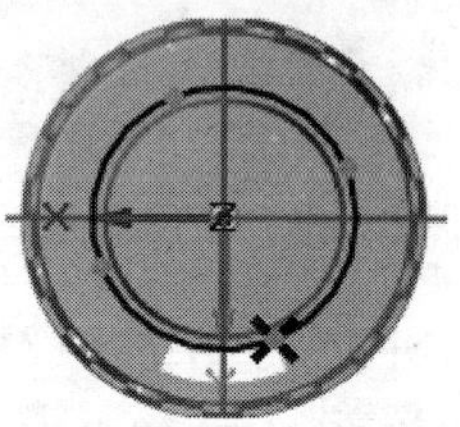

图 12.22　环形阵列轮廓

Step13. 创建图 12.23 所示的旋转特征 2。在 实体 区域中选择 命令，选取右视图（YZ）平面为草图平面，绘制图 12.24 所示的截面草图；单击 绘图 区域中的 按钮，选取图 12.24 所示的线为旋转轴；单击“关闭草图”按钮 ，在“旋转”命令条的 角度(A):

文本框中输入值 360.0，在图形区空白区域单击；单击“旋转”命令条中的 完成 按钮，完成旋转特征 2 的创建。

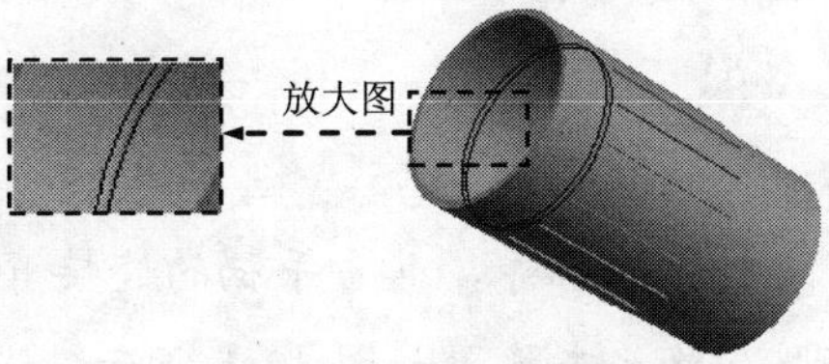

图 12.23 旋转特征 2

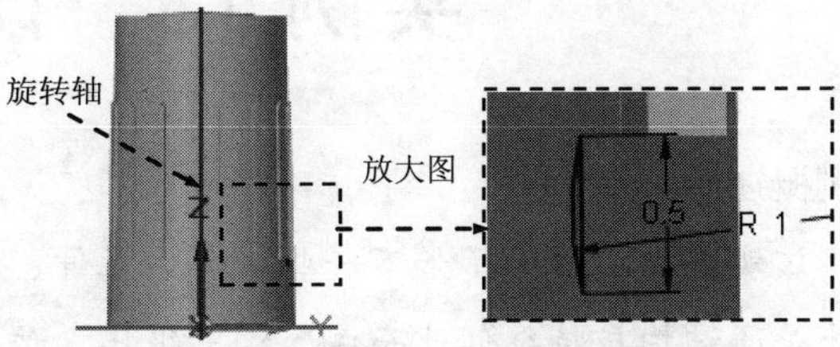

图 12.24 截面草图

Step14. 后面的详细操作过程请参见随书光盘中 video\ch12\reference\文件下的语音视频讲解文件 correction_fluid_cap-r02.exe。

实例 13 饮水机手柄

实例概述

该实例主要运用了如下一些命令：拉伸、草绘、旋转和扫掠等，其中手柄的连接弯曲杆处是通过扫掠特征创建而成，构思很巧。该零件模型及路径查找器如图 13.1 所示。

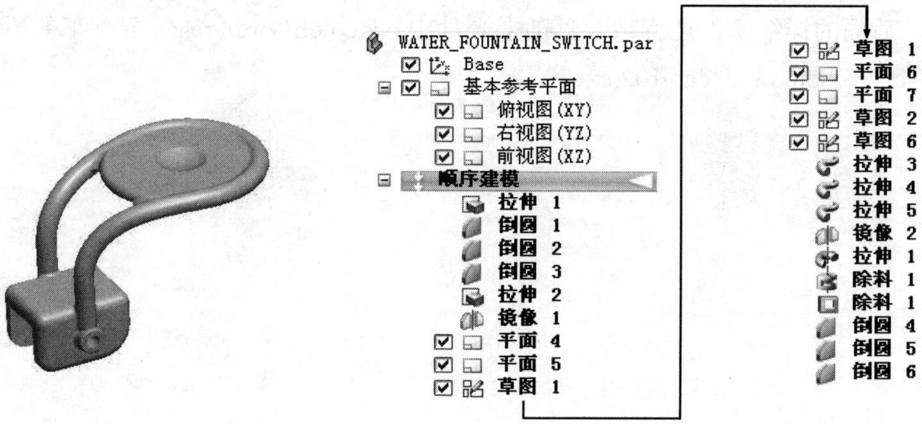

图 13.1　零件模型及路径查找器

说明：本例前面的详细操作过程请参见随书光盘中 video\ch13\reference\文件下的语音视频讲解文件 water_fountain_switch-r01.exe。

Step1. 打开文件 D:\ sest10.3\work\ch13\water_fountain_switch_ex.par。

Step2. 创建图 13.2 所示的拉伸特征 2。在 实体 区域中单击按钮，选取图 13.2 所示的模型表面作为草图平面，绘制图 13.3 所示的截面草图，绘制完成后，单击按钮；确认与按钮被按下，在 距离 下拉列表中输入值 4，并按 Enter 键，拉伸方向为 Y 轴正方向，在图形区空白区域单击；单击 完成 按钮，单击 取消 按钮，完成拉伸特征 2 的创建。

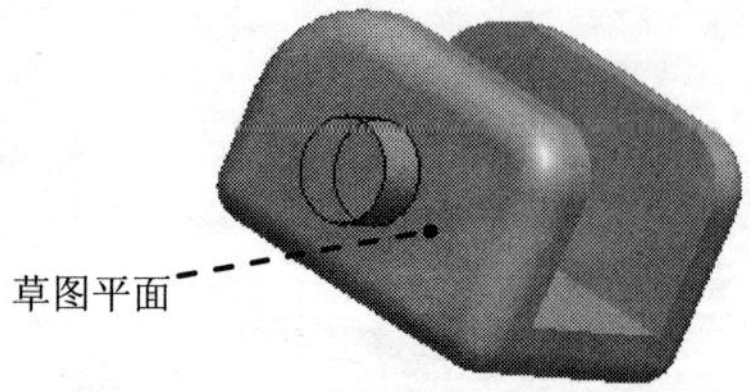

图 13.2　拉伸特征 2

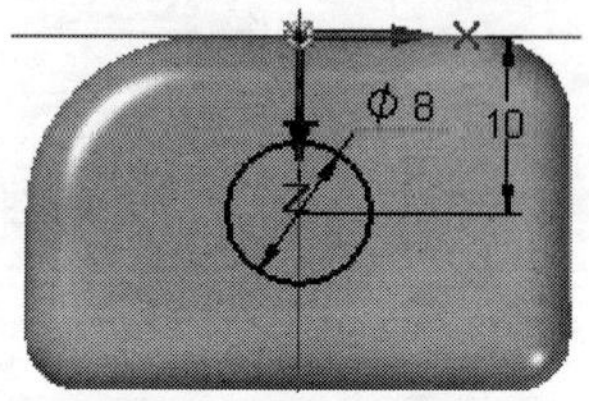

图 13.3　截面草图

Step3. 创建图 13.4b 所示的镜像特征 1，在 阵列 区域中单击 镜像 命令，在路径查找器中选取 **拉伸 2** 作为镜像特征，单击按钮，完成特征的选取；选取前视图（XZ）平面作为镜像中心平面，单击“镜像”命令条中的 完成 按钮，完成镜像特征 1 的创建。

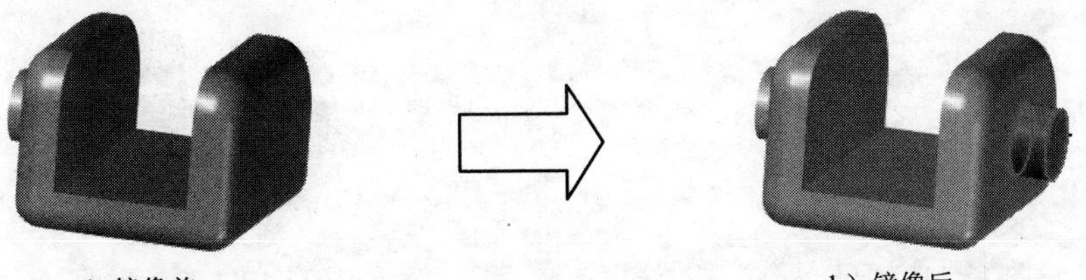

a）镜像前　　b）镜像后

图 13.4　镜像特征 1

Step4. 创建图 13.5 所示的平面 4。在平面区域中单击按钮，选择平行选项；在绘图区域选取俯视图（XY）平面作为参考平面，在距离:下拉列表中输入偏移距离值 10，偏移方向参考图 13.6 所示，单击完成平面 4 的创建。

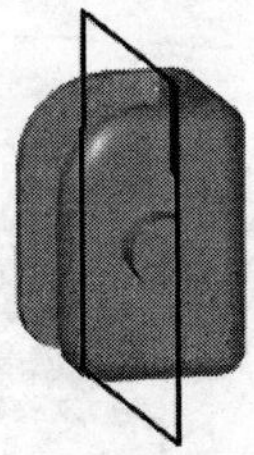

图 13.5　平面 4

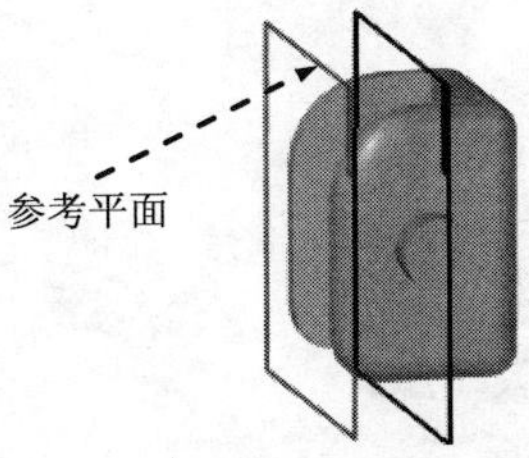

图 13.6　参考平面

Step5. 创建图 13.7 所示的平面 5。在平面区域中单击按钮，选择平行选项；在绘图区域选取俯视图（XY）平面作为参考平面，在距离:下拉列表中输入偏移距离值 50，偏移方向参考图 13.8 所示，单击完成平面 5 的创建。

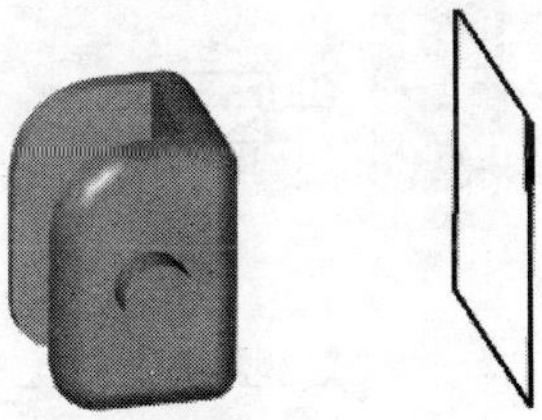

图 13.7 平面 5

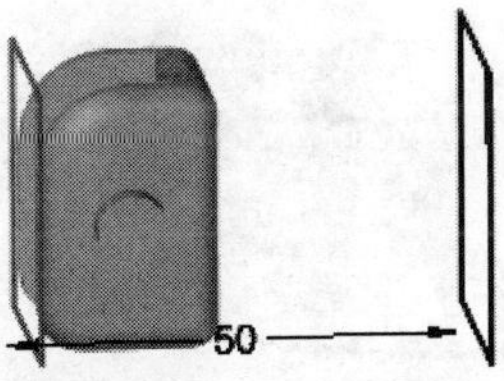

图 13.8　参考平面

Step6. 创建图 13.9 所示的草图 1。在草图区域中单击按钮，选取右视图（YZ）平面作为草图平面，绘制图 13.10 所示的草图 1。

图 13.9　草图 1（建模环境）

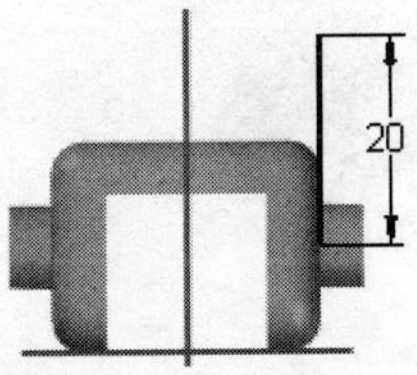

图 13.10　草图 1（草绘环境）

Step7. 创建图 13.11 所示的平面 6。在平面区域中单击“重合平面”按钮，选取图 13.12 所示的模型表面作为参考平面，完成平面 6 的创建。

图 13.11　平面 6

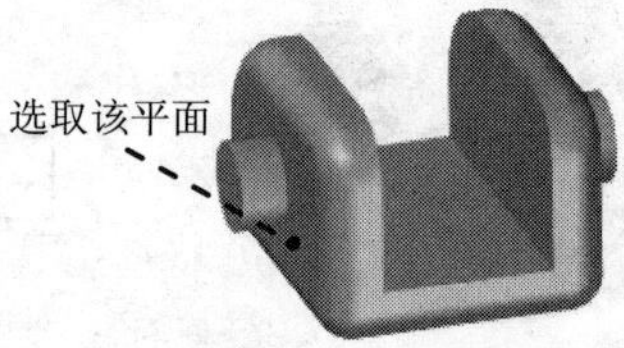

图 13.12　参考平面

Step8. 创建图 13.13 所示的平面 7。在 平面 区域中单击 按钮，选择 成角度 命令，选取图 13.14 所示的平面 6 与 YZ 平面作为参考平面。然后选取平面 6 为旋转的基准平面。在“基准面”命令条后的下拉列表中输入角度值为 15.0。旋转方向可参考图 13.14 所示。

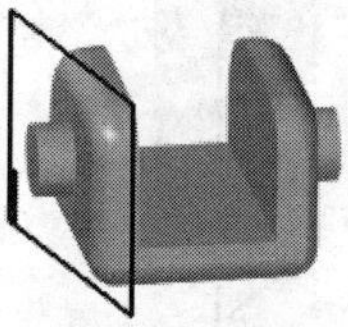

图 13.13　平面 7

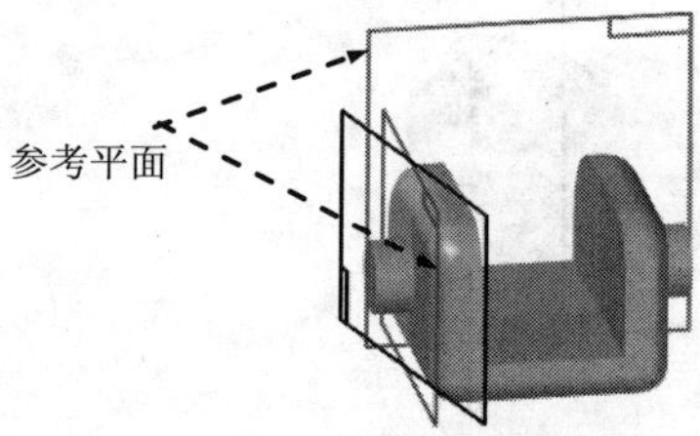

图 13.14　参考平面

Step9. 创建图 13.15 所示的草图 2。在 草图 区域中单击 按钮，选取平面 7 作为草图平面，绘制图 13.16 所示的草图。

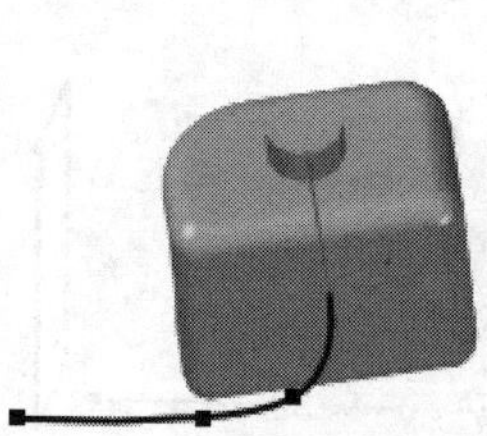

图 13.15　草图 2（建模环境）

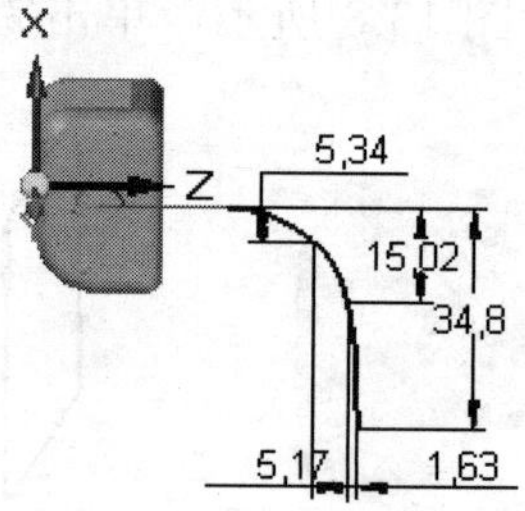

图 13.16　草图 2（草绘环境）

Step10. 创建图 13.17 所示的草图 3。在 草图 区域中单击 按钮，选取平面 5 作为草图平面，绘制图 13.18 所示的草图。

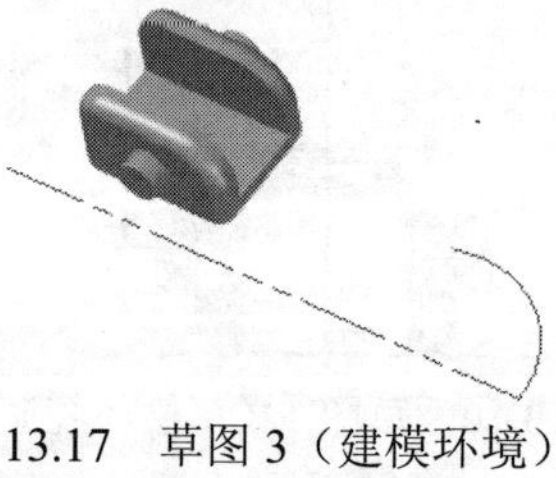

图 13.17　草图 3（建模环境）

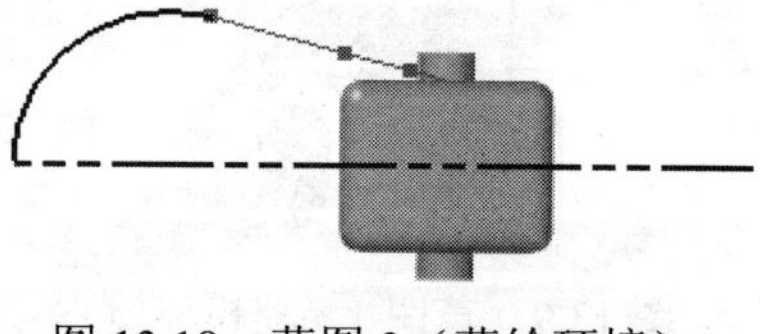

图 13.18　草图 3（草绘环境）

Step11. 创建图 13.19 所示的扫掠特征 1。在 实体 区域中单击 后的小三角，选择 扫掠 命令后，在“扫掠”对话框的 默认扫掠类型 区域中选中 单一路径和横截面(S) 单选项。其他参数接受系统默认，单击确定按钮，在“创建起源”选项下拉列表中选择从草图/零件边选择选项设置值，在图形区中选取图 13.20 所示的草图 1 为扫掠轨迹曲线，然后右击；在“创建起源”选项下拉列表中选择重合平面选项，选取平面 4，绘制图 13.21 所示的扫掠截面，单击✔按钮，退出草绘环境；单击“扫掠”命令条中的完成按钮，再单击完成按钮；单击取消按钮，完成扫掠特征 1 的创建。

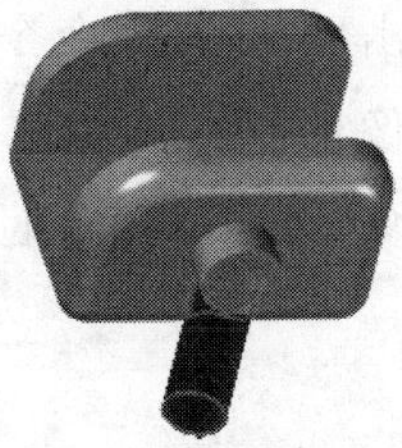
图 13.19 扫掠特征 1

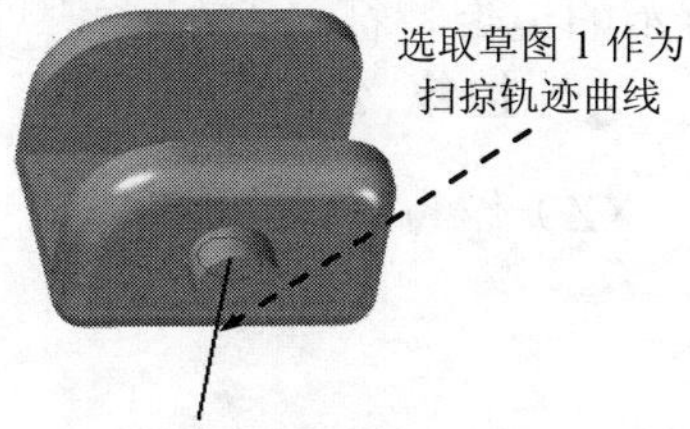

图 13.20 选取扫掠轨迹线

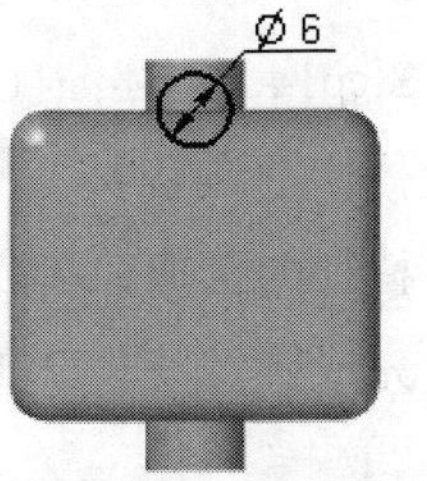

图 13.21 扫掠截面草图

Step12. 创建图 13.22 所示的扫掠特征 2。在实体区域中单击后的小三角，选择扫掠命令后，在“扫掠”对话框的默认扫掠类型区域中选中◉ 单一路径和横截面(S)单选项。其他参数接受系统默认设置值，单击确定按钮，在“创建起源”选项下拉列表中选择从草图/零件边选择选项，在图形区中选取图 13.23 所示的草图 2 为扫掠轨迹曲线，然后右击；在“创建起源”选项下拉列表中选择垂直于曲线的平面选项，选取草图 1 作为参考，在图 13.24 所示的草图 1 曲线顶点处单击，绘制图 13.25 所示的扫掠截面，单击✔按钮，退出草绘环境；单击“扫掠”命令条中的完成按钮，再单击完成按钮；单击取消按钮，完成扫掠特征 2 的创建。

图 13.22 扫掠特征 2

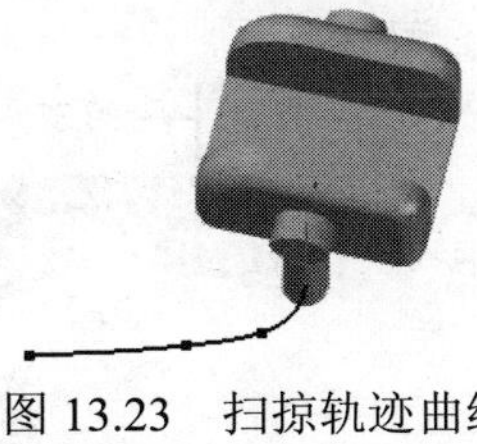
图 13.23 扫掠轨迹曲线

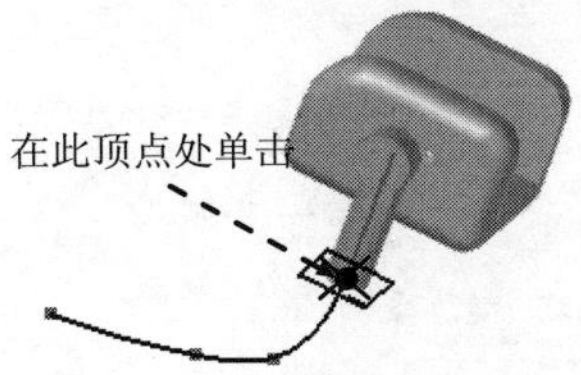

图 13.24 确定草绘平面

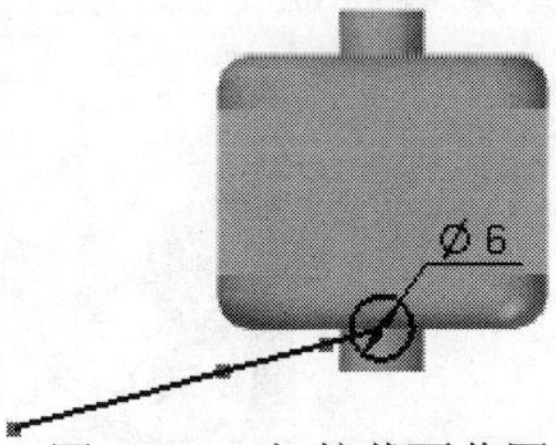

图 13.25 扫掠截面草图

Step13. 创建图 13.26 所示的扫掠特征 3。在实体区域中单击后的小三角，选择扫掠命令后，在“扫掠”对话框的默认扫掠类型区域中选中◉ 单一路径和横截面(S)单选项。其他参数接受系统默认设置值，单击确定按钮，在“创建起源”选项下拉列表中选择从草图/零件边选择选项，在图形区中选取图 13.27 所示的草图 3 为扫掠轨迹曲线，然后右击；在“创建起源”选项下拉列表中选择垂直于曲线的平面选项，选取草图 2 作为参考，在图 13.28 所示的草图 2 曲线顶点处单击，绘制图 13.29 所示的扫掠截面，单击✔按钮，退出草绘环境；单击“扫掠”命令条中的完成按钮，再单击完成按钮；单击取消按钮，完成扫掠特征 3 的创建。

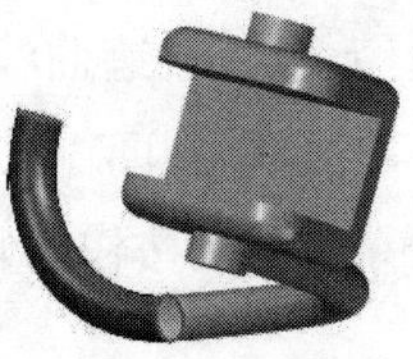
图 13.26　扫掠特征 3

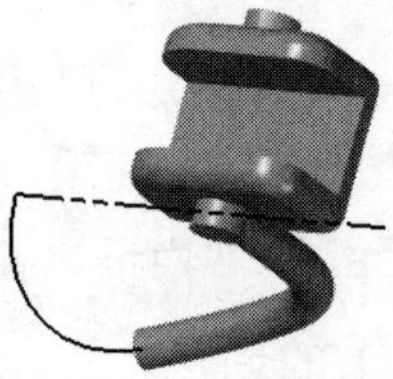
图 13.27　扫掠轨迹曲线

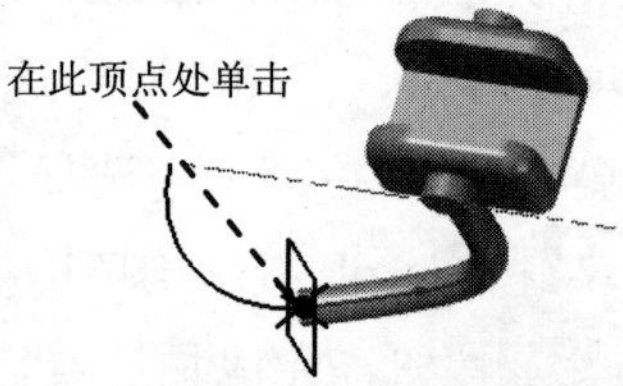

图 13.28　确定草绘平面

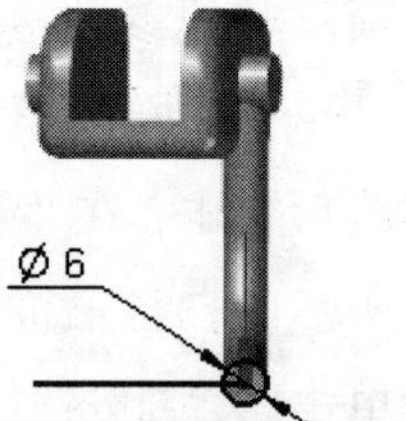

图 13.29　扫掠截面草图

Step14. 创建图 13.30b 所示的镜像特征 2，在 阵列 区域中单击 镜像 命令，在路径查找器中选取 **拉伸 1**、**拉伸 2** 和 **拉伸 3** 作为镜像特征，单击按钮，完成特征的选取；选取前视图（XZ）作为镜像中心平面，单击“镜像”命令条中的 完成 按钮，完成镜像特征 2 的创建。

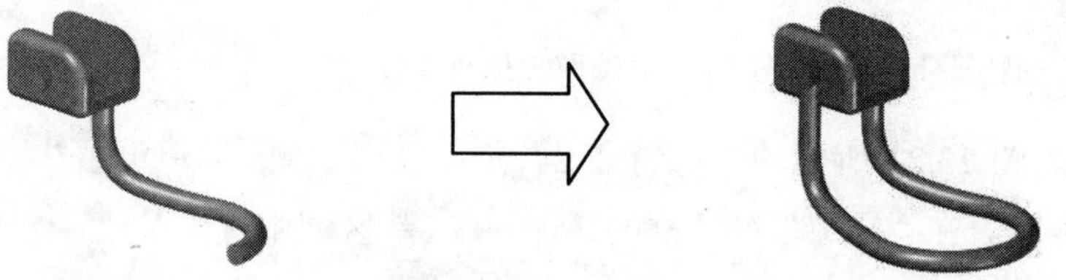
a）镜像前　　b）镜像后

图 13.30　镜像特征 2

Step15. 创建图 13.31 所示的旋转特征 1。在 实体 区域中选择命令，选取前视图（XZ）平面为草图平面，绘制图 13.32 所示的截面草图；单击 绘图 区域中的按钮，选取图 13.32 所示的线为旋转轴；单击“关闭草图”按钮，在“旋转”命令条的 角度(A): 文本框中输入值 360.0，在图形区空白区域单击；单击“旋转”命令条中的 完成 按钮，完成旋转特征 1 的创建。

图 13.31　旋转特征 1

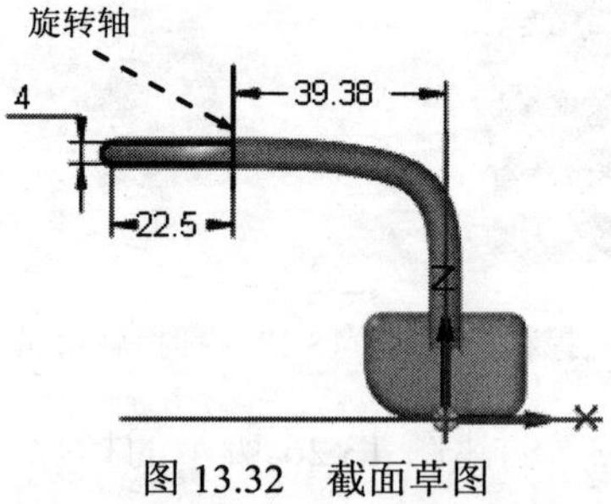

图 13.32　截面草图

Step16. 创建图 13.33 所示的旋转切削特征 1。在 实体 区域中单击按钮，选取前视图（XZ）平面作为草图平面，绘制图 13.34 所示的截面草图；单击区域中的按钮，选取图 13.34 所示线为旋转轴，单击按钮；在“旋转”命令条的 角度(A): 文本框中输入值 360.0。在图形区空白区域单击，单击窗口中的 完成 按钮，完成旋转切削 1 的创建。

Step17. 创建图 13.35 所示的除料特征 1。在 实体 区域中单击按钮，选取前视图（XZ）平面作为草图平面，进入草绘环境。绘制图 13.36 所示的截面草图；绘制完成后，单击按钮。在“拉伸”命令条单击按钮定义拉伸深度，选择命令条中的“贯通”按钮▭，在需要移除材料的一侧单击鼠标左键，单击 完成 按钮，单击 取消 按钮，完成除料特征 1 的创建。

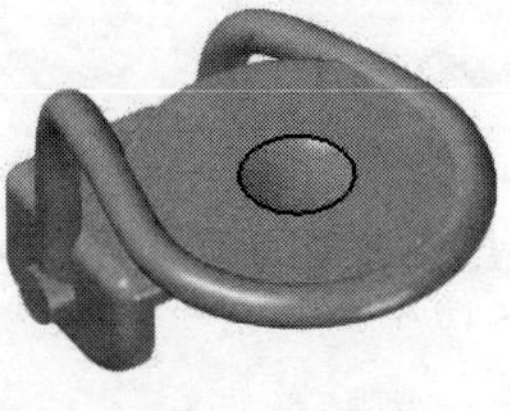

图 13.33 旋转切削特征 1

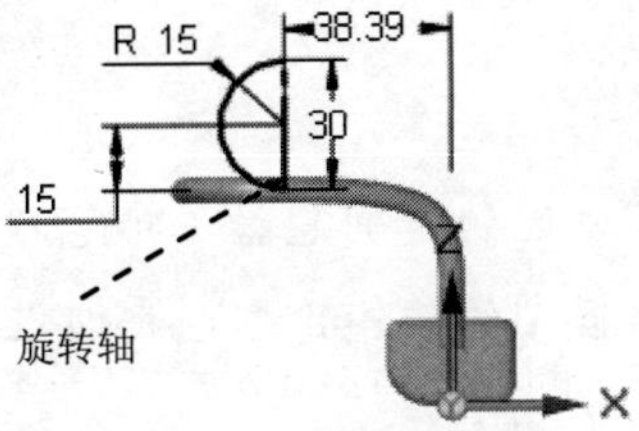

图 13.34 截面草图

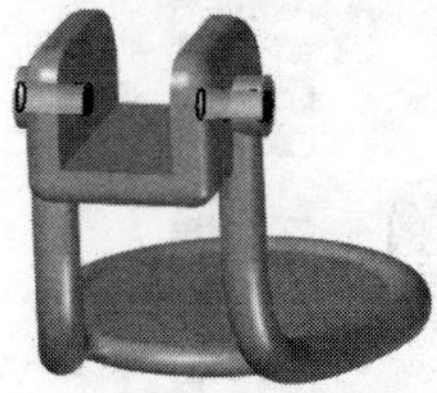

图 13.35 除料特征 1

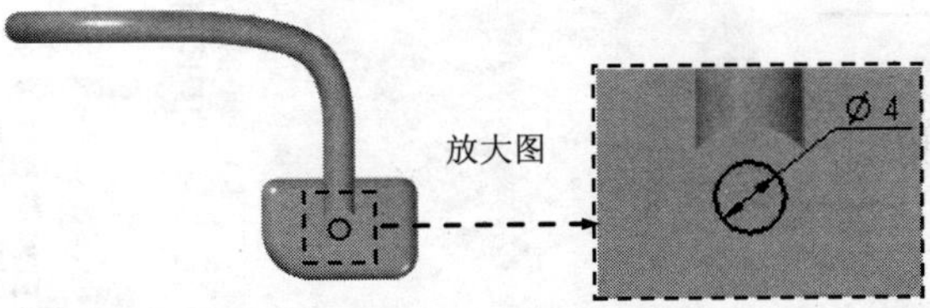

图 13.36 截面草图

Step18. 后面的详细操作过程请参见随书光盘中 video\ch13\reference\文件下的语音视频讲解文件 water_fountain_switch-r02.exe。

实例 14　削笔器造型设计

实例概述

本实例讲述的是削笔器（铅笔刀）的设计过程，首先通过“旋转”“镜像”“拉伸”等命令设计出模型的整体轮廓，再通过“扫掠”命令设计出最终模型。零件模型及路径查找器如图 14.1 所示。

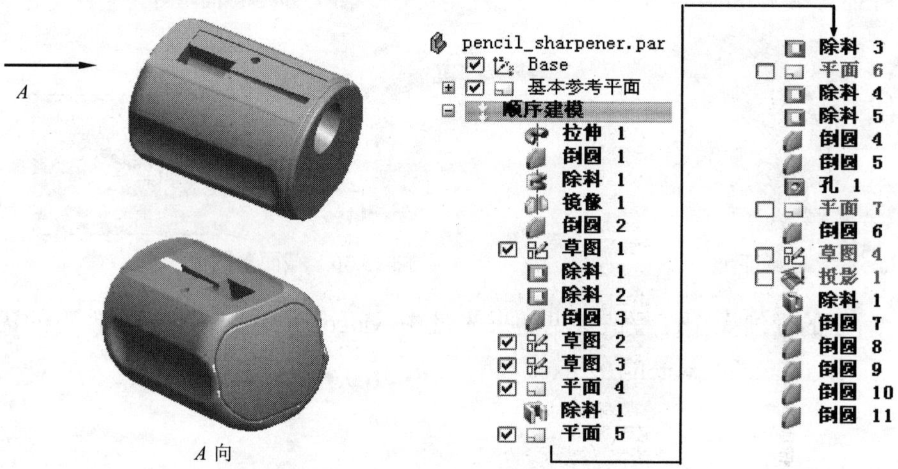

图 14.1　零件模型及路径查找器

说明：本例前面的详细操作过程请参见随书光盘中 video\ch14\reference\文件下的语音视频讲解文件 pencil_sharpener-r01.exe。

Step1. 打开文件 D:\ sest10.3\work\ch14\pencil_sharpener_ex.par。

Step2. 创建图 14.2 所示的旋转切削特征。在 实体 区域中单击按钮，选取前视图（XZ）平面作为草图平面，进入草绘环境。绘制图 14.3 所示的截面草图；单击 绘图 区域中的按钮，选取图 14.3 所示的线为旋转轴，单击按钮；在“旋转”命令条的 角度(A): 文本框中输入值 360.0。在图形区空白区域单击，单击窗口中的 完成 按钮，完成旋转切削特征的创建。

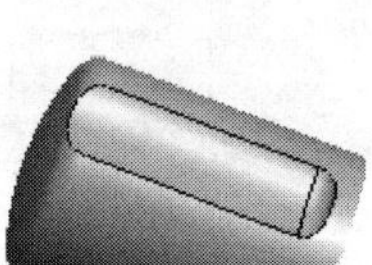

图 14.2　旋转切削特征

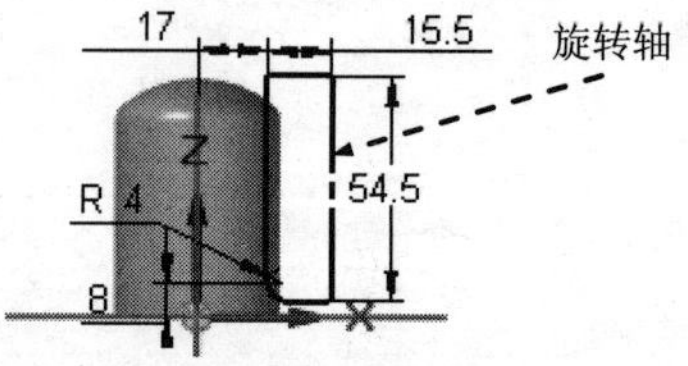

图 14.3　截面草图

Step3. 创建图 14.4b 所示的镜像特征 1，在 阵列 区域中单击 镜像 命令，在路径查找器中选取旋转切削作为镜像特征，单击按钮，完成特征的选取；选取右视图（XY）

平面作为镜像中心平面，单击“镜像”命令条中的完成按钮，完成镜像特征 1 的创建。

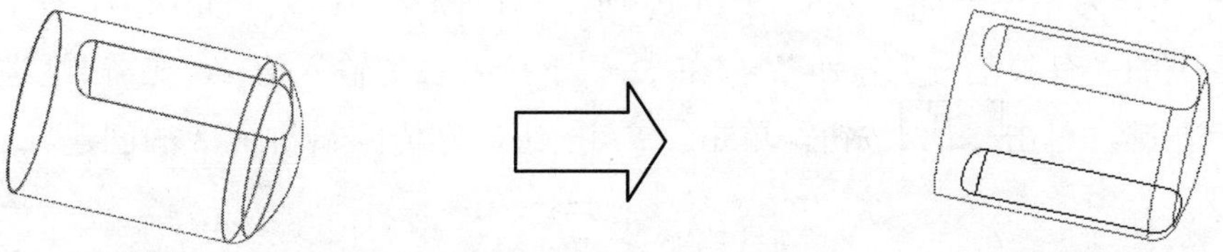

a）镜像前　　b）镜像后

图 14.4　镜像特征 1

Step4. 创建图 14.5b 所示的倒圆特征 2。选取图 14.5a 所示的边线为倒圆的边线；倒圆半径值为 2.0。

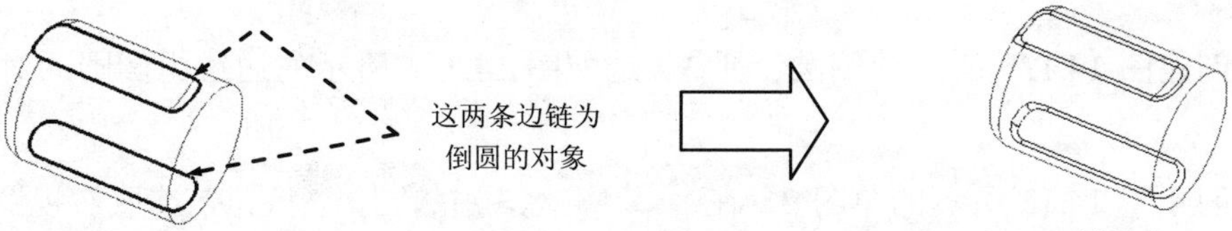

a）倒圆前　　b）倒圆后

图 14.5　倒圆特征 2

Step5. 创建图 14.6 所示的草图 1。在草图区域中单击按钮，选取俯视图（XY）平面为草图平面，绘制图 14.7 所示的草图 1。

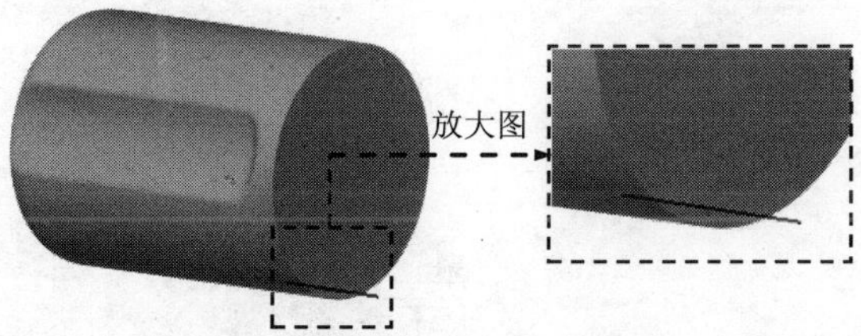

图 14.6　草图 1（建模环境）

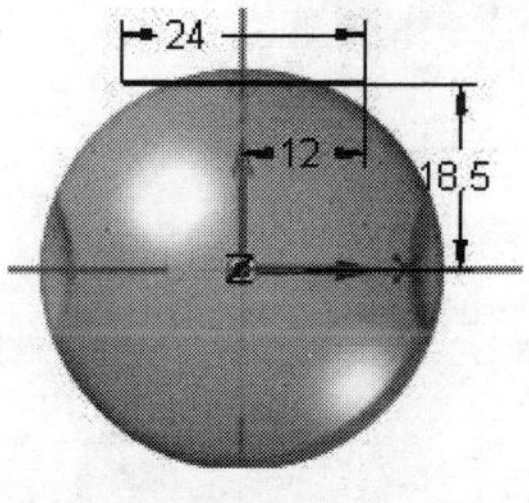

图 14.7　草图 1（草绘环境）

Step6. 创建图 14.8 所示的除料特征 1。在实体区域中单击按钮，在“创建起源”选项的下拉列表中选择从草图选择选项，在绘图区选取草图 1，单击按钮；将图 14.9a 所示的箭头指向需要除料的方向，单击鼠标左键。选择命令条中的“全部穿透”按钮，在图 14.9b 所示箭头指向需要移除材料的方向单击鼠标左键，单击完成按钮，单击取消按钮，完成除料特征 1 的创建。

图 14.8　除料特征 1

a）　　b）

图 14.9　定义除料方向

Step7. 创建图 14.10 所示的除料特征 2。在 实体 区域中单击按钮，选取俯视图（XY）平面作为草图平面，绘制图 14.11 所示的截面草图；绘制完成后，单击按钮。选择命令条中的“有限范围”按钮，在 距离: 下拉列表中输入值 2，在需要移除材料的一侧单击鼠标左键，单击 完成 按钮，单击 取消 按钮，完成除料特征 2 的创建。

图 14.10 除料特征 2

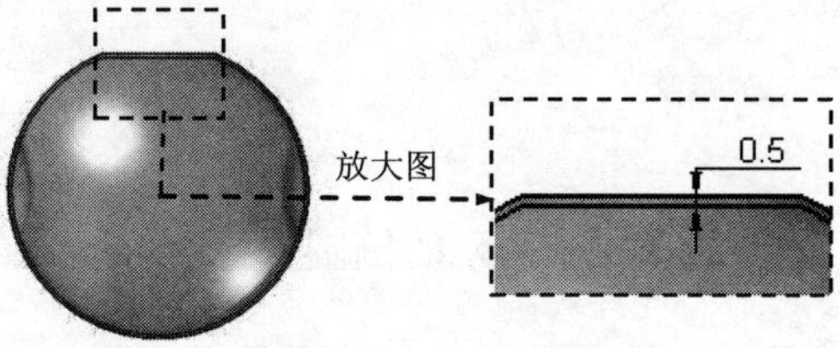

图 14.11 截面草图

Step8. 创建图 14.12b 所示的倒圆特征 3。选取图 14.12a 所示的边线为倒圆的对象；倒圆半径值为 3。

Step9. 创建图 14.13 所示的草图 2。在 草图 区域中单击按钮，选取右视图（YZ）平面为草图平面，绘制图 14.14 所示的草图 2。

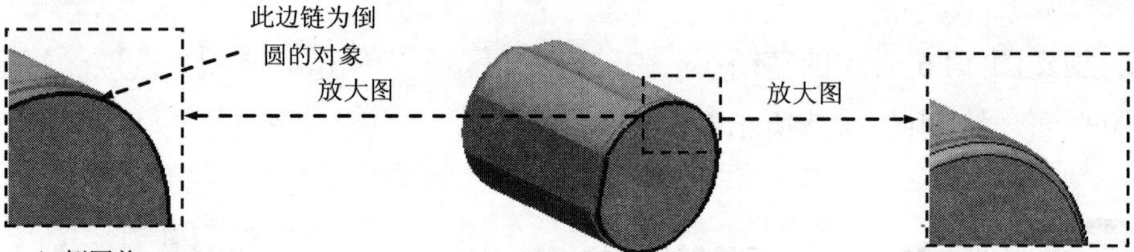

a）倒圆前

b）倒圆后

图 14.12 倒圆特征 3

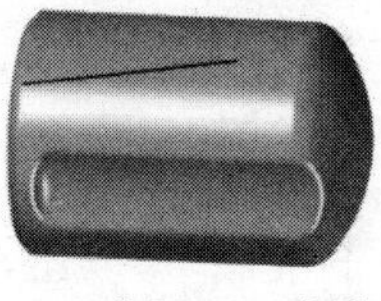

图 14.13 草图 2（建模环境）

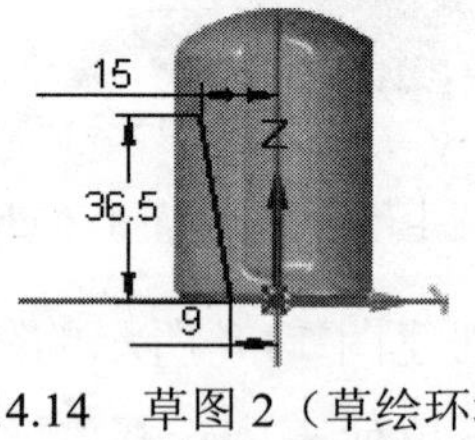

图 14.14 草图 2（草绘环境）

Step10. 创建图 14.15 所示的草图 3。在 草图 区域中单击按钮，选取图 14.16 所示平面作为草图平面，绘制图 14.17 所示的草图。

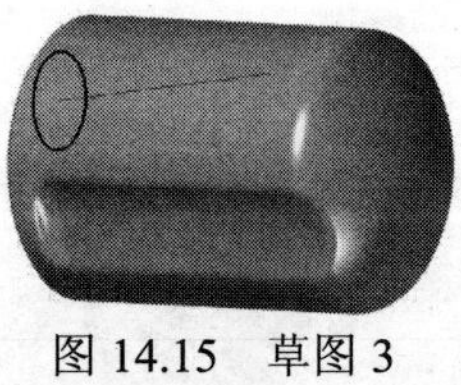

图 14.15 草图 3

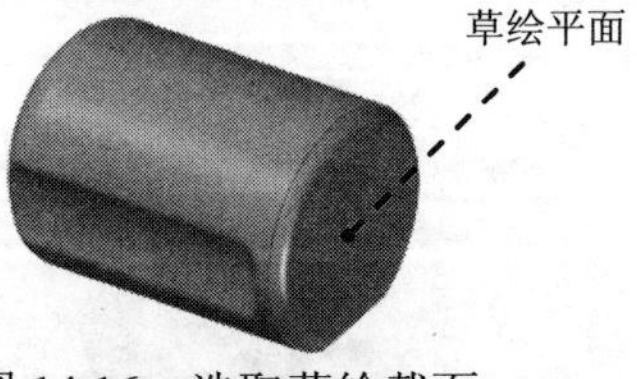

图 14.16 选取草绘截面

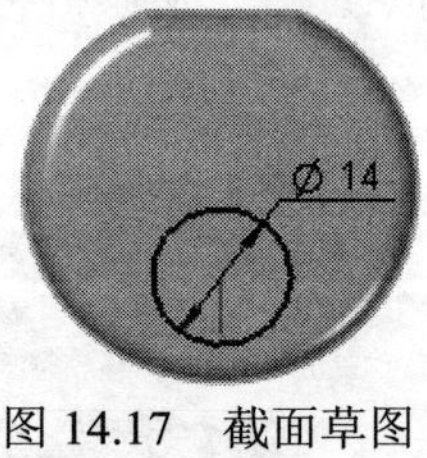

图 14.17 截面草图

Step11. 创建图 14.18 所示的平面 4（本步的详细操作过程请参见随书光盘中

video\ch14\reference\文件下的语音视频讲解文件 pencil_sharpener-r02.exe)。

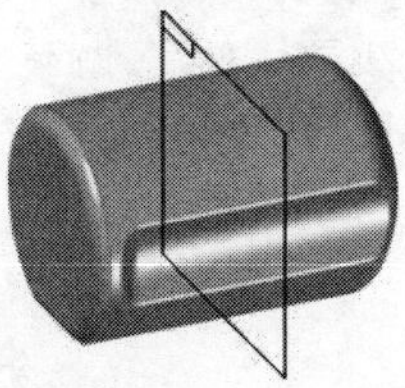

图 14.18　平面 4

Step12. 创建图 14.19 所示的放样除料特征。在 实体 区域中单击按钮，选择 放样 选项；在“创建起源”选项的下拉列表中选择 从草图/零件边选择 选项，在绘图区域选取草图 3 为第一个横截面，在“创建起源”选项的下拉列表中选择 重合平面 选项，选取平面 4，绘制一个图 14.20 所示的截面草图，单击 预览 按钮，单击 完成 按钮，单击 取消 按钮。完成放样除料特征的创建。

图 14.19　放样除料特征

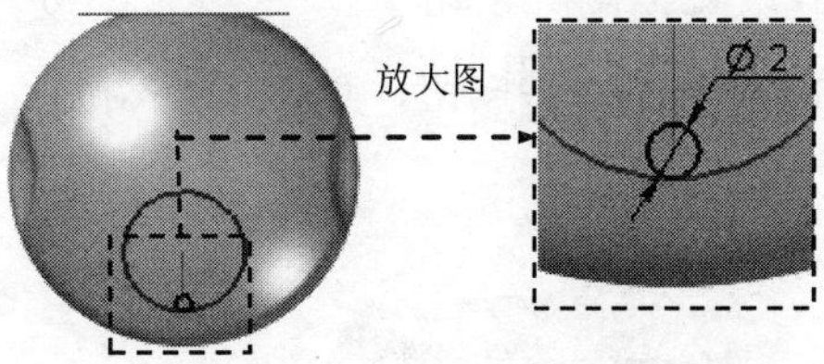

图 14.20　截面草图

Step13. 创建图 14.21 所示的平面 5。在 平面 区域中单击按钮，选择 平行 选项；在绘图区域选取俯视图 XY 平面为参考平面（图 14.22），在 距离 下拉列表中输入偏移距离值 2，偏移方向为 Z 轴正方向，单击完成平面 5 的创建。

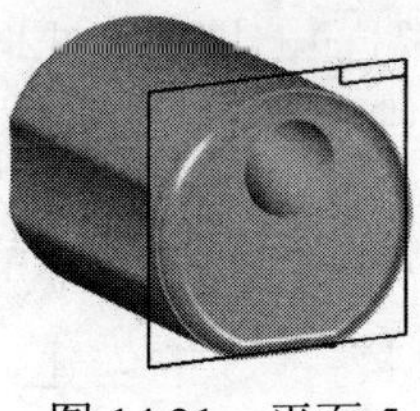

图 14.21　平面 5

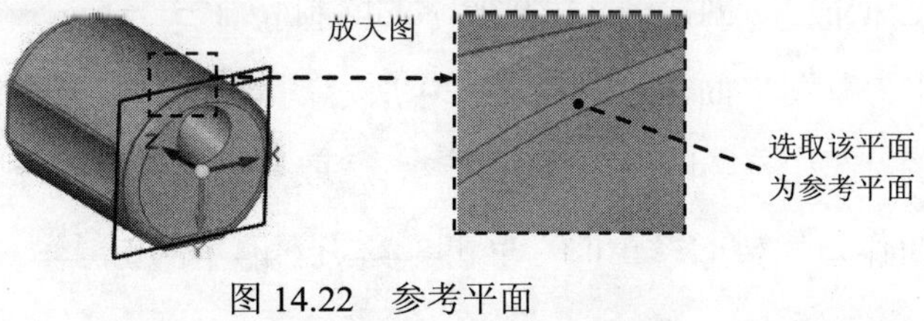

图 14.22　参考平面

Step14. 创建图 14.23 所示的除料特征 3。在 实体 区域中单击按钮，选取平面 5 作为草图平面，绘制图 14.24 所示的截面草图；绘制完成后，单击按钮。选择命令条中的“贯通”按钮，在需要移除材料的一侧单击鼠标左键，单击 完成 按钮，单击 取消 按钮，完成除料特征 3 的创建。

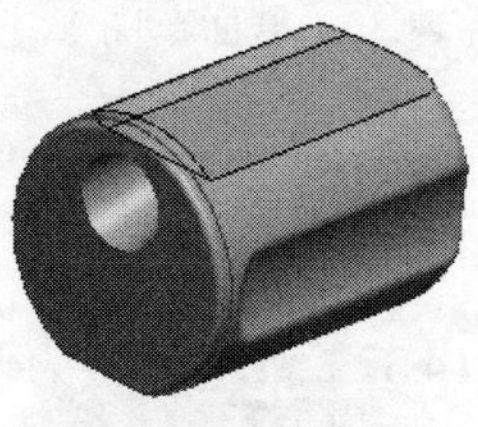

图 14.23　除料特征 3

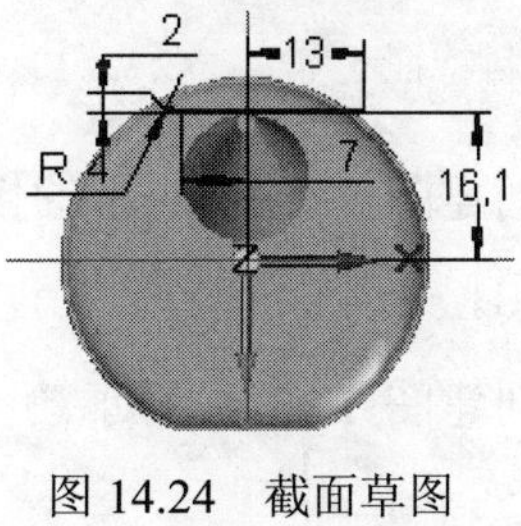

图 14.24　截面草图

Step15. 创建图 14.25 所示的平面 6。在平面区域中单击按钮，选择平行选项；选取平面 5 为参考平面，在距离:下拉列表中输入偏移距离值 40，偏移方向参考图 14.26 所示，单击完成平面 6 的创建。

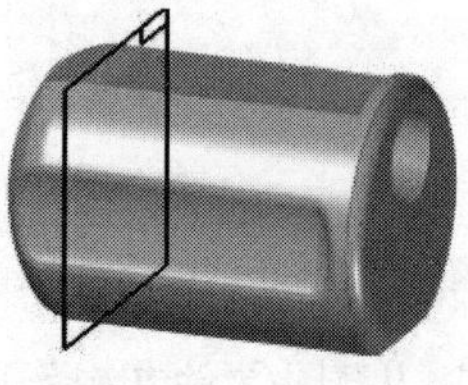

图 14.25 平面 6

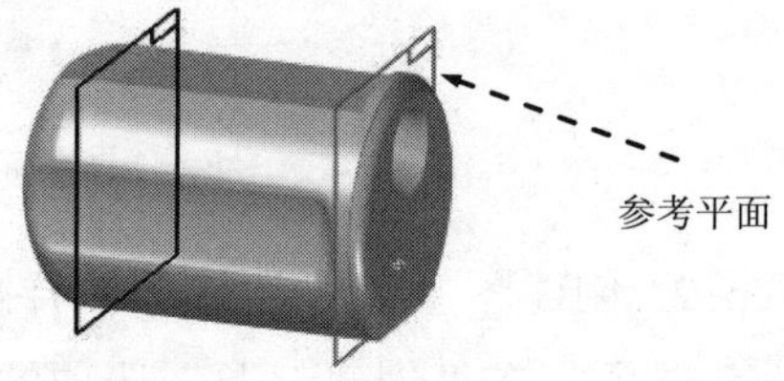

图 14.26 参考平面

Step16. 创建图 14.27 所示的除料特征 4。在实体区域中单击按钮，选取平面 6 作为草图平面，绘制图 14.28 所示的截面草图；绘制完成后，单击按钮；选择命令条中的“起始/终止范围”按钮，选取平面 6 作为除料的起始平面，选取平面 4 作为除料的终止平面，单击完成按钮，单击取消按钮，完成除料特征 4 的创建。

图 14.27 除料特征 4

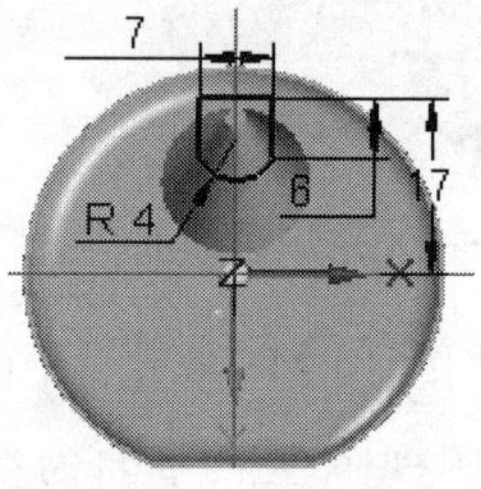

图 14.28 截面草图

Step17. 创建图 14.29 所示的除料特征 5。在实体区域中单击按钮，选取平面 5 作为草图平面，绘制图 14.30 所示的截面草图；绘制完成后，单击按钮，选择命令条中的“起始/终止范围”按钮，选取平面 5 作为除料的起始面，选取图 14.29 所示的模型表面作为除料的终止面，单击完成按钮，单击取消按钮，完成除料特征 5 的创建。

图 14.29 除料特征 5

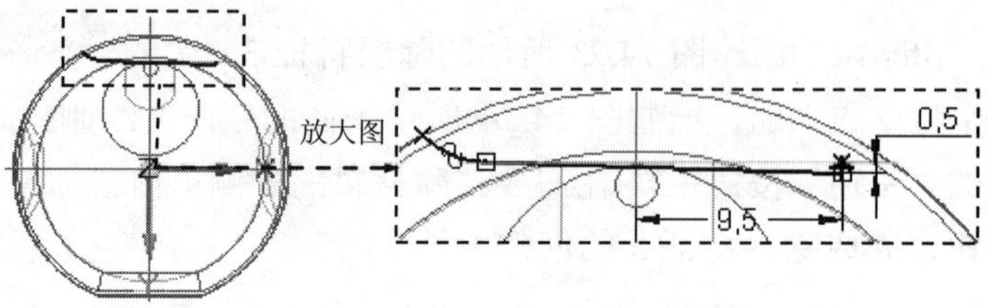

图 14.30 截面草图

Step18. 创建图 14.31b 所示的倒圆特征 4。选取图 14.31 a 所示的边为倒圆的对象，倒圆半径值为 1.0。

Step19. 创建图 14.32b 所示的倒圆特征 5。选取图 14.32a 所示的边为倒圆的对象，倒圆半径值为 0.5。

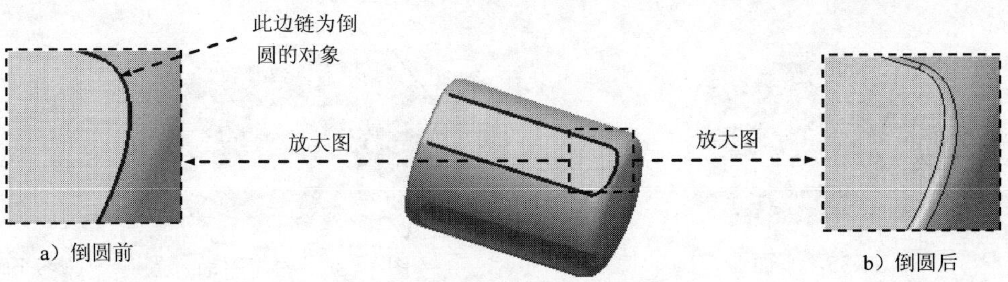

a）倒圆前　　b）倒圆后

图 14.31　倒圆角 4

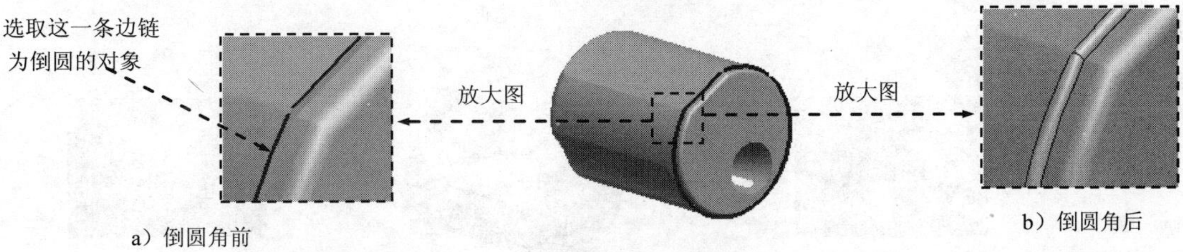

a）倒圆角前　　b）倒圆角后

图 14.32　倒圆角 5

Step20. 创建图 14.33 所示的孔。

（1）定义孔的参数。在 实体 区域中单击 按钮，单击 按钮，系统弹出“孔选项”对话框；在“孔选项”对话框中选择“螺纹孔”选项，在 子类型(Y): 下拉列表中选择 标准螺纹 选项，在 大小(Z): 下拉列表中选择 M3 x 0.35 选项，选中 至孔全长(X) 单选项，在 孔范围: 区域选择延伸类型为，在 孔深(P): 文本框中输入值 4，选中 V 型孔底角度(Q): 复选框；孔深类型选择；单击 确定 按钮。完成孔参数的设置。

（2）定义孔的放置面。选取图 14.33 所示的表面为孔的放置面，在模型表面单击完成孔的放置。

（3）编辑孔的定位。为孔添加图 14.34 所示的尺寸及几何约束，约束完成后，单击 按钮，退出草图绘制环境。

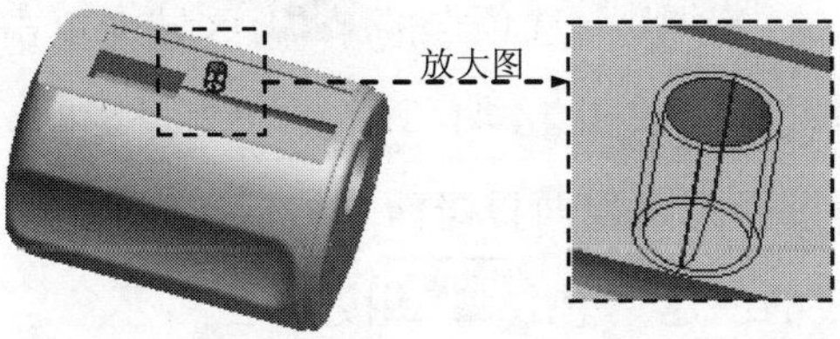

图 14.33　孔

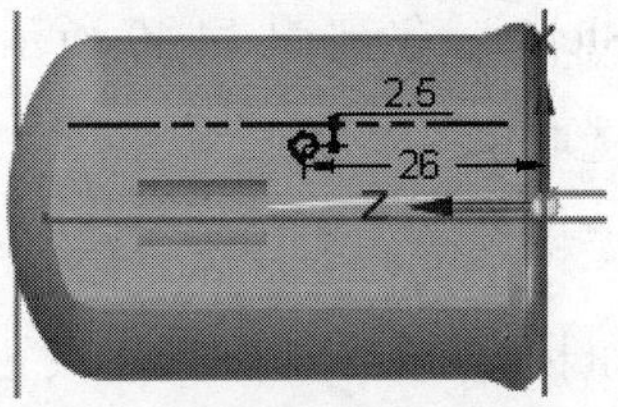

图 14.34　孔的尺寸及几何约束

（4）调整孔的方向。移动鼠标调整孔的方向向材料内部。

（5）单击命令条中的 完成 按钮。单击 取消 按钮，完成孔的创建。

Step21. 创建图 14.35 所示的平面 7。在 平面 区域中单击 按钮，选择 平行 选项；在绘图区域选取俯视图 XY 平面为参考平面，在 距离: 下拉列表中输入偏移距离值 55，偏移方向参考图 14.36 所示，单击完成平面 7 的创建。

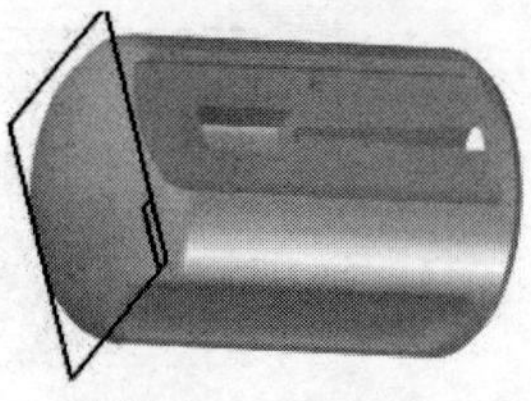

图 14.35　平面 7

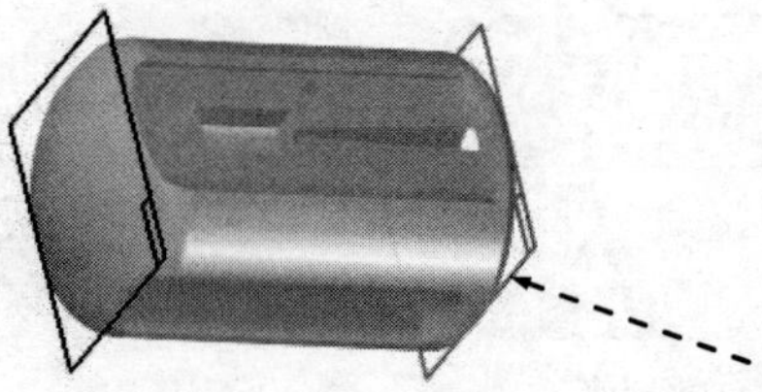

图 14.36　参考平面

Step22. 创建图 14.37b 所示的倒圆特征 6。选取图 14.37a 所示的边链为倒圆的对象；倒圆半径值为 0.5。

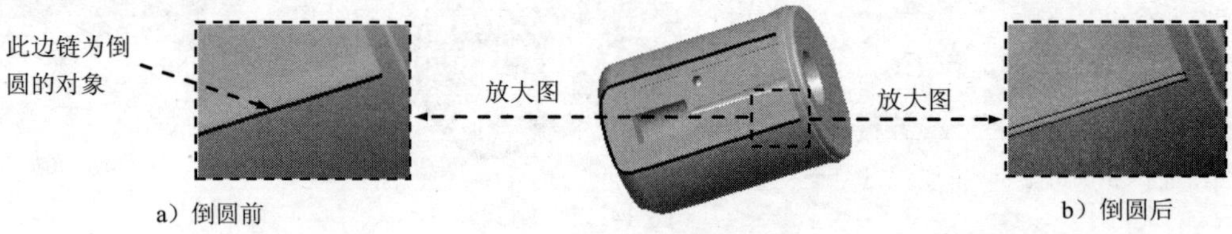

图 14.37　倒圆特征 6

Step23. 创建图 14.38 所示的草图 4。在 草图 区域中单击按钮，选取平面 7 作为草图平面，绘制图 14.39 所示的草图 4。

图 14.38　草图 4（建模环境）

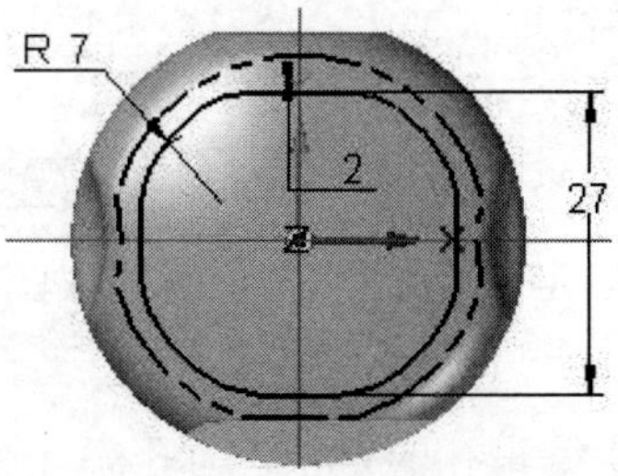

图 14.39　草图 4（草绘环境）

Step24. 创建图 14.40 所示的曲线的投影。在 曲面处理 选项卡的 曲线 区域中单击命令，选取草图 4 为投影曲线，然后单击鼠标右键；选取图 14.41 所示的面为投影面，然后单击鼠标右键；选择图 14.41 所示的方向，使投影方向朝向投影面。然后在箭头所示一侧单击鼠标左键；单击 完成 按钮，完成投影曲线的创建。单击 取消 按钮。

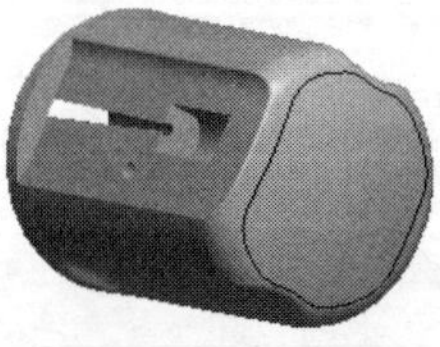

图 14.40　投影

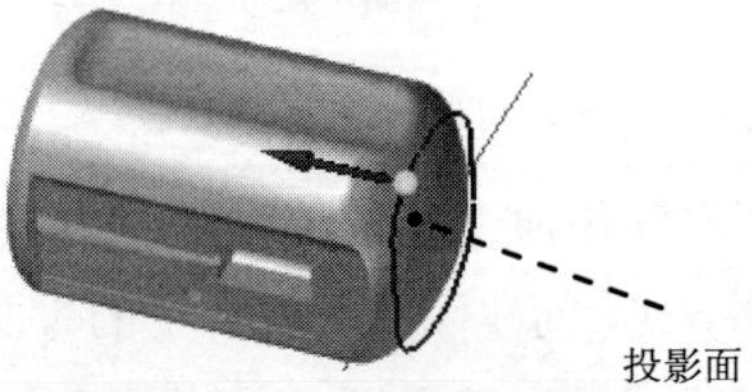

图 14.41　定义投影参照

Step25. 创建图 14.42 所示的扫掠特征 1，在 实体 区域中单击后的小三角，选

择 扫掠 命令，在“除料扫掠”对话框的 默认扫掠类型 区域中选中 ⊙ 单一路径和横截面(S) 单选项，其他参数接受系统默认设置值，单击 确定 按钮；选取图 14.41 所示的投影曲线作为扫掠轨迹曲线；在命令条中选择 重合平面 ，选取右视图（YZ）平面为草图平面，创建一个图 14.43 所示的扫掠截面，单击 按钮，退出草绘环境；单击“除料扫掠”命令条中的 完成 按钮，再单击 完成 按钮；单击 取消 按钮，完成扫掠特征 1 的创建。

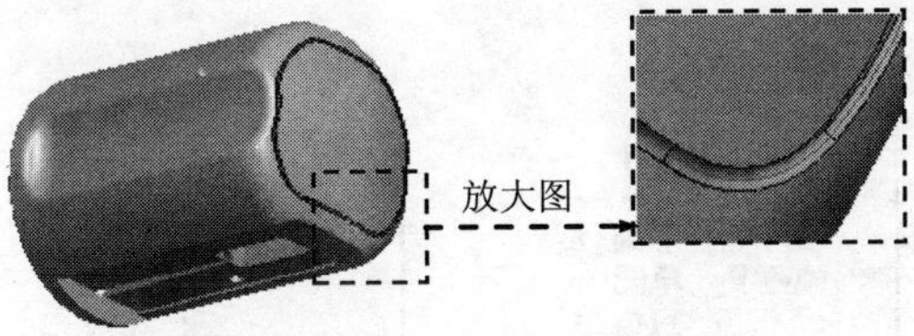

图 14.42　扫掠特征 1

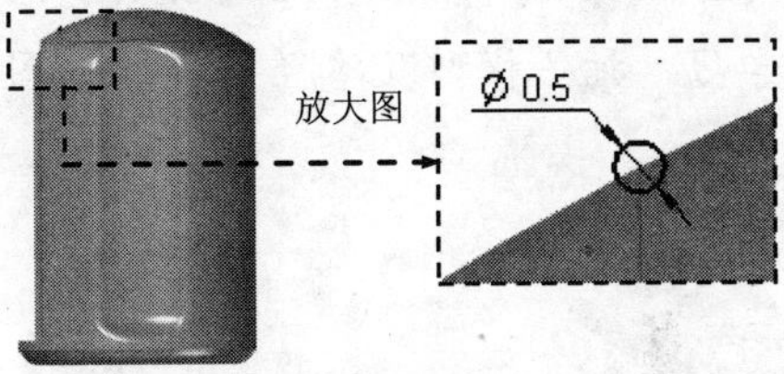

图 14.43　扫掠截面草图

Step26. 后面的详细操作过程请参见随书光盘中 video\ch14\reference\文件下的语音视频讲解文件 pencil_sharpener-r03.exe。

实例15 电源线插头

实例概述

本实例主要讲述了一款插头的设计过程，该设计过程中运用了拉伸、基准面、扫掠曲面、有界、缝合、除料、旋转切削和倒圆等命令。其中阵列的操作技巧性较强，需要读者认真学习。插头模型及路径查找器如图 15.1 所示。

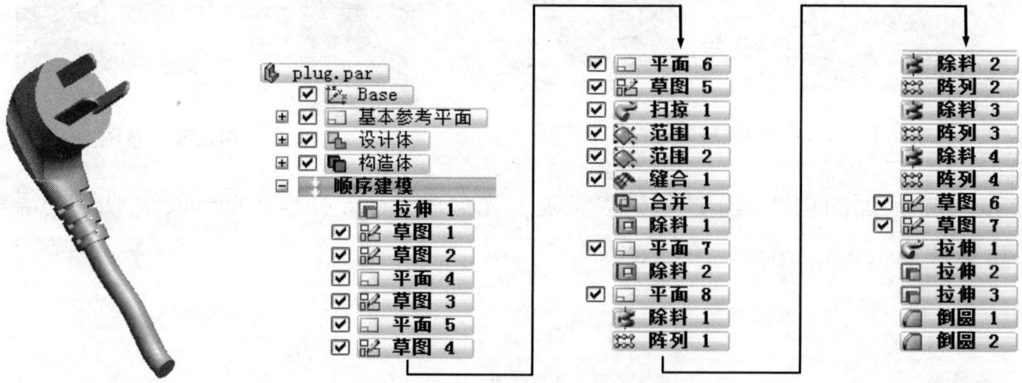

图 15.1　零件模型及路径查找器

Step1. 新建一个零件模型，进入建模环境。

Step2. 创建图 15.2 所示的拉伸特征 1。在 实体 区域中单击按钮，选取俯视图（XY）平面作为草图平面，绘制图 15.3 所示的截面草图，确认与按钮不被按下，在 距离: 下拉列表中输入值 10，并按 Enter 键，拉伸方向为 Z 轴正方向，在图形区空白区域单击；单击“拉伸”命令条中的 完成 按钮，单击 取消 按钮，完成拉伸特征 1 的创建。

图 15.2　拉伸特征 1

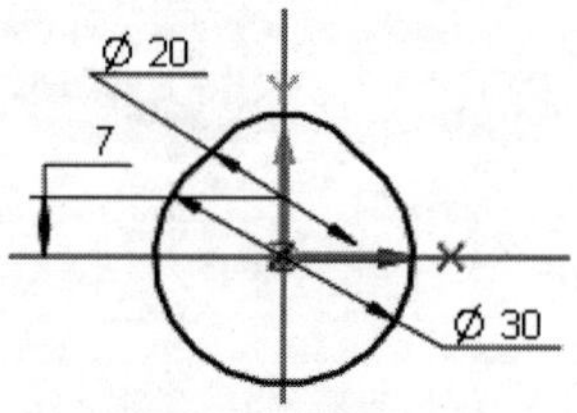

图 15.3　截面草图

Step3. 创建图 15.4 所示的草图 1（本步的详细操作过程请参见随书光盘中 video\ch15\reference\文件下的语音视频讲解文件 plug-r01.exe）。

Step4. 创建图 15.5 所示的草图 2（本步的详细操作过程请参见随书光盘中 video\ch15\reference\文件下的语音视频讲解文件 plug-r02.exe）。

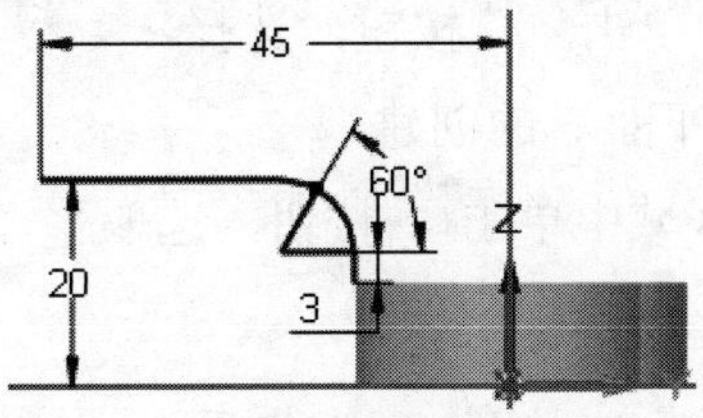

图 15.4 草图 1

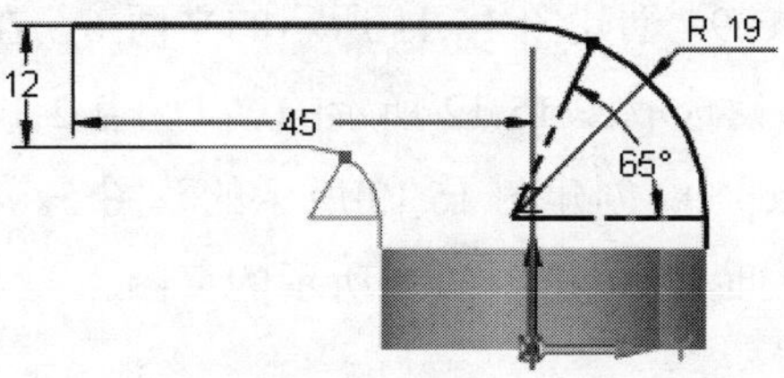

图 15.5 草图 2

Step5. 创建图 15.6 所示的平面 4。在平面区域中单击按钮，选择平行选项；选取前视图（XZ）平面作为参考平面，在图 15.6 所示的端点处单击完成平面 4 的创建。

Step6. 创建图 15.7 所示的草图 3（本步的详细操作过程请参见随书光盘中 video\ch15\reference\文件下的语音视频讲解文件 plug-r03.exe）。

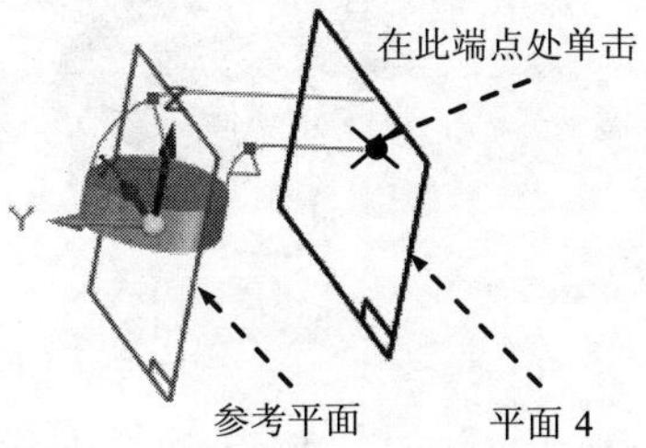

图 15.6 平面 4

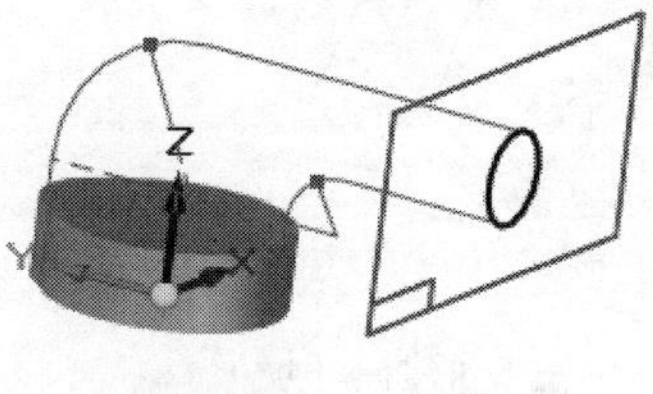

图 15.7 草图 3（建模环境）

Step7. 创建图 15.8 所示的平面 5。在平面区域中单击按钮，选择平行选项；选取平面 4 作为参考平面，在图 15.8 所示的点单击，完成平面 5 的创建。

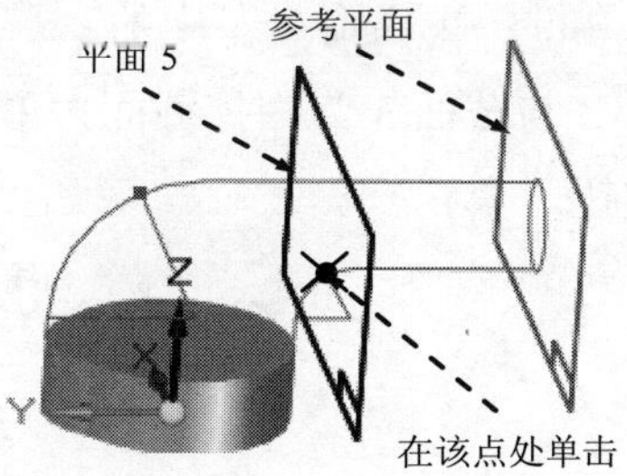

图 15.8 平面 5

Step8. 创建图 15.9 所示的草图 4。在草图区域中单击按钮，选取平面 5 作为草图平面，绘制图 15.10 所示的草图。

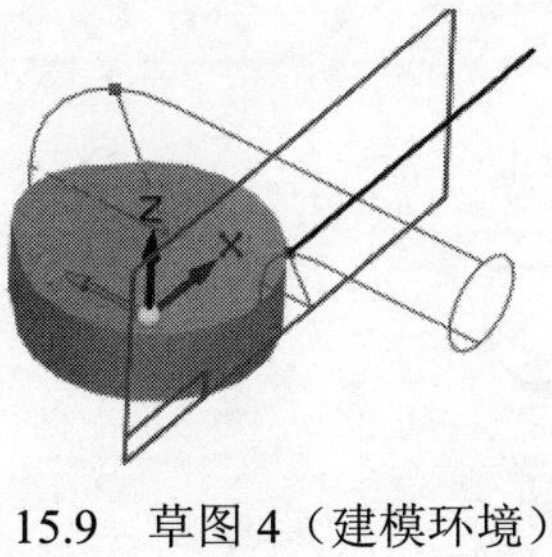

图 15.9 草图 4（建模环境）

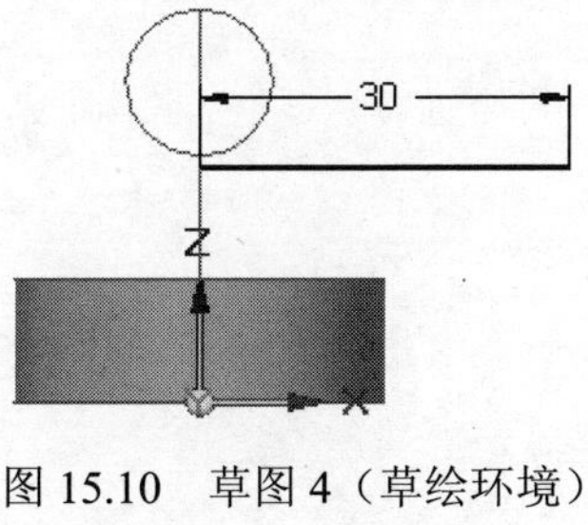

图 15.10 草图 4（草绘环境）

Step9. 创建图 15.11 所示的平面 6。在平面区域中单击按钮，选择用 3 点选项；依次选取图 15.12 所示的点 1、点 2 和点 3，完成平面 6 的创建。

Step10. 创建图 15.13 所示的草图 5。在草图区域中单击按钮，选取平面 6 作为草图平面，绘制图 15.14 所示的草图。

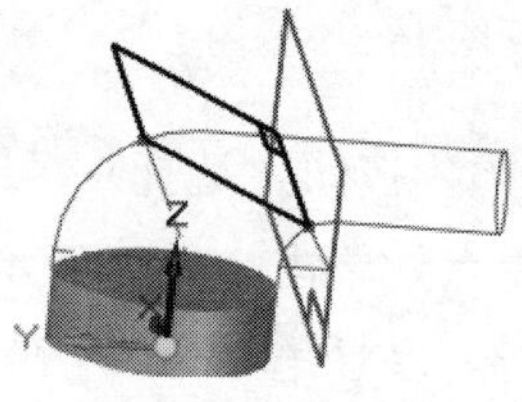

图 15.11 平面 6

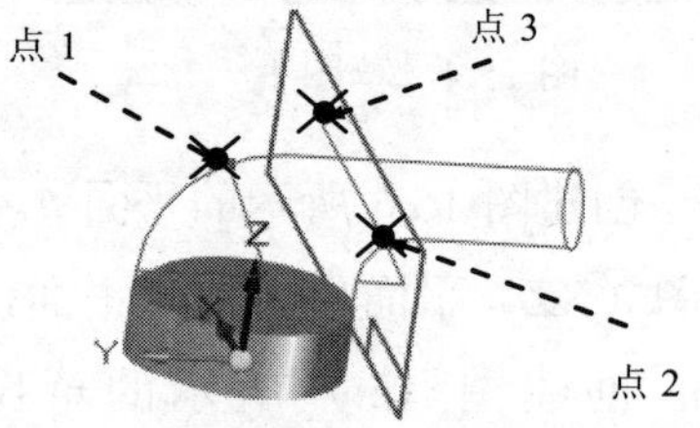

图 15.12 依次选取 3 个点创建平面 6

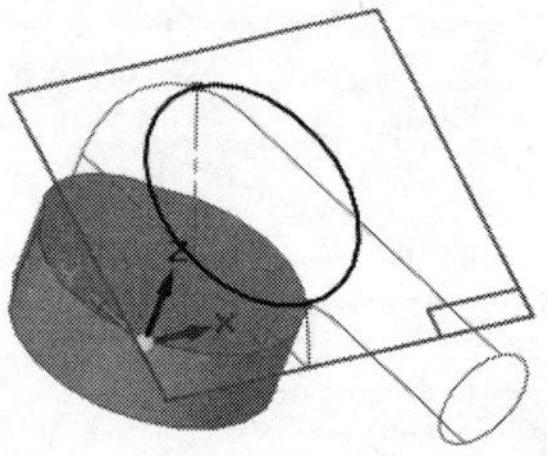

图 15.13 草图 5（建模环境）

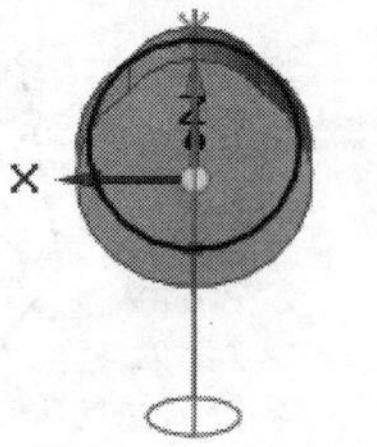

图 15.14 草图 5（草绘环境）

Step11. 创建图 15.15 所示的扫掠曲面，选择曲面区域中的命令，系统弹出“扫掠选项”对话框，在默认扫掠类型区域中选中 多个路径和横截面(M)单选项，在剖面对齐区域中选择 平行(P)单选项，然后单击确定按钮；定义扫掠路径，选取图 15.16 所示的曲线 1，单击右键，选取曲线 2，单击右键；单击命令条中的下一步按钮，定义扫掠截面，依次选取图 15.17 所示的截面 1、截面 2 与截面 3 为扫掠截面，单击右键；单击完成按钮，完成扫掠曲面的创建。单击取消按钮。

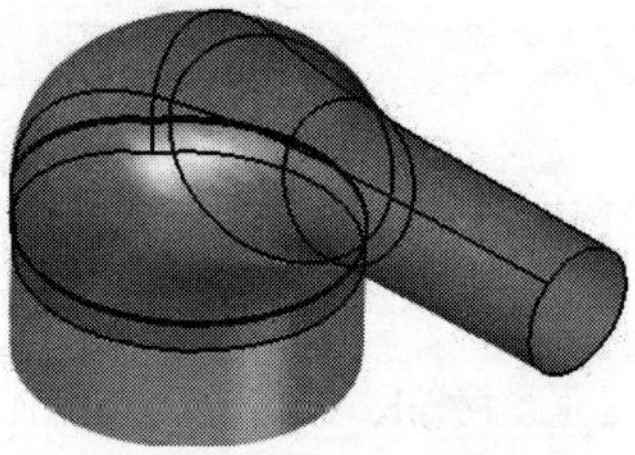

图 15.15 扫掠曲面

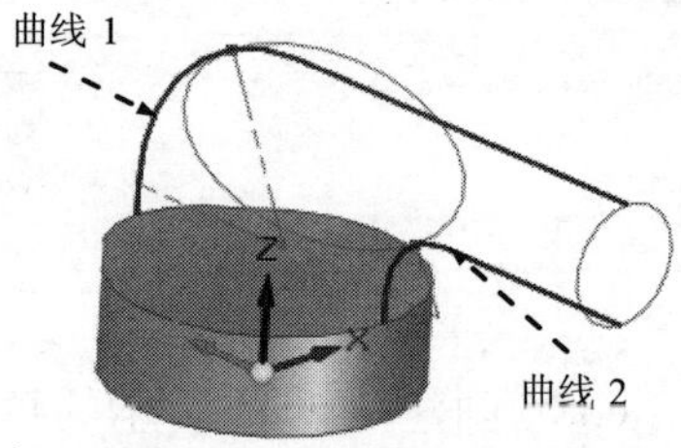

图 15.16 定义扫掠轨迹

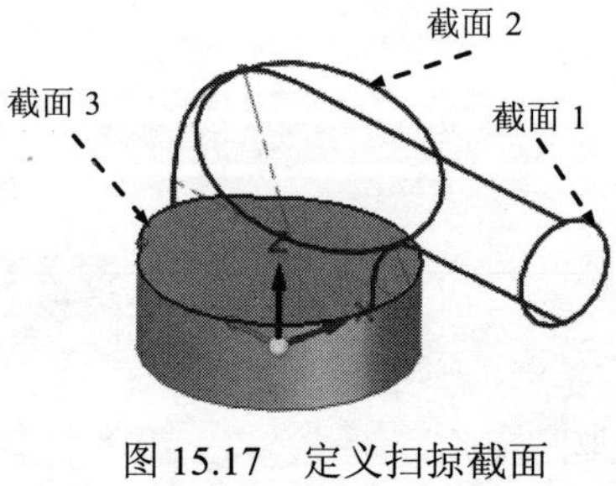

图 15.17 定义扫掠截面

Step12. 创建图 15.18 所示的有界曲面 1，选择 曲面 区域中的命令，选取图 15.18 所示边为曲面的边界，单击两次右键。单击 完成 按钮，完成有界曲面 1 的创建。单击 取消 按钮。

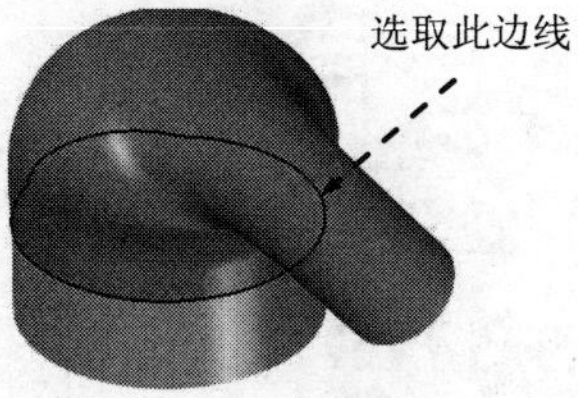

图 15.18　有界曲面 1

Step13. 创建图 15.19 所示的有界曲面 2，选择 曲面 区域中的命令，选取图 15.20 所示边为新曲面的边界，单击两次右键。单击 完成 按钮，完成有界曲面 2 的创建。单击 取消 按钮。

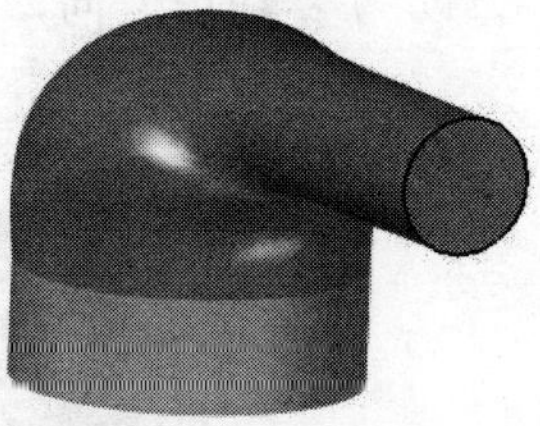

图 15.19　有界曲面 2

Step14. 创建缝合曲面 1。单击 修改曲面 区域的 缝合 命令，系统弹出“缝合曲面选项”对话框，采用系统默认的选项设置，单击 确定 按钮；在路径查找器中选取 **扫掠 1**、**范围 1** 和 **范围 2** 为缝合对象，单击右键；在系统弹出的快捷菜单中单击 确定 按钮，单击 完成 按钮，完成缝合曲面 1 的创建，单击 取消 按钮。

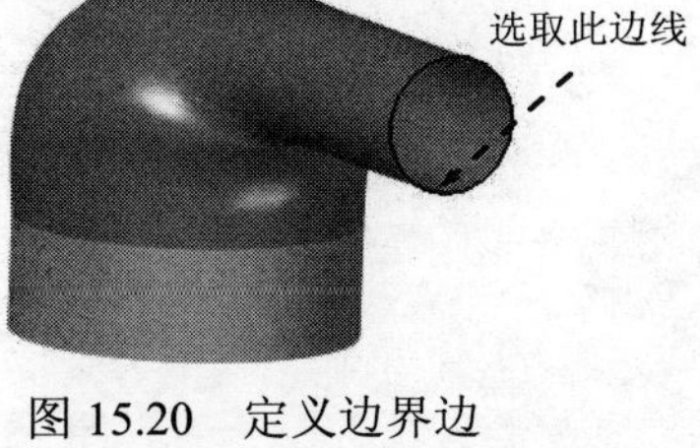

图 15.20　定义边界边

Step15. 创建合并特征 1。选择 实体 区域中后的小三角，单击“合并”按钮 合并，选取缝合曲面 1，单击右键，单击 完成 按钮，完成合并特征的创建。

Step16. 创建图 15.21 所示的除料特征 1。在 实体 区域中单击按钮，选取前视图（XZ）平面作为草图平面，绘制图 15.22 所示的截面草图；绘制完成后，单击按钮，选择命令条中的“贯通”按钮，调整除料方向为两侧除料，单击 完成 按钮，单击 取消 按钮，完成除料特征 1 的创建。

Step17. 创建图 15.23 所示的平面 7。在平面区域中单击按钮，选择平行选项；在绘图区域选取俯视图（XY）平面作为参考平面，在距离后的下拉列表中输入偏移距离值 8，偏移方向为 Z 轴正方向，单击完成平面 7 的创建。

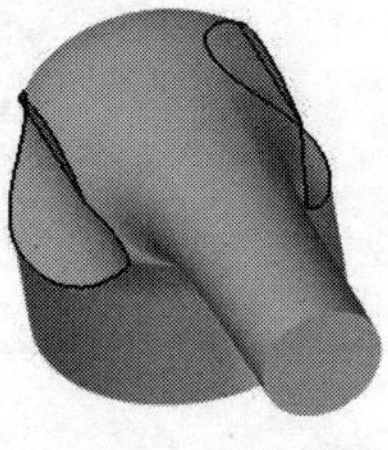

图 15.21　除料特征 1

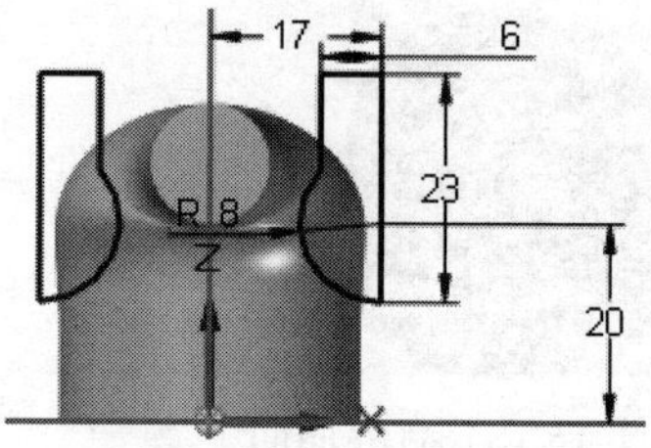

图 15.22　截面草图

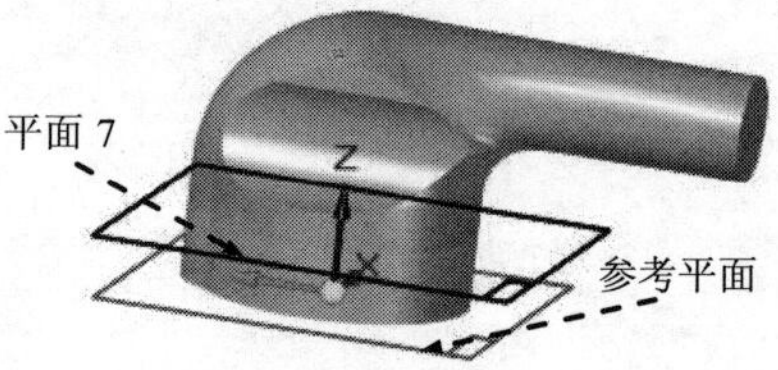

图 15.23　平面 7

Step18. 创建图 15.24 所示的除料特征 2。在实体区域中单击按钮，选取平面 7 作为草图平面，绘制图 15.25 所示的截面草图；绘制完成后，单击按钮，选择命令条中的“贯通”按钮，调整除料方向为 Z 轴正方向，单击完成按钮，单击取消按钮，完成除料特征 2 的创建。

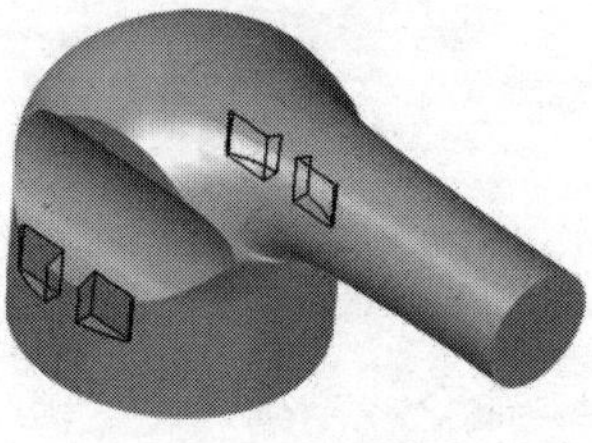

图 15.24　除料特征 2

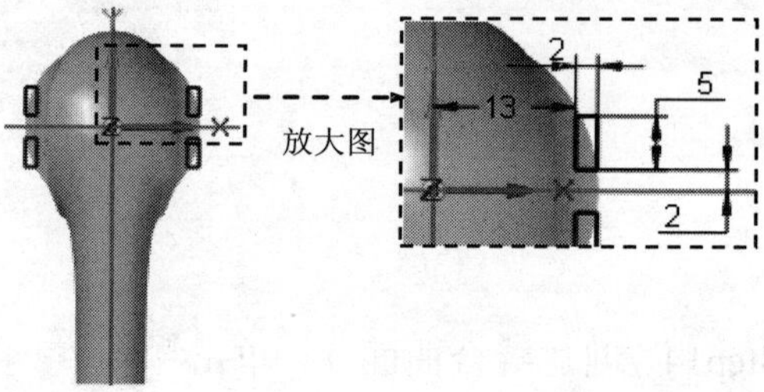

图 15.25　截面草图

Step19. 创建图 15.26 所示的平面 8。在平面区域中单击按钮，选择平行选项；在绘图区域选取俯视图（XY）作为参考平面，选取图 15.27 所示边线，完成平面 8 的创建。

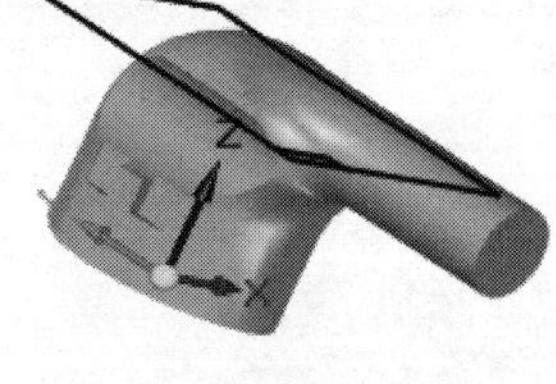

图 15.26　平面 8

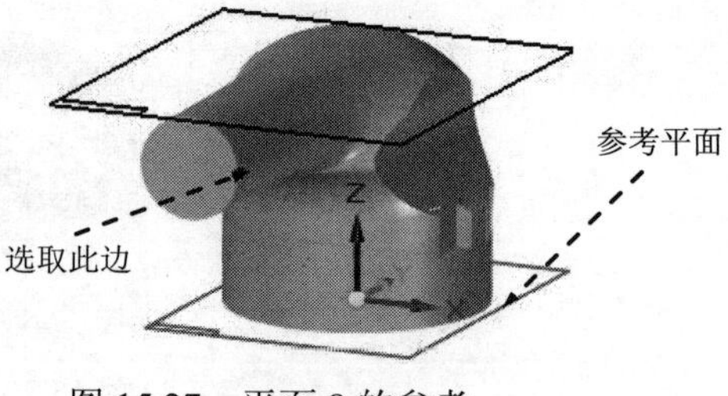

图 15.27　平面 8 的参考

Step20. 创建图 15.28 所示的旋转切削特征 1。在实体区域中单击按钮，选取平面 8 作为草图平面，绘制图 15.29 所示的截面草图；单击绘图区域中的按钮，选取图 15.29 所示线为旋转轴，单击按钮；在“旋转”命令条的角度(A):文本框中输入值 90，然后按 Enter 键，在需要移除材料的一侧单击，单击窗口中的完成按钮，完成旋转切削特征 1 的创建。

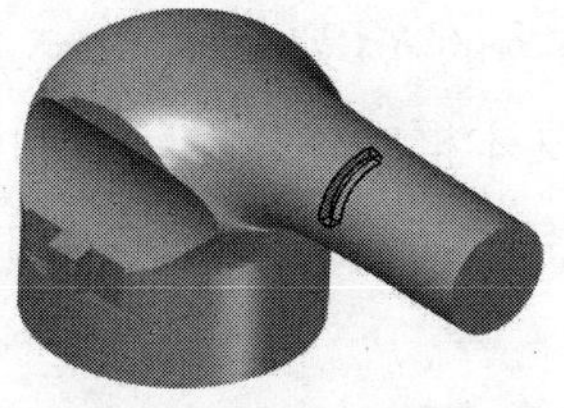

图 15.28 旋转切削特征 1

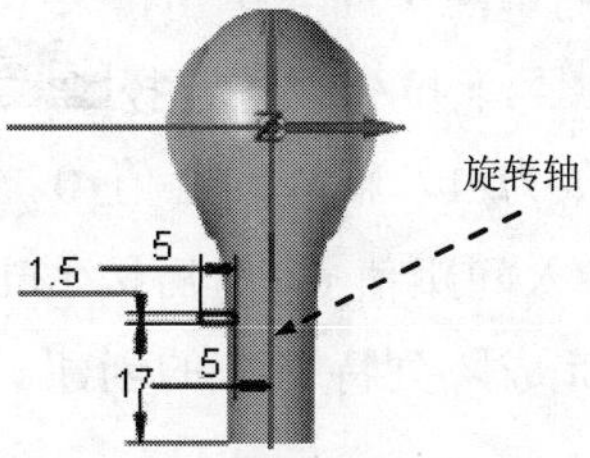

图 15.29 截面草图

Step21. 创建图 15.30 所示的阵列特征 1，在阵列区域中单击阵列命令，在图形区中选取要阵列的除料特征，单击按钮，完成特征的选取；选取图 15.26 所示的平面 8 作为阵列草图平面。单击特征区域中的按钮，绘制图 15.31 所示的矩形；在“阵列”命令条的翻转下拉列表中选择固定选项，在“阵列”命令条的 X: 文本框中输入第一方向的阵列个数为 1，输入间距值 0。在“阵列”命令条的 Y: 文本框中输入第一方向的阵列个数为 3，输入间距值 6，然后按 Enter 键；单击按钮，退出草绘环境，在命令条中单击完成按钮，完成阵列特征 1 的创建。

Step22. 创建图 15.32 所示的旋转切削特征 2。在实体区域中单击按钮，选取平面 8 作为草图平面，绘制图 15.33 所示的截面草图；单击绘图区域中的按钮，选取图 15.33 所示线为旋转轴，单击按钮；在“旋转”命令条的角度(A): 文本框中输入值 90。然后按 Enter 键，在需要移除材料的一侧单击，单击窗口中的完成按钮，完成旋转切削 2 的创建。

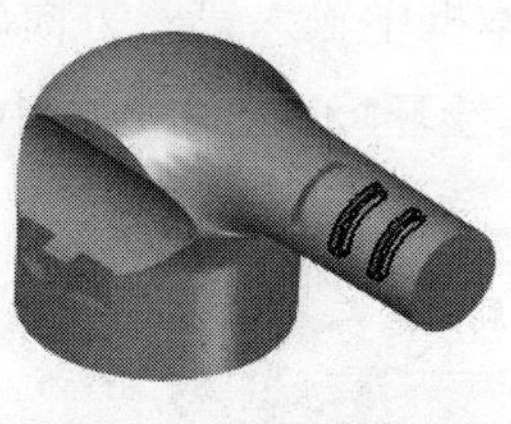

图 15.30 阵列特征 1

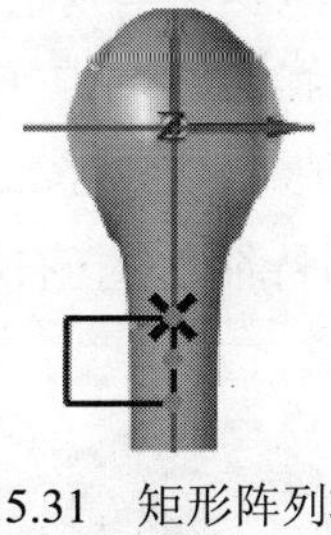

图 15.31 矩形阵列轮廓

图 15.32 旋转切削特征 2

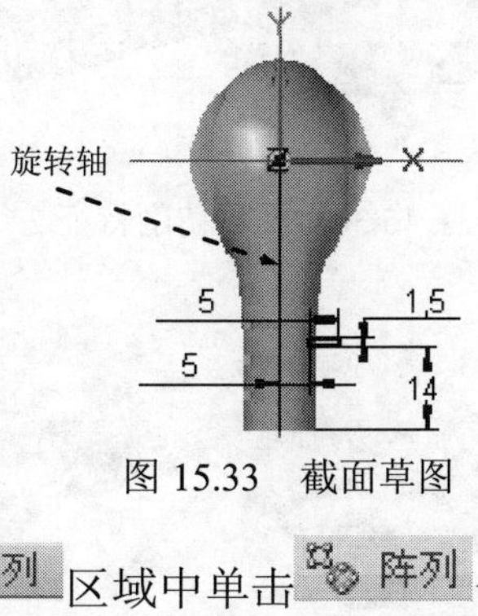

图 15.33 截面草图

Step23. 创建图 15.34 所示的阵列特征 2，在阵列区域中单击阵列命令，在图形区中选取要阵列的除料特征，单击按钮，完成特征的选取；选取图 15.26 所示的平面 8

作为阵列草图平面。单击特征区域中的按钮，绘制图 15.35 所示的矩形；在“阵列”命令条的翻转下拉列表中选择固定选项，在“阵列”命令条的X:文本框中输入第一方向的阵列个数为 1，输入间距值 0。在“阵列”命令条的Y:文本框中输入第一方向的阵列个数为 3，输入间距值 6，然后按 Enter 键；单击按钮，退出草绘环境，在命令条中单击完成按钮，完成阵列特征 2 的创建。

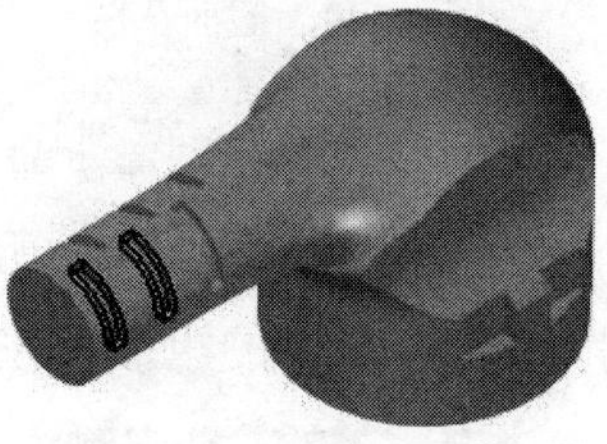

图 15.34 阵列特征 2

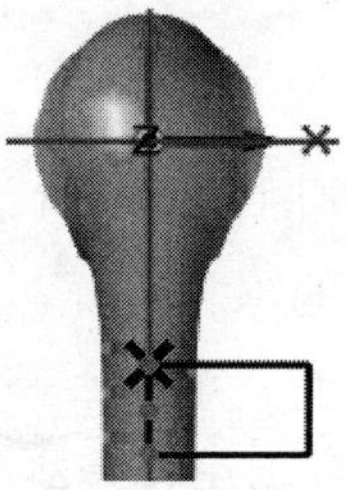

图 15.35 矩形阵列轮廓

Step24. 创建图 15.36 所示的旋转切削特征 3。在实体区域中单击按钮，选取平面 8 作为草图平面，绘制图 15.37 所示的截面草图；单击绘图区域中的按钮，选取图 15.37 所示的线为旋转轴，单击按钮；在“旋转”命令条的角度(A):文本框中输入值 90。然后按 Enter 键，在需要移除材料的一侧单击，单击窗口中的完成按钮，完成旋转切削 3 的创建。

Step25. 创建图 15.38 所示的阵列特征 3，在阵列区域中单击阵列命令，在图形区中选取要阵列的除料特征，单击按钮，完成特征的选取；选取图 15.26 所示的平面 8 作为阵列草图平面。单击特征区域中的按钮，绘制图 15.39 所示的矩形；在“阵列”命令条的翻转下拉列表中选择固定选项，在“阵列”命令条的X:文本框中输入第一方向的阵列个数为 1，输入间距值 0。在“阵列”命令条的Y:文本框中输入第一方向的阵列个数为 3，输入间距值 6，然后按 Enter 键；单击按钮，退出草绘环境，在命令条中单击完成按钮，完成阵列特征 3 的创建。

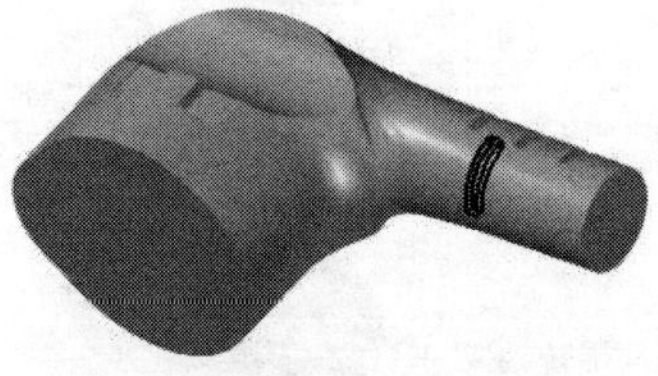

图 15.36 旋转切削特征 3

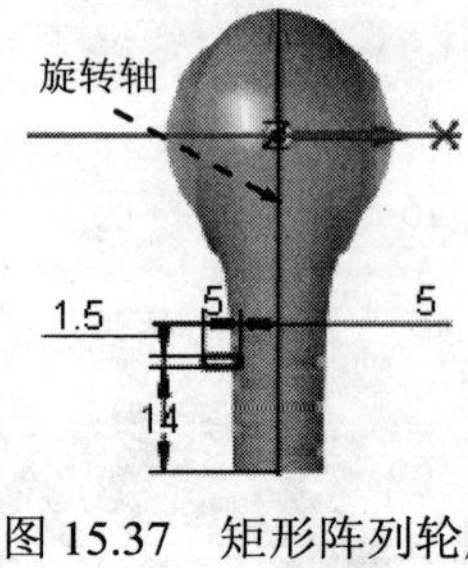

图 15.37 矩形阵列轮廓

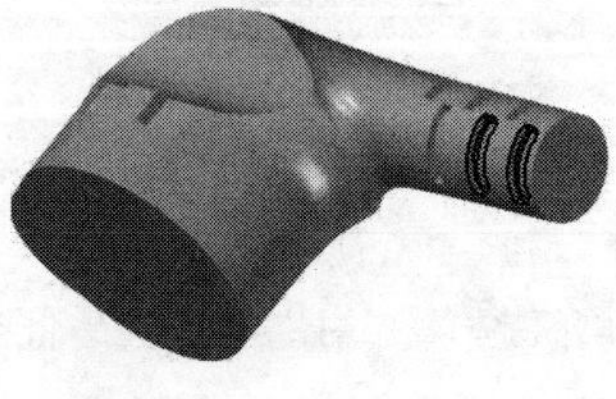

图 15.38 阵列特征 3

图 15.39 矩形阵列特征

Step26. 创建图 15.40 所示的旋转切削特征 4。在 实体 区域中单击按钮，选取平面 8 作为草图平面，绘制图 15.41 所示的截面草图；单击 绘图 区域中的按钮，选取图 15.41 所示线为旋转轴，单击按钮；在“旋转”命令条的 角度(A): 文本框中输入值 90。然后按 Enter 键，在需要移除材料的一侧单击，单击窗口中的 完成 按钮，完成旋转切削 4 的创建。

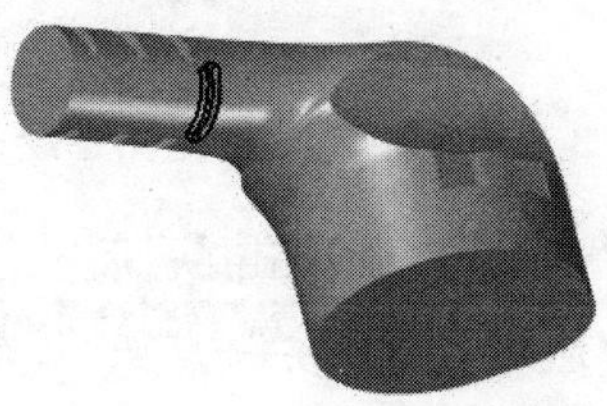

图 15.40 旋转切削特征 4

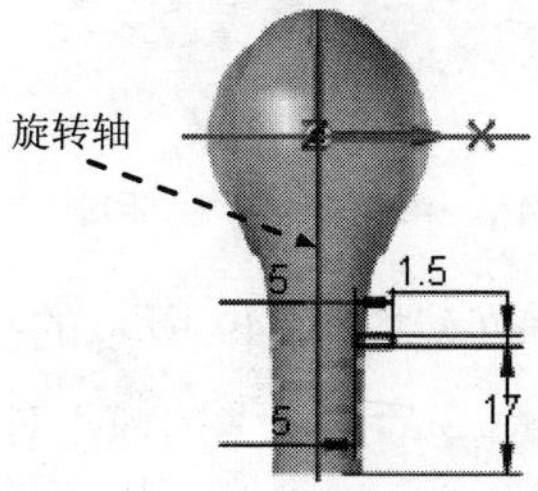

图 15.41 截面草图

Step27. 创建如图 15.42 所示的阵列特征 4，在 阵列 区域中单击 阵列 命令，在图形区中选取要阵列的除料特征，单击按钮，完成特征的选取；选取图 15.26 所示的平面 8 作为阵列草图平面。单击 特征 区域中的按钮，绘制图 15.43 所示的矩形；在“阵列”命令条的 翻转 下拉列表中选择 固定 选项，在“阵列”命令条的 X: 文本框中输入第一方向的阵列个数为 1，输入间距值 0。在“阵列”命令条的 Y: 文本框中输入第一方向的阵列个数为 3，输入间距值 6，然后右击；单击按钮，退出草绘环境，在命令条中单击 完成 按钮，完成阵列特征 4 的创建。

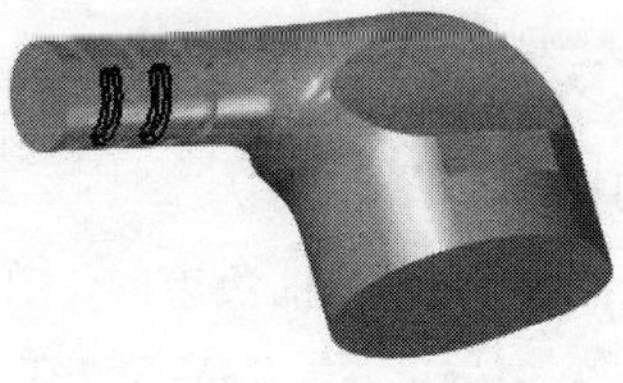

图 15.42 阵列特征 4

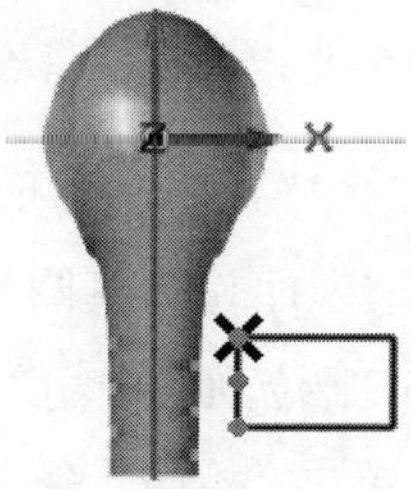

图 15.43 矩形阵列轮廓

Step28. 创建图 15.44 所示的草图 6。在 草图 区域中单击按钮，选取右视图（YZ）平面作为草图平面，绘制图 15.45 所示的草图。

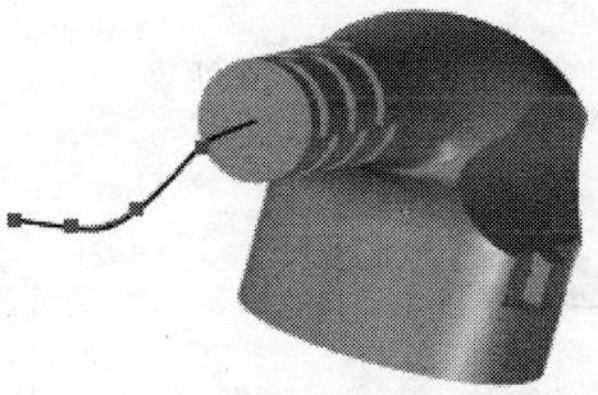

图 15.44 草图 6（建模环境）

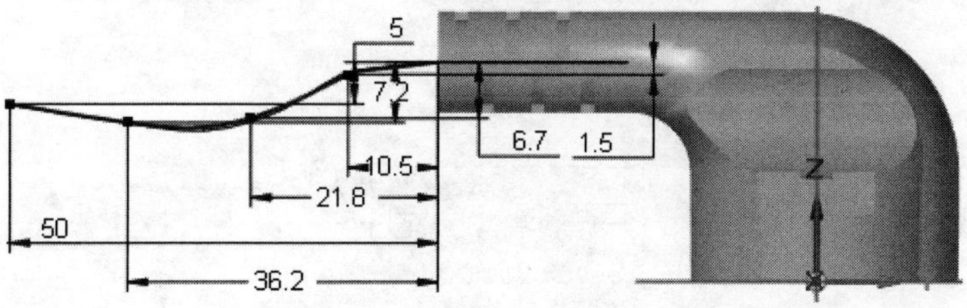

图 15.45 草图 6（草绘平面）

Step29. 创建图 15.46 所示的草图 7。在 草图 区域中单击按钮，选取图 15.47 所示的模型表面作为草图平面，绘制图 15.48 所示的草图。

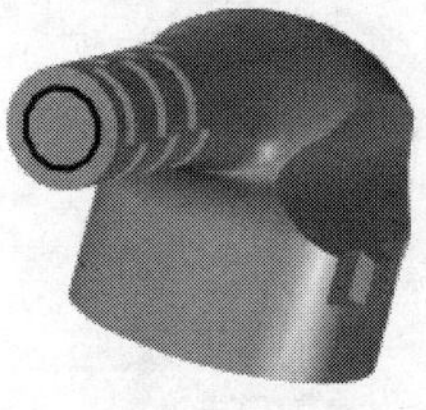

图 15.46 草图 7（建模环境）

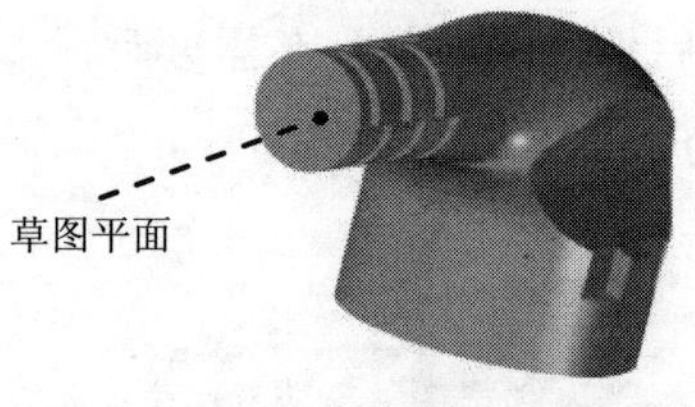

图 15.47 定义草绘截面

Step30. 创建图 15.49 所示的扫掠特征 1。在 实体 区域中单击后的小三角，选择 扫掠 命令后，在“扫掠”对话框的 默认扫掠类型 区域中选中 单一路径和横截面(S) 单选项。其他参数接受系统默认设置值，单击 确定 按钮，在“创建起源”选项下拉列表中选择 从草图/零件边选择 选项，在图形区中选取图 15.50 所示的草图 6 为扫掠轨迹曲线，然后右击；在图形区中选取如图 15.50 所示的草图 7 为扫掠截面；单击 完成 按钮，单击 取消 按钮，完成扫掠特征 1 的创建。

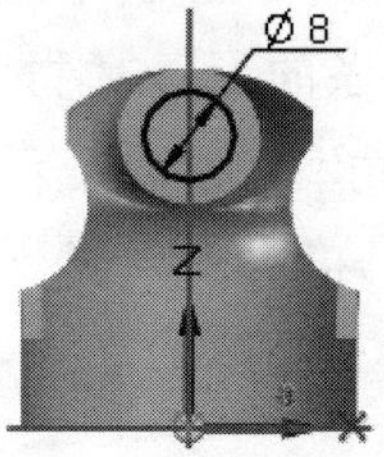

图 15.48 草图 7（草绘平面）

图 15.49 扫掠特征 1

Step31. 创建图 15.51 所示的拉伸特征 2。在 实体 区域中单击按钮，选取图 15.51 所示模型表面作为草图平面，绘制图 15.52 所示的截面草图；确认与按钮不被按下，在 距离: 下拉列表中输入值 20，并按 Enter 键，拉伸方向为 Z 轴负方向，在图形区空白区域单击；单击“拉伸”命令条中的 完成 按钮，单击 取消 按钮，完成拉伸特征 2 的创建。

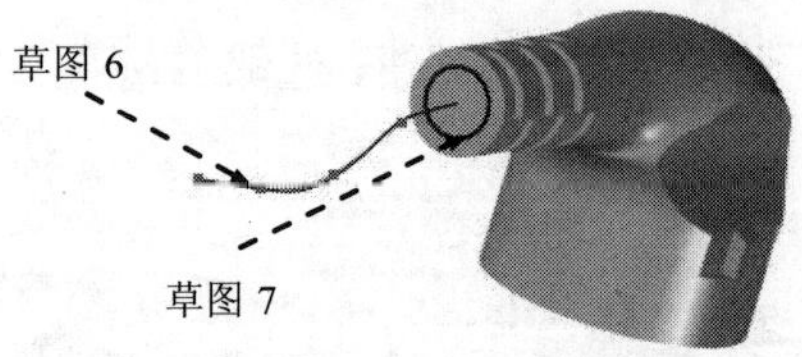

图 15.50 定义扫掠轨迹及扫掠截面

图 15.51 拉伸特征 2

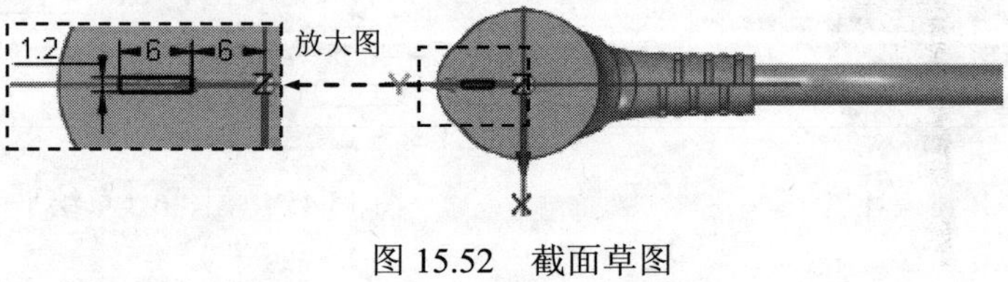

图 15.52 截面草图

Step32. 创建图 15.53 所示的拉伸特征 3。在 实体 区域中单击按钮，选取图 15.53 所示模型表面作为草图平面，绘制图 15.54 所示的截面草图；确认与按钮不被按下，在 距离: 下拉列表中输入值 22，并按 Enter 键，拉伸方向为 Z 轴负方向，在图形区空白区域单击；单击“拉伸”命令条中的 完成 按钮，单击 取消 按钮，完成拉伸特征 3 的创建。

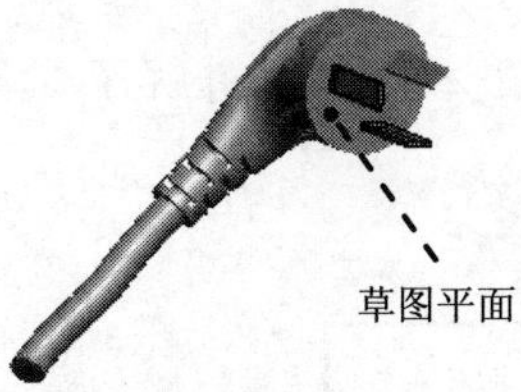

图 15.53　拉伸特征 3

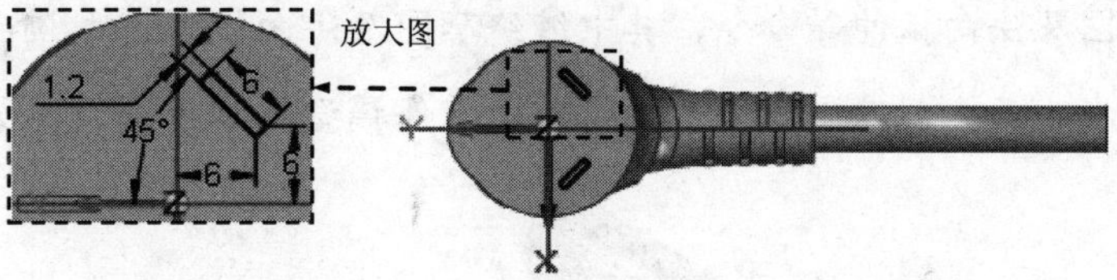

图 15.54　截面草图

Step33. 后面的详细操作过程请参见随书光盘中 video\ch15\reference\文件下的语音视频讲解文件 plug-r04.exe。

实例 16　在曲面上创建实体文字

实例概述

该实例主要是帮助读者更深刻地理解拉伸、除料、倒圆、薄壁、肋板、阵列、缠绕草图及法向拉伸等命令，其中缠绕草图及法向拉伸是本例的重点内容，本例详细讲解了如何在曲面上创建实体文字的过程。零件模型及路径查找器如图 16.1 所示。

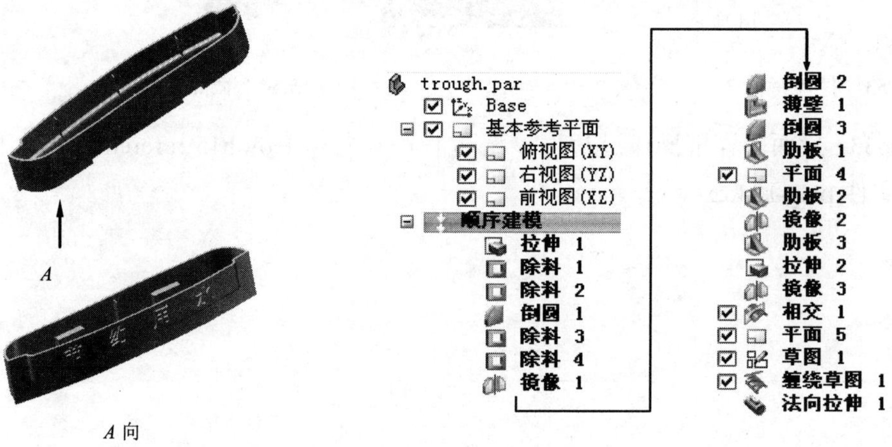

图 16.1　零件模型及路径查找器

说明： 本例前面的详细操作过程请参见随书光盘中 video\ch16\reference\文件下的语音视频讲解文件 trough-r01.exe。

Step1. 打开文件 D:\ sest10.3\work\ch16\trough_ex.par。

Step2. 创建图 16.2 所示的除料特征 1。在 实体 区域中单击按钮，选取图 16.2 所示的模型表面作为草图平面，绘制图 16.3 所示的截面草图；绘制完成后，单击按钮，选择命令条中的“有限范围”按钮，在 距离: 下拉列表中输入值 15，并按 Enter 键，在需要移除材料的一侧单击鼠标左键，单击 完成 按钮，单击 取消 按钮，完成除料特征 1 的创建。

说明： R200 圆弧的圆心位于 Z 轴上。

图 16.2　除料特征 1

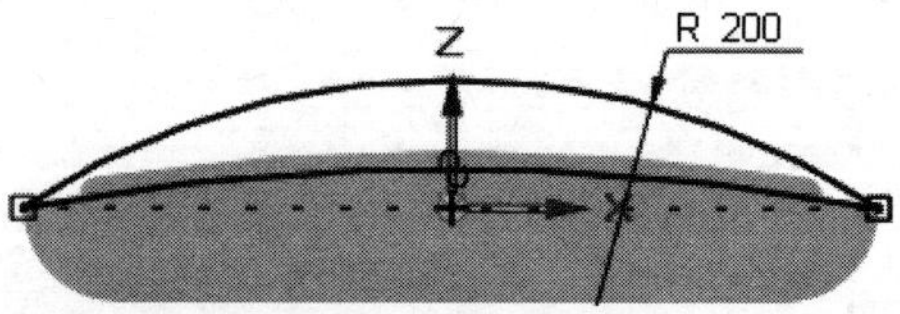

图 16.3　横断面草图

Step3. 创建图 16.4 所示的除料特征 2。在 实体 区域中单击按钮，选取图 16.5

所示的模型表面作为草图平面，绘制图 16.5 所示的截面草图；绘制完成后，单击按钮，选择命令条中的“有限范围”按钮，在距离:下拉列表中输入值 3，在需要移除材料的一侧单击鼠标左键，单击完成按钮，单击取消按钮，完成除料特征 2 的创建。

图 16.4　除料特征 2

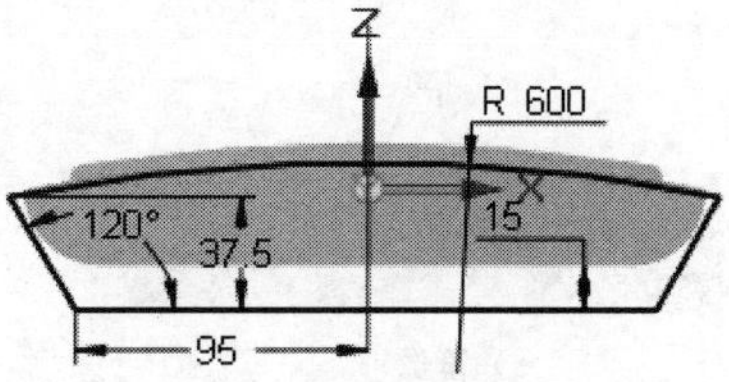

图 16.5　截面草图

Step4. 创建图 16.6b 所示的倒圆特征 1。选取图 16.6a 所示的模型边线为倒圆的对象，倒圆半径值为 3。

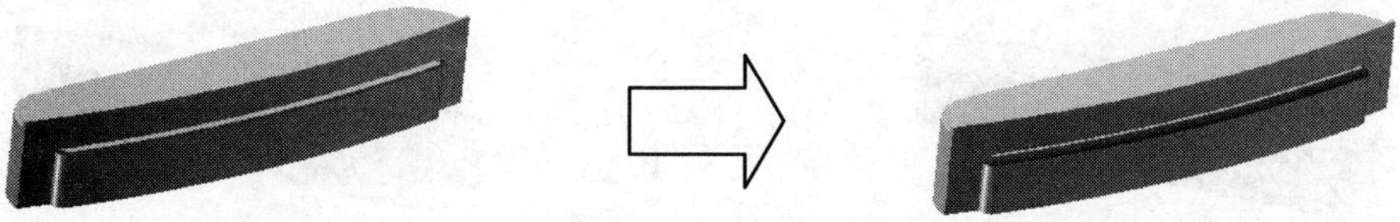

a）倒圆前　　b）倒圆后

图 16.6　倒圆特征 1

Stcp5. 创建图 16.7 所示的除料特征 3。在实体区域中单击按钮，选取图 16.8 所示的模型表面作为草图平面，绘制图 16.8 所示的截面草图；绘制完成后，单击按钮，选择命令条中的“有限范围”按钮，在距离:下拉列表中输入值 17，并按 Enter 键，在需要移除材料的一侧单击鼠标左键，单击完成按钮，单击取消按钮，完成除料特征 3 的创建。

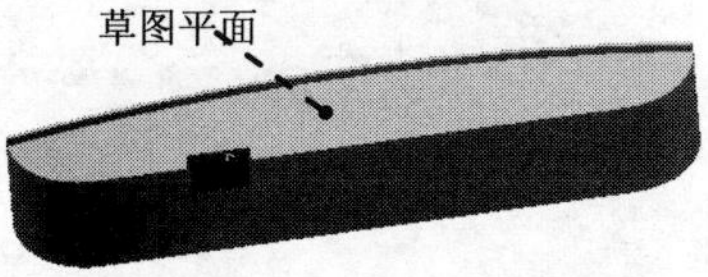

图 16.7　除料特征 3

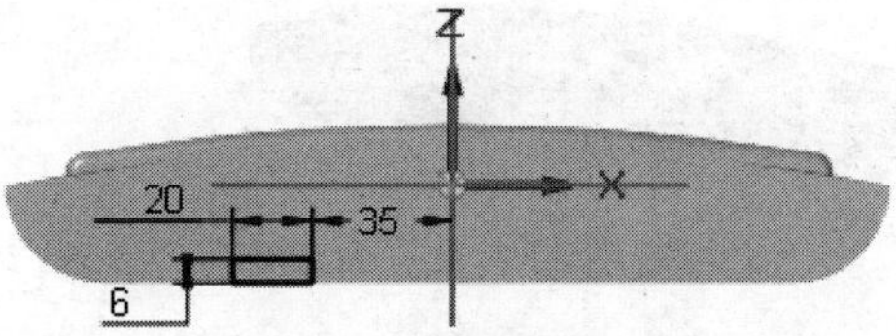

图 16.8　截面草图

Stcp6. 创建图 16.9 所示的除料特征 4。在实体区域中单击按钮，选取图 16.10 所示的模型表面作为草图平面，绘制图 16.11 所示的截面草图；绘制完成后，单击按钮，选择命令条中的“有限范围”按钮，在距离:下拉列表中输入值 6，并按 Enter 键，在需要移除材料的一侧单击鼠标左键，单击完成按钮，单击取消按钮，完成除料特征 4 的创建。

图 16.9　除料特征 4

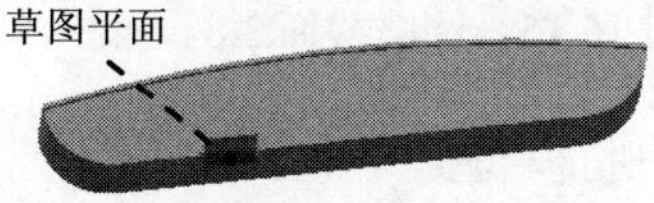

图 16.10　草图平面

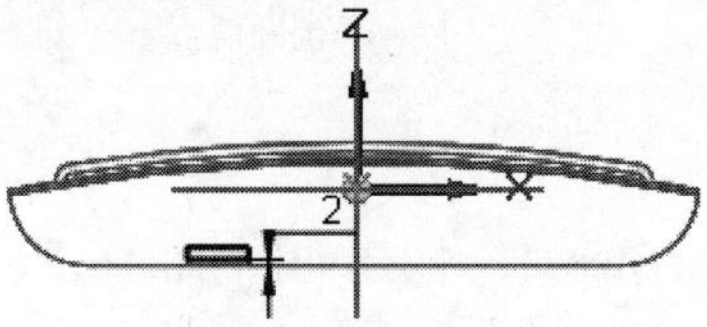

图 16.11　截面草图

Step7. 创建图 16.12b 所示的镜像特征 1，在 阵列 区域中选择 镜像 命令，在路径查找器中选择 除料 3 与 除料 4 作为镜像特征，单击 按钮；选取右视图（YZ）平面作为镜像中心平面，单击“镜像”命令条中的 完成 按钮，完成镜像特征 1 的创建。

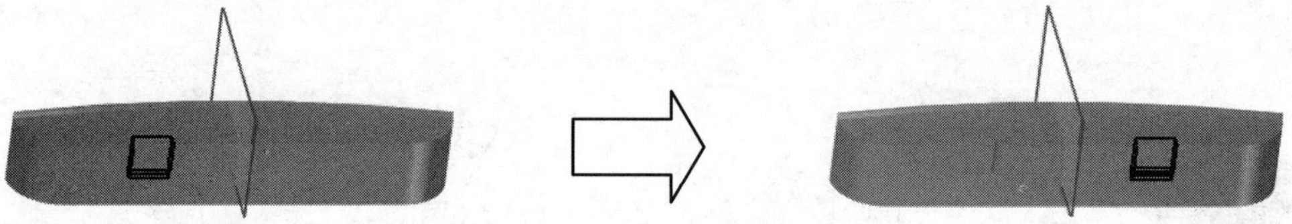

a）镜像前　　b）镜像后

图 16.12　镜像特征 1

Step8. 创建图 16.13b 所示的倒圆特征 2。选取图 16.13a 所示的模型边线为倒圆的对象，倒圆半径值为 3。

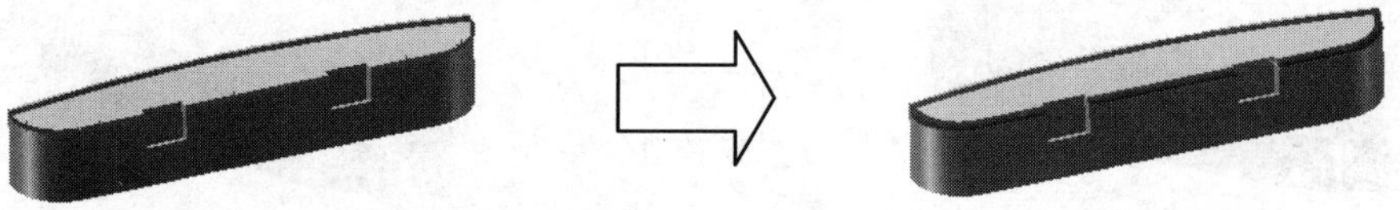

a）倒圆前　　b）倒圆后

图 16.13　倒圆特征 2

Step9. 创建图 16.14b 所示的薄壁特征。在 实体 区域中单击 按钮，在“薄壁”命令条的 同一厚度: 文本框中输入薄壁厚度值 2，然后右击；选择图 16.14a 所示的模型表面为要移除的面，然后右击；单击“薄壁”命令条中的 预览 按钮，单击 完成 按钮，完成薄壁特征的创建。

a）薄壁前　　b）薄壁后

图 16.14　薄壁特征

Step10. 创建图 16.15b 所示的倒圆特征 3。选取图 16.15a 所示的模型边线为倒圆的对象，倒圆半径值为 3。

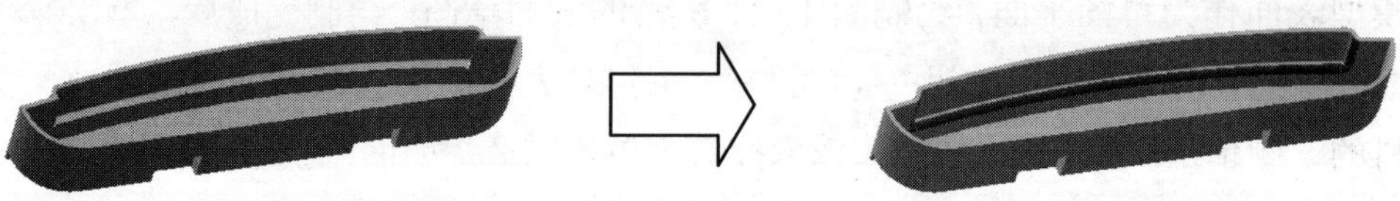

a）倒圆前　　b）倒圆后

图 16.15　倒圆特征 3

Step11. 创建如图 16.16 所示的肋板特征 1。在 实体 区域中单击 薄壁 下的小三角，选择 肋板 命令，在“肋板”命令条中选择 重合平面 ，选择右视图（YZ）平面作为肋板的草图平面，绘制图 16.17 所示的草图，单击按钮；在命令条的厚度文本框中输入厚度值 1；移动鼠标调整拔模方向至合适位置后单击，单击命令条中的完成按钮，然后单击取消按钮，完成肋板特征 1 的创建。

Step12. 创建图 16.18 所示的平面 4。在平面区域中单击按钮，选择平行选项；选取俯视图（XY）平面作为参考平面，在距离:下拉列表中输入偏移距离值 6，偏移方向为 Z 轴负方向，单击左键完成平面 4 的创建。

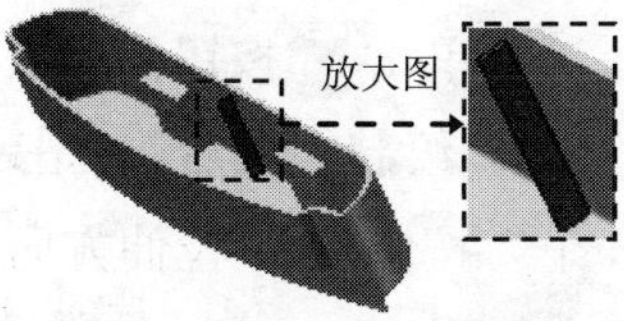

图 16.16　肋板特征 1

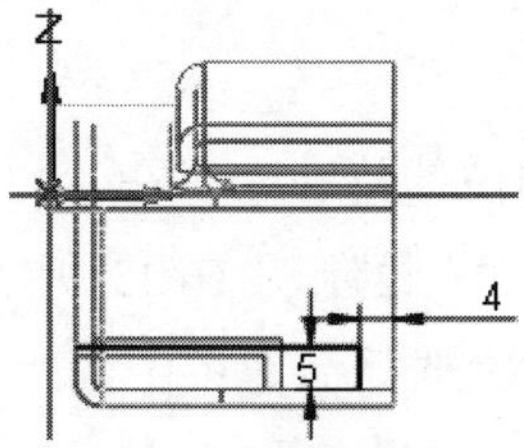

图 16.17　截面草图

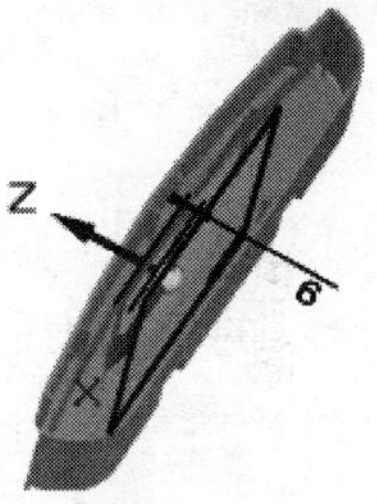

图 16.18　平面 4

Step13. 创建图 16.19 所示的肋板特征 2。在实体区域中单击薄壁下的小三角，选择肋板命令，在“肋板”命令条中选择重合平面，选择平面 4 作为肋板的草图平面，绘制图 16.20 所示的草图，单击按钮；在命令条的厚度文本框中输入厚度值 1；移动鼠标调整拔模方向至合适位置后单击，单击命令条中的完成按钮，然后单击取消按钮，完成肋板特征 2 的创建。

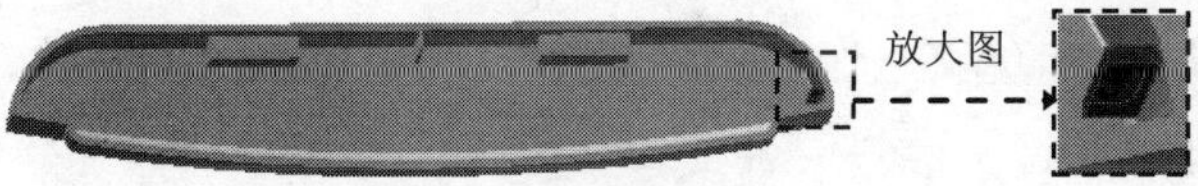

图 16.19　肋板特征 2

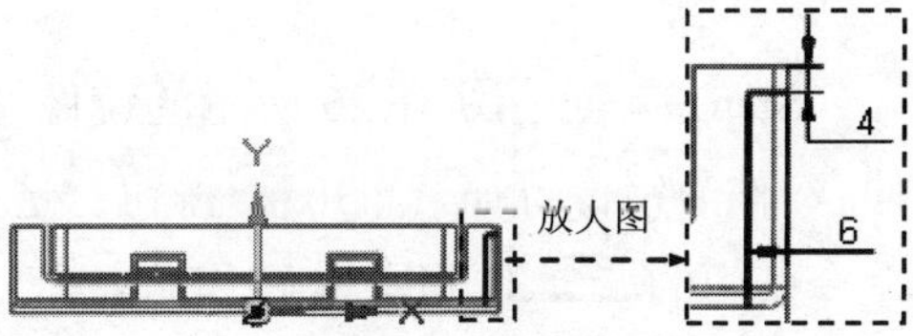

图 16.20　截面草图

Step14. 创建图 16.21b 所示的镜像特征 2，在阵列区域中选择镜像命令，选择肋板 2 作为镜像特征，单击按钮；选取右视图（YZ）平面作为镜像中心平面，单击“镜像”命令条中的完成按钮，完成镜像特征 2 的创建。

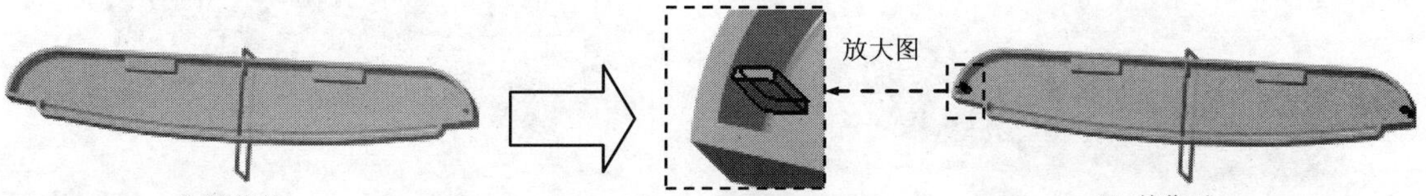

a）镜像前　　b）镜像后

图 16.21　镜像特征 2

Step15. 创建如图 16.22 所示的肋板特征 3。在实体区域中单击薄壁下的小三角，选择肋板命令，在“肋板”命令条中选择重合平面，选择右视图（YZ）平面作为肋板的草图平面，绘制图 16.23 所示的草图，单击按钮；在命令条的厚度文本框中输入厚度值 1；移动鼠标调整拔模方向至合适位置后单击，单击命令条中的 完成 按钮，然后单击 取消 按钮，完成肋板特征 3 的创建。

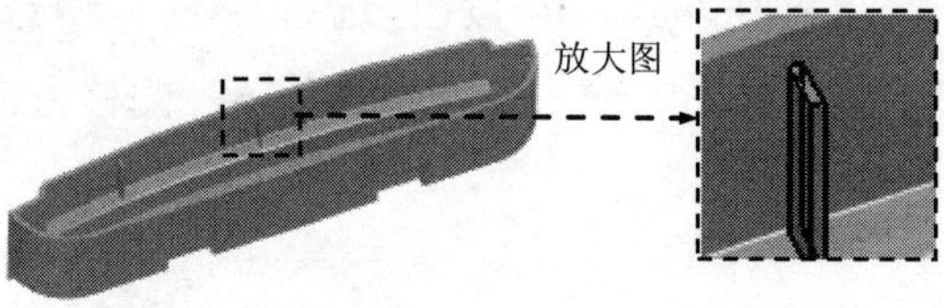

图 16.22 肋板特征 3

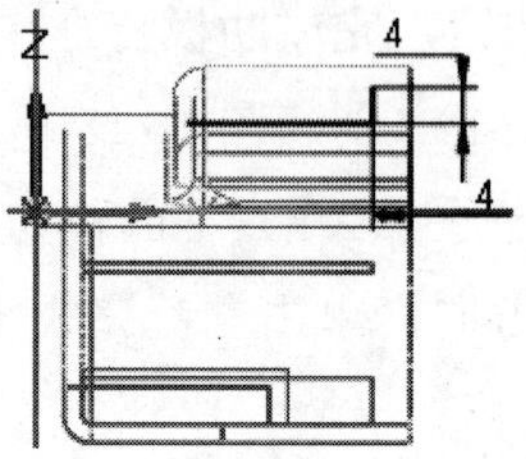

图 16.23 截面草图

Step16. 创建图 16.24 所示的拉伸特征 2。在 实体 区域中单击按钮，选取图 16.24 所示的模型表面作为草图平面，绘制图 16.25 所示的截面草图，绘制完成后，单击按钮；确认与按钮不被按下，选择命令条中的“穿透下一个”按钮，拉伸方向为 Y 轴负方向，在图形区空白区域单击；单击“拉伸”命令条中的 完成 按钮，单击 取消 按钮，完成拉伸特征 2 的创建。

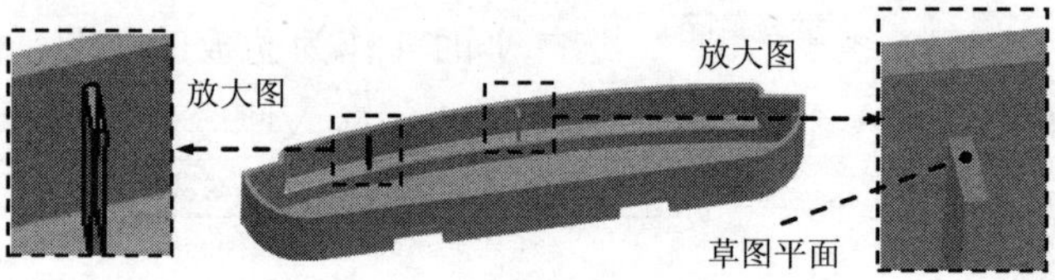

图 16.24 拉伸特征 2

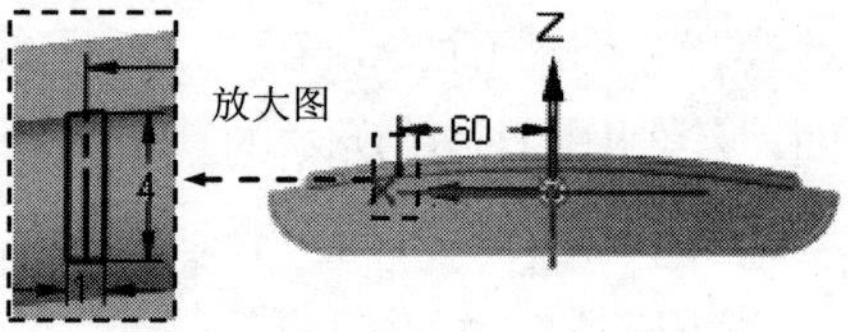

图 16.25 截面草图

Step17. 创建图 16.26 所示的镜像特征 3。在 阵列 区域中选择 镜像 命令，选择拉伸 2 作为镜像特征，单击按钮；选取右视图（YZ）作为镜像中心平面，单击“镜像”命令条中的 完成 按钮，完成镜像特征 3 的创建。

Step18. 创建图 16.27 所示的相交特征 1。选择 曲线 区域中的命令，在命令条的 选择: 下拉列表中选择 单一，选择右视图（YZ）平面及图 16.27 所示的模型表面，单击按钮；单击 完成 按钮，完成相交特征 1 的创建。单击 取消 按钮。

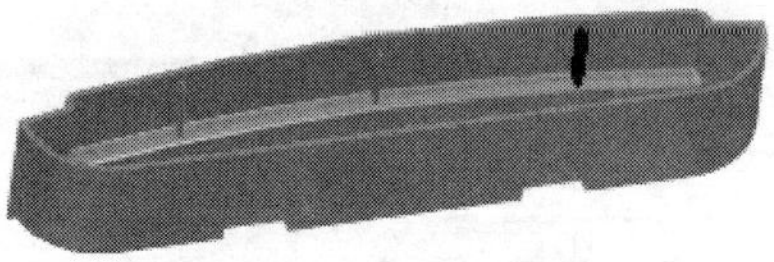

图 16.26 镜像特征 3

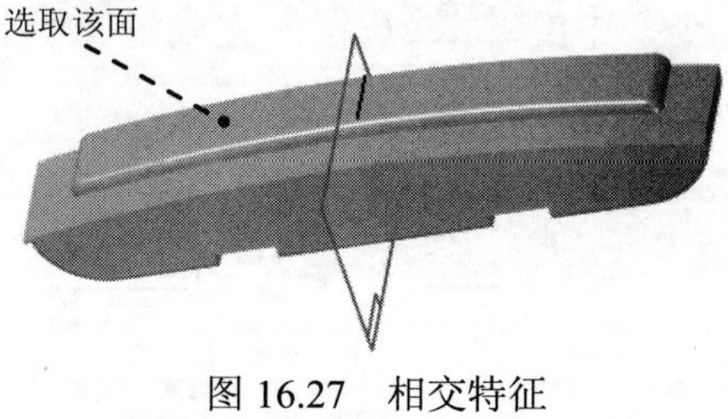

图 16.27 相交特征

Step19. 创建平面 5。在 平面 区域中单击按钮，选择 平行 选项；选取俯视图（XY）平面为参考平面，在图 16.28 所示的相交线顶点处单击完成平面 5 的创建。

Step20. 创建图 16.29 所示的草图 1。在 草图 区域中单击按钮，选取平面 5 作为草图平面，绘制图 16.30 所示的草图。

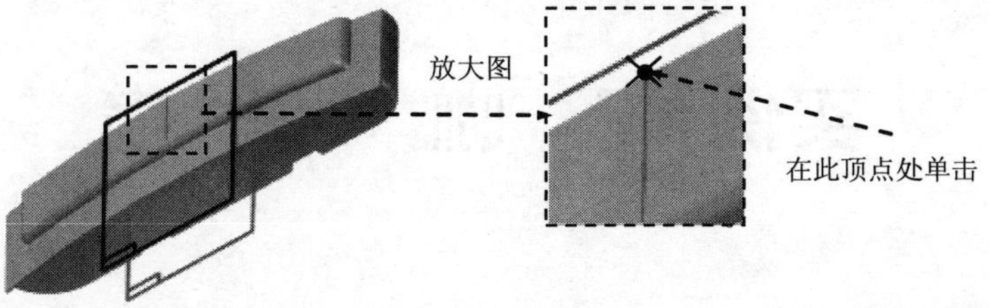

图 16.28 平面 5

说明：进入草绘环境后，单击 工具 功能选项卡 插入 区域中的“文本轮廓”按钮 T。系统弹出“文本”对话框。在 字体(F): 下拉列表中设置文字的字体为新宋体，大小为 10.00mm。在 字符间距(L): 文本框中输入值 32，在 边距(M): 文本框中输入值 0，在 文本(T): 文本框中输入“节约用水”；单击 确定 按钮，完成文字的绘制。

图 16.29 草图 1（建模环境）

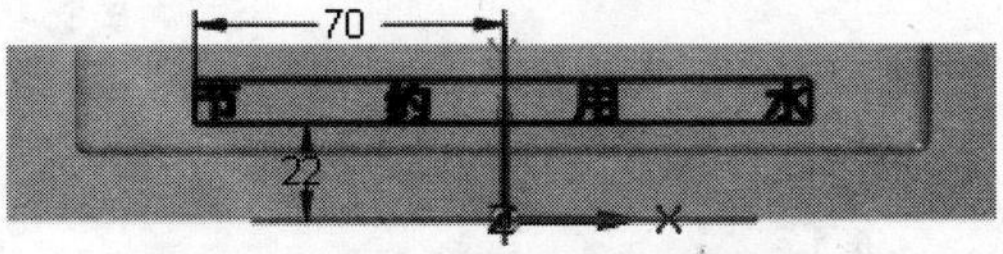

图 16.30 草图 1（草绘环境）

Step21. 后面的详细操作过程请参见随书光盘中 video\ch16\reference\文件下的语音视频讲解文件 trough-r02.exe。

实例17 咖 啡 壶

实例概述

本实例运用了蓝面曲面(见随书光盘)、旋转曲面、扫掠曲面、缝合曲面、投影曲面及加厚，是一个比较典型的曲面建模综合实例。其建模思路是：先用蓝面曲面创建咖啡壶的壶口，然后用旋转曲面创建壶体，最后运用扫掠曲面创建咖啡壶的手柄。零件模型及路径查找器如图 17.1 所示。

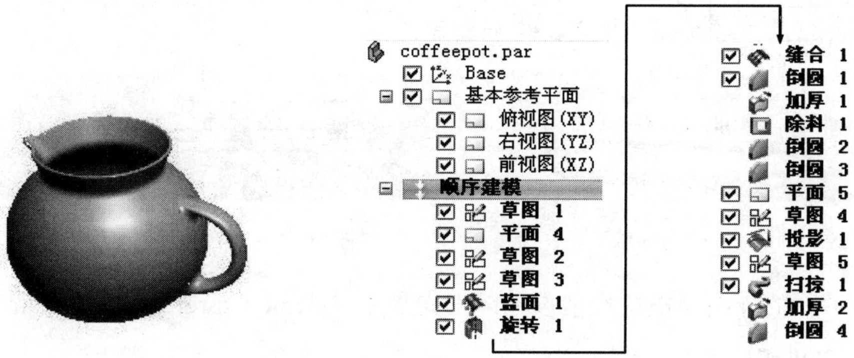

图 17.1 零件模型及路径查找器

说明：本例前面的详细操作过程请参见随书光盘中 video\ch17\reference\文件下的语音视频讲解文件 coffeepot-r01.exe。

Step1. 打开文件 D:\ sest10.3\work\ch17\coffeepot_ex.par。

Step2. 创建图 17.2 所示的蓝面曲面 1。选择 曲面 区域中的 蓝面 命令，选择图 17.3 所示的截面 1 与截面 2；在命令条中单击按钮，选取图 17.3 所示的引导曲线 1，单击右键；选取引导曲线 2，单击右键；单击 预览 按钮，单击 完成 按钮，完成蓝面曲面 1 的创建。单击 取消 按钮。

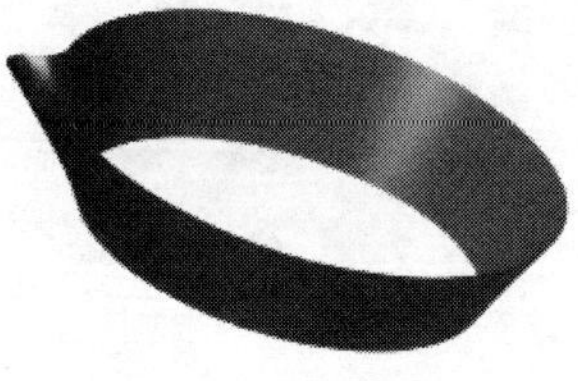

图 17.2 蓝面曲面 1

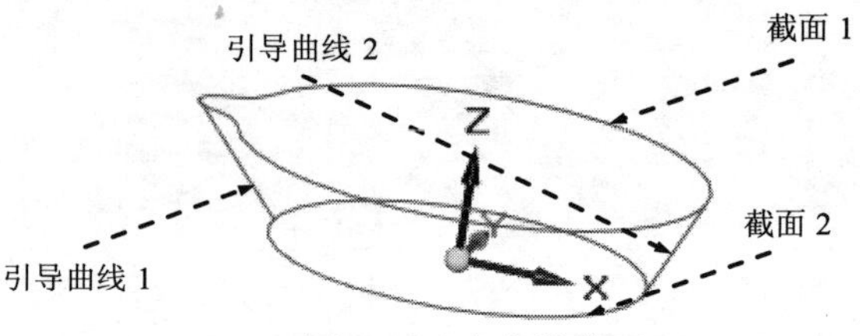

图 17.3 定义横截面

Step3. 创建图 17.4 所示的旋转曲面 1。选择 曲面 区域中的 旋转 命令，选取前视图（XZ）平面作为草图平面，绘制图 17.5 所示的截面草图；单击 绘图 区域中的按钮，选取图 17.5 所示的线作为旋转轴；单击“关闭草图”按钮，在“旋转”命令条的 角度(A):

文本框中输入值 360.0，在图形区空白区域单击；单击“旋转”命令条中的完成按钮，完成旋转曲面 1 的创建。

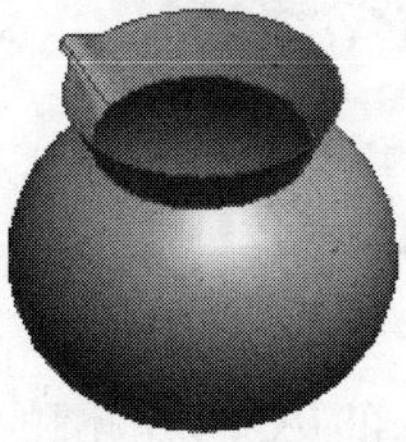

图 17.4 旋转曲面 1

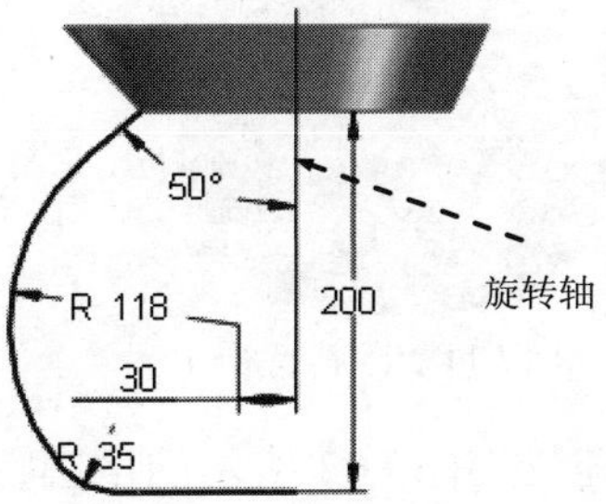

图 17.5 截面草图

Step4. 创建缝合曲面 1。单击修改曲面区域的缝合命令，系统弹出“缝合曲面选项”对话框，采用系统默认的选项设置，单击确定按钮；选取图 17.6 所示的曲面 1 与曲面 2 为缝合对象，单击右键；单击完成按钮，完成缝合曲面 1 的创建，单击取消按钮。

Step5. 创建图 17.7b 所示的倒圆特征 1。选取图 17.7a 所示的模型边线为倒圆的对象，倒圆半径值为 15。

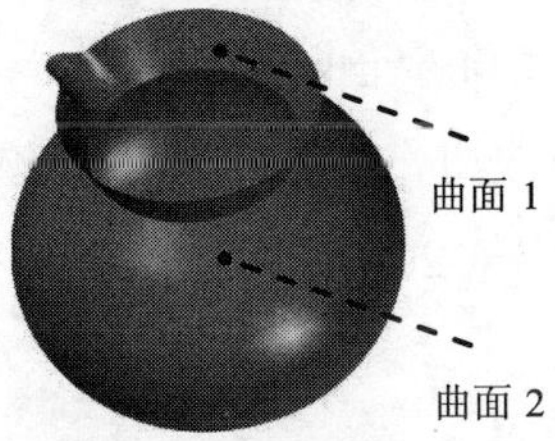

图 17.6 缝合曲面 1

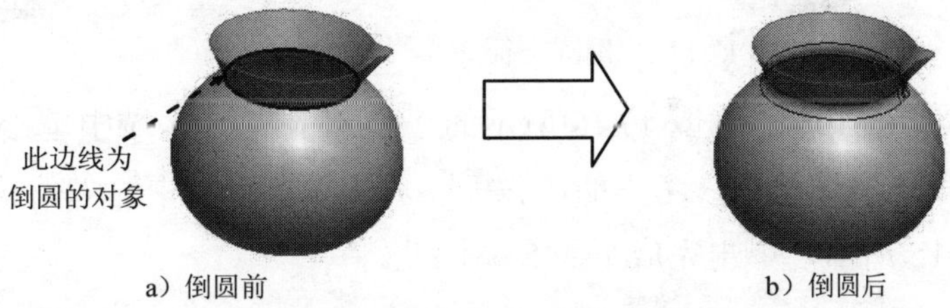

图 17.7 倒圆特征 1

Step6. 创建图 17.8 所示的加厚曲面 1。选择实体区域中的加厚命令，选择图 17.9 所示的曲面为加厚曲面，在“加厚”命令条的距离:的文本框中输入值 5。在图 17.10 箭头所指的方向单击鼠标左键。单击完成按钮，完成加厚曲面 1 的创建。单击取消按钮。

图 17.8 加厚曲面 1

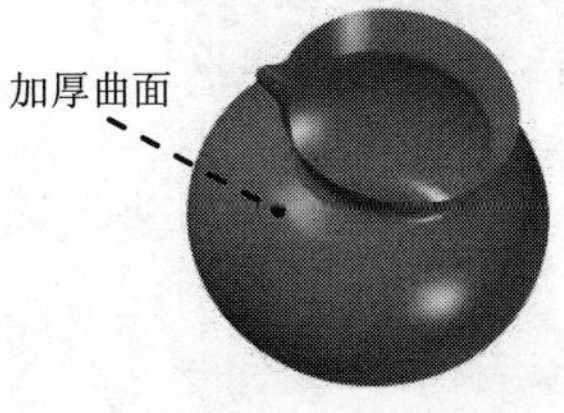

图 17.9 定义加厚曲面

图 17.10 加厚方向

Step7. 创建图 17.11 所示的除料特征 1。在实体区域中单击按钮，选取前视图（XZ）平面作为草图平面，绘制图 17.12 所示的截面草图；绘制完成后，单击按钮，选择命令条中的“贯通”按钮，调整拉伸方向为两侧拉伸，单击完成按钮，单击取消按钮，完成除料特征 1 的创建。

图 17.11　除料特征 1

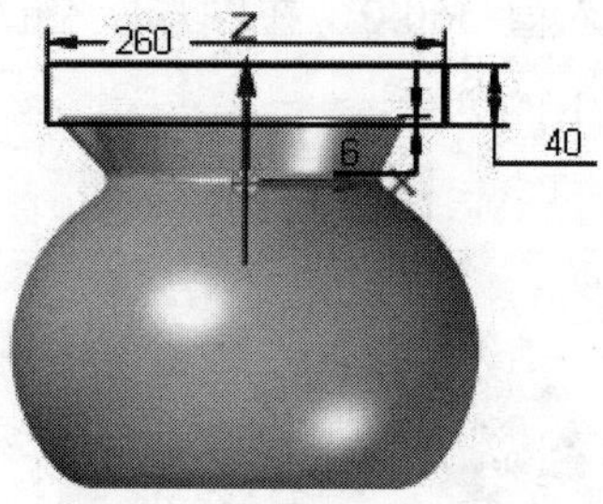

图 17.12　截面草图

Step8. 创建图 17.13 所示的倒圆特征 2。选择图 17.13 所示的边线为倒圆的对象，圆角半径值为 1.5。

Step9. 创建图 17.14 所示的倒圆特征 3。选择图 17.14 所示的边线为倒圆的对象，倒圆半径值为 2。

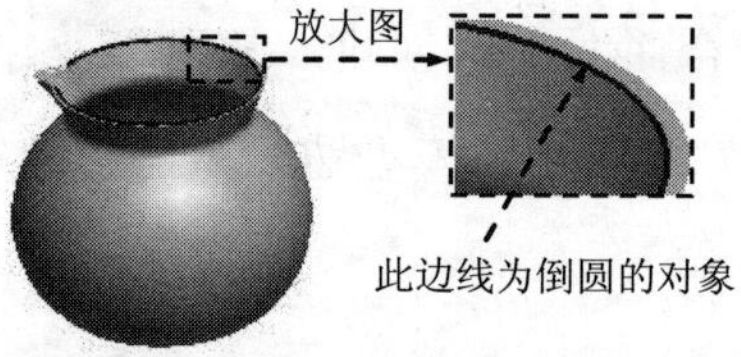

图 17.13　倒圆特征 2

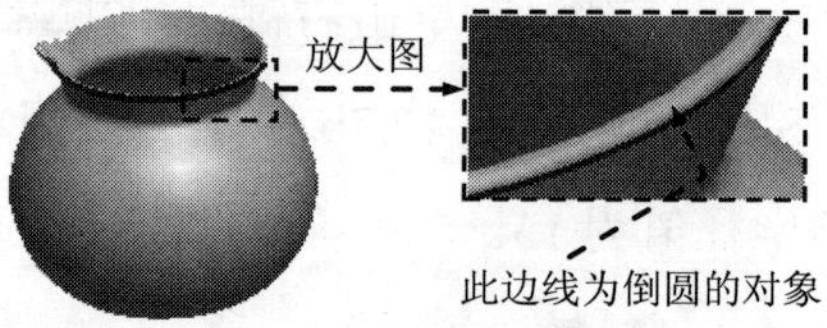

图 17.14　倒圆特征 3

Step10. 创建图 17.15 所示的平面 5。在 平面 区域中单击 按钮，选择 平行 选项；选取右视图作为参考平面，在 距离: 后的下拉列表中输入偏移距离值 200，偏移方向参考图 17.15 所示，单击完成平面 5 的创建。

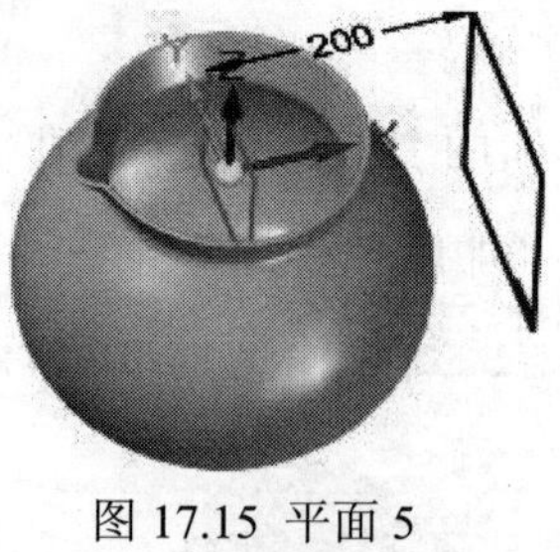

图 17.15 平面 5

Step11. 创建图 17.16 所示的草图 4。在 草图 区域中单击 按钮，选取平面 5 作为草图平面，绘制图 17.17 所示的草图。

图 17.16　草图 4（建模环境）

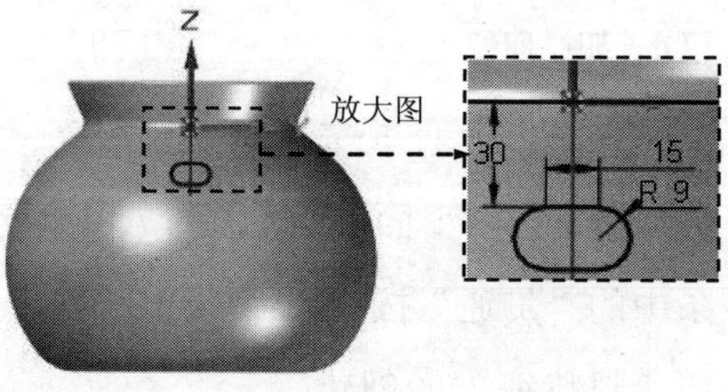

图 17.17　草图 4（草绘环境）

Step12. 创建图 17.18 所示的投影曲线 1。选择 曲线 区域中的命令，选取草图 4 作为投影曲线，单击右键；选取壶身作为投影面，单击右键；选择图 17.19 所示的方向，使投影方向朝向投影面，然后在箭头所示一侧单击鼠标左键。单击 完成 按钮，完成投影曲线的创建，单击 取消 按钮。

Step13. 创建图 17.20 所示的草图 5。在 草图 区域中单击按钮，选取前视图（XZ）平面作为草图平面，绘制图 17.21 所示的草图。

Step14. 创建图 17.22 所示的扫掠曲面 1。选择 曲面 区域中的命令，系统弹出“扫掠选项”对话框。在 默认扫掠类型 区域中选中 ⊙ 单一路径和横截面(S) 单选项，然后单击 确定 按钮；选取草图 5 作为扫掠路径，单击右键；选取草图 4 的投影曲线作为扫掠截面，单击右键；完成扫掠曲面的创建，单击 取消 按钮。

Step15. 创建图 17.23 所示的加厚曲面 2。选择 实体 区域中的 加厚 命令，选择图 17.23 所示的曲面为加厚曲面，在“加厚”命令条的 距离: 文本框中输入值 1.5。在图 17.24 箭头所指的方向单击鼠标左键。单击 完成 按钮，完成加厚曲面 2 的创建。单击 取消 按钮。

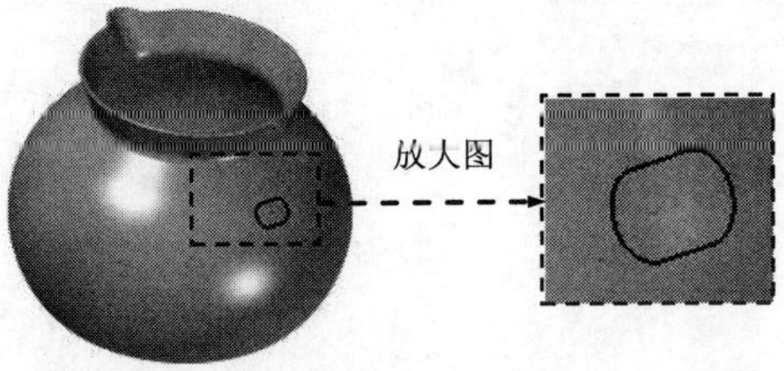

图 17.18 投影曲线 1

图 17.19 投影方向

图 17.20 草图 5（建模环境）

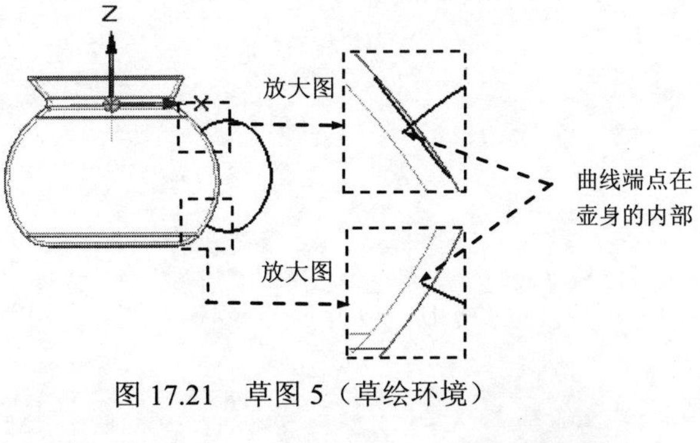

图 17.21 草图 5（草绘环境）

图 17.22 扫掠曲面 1

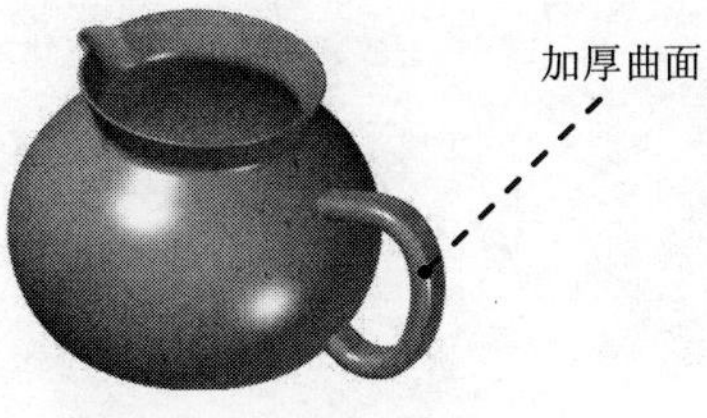

图 17.23 加厚曲面 2

图 17.24 加厚方向

Step16. 创建图 17.25b 所示的倒圆特征 4。选取图 17.25a 所示的两条模型边线为倒圆的对象，倒圆半径值为 10。

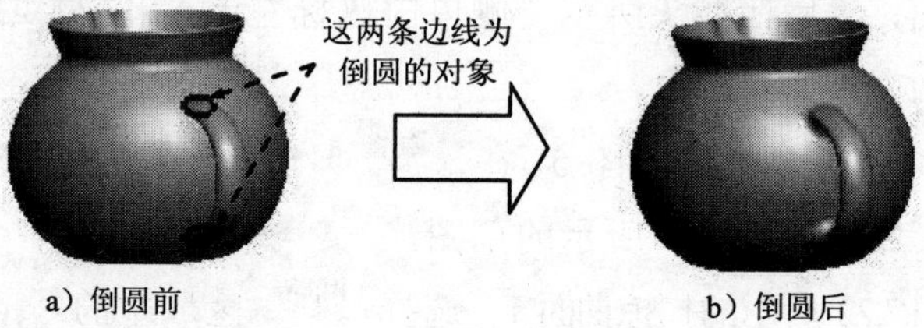

图 17.25　倒圆特征 4

Step17. 保存文件，文件名称为 coffeepot。

实例18 鼠 标 盖

实例概述

本实例的建模思路是先创建几条草绘曲线，然后通过绘制的草绘曲线构建曲面，最后将构建的曲面加厚以及添加圆角等特征，其中用到的有蓝面、有界、修剪、缝合以及加厚等特征命令。零件模型及路径查找器如图 18.1 所示。

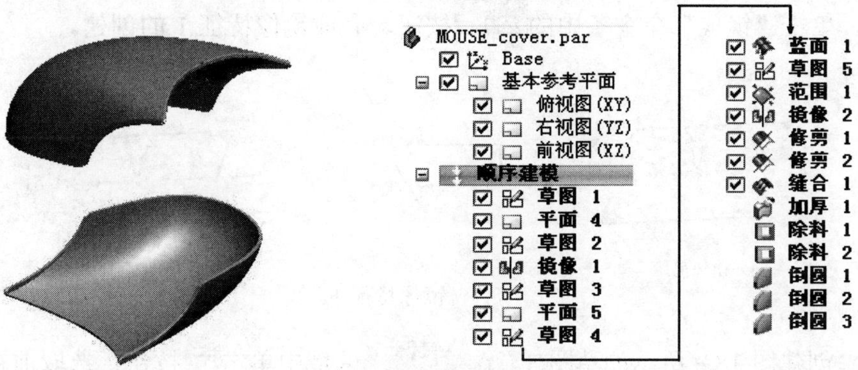

图 18.1 零件模型及路径查找器

Step1. 新建一个零件模型，进入建模环境。

Step2. 创建图 18.2 所示的草图 1。在 草图 区域中单击 按钮，选取俯视图（XY）平面作为草图平面，绘制图 18.3 所示的草图 1。

说明：在绘制图 18.3 所示的草图 1 时，可先绘制点，将点进行标注尺寸后，再使用“曲线”命令来绘制草图。

Step3. 创建图 18.4 所示的平面 4（本步的详细操作过程请参见随书光盘中 video\ch18\reference\文件下的语音视频讲解文件 mouse_cover-r01.exe）。

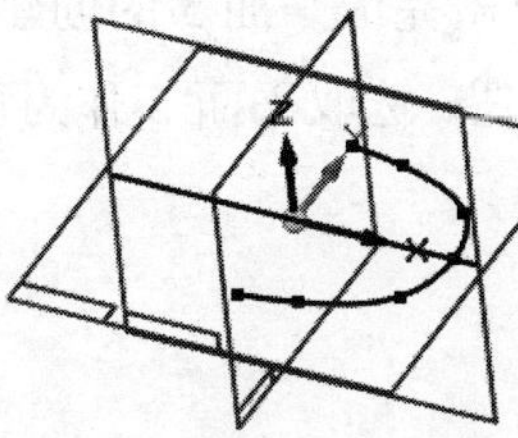

图 18.2 草图 1（建模环境）

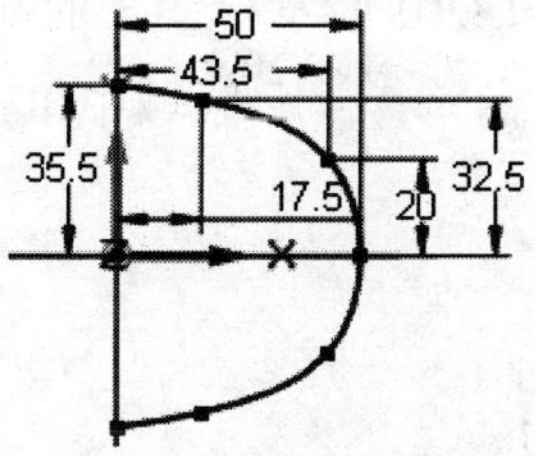

图 18.3 草图 1（草绘环境）

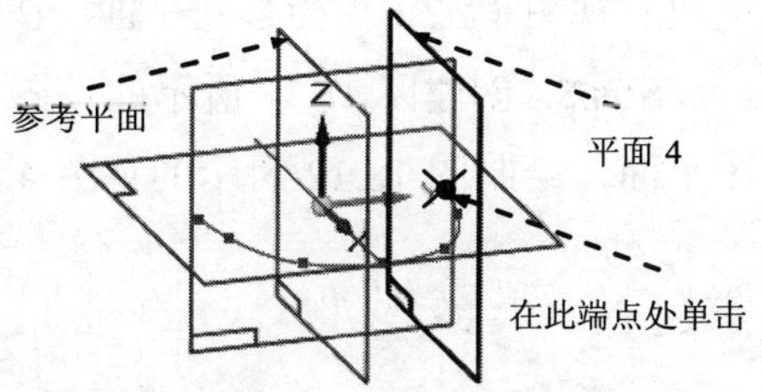

图 18.4 平面 4

Step4. 创建图 18.5 所示的草图 2。在 草图 区域中单击 按钮，选取平面 4 作为草图平面，绘制图 18.6 所示的草图 2。

说明：在绘制图 18.6 所示的草图 2 时，可先绘制点，将点进行标注尺寸后，再使用“曲线”命令来绘制草图。

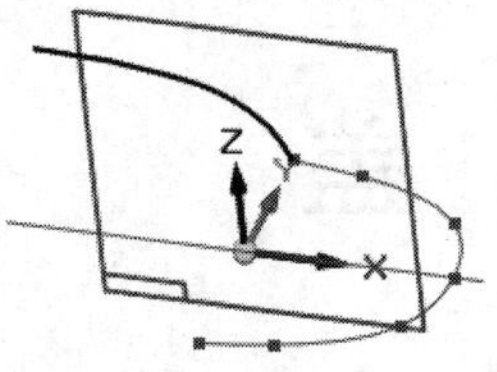

图 18.5　草图 2（建模环境）

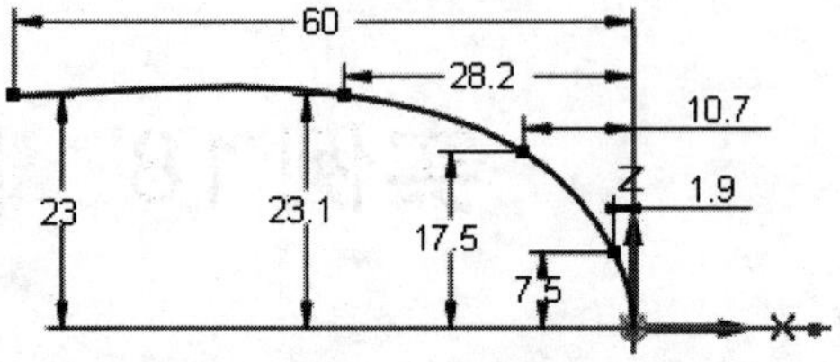

图 18.6　草图 2（草绘环境）

Step5. 创建图 18.7b 所示的镜像特征 1，在 阵列 区域中单击 镜像 后的小三角，选择 镜像复制零件 命令，选取草图 2 作为镜像特征；选取前视图（XZ）平面作为镜像中心平面，单击“镜像”命令条中的 完成 按钮，完成镜像特征 1 的创建。

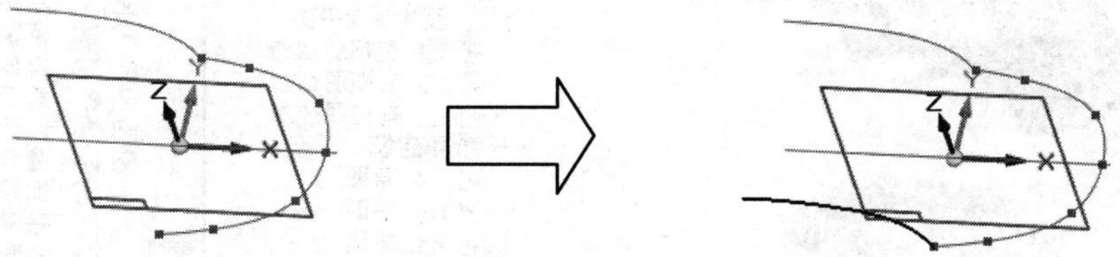

a）镜像前　　b）镜像后

图 18.7　镜像特征 1

Step6. 创建图 18.8 所示的草图 3。在 草图 区域中单击按钮，选取前视图（XZ）平面作为草图平面，绘制图 18.9 所示的草图 3。

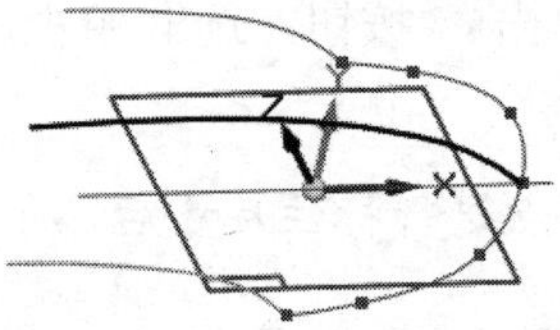

图 18.8　草图 3（建模环境）

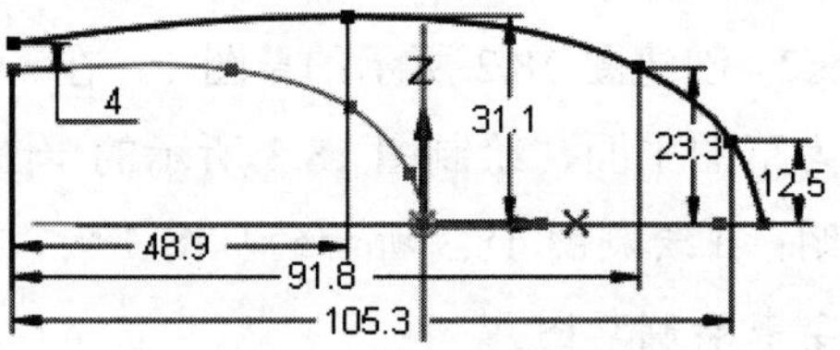

图 18.9　草图 3（草绘环境）

Step7. 创建图 18.10 所示的平面 5。在 平面 区域中单击按钮，选择 平行 选项；选取右视图（YZ）作为参考平面，在图 18.10 所示草图 3 的端点处单击完成平面 5 的创建。

Step8. 创建图 18.11 所示的草图 4。在 草图 区域中单击按钮，选取平面 5 作为草图平面，绘制图 18.12 所示的草图 4。

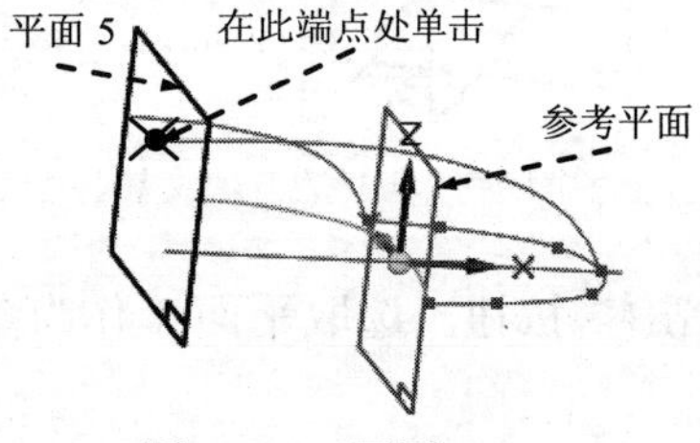

图 18.10　平面 5

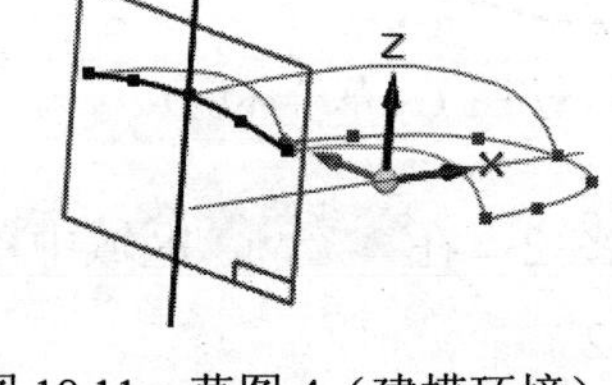

图 18.11　草图 4（建模环境）

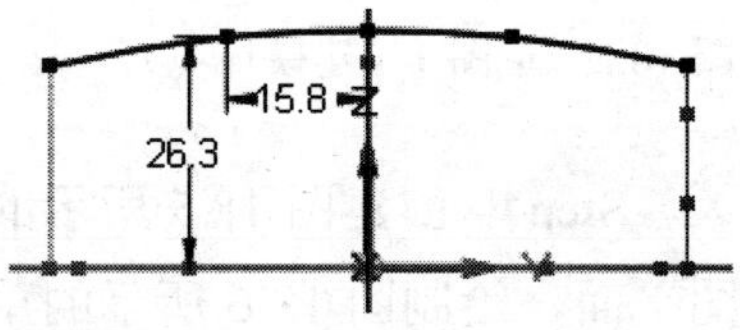

图 18.12　草图 4（草绘环境）

Step9. 创建图 18.13 所示的蓝面曲面 1。在 曲面处理 选项卡的 曲面 区域中单击命令，选取图 18.14 所示的截面 1，单击右键；选取截面 2，单击右键；选取截面 3，单击右键。然后在“蓝面”命令条中单击按钮，选取图 18.14 所示的引导曲线 1，单击右键；选取引导曲线 2，单击两次右键，然后单击 完成 按钮，完成蓝面曲面 1 的创建。单击 取消 按钮。

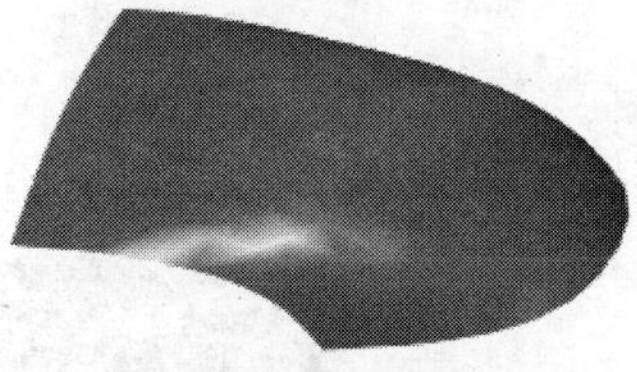
图 18.13 蓝面曲面 1

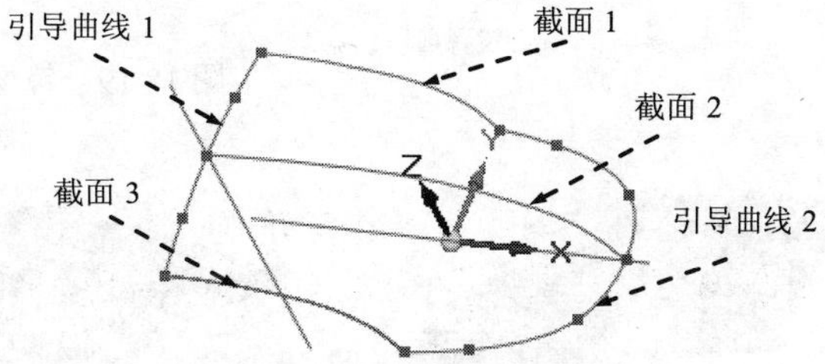

图 18.14 定义截面和引导线

Step10. 创建图 18.15 所示的草图 5。在 草图 区域中单击按钮，选取平面 4 作为草图平面，绘制图 18.16 所示的草图 5。

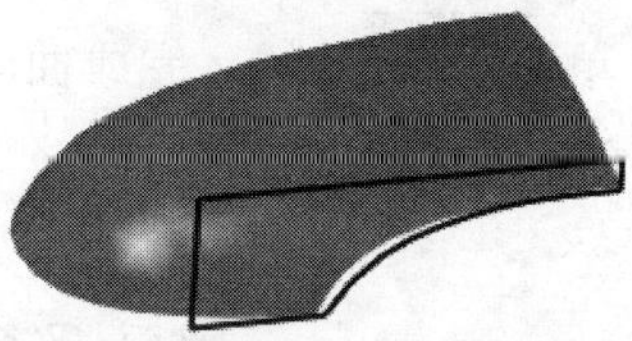
图 18.15 草图 5（建模环境）

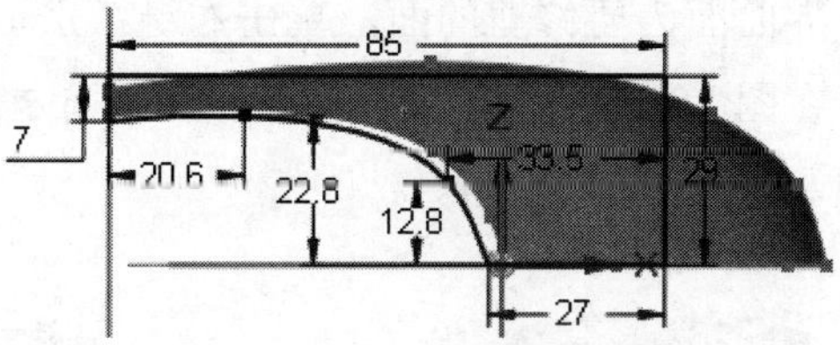

图 18.16 草图 5（草绘环境）

Step11. 创建图 18.17 所示的有界曲面 1，选择 曲面 区域中的命令，选取图 18.18 所示的边为曲面的边界，单击两次右键，单击 完成 按钮，完成有界曲面 1 的创建，单击 取消 按钮。

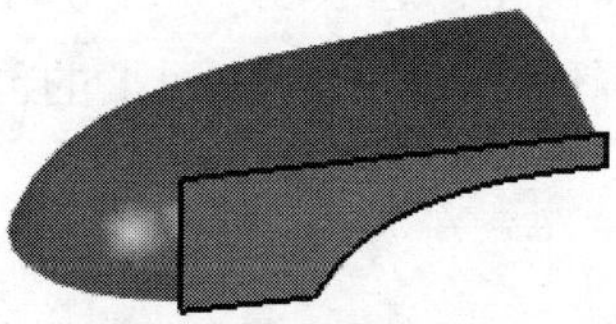
图 18.17 有界曲面 1

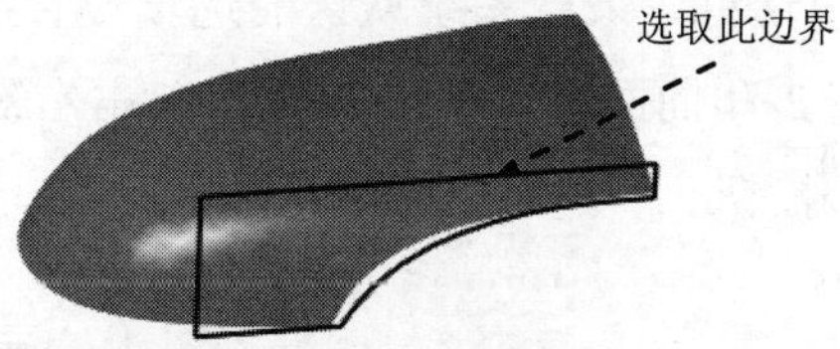

图 18.18 定义边界边

Step12. 创建图 18.19b 所示的镜像特征 2，在 阵列 区域中单击 镜像 后的小三角，选择 镜像复制零件 命令，选取有界曲面 1 作为镜像特征，单击按钮；选取前视图（XZ）平面作为镜像中心平面，单击“镜像”命令条中的 完成 按钮，完成镜像特征 2 的创建。

Step13. 创建图 18.20 所示的曲面修剪 1。选择 修改曲面 区域中的命令，选取图 18.21 所示有界曲面为要修剪的面，单击右键；选取图 18.21 所示的蓝面为修剪边界元素，单击右键；在图 18.22 所示的箭头所指的一侧单击鼠标左键，单击 完成 按钮，完成曲面修剪 1

的创建。单击取消按钮。

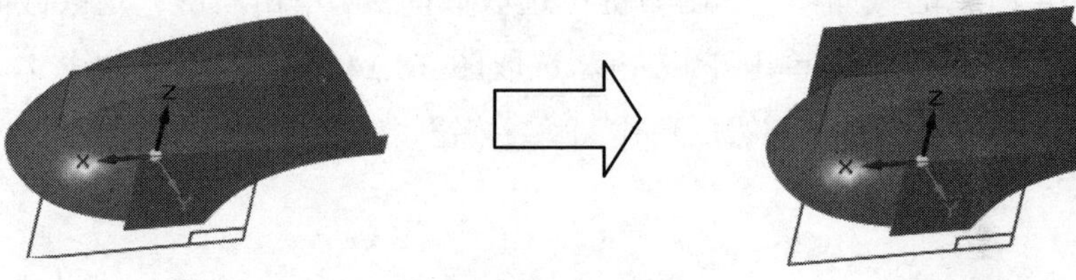

a）镜像前　　b）镜像后

图 18.19　镜像特征 2

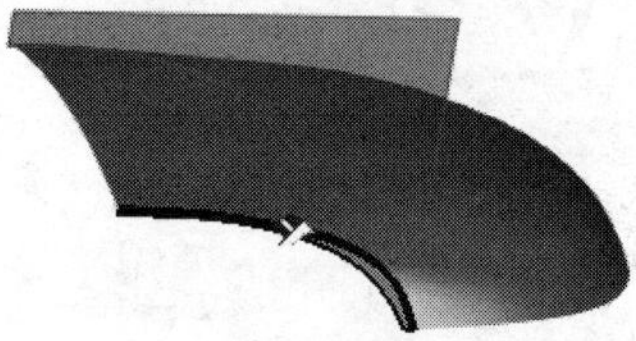

图 18.20　修剪 1

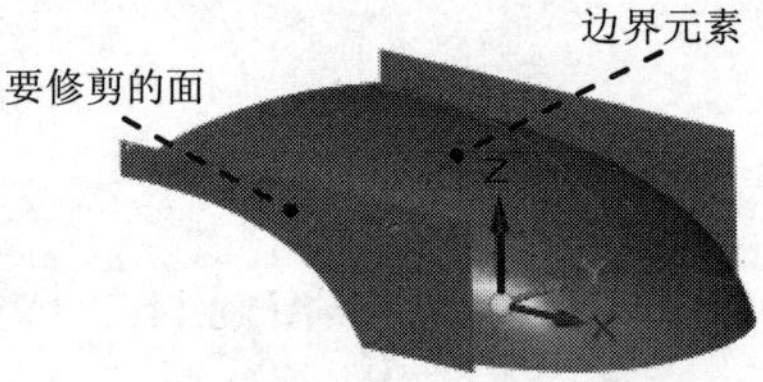

图 18.21　定义要修剪的面及边界元素

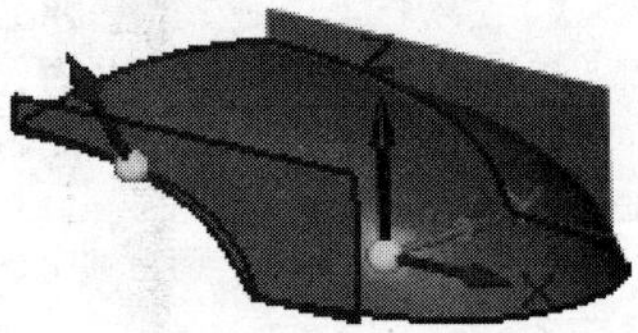

图 18.22　修剪方向

Step14. 创建图 18.23 所示的曲面修剪 2。选择修改曲面区域中的命令，选取图 18.24 所示有界曲面为要修剪的面，单击右键；选取图 18.24 所示的蓝面为修剪边界元素，单击右键；在图 18.25 所示的箭头所指的一侧单击鼠标左键，单击完成按钮，完成曲面修剪 2 的创建。单击取消按钮。

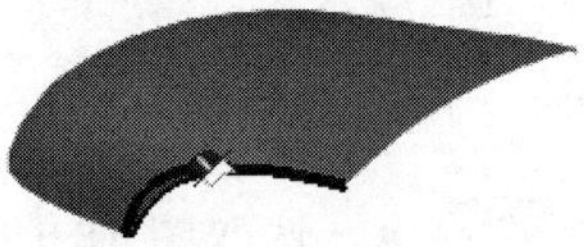

图 18.23　修剪 2

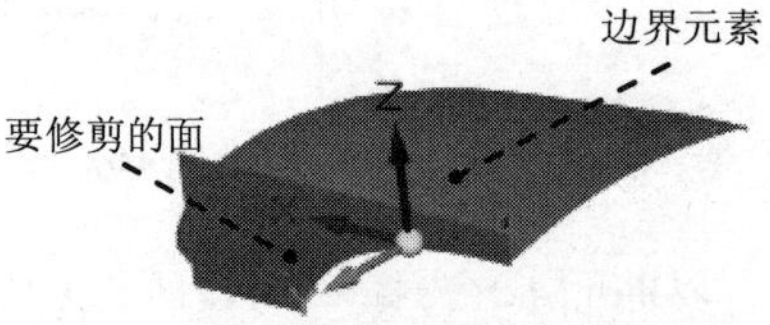

图 18.24　定义要修剪的面及边界元素

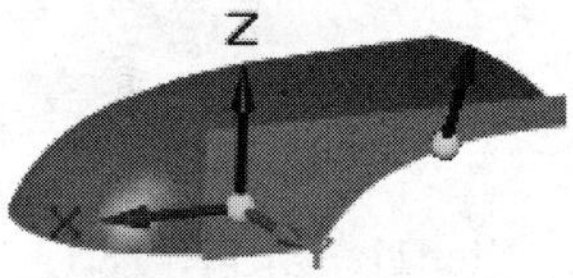

图 18.25　修剪方向

Step15. 创建缝合曲面 1。单击修改曲面区域中的缝合命令，系统弹出“缝合曲面选项”对话框，采用系统默认的选项设置，单击确定按钮；选取图 18.26 所示的曲面 1、曲面 2 和曲面 3 为缝合对象，单击右键；单击完成按钮，完成缝合曲面 1 的创建。单击取消按钮。

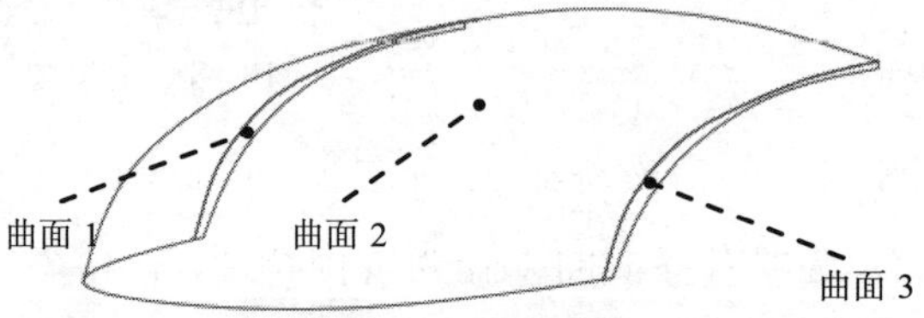

图 18.26　缝合曲面 1

Step16. 创建图 18.27 加厚曲面 1。选择实体区域中的加厚命令，选择缝合后的整个曲面为加厚曲面，在“加厚”命令条的距离:文本框中输入值 1.5。在图 18.28

所示的箭头所指的方向单击鼠标左键。单击完成按钮，完成加厚曲面 1 的创建。单击取消按钮。

图 18.27 加厚曲面 1

图 18.28 加厚方向

Step17. 创建图 18.29 所示的除料特征 1。在实体区域中单击按钮，选取俯视图（XY）平面作为草图平面，绘制图 18.30 所示的截面草图；绘制完成后，单击按钮，选择命令条中的“贯通”按钮，在需要移除材料的一侧单击鼠标左键，单击完成按钮，单击取消按钮，完成除料特征 1 的创建。

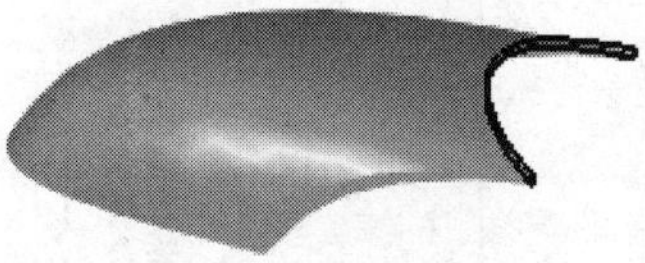

图 18.29 除料特征 1

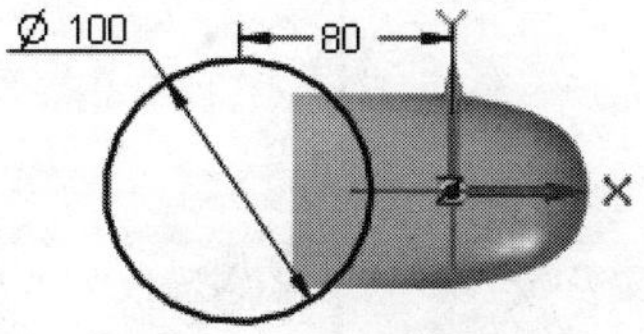

图 18.30 截面草图

Step18. 创建图 18.31 所示的除料特征 2。在实体区域中单击按钮，选取前视图（XZ）平面作为草图平面，绘制图 18.32 所示的截面草图；绘制完成后，单击按钮，选择命令条中的“贯通”按钮，调整除料方向为两侧除料，单击完成按钮，单击取消按钮，完成除料特征 2 的创建。

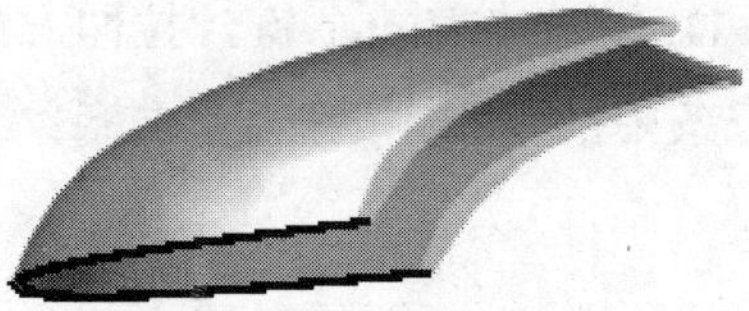

图 18.31 除料特征 2

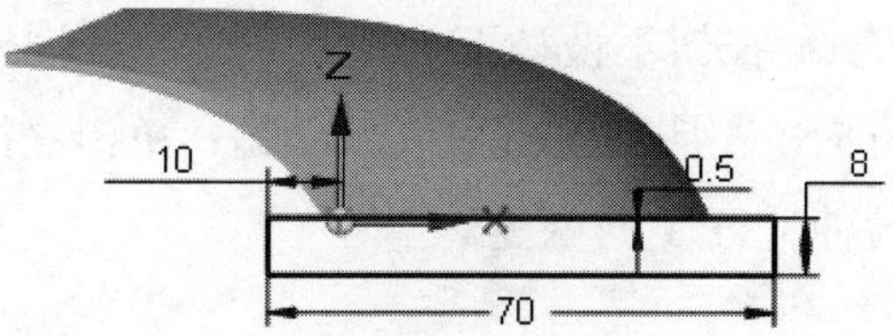

图 18.32 截面草图

Step19. 后面的详细操作过程请参见随书光盘中 video\ch18\reference\文件下的语音视频讲解文件 mouse_cover-r02.exe。

实例19 插 接 器

实例概述

本实例介绍了插接器的设计过程。主要运用了实体建模与曲面建模相结合的方法，设计过程中主要运用到了以下命令：拉伸、旋转、有界曲面、缝合和阵列等。零件模型及相应的路径查找器如图 19.1 所示。

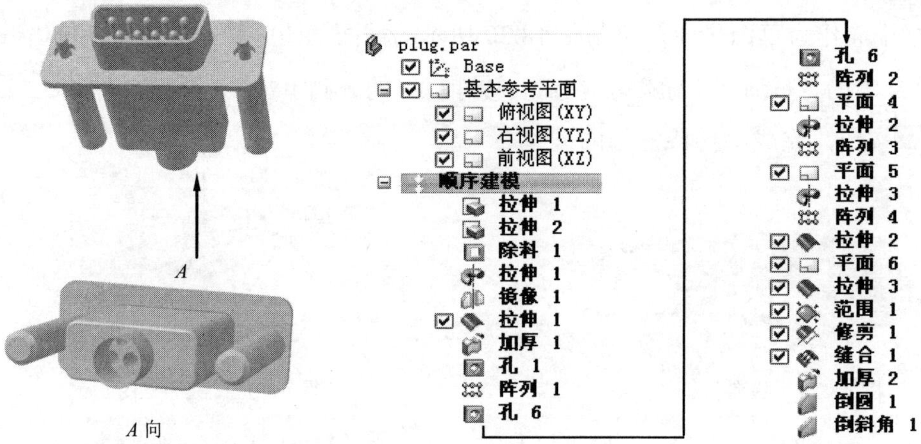

图 19.1 零件模型及路径查找器

Step1. 新建一个零件模型，进入建模环境。

Step2. 创建图 19.2 所示的拉伸特征 1。在 实体 区域中单击按钮，选取前视图（XZ）平面作为草图平面，绘制图 19.3 所示的截面草图，绘制完成后，单击按钮；确认与按钮不被按下，在 距离: 下拉列表中输入值 11.5，并按 Enter 键，拉伸方向为 Y 轴正方向，在图形区空白区域单击；单击“拉伸”命令条中的 完成 按钮，单击 取消 按钮，完成拉伸特征 1 的创建。

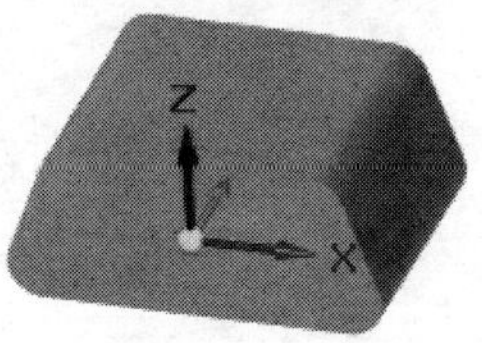

图 19.2 拉伸特征 1

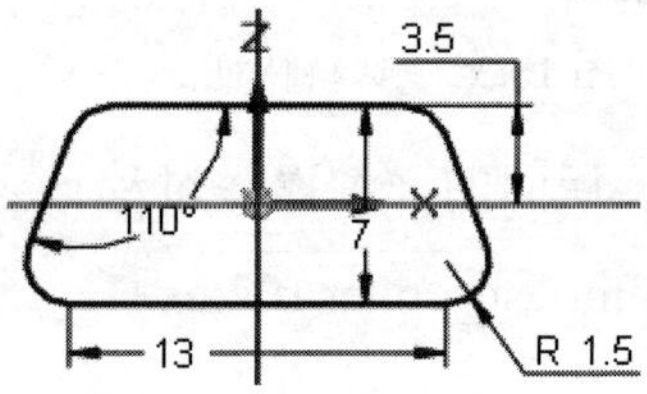

图 19.3 截面草图

Step3. 创建图 19.4 所示的拉伸特征 2。在 实体 区域中单击按钮，选取前视图（XZ）平面作为草图平面，绘制图 19.5 所示的截面草图，绘制完成后，单击按钮；确认与按钮不被按下，在 距离: 下拉列表中输入值 1，并按 Enter 键，拉伸方向为 Y 轴负方向，在图形区空白区域单击；单击“拉伸”命令条中的 完成 按钮，单击 取消 按钮，完成拉伸特征 2 的创建。

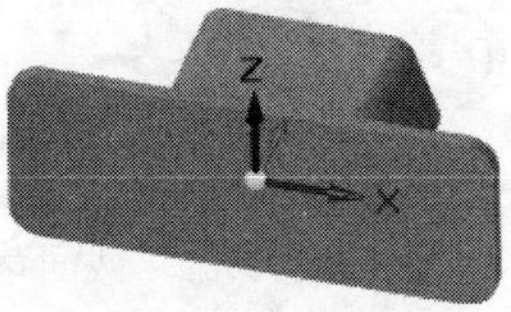

图 19.4 拉伸特征 2

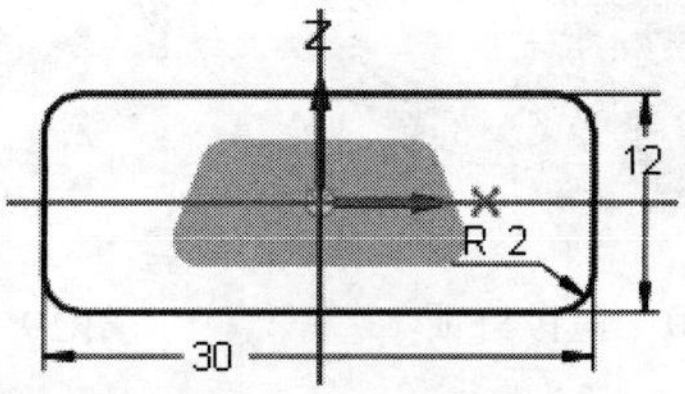

图 19.5 截面草图

Step4. 创建图 19.6 所示的除料特征 1。在 实体 区域中单击按钮，选取前视图（XZ）平面作为草图平面，绘制图 19.7 所示的截面草图；绘制完成后，单击按钮，选择“除料”命令条中的“贯通”按钮，在需要移除材料的一侧单击鼠标左键，单击 完成 按钮，单击 取消 按钮，完成除料特征 1 的创建。

图 19.6 除料特征 1

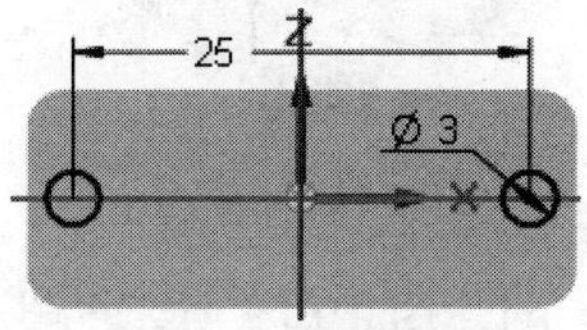

图 19.7 截面草图

Step5. 创建图 19.8 所示的旋转特征 1。在 实体 区域中选择命令，选取俯视图（XY）平面为草图平面，绘制图 19.9 所示的截面草图；单击 绘图 区域中的按钮，选取图 19.9 所示的线为旋转轴；单击“关闭草图”按钮，在“旋转”命令条的 角度(A): 文本框中输入值 360.0，在图形区空白区域单击；单击“旋转”命令条中的 完成 按钮，完成旋转特征 1 的创建。

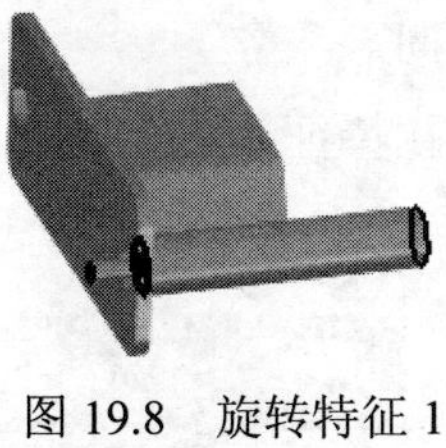

图 19.8 旋转特征 1

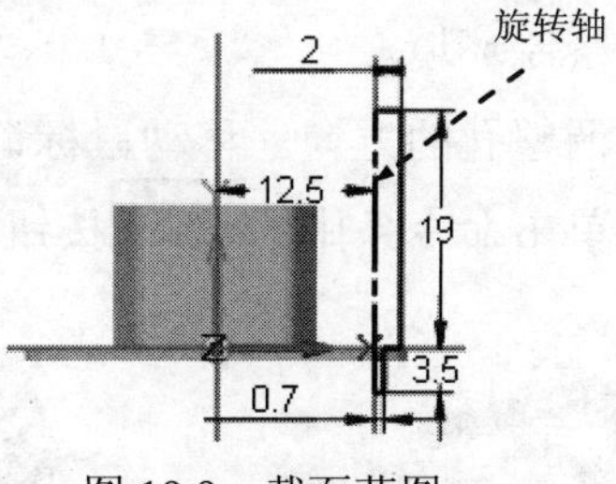

图 19.9 截面草图

Step6. 创建图 19.10 所示的镜像特征 1。在 阵列 区域中单击 镜像 命令，在路径查找器中选取 **拉伸 1** 作为镜像特征，单击按钮，完成特征的选取；选取右视图（YZ）平面作为镜像中心平面，单击“镜像”命令条中的 完成 按钮，完成镜像特征 1 的创建。

Step7. 创建图 19.11 所示的拉伸曲面 1。选择 曲面 区域中的命令，选取图 19.11 所示的模型表面作为草图平面，绘制图 19.12 所示的截面草图，绘制完成后，单击按钮；确认与按钮未被按下，在 距离: 下拉列表中输入值 5.5，并按 Enter 键，拉伸方向为 Y 轴负方向，在图形区空白区域单击；单击“拉伸”命令条中的 完成 按钮，单击 取消 按钮，完成拉伸曲面 1 的创建。

图 19.10 镜像特征 1

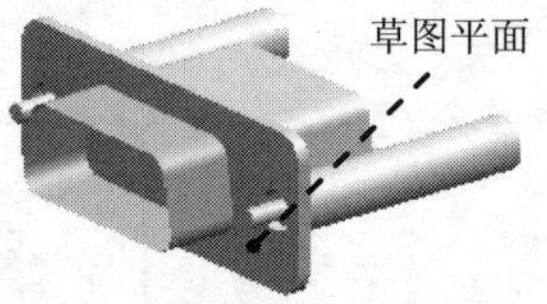

图 19.11 拉伸曲面 1

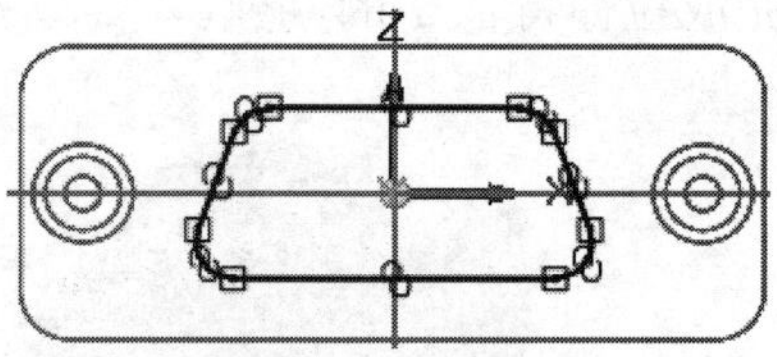

图 19.12 截面草图

Step8. 创建图 19.13 所示的加厚曲面 1。选择 实体 区域 中的 加厚 命令，选择整个曲面作为加厚曲面，在“加厚”命令条的 距离: 文本框中输入值 0.5，在图 19.14 所示的箭头所指的方向单击鼠标左键。单击 完成 按钮，完成加厚曲面 1 的创建，单击 取消 按钮。

图 19.13 加厚曲面 1

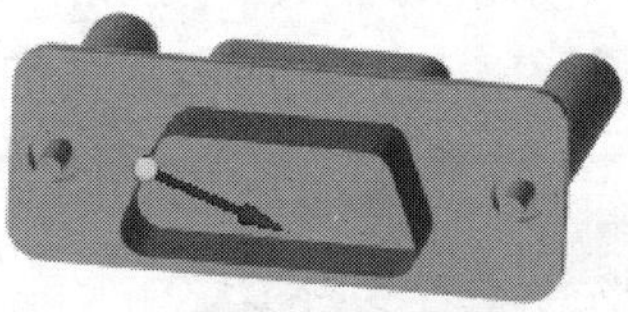

图 19.14 加厚方向

Step9. 创建图 19.15 所示的孔特征 1。

（1）定义孔的参数。在 实体 区域中单击 按钮，单击 按钮，在“孔选项”对话框中选择“简单孔”选项，在 4 mm 下拉列表中输入值 2，在 孔范围: 区域选择延伸类型为 （贯通），单击 确定 按钮。完成孔参数的设置。

（2）定义孔的放置面。选取图 19.16 所示的模型表面为孔的放置面，在模型表面单击完成孔的放置。

（3）编辑孔的定位。为孔添加图 19.17 所示的尺寸约束，约束完成后，单击 按钮，退出草图绘制环境。

（4）调整孔的方向。移动鼠标调整孔的方向为 Y 轴正方向。

（5）单击命令条中的 完成 按钮。单击 取消 按钮，完成孔特征 1 的创建。

图 19.15 孔特征 1

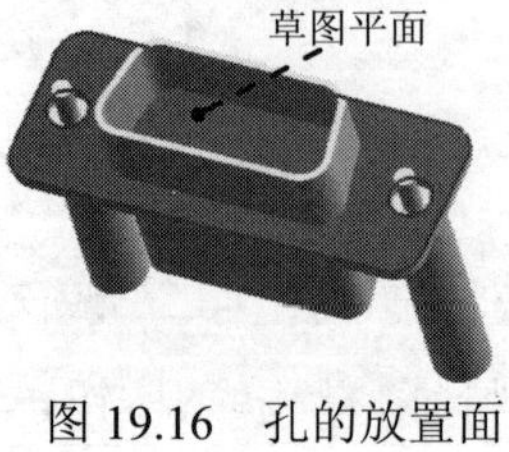

图 19.16 孔的放置面

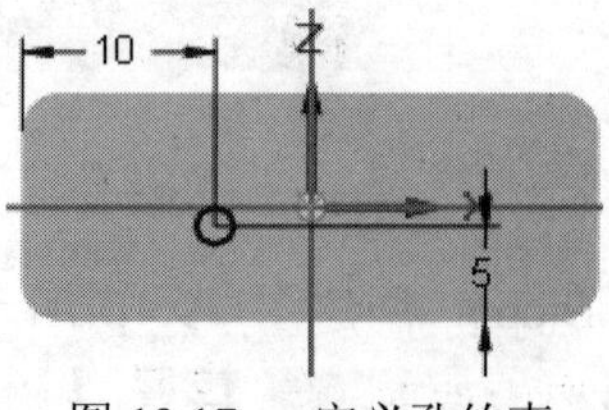

图 19.17 定义孔约束

Step10. 创建图 19.18 所示的阵列特征 1，在 阵列 区域中单击 阵列 命令，选取图 19.15 所示的孔特征为阵列的孔特征，单击 按钮，完成特征的选取；选取图 19.19 所示的模型表面作为阵列草图平面。单击 特征 区域中的 按钮，绘制图 19.20 所示的矩形；在“阵列”命令条的 翻转 下拉列表中选择 固定 选项，在“阵列”命令条的 X: 文本框中输入第一方向的阵列个数为 5，输入间距值 2.5。在“阵列”命令条的 Y: 文本框中输入第一方向的阵列个数为 1，然后右击；单击按钮，退出草绘环境，在命令条中单击完成按钮，完成阵列特征 1 的创建。

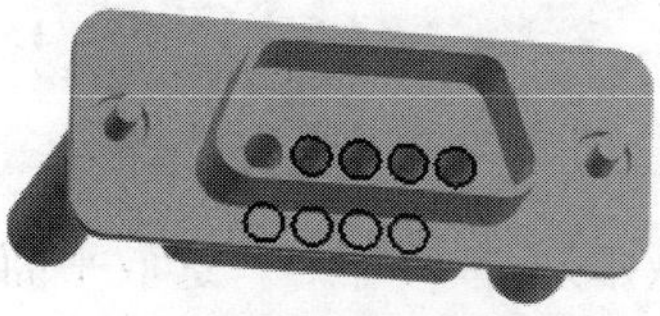

图 19.18 阵列特征 1

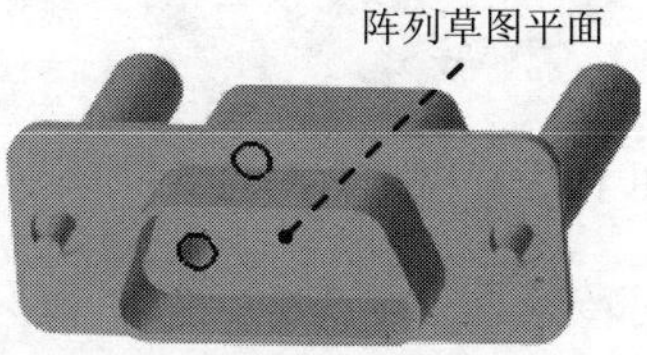

图 19.19 选取阵列对象与草图平面

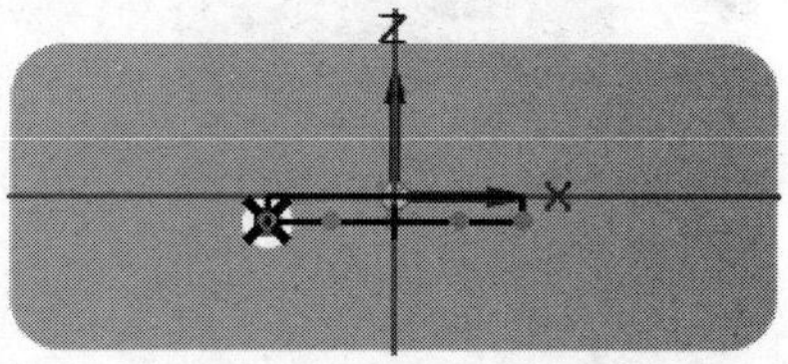

图 19.20 矩形阵列轮廓

Step11. 创建图 19.21 所示的孔特征 2。

（1）定义孔的参数。在实体区域中单击按钮，单击按钮，在“孔选项”对话框中选择“简单孔”选项，在4 mm下拉列表中输入值 2，在孔范围:区域选择延伸类型为（贯通），单击确定按钮。完成孔参数的设置。

（2）定义孔的放置面。选取图 19.22 所示的模型表面为孔的放置面，在模型表面单击完成孔的放置。

（3）编辑孔的定位。为孔添加图 19.23 所示的尺寸约束，约束完成后，单击按钮，退出草图绘制环境。

（4）调整孔的方向。移动鼠标调整孔的方向为 Y 轴正方向。

（5）单击命令条中的完成按钮。单击取消按钮，完成孔特征 2 的创建。

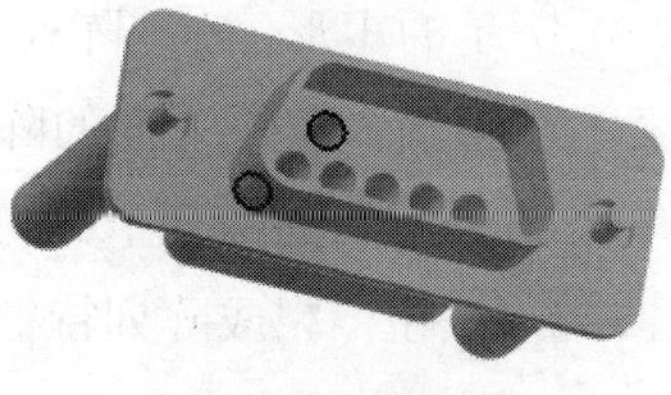

图 19.21 孔特征 2

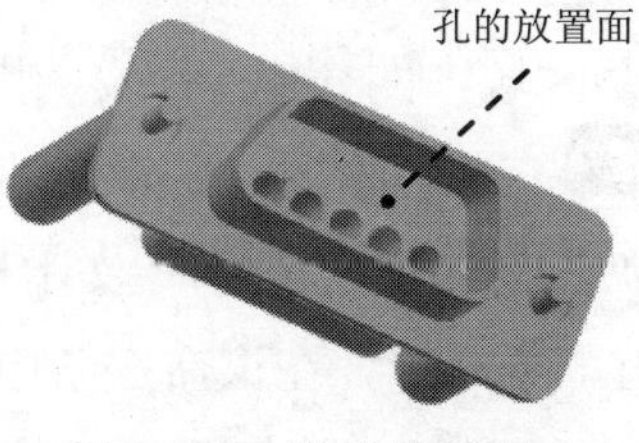

图 19.22 孔的放置面

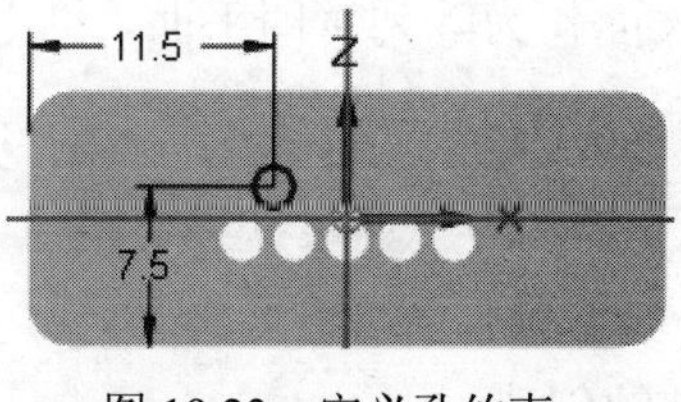

图 19.23 定义孔约束

Step12. 创建图 19.24 所示的阵列特征 2，在阵列区域中单击阵列命令，选取图 19.25 所示的孔特征为阵列的孔特征，单击按钮，完成特征的选取；选取前视图（XZ）平面作为阵列草图平面。单击特征区域中的按钮，绘制图 19.26 所示的矩形；在“阵列”命令条的翻转下拉列表中选择固定选项，在“阵列”命令条的X:后的文本框中输入第一方向的阵列个数为 4，输入间距值 2.5。在“阵列”命令条的Y:文本框中输入第一方向的阵列个数为 1，然后右击；单击按钮，退出草绘环境，在该命令条中单击完成按钮，完成阵列特征 2 的创建。

Step13. 创建图 19.27 所示的平面 4。在平面区域中单击按钮，选择平行选项；在绘图区域选取右视图（YZ）作为参考平面，在距离:下拉列表中输入偏移距离值 5，偏移方向为 X 轴负方向，单击左键完成平面 4 的创建。

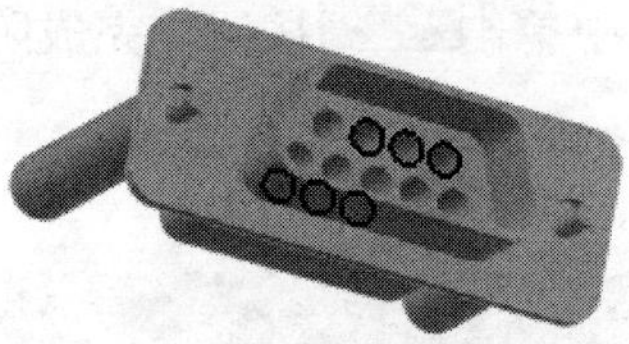

图 19.24　阵列特征 2

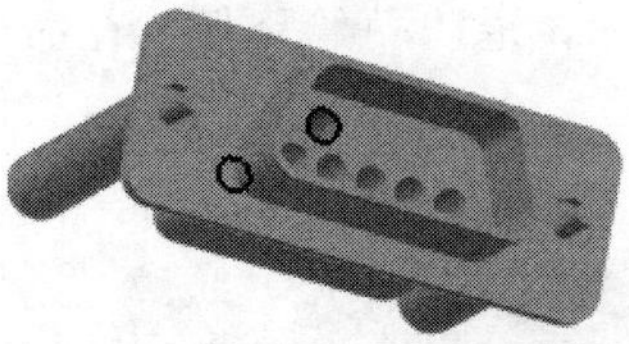

图 19.25　选取阵列对象

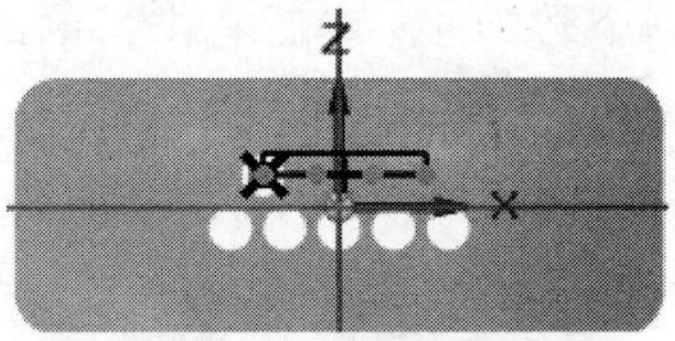

图 19.26　矩形阵列轮廓

Step14. 创建图 19.28 所示的旋转特征 2。在 实体 区域中选择命令，选取平面 4 为草图平面，绘制图 19.29 所示的截面草图；单击 绘图 区域中的按钮，选取图 19.29 所示的线为旋转轴；单击“关闭草图”按钮，在“旋转”命令条的 角度(A): 文本框中输入值 360.0，在图形区空白区域单击；单击“旋转”命令条中的 完成 按钮，完成旋转特征 2 的创建。

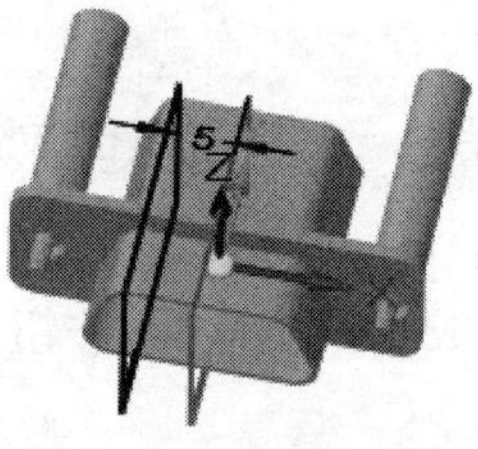

图 19.27　平面 4

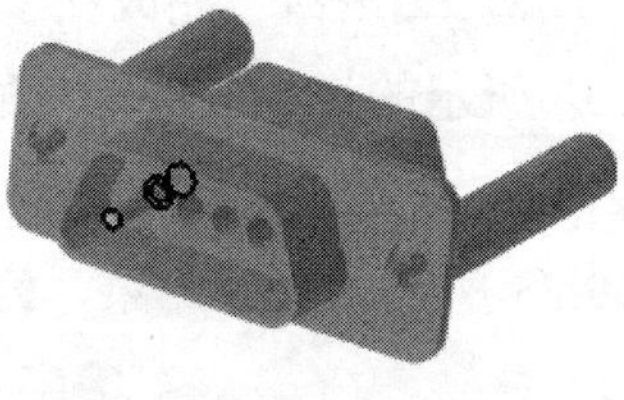

图 19.28　旋转特征 2

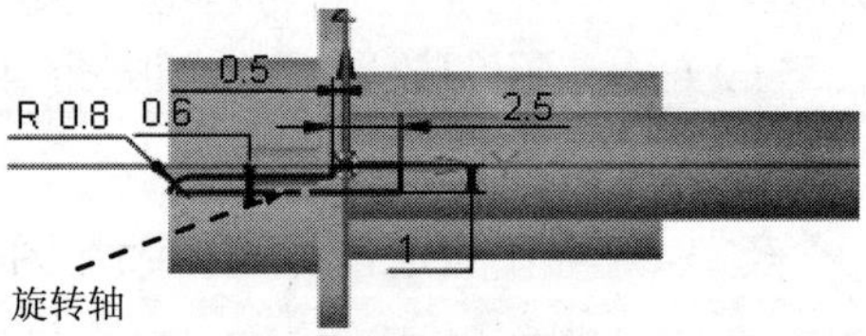

图 19.29　截面草图

Step15. 创建图 19.30 所示的阵列特征 3，在 阵列 区域中单击 阵列 命令，选取旋转特征 2 作为要阵列的孔特征，单击按钮，完成特征的选取；选取图 19.30 所示的模型表面作为阵列草图平面。单击 特征 区域中的按钮，绘制图 19.31 所示的矩形；在“阵列”命令条的 翻转 下拉列表中选择 固定，在“阵列”命令条的 X: 文本框中输入第一方向的阵列个数为 5，输入间距值 2.5。在“阵列”命令条的 Y: 文本框中输入第一方向的阵列个数为 1，然后右击；单击按钮，退出草绘环境，在该命令条中单击 完成 按钮，完成阵列特征 3 的创建。

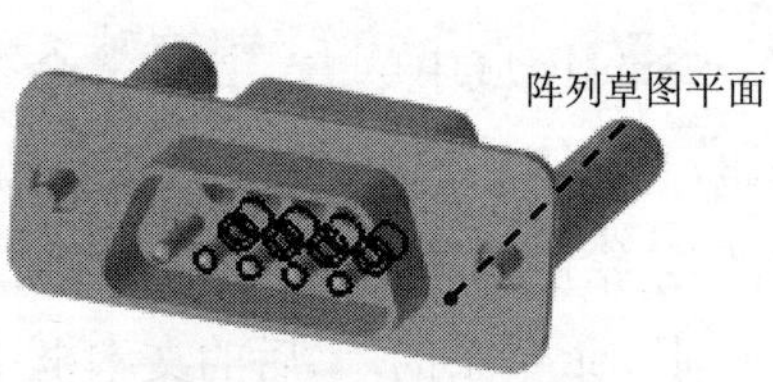

图 19.30　阵列特征 3

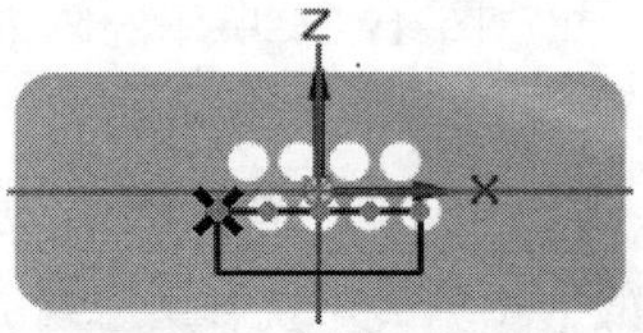

图 19.31　矩形阵列轮廓

Step16. 创建图 19.32 所示的平面 5（本步的详细操作过程请参见随书光盘中 video\ch19\reference\文件下的语音视频讲解文件 plug-r01.exe）。

Step17. 创建图 19.33 所示的旋转特征 3。在 实体 区域中选择命令，选取平面 5 为草图平面，绘制图 19.34 所示的截面草图；单击 绘图 区域中的按钮，选取图 19.34 所示的线为旋转轴；单击“关闭草图”按钮，在“旋转”命令条的 角度(A): 文本框中输入值 360.0，在图形区空白区域单击；单击“旋转”命令条中的 完成 按钮，完成旋转特征

3 的创建。

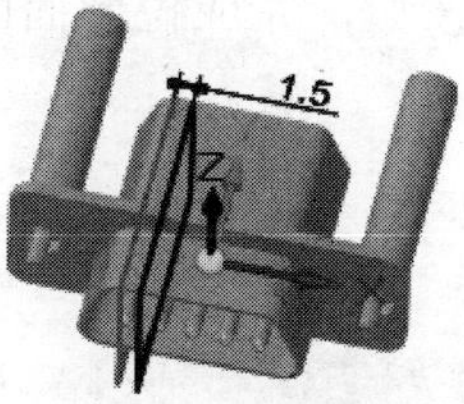

图 19.32 平面 5

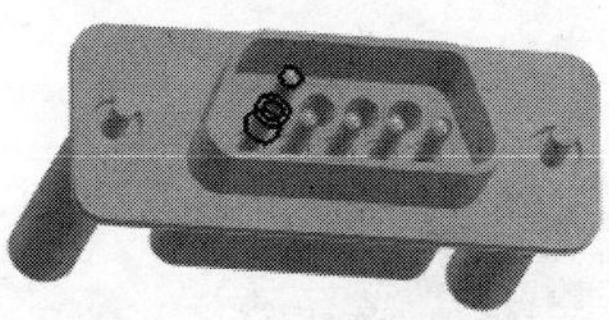

图 19.33 旋转特征 3

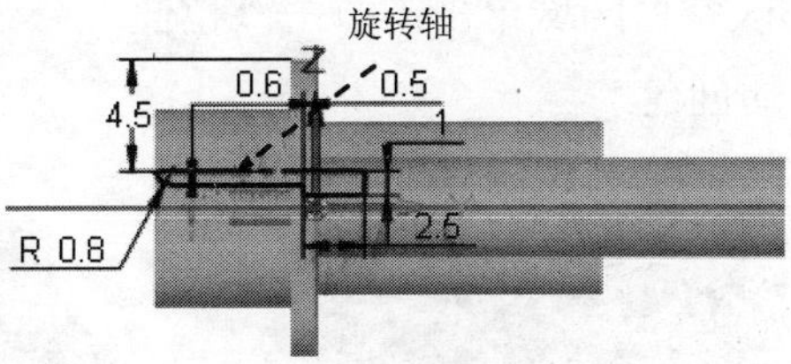

图 19.34 截面草图

Step18. 创建图 19.35 所示的阵列特征 4，在阵列区域中单击阵列命令，选取旋转特征 3 作为要阵列的孔特征，单击按钮，完成特征的选取；选取图 19.35 所示的模型表面作为阵列草图平面。单击特征区域中的按钮，绘制图 19.36 所示的矩形；在“阵列”命令条的翻转下拉列表中选择固定，在“阵列”命令条的X:文本框中输入第一方向的阵列个数为 4，输入间距值 2.5。在“阵列”命令条的Y:文本框中输入第一方向的阵列个数为 1，然后右击；单击按钮，退出草绘环境，在命令条中单击完成按钮，完成阵列特征 4 的创建。

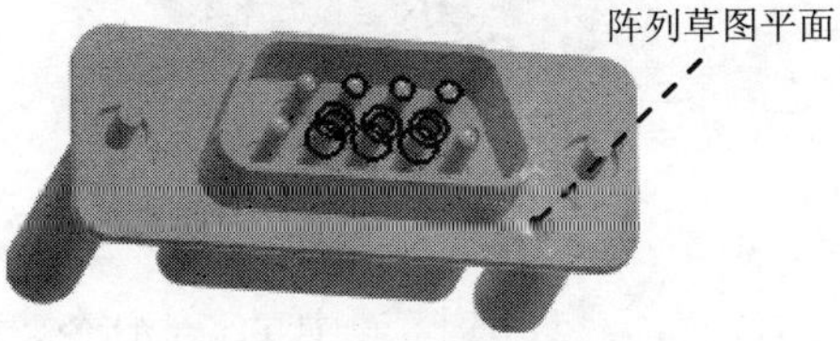

图 19.35 阵列特征 4

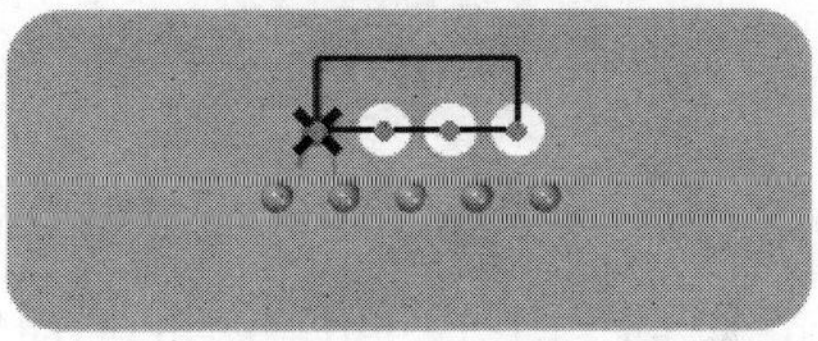

图 19.36 矩形阵列轮廓

Step19. 创建图 19.37 所示的拉伸曲面 2。选择曲面区域中的命令，选取前视图（XZ）平面作为草图平面，绘制图 19.38 所示的截面草图，绘制完成后，单击按钮；确认与按钮不被按下，在距离:下拉列表中输入值 16.5，并按 Enter 键，拉伸方向为 Y 轴正方向，在图形区空白区域单击；单击“拉伸”命令条中的完成按钮，单击取消按钮，完成拉伸曲面 2 的创建。

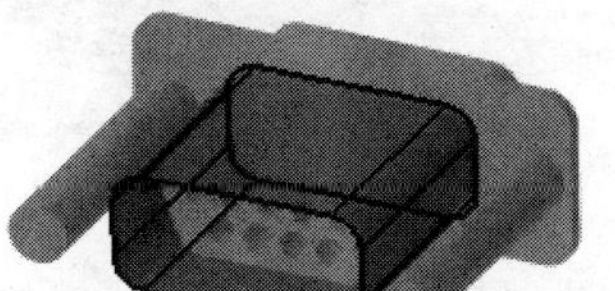

图 19.37 拉伸曲面 2

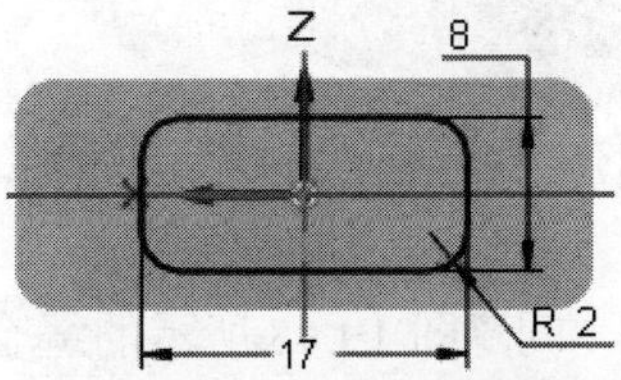

图 19.38 截面草图

Step20. 创建图 19.39 所示的平面 6。在平面区域中单击按钮，选择平行选项；在绘图区域选取前视图（XZ）平面作为参考平面，在距离:下拉列表中输入偏移距离值 16.5，偏移方向为 Y 轴正方向，单击左键完成平面 6 的创建。

Step21. 创建图 19.40 所示的拉伸曲面 3。选择曲面区域中的命令，选取平面 6 作为草图平面，绘制图 19.41 所示的截面草图，绘制完成后，单击按钮；确认与按钮不被按下，在 距离: 下拉列表中输入值 5，并按 Enter 键，拉伸方向为 Y 轴正方向，在图形区空白区域单击；单击“拉伸”命令条中的 完成 按钮，单击 取消 按钮，完成拉伸曲面 3 的创建。

图 19.39　平面 6

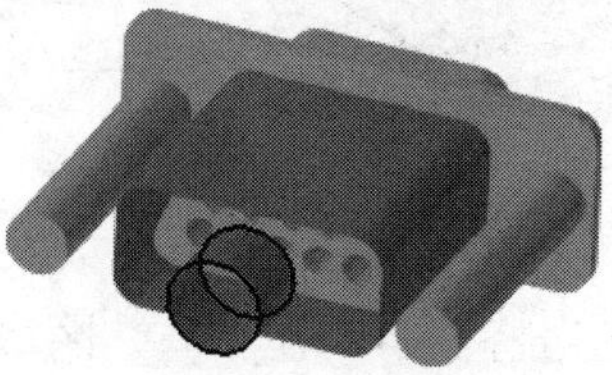

图 19.40　拉伸曲面 3

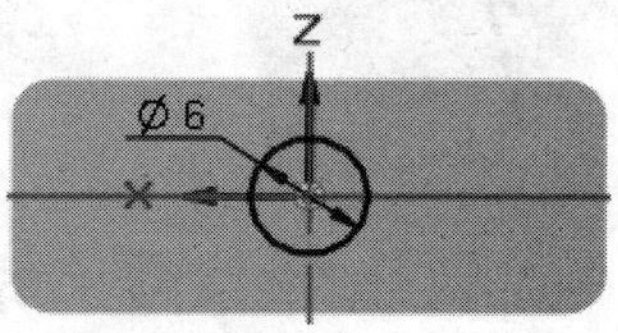

图 19.41　截面草图

Step22. 创建图 19.42 所示的有界曲面 1，选择 曲面 区域中的 命令，选取图 19.43 所示边为新曲面的边界边，单击两次右键。单击 完成 按钮，完成有界曲面 1 的创建。单击 取消 按钮。

图 19.42　有界曲面 1

图 19.43　定义边界边

Step23. 创建图 19.44b 所示的曲面修剪 1。选择 修改曲面 区域中的 命令，选取图 19.44a 所示的面 1 作为要修剪的面，单击右键；选取图 19.44a 所示的面 2 作为修剪边界元素，单击右键；在图 19.44a 所示箭头所指的一侧单击鼠标左键，单击 完成 按钮，完成曲面修剪 1 的创建，单击 取消 按钮。

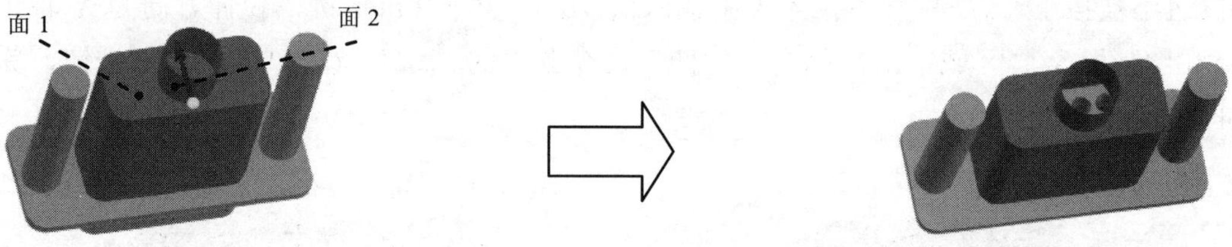

a）修剪前　　b）修剪后

图 19.44　曲面修剪 1

Step24. 创建图 19.45 所示的缝合曲面。单击 修改曲面 区域 缝合 命令，系统弹出“缝合曲面选项”对话框，采用系统默认的选项设置，单击 确定 按钮；选取图 19.46 所示的面 1、面 2 与面 3 作为缝合对象，单击右键；单击 完成 按钮，完成缝合曲面的创建，单击 取消 按钮。

Step25. 创建图 19.47 加厚曲面 2。选择 实体 区域 中的 加厚 命令，选择缝合后的曲面作为加厚曲面，在“加厚”命令条的 距离: 文本框中输入值 0.3，在图 19.48 箭头所指的方向单击鼠标左键。单击 完成 按钮，完成加厚曲面 2 的创建，单击 取消 按钮。

图 19.45 缝合曲面

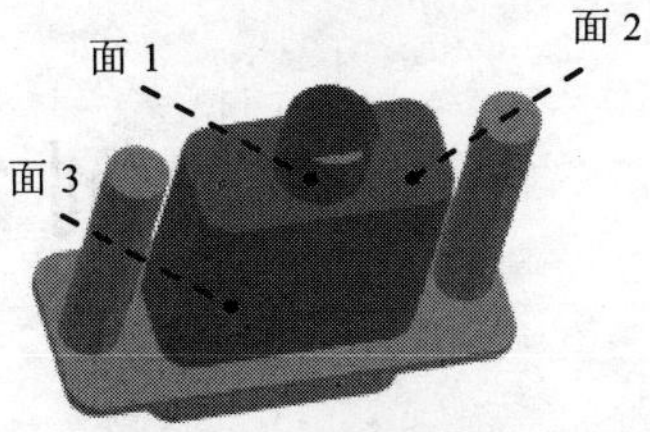

图 19.46 选取缝合面

图 19.47 加厚曲面 2

图 19.48 加厚方向

Step26. 后面的详细操作过程请参见随书光盘中 video\ch19\reference\文件下的语音视频讲解文件 plug-r02.exe。

实例20　泵　　箱

实例概述

该实例中使用的特征命令比较简单，主要运用了拉伸、旋转及孔等特征命令。在建模时主要注意基准面的选择和孔的定位。该零件模型及路径查找器如图 20.1 所示。

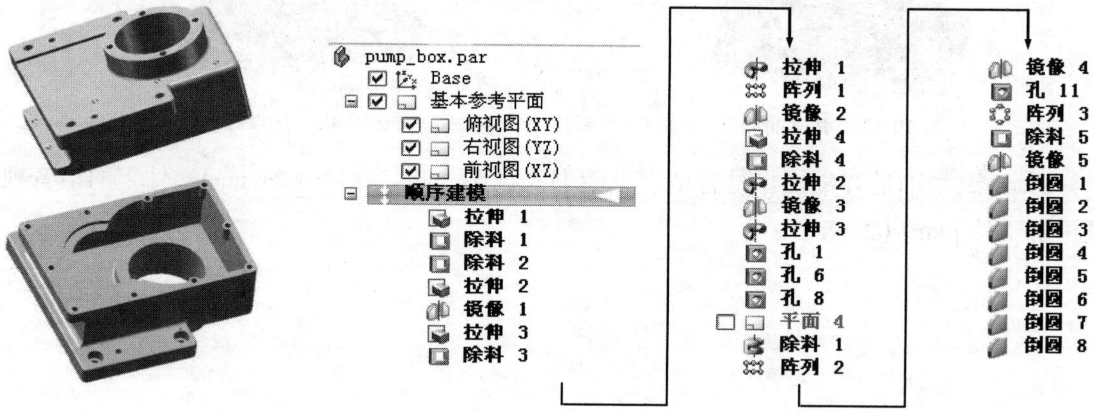

图 20.1　零件模型和路径查找器

说明：本例前面的详细操作过程请参见随书光盘中 video\ch20\reference\文件下的语音视频讲解文件 pump_box-r01.exe。

Step1. 打开文件 D:\ sest10.3\work\ch20\pump_box_ex.par。

Step2. 创建图 20.2 所示的除料特征 1。

（1）选择命令。在 实体 区域中选择命令。

（2）定义特征的截面草图。选取图 20.3 所示的模型表面作为草图平面，进入草绘环境，绘制图 20.4 所示的截面草图。

（3）定义拉伸属性。在“除料”命令条中单击按钮，确认与按钮不被按下，在 距离: 下拉列表中输入值 90，并按 Enter 键，拉伸方向沿 Z 轴负方向。

（4）单击“除料”命令条中的 完成 按钮，单击 取消 按钮，完成除料特征 1 的创建。

图 20.2　除料特征 1

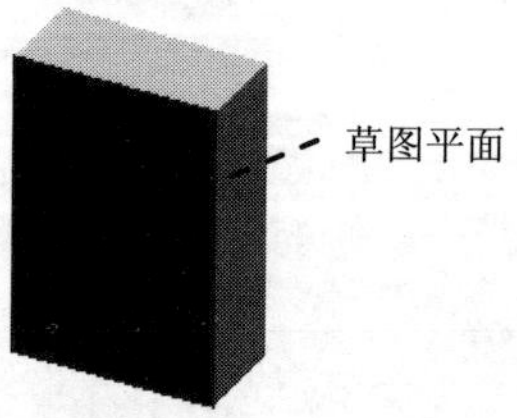

图 20.3　草图平面

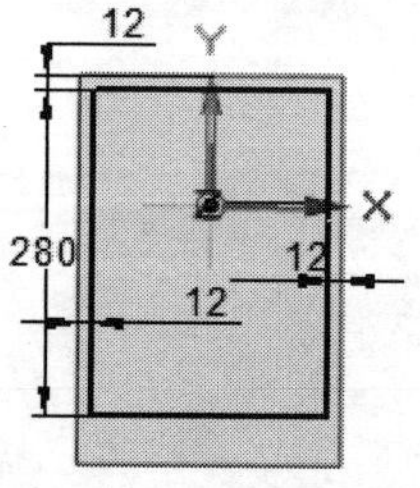

图 20.4　截面草图

Step3. 创建图 20.5 所示的除料特征 2。

（1）选择命令。在 实体 区域中选择命令。

（2）定义特征的截面草图。选取右视图（YZ）平面作为草图平面，进入草绘环境，绘制图 20.6 所示的截面草图。

（3）定义拉伸属性。在“除料”命令条中单击按钮，确认按钮被按下，拉伸类型选择“贯通”按钮，拉伸方向设置为两侧。

（4）单击“除料”命令条中的 完成 按钮，单击 取消 按钮，完成除料特征 2 的创建。

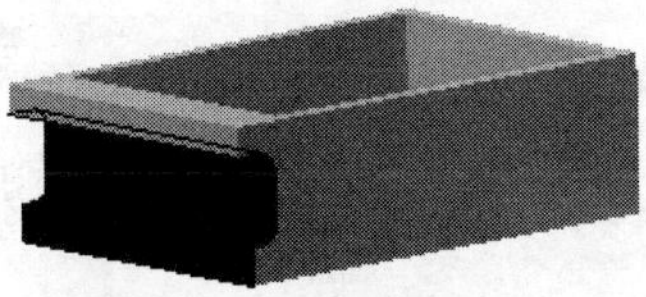
图 20.5 除料特征 2

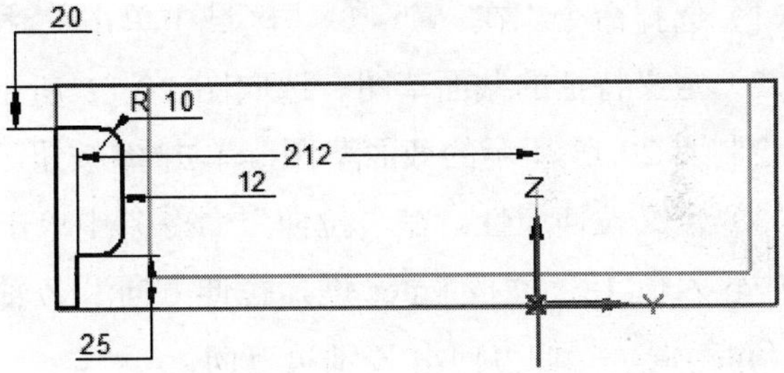

图 20.6 截面草图

Step4. 创建图 20.7 所示的拉伸特征 2。

（1）选择命令。在 实体 区域中单击按钮。

（2）定义特征的截面草图。选取图 20.8 所示的模型表面作为草图平面，进入草绘环境。绘制图 20.9 所示的截面草图，单击按钮。

（3）定义拉伸属性。在“拉伸”命令条中单击按钮，确认与按钮不被按下，在 距离: 下拉列表中输入值 30，并按 Enter 键，拉伸方向沿 Z 轴负方向。

（4）单击“拉伸”命令条中的 完成 按钮，单击 取消 按钮，完成拉伸特征 2 的创建。

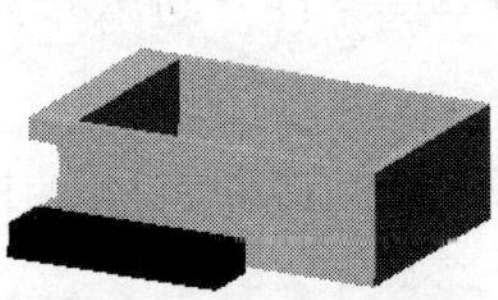
图 20.7 拉伸特征 2

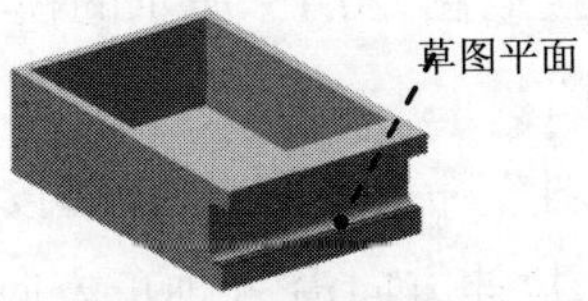

图 20.8 草图平面

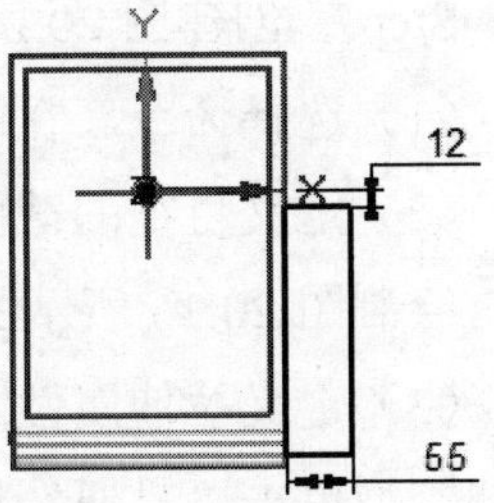

图 20.9 截面草图

Step5. 创建图 20.10b 所示的镜像特征 1。

（1）选择命令。在 阵列 区域中单击 镜像 按钮。

（2）定义要镜像的元素。在路径查找器中选择“拉伸 2”为要镜像的特征。单击按钮。

（3）定义镜像平面。选取右视图（YZ）平面为镜像平面。

（4）单击 完成 按钮，完成镜像特征 1 的创建。

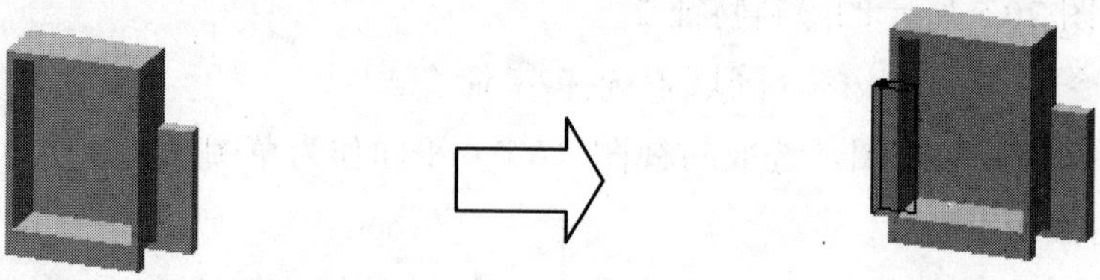

a）镜像前　　　　b）镜像后

图 20.10　镜像特征 1

Step6. 创建图 20.11 所示的拉伸特征 3。

（1）选择命令。在 实体 区域中单击按钮。

（2）定义特征的截面草图。选取图 20.12 所示的模型表面作为草图平面，进入草绘环境。绘制图 20.13 所示的截面草图，单击按钮。

（3）定义拉伸属性。在“拉伸”命令条中单击按钮，确认被按下，在 距离: 下拉列表中输入值 18，并按 Enter 键，拉伸方向沿 Z 轴正方向，在 距离: 下拉列表中输入值 55，并按 Enter 键，拉伸方向沿 Z 轴负方向。

（4）单击“拉伸”命令条中的 完成 按钮，单击 取消 按钮，完成拉伸特征 3 的创建。

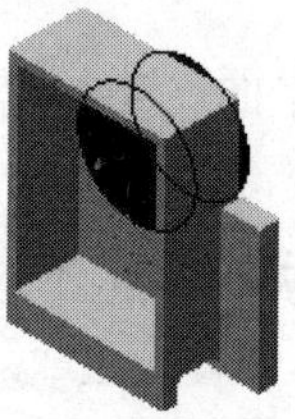

图 20.11　拉伸特征 3

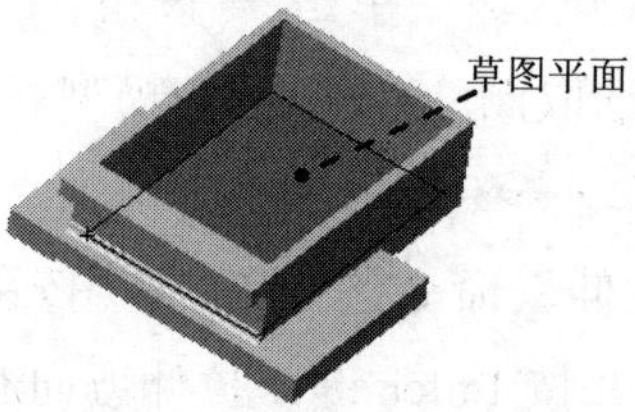

图 20.12　草图平面

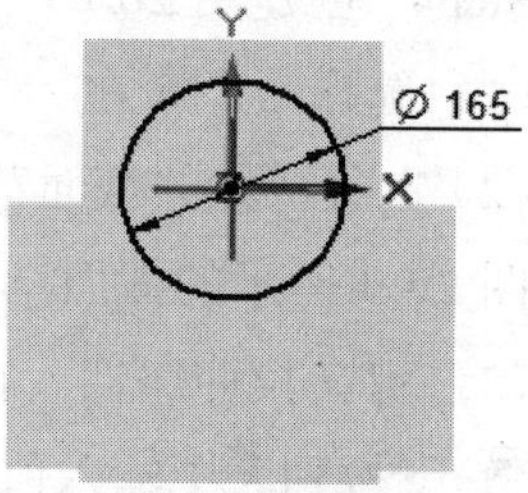

图 20.13　截面草图

Step7. 创建图 20.14 所示的除料特征 3。

（1）选择命令。在 实体 区域中选择命令。

（2）定义特征的截面草图。选取图 20.15 所示的模型表面作为草图平面，进入草绘环境，绘制图 20.16 所示的截面草图。

（3）定义拉伸属性。在“除料”命令条中单击按钮，确认与按钮不被按下，拉伸类型单击“贯通”按钮，拉伸方向沿 Z 轴正方向。

图 20.14　除料特征 3

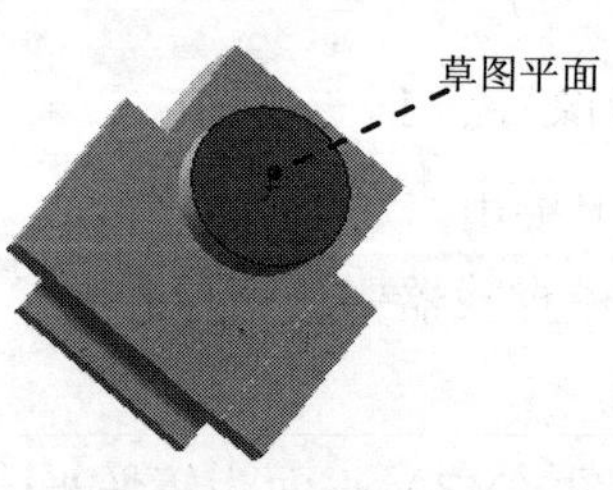

图 20.15　草图平面

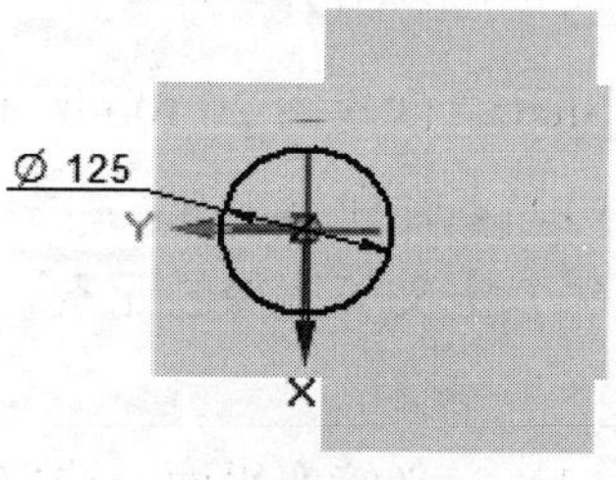

图 20.16　截面草图

（4）单击“除料”命令条中的完成按钮，单击取消按钮，完成除料特征 3 的创建。

Step8. 创建图 20.17 所示的旋转特征 1。

（1）选择命令。在实体区域中单击按钮。

（2）定义特征的截面草图。选取图 20.18 所示的表面作为草图平面，进入草绘环境，绘制图 20.19 所示的截面草图。

（3）定义旋转轴。单击绘图区域中的按钮，选取图 20.19 所示的线为旋转轴。

（4）定义旋转属性。单击“关闭草图”按钮，退出草绘环境；在“旋转”命令条的角度(A):文本框中输入值 360.0，在图形区空白区域单击。

（5）单击“旋转”命令条中的完成按钮，完成旋转特征 1 的创建。

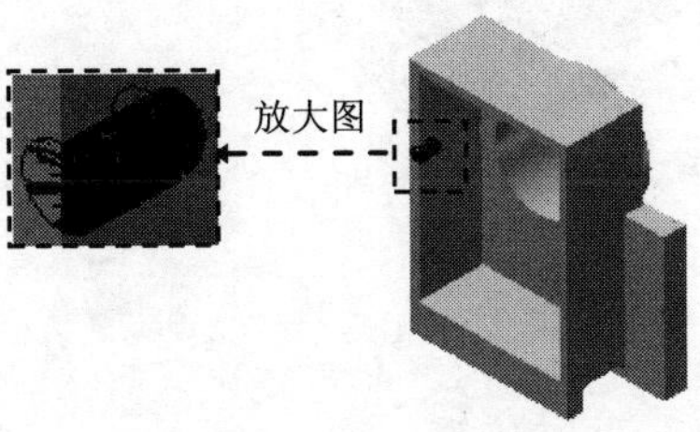

图 20.17　旋转特征 1

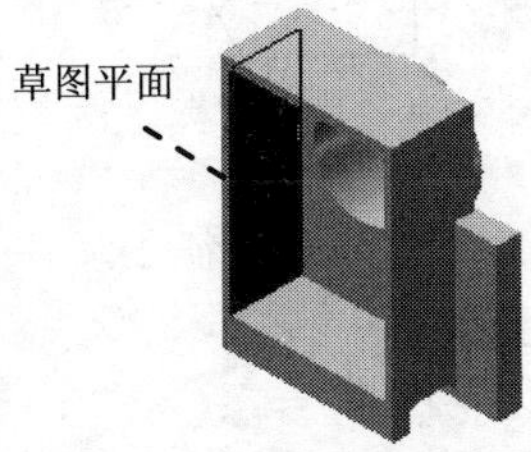

图 20.18　草图平面

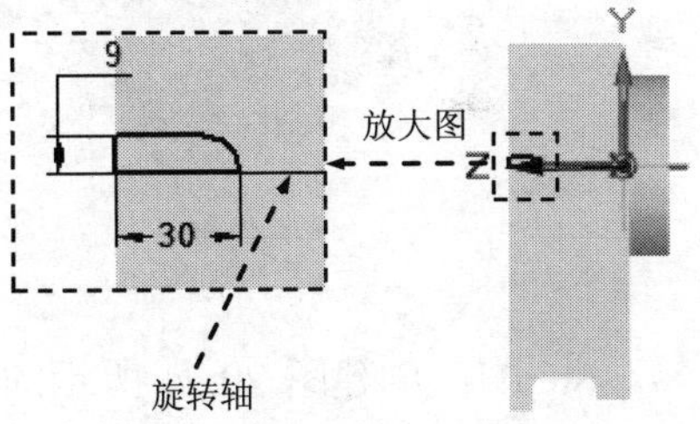

图 20.19　截面草图

Step9. 创建图 20.20 所示的阵列特征 1。

（1）选择命令。在阵列区域中单击阵列按钮。

（2）选取要阵列的特征。在绘图区域选取“旋转特征 1”作为要阵列的特征。单击按钮，完成特征的选取。

（3）定义要阵列的草图平面。选取图 20.21 所示的平面作为阵列草图平面。

（4）绘制轮廓并设置参数。

① 选择命令。单击特征区域中的按钮，绘制图 20.22 所示的矩形。

② 定义阵列类型。在“阵列”命令条的翻转下拉列表中选择固定。

③ 定义阵列参数。在“阵列”命令条的X:文本框中输入阵列个数为 2，输入间距值 105，在“阵列”命令条的Y:文本框中输入阵列个数为 1，单击右键确定。

④ 单击按钮，退出草绘环境。

图 20.20　阵列特征 1

图 20.21　草图平面

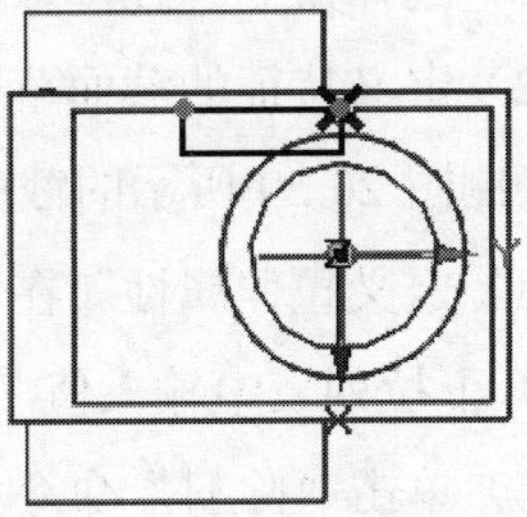

图 20.22　矩形阵列轮廓

（5）在“阵列”命令条中单击完成按钮，完成阵列特征 1 的创建。

Step10. 创建图 20.23b 所示的镜像特征 2。

（1）选择命令。在阵列区域中单击镜像按钮。

（2）定义要镜像的元素。在绘图区域选取“旋转特征 1”与“镜像特征 1”作为镜像的特征。单击☑按钮。

（3）定义镜像平面。选取右视图（YZ）平面为镜像平面。

（4）单击完成按钮，完成镜像特征 2 的创建。

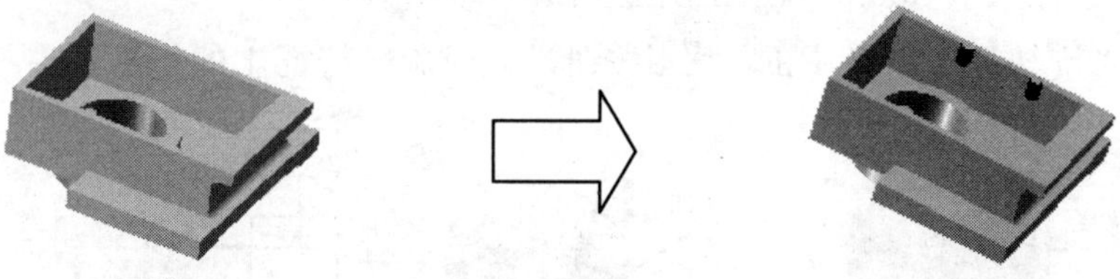

a）镜像前　　b）镜像后

图 20.23　镜像特征 2

Step11. 创建图 20.24 所示的拉伸特征 4。

（1）选择命令。在实体区域中单击按钮。

（2）定义特征的截面草图。选取图 20.25 所示的模型表面作为草图平面，进入草绘环境。绘制图 20.26 所示的截面草图，单击☑按钮。

（3）定义拉伸属性。在“拉伸”命令条中单击按钮，确认与按钮不被按下，在距离:下拉列表中输入值 15，并按 Enter 键，拉伸方向沿 Z 轴负方向。

（4）单击“拉伸”命令条中的完成按钮，单击取消按钮，完成拉伸特征 4 的创建。

图 20.24　拉伸特征 4

图 20.25　草图平面

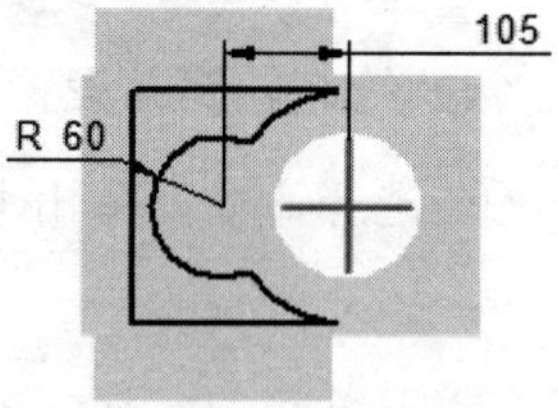

图 20.26　截面草图

Step12. 创建图 20.27 所示的除料特征 4。

（1）选择命令。在实体区域中选择命令。

（2）定义特征的截面草图。选取图 20.28 所示的模型表面作为草图平面，进入草绘环境，绘制图 20.29 所示的截面草图。

（3）定义拉伸属性。在“除料”命令条中单击按钮，确认与按钮不被按下，在距离:下拉列表中输入值 7.0，并按 Enter 键，拉伸方向沿 Z 轴负方向。

（4）单击“除料”命令条中的完成按钮，单击取消按钮，完成除料特征 4 的创建。

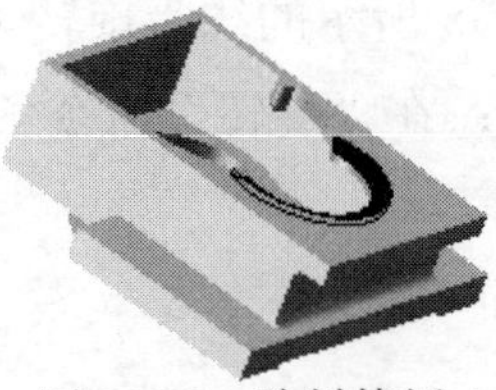

图 20.27 除料特征 4

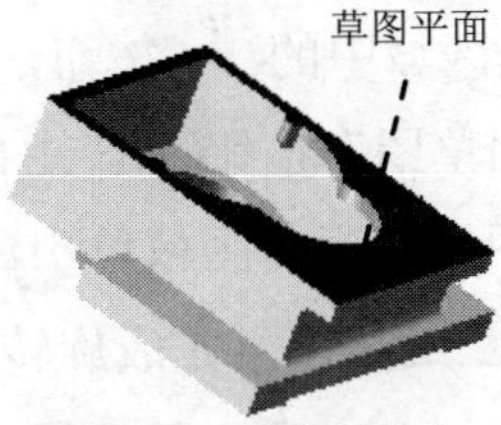

图 20.28 草图平面

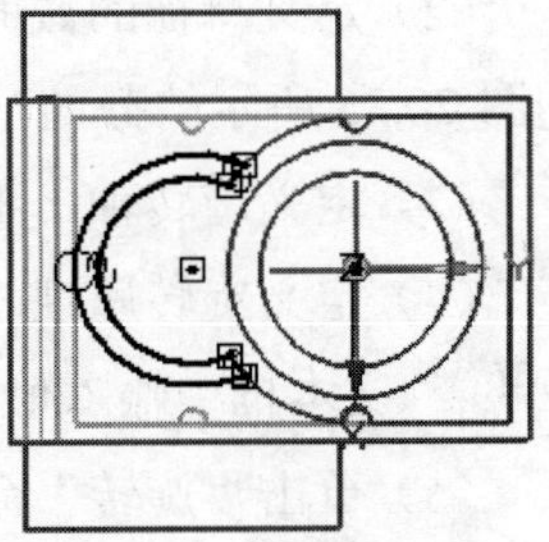

图 20.29 截面草图

Step13. 创建图 20.30 所示的旋转特征 2。

（1）选择命令。在 实体 区域中单击按钮。

（2）定义特征的截面草图。选取图 20.31 所示的模型表面作为草图平面，进入草绘环境，绘制图 20.32 所示的截面草图。

（3）定义旋转轴。单击 绘图 区域中的按钮，选取图 20.32 所示的线为旋转轴。

（4）定义旋转属性。单击“关闭草图”按钮，退出草绘环境；在“旋转”命令条的 角度(A): 文本框中输入值 360.0，在图形区空白区域单击。

（5）单击“旋转”命令条中的 完成 按钮，完成旋转特征 2 的创建。

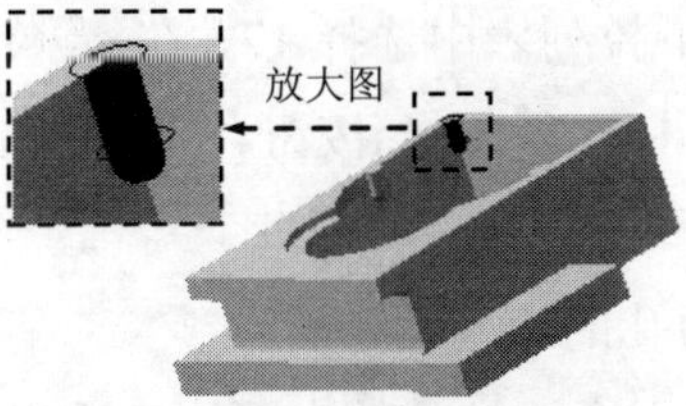

图 20.30 旋转特征 2

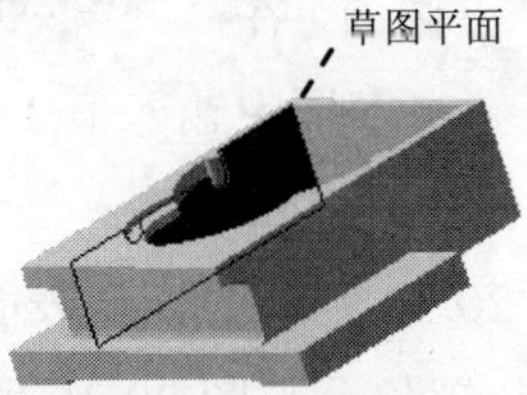

图 20.31 草图平面

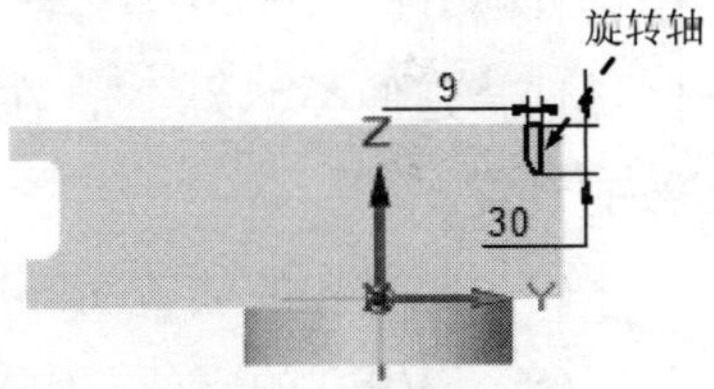

图 20.32 截面草图

Step14. 创建图 20.33b 所示的镜像特征 3。

（1）选择命令。在 阵列 区域中单击 镜像 按钮。

（2）定义要镜像的元素。在绘图区域选取“旋转 2”作为镜像的特征。单击按钮。

（3）定义镜像平面。选取右视图（YZ）平面为镜像平面。

（4）单击 完成 按钮，完成镜像特征 3 的创建。

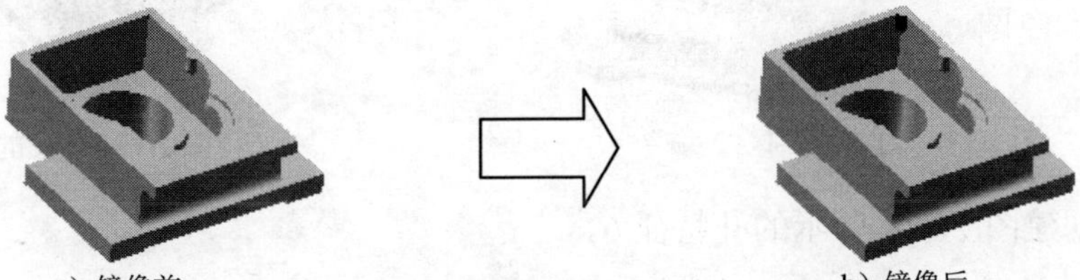

a）镜像前　　b）镜像后

图 20.33 镜像特征 3

Step15. 创建图 20.34 所示的旋转特征 3。

（1）选择命令。在 实体 区域中单击按钮。

（2）定义特征的截面草图。选取右视图（YZ）平面作为草图平面，进入草绘环境，绘制图 20.35 所示的截面草图。

（3）定义旋转轴。单击 绘图 区域中的 按钮，选取图 20.35 所示的线为旋转轴。

（4）定义旋转属性。单击“关闭草图”按钮，退出草绘环境；在“旋转”命令条的 角度(A): 文本框中输入值 360.0，在图形区空白区域单击。

（5）单击“旋转”命令条中的 完成 按钮，完成旋转特征 3 的创建。

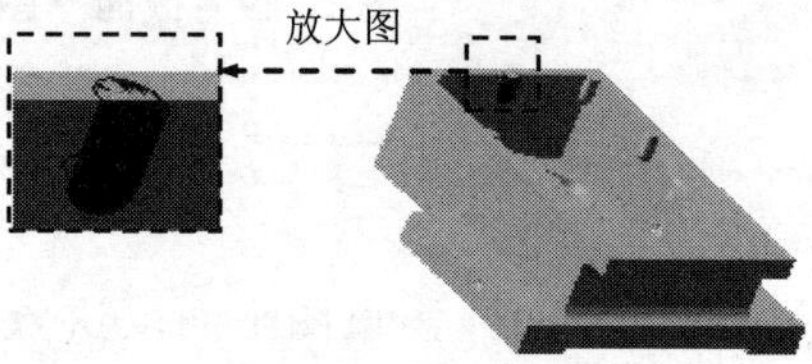

图 20.34　旋转特征 3

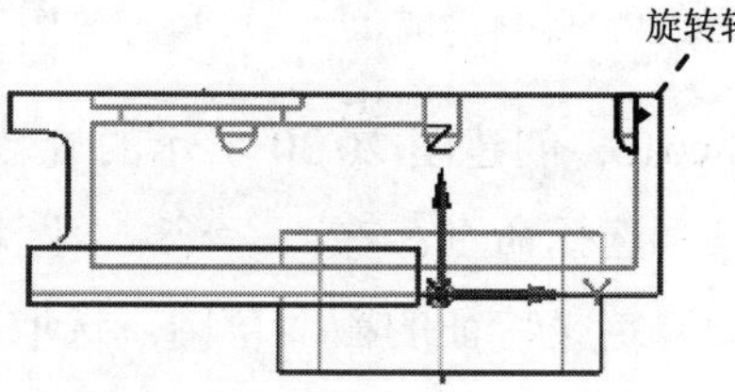

图 20.35　截面草图

Step16. 创建图 20.36 所示的孔特征 1。

（1）选择命令。在 实体 区域中单击 按钮。

（2）定义孔的参数。单击 按钮，系统弹出“孔选项”对话框。在“孔选项”对话框中选择“螺纹孔”选项，在 子类型(Y): 下拉列表中选择 标准螺纹 选项，在 大小(Z): 下拉列表中选择 M8 选项，选中 有限范围(F): 单选项，在 有限范围(F): 下拉列表中选择 12，在 孔范围: 区域选择延伸类型为，在 孔深(P): 文本框中输入值 15，单击 确定 按钮。完成孔参数的设置。

（3）定义孔的放置面。选取图 20.37 所示的模型表面作为孔的放置面。

（4）编辑孔的定位。定义孔的放置位置与图 20.36 所示的五个旋转体的表面圆心重合。

（5）调整孔的方向。方向沿 Z 轴负方向。

（6）然后单击命令条中的 完成 按钮。单击 取消 按钮，完成孔特征 1 的创建。

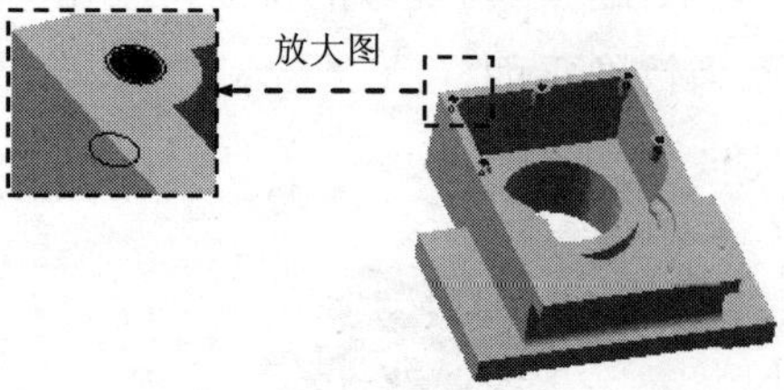

图 20.36　孔特征 1

图 20.37　孔的放置面

Step17. 创建图 20.38 所示的孔特征 6。

（1）选择命令。在 实体 区域中单击 按钮。

（2）定义孔的参数。单击 按钮，系统弹出 “孔选项”对话框。在“孔选项”对话框中选择“螺纹孔”选项，在 子类型(Y): 下拉列表中选择 标准螺纹 选项，在 大小(Z): 下拉列表中选择 M8 选项，选中 有限范围(F): 单选项，在 有限范围(F): 下拉列表中选择 12，在 孔范围:

区域选择延伸类型为，在孔深(P):文本框中输入值 15，单击确定按钮。完成孔参数的设置。

（3）定义孔的放置面。选取图 20.39 所示的模型表面作为孔的放置面。

（4）编辑孔的定位。定义孔的放置位置如图 20.40 所示。

（5）调整孔的方向。方向沿 Z 轴负方向。

（6）然后单击命令条中的完成按钮。单击取消按钮，完成孔特征 6 的创建。

图 20.38　孔特征 6

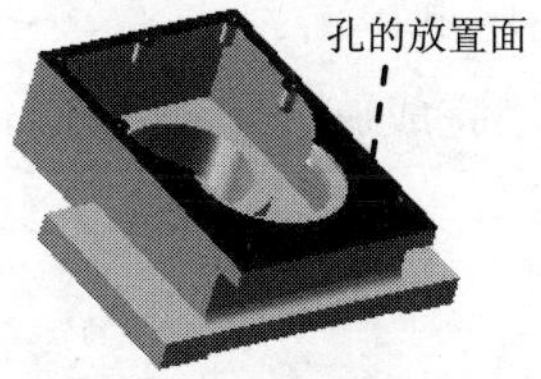

图 20.39　孔的放置面

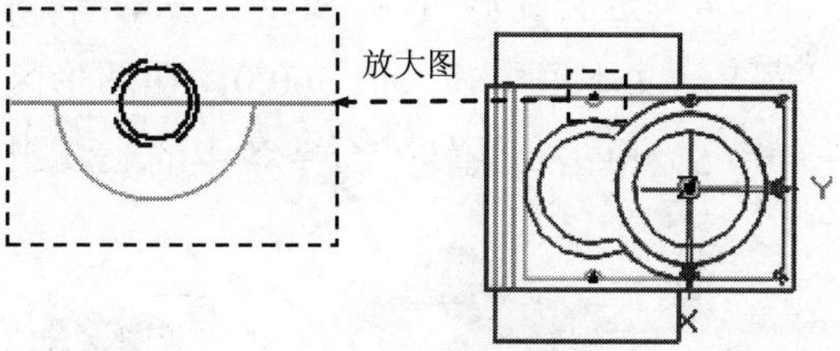

图 20.40　定义孔位置

Step18. 创建图 20.41 所示的孔特征 8。

（1）选择命令。在实体区域中单击按钮。

（2）定义孔的参数。单击按钮，系统弹出“孔选项”对话框。在“孔选项”对话框中选择“螺纹孔”选项，在子类型(Y):下拉列表中选择标准螺纹选项，在大小(Z):下拉列表中选择M8选项，选中⊙有限范围(F):单选项，在⊙有限范围(F):下拉列表中选择 12，在孔范围:区域选择延伸类型为，在孔深(P):文本框中输入值 15，单击确定按钮。完成孔参数的设置。

（3）定义孔的放置面。选取图 20.42 所示的模型表面作为孔的放置面。

（4）编辑孔的定位。定义孔的放置位置如图 20.42 所示。

（5）调整孔的方向。方向沿 Z 轴负方向。

（6）然后单击命令条中的完成按钮。单击取消按钮，完成孔特征 8 的创建。

Step19. 创建图 20.43 所示的平面 4。

（1）选择命令。在平面区域中单击按钮，选择平行选项。

（2）定义基准面的参考实体。选取右视图（YZ）平面作为参考实体。

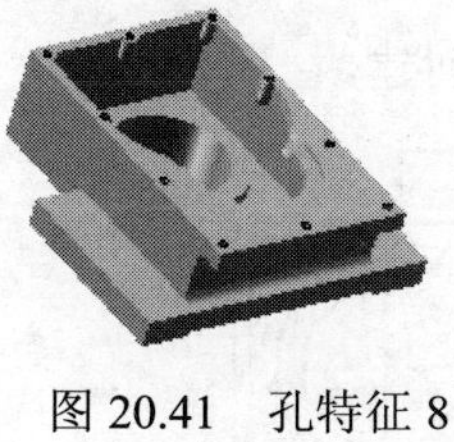

图 20.41　孔特征 8

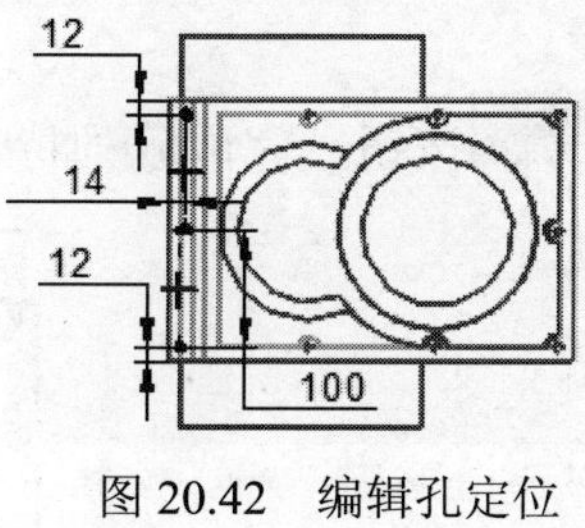

图 20.42　编辑孔定位

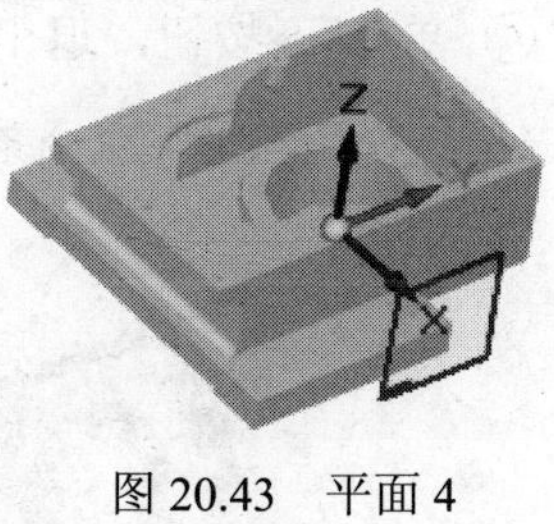

图 20.43　平面 4

（3）定义偏移距离及方向。在距离:后的下拉列表中输入偏移距离值为 140。偏移方向沿 X 轴正方向。

（4）在绘图区域单击完成平面 4 的创建。

Step20. 创建图 20.44 所示的旋转除料特征 1。

（1）选择命令。在 实体 区域中单击 按钮。

（2）定义特征的截面草图。选取平面 4 作为草图平面，进入草绘环境，绘制图 20.45 所示的截面草图。

（3）定义旋转轴。单击 绘图 区域中的 按钮，选取图 20.45 所示的线为旋转轴。

（4）定义旋转属性。单击“关闭草图”按钮，退出草绘环境；在“旋转”命令条的 角度(A): 文本框中输入值 360.0，在图形区空白区域单击。

（5）单击“旋转”命令条中的 完成 按钮，完成旋转除料特征 1 的创建。

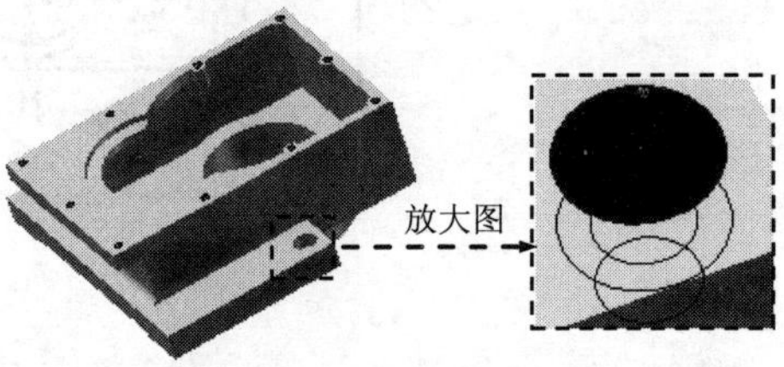

图 20.44　旋转除料特征 1

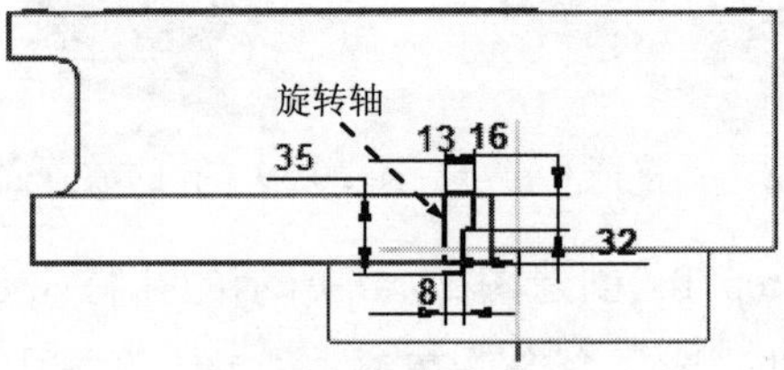

图 20.45　截面草图

Step21. 创建图 20.46 所示的阵列特征 2。

（1）选择命令。在 阵列 区域中单击 阵列 按钮。

（2）选取要阵列的特征。在绘图区域选取“旋转除料 1”作为要阵列的特征。单击按钮，完成特征的选取。

（3）定义要阵列的草图平面。选取图 20.46 所示的平面作为阵列草图平面。

（4）绘制轮廓并设置参数。

① 选择命令。单击 特征 区域中的 按钮，绘制图 20.47 所示的矩形。

② 定义阵列类型。在“阵列”命令条的 翻转 下拉列表中选择 固定 。

③ 定义阵列参数。在“阵列”命令条的 X: 文本框中输入阵列个数为 2，输入间距值 150。在“阵列”命令条的 Y: 文本框中输入阵列个数为 1。单击右键确定。

④ 单击按钮，退出草绘环境。

（5）在“阵列”命令条中单击 完成 按钮，完成阵列特征 2 的创建。

图 20.46　阵列特征 2

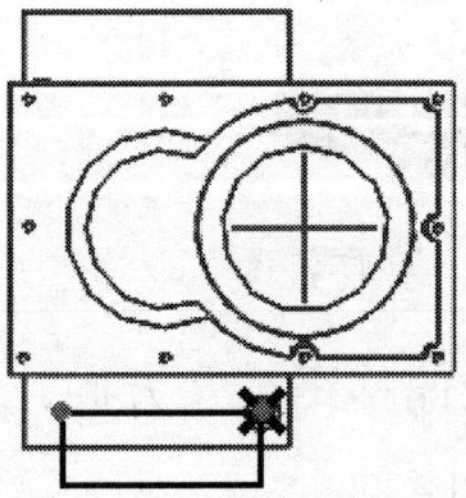

图 20.47　矩形阵列轮廓

Step22. 创建图 20.48b 所示的镜像特征 4。

（1）选择命令。在阵列区域中单击镜像按钮。

（2）定义要镜像的元素。在绘图区域选取“旋转除料 1”与“阵列特征 2”作为镜像的特征。单击按钮。

（3）定义镜像平面。选取右视图（YZ）平面为镜像平面。

（4）单击完成按钮，完成镜像特征 4 的创建。

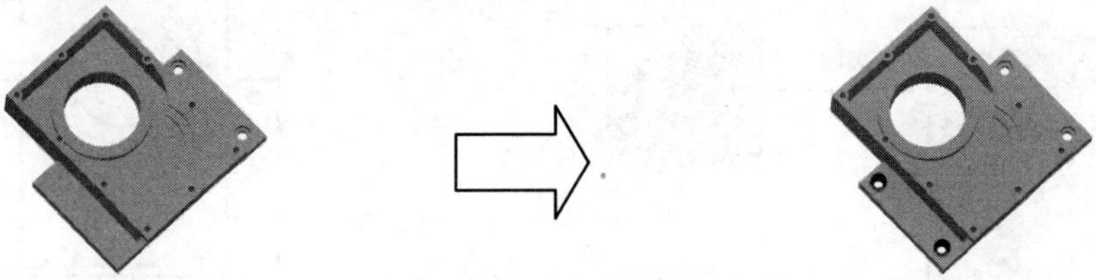

a）镜像前　　b）镜像后

图 20.48　镜像特征 4

Step23. 创建图 20.49 所示的孔特征 11。

（1）选择命令。在实体区域中单击按钮。

（2）定义孔的参数。单击按钮，系统弹出 “孔选项”对话框。在“孔选项”对话框中选择“螺纹孔”选项，在子类型(Y):下拉列表中选择标准螺纹选项，在大小(Z):下拉列表中选择M10选项，选中有限范围(F):单选项，在有限范围(F):下拉列表中选择 17，在孔范围:区域选择延伸类型为，在孔深(P):文本框中输入值 18，单击确定按钮。完成孔参数的设置。

（3）定义孔的放置面。选取图 20.50 所示的模型表面作为孔的放置面。

（4）编辑孔的定位。定义孔的放置位置如图 20.51 所示。

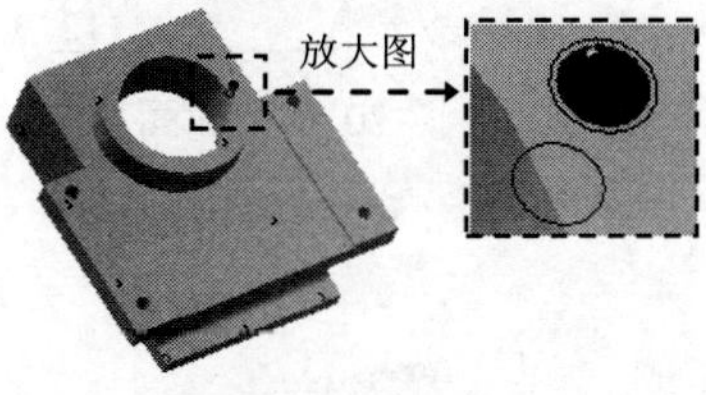

图 20.49　孔特征 11

图 20.50　定义孔的放置面

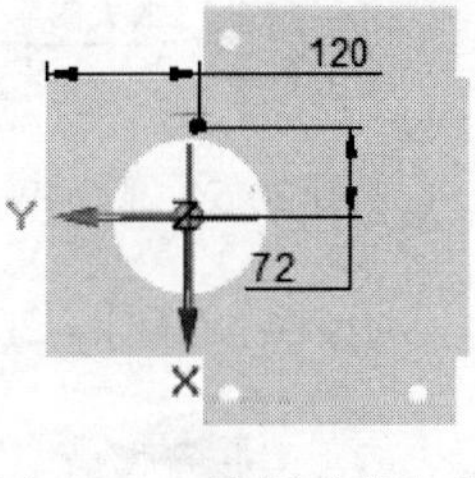

图 20.51　编辑孔的定位

（5）调整孔的方向。方向沿 Z 轴正方向。

（6）然后单击命令条中的完成按钮。单击取消按钮，完成孔特征 11 的创建。

Step24. 创建图 20.52 所示的阵列特征 3。

（1）选择命令。在阵列区域中单击阵列按钮，

（2）选择要阵列的特征。在图形区中选取孔特征 11。单击按钮，完成特征的选取，

（3）选择阵列草图平面。选取图 20.52 所示的模型表面作为阵列草图平面。

（4）定义阵列属性。单击特征区域中的按钮，绘制图 20.53 所示的圆并确定阵列方向，单击左键确认。（注：圆心要与坐标原点重合，对于圆的大小没有要求）在“阵列”命令条的翻转下拉列表中选择适合选项。在计数(C):文本框中输入阵列个数为 4，并按 Enter 键确认，然后在图形区单击，单击按钮，退出草绘环境。

（5）单击完成按钮，完成阵列特征 3 的创建。

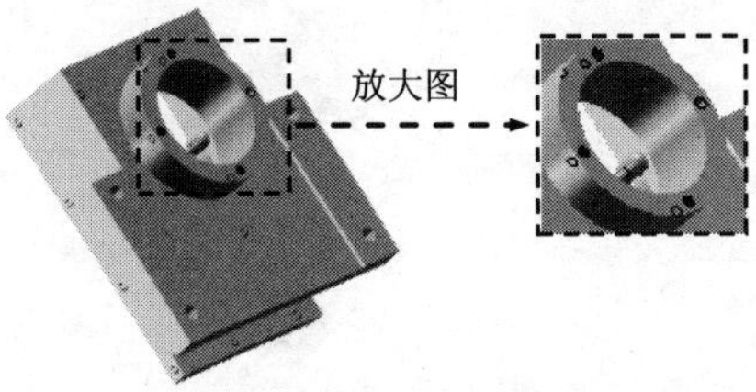

图 20.52　阵列特征 3

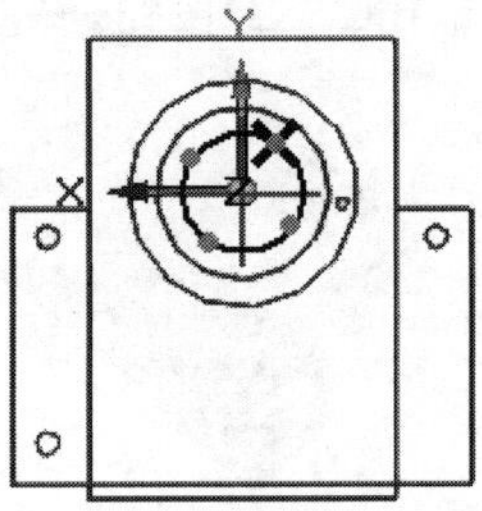

图 20.53　阵列轮廓

Step25. 创建图 20.54 所示的除料特征 5。

（1）选择命令。在实体区域中选择命令。

（2）定义特征的截面草图。选取图 20.55 所示的模型表面作为草图平面，进入草绘环境，绘制图 20.56 所示的截面草图。

（3）定义拉伸属性。在“除料”命令条中单击按钮，确认与按钮不被按下，拉伸类型单击“贯通”按钮。拉伸方向沿 Z 轴负方向。

（4）单击“除料”命令条中的完成按钮，单击取消按钮，完成除料特征 5 的创建。

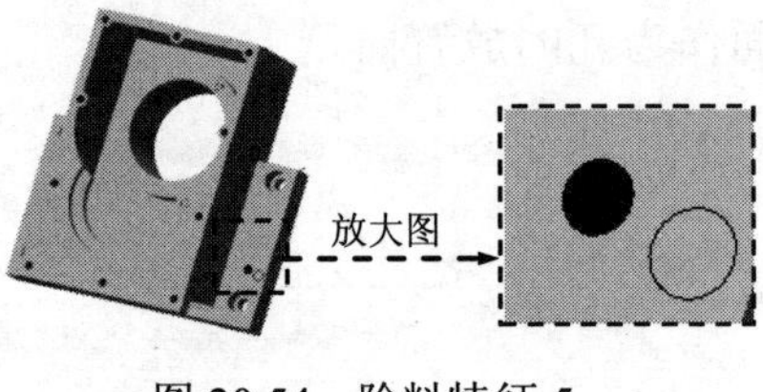

图 20.54　除料特征 5

图 20.55　草图平面

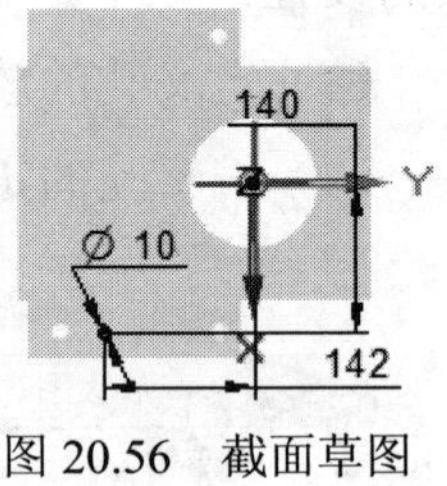

图 20.56　截面草图

Step26. 创建图 20.57b 所示的镜像特征 5。

a）镜像前　　b）镜像后

图 20.57　镜像特征 5

（1）选择命令。在阵列区域中单击镜像按钮。

（2）定义要镜像的元素。在绘图区域选取“除料特征 5”作为镜像的特征。单击按钮。

（3）定义镜像平面。选取右视图（YZ）平面为镜像平面。

（4）单击 完成 按钮，完成镜像特征 5 的创建。

Step27. 后面的详细操作过程请参见随书光盘中 video\ch20\reference\文件下的语音视频讲解文件 pump_box-r02.exe。

实例21 皮 靴 鞋 面

实例概述

本实例主要介绍了蓝面曲面的应用技巧。先用“蓝面”命令构建模型的一个曲面，然后通过“镜像”命令产生另一侧曲面，模型的前后曲面仍为蓝面曲面。练习时，注意蓝面曲面是如何相切过渡的。零件模型及路径查找器如图 21.1 所示。

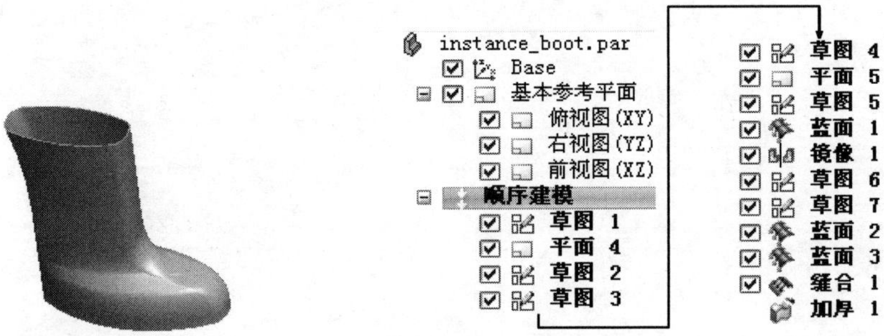

图 21.1　零件模型及路径查找器

说明：本例前面的详细操作过程请参见随书光盘中 video\ch21\reference\文件下的语音视频讲解文件 boot-r01.exe。

Step1. 打开文件 D:\ sest10.3\work\ch21\boot_ex.par。

Step2. 创建图 21.2 所示的蓝面 1。选择 曲面 区域中的 命令，选取图 21.3 所示的截面 1，单击右键；选取截面 2，单击右键，在“蓝面”命令条中单击 按钮，选取图 21.3 所示的引导曲线 1，单击右键；选取引导曲线 2，单击两次右键；单击 完成 按钮，单击 取消 按钮，完成蓝面 1 的创建。

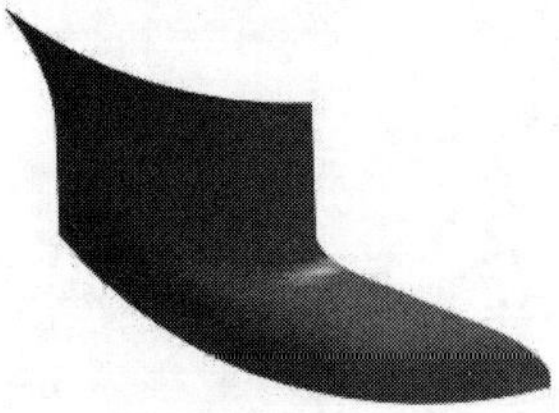

图 21.2　蓝面 1

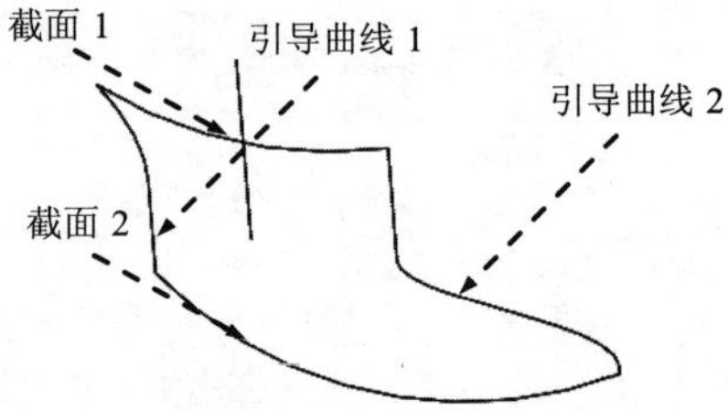

图 21.3　定义截面与引导曲线

Step3. 创建图 21.4b 所示的镜像特征 1，在 阵列 区域中单击 镜像 后的小三角，选择 镜像复制零件 命令，在图形区选取蓝面 1 作为镜像零件，单击 按钮；选取前视图（XZ）平面作为镜像中心平面，单击“镜像”命令条中的 完成 按钮，完成镜像特征 1 的创建。

a）镜像前　　b）镜像后

图 21.4　镜像特征 1

Step4. 创建草图 6。在 草图 区域中单击按钮，选取平面 5 作为草图平面，绘制图 21.5 所示的草图 6。

Step5. 创建草图 7。在 草图 区域中单击按钮，选取俯视图（XY）平面作为草图平面，绘制图 21.6 所示的草图 7。

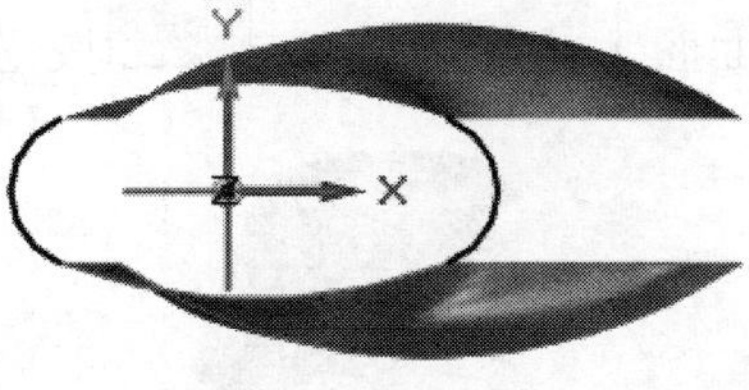

图 21.5　草图 6

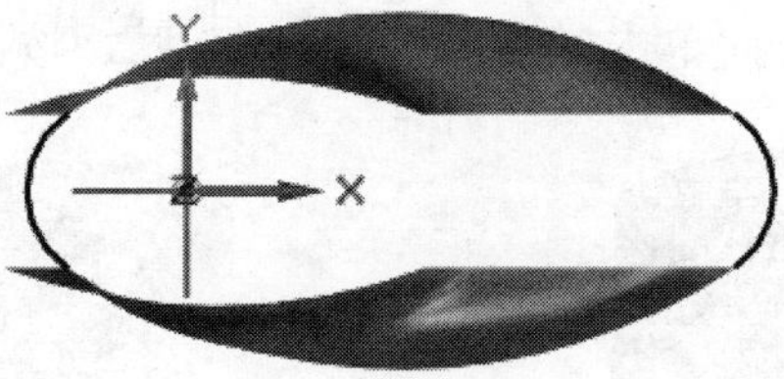

图 21.6　草图 7

Step6. 创建图 21.7 所示的蓝面2。选择 曲面 区域中的命令，选取图 21.8 所示的截面 1，单击右键；选取截面 2，单击右键，在“蓝面”命令条中单击按钮，选取图 21.8 所示的引导曲线 1，单击右键；选取引导曲线 2，单击两次右键；单击 完成 按钮，单击 取消 按钮，完成蓝面 2 的创建。

图 21.7　蓝面 2

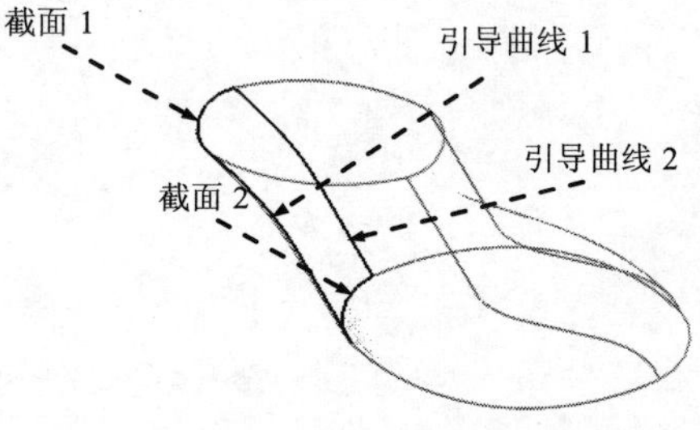

图 21.8　定义横截面及引导曲线

Step7. 创建图 21.9 所示的蓝面 3。选择 曲面 区域中的命令，选取图 21.10 所示的截面 1，单击右键；选取截面 2，单击右键，在“蓝面”命令条中单击按钮，选取图 21.10 所示的引导曲线 1，单击右键；选取引导曲线 2，单击两次右键；单击 完成 按钮，单击 取消 按钮，完成蓝面 3 的创建。

Step8. 创建图 21.11 所示的缝合曲面 1。单击 修改曲面 区域 缝合的 命令，系统弹出“缝合曲面选项”对话框，采用系统默认设置，单击 确定 按钮；在路径查找器中选取蓝面 1、蓝面 2、蓝面 3 及镜像 1 为缝合对象，单击右键；单击完成按钮，完成缝合曲面 1 的创建，单击取消按钮。

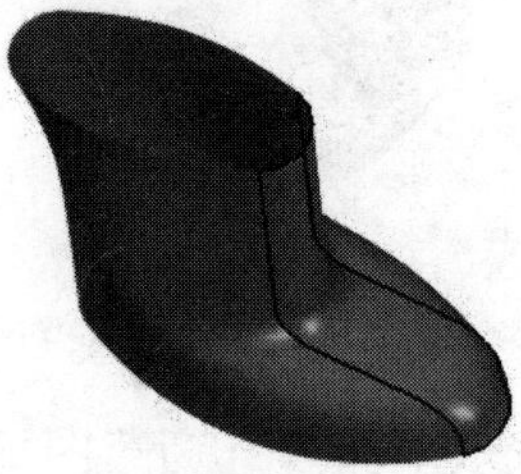

图 21.9　蓝面 3

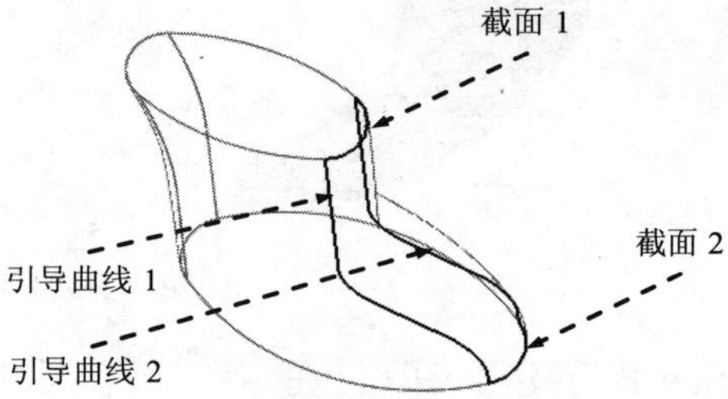

图 21.10　定义截面及引导曲线

Step9. 创建图 21.12 所示的加厚曲面 1。选择实体区域中的加厚命令，选择整个曲面作为加厚曲面，在“加厚”命令条的距离:文本框中输入值 3，在图 21.13 箭头所指的方向单击鼠标左键。单击完成按钮，完成加厚曲面 1 的创建，单击取消按钮。

图 21.11　缝合曲面 1

图 21.12　加厚曲面 1

图 21.13　加厚方向

Step10. 保存文件，文件名称为 boot。

实例 22　微波炉面板

实例概述

本实例充分运用了有界曲面、布尔、蓝面、投影、除料扫掠、镜像、拔模、阵列及孔等特征命令，读者在学习设计此零件的过程中应灵活运用这些特征，注意方向的选择以及参考的选择，下面介绍其设计过程。零件模型及路径查找器如图 22.1 所示。

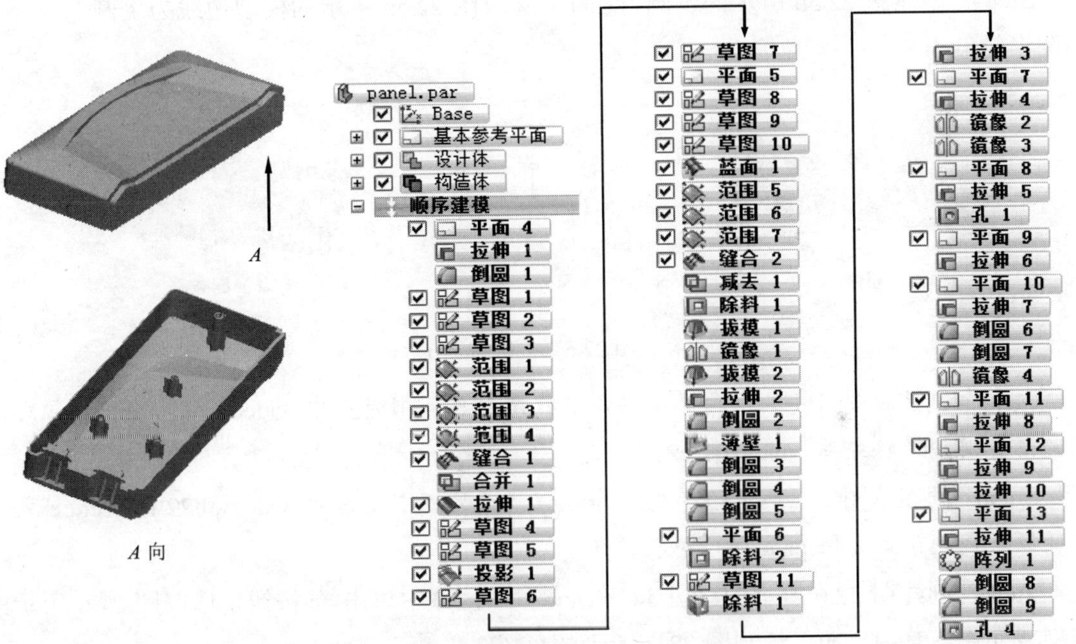

图 22.1　零件模型及路径查找器

Step1. 新建一个零件模型，进入建模环境。

Step2. 创建图 22.2 所示的平面 4。在 平面 区域中单击 按钮，选择 平行 选项；选取俯视图（XY）平面作为参考平面，在 距离: 下拉列表中输入偏移距离值 10，偏移方向为 Z 轴负方向，单击完成平面 4 的创建。

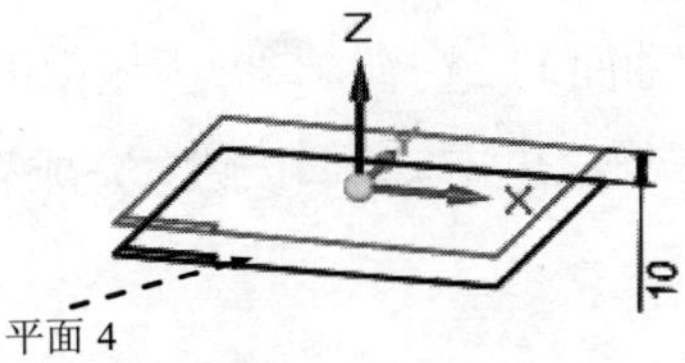

图 22.2　平面 4

Step3. 创建图 22.3 所示的拉伸特征 1。在 实体 区域中单击 按钮，选取平面 4 作为草图平面，绘制图 22.4 所示的截面草图，在“拉伸”命令条中单击 按钮，确认 与 按钮未被按下，在 距离: 下拉列表中输入值 30，并按 Enter 键，拉伸方向为 Z 轴负方向，在图形区空白区域单击；单击“拉伸”命令条中的 完成 按钮，单击 取消 按钮，完成拉伸特征 1 的创建。

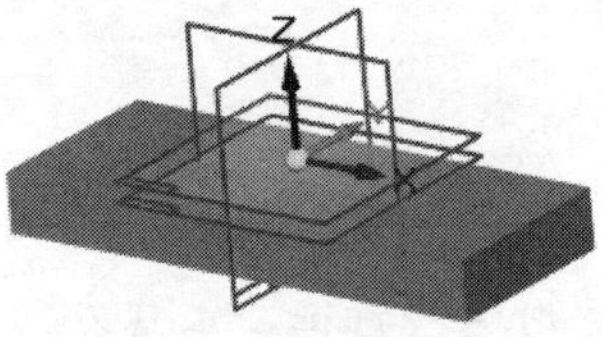

图 22.3　拉伸特征 1

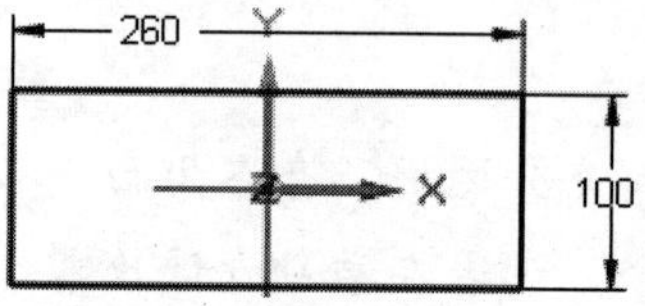

图 22.4　截面草图

Step4. 创建图 22.5b 所示的倒圆特征 1。选取图 22.5a 所示的模型边线为倒圆的对象，倒圆半径值为 8。

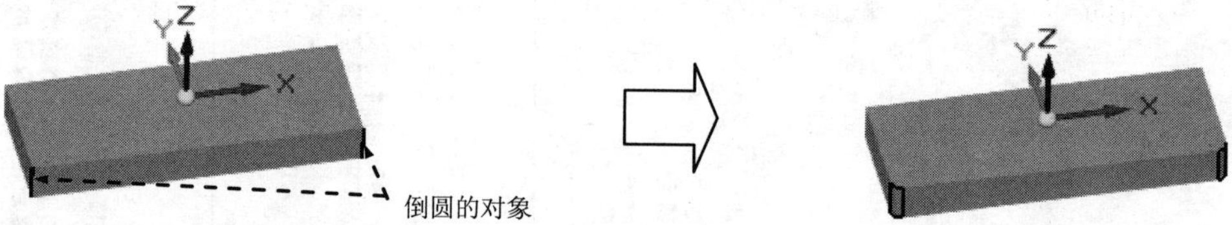

a）倒圆前　　b）倒圆后

图 22.5　倒圆特征 1

Step5. 创建草图 1（本步的详细操作过程请参见随书光盘中 video\ch22\reference\文件下的语音视频讲解文件 panel-r01.exe）。

Step6. 创建草图 2（本步的详细操作过程请参见随书光盘中 video\ch22\reference\文件下的语音视频讲解文件 panel-r02.exe）。

Step7. 创建图 22.6 所示的草图 3。在 草图 区域中单击 按钮，选取图 22.6 所示的模型表面作为草图平面，绘制图 22.7 所示的草图 3。

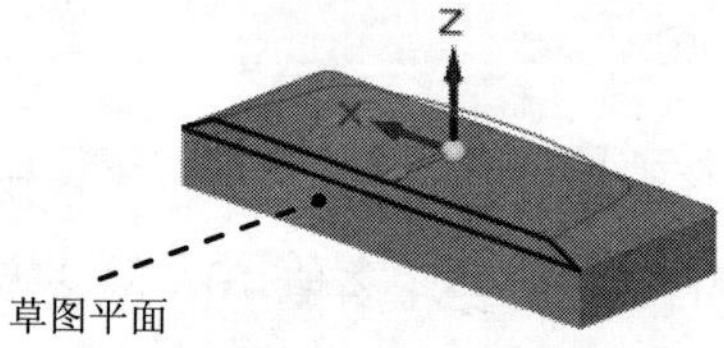

图 22.6　草图 3（建模环境）

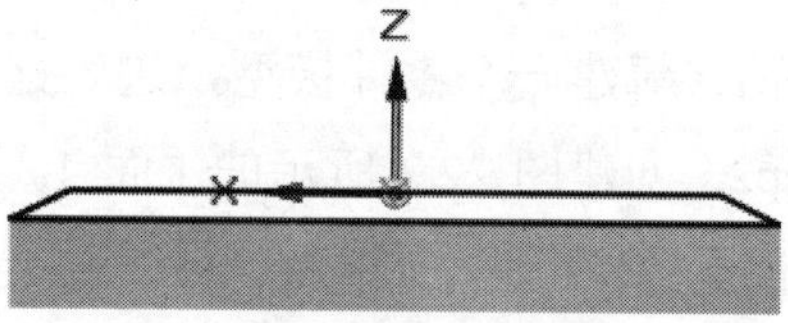

图 22.7　草图 3（草绘环境）

Step8. 创建图 22.8 所示的有界曲面 1，选择 曲面 区域中的 命令，选取图 22.9 所示的边线为曲面的边界边，单击两次右键。单击 完成 按钮，完成有界曲面 1 的创建。单击 取消 按钮。

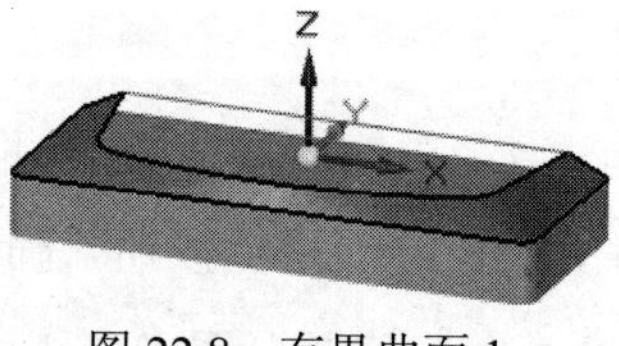

图 22.8　有界曲面 1

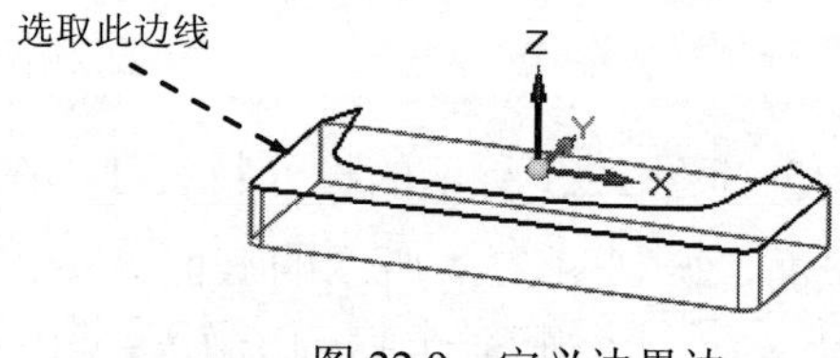

图 22.9　定义边界边

Step9. 创建图 22.10 所示的有界曲面 2，选择 曲面 区域中的 命令，选取图 22.11 所示的边线为曲面的边界边，单击两次右键。单击 完成 按钮，完成有界曲面 2 的创建。单击 取消 按钮。

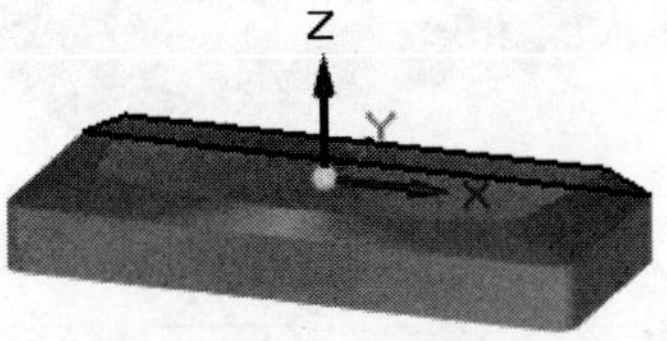

图 22.10　有界曲面 2

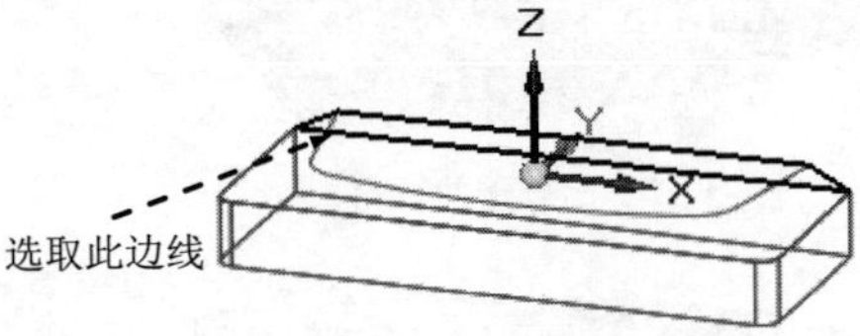

图 22.11　定义边界边

Step10. 创建图 22.12 所示的有界曲面 3，选择 曲面 区域中的 命令，选取图 22.13 所示的边线为曲面的边界边，单击两次右键。单击 完成 按钮，完成有界曲面 3 的创建。单击 取消 按钮。

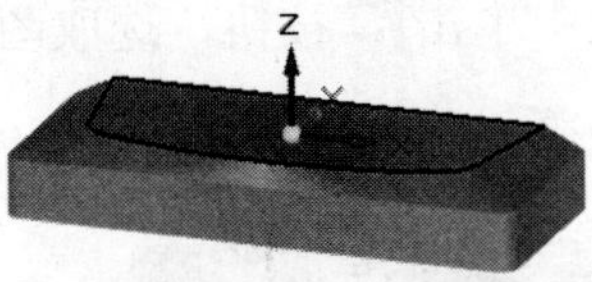

图 22.12　有界曲面 3

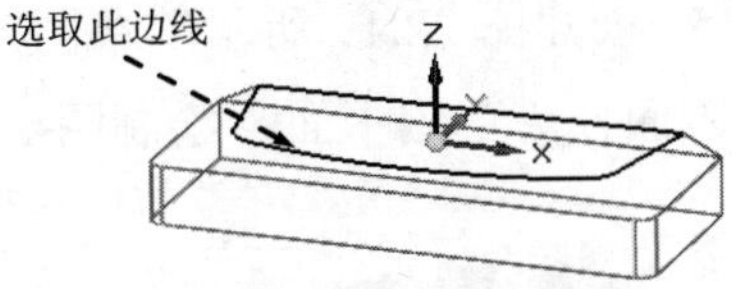

图 22.13　定义边界边

Step11. 创建图 22.14 所示的有界曲面 4，选择 曲面 区域中的 命令，选取图 22.14 所示的边线为曲面的边界边，单击两次右键。单击 完成 按钮，完成有界曲面 4 的创建，单击 取消 按钮。

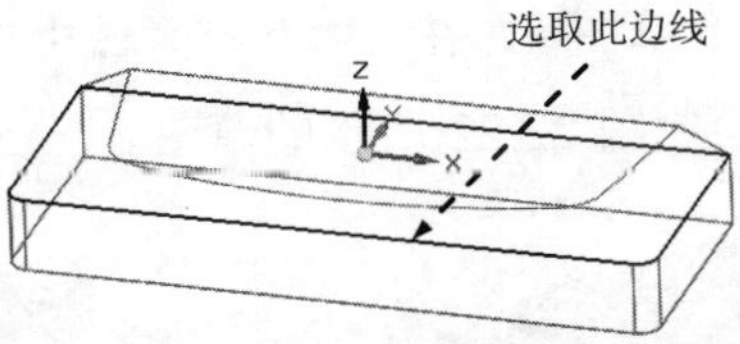

图 22.14　有界曲面 4

Step12. 创建图 22.15 所示的缝合曲面 1。单击 修改曲面 区域 缝合 命令，系统弹出“缝合曲面选项”对话框，采用系统默认的选项设置，单击 确定 按钮；在路径查找器中选取 **范围 1**、 **范围 2**、 **范围 3** 及 **范围 4** 为缝合对象，单击右键；在系统弹出的对话框中单击 确定 按钮，单击 完成 按钮，完成缝合曲面 1 的创建，单击 取消 按钮。

Step13. 创建图 22.16 所示的合并特征 1。选择 实体 区域中 后的小三角，单击“合并”按钮 合并，然后在图形区中选取缝合曲面 1，单击右键，单击 完成 按钮，完成合并特征 1 的创建。

Step14. 创建图 22.17 所示的拉伸曲面 1。选择 曲面 区域中的 命令，选取俯视图（XY）平面作为草图平面，绘制图 22.18 所示的截面草图，选择命令条中的“对称拉伸”按钮，在 距离: 下拉列表中输入值 100，并按 Enter 键；单击“拉伸”命令条中的 完成 按钮，单击 取消 按钮，完成拉伸曲面 1 的创建。

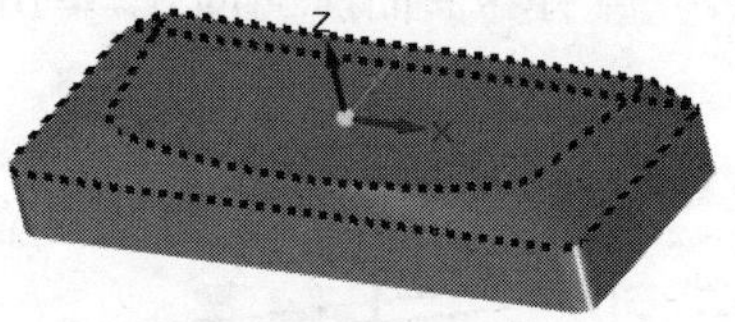

图 22.15　缝合曲面 1

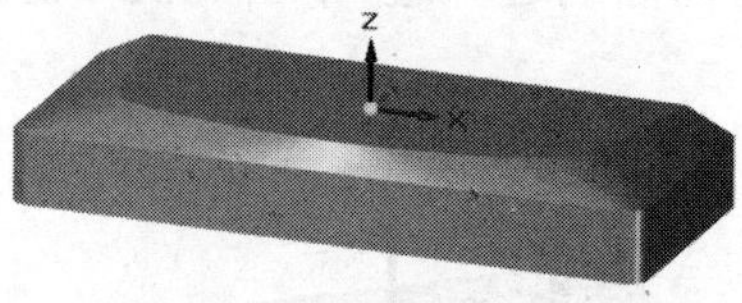

图 22.16　合并特征 1

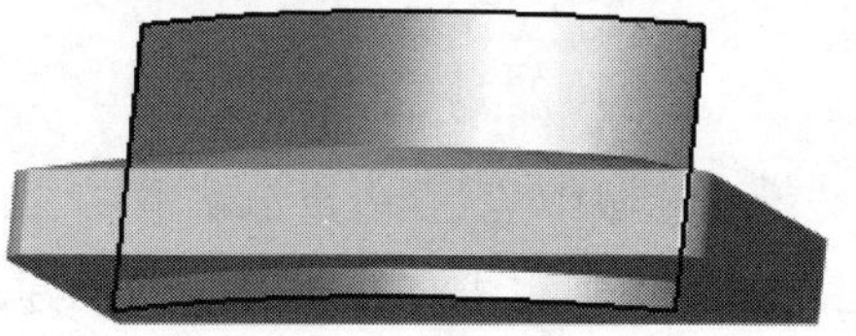

图 22.17　拉伸曲面 1

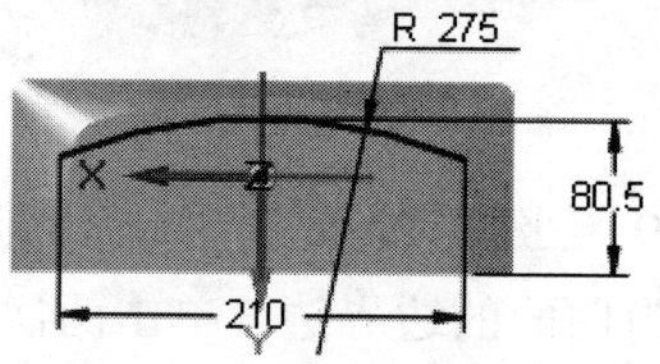

图 22.18　截面草图

Step15. 创建图 22.19 所示的草图 4。在 草图 区域中单击按钮，选取图 22.19 所示的模型表面作为草图平面，绘制图 22.20 所示的草图 4。

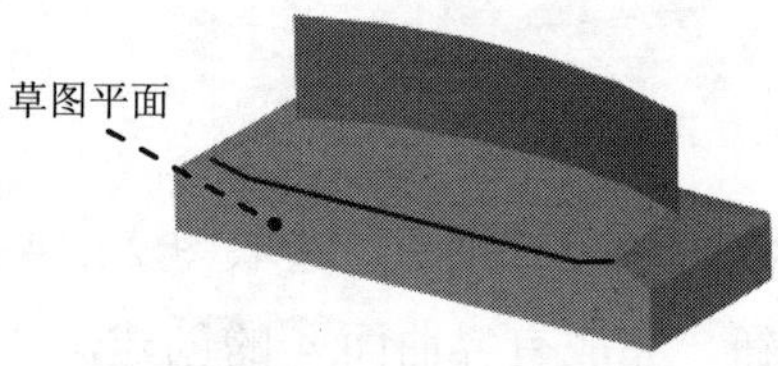

图 22.19　草图 4（建模环境）

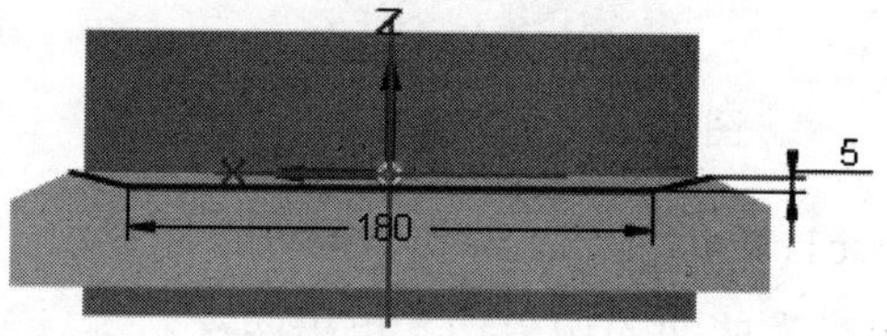

图 22.20　草图 4（草绘环境）

Step16. 创建图 22.21 所示的草图 5。在 草图 区域中单击按钮，选取图 22.21 所示的模型表面作为草图平面，绘制图 22.22 所示的草图 5。

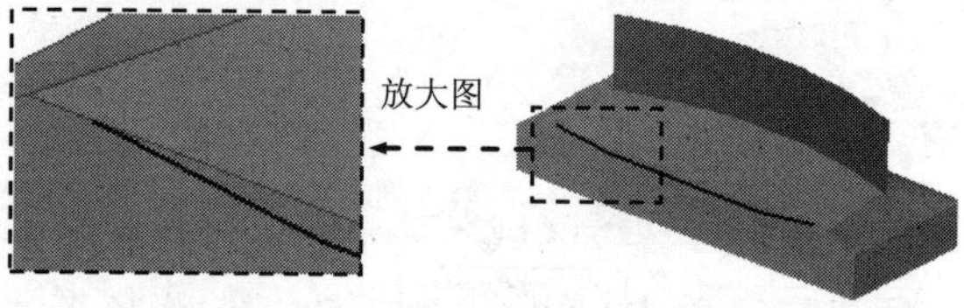

图 22.21　草图 5（建模环境）

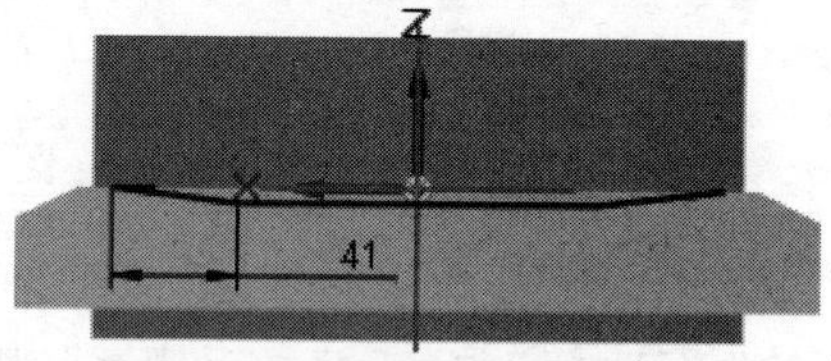

图 22.22　草图 5（草绘环境）

Step17. 创建图 22.23 所示草图 5 的投影。在 曲面处理 选项卡的 曲线 区域中单击命令，选取草图 5 作为投影曲线，然后右击；选取图 22.24 所示的曲面作为投影面，然后右击；选择图 22.24 所示的方向，使投影方向朝向投影面，然后在箭头所示一侧单击左键；单击 完成 按钮，完成投影曲线的创建，单击 取消 按钮。

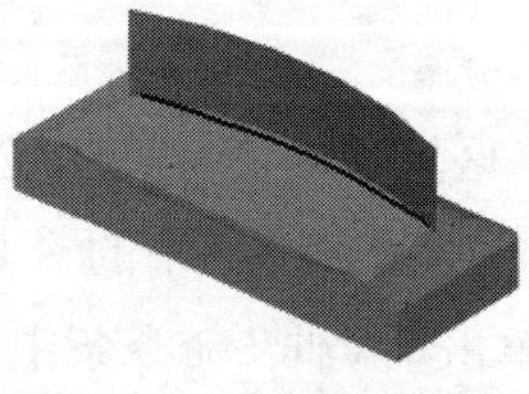

图 22.23　草图 5 的投影

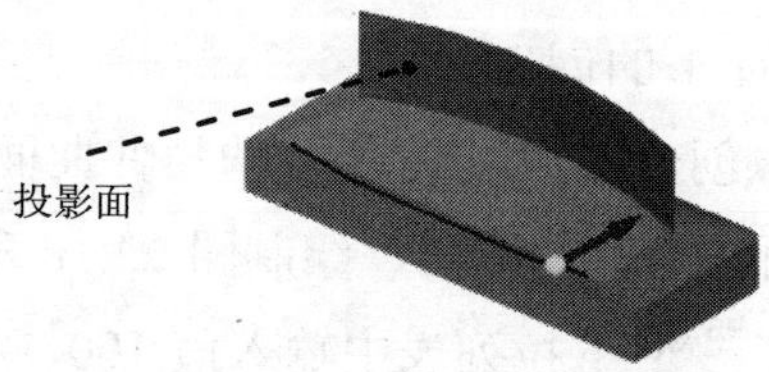

图 22.24　定义投影参照

Step18. 创建图 22.25 所示的草图 6。在 草图 区域中单击 按钮，选取俯视图（XY）平面作为草图平面，绘制图 22.26 所示的草图 6。

说明：直线的端点与投影线的端点重合。

图 22.25　草图 6（建模环境）

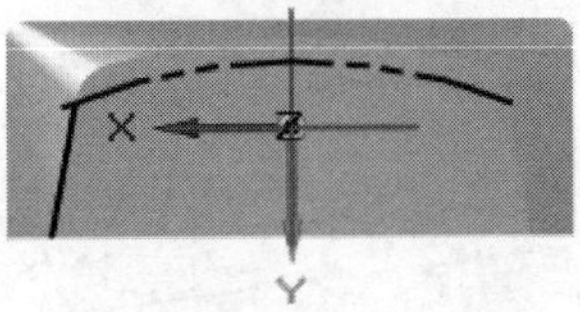

图 22.26　草图 6（草绘环境）

Step19. 创建图 22.27 所示的草图 7。在 草图 区域中单击 按钮，选取图俯视图（XY）平面作为草图平面，绘制图 22.27 所示的草图 7。

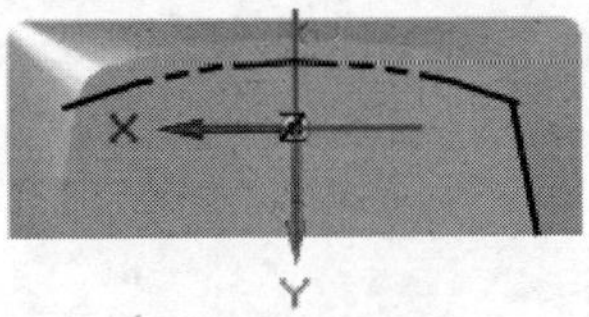

图 22.27　草图 7

Step20. 创建图 22.28 所示的平面 5。在 平面 区域中单击 按钮，选择 平行 选项；选取俯视图（XY）平面为参考平面，在图 22.28 所示草图 4 的拐点处单击完成平面 5 的创建。

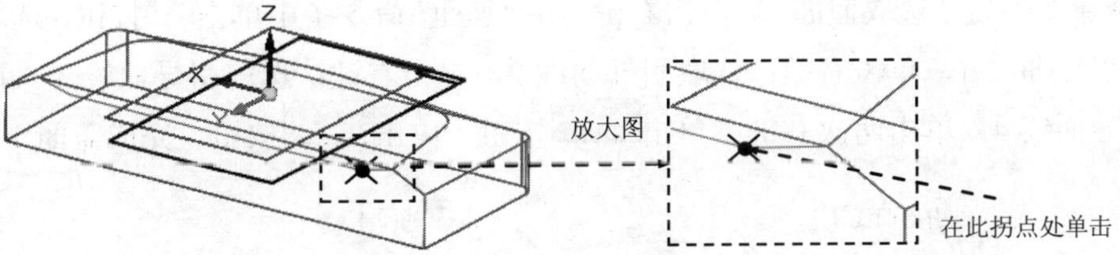

图 22.28　平面 5

Step21. 创建图 22.29 所示的草图 8。在 草图 区域中单击 按钮，选取平面 5 作为草图平面，绘制图 22.30 所示的草图 8。

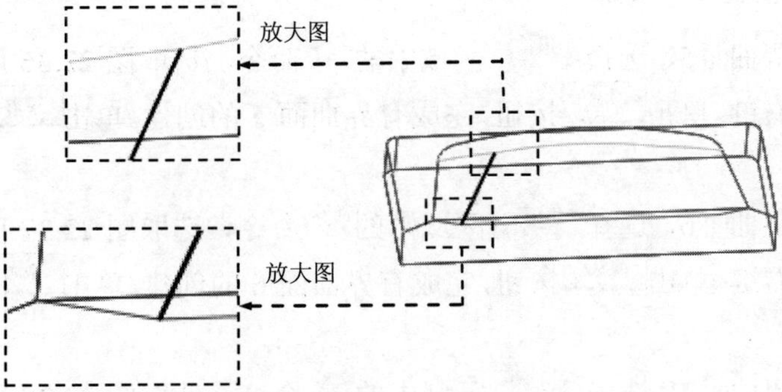

图 22.29　草图 8（建模环境）

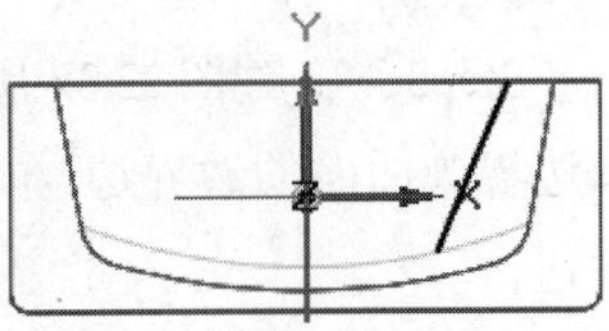

图 22.30　草图 8（草绘环境）

Step22. 创建图 22.31 所示的草图 9。在草图区域中单击按钮，选取平面 5 作为草图平面，绘制图 22.32 所示的草图 9。

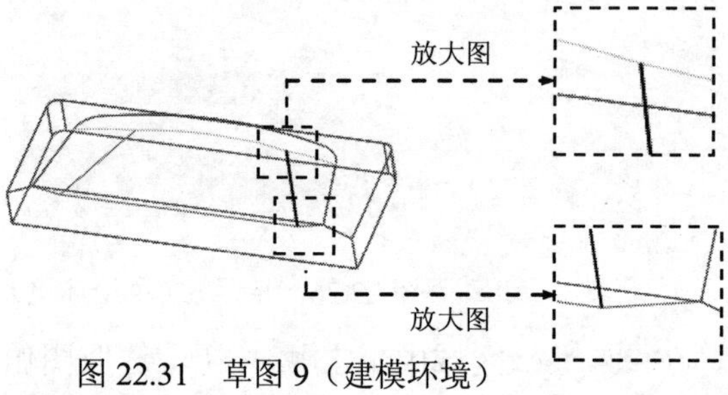

图 22.31　草图 9（建模环境）

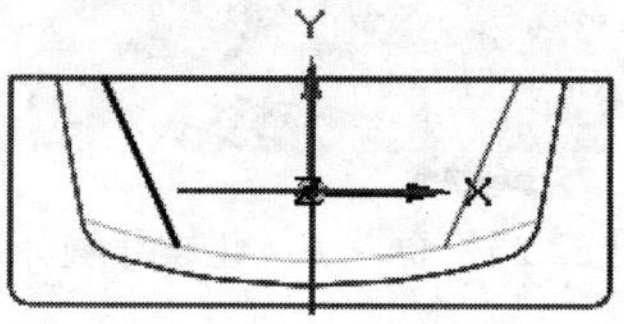

图 22.32　草图 9（草绘环境）

Step23. 创建图 22.33 所示的草图 10。在草图区域中单击按钮，选取俯视图（XY）作为草图平面，绘制图 22.34 所示的草图 10。

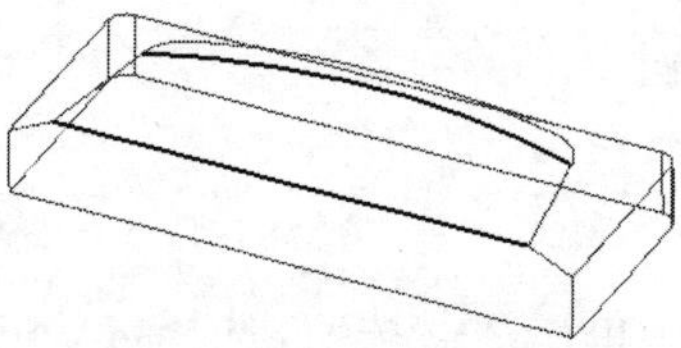

图 22.33　草图 10（建模环境）

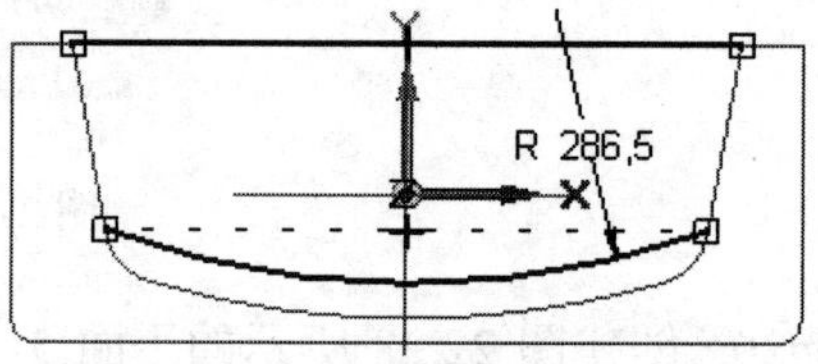

图 22.34　草图 10（草绘环境）

Step24. 创建图 22.35 所示的蓝面 1。选择曲面区域中的命令，选取图 22.35 所示的截面 1，单击右键；选取截面 2，单击右键，在“蓝面”命令条中单击按钮，选取图 22.35 所示的引导曲线 1，单击右键；选取引导曲线 2，单击右键；选取引导曲线 3，单击右键；选取引导曲线 4，单击两次右键；单击完成按钮，单击取消按钮，完成蓝面 1 的创建。

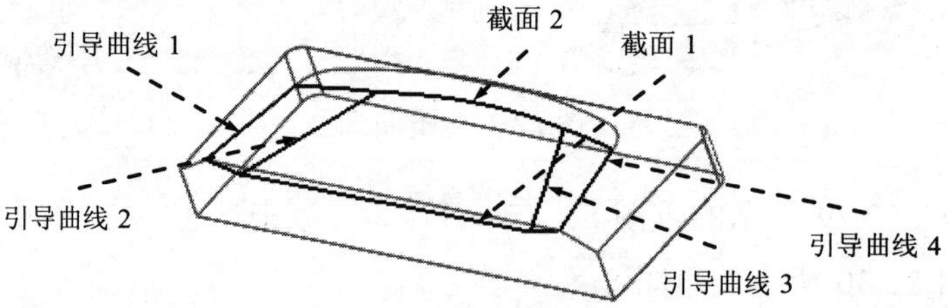

图 22.35　蓝面 1

Step25. 创建图 22.36 所示的有界曲面 5，选择曲面区域中的命令，选取图 22.36 所示边界为曲面的边界边，单击两次右键。单击完成按钮，完成有界曲面 5 的创建。单击取消按钮。

Step26. 创建图 22.37 所示的有界曲面 6，选择曲面区域中的命令，选取图 22.37 所示边界为曲面的边界边，单击两次右键。单击完成按钮，完成有界曲面 6 的创建。单击取消按钮。

Step27. 创建图 22.38 所示的有界曲面 7，选择曲面区域中的命令，选取图 22.38 所示边界为曲面的边界边，单击两次右键。单击完成按钮，完成有界曲面 7 的创建。单击取消按钮。

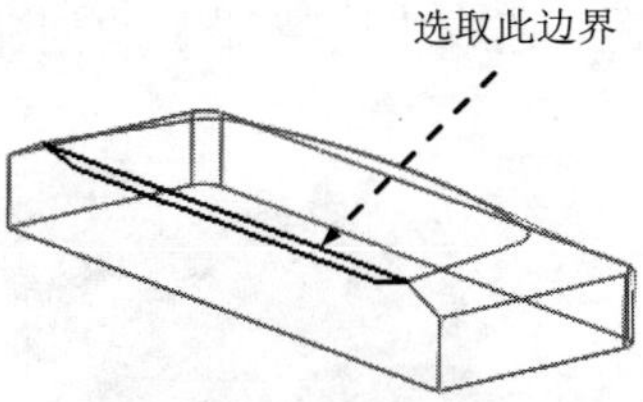

图 22.36 有界曲面 5

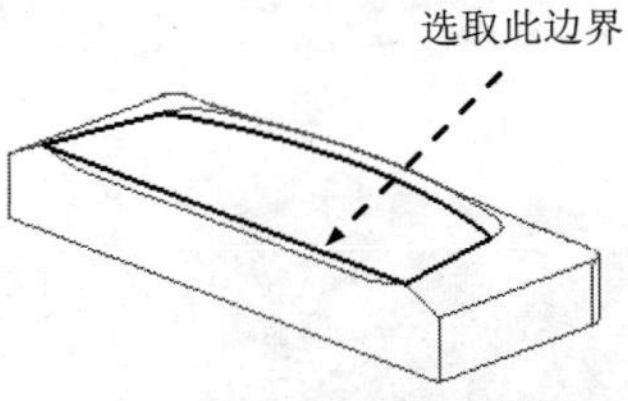

图 22.37 有界曲面 6

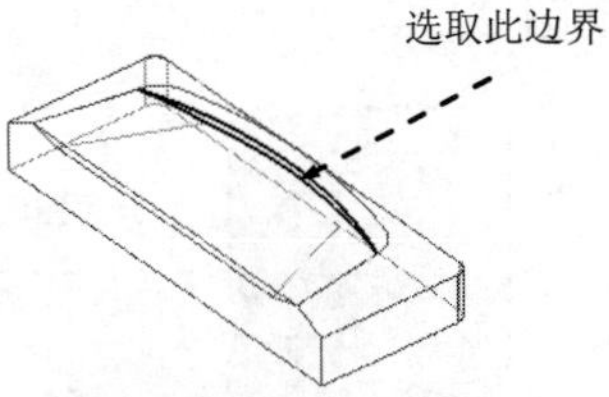

图 22.38 有界曲面 7

Step28. 创建图 22.39 所示的缝合曲面 2。单击修改曲面区域的缝合命令，系统弹出“缝合曲面选项”对话框，采用系统默认的选项设置，单击确定按钮；在路径查找器中选取蓝面 1、范围 5、范围 6 及范围 7 为缝合对象，单击右键；在系统弹出的快捷菜单中单击确定按钮，单击完成按钮，完成缝合曲面 2 的创建，单击取消按钮。

Step29. 创建图 22.40 所示的减去特征 1。选择实体区域中后的小三角，单击“减去”按钮减去，在图形区选取缝合曲面 2，单击右键，单击完成按钮，完成减去特征 1 的创建。

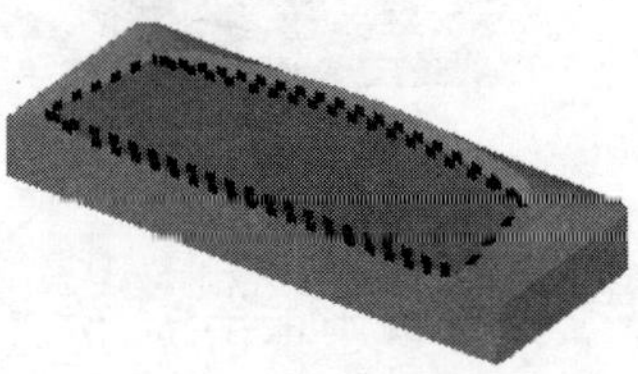

图 22.39 缝合曲面 2

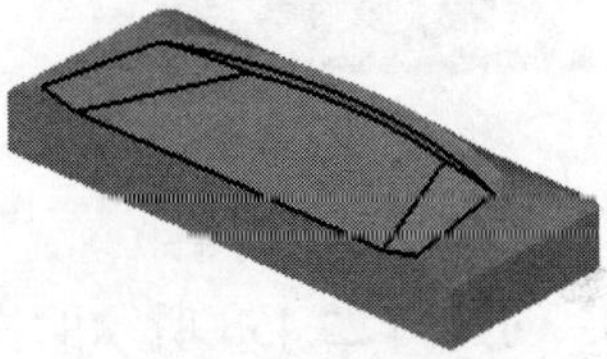

图 22.40 减去特征 1

Step30. 创建图 22.41 所示的除料特征 1。在实体区域中单击按钮，选取图 22.41 所示的模型表面作为草图平面，绘制图 22.42 所示的截面草图；绘制完成后，单击按钮，选择命令条中的“有限范围”按钮，在距离:下拉列表中输入值 25，然后按 Enter 键，在需要移除材料的一侧单击鼠标左键，单击完成按钮，单击取消按钮，完成除料特征 1 的创建。

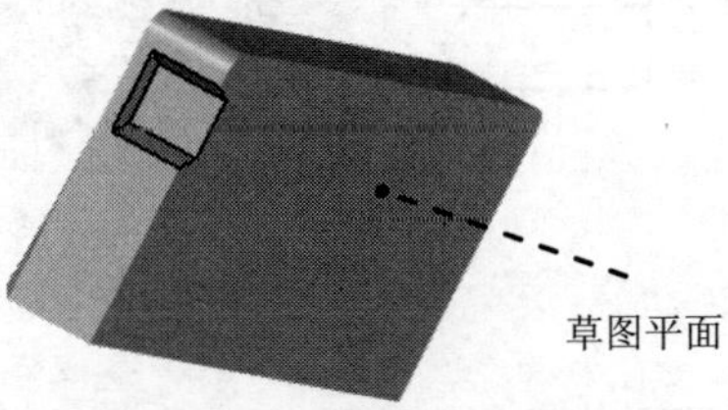

图 22.41 除料特征 1

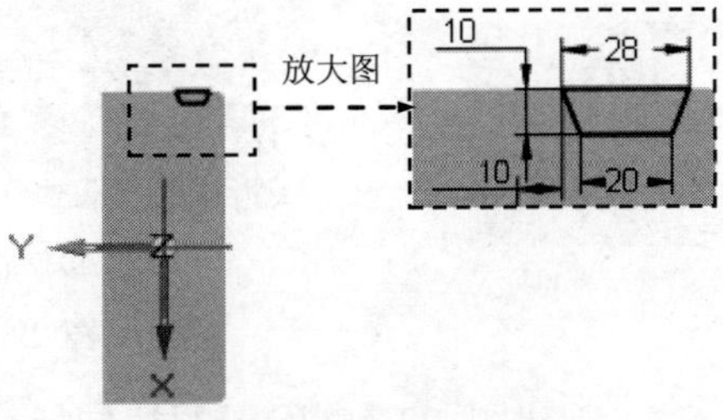

图 22.42 截面草图

Step31. 创建图 22.43b 所示的拔模特征 1。在实体区域中单击按钮，单击按钮，选择拔模类型为从平面(F)，单击确定按钮；选取图 22.43a 所示的面 1 为拔模参考面，选取图 22.43a 所示的面 2 为要拔模的面。在“拔模”命令条的拔模角度区域的文本框中输入角度值 20，单击鼠标右键。然后单击 下一步 按钮。移动鼠标将拔模方向调整至图 22.43a 所示的方向后单击，单击 完成 按钮，单击 取消 按钮，完成拔模特征 1 的创建。

a）拔模前　　b）拔模后

图 22.43　拔模特征 1

Step32. 创建图 22.44b 所示的镜像特征 1，在 阵列 区域中单击 镜像 命令，在路径查找器中选取除料 1 作为镜像特征，单击 按钮，完成特征的选取；选取前视图（XZ）平面作为镜像中心平面，单击“镜像”命令条中的 完成 按钮，完成镜像特征 1 的创建。

a）镜像前　　b）镜像后

图 22.44　镜像特征 1

Step33. 创建图 22.45b 所示的拔模特征 2。在 实体 区域中单击 按钮，单击 按钮，选择拔模类型为 从平面(F)，单击 确定 按钮；选取图 22.45a 所示的面 1 为拔模参考面，选取图 22.45a 所示的面 2 为要拔模的面。在“拔模”命令条的拔模角度区域的文本框中输入角度值为 20，单击鼠标右键；然后单击 下一步 按钮。移动鼠标将拔模方向调整至图 22.45a 所示的方向后单击，单击 完成 按钮，单击 取消 按钮，完成拔模特征 2 的创建。

a）拔模前　　b）拔模后

图 22.45　拔模特征 2

Step34. 创建图 22.46 所示的拉伸特征 2。在 实体 区域中单击 按钮，选取图 22.46 所示的模型表面作为草图平面，绘制图 22.47 所示的截面草图，确认 与 按钮未被按下，在 距离: 下拉列表中输入值 5，并按 Enter 键，拉伸方向为 Y 轴正方向，在图形区空白区域单击；单击“拉伸”命令条中的 完成 按钮，单击 取消 按钮，完成拉伸特征 2 的创建。

Step35. 创建图 22.48b 所示的倒圆特征 2。选取图 22.48a 所示的模型边线为倒圆的对象，倒圆半径值为 5。

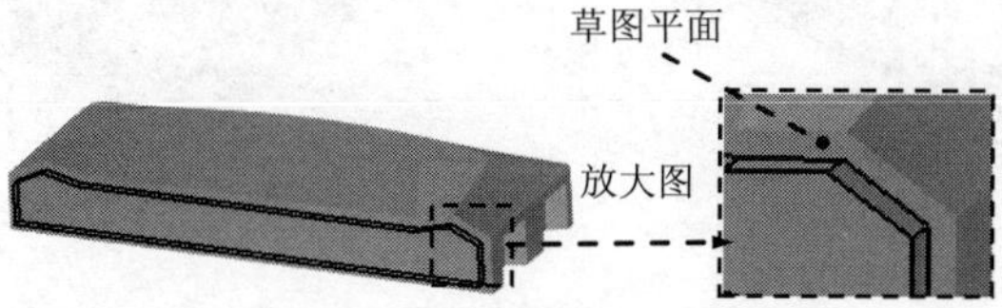

图 22.46 拉伸特征 2

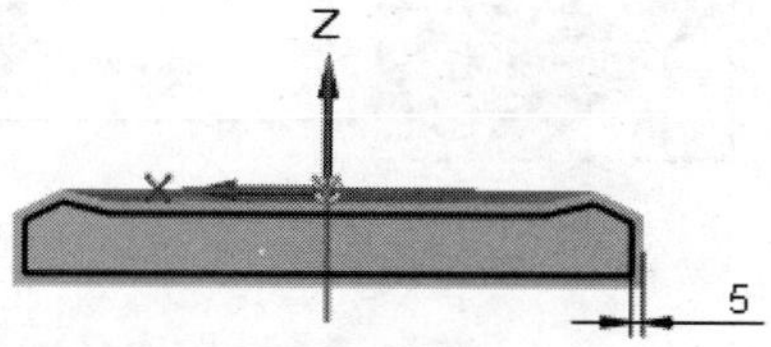

图 22.47 截面草图

Step36. 创建图 22.49b 所示的薄壁特征 1。在实体区域中单击按钮，在“薄壁”命令条的同一厚度:文本框中输入薄壁厚度值 1.0，然后右击；选择图 22.49a 所示的模型表面作为要移除的面，然后右击；单击“薄壁”命令条中的预览按钮，单击完成按钮，完成薄壁特征 1 的创建。

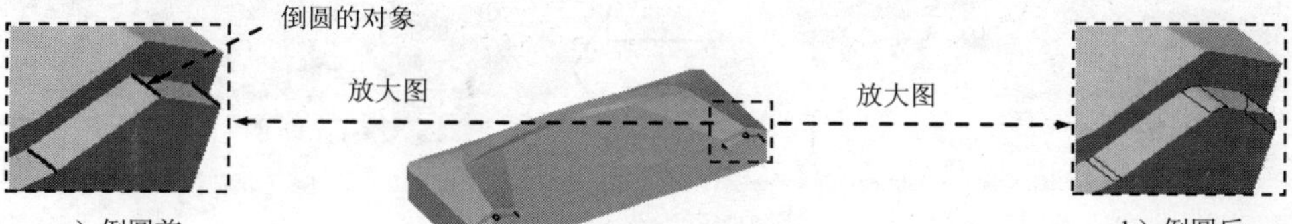

a）倒圆前 b）倒圆后

图 22.48 倒圆特征 2

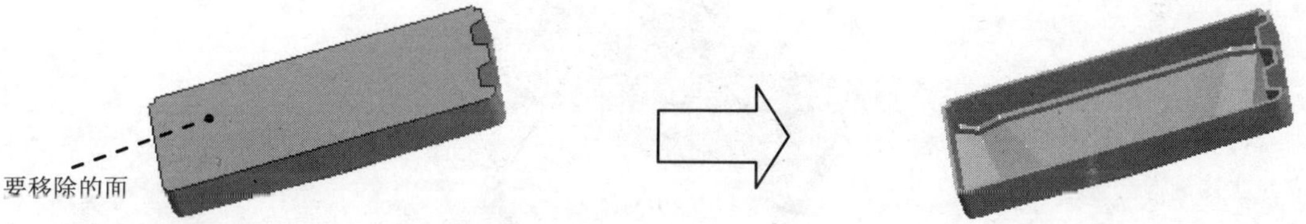

a）薄壁前 b）薄壁后

图 22.49 薄壁特征 1

Step37. 创建图 22.50b 所示的倒圆特征 3。选取图 22.50a 所示的模型边线为倒圆的对象，倒圆半径值为 5。

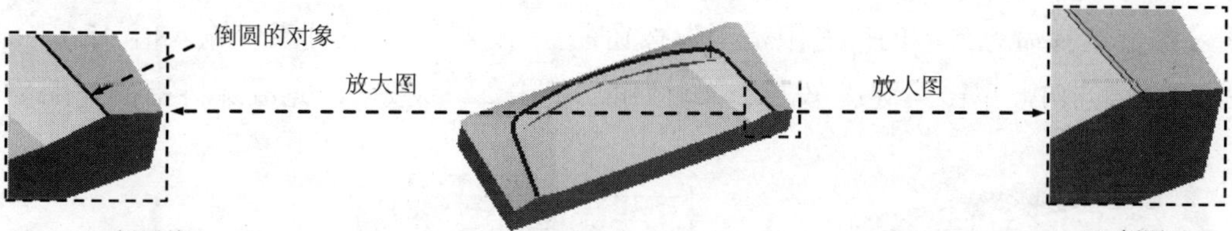

a）倒圆前 b）倒圆后

图 22.50 倒圆特征 3

Step38. 创建图 22.51b 所示的倒圆特征 4。选取图 22.51a 所示的模型边线为倒圆的对象，倒圆半径值为 3。

Step39. 创建图 22.52b 所示的倒圆特征 5。选取图 22.52a 所示的模型边线为倒圆的对象，倒圆半径值为 5。

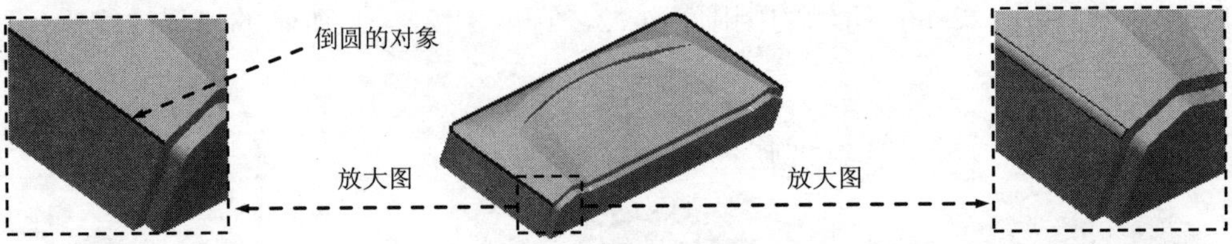

a）倒圆前　　b）倒圆后

图 22.51　倒圆特征 4

Step40. 创建图 22.53 所示的平面 6。在 平面 区域中单击 按钮，选择 平行 选项；选取前视图（XZ）作为参考平面，在 距离: 下拉列表中输入偏移距离值 25，偏移方向为 Y 轴负方向，单击完成平面 6 的创建。

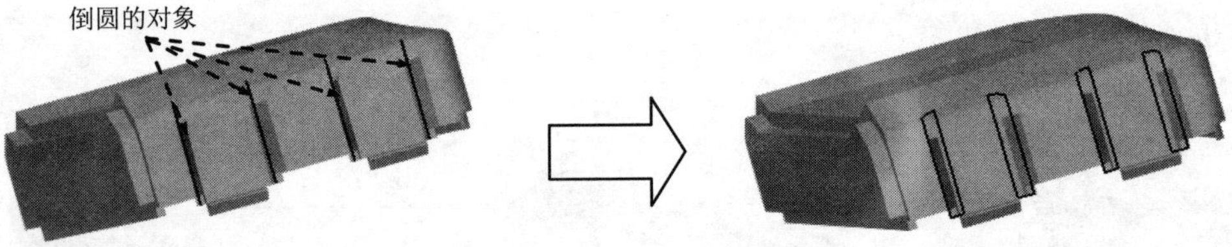

a）倒圆前　　b）倒圆后

图 22.52　倒圆特征 5

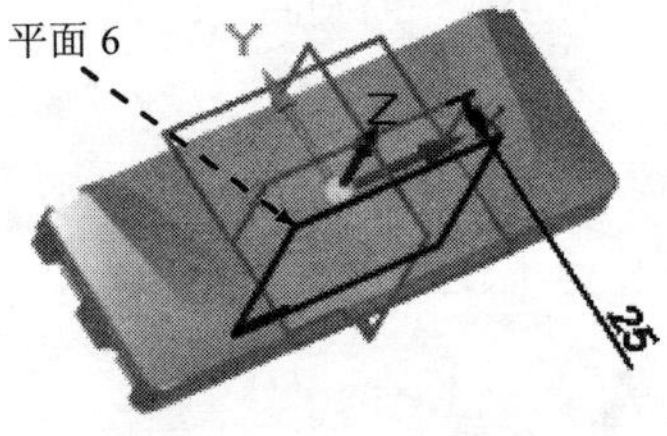

图 22.53　平面 6

Step41. 创建图 22.54 所示的除料特征 2。在 实体 区域中单击 按钮，选取前视图（XZ）平面作为草图平面，绘制图 22.55 所示的截面草图；绘制完成后，单击 按钮，在命令条中选择“非对称延伸”按钮，选择“贯通”按钮，除料方向为 Y 轴正方向，单击左键，选择命令条中的“有限范围”按钮，在 距离: 下拉列表中输入值 45，除料方向为 Y 轴负方向，单击左键；单击 完成 按钮，单击 取消 按钮，完成除料特征 2 的创建。

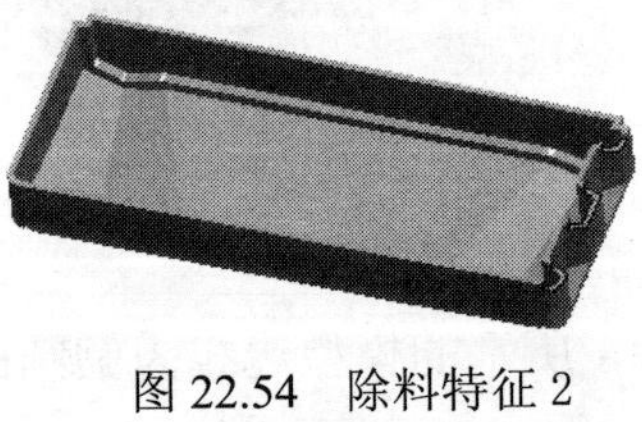

图 22.54　除料特征 2

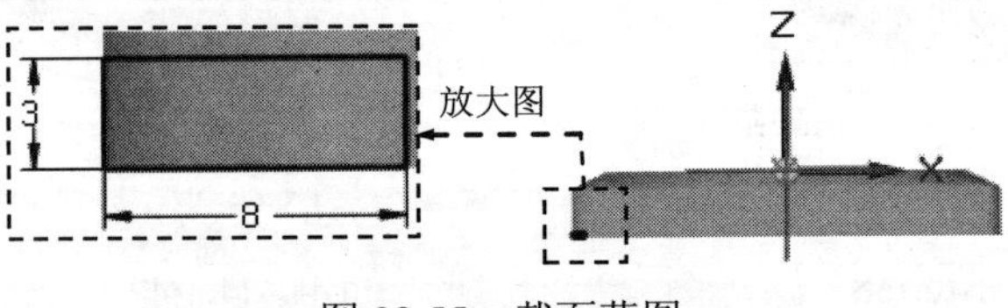

图 22.55　截面草图

Step42. 创建图 22.56 所示的草图 11。在 草图 区域中单击 按钮，选取图 22.56 所示的模型表面作为草图平面，绘制图 22.57 所示的草图 11。

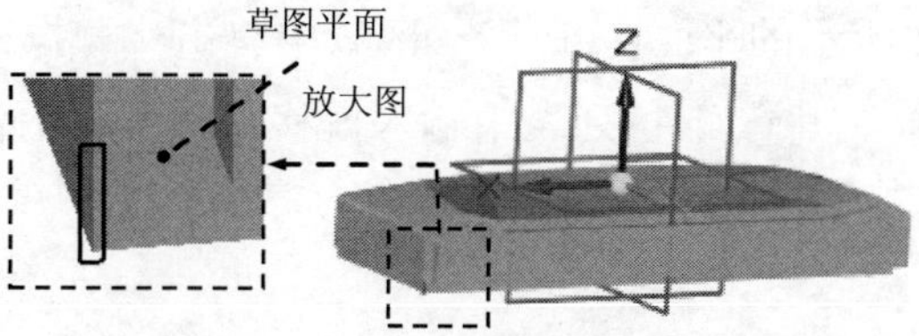

图 22.56 草图 11（建模环境）

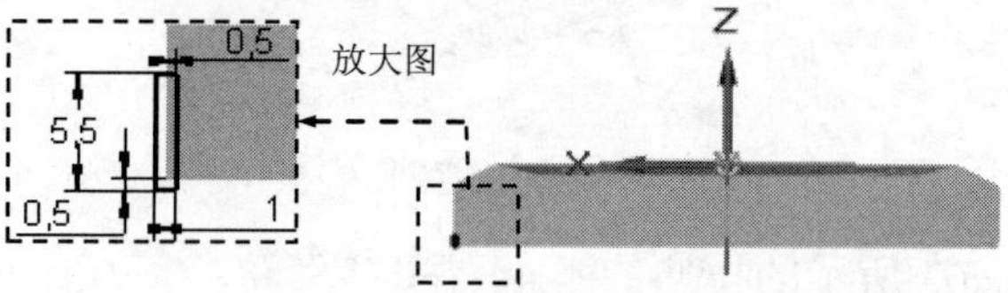

图 22.57 草图 11（草绘环境）

Step43. 创建图 22.58 所示的除料扫掠特征。在 实体 区域中单击 后的小三角，选择 扫掠 命令，在“扫掠”对话框的 默认扫掠类型 区域中选中 单一路径和横截面(S) 单选项。其他参数接受系统默认设置值，单击 确定 按钮；在“创建起源”选项下拉列表中选择 从草图/零件边选择 选项，选取图 22.59 所示的模型边线作为扫掠轨迹曲线，然后右击，选取草图 11 作为扫掠截面，单击 完成 按钮，单击 取消 按钮，完成除料扫掠特征的创建。

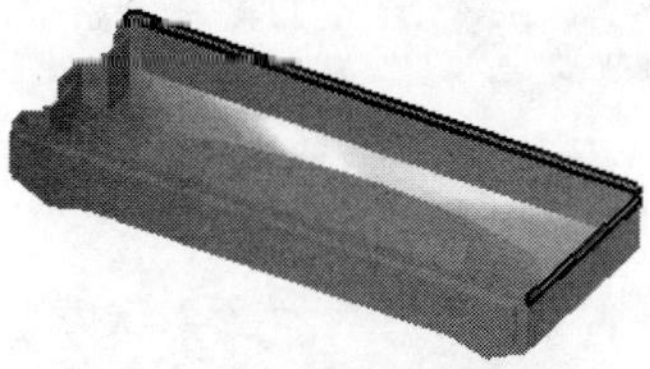

图 22.58 除料扫掠特征

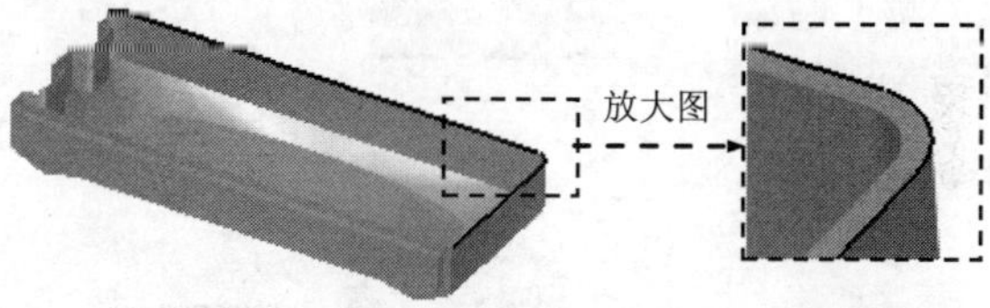

图 22.59 除料扫掠路径

Step44. 创建图 22.60 所示的拉伸特征 3。在 实体 区域中单击 按钮，选取平面 6 作为草图平面，绘制图 22.61 所示的截面草图，选择“拉伸”命令条中的“对称延伸”按钮 ，在 距离: 下拉列表中输入值 18，并按 Enter 键，在图形区空白区域单击；单击“拉伸”命令条中的 完成 按钮，单击 取消 按钮，完成拉伸特征 3 的创建。

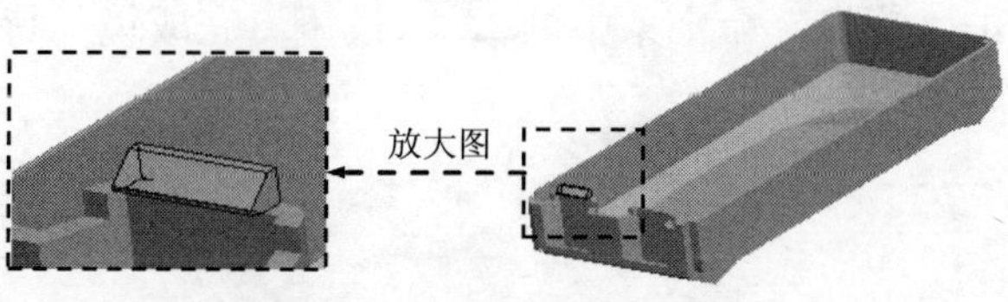

图 22.60 拉伸特征 3

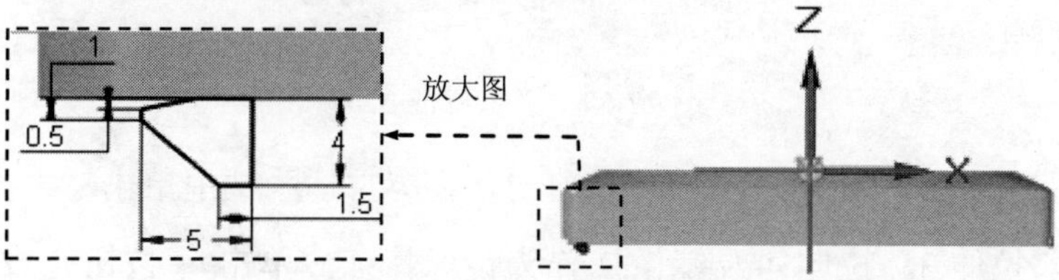

图 22.61 截面草图

Step45. 创建图 22.62 所示的平面 7。在平面区域中单击按钮，选择平行选项；选取平面 6 作为参考平面，在距离:下拉列表中输入偏移距离值 5，偏移方向为 Y 轴负方向，单击完成平面 7 的创建。

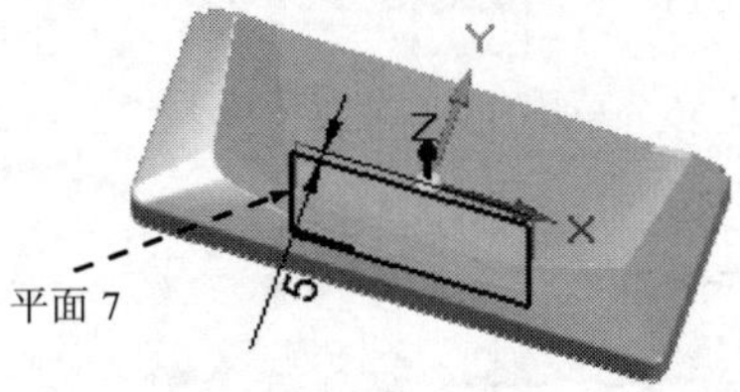

图 22.62 平面 7

Step46. 创建图 22.63 所示的拉伸特征 4。在实体区域中单击按钮，选取平面 7 作为草图平面，绘制图 22.64 所示的截面草图，选择命令条中的“对称延伸”按钮，在距离:下拉列表中输入值 2，并按 Enter 键，在图形区空白区域单击；单击“拉伸”命令条中的完成按钮，单击取消按钮，完成拉伸特征 4 的创建。

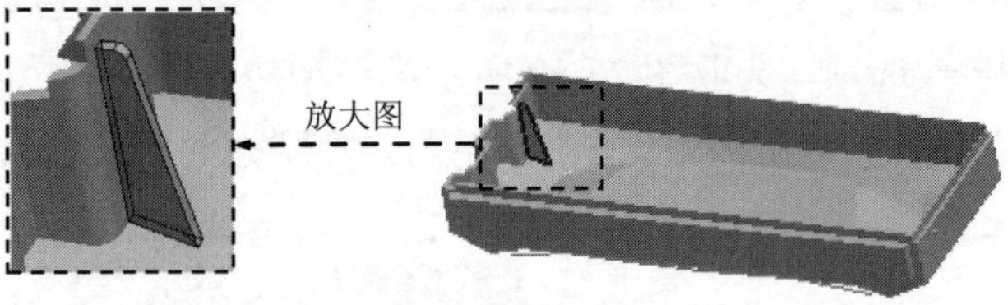

图 22.63 拉伸特征 4

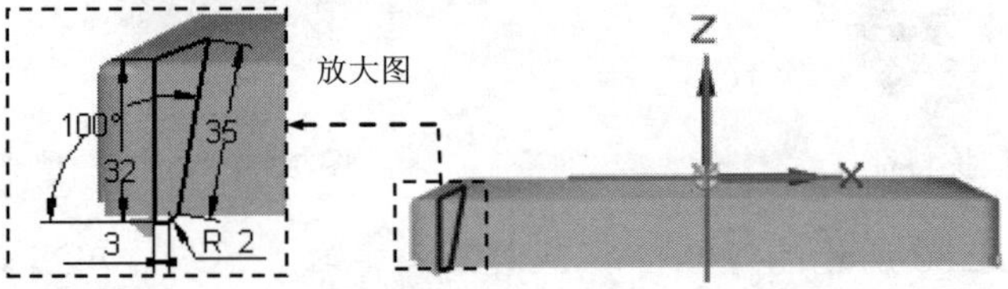

图 22.64 截面草图

Step47. 创建图 22.65b 所示的镜像特征 2，在阵列区域中单击镜像命令，在路径查找器中选取**拉伸 4** 作为镜像特征，单击按钮完成特征的选取；选取平面 6 作为镜像中心平面，单击“镜像”命令条中的完成按钮，完成镜像特征 2 的创建。

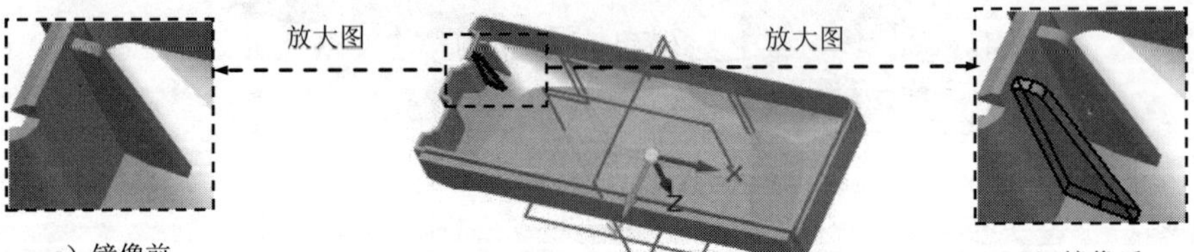

a）镜像前　　b）镜像后

图 22.65 镜像特征 2

Step48. 创建图 22.66b 所示的镜像特征 3，在阵列区域中单击镜像命令，在路径查找器中选取拉伸 3、拉伸 4 及镜像 2 作为镜像特征，单击按钮完成特征的选取；选取前视面（XZ）平面作为镜像中心平面，单击“镜像”命令条中的完成按钮，完成镜像特征 3 的创建。

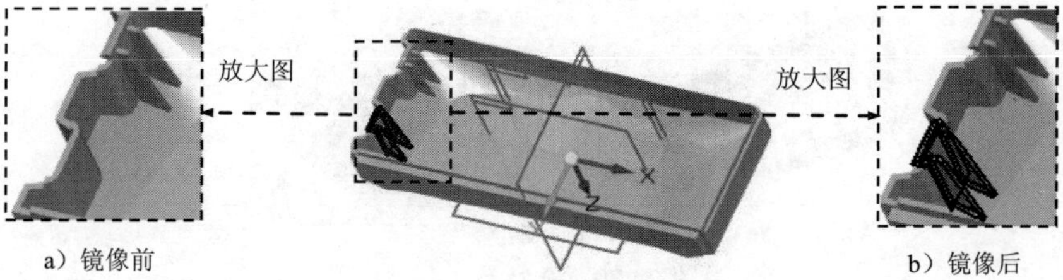

图 22.66　镜像特征 3

Step49. 创建图 22.67 所示的平面 8。在平面区域中单击按钮，选择平行选项；选取俯视图（XY）平面作为参考平面，在距离:下拉列表中输入偏移距离值 25，偏移方向为 Z 轴负方向，单击完成平面 8 的创建。

Step50. 创建图 22.68 所示的拉伸特征 5。在实体区域中单击按钮，选取平面 8 作为草图平面，绘制图 22.69 所示的截面草图，在“拉伸”命令条中单击按钮，确认与按钮不被按下，选择“穿透下一个”按钮，并按 Enter 键，拉伸方向为 Z 轴正方向，在图形区空白区域单击；单击“拉伸”命令条中的完成按钮，单击取消按钮，完成拉伸特征 5 的创建。

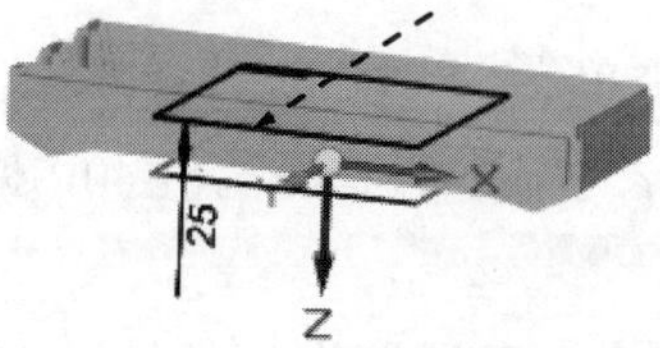

图 22.67　平面 8

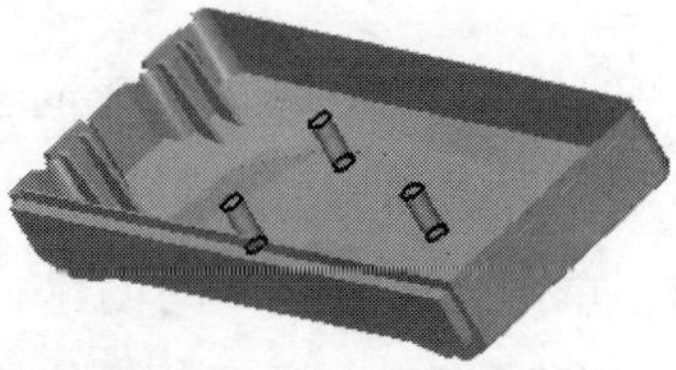

图 22.68　拉伸特征 5

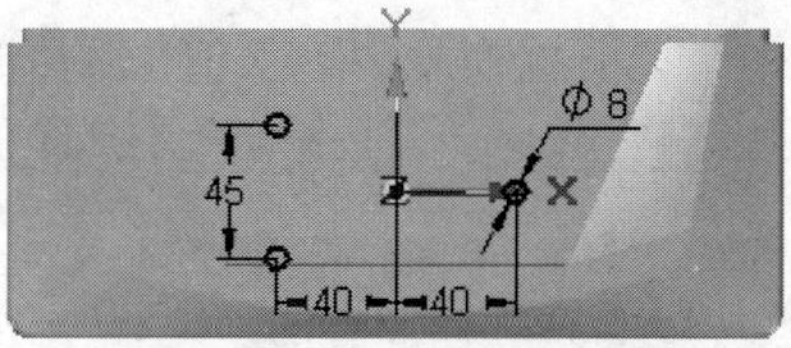

图 22.69　截面草图

Step51. 创建图 22.70 所示的孔特征 1。

（1）定义孔的参数。在实体区域中单击按钮，单击按钮，在“孔选项”对话框中选择“沉头孔”选项，在“标称直径”10 mm下拉列表中选择 5，在“沉头直径”15.00 mm下拉列表中输入值 6，在“沉头深度”9.00 mm下拉列表中输入值 2，选中☑螺纹(R):复选框，并在其下拉列表中选择M5 x 0.5选项，在子类型:下拉列表中选择标准螺纹选项，选中⊙至孔全长(X)单选项，在孔范围:区域选择延伸类型为，在孔深(P):文本框中输入值15，选中V型孔底角度(O):复选框，孔深类型选择，单击确定按钮。完成孔参数的设置。

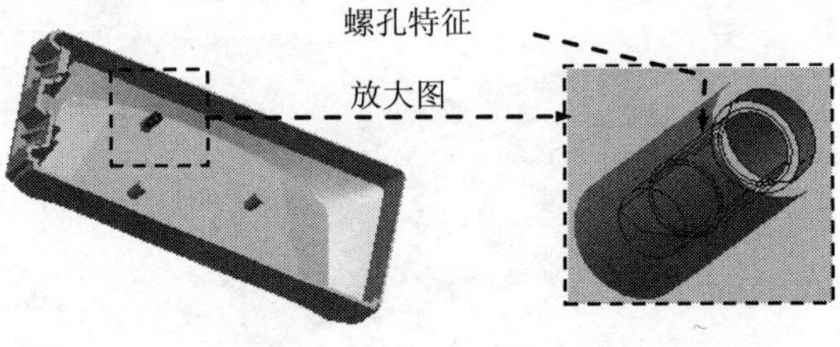

图 22.70　孔特征 1

（2）定义孔的放置面。选取平面 8 所示的表面为孔的放置面，单击完成孔的放置。

（3）编辑孔的定位。为孔添加图 22.71 所示的同轴约束，约束完成后，单击按钮，退出草图绘制环境。

（4）调整孔的方向。移动鼠标调整孔的方向为 Z 轴正方向。

（5）单击该命令条中的完成按钮。单击取消按钮，完成孔特征 1 的创建。

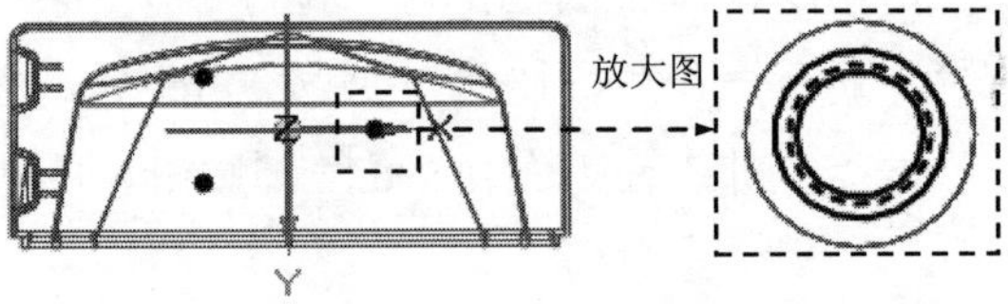

图 22.71　孔的位置约束

Step52. 创建图 22.72 所示的平面 9。在平面区域中单击按钮，选择平行选项；选取右视图（YZ）平面作为参考平面，在距离:下拉列表中输入偏移距离值 40，偏移方向为 X 轴负方向，单击完成平面 9 的创建。

Step53. 创建图 22.73 所示的拉伸特征 6。在实体区域中单击按钮，选取平面 8 作为草图平面，绘制图 22.74 所示的截面草图，在“拉伸”命令条中单击按钮，选择命令条中的“对称延伸”按钮，在距离:下拉列表中输入值 1，并按 Enter 键，在图形区空白区域单击；单击“拉伸”命令条中的完成按钮，单击取消按钮，完成拉伸特征 6 的创建。

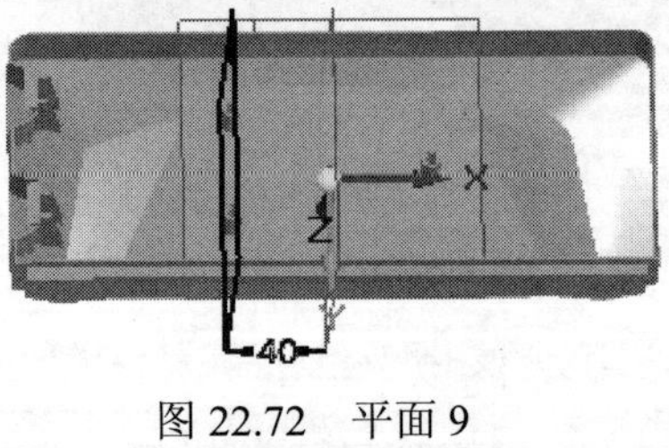

图 22.72　平面 9

图 22.73　拉伸特征 6

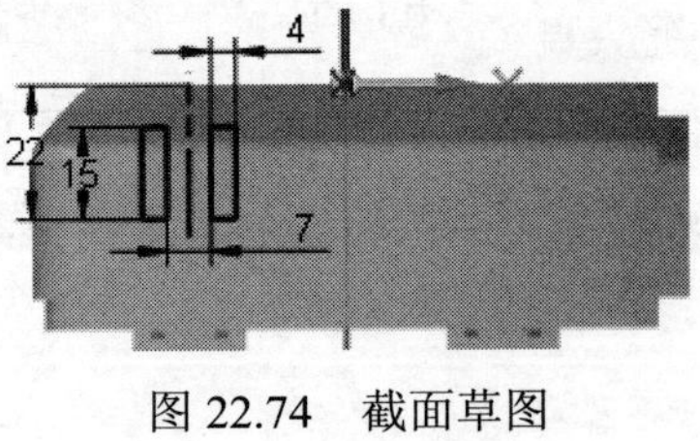

图 22.74　截面草图

Step54. 创建图 22.75 所示的平面 10。在平面区域中单击按钮，选择平行选项；选取右视图（YZ）平面作为参考平面，在距离下拉列表中输入偏移距离为 22.5，偏移方向为 Y 轴负方向，单击完成平面 10 的创建。

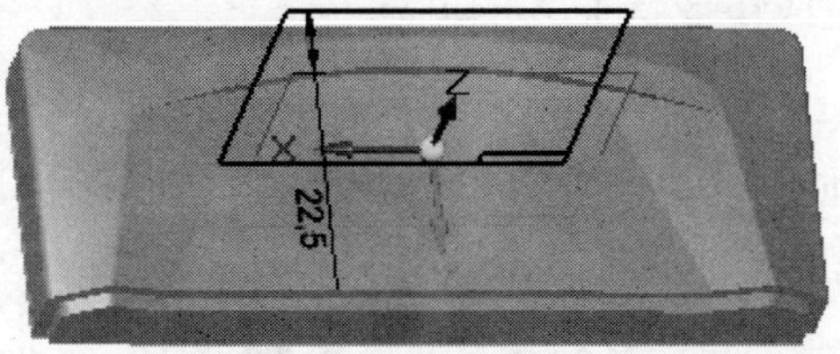

图 22.75　平面 10

Step55. 创建图 22.76 所示的拉伸特征 7。在实体区域中单击按钮，选取平面 6 作为草图平面，绘制图 22.77 所示的截面草图，在“拉伸”命令条中单击按钮，选择命令条中的“对称延伸”按钮，在距离下拉列表中输入值 1，并按 Enter 键，在图形区空白区域单击；单击“拉伸”命令条中的完成按钮，单击取消按钮，完成拉伸特征 7 的创建。

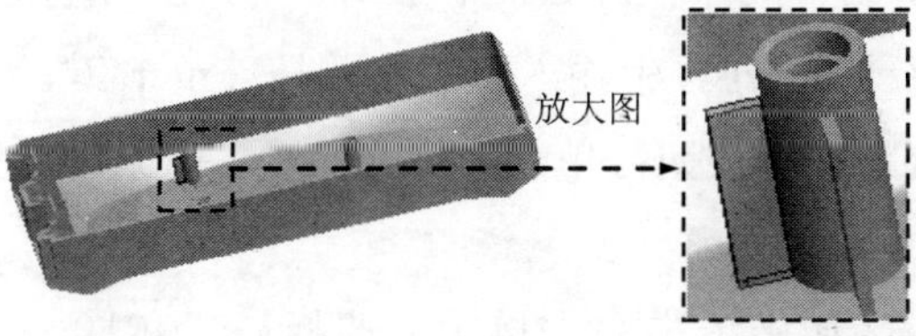

图 22.76　拉伸特征 7

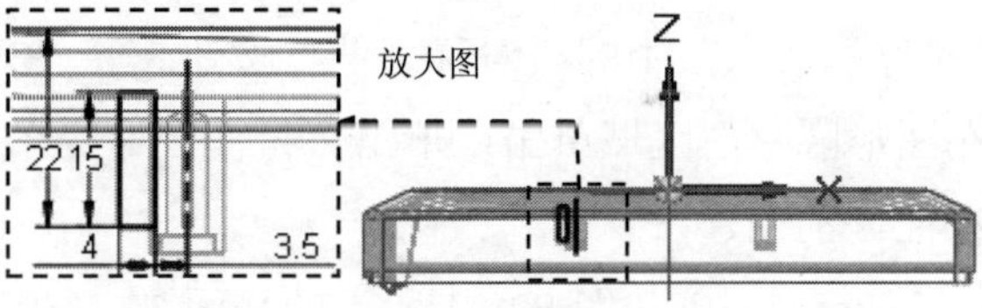

图 22.77　截面草图

Step56. 创建图 22.78b 所示的倒圆特征 6。选取图 22.78a 所示的模型边线为倒圆的对象，倒圆半径值为 0.5。

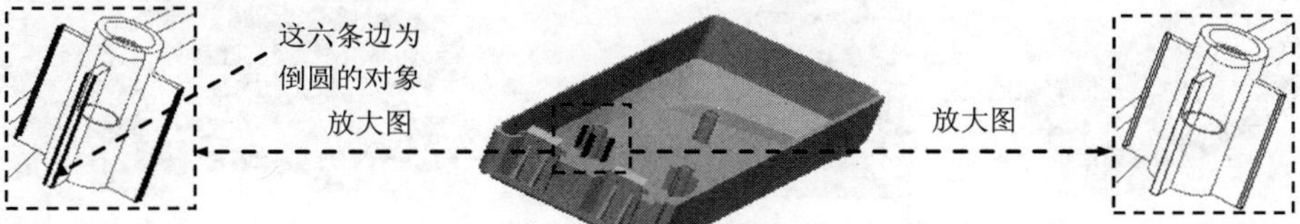

a）倒圆前　　b）倒圆后

图 22.78　倒圆特征 6

Step57. 创建图 22.79b 所示的倒圆特征 7。选取图 22.79a 所示的模型边线为倒圆的对象，倒圆半径值为 0.2。

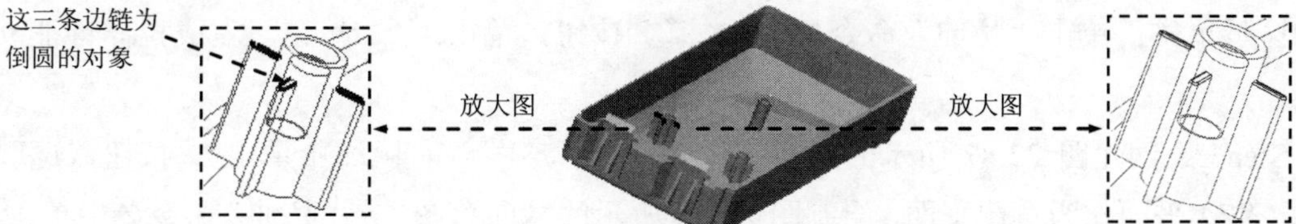

a）倒圆前　　b）倒圆后

图 22.79　倒圆特征 7

Step58. 创建图 22.80b 所示的镜像特征 4，在 阵列 区域中单击 镜像 命令，在路径查找器中选取 **拉伸 6**、**拉伸 7**、**倒圆 6** 与 **倒圆 7** 作为镜像特征，单击按钮完成特征的选取；选取前视图（XZ）平面作为镜像中心平面，单击“镜像”命令条中的 完成 按钮，完成镜像特征 4 的创建。

Step59. 创建图 22.81 所示的平面 11。在 平面 区域中单击按钮，选择 平行 选项；选取右视图（YZ）平面作为参考平面，在 距离: 下拉列表中输入偏移距离值 40，偏移方向为 X 轴正方向，单击完成平面 11 的创建。

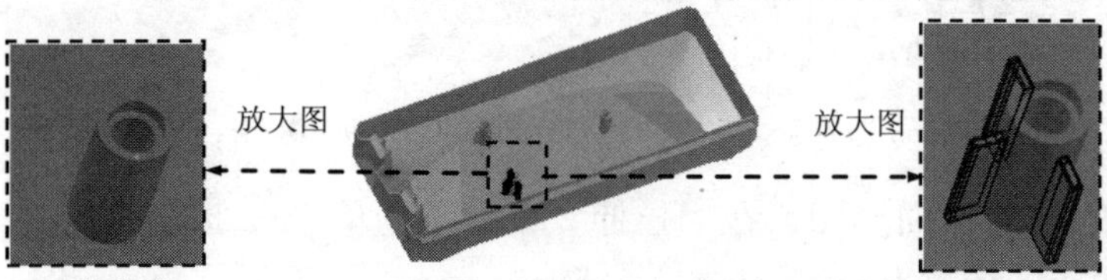

a）镜像前　　b）镜像后

图 22.80　镜像特征 4

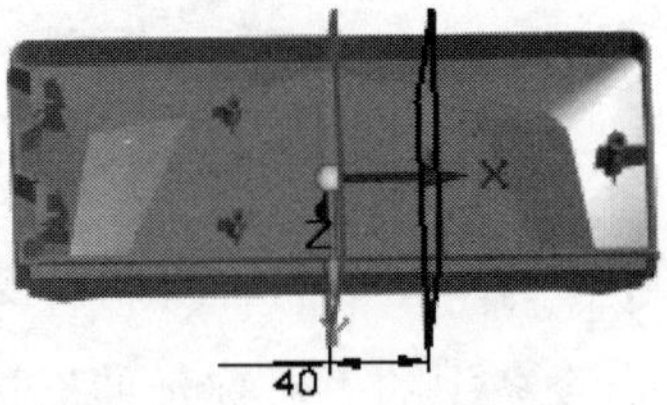

图 22.81　平面 11

Step60. 创建图 22.82 所示的拉伸特征 8。在 实体 区域中单击按钮，选取平面 10 作为草图平面，绘制图 22.83 所示的截面草图，在“拉伸”命令条中单击按钮，选择“拉伸”命令条中的“对称延伸”按钮，在 距离: 下拉列表中输入值 1，并按 Enter 键，在图形区空白区域单击；单击“拉伸”命令条中的 完成 按钮，单击 取消 按钮，完成拉伸特征 8 的创建。

Step61. 创建图 22.84 所示的平面 12。在 平面 区域中单击按钮，选择 平行 选项；选取俯视图（XY）平面作为参考平面，在 距离: 下拉列表中输入偏移距离值 40，偏移方向为 Z 轴负方向，单击完成平面 12 的创建。

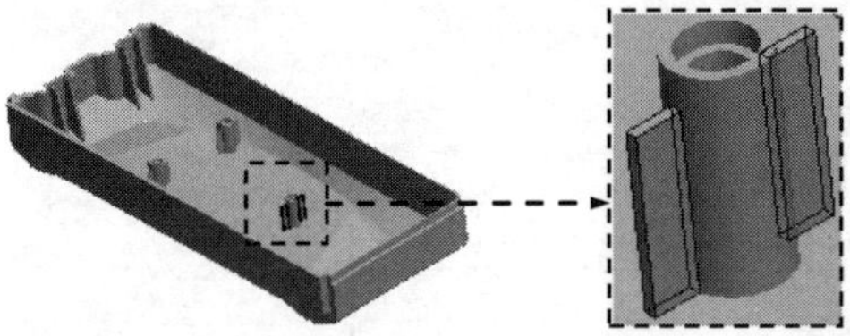

图 22.82　拉伸特征 8

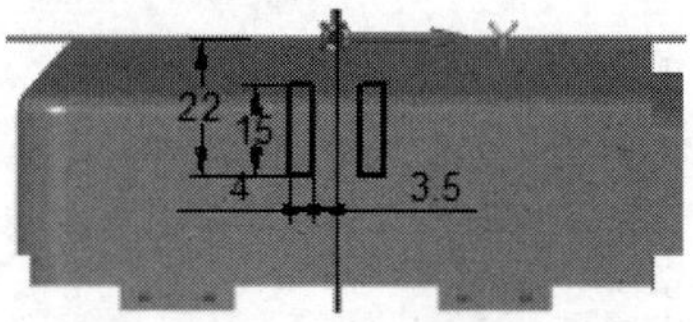

图 22.83　截面草图

Step62. 创建图 22.85 所示的拉伸特征 9。在 实体 区域中单击按钮，选取平面 11 作为草图平面，绘制图 22.86 所示的截面草图，在“拉伸”命令条中单击按钮，确认与按钮未被按下，选择“穿透下一个”按钮，拉伸方向为 Z 轴正方向，在图形区空白区域单击；单击“拉伸”命令条中的 完成 按钮，单击 取消 按钮，完成拉伸特征 9 的创建。

Step63. 创建图 22.87 所示的拉伸特征 10。在 实体 区域中单击按钮，选取前视图（XZ）平面作为草图平面，绘制图 22.88 所示的截面草图，在“拉伸”命令条中单击按钮，选择命令条中的“对称延伸”按钮，在 距离: 下拉列表中输入值 1，并按 Enter 键，在图形区空白区域单击；单击“拉伸”命令条中的完成按钮，单击取消按钮，完成拉伸特征 10 的创建。

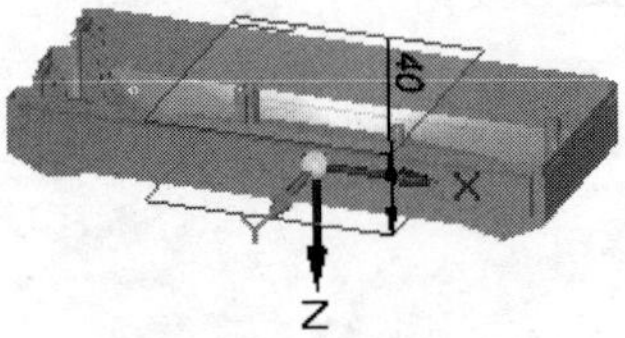

图 22.84　平面 12

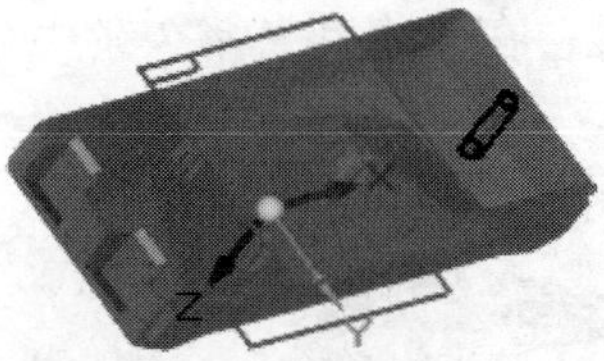

图 22.85　拉伸特征 9

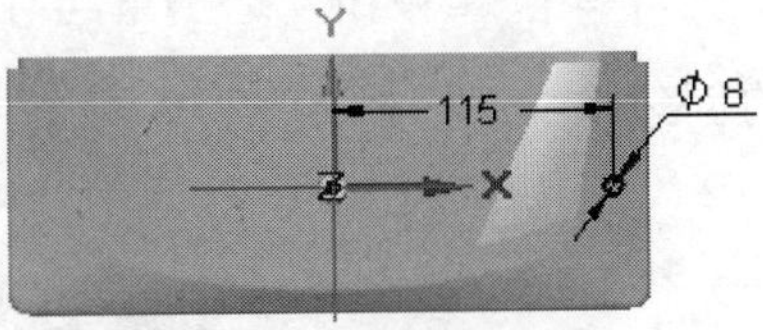

图 22.86　截面草图

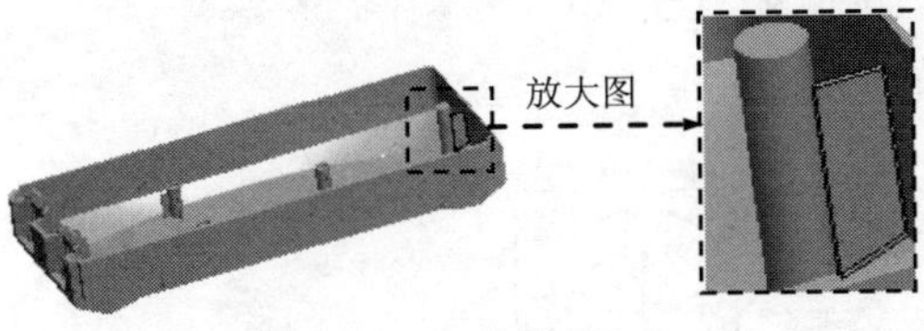

图 22.87　拉伸特征 10

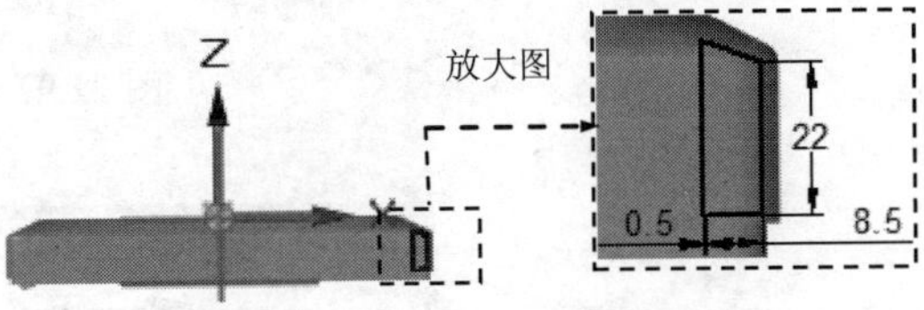

图 22.88　截面草图

Step64. 创建图 22.89 所示的平面 13。在平面区域中单击按钮，选择平行选项；选取右视图（YZ）平面作为参考平面，在距离:下拉列表中输入偏移距离值 115，偏移方向为 Z 轴负方向，单击完成平面 13 的创建。

Step65. 创建图 22.90 所示的拉伸特征 11。在实体区域中单击按钮，选取平面 6 作为草图平面，绘制图 22.91 所示的截面草图，在“拉伸”命令条中单击按钮，选择命令条中的“对称延伸”按钮，在距离:下拉列表中输入值 1，并按 Enter 键，在图形区空白区域单击；单击“拉伸”命令条中的完成按钮，单击取消按钮，完成拉伸特征 11 的创建。

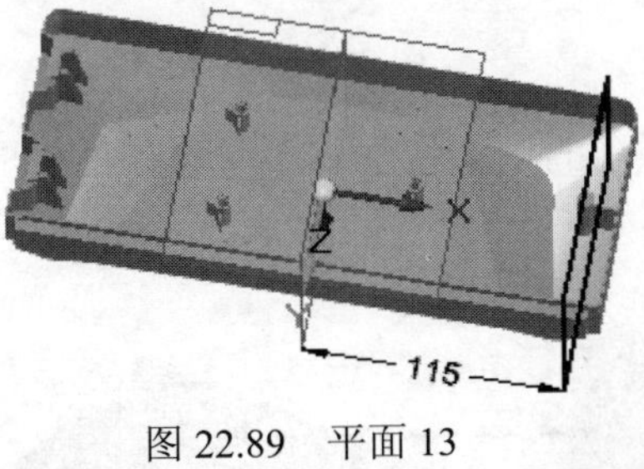

图 22.89　平面 13

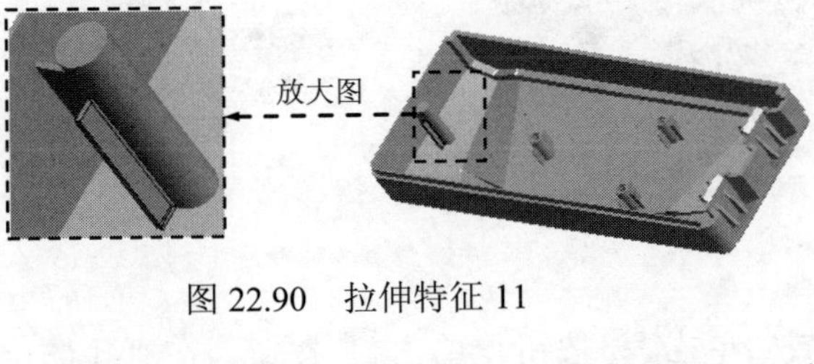

图 22.90　拉伸特征 11

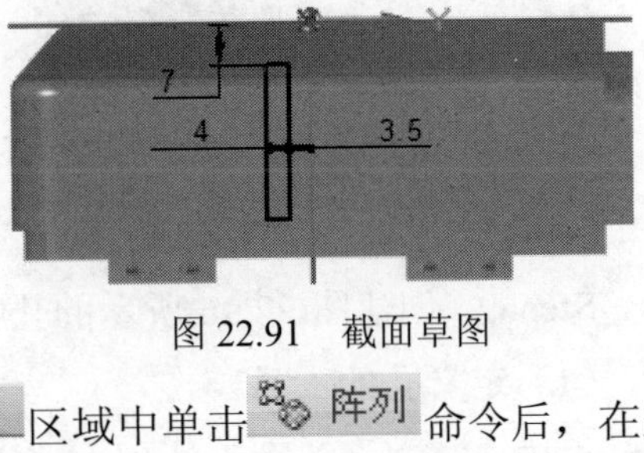

图 22.91　截面草图

Step66. 创建图 22.92 所示的阵列特征 1。在阵列区域中单击阵列命令后，在路径查找器中选取要阵列的拉伸 11，单击按钮；选取俯视图（XY）平面作为阵列草图平面；单击 特征 区域中的按钮，绘制图 22.93 所示的圆（注：圆的大小没有要求），在“阵列”命令条的 翻转 下拉列表中选择 适合 选项，在 计数(C): 文本框中输入阵列个数为 4，单击左键，单击按钮，退出草绘环境；在“阵列”命令条中单击 完成 按钮，完成阵列特征 1 的创建。

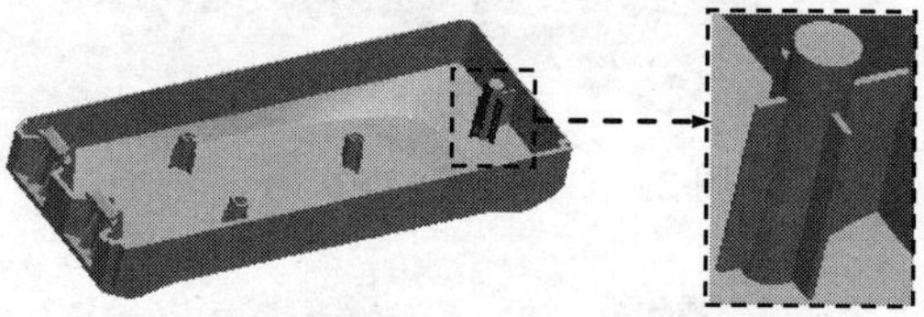

图 22.92　阵列特征 1

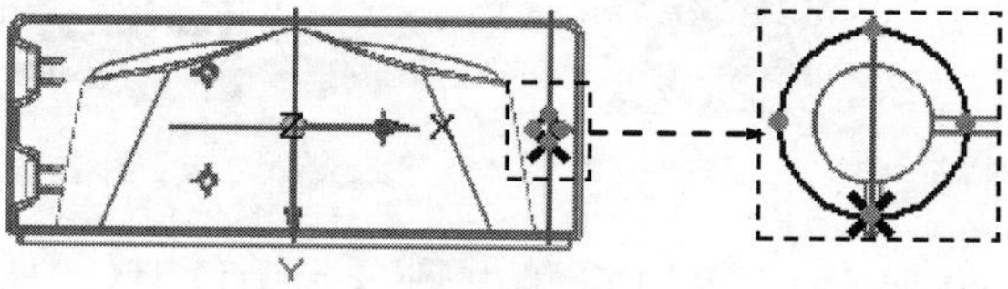

图 22.93　环形阵列轮廓

Step67. 创建图 22.94b 所示的倒圆特征 8。选取图 22.94a 所示的模型边线为倒圆的对象，倒圆半径值为 0.5。

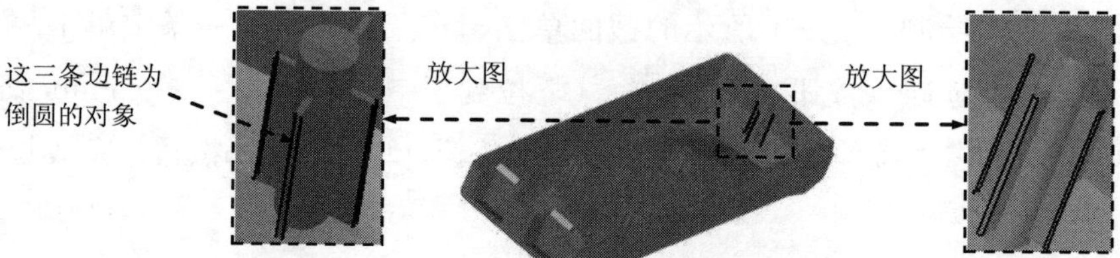

a）倒圆前　　b）倒圆后

图 22.94　倒圆特征 8

Step68. 创建图 22.95b 所示的倒圆特征 9。选取图 22.95a 所示的模型边线为倒圆的对象，倒圆半径值为 0.2。

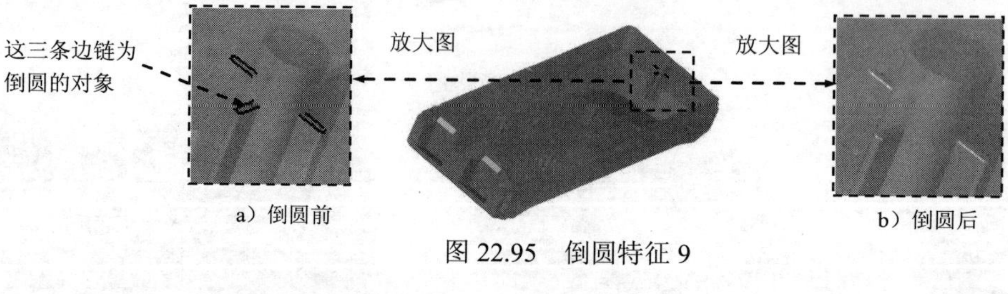

a）倒圆前　　b）倒圆后

图 22.95　倒圆特征 9

Step69. 创建图 22.96 所示的孔特征 2。

（1）定义孔的参数。在 实体 区域中单击按钮，单击按钮，在“孔选项”对话框中选择“沉头孔”选项，在“标称直径” 10 mm 下拉列表中选择 5，在“沉头直径”15.00 mm下拉列表中输入值 6，在“沉头深度”9.00 mm下拉列表中输入值 2，选中☑螺纹(R):复选框，并在其下拉列表中选择M5 x 0.5选项，在子类型:下拉列表中选择标准螺纹选项，选中⊙至孔全长(X)单选项，在孔范围:区域选择延伸类型为▭，在孔深(P):文本框中输入值 15，选中☑V 型孔底角度(Q):复选框，孔深类型选择⊙ ↕，单击确定按钮。完成孔参数的设置。

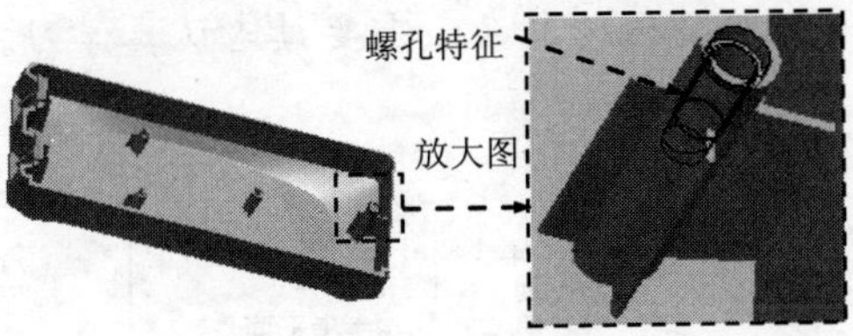

图 22.96　孔特征 2

（2）定义孔的放置面。选取图平面 12 所示的表面为孔的放置面，单击完成孔的放置。

（3）编辑孔的定位。为孔添加图 22.97 所示的同轴约束，约束完成后，单击✓按钮，退出草图绘制环境。

（4）调整孔的方向。移动鼠标调整孔的方向为 Z 轴正方向。

（5）单击命令条中的完成按钮。单击取消按钮，完成孔特征 2 的创建。

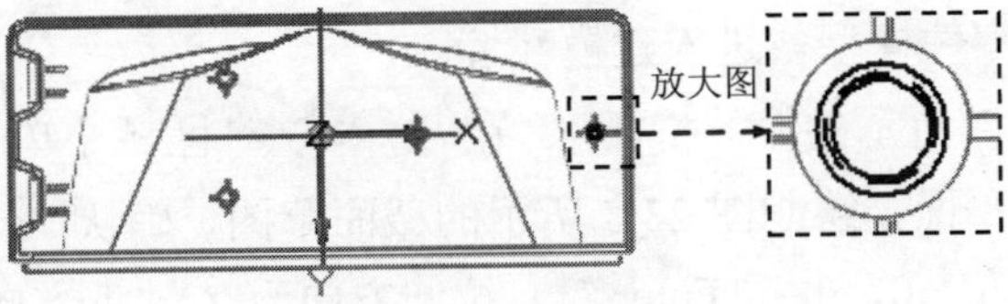

图 22.97　孔的位置约束

Step70. 保存文件，文件名称为 panel。

实例23　电风扇底座

实例概述

本实例讲解了电风扇底座的设计过程，该设计过程主要应用了拉伸、替换面、倒圆、扫掠和镜像命令。其中变倒角的创建较为复杂，需要读者认真学习。零件模型及路径查找器如图 23.1 所示。

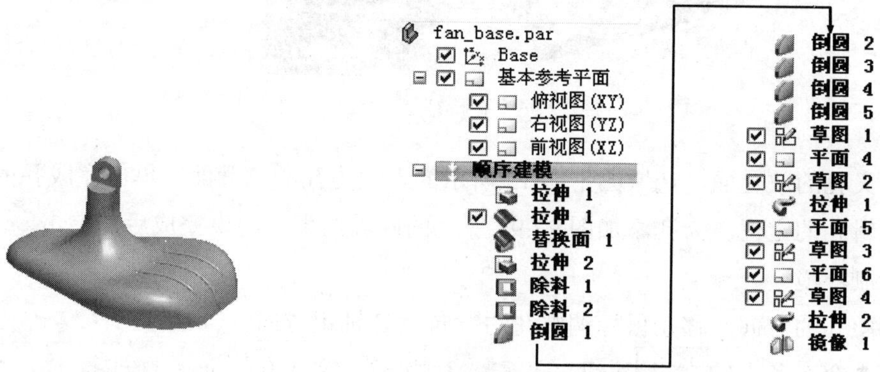

图 23.1　零件模型和路径查找器

Step1. 新建一个零件模型，进入建模环境。

Step2. 创建图 23.2 所示的拉伸特征 1。在实体区域中单击按钮，选取俯视图（XY）平面作为草图平面，绘制图 23.3 所示的截面草图，确认与按钮未被按下，在距离:下拉列表中输入值 50，并按 Enter 键，拉伸方向为 Z 轴正方向，在图形区空白区域单击；单击“拉伸”命令条中的完成按钮，单击取消按钮，完成拉伸特征 1 的创建。

Step3. 创建图 23.4 所示的拉伸曲面 1。选择曲面区域中的命令，选取前视图（XZ）平面作为草图平面，绘制图 23.5 所示的截面草图，在“拉伸”命令条中单击按钮，选择命令条中的“对称延伸”按钮，在距离:下拉列表中输入值 150，并按 Enter 键，在图形区空白区域单击；单击“拉伸”命令条中的完成按钮，单击取消按钮，完成拉伸曲面 1 的创建。

Step4. 创建图 23.6 所示的替换面。选择修改曲面区域中的命令，选择图 23.6 所示的曲面 1 为替换的目标面，单击右键。选取图 23.7 所示的曲面 2 为替换面。单击完成按钮，完成替换面的创建。单击取消按钮。

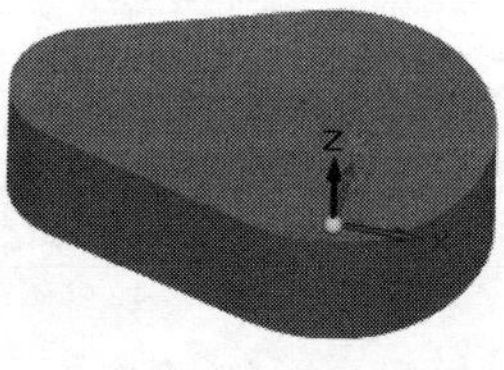

图 23.2　拉伸特征 1

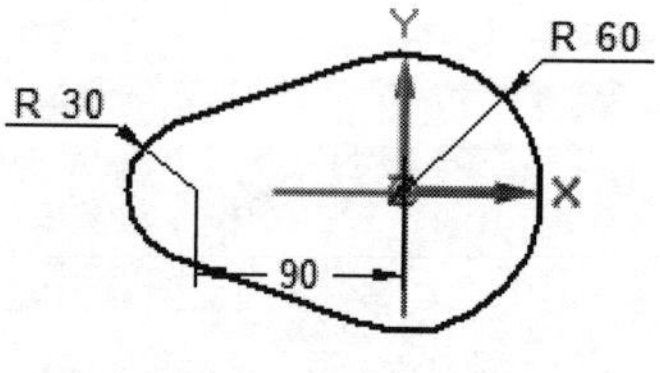

图 23.3　截面草图

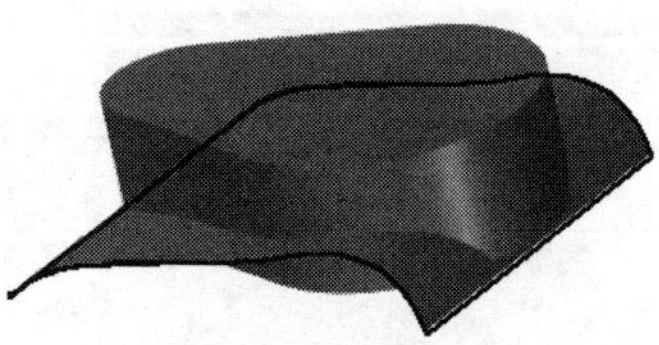

图 23.4　拉伸曲面 1

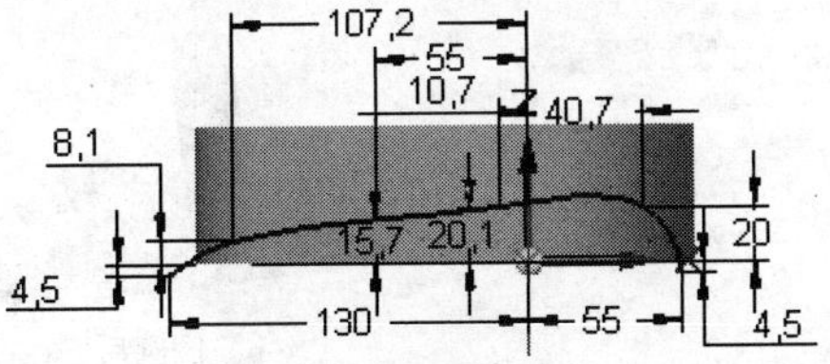

图 23.5　截面草图

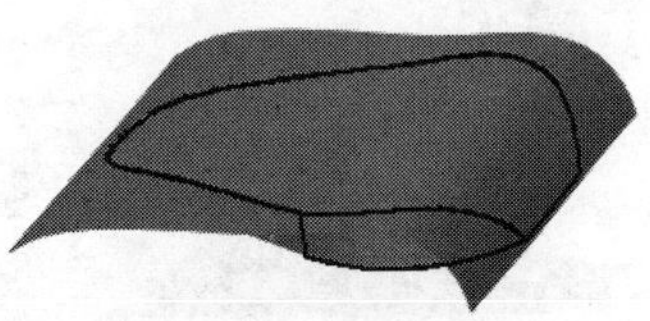
图 23.6　替换面

Step5. 创建图 23.8 所示的拉伸特征 2。在实体区域中单击按钮，选取前视图（XZ）平面作为草图平面，绘制图 23.9 所示的截面草图，选择命令条中的“对称延伸”按钮，在距离:下拉列表中输入值 25，并按 Enter 键，在图形区空白区域单击；单击“拉伸”命令条中的完成按钮，单击取消按钮，完成拉伸 2 的创建。

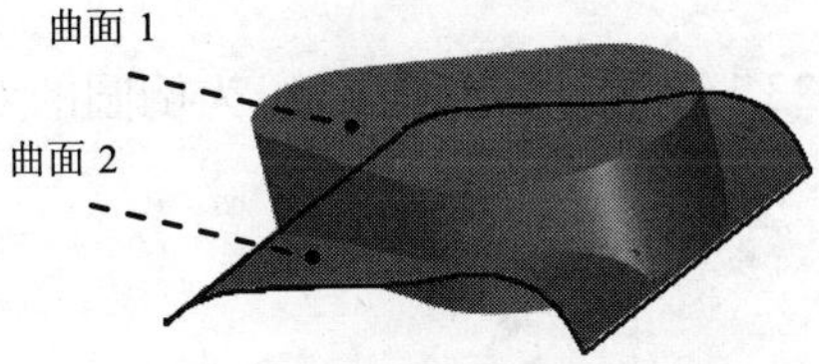

图 23.7　定义替换的目标面及替换面

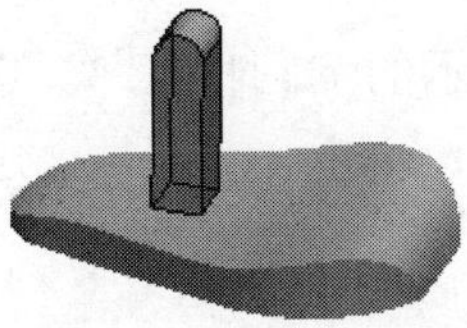
图 23.8　拉伸特征 2

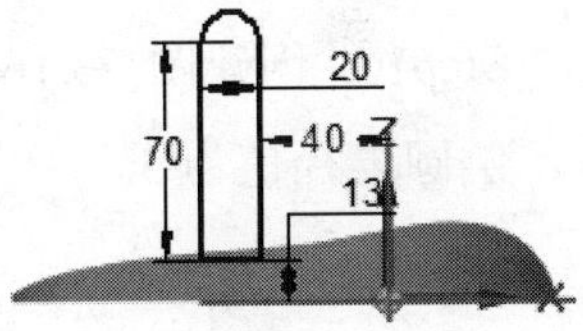

图 23.9　截面草图

Step6. 创建图 23.10 所示的除料特征 1。在实体区域中单击按钮，选取前视图（XZ）平面作为草图平面，绘制图 23.11 所示的截面草图；绘制完成后，单击按钮，选择“除料”命令条中的“贯通”按钮，调整除料方向为 Y 轴负方向，单击完成按钮，单击取消按钮，完成除料特征 1 的创建。

Step7. 创建图 23.12 所示的除料特征 2。在实体区域中单击按钮，选取前视图（XZ）平面作为草图平面，绘制图 23.13 所示的截面草图；绘制完成后，单击按钮，选择命令条中的“贯通”按钮，调整除料方向为 Y 轴正方向，单击完成按钮，单击取消按钮，完成除料特征 2 的创建。

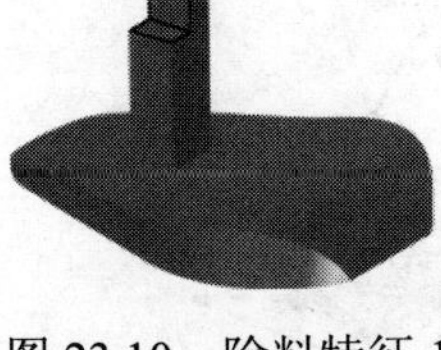
图 23.10　除料特征 1

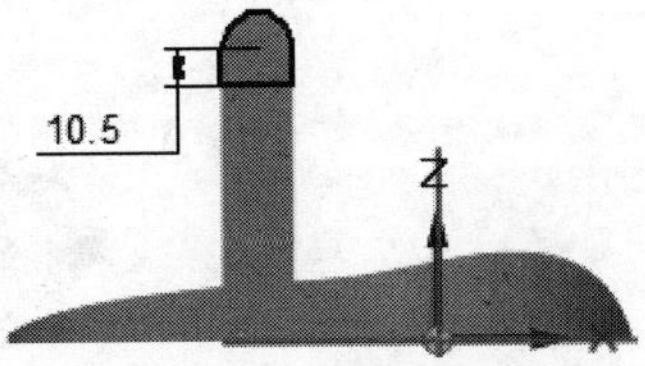

图 23.11　截面草图

图 23.12　除料特征 2

Step8. 创建图 23.14b 所示的倒圆特征 1。选取图 23.14a 所示的模型边线为倒圆的对象，倒圆半径值为 10。

Step9. 创建图 23.15b 所示的倒圆特征 2。选取图 23.15a 所示的模型边线为倒圆的对象，倒圆半径值为 5。

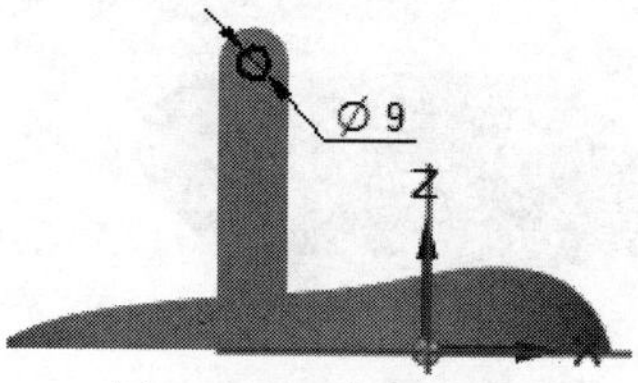

图 23.13　截面草图

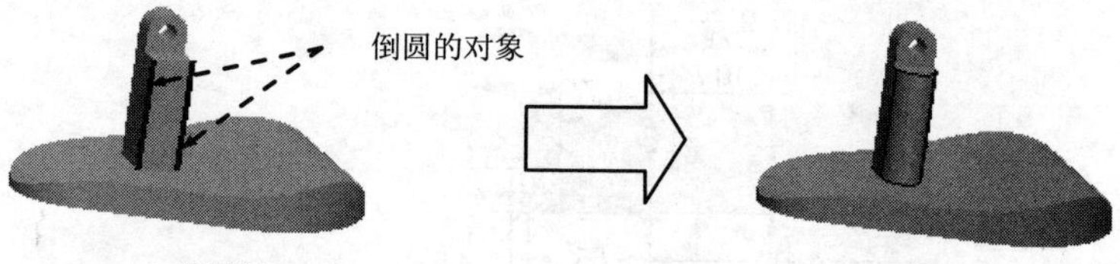

a）倒圆前　　b）倒圆后

图 23.14　倒圆特征 1

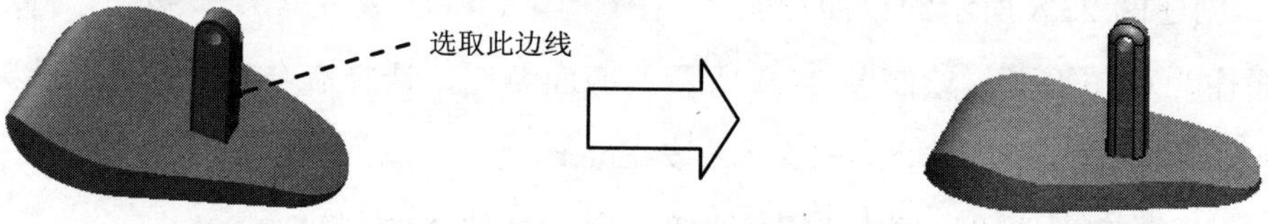

a）倒圆前　　b）倒圆后

图 23.15　倒圆特征 2

Step10. 创建图 23.16b 所示的倒圆特征 3。选取图 23.16a 所示的模型边线为倒圆的对象，倒圆半径值为 5。

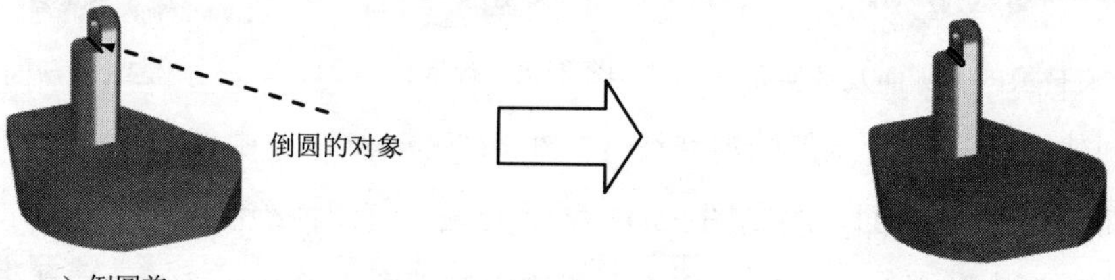

a）倒圆前　　b）倒圆后

图 23.16　倒圆特征 3

Step11. 创建图 23.17 所示的倒圆特征 4。单击按钮，选取倒圆类型为 可变半径(V)，单击 确定 按钮；选取图 23.18 所示的模型边线为倒圆的对象，然后右击；选取图 23.18 所示的点 1，输入倒圆半径值 10，然后右击，选取图 23.18 所示的点 2，输入倒圆半径值 15，然后右击；选取图 23.18 所示的点 3，输入倒圆半径值 8，单击“倒圆”命令条中的 预览 按钮，然后单击 完成 按钮，完成倒圆特征 4 的创建。

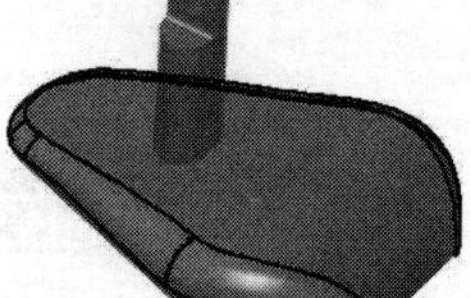

图 23.17　倒圆特征 4

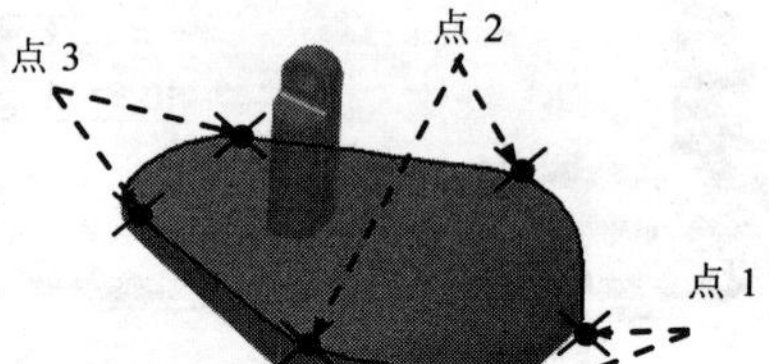

图 23.18　定义倒圆参数

Step12. 创建图 23.19b 所示的倒圆特征 5。选取图 23.19a 所示的模型边线为倒圆的对象，倒圆半径值为 35。

Step13. 创建草图 1。在 草图 区域中单击按钮，选取前视图（XZ）平面作为草图平面，绘制图 23.20 所示的草图 1。

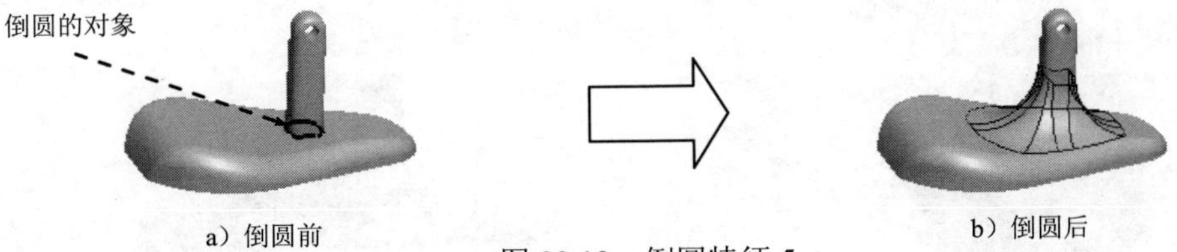

图 23.19　倒圆特征 5

Step14. 创建图 23.21 所示的平面 4（本步的详细操作过程请参见随书光盘中 video\ch23\reference\文件下的语音视频讲解文件 fan_base-r01.exe）。

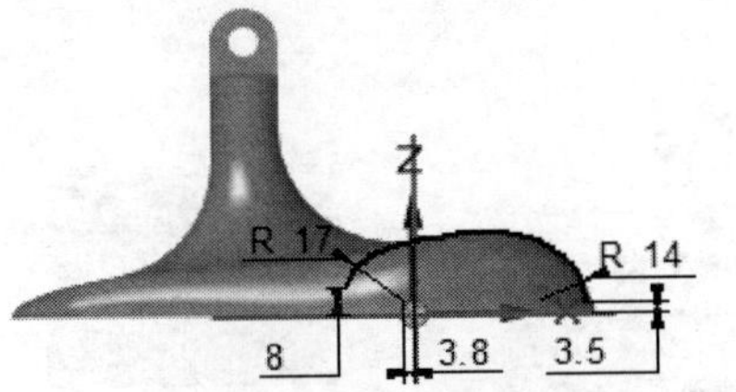

图 23.20　草图 1

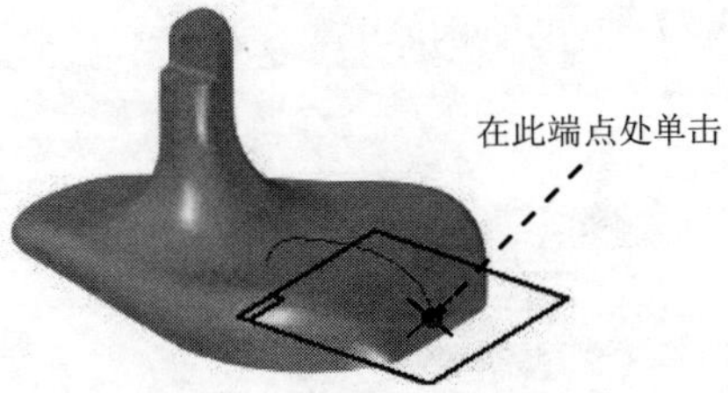

图 23.21　平面 4

Step15. 创建草图 2。在 草图 区域中单击 按钮，选取平面 4 作为草图平面，绘制图 23.22 所示的草图 2。

Step16. 创建图 23.23 所示的扫掠特征 1。在 实体 区域中单击 添料 后的小三角，选择 扫掠 命令后，在“扫掠”对话框的 默认扫掠类型 区域中选中 单一路径和横截面(S) 单选项。单击 确定 按钮，其他参数接受系统默认设置值，在图形区中选取草图 1 为扫掠轨迹曲线，然后右击；选取草图 2 为扫掠截面；单击 完成 按钮，单击 取消 按钮，完成扫掠特征 1 的创建。

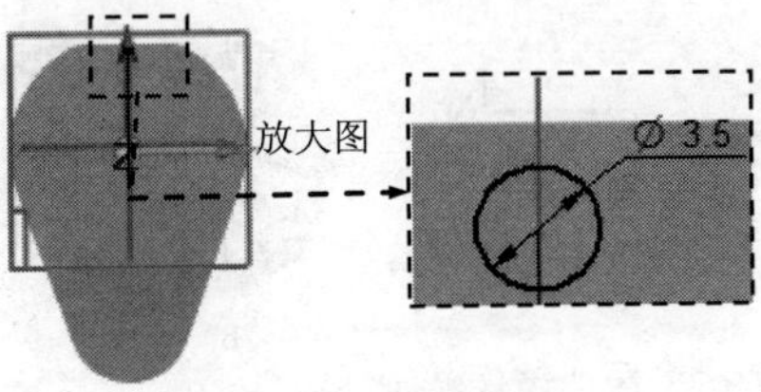

图 23.22　草图 2

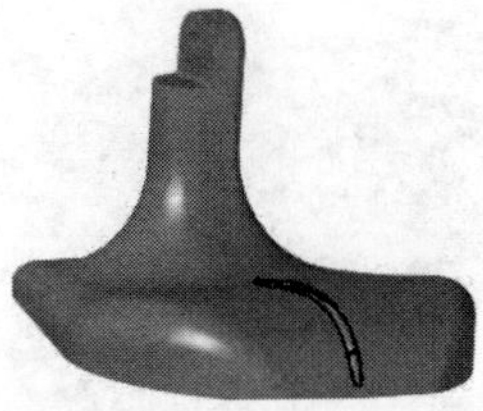
图 23.23　扫掠特征 1

Step17. 创建图 23.24 所示的平面 5。在 平面 区域中单击 按钮，选择 平行 选项；在绘图区域选取前视图（XZ）作为参考平面，在 距离: 下拉列表中输入偏移距离值 20，偏移方向为 Y 轴正方向，单击完成平面 5 的创建。

Step18. 创建草图 3。在 草图 区域中单击 按钮，选取平面 5 作为草图平面，绘制图 23.25 所示的草图 3。

Step19. 创建图 23.26 所示的平面 6。在 平面 区域中单击 按钮，选择 垂直于曲线 选项；选取草图 3 作为参考曲线，在图 23.26 所示的端点处单击完成平面 6 的创建。

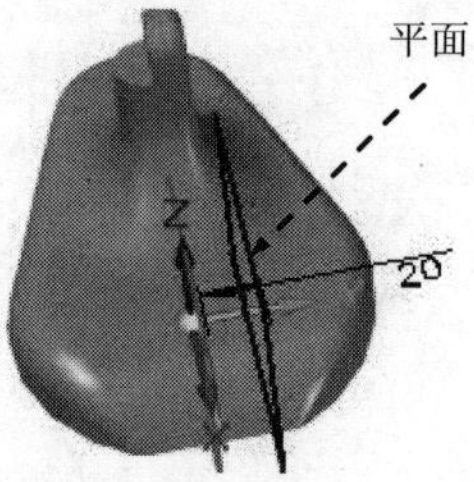

图 23.24　平面 5

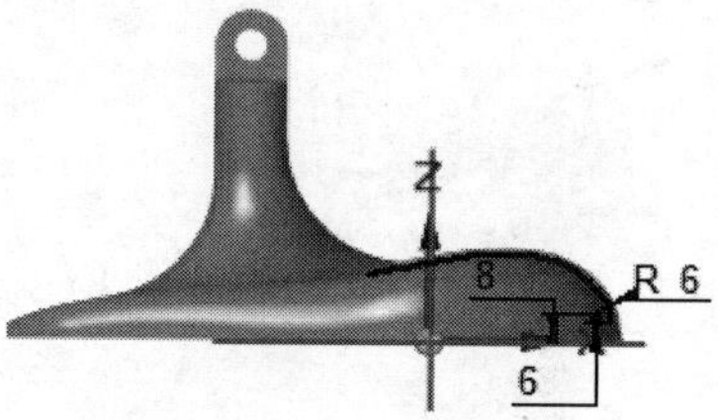

图 23.25　草图 3

Step20. 创建草图 4。在 草图 区域中单击 按钮，选取平面 5 作为草图平面，绘制图 23.27 所示的草图 4。

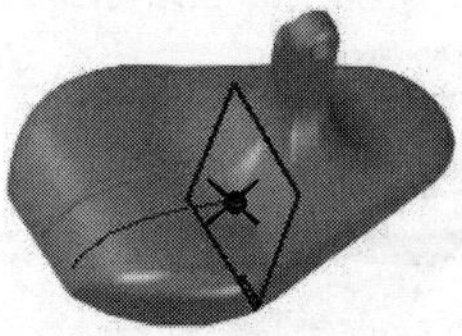

图 23.26　平面 6

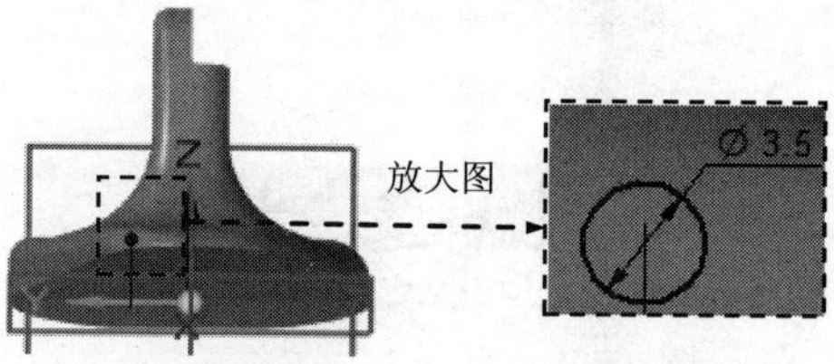

图 23.27　草图 4

Step21. 创建图 23.28 所示的扫掠特征 2。在 实体 区域中单击 后的小三角，选择 扫掠 命令后，在“扫掠”对话框的 默认扫掠类型 区域中选中 单一路径和横截面(S) 单选项。其他参数接受系统默认，在图形区中选取草图 3 为扫掠轨迹曲线，然后右击；选取草图 4 为扫掠截面；单击 完成 按钮，单击 取消 按钮，完成扫掠特征 2 的创建。

Step22. 创建图 23.29b 所示的镜像特征 1。在 阵列 区域中单击 镜像 命令，在路径查找器中选取 **拉伸 2** 为镜像特征，单击 按钮；选取前视图（XZ）平面作为镜像中心平面，单击“镜像”命令条中的 完成 按钮，完成镜像特征 1 的创建。

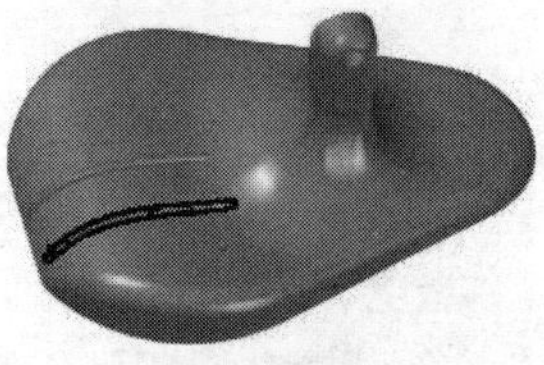

图 23.28　扫掠特征 2

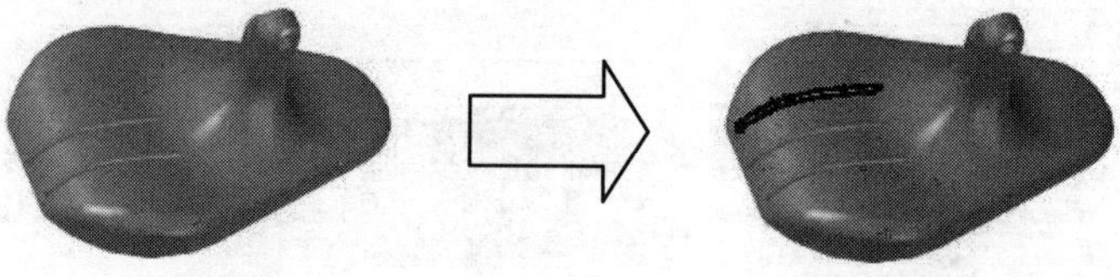

a）镜像前　　b）镜像后

图 23.29　镜像特征 1

Step23. 保存文件，文件名称为 fan_base。

实例24 淋浴喷头

实例概述

本实例是一个典型的曲面建模的实例，先创建基准曲线，再利用基准曲线构建蓝面曲面，最后再通过缝合、加厚和倒圆命令完成模型。零件模型及路径查找器如图 24.1 所示。

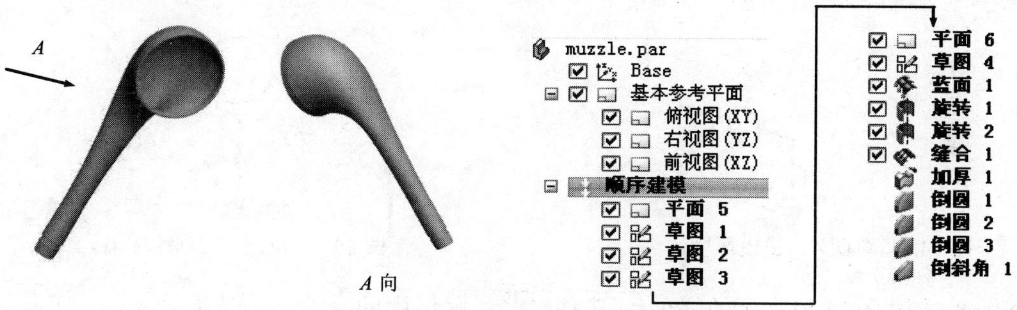

图 24.1 零件模型及路径查找器

Step1. 新建一个零件模型，进入建模环境。

Step2. 创建图 24.2 所示的平面 4。在平面区域中单击按钮，选择平行选项；选取右视图（YZ）作为参考平面，在距离:下拉列表中输入偏移距离值 225，偏移方向为 X 轴正方向，单击完成平面 4 的创建。

Step3. 创建图 24.3 所示的草图 1。在草图区域中单击按钮，选取平面 4 作为草图平面，绘制图 24.4 所示的草图 1。

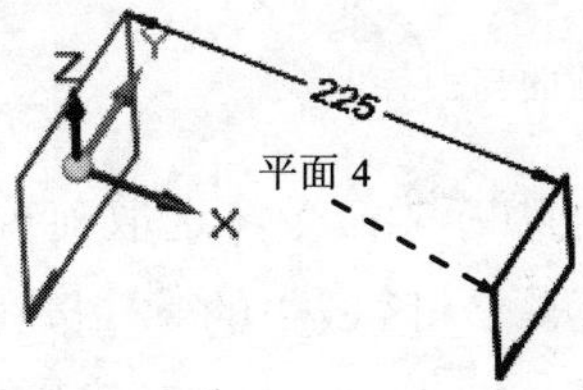

图 24.2 平面 4

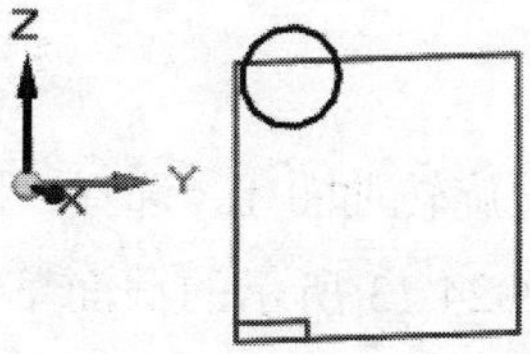

图 24.3 草图 1（建模环境）

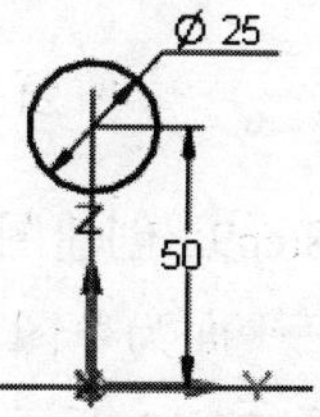

图 24.4 草图 1（草绘环境）

Step4. 创建草图 2。在草图区域中单击按钮，选取俯视图（XY）平面作为草图平面，绘制图 24.5 所示的草图 2。

Step5. 创建草图 3。在草图区域中单击按钮，选取前视图（XZ）平面作为草图平面，绘制图 24.6 所示的草图 3。

Step6. 创建图 24.7 所示的平面 5（本步的详细操作过程请参见随书光盘中 video\ch24\reference\文件下的语音视频讲解文件 muzzle-r01.exe）。

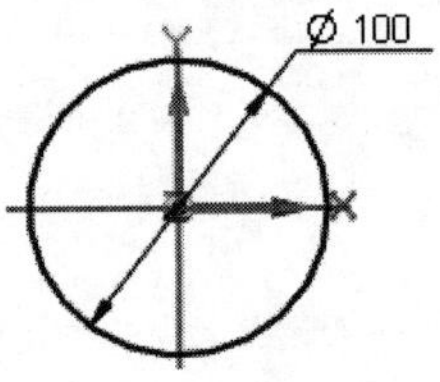

图 24.5　草图 2

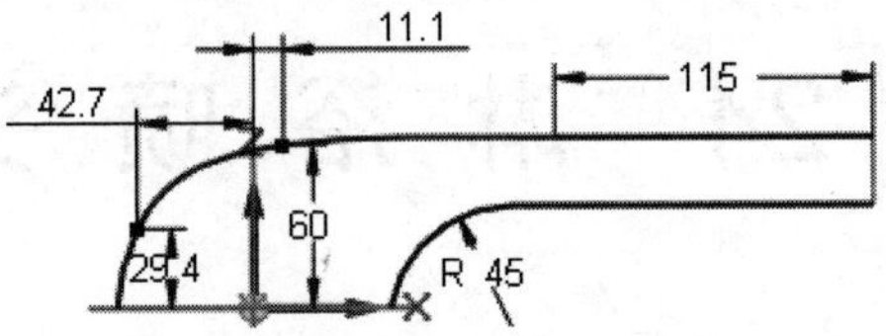

图 24.6　草图 3

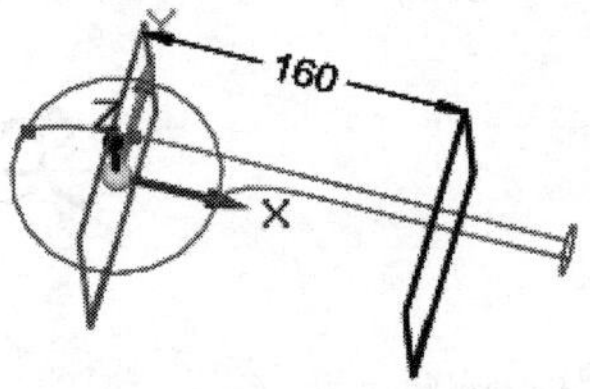

图 24.7　平面 5

Step7. 创建图 24.8 所示的草图 4。在 草图 区域中单击按钮，选取平面 5 作为草图平面，绘制图 24.9 所示的草图 4。

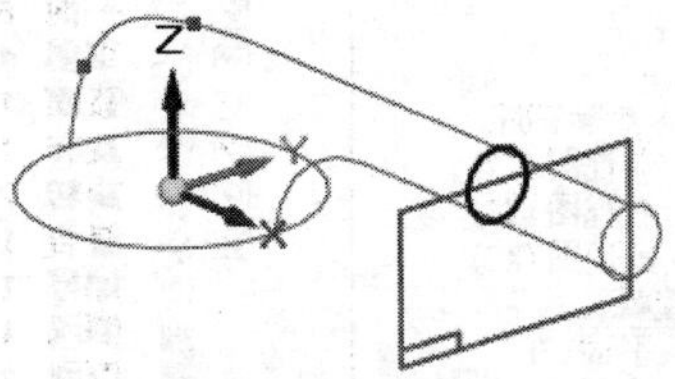

图 24.8　草图 4（建模环境）

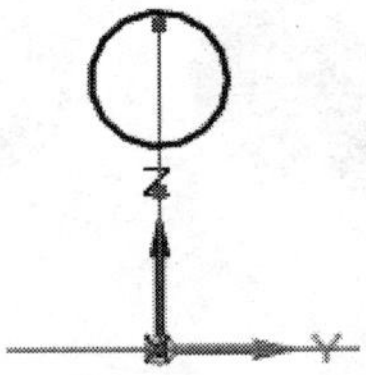

图 24.9　草图 4（草绘环境）

Step8. 创建图 24.10 所示的蓝面 1。选择 曲面 区域中的命令，选取图 24.11 所示的截面 1、截面 2 与截面 3；在“蓝面”命令条中单击按钮，选取引导曲线 1，单击右键；选取引导曲线 2，单击右键；单击 预览 按钮，单击 完成 按钮，单击 取消 按钮，完成蓝面 1 的创建。

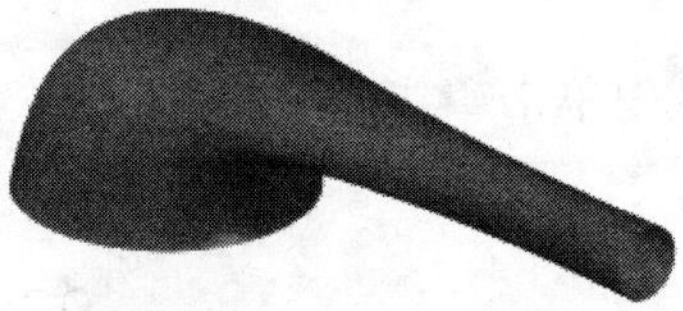

图 24.10　蓝面 1

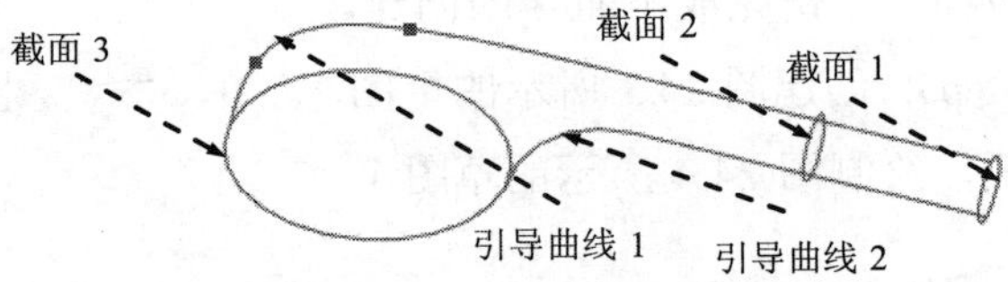

图 24.11　定义截面与引导曲线

Step9. 创建图 24.12 所示的旋转曲面 1。选择 曲面 区域中的 旋转 命令，选取前视图（XZ）平面为草图平面，绘制图 24.13 所示的截面草图；单击 绘图 区域中的按钮，选取图 21.13 所示的线为旋转轴；单击“关闭草图”按钮，在“旋转”命令条的 角度(A): 文本框中输入值 360.0，在图形区空白区域单击；单击“旋转”命令条中的 完成 按钮，完成旋转曲面 1 的创建。

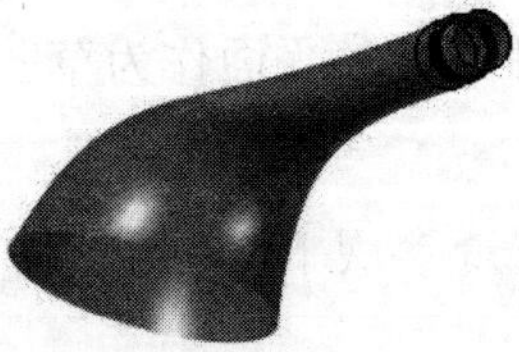

图 24.12　旋转曲面 1

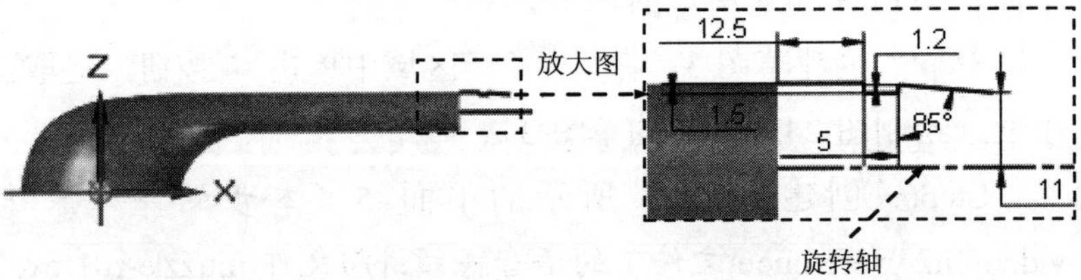

图 24.13　截面草图

Step10. 创建图 24.14 所示的旋转曲面 2。选择 曲面 区域中的 旋转 命令，选取右视图（YZ）平面为草图平面，绘制图 21.15 所示的截面草图；单击 绘图 区域中的按钮，选取图 24.15 所示的线为旋转轴；单击“关闭草图”按钮，在“旋转”命令条的 角度(A): 文本框中输入值 360.0，在图形区空白区域单击；单击“旋转”命令条中的 完成 按钮，完成旋转曲面 2 的创建。

Step11. 创建图 21.16 所示的缝合曲面。单击 修改曲面 区域的 缝合 命令，系统弹出“缝合曲面选项”对话框，采用系统默认的选项设置，单击 确定 按钮；在路径查找器中选取蓝面 1、旋转 1 及旋转 2 作为缝合对象，单击右键；单击 完成 按钮，完成缝合曲面的创建，单击 取消 按钮。

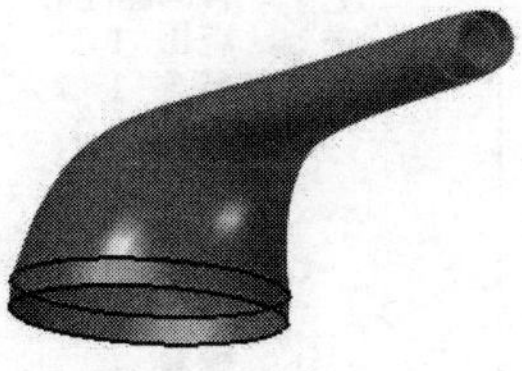

图 24.14 旋转曲面 2

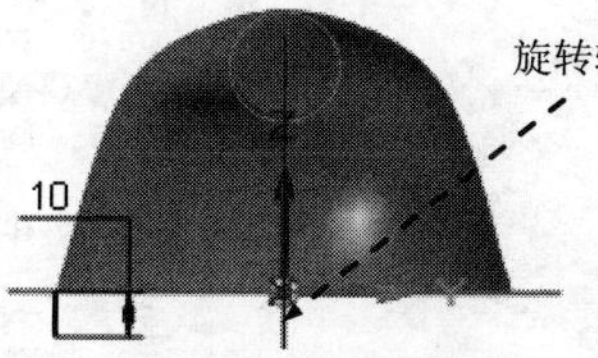

图 24.15 截面草图

图 24.16 缝合曲面

Step12. 创建图 21.17 所示的加厚曲面 1。选择 实体 区域中的 加厚 命令，选择整个缝合曲面作为加厚曲面，在“加厚”命令条的 距离: 文本框中输入值 2.5。在图 24.18 箭头所指的方向单击鼠标左键。单击 完成 按钮，完成加厚曲面 1 的创建，单击 取消 按钮。

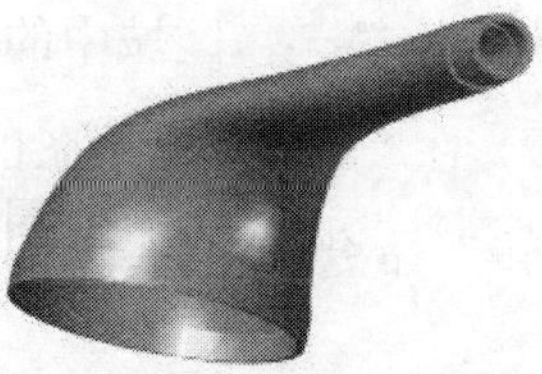

图 24.17 加厚曲面 1

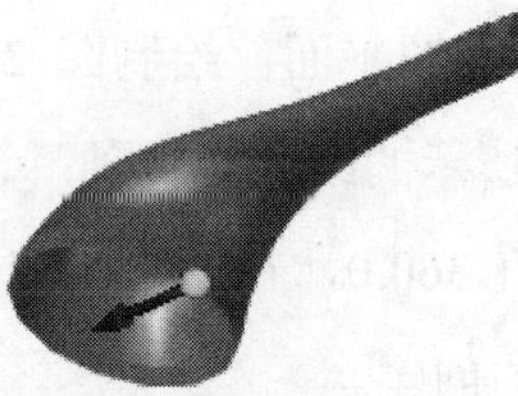

图 24.18 加厚方向

Step13. 后面的详细操作过程请参见随书光盘中 video\ch24\reference\文件下的语音视频讲解文件 muzzle-r02.exe。

实例 25 水嘴旋钮

实例概述

本实例主要运用了旋转曲面、蓝面曲面、阵列、镜像、布尔等特征，零件模型及路径查找器如图 25.1 所示。

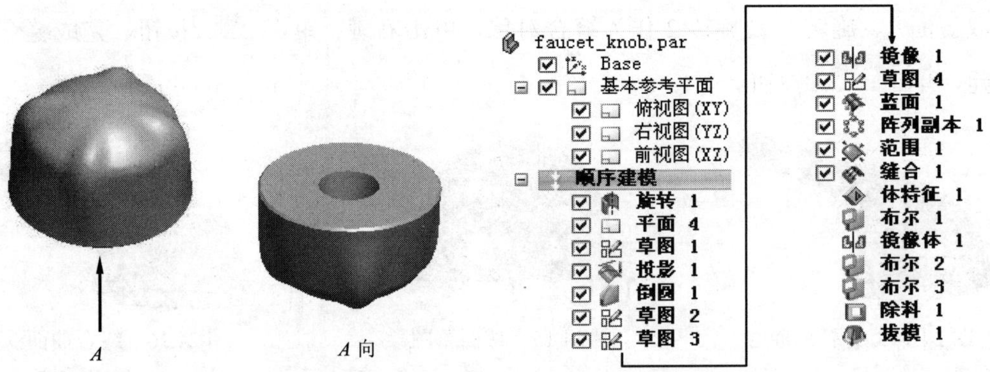

图 25.1 零件模型及路径查找器

Step1. 新建一个零件模型，进入建模环境。

Step2 创建图 25.2 所示的旋转曲面 1。选择 曲面 区域中的 旋转 命令，选取前视图（XZ）平面为草图平面，绘制图 25.3 所示的截面草图；单击 绘图 区域中的 按钮，选取图 25.3 所示的线为旋转轴；单击“关闭草图”按钮，在“旋转”命令条的 角度(A): 文本框中输入值 360.0，在图形区空白区域单击；单击“旋转”命令条中的 完成 按钮，完成旋转曲面 1 的创建。

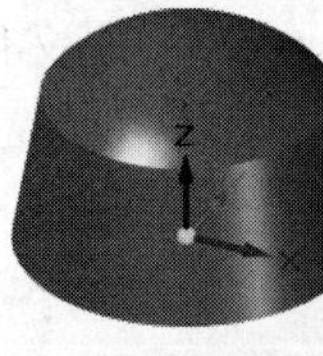

图 25.2 旋转曲面 1

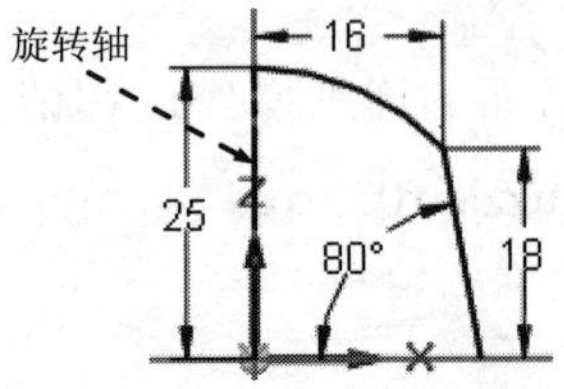

图 25.3 截面草图

Step3. 创建图 25.4 所示的平面 4（本步的详细操作过程请参见随书光盘中 video\ch25\reference\文件下的语音视频讲解文件 fancet_knob-r01.exe）。

Step4. 创建图 25.5 所示的草图 1。在 草图 区域中单击 按钮，选取俯视图（XY）平面作为草图平面，绘制图 25.6 所示的草图 1。

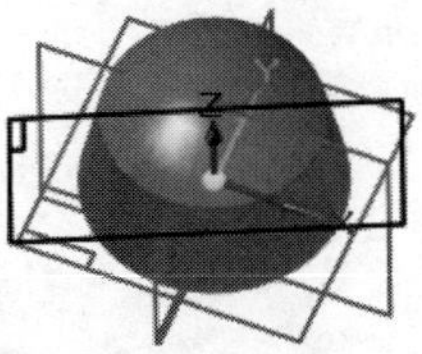

图 25.4 平面 4

说明：圆弧关于 X 轴对称，上端点落在平面 4 上。

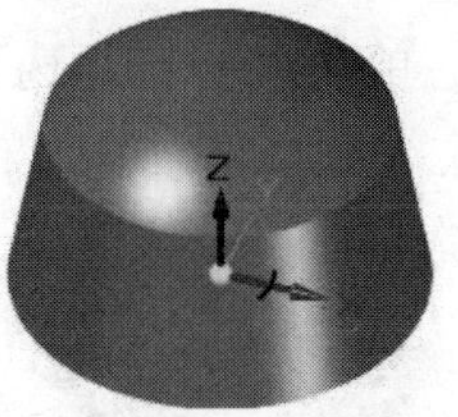

图 25.5 草图 1（建模环境）

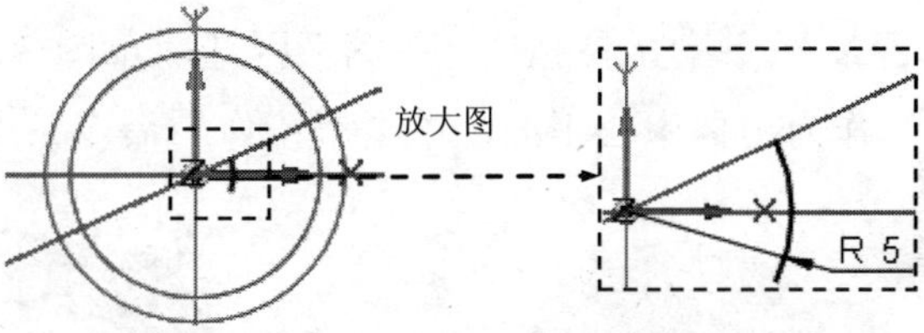

图 25.6 草图 1（草绘环境）

Step5. 创建图 25.7 所示的投影曲线 1。在曲面处理选择卡的曲线区域中单击命令，选取草图 1 为投影曲线，然后单击鼠标右键；选取图 25.8 所示的面为投影面，然后右击；选择图 25.8 所示的方向，使投影方向朝向投影面，在箭头所示一侧单击鼠标左键；单击完成按钮，完成投影曲线 1 的创建，单击取消按钮。

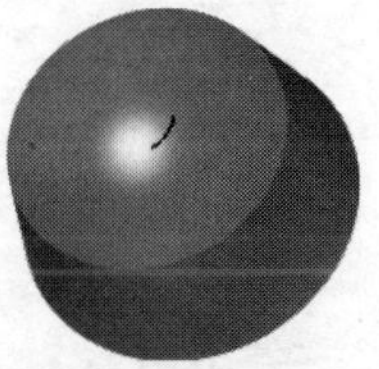

图 25.7 投影曲线 1

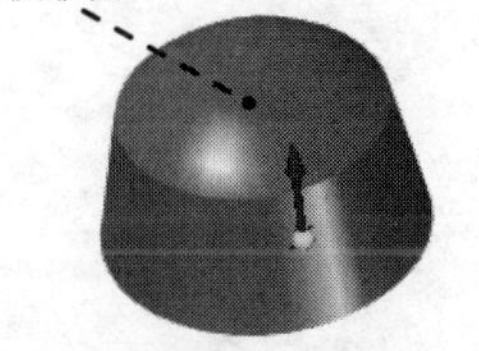

图 25.8 定义投影参照

Step6. 创建图 25.9b 所示的倒圆特征 1。选取图 25.9a 所示的模型边线为倒圆的对象，倒圆半径值为 5。

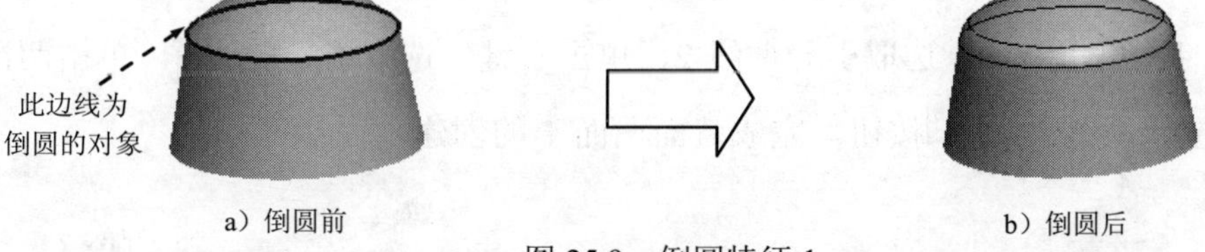

a）倒圆前 b）倒圆后

图 25.9 倒圆特征 1

Step7. 创建图 25.10 所示的草图 2。在草图区域中单击按钮，选取前视图（XZ）平面作为草图平面，绘制图 25.11 所示的草图 2。

Step8. 创建图 25.12 所示的草图 3。在草图区域中单击按钮，选取平面 4 作为草图平面，绘制图 25.13 所示的草图 3。

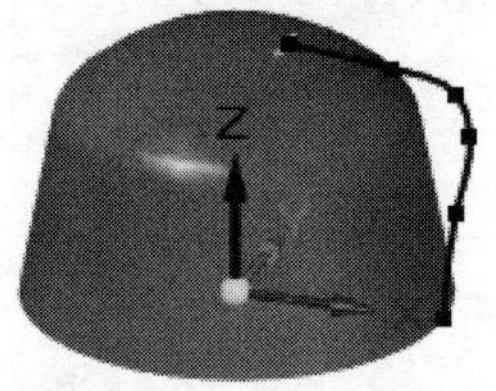

图 25.10　草图 2（建模环境）

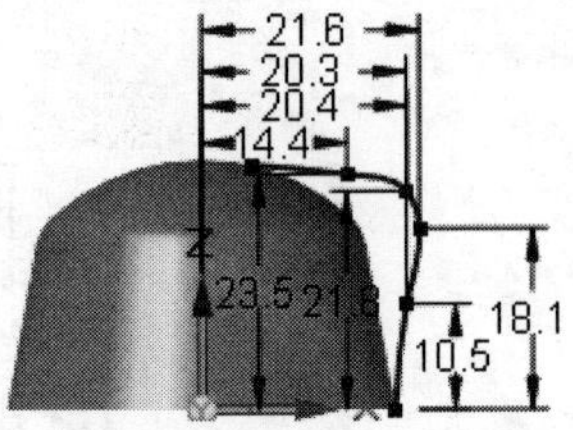

图 25.11　草图 2（草绘环境）

Step9. 创建图 25.14 所示的镜像特征 1，在阵列区域中单击镜像后的小三角，选择镜像复制零件按钮，在图形区选取草图 3 作为镜像对象，单击按钮；选取前视图（XZ）作为镜像中心平面，单击“镜像”命令条中的完成按钮，完成镜像特征的创建。

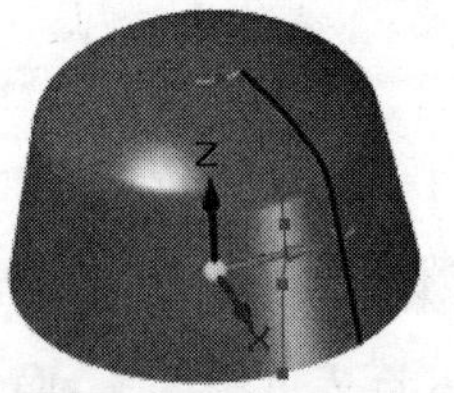

图 25.12　草图 3（建模环境）

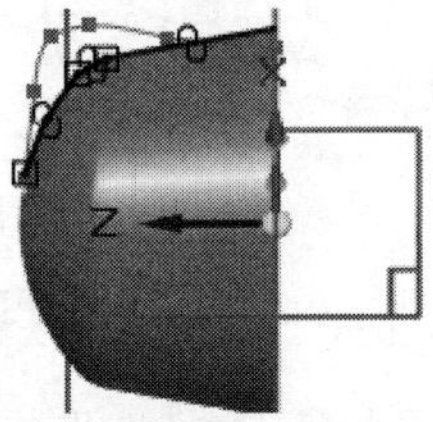

图 25.13　草图 3（草绘环境）

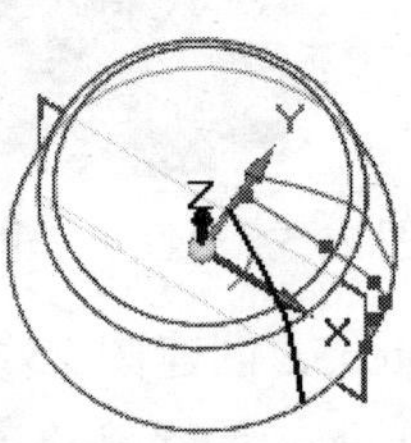

图 25.14　镜像特征 1

Step10. 创建图 25.15 所示的草图 4。在草图区域中单击按钮，选取俯视图（XY）平面作为草图平面，绘制图 25.16 所示的草图 4。

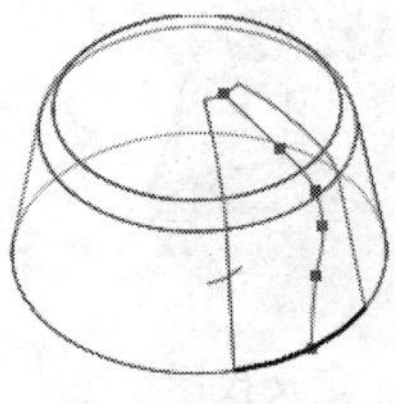

图 25.15　草图 4（建模环境）

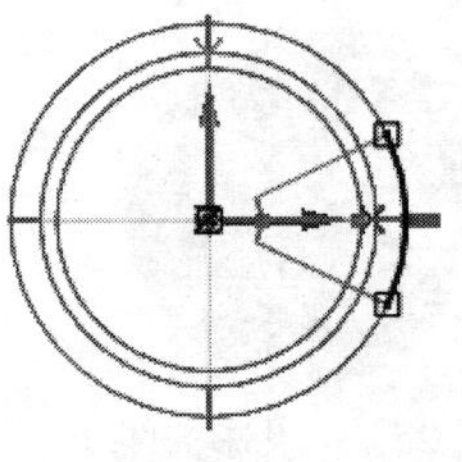

图 25.16　草图 4（草绘环境）

Step11. 创建图 25.17 所示的蓝面曲面 1。选择曲面区域中的命令，选择图 25.18 所示的截面 1，单击右键；选取截面 2，单击右键，在命令条中单击按钮，选取图 25.18 所示的引导曲线 1，单击右键，选取引导曲线 2，单击右键，选取引导曲线 3，单击两次右键，单击完成按钮，单击取消按钮，完成蓝面曲面 1 的创建。

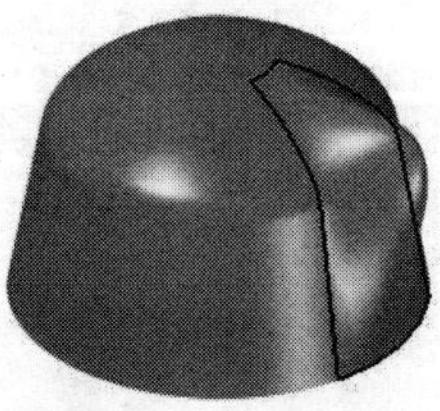

图 25.17　蓝面曲面 1

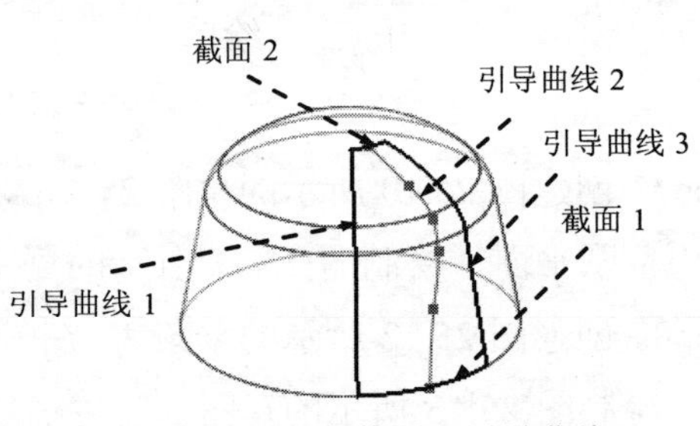

图 25.18　定义截面及引导曲线

Step12. 创建图 25.19 所示的阵列副本 1。在阵列区域中单击阵列命令后，在命令条的选择:下拉列表中选择体选项，在图形区中选取要阵列的蓝面曲面，单击按钮；选取俯视图（XY）作为阵列草图平面；单击特征区域中的按钮，绘制图 25.20 所示的圆（注：圆心要与坐标原点重合，对于圆的大小没有要求），在“阵列”命令条的翻转下拉列表中选择适合选项，在计数(C):文本框中输入阵列个数为 4，单击左键，单击按钮，退出草绘环境；单击完成按钮，完成阵列副本 1 的创建。

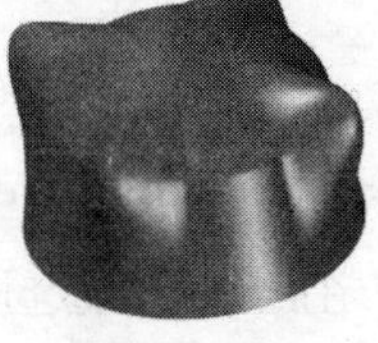

图 25.19 阵列副本 1

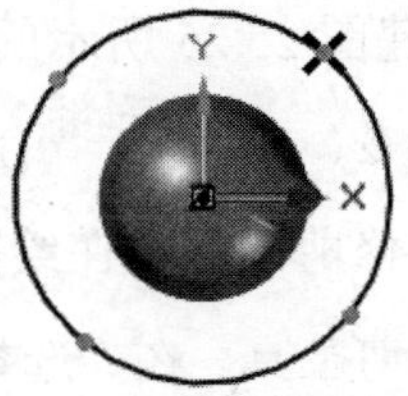

图 25.20 环形阵列轮廓

Step13. 创建图 25.21 所示的偏移曲面 1。

（1）选择命令。在曲面区域中单击偏移按钮。

（2）定义偏移曲面。在绘图区域选取“旋转曲面 1”为要偏移的曲面，单击右键。

（3）定义偏移距离。在“偏移”命令条的距离:文本框中输入值 0.3，按 Enter 键。

（4）定义偏移方向。偏移方向可参考图 25.22 所示（向实体外部）。

（5）单击完成按钮，单击取消按钮，完成偏移曲面 1 的创建。

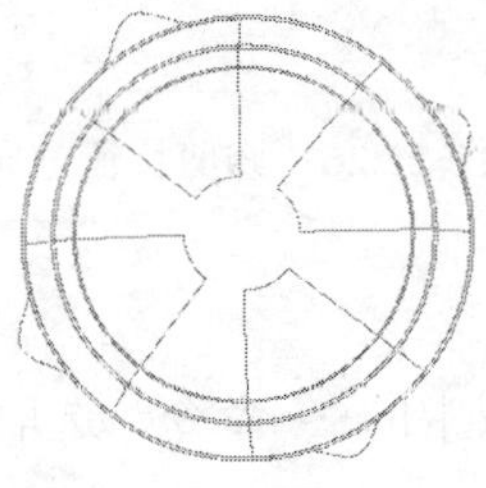

图 25.21 偏移曲面 1

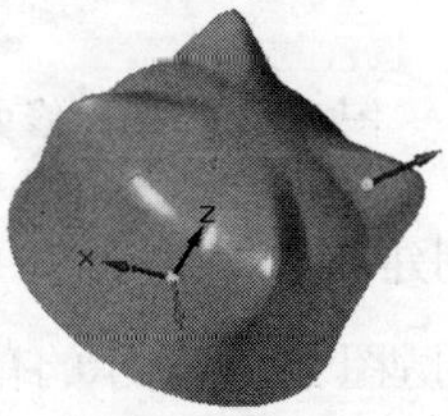

图 25.22 偏移方向

Step14. 创建图 25.23 所示的曲面修剪 1。

（1）选择命令。在修改曲面区域中单击按钮。

（2）选择要修剪的面。在绘图区域选取蓝面 1 为要修剪的曲面，单击按钮。

（3）选择修剪工具。在“选择类型”下拉菜单中选择体，在绘图区域选取偏置曲面 1 为修剪工具，单击按钮。

（4）定义要修剪的一侧。特征修剪方向箭头如图 25.24 所示，单击左键确定。

（5）单击完成按钮，单击取消按钮，完成曲面修剪 1 的创建。

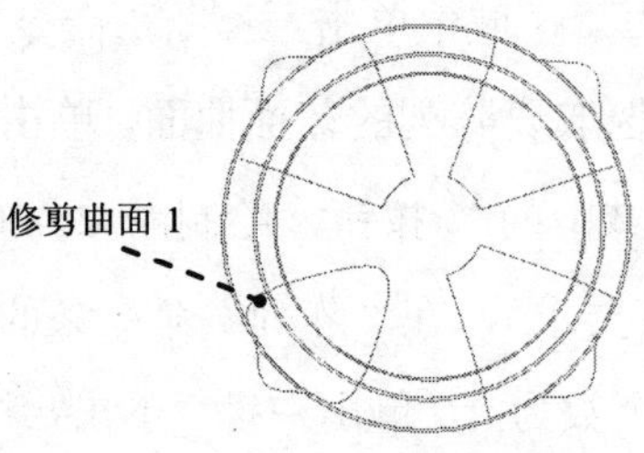

图 25.23　曲面修剪 1

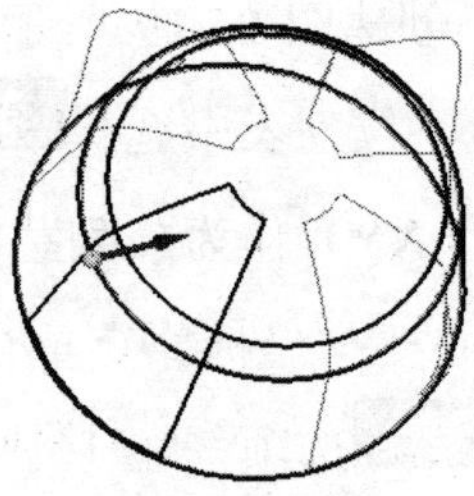

图 25.24　修剪特征方向

Step15. 创建图 25.25 所示的曲面修剪 2。

（1）选择命令。在修改曲面区域中单击按钮。

（2）选择要修剪的面。在绘图区域选取偏置曲面 1 为要修剪的曲面，单击按钮。

（3）选择修剪工具。在“选择类型”下拉菜单中选择体，在绘图区域选取蓝面 1 为修剪工具，单击按钮。

（4）定义要修剪的一侧。特征修剪方向箭头如图 25.26 所示，单击左键确定。

（5）单击完成按钮，单击取消按钮，完成曲面修剪 2 的创建。

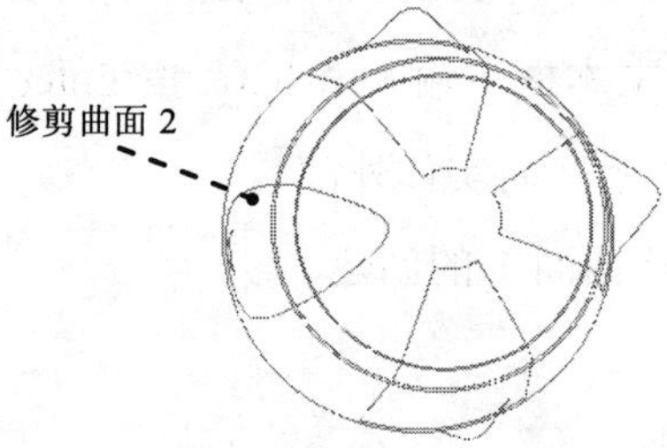

图 25.25　曲面修剪 2

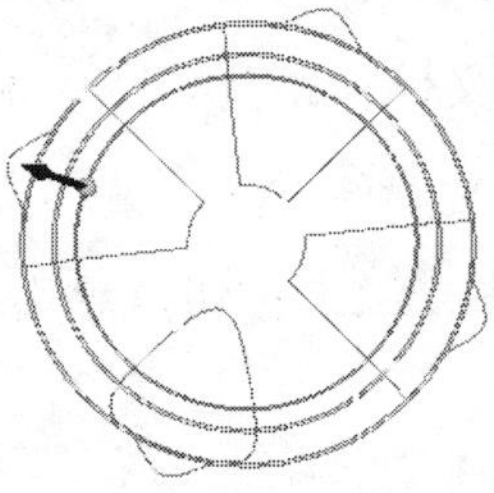

图 25.26　修剪特征方向

Step16. 创建曲面修剪 3~8，详细参考 Step14、Step15。

Step17. 创建图 25.27 所示的有界曲面 1，选择曲面区域中的命令，选取图 25.27 所示的边为曲面的边界，单击两次右键，单击完成按钮，完成有界曲面 1 的创建。单击取消按钮。

Step18. 创建缝合曲面 1。单击修改曲面区域的缝合命令，系统弹出“缝合曲面选项”对话框，采用系统默认的选项设置，单击确定按钮；选取图 25.28 所示的曲面 1、曲面 2、曲面 3、曲面 4 和曲面 5 为缝合对象，单击右键；在系统弹出的快捷菜单中单击是(Y)按钮，单击完成按钮，完成缝合曲面的创建，单击取消按钮。

Step19. 创建缝合曲面 2。单击修改曲面区域缝合命令，系统弹出“缝合曲面选项”对话框，采用系统默认的选项设置，单击确定按钮；选取图 25.29 所示的曲面 1 和曲面 2 为缝合对象，单击右键；在系统弹出的快捷菜单中单击是(Y)按钮，单击完成按钮，完成缝合曲面的创建，单击取消按钮。

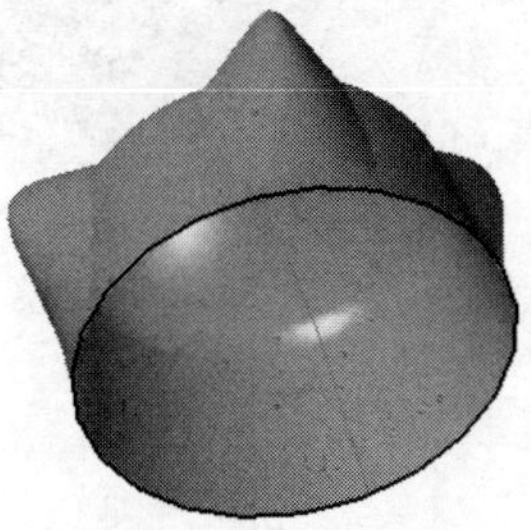

图 25.27　有界曲面 1

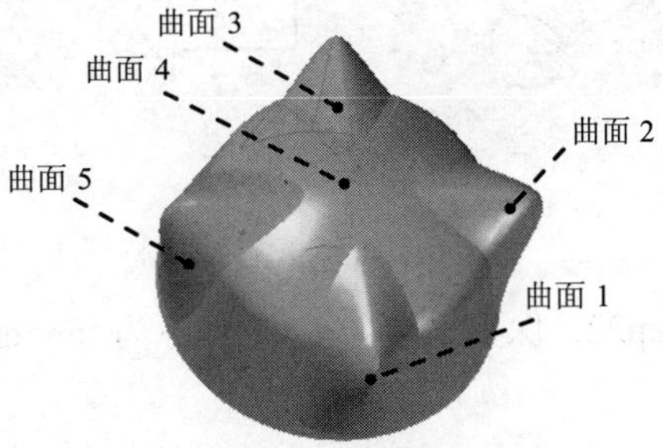

图 25.28　缝合曲面 1

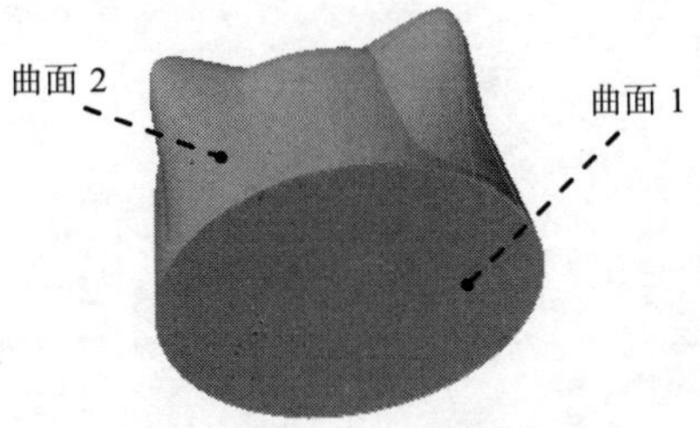

图 25.29　缝合曲面 2

Step20. 创建图 25.30 所示的除料特征 1。在实体区域中单击按钮，选取图 25.29 所示的模型表面作为草图平面，绘制图 25.31 所示的截面草图；绘制完成后，单击按钮，选择“除料”命令条中的“有限范围”按钮，在距离:下拉列表中输入值 10，在需要移除材料的一侧单击鼠标左键，单击完成按钮，单击取消按钮，完成除料特征 1 的创建。

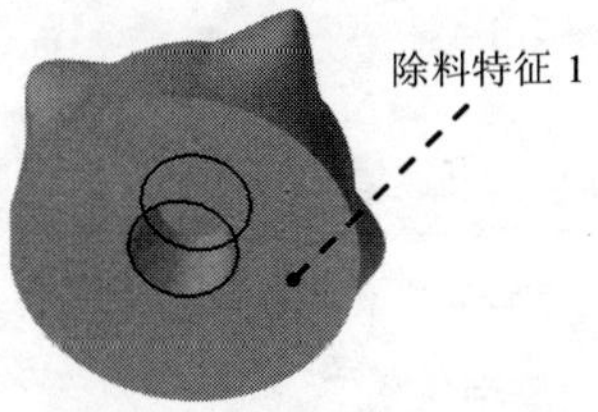

图 25.30　除料特征 1

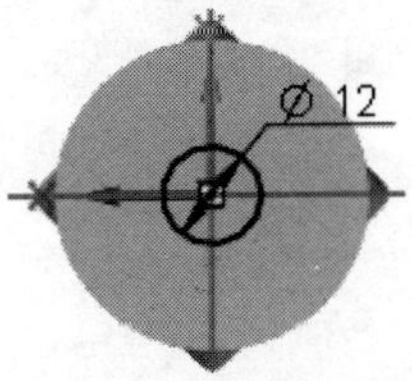

图 25.31　截面草图

Step21. 创建图 25.32b 所示的拔模特征 1。在实体区域中单击按钮，单击按钮，选择拔模类型为从平面(F)，单击确定按钮；选取图 25.32a 所示的面 1 为拔模参考面，选取图 25.32a 所示的面 2 为需要拔模的面。在拔模命令条的拔模角度文本框中输入角度值 20，单击鼠标右键。然后单击下一步按钮。移动鼠标将拔模方向调整至图 25.33 所示的方向后单击，单击完成按钮；单击取消按钮，完成拔模特征 1 的创建。

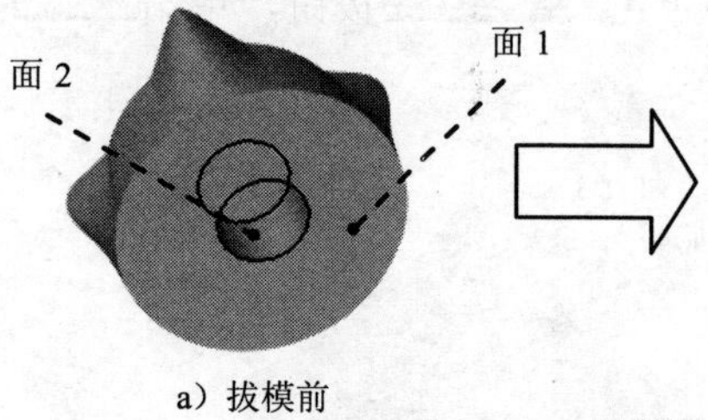

a）拔模前

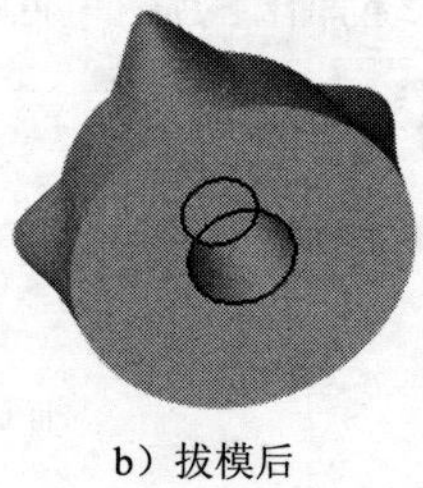

b）拔模后

图 25.32　拔模特征 1

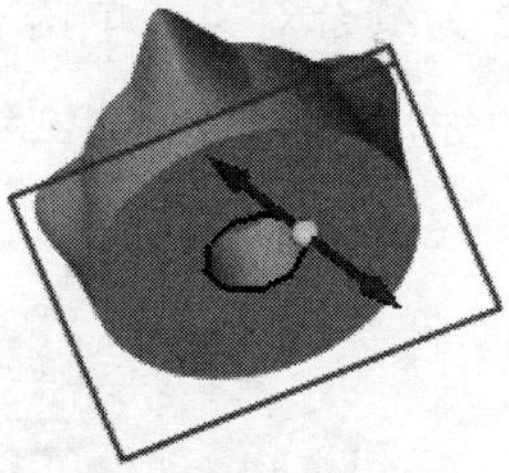

图 25.33　拔模方向

Step22. 保存文件，文件名称为 fancet_knob。

实例 26　充电器外壳

实例概述

本实例主要运用了拉伸、拔模、基准平面、镜像、倒圆、薄壁等特征命令，零件模型及路径查找器如图 26.1 所示。

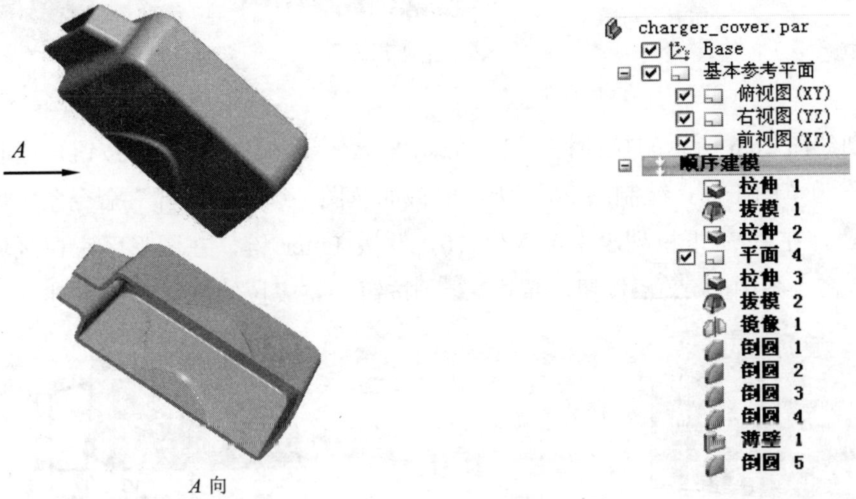

图 26.1　零件模型及路径查找器

Step1. 新建一个零件模型，进入建模环境。

Step2. 创建图 26.2 所示的拉伸特征 1。在 实体 区域中单击按钮，选取俯视图（XY）平面作为草图平面，绘制图 26.3 所示的截面草图，在“拉伸”命令条中单击按钮，确认与按钮不被按下，在 距离: 下拉列表中输入值 35，并按 Enter 键，拉伸方向为 Z 轴正方向，在图形区空白区域单击；单击“拉伸”命令条中的 完成 按钮，单击 取消 按钮，完成拉伸特征 1 的创建。

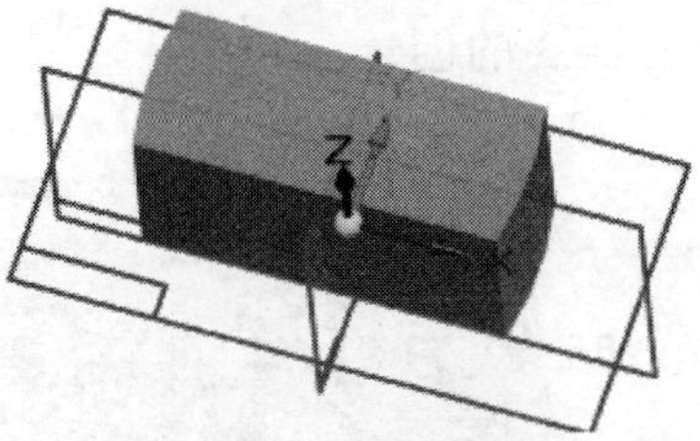

图 26.2　拉伸特征 1

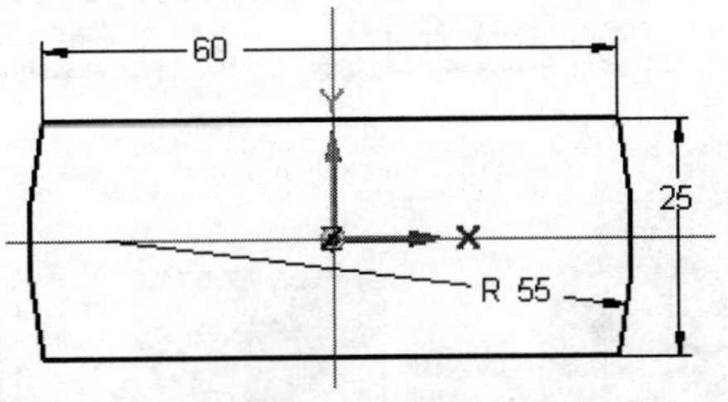

图 26.3　截面草图

Step3. 创建图 26.4b 所示的拔模特征 1。在 实体 区域中单击按钮，单击按钮，选择拔模类型为 ⊙ 从平面(F)，单击 确定 按钮；选取图 26.4a 所示的面 1 为拔模参考面，选取图 26.4a 所示的面 2、面 3、面 4 与面 5 为需要拔模的面。在“拔模”命令条的拔模角度文本框中输入角度值 5，单击鼠标右键。然后单击下一步按钮。移动鼠标将拔模方向调整至图 26.5 所示的位置后单击，单击完成按钮，单击取消按钮，完成拔模特征 1 的创建。

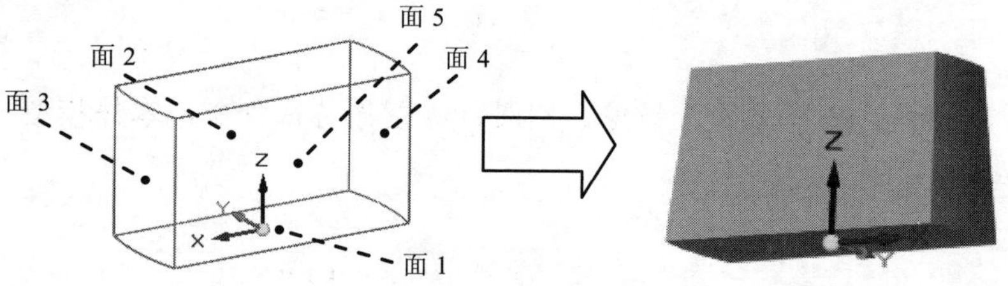

a）拔模前　　b）拔模后

图 26.4　拔模特征 1

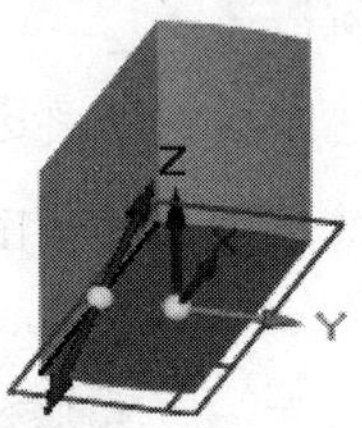

图 26.5　拔模方向

Step4. 创建图 26.6 所示的拉伸特征 2。在实体区域中单击按钮，选取前视图（XZ）平面作为草图平面，绘制图 26.7 所示的截面草图，选择“拉伸”命令条中的“对称延伸”按钮，在距离:下拉列表中输入值 10，并按 Enter 键，在图形区空白区域单击；单击“拉伸”命令条中的完成按钮，单击取消按钮，完成拉伸特征 2 的创建。

图 26.6　拉伸特征 2

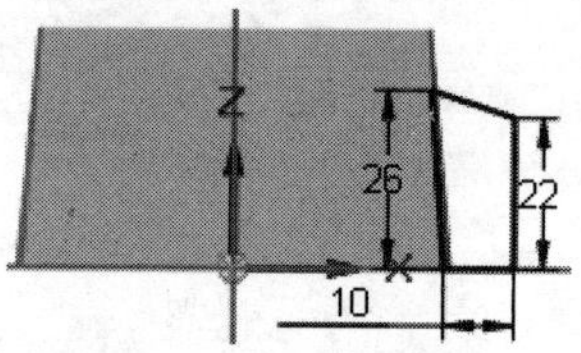

图 26.7　截面草图

Step5. 创建图 26.8 所示的平面 4。在平面区域中单击按钮，选择平行选项；选取前视图（XZ）平面为参考平面，在图 26.8 所示的模型边线端点处单击完成平面 4 的创建。

Step6. 创建图 26.9 所示的拉伸特征 3。在实体区域中单击按钮，选取右视图（YZ）平面作为草图平面，绘制图 26.10 所示的截面草图，确认与按钮未被按下，选择“穿透下一个”按钮，拉伸方向为 Y 轴正方向，在图形区空白区域单击；单击“拉伸”命令条中的完成按钮，单击取消按钮，完成拉伸特征 3 的创建。

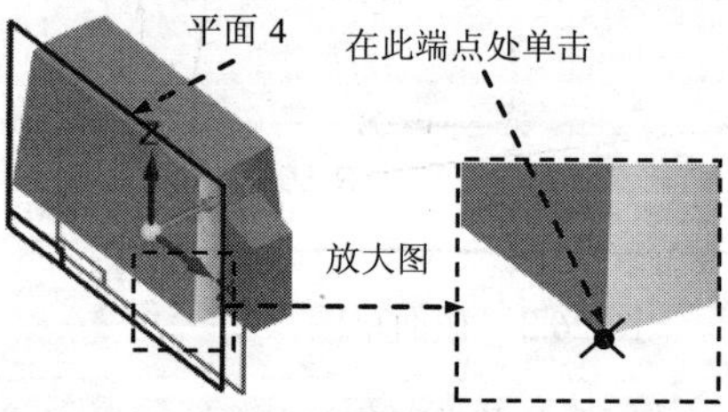

图 26.8　平面 4

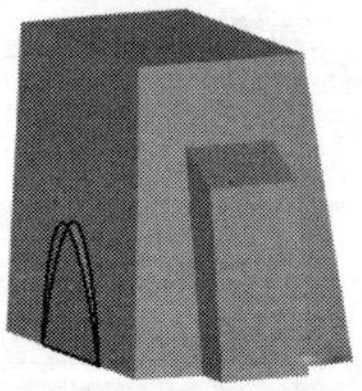

图 26.9　拉伸特征 3

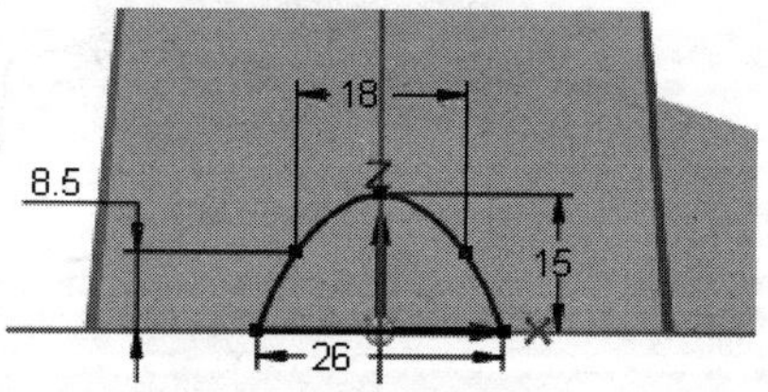

图 26.10　截面草图

Step7. 创建图 26.11b 所示的拔模特征 2。在实体区域中单击按钮，单击按钮，选择拔模类型为从平面(F)，单击确定按钮；选取图 26.11a 所示的面 1 为拔模参考面，选取图 26.11a 所示的面 2 为需要拔模的面。在“拔模”命令条的拔模角度文本框中输入角度值 30，单击鼠标右键。然后单击[下一步]按钮。移动鼠标将拔模方向调整至图 26.12 所示的位置后单击，单击[完成]按钮；单击[取消]按钮，完成拔模特征 2 的创建。

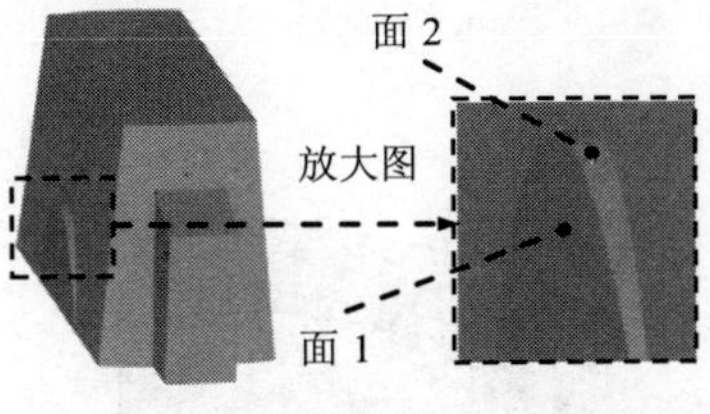

a）拔模前

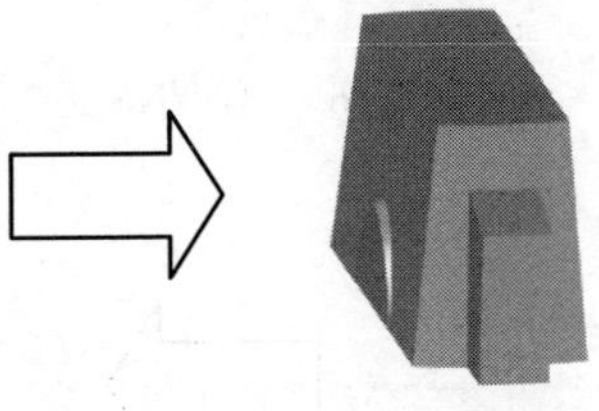

b）拔模后

图 26.11 拔模特征 2

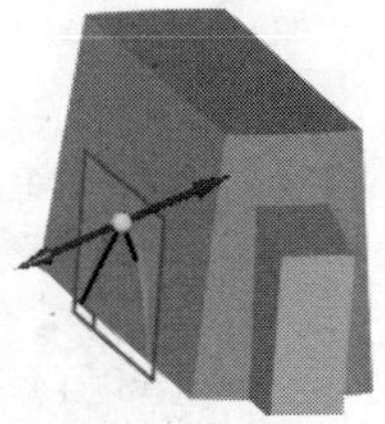

图 26.12 拔模方向

Step8. 创建图 26.13 所示的镜像特征 1，在[阵列]区域中单击[镜像]命令，在路径查找器中选取 **拉伸 3** 与 **拔模 2** 作为镜像特征，单击[✓]按钮，完成特征的选取；选取前视图（XZ）作为镜像中心平面，单击“镜像”命令条中的[完成]按钮，完成镜像特征 1 的创建。

Step9. 创建图 26.14b 所示的倒圆特征 1。选取图 26.14a 所示的模型边线为倒圆的对象，倒圆半径值为 1.5。

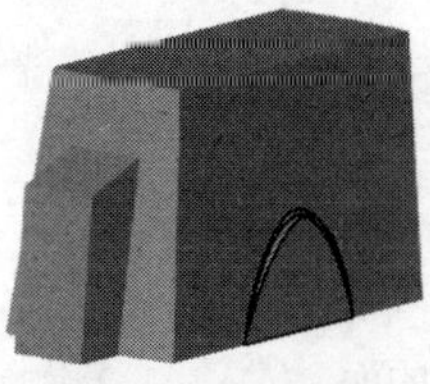

图 26.13 镜像特征 1

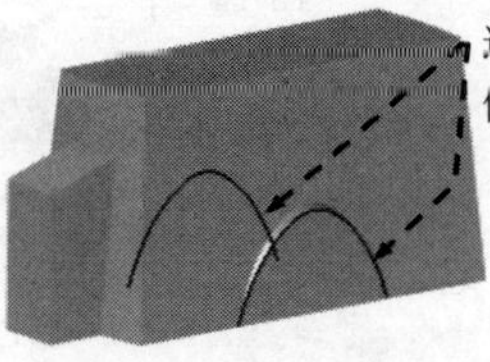

a）倒圆前

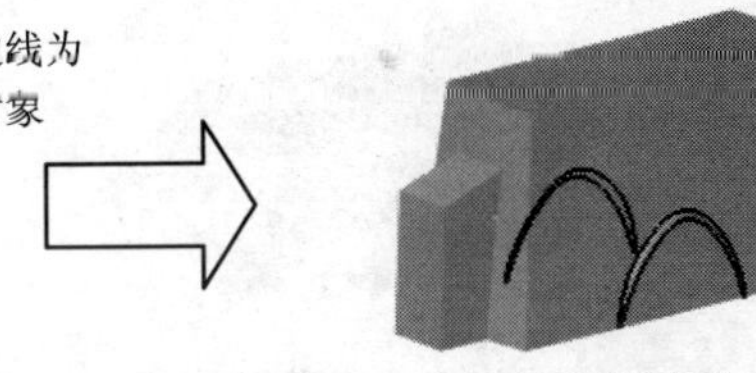

b）倒圆后

图 26.14 倒圆特征 1

Step10. 创建图 26.15b 所示的倒圆特征 2。选取图 26.15a 所示的模型边线为倒圆的对象，倒圆半径值为 6。

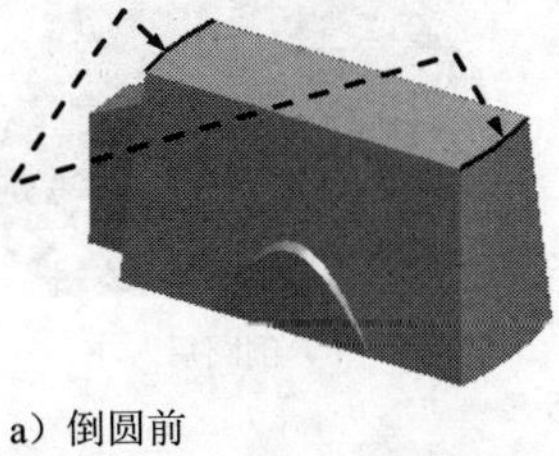

a）倒圆前

b）倒圆后

图 26.15 倒圆特征 2

Step11. 创建图 26.16b 所示的倒圆特征 3。选取图 26.16a 所示的模型边线为倒圆的对象，倒圆半径值为 3。

Step12. 创建图 26.17b 所示的倒圆特征 4。选取图 26.17a 所示的模型边线为倒圆的对象，倒圆半径值为 2。

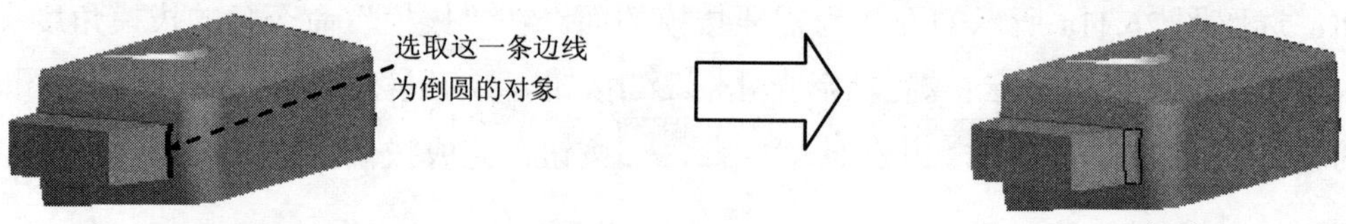

a）倒圆前　　b）倒圆后

图 26.16　倒圆特征 3

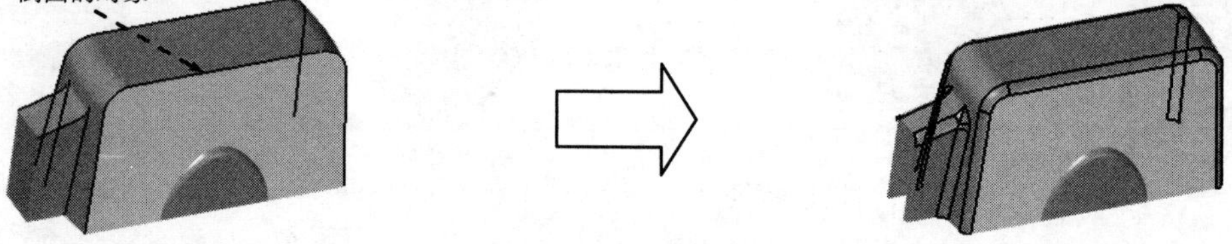

a）倒圆前　　b）倒圆后

图 26.17　倒圆特征 4

Step13. 创建图 26.18 所示的薄壁特征 1。在 实体 区域中单击按钮，在“薄壁”命令条的同一厚度:文本框中输入薄壁厚度值 1.2，然后右击；选择图 26.19 所示的模型表面 1 和 2 为要移除的面，然后右击；单击“薄壁”命令条中的预览按钮，单击完成按钮，完成薄壁特征 1 的创建。

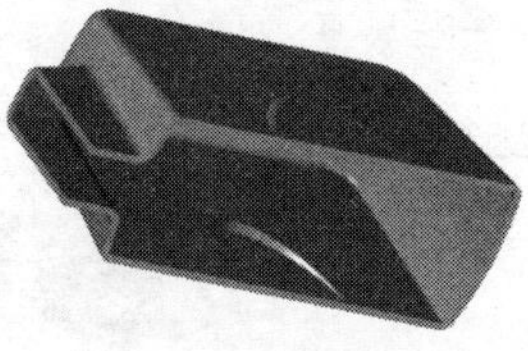

图 26.18　薄壁特征 1

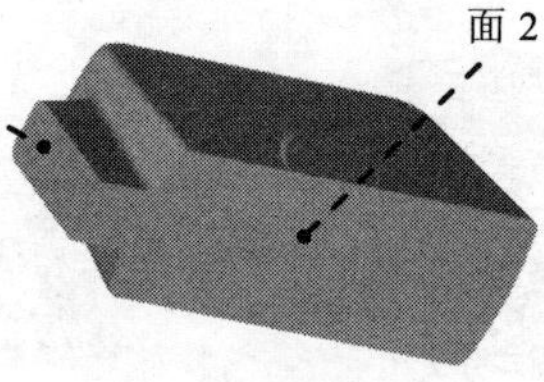

图 26.19　要移除的面

Step14. 创建图 26.20b 所示的倒圆特征 5。选取图 26.20a 所示的模型边线为倒圆的对象，倒圆半径值为 1。

a）倒圆前　　b）倒圆后

图 26.20　倒圆特征 5

Step15. 保存文件，文件名称为 charger_cover。

实例 27 饮料瓶

实例概述

本实例模型较复杂，在其设计过程中充分运用了蓝面、投影、布尔、阵列和螺旋扫掠等命令。在螺旋扫掠过程中，读者需要注意扫掠轨迹和扫掠截面绘制的草绘参考。零件模型及路径查找器如图 27.1 所示。

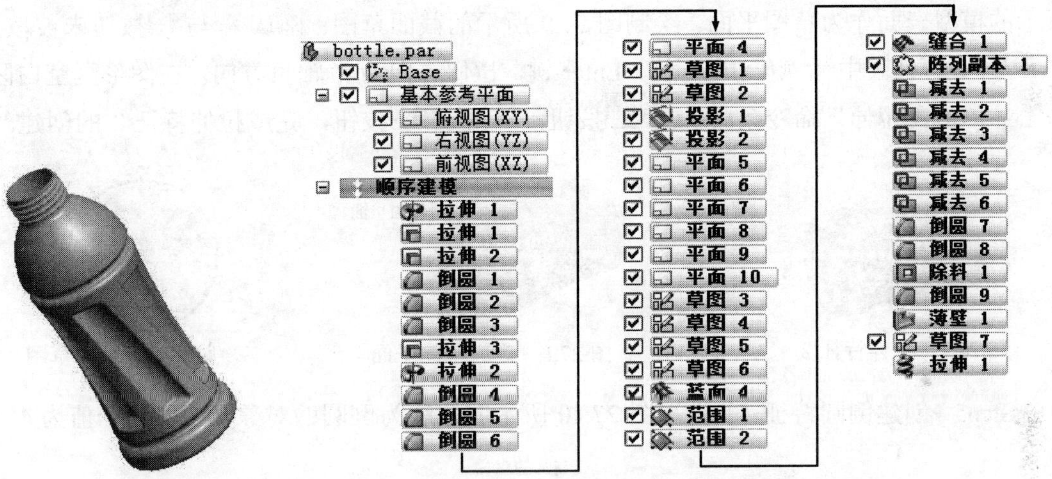

图 27.1　零件模型及路径查找器

Step1. 新建一个零件模型，进入建模环境。

Step2. 创建图 27.2 所示的旋转特征 1。在 实体 区域中选择命令，选取前视图（XZ）平面为草图平面，绘制图 27.3 所示的截面草图；单击 绘图 区域中的按钮，选取图 27.3 所示的线为旋转轴；单击“关闭草图”按钮，在“旋转”命令条的 角度(A): 文本框中输入值 360.0，在图形区空白区域单击；单击“旋转”命令条中的 完成 按钮，完成旋转特征 1 的创建。

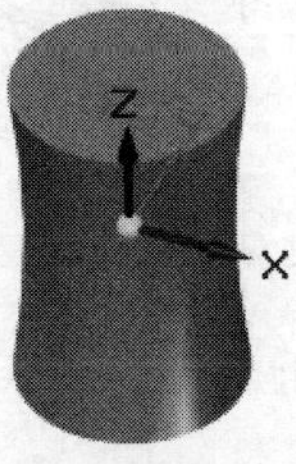

图 27.2　旋转特征 1

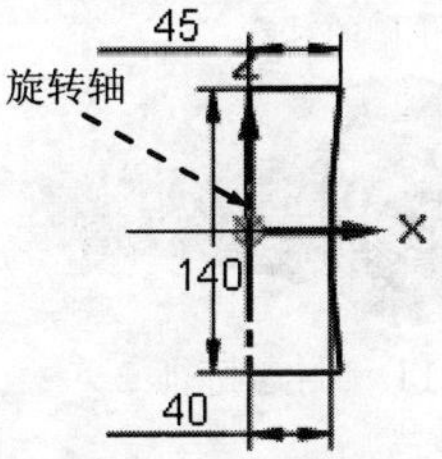

图 27.3　截面草图

Step3. 创建图 27.4 所示的拉伸特征 1。在 实体 区域中单击按钮，选取图 27.5 所示的模型表面作为草图平面，绘制图 27.6 所示的截面草图；确认与按钮未被按下，在距离下拉列表中输入值 5，并按 Enter 键，拉伸方向为 Z 轴负方向，在图形区空白区域单击；单击“拉伸”命令条中的完成按钮，单击取消按钮，完成拉伸特征 1 的创建。

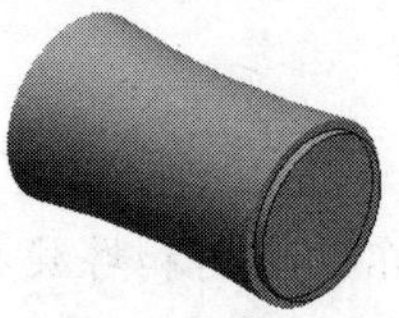

图 27.4　拉伸特征 1

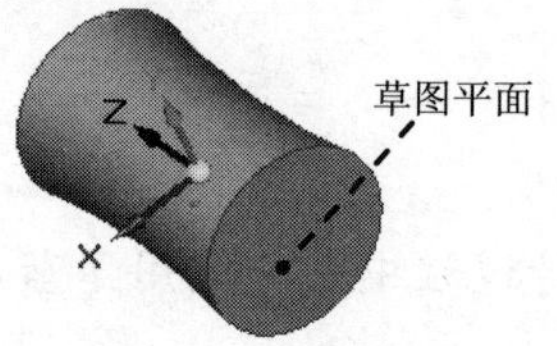

图 27.5　定义草图平面

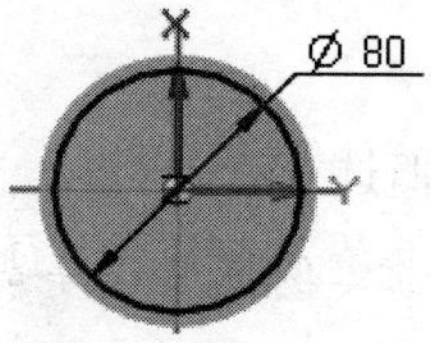

图 27.6　截面草图

Step4. 创建图 27.7 所示的拉伸特征 2。在实体区域中单击按钮，选取图 27.8 所示的模型表面作为草图平面，绘制图 27.9 所示的截面草图；确认与按钮未被按下，在距离下拉列表中输入值 20，并按 Enter 键，拉伸方向为 Z 轴负方向，在图形区空白区域单击；单击“拉伸”命令条中的完成按钮，单击取消按钮，完成拉伸特征 2 的创建。

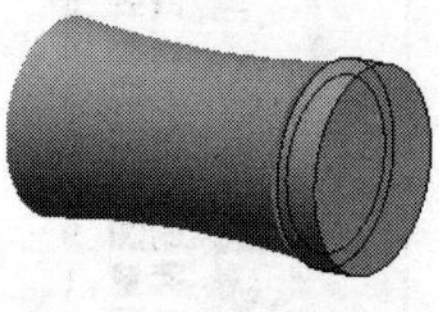

图 27.7　拉伸特征 2

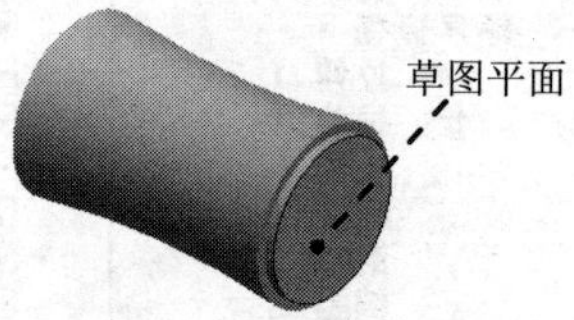

图 27.8　定义草图平面

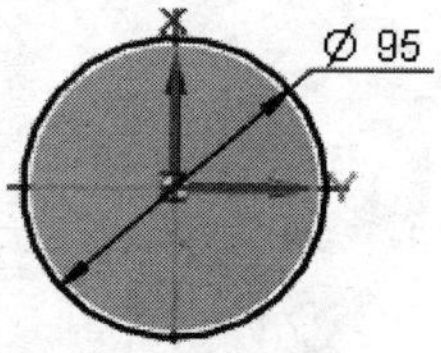

图 27.9　截面草图

Step5. 创建倒圆特征 1。选取图 27.10 所示的边线为倒圆的对象，倒圆半径值为 4。

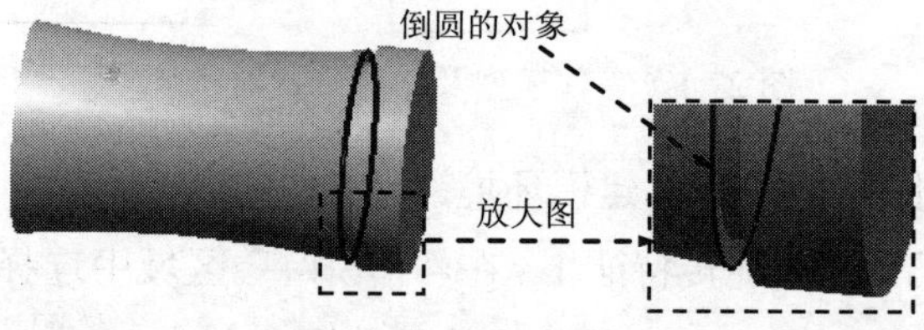

图 27.10　倒圆特征 1

Step6. 创建倒圆特征 2。选取图 27.11 所示的边线为倒圆的对象，倒圆半径值为 6。

Step7. 创建倒圆特征 3。选取图 27.12 所示的边线为倒圆的对象，倒圆半径值为 2。

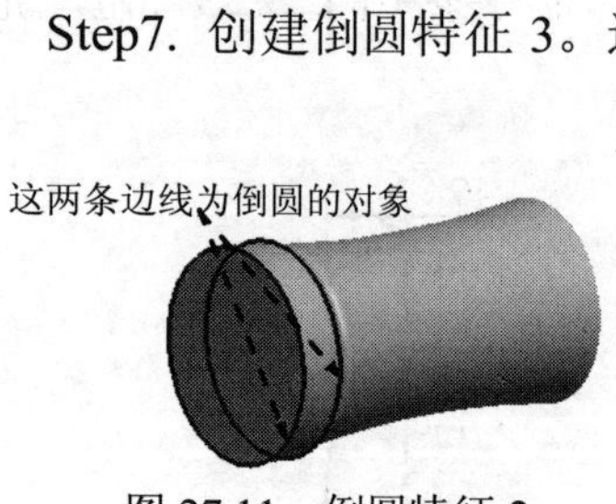

图 27.11　倒圆特征 2

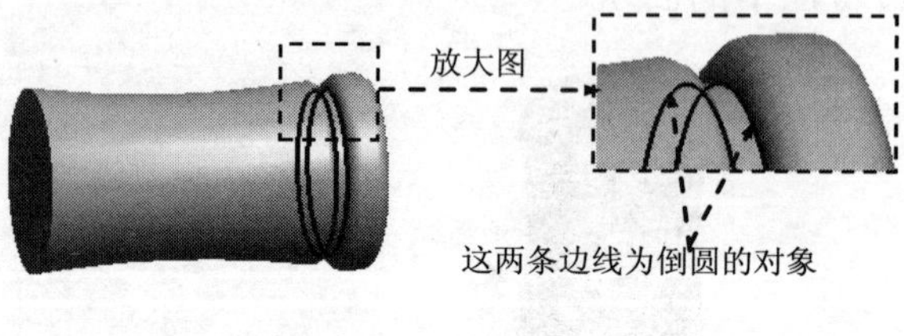

图 27.12　倒圆特征 3

Step8. 创建图 27.13 所示的拉伸特征 3。在实体区域中单击按钮，选取图 27.14 所示的模型表面作为草图平面，绘制图 27.15 所示的截面草图；确认与按钮未被按下，在距离下拉列表中输入值 5，并按 Enter 键，拉伸方向为 Z 轴正方向，在图形区空白区域单击；单击“拉伸”命令条中的完成按钮，单击取消按钮，完成拉伸特征 3 的创建。

图 27.13 拉伸特征 3

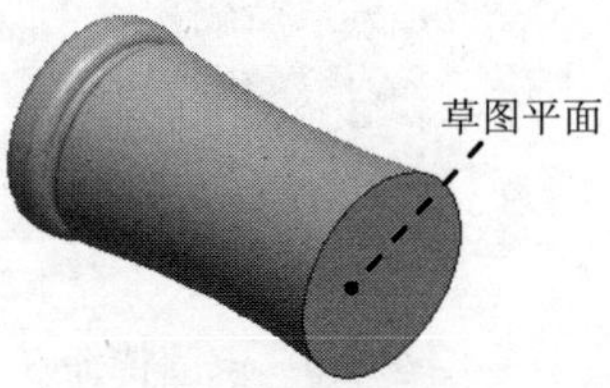

图 27.14 定义草图平面

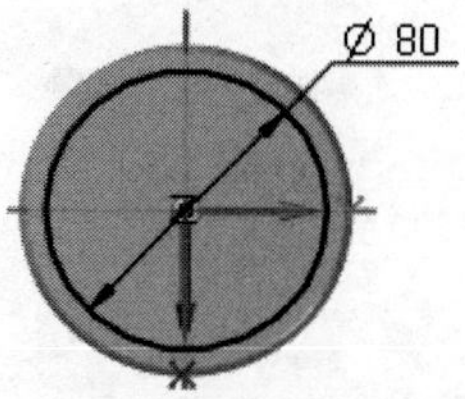

图 27.15 截面草图

Step9. 创建图 27.16 所示的旋转特征 2。在实体区域中选择命令，选取右视图（YZ）平面为草图平面，绘制图 27.17 所示的截面草图；单击绘图区域中的按钮，选取图 27.17 所示的线为旋转轴；单击“关闭草图”按钮，在“旋转”命令条的角度(A):文本框中输入值 360.0，在图形区空白区域单击；单击“旋转”命令条中的完成按钮，完成旋转特征 2 的创建。

说明：截面草图中圆弧的圆心落在图 27.17 箭头所指的模型边线上。

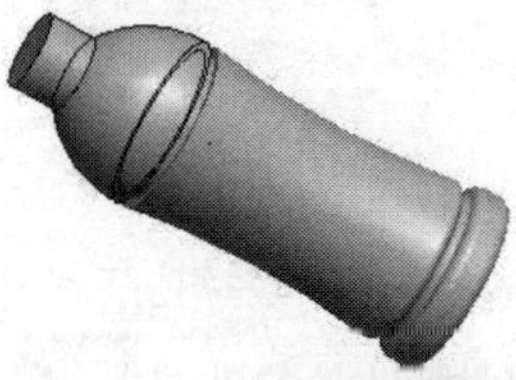

图 27.16 旋转特征 2

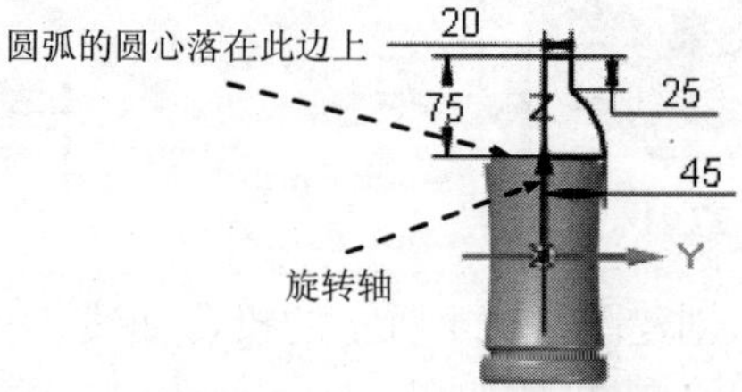

图 27.17 截面草图

Step10. 创建倒圆特征 4。选取图 27.18 所示的边线为倒圆的对象，倒圆半径值为 4。

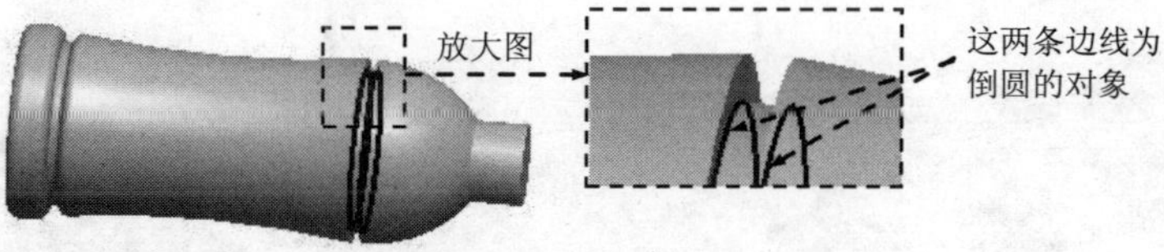

图 27.18 倒圆特征 4

Step11. 创建倒圆特征 5。选取图 27.19 所示的边线为倒圆的对象，倒圆半径值为 6。

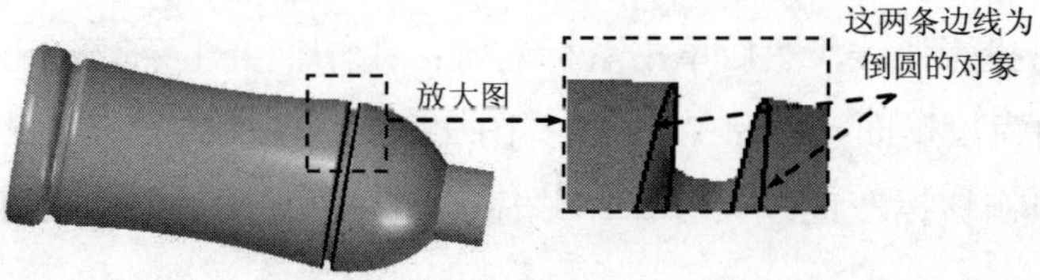

图 27.19 倒圆特征 5

Step12. 创建倒圆特征 6。选取图 27.20 所示的边线为倒圆的对象，倒圆半径值为 6。

Step13. 创建图 27.21 所示的平面 4。在平面区域中单击按钮，选择平行选项；选取右视图（YZ）平面为参考平面，在距离:下拉列表中输入偏移距离值 50，偏移方向为 X 轴正方向，单击完成平面 4 的创建。

图 27.20　倒圆特征 6

Step14. 创建草图 1。在 草图 区域中单击 按钮，选取平面 4 作为草图平面，绘制图 27.22 所示的草图 1。

Step15. 创建草图 2。在 草图 区域中单击 按钮，选取平面 4 作为草图平面，绘制图 27.23 所示的草图 2。

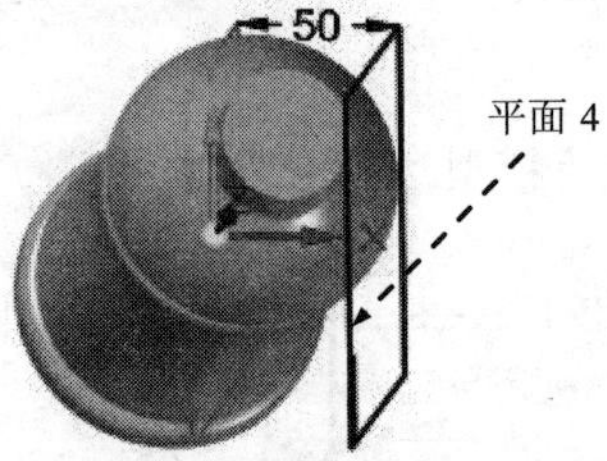

图 27.21　平面 4

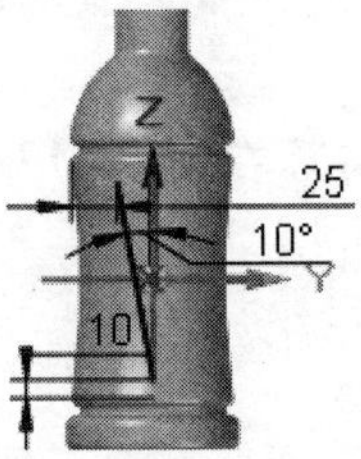

图 27.22　草图 1

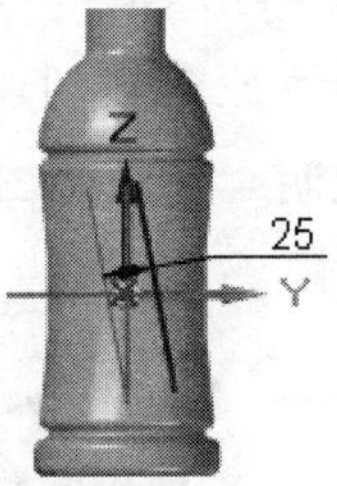

图 27.23　草图 2

Step16. 创建图 27.24 所示的投影曲线 1。在 曲面处理 选择卡的 曲线 区域中单击 命令，选取草图 1 为投影曲线，然后单击鼠标右键；在 选择: 下拉列表中选择 单一 选项，选取图 27.25 所示的面为投影面，然后右击；选择图 27.25 所示的方向，使投影方向朝向投影面，在箭头所示一侧单击鼠标左键；单击 完成 按钮，完成投影曲线 1 的创建。单击 取消 按钮。

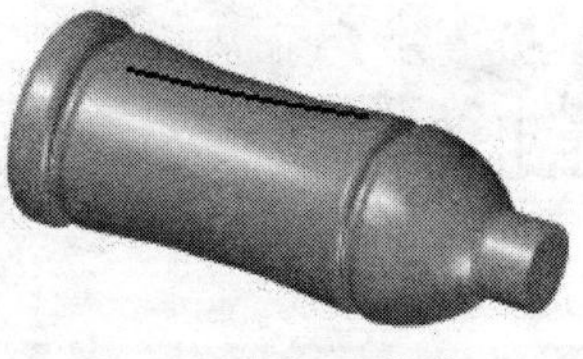

图 27.24　投影曲线 1

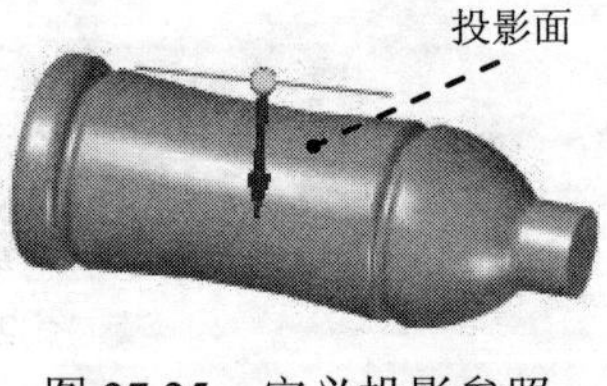

图 27.25　定义投影参照

Step17. 创建图 27.26 所示的投影曲线 2。在 曲面处理 选择卡的 曲线 区域中单击 命令，选取草图 2 为投影曲线，然后单击鼠标右键；在 选择: 下拉列表中选择 单一 选项，选取图 27.27 所示的面为投影面，然后右击；选择图 27.27 所示的方向，使投影方向朝向投影面，在箭头所示一侧单击鼠标左键；单击 完成 按钮，完成投影曲线 2 的创建。单击 取消 按钮。

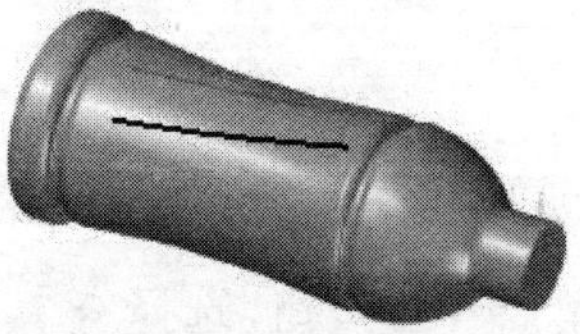

图 27.26　投影曲线 2

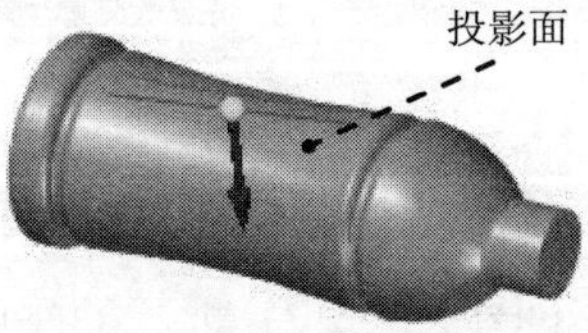

图 27.27　定义投影参照

Step18. 创建图 27.28 所示的平面 5（本步的详细操作过程请参见随书光盘中

video\ch27\reference\文件下的语音视频讲解文件 bottle-r01.exe）。

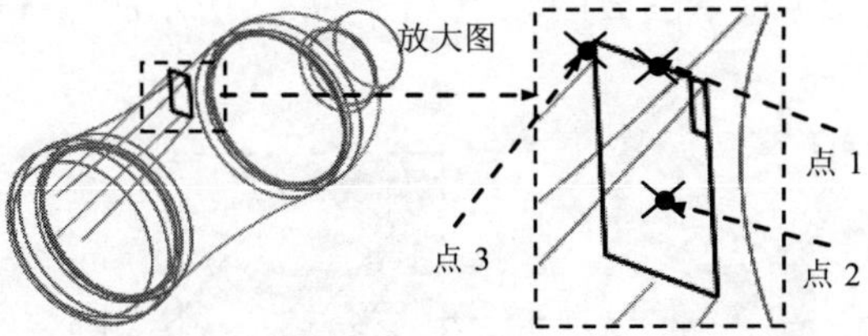

图 27.28 平面 5

Step19. 创建图 27.29 所示的平面 6。在平面区域中单击按钮，选择 用 3 点选项；在绘图区依次选取图 27.29 所示投影曲线 1 的端点（图 27.29 所示的点 1）、投影曲线 2 的端点（图 27.29 所示的点 2）及草图 1 端点（图 27.29 所示的点 3），完成平面 6 的创建。

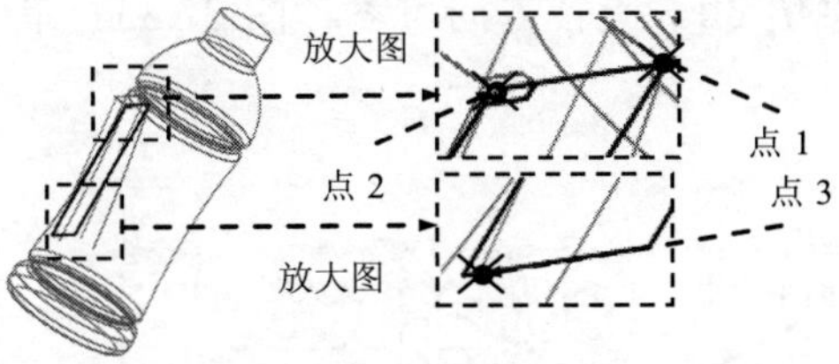

图 27.29 平面 6

Step20. 创建图 27.30 所示的平面 7（本步的详细操作过程请参见随书光盘中 video\ch27\reference\文件下的语音视频讲解文件 bottle-r02.exe）。

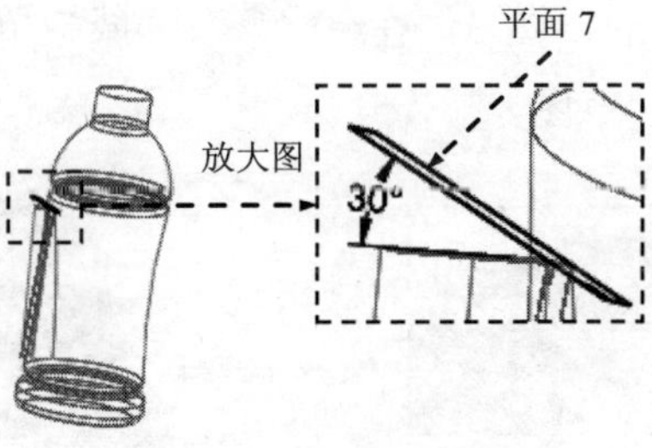

图 27.30 平面 7

Step21. 创建图 27.31 所示的平面 8。在平面区域中单击按钮，选择 用 3 点选项；在绘图区依次选取图 27.31 所示投影曲线 1 的端点（图 27.31 所示的点 1）、投影曲线 2 的端点（图 27.31 所示的点 2）及草图 2 的端点（图 27.31 所示的点 3），完成平面 8 的创建。

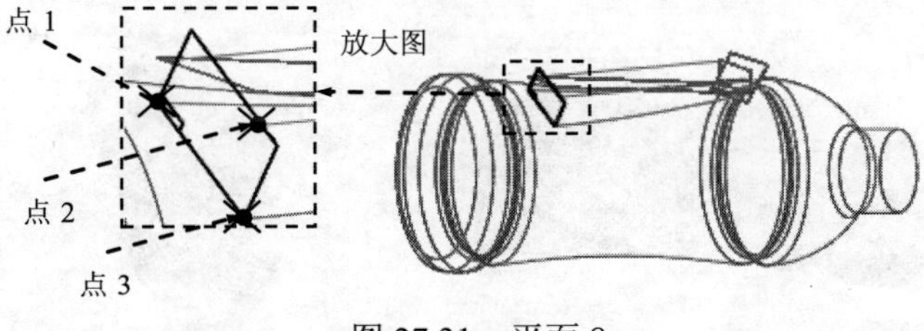

图 27.31 平面 8

Step22. 创建图 27.32 所示的平面 9。在平面区域中单击按钮，选择 用 3 点选项；在绘图区依次选取图 27.32 所示投影曲线 1 的端点（图 27.32 所示的点 1）、投影曲线 2 的端点（图 27.32 所示的点 2）及草图 2 的端点（图 27.32 所示的点 3），完成平面 9 的创建。

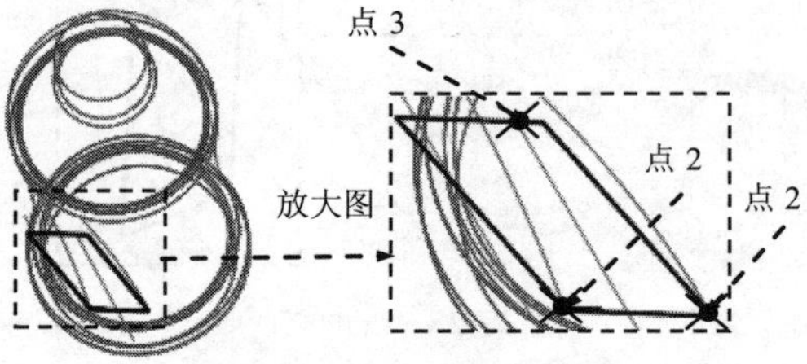

图 27.32　平面 9

Step23. 创建图 27.33 所示的平面 10。在平面区域中单击按钮，选择成角度命令，选取平面 8 与平面 9 平面作为参考平面。然后再选取平面 8 为旋转的基准面；在命令条后的下拉列表中输入角度值 30。旋转方向可参考图 27.33。单击左键确定。完成平面 10 的创建。

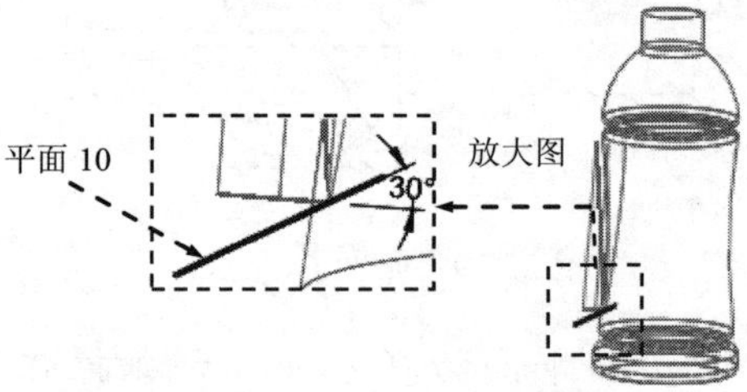

图 27.33　平面 10

Step24. 创建图 27.34 所示的草图 3。在草图区域中单击按钮，选取平面 7 作为草图平面，绘制图 27.35 所示的草图。

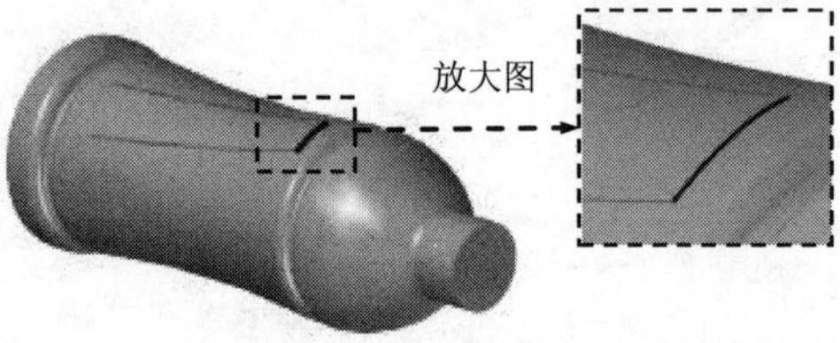

图 27.34　草图 3（建模环境）

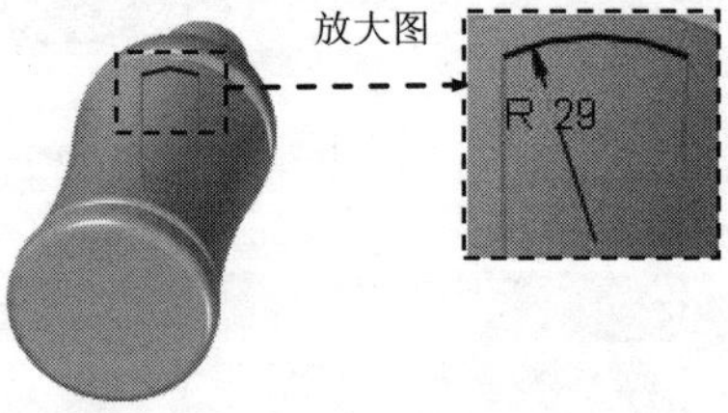

图 27.35　草图 3（草绘环境）

Step25. 创建图 27.36 所示的草图 4。在草图区域中单击按钮，选取平面 7 作为草图平面，绘制图 27.37 所示的草图 4。

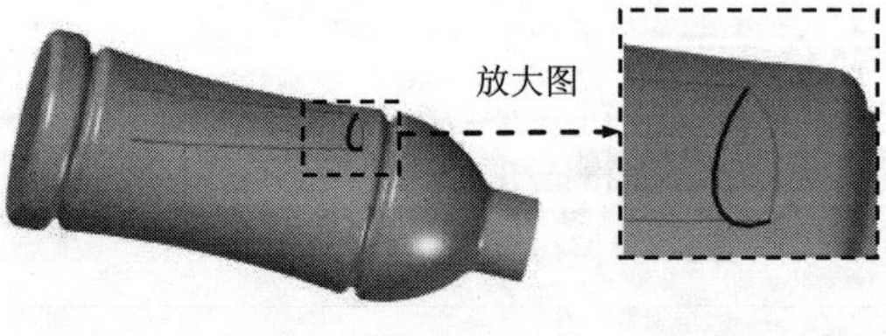

图 27.36　草图 4（建模环境）

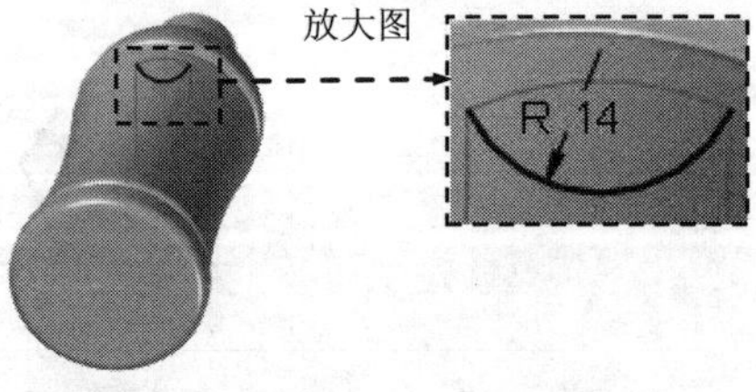

图 27.37　草图 4（草绘环境）

Step26. 创建图 27.38 所示的草图 5。在草图区域中单击按钮，选取平面 10 作为草图平面，绘制图 27.39 所示的草图 5。

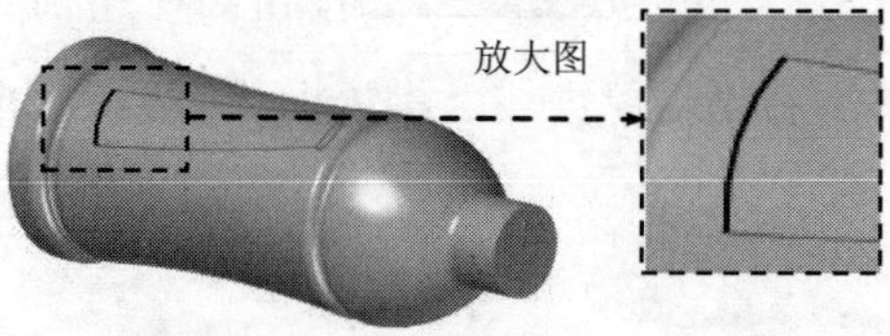

图 27.38 草图 5（建模环境）

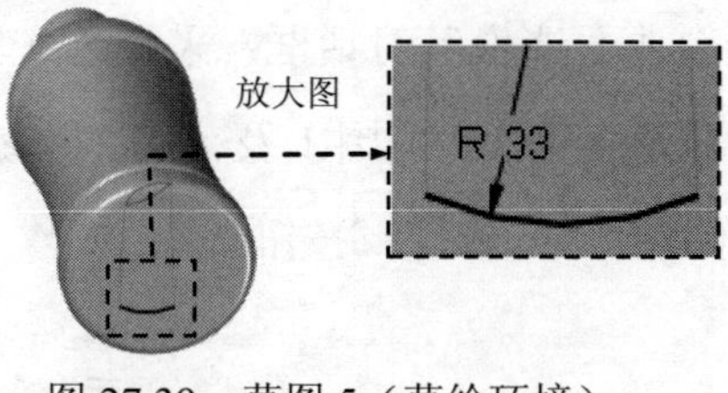

图 27.39 草图 5（草绘环境）

Step27. 创建图 27.40 所示的草图 6。在【草图】区域中单击按钮，选取平面 10 作为草图平面，绘制图 27.41 所示的草图 6。

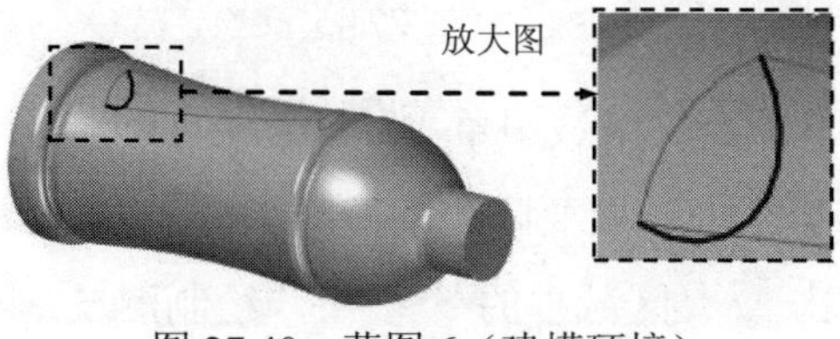

图 27.40 草图 6（建模环境）

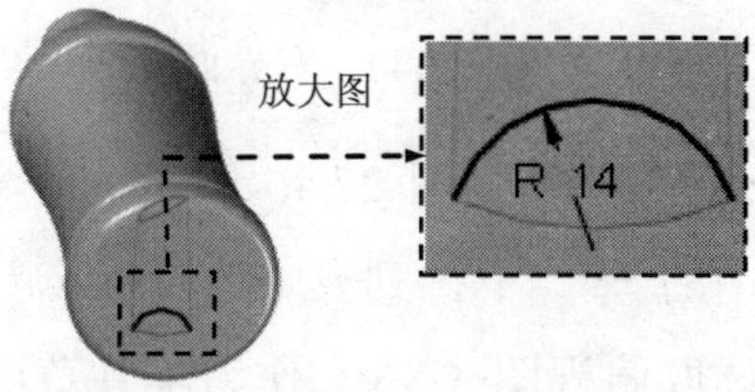

图 27.41 草图 6（草绘环境）

Step28. 创建蓝面 1。选择【曲面】区域中的命令，选取图 27.42 所示的截面 1，单击右键；选取截面 2，单击右键；在“蓝面”命令条中单击按钮，选取图 27.42 所示的引导曲线 1，单击右键；选取引导曲线 2，单击两次右键；单击【完成】按钮，单击【取消】按钮，完成蓝面 1 的创建。

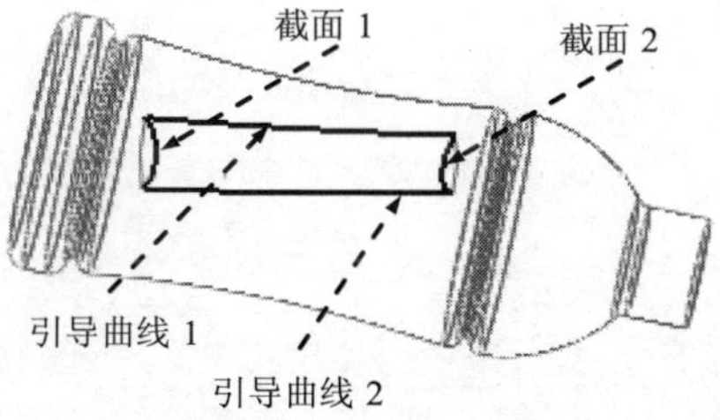

图 27.42 蓝面 1

Step29. 创建有界曲面 1。选择【曲面】区域中的命令，选取图 27.43 所示边线为曲面的边界，单击两次右键。单击【完成】按钮，完成有界曲面 1 的创建。单击【取消】按钮。

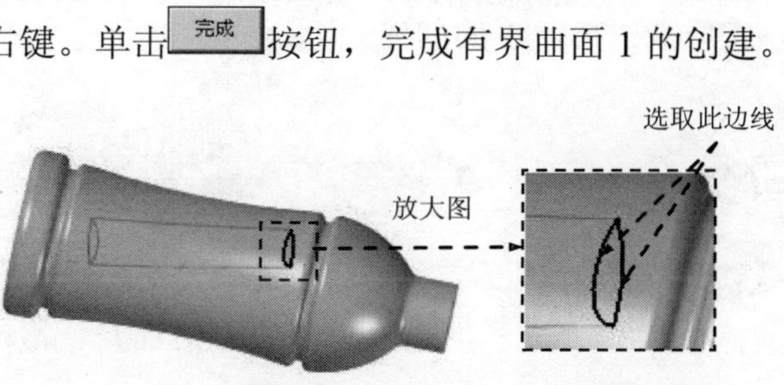

图 27.43 有界曲面 1

Step30. 创建有界曲面 2，选择【曲面】区域中的命令，选取图 27.44 所示边线为曲面的边界，单击两次右键。单击【完成】按钮，完成有界曲面 2 的创建。单击【取消】按钮。

Step31. 创建图 27.45 所示的缝合曲面 1。单击 修改曲面 区域 缝合 命令，系统弹出“缝合曲面选项”对话框，采用系统默认的选项设置，单击 确定 按钮；在路径查找器中选取蓝面 1、范围 1 及范围 2 为缝合对象，单击右键；单击 完成 按钮，完成缝合曲面 1 的创建，单击 取消 按钮。

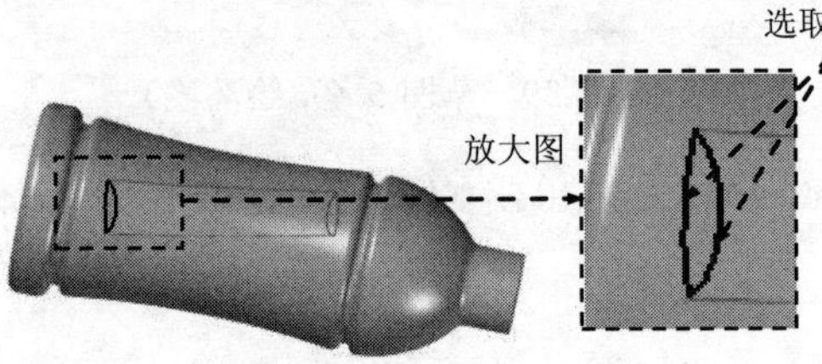

图 27.44　有界曲面 2

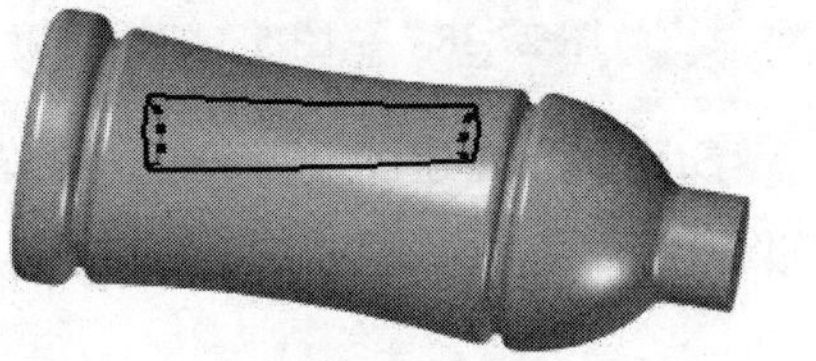

图 27.45　缝合 1

Step32. 创建图 27.46 所示的阵列副本 1。在 阵列 区域中单击 阵列 命令后，在命令条中的 选择: 下拉列表中选择 体 选项，在图形区中选取要阵列的缝合曲面 1，单击 按钮；选取俯视图（XY）作为阵列草图平面；单击 特征 区域中的 按钮，绘制图 27.47 所示的圆（注：圆心要与坐标原点重合，对于圆的大小没有要求），在“阵列”命令条的 翻转 下拉列表中选择 适合 选项，在 计数(C): 文本框中输入阵列个数为 6，单击左键，单击 按钮，退出草绘环境；单击 完成 按钮，完成阵列副本 1 的创建。

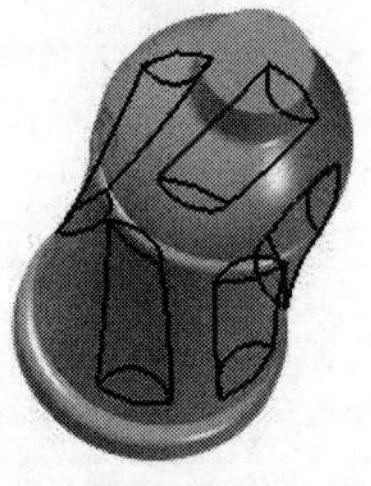

图 27.46　阵列副本 1

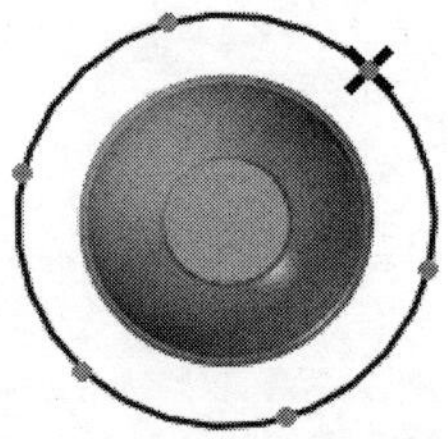

图 27.47　环形阵列轮廓

Step33. 创建图 27.48 所示的减去特征 1。选择 实体 区域中 后的小三角，单击“减去”按钮 减去 ，在图形区选取缝合曲面 1，切减材料方向如图 27.49 所示，单击左键，单击 完成 按钮，完成减去特征 1 的创建。

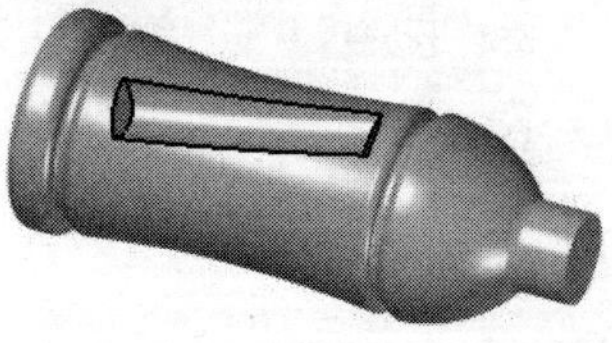

图 27.48　减去特征 1

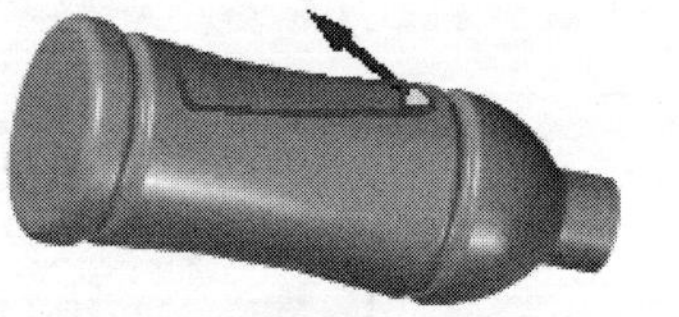

图 27.49　切减材料方向

Step34. 创建图 27.50 所示的减去特征 2。选择 实体 区域中 后的小三角，单击“减去”按钮 减去 ，在图形区选取阵列副本的任意一个曲面特征，切减材料方向如图 27.51 所示，单击左键，单击 完成 按钮，完成减去特征 2 的创建。

Step35. 创建图 27.52 所示其余的四个减去特征，操作方法同 Step34。

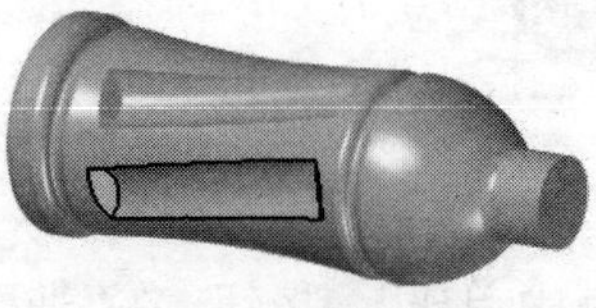

图 27.50 减去特征 2

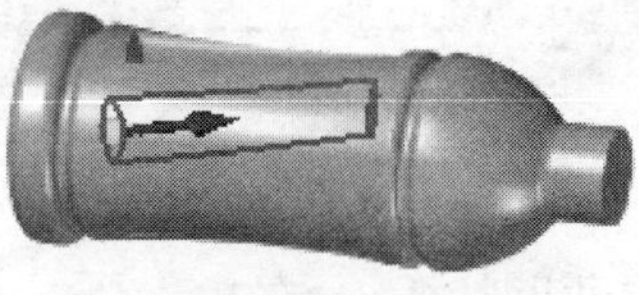

图 27.51 切减材料方向

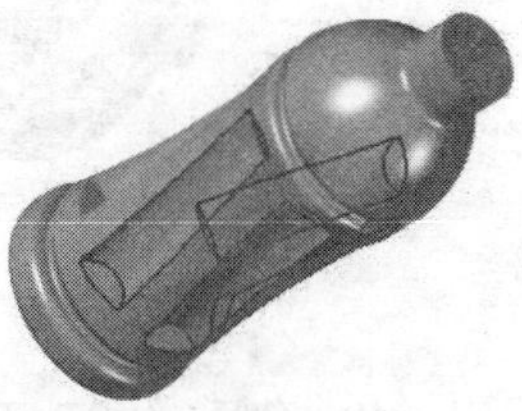

图 27.52 其余减去特征

Step36. 创建图 27.53b 所示的倒圆特征 7。选取图 27.52a 所示的模型边线为倒圆的对象，倒圆半径值为 2。

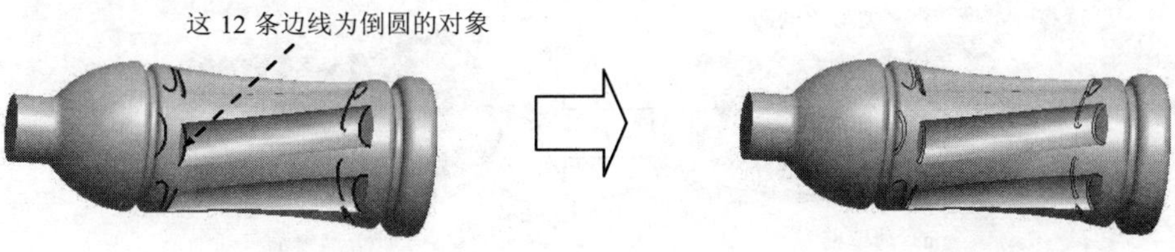

a）倒圆前 b）倒圆后

图 27.53 倒圆特征 7

Step37. 创建图 27.54b 所示的倒圆特征 8。选取图 27.54a 所示的模型边线为倒圆的对象，倒圆半径值为 2。

a）倒圆前 b）倒圆后

图 27.54 倒圆特征 8

Step38. 创建图 27.55 所示的除料特征 1。在 实体 区域中单击按钮，选取图 27.56 所示的模型表面作为草图平面，绘制图 27.57 所示的截面草图；绘制完成后，单击按钮，选择命令条中的“有限范围”按钮，在 距离: 下拉列表中输入值 2.5，在需要移除材料的一侧单击鼠标左键，单击 完成 按钮，单击 取消 按钮，完成除料特征 1 的创建。

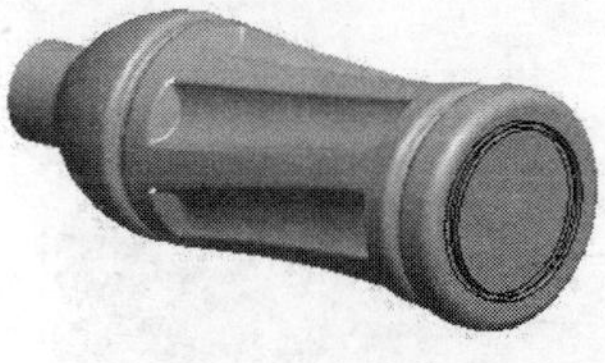

图 27.55 除料特征 1

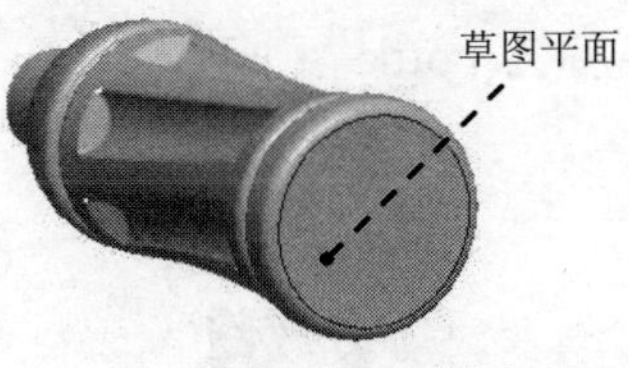

图 27.56 定义草图平面

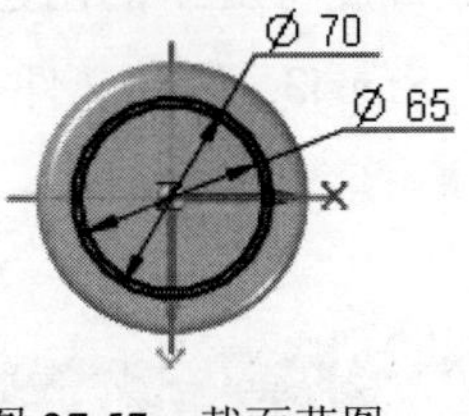

图 27.57 截面草图

Step39. 创建图 27.58 所示的倒圆特征 9。选取图 27.58 所示的模型边线为倒圆的对象，倒圆半径值为 3。

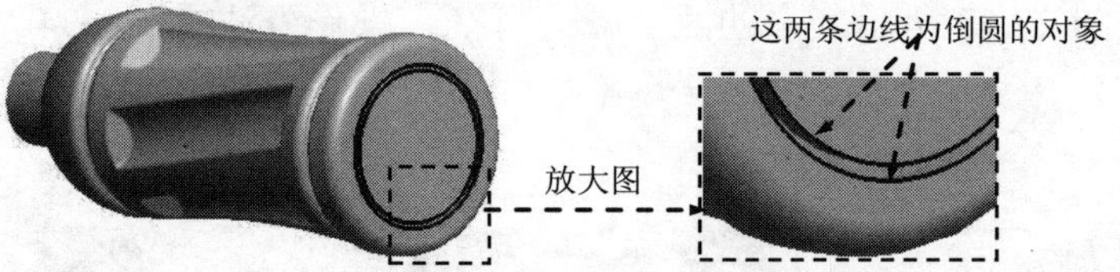

图 27.58　倒圆特征 9

Step40. 创建图 27.59b 所示的薄壁特征 1。在 实体 区域中单击按钮，在“薄壁”命令条的同一厚度: 文本框中输入薄壁厚度值 1，然后右击；选择图 27.59a 所示的模型表面为要移除的面，然后右击；单击“薄壁”命令条中的 预览 按钮，单击 完成 按钮，完成薄壁特征 1 的创建。

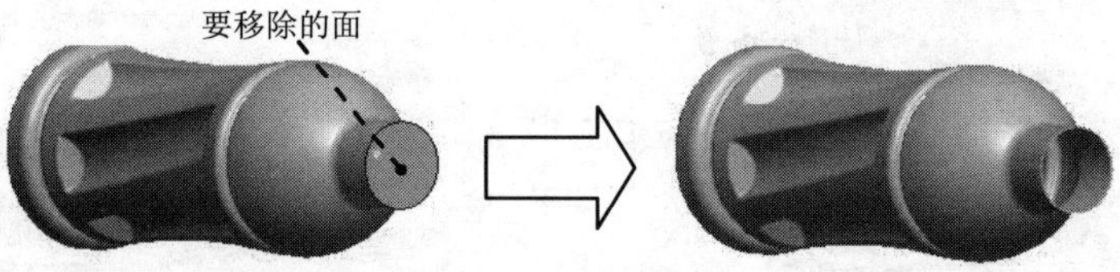

a）薄壁前　　b）薄壁后

图 27.59　薄壁特征 1

Step41. 创建草图 7。在 草图 区域中单击按钮，选取右视图（YZ）平面作为草图平面，绘制图 27.60 所示的草图 7。

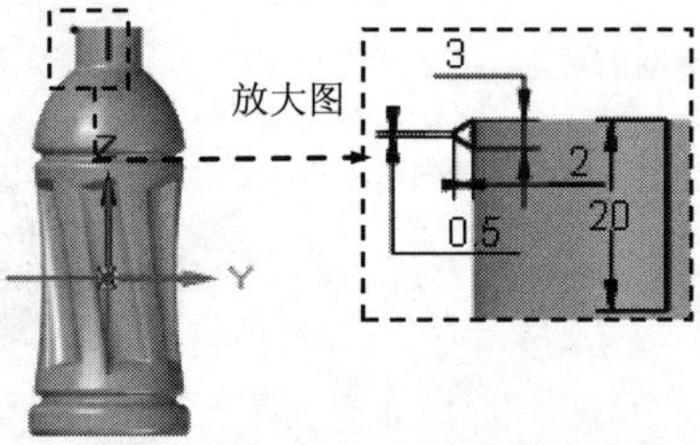

图 27.60　草图 7

Step42. 创建图 27.61 所示的螺旋特征 1。在 实体 区域中单击后的小三角，选择 螺旋 命令，在“创建起源”下拉列表中选择 从草图选择，依次选取图 27.62 所示的螺旋截面，然后右击；选取图 27.62 所示的旋转轴及螺旋起点；在“螺旋”命令条的 螺距: 文本框中输入螺距值 6，并按 Enter 键，单击 预览 按钮。单击 完成 按钮，单击 取消 按钮，完成螺旋特征 1 的创建。

Step43. 保存文件，文件名称为 bottle。

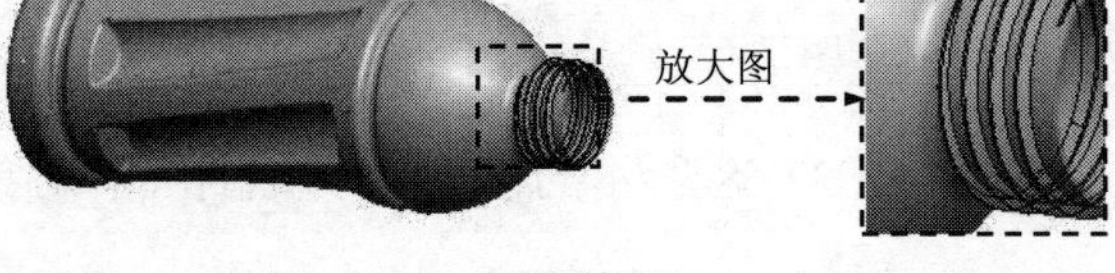

图 27.61　螺旋特征 1

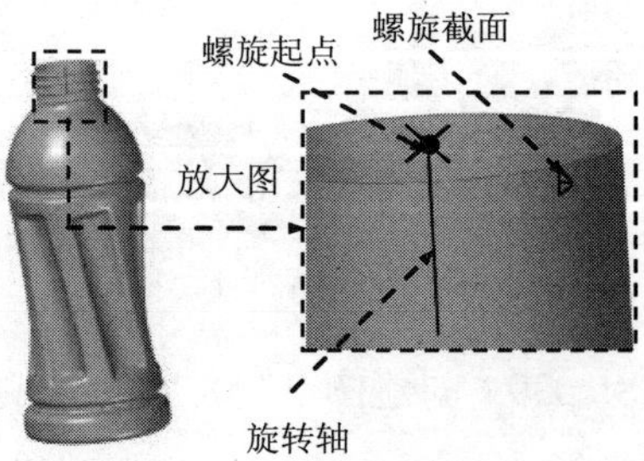

图 27.62　定义螺旋轴及横截面

实例28 订书机塑料盖

实例概述

该实例主要运用了如下一些命令：实体草绘、拉伸、造型、修剪和合并等，其中大量使用了修剪和合并特征，以使读者能更熟练地应用这些特征。本例的构思也很巧妙。零件模型及模型树如图 28.1 所示。

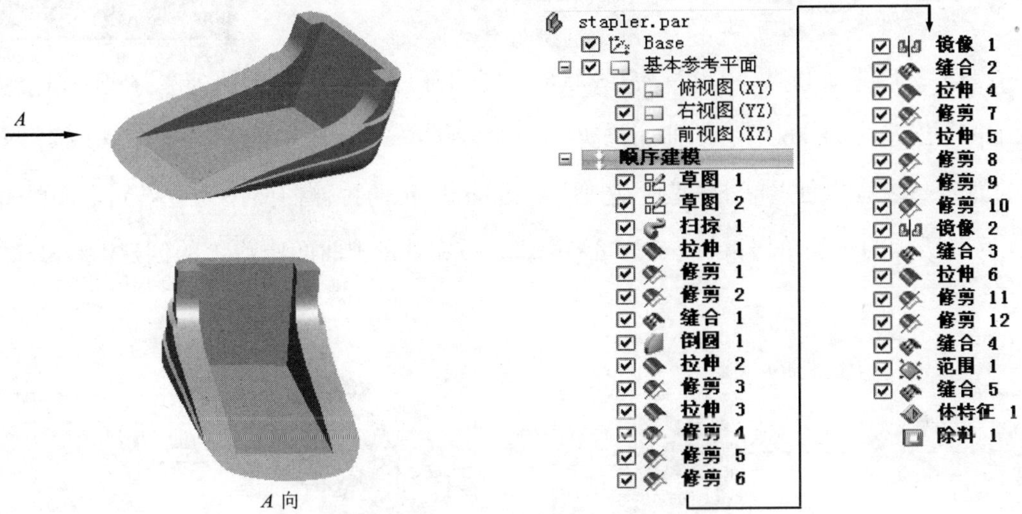

图 28.1 零件模型及路径查找器

Step1. 新建一个零件模型，进入建模环境。

Step2. 创建草图 1。在 草图 区域中单击 按钮，选取前视图（XZ）平面作为草图平面，绘制图 28.2 所示的草图 1。

Step3. 创建图 28.3 所示的草图 2。在 草图 区域中单击 按钮，选取右视图（YZ）平面作为草图平面，绘制图 28.4 所示的草图 2。

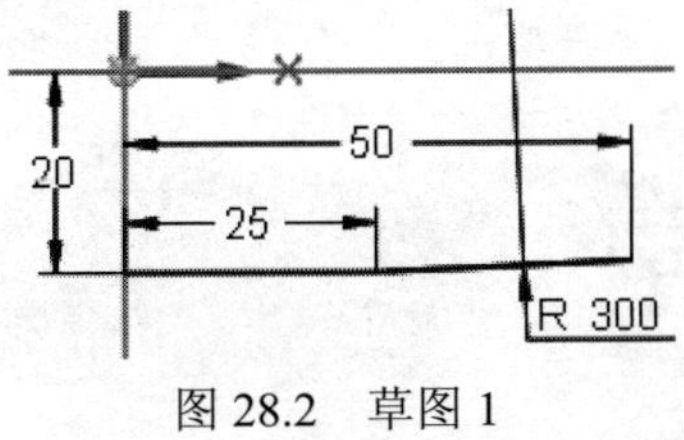

图 28.2 草图 1

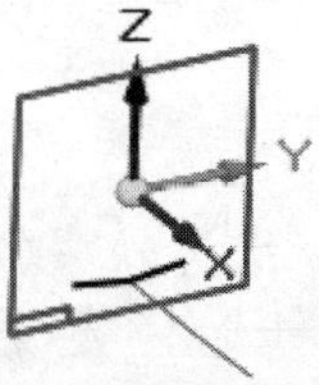

图 28.3 草图 2（建模环境）

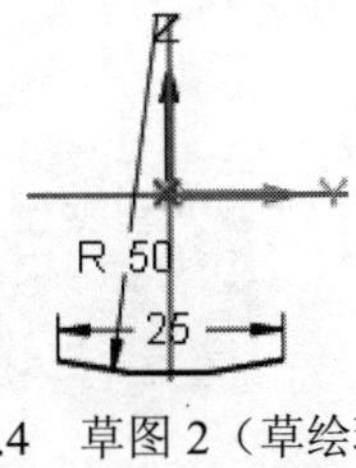

图 28.4 草图 2（草绘环境）

Step4. 创建图 28.5 所示的扫掠曲面 1。选择 曲面 区域中的 命令，系统弹出“扫掠选项”对话框。在 默认扫掠类型 区域中选中 单一路径和横截面(S) 单选项，然后单击 确定 按钮；选择草图 1 为扫掠路径，单击右键；选择草图 2 为扫掠截面，单击右键；单击 完成 按钮，完成扫掠曲面 1 的创建，单击 取消 按钮。

Step5. 创建图 28.6 所示的拉伸曲面 1。选择 曲面 区域中的命令，选取俯视图（XY）平面作为草图平面，绘制图 28.7 所示的截面草图，在“拉伸”命令条中单击按钮，确认与按钮未被按下，在 距离: 下拉列表中输入值 20，并按 Enter 键，拉伸方向为 Z 轴负方向，单击“拉伸”命令条中的 完成 按钮，单击 取消 按钮，完成拉伸曲面 1 的创建。

图 28.5　扫掠曲面 1

图 28.6　拉伸曲面 1

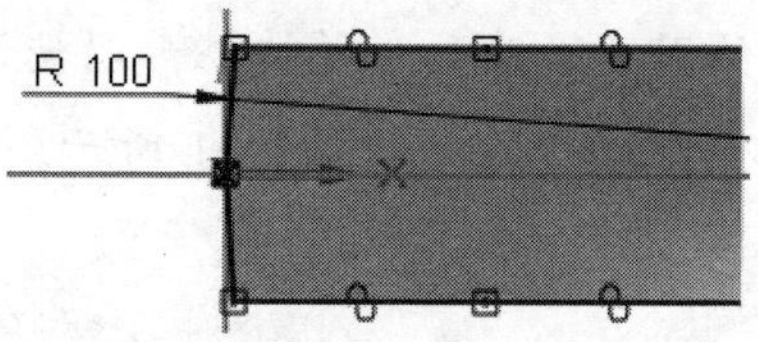

图 28.7　截面草图

Step6. 创建图 28.8b 所示的曲面修剪 1。选择 修改曲面 区域中的命令，选取图 28.8a 所示的面为要修剪的面，单击右键；选取图 28.8a 所示的拉伸曲面作为边界元素，单击右键；在箭头所指的一侧单击鼠标左键，单击 完成 按钮，完成曲面修剪 1 的创建。单击 取消 按钮。

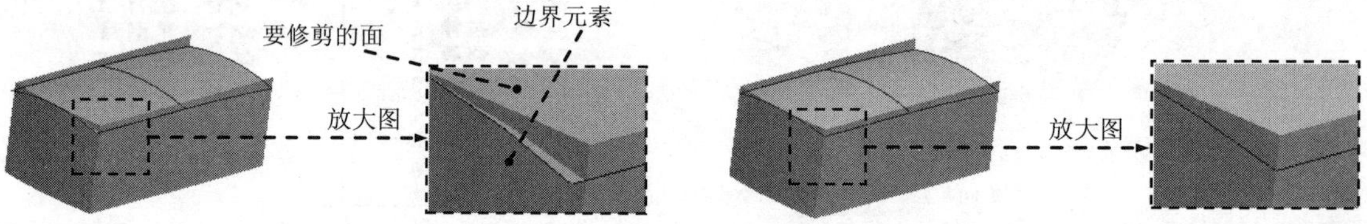

a）修剪前　　b）修剪后

图 28.8　曲面修剪 1

Step7. 创建图 28.9b 所示的曲面修剪 2。选择 修改曲面 区域中的命令，选取图 28.9 所示的面为要修剪的面，单击右键；选取图 28.9a 所示的蓝面为修剪边界元素，单击右键；在箭头所指的一侧单击鼠标左键（图 28.10），单击 完成 按钮，完成曲面修剪 2 的创建。单击 取消 按钮。

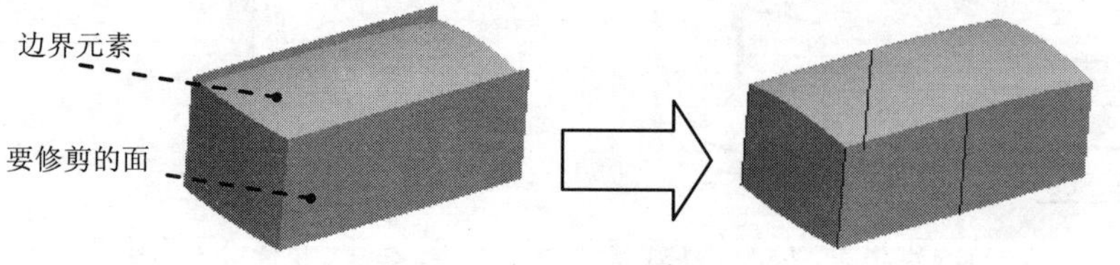

a）修剪前　　b）修剪后

图 28.9　曲面修剪 2

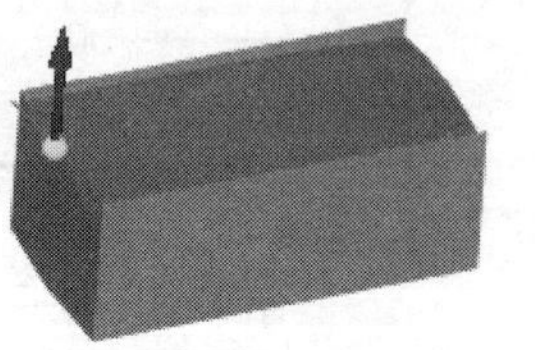

图 28.10　修剪方向

Step8. 创建缝合曲面 1。单击 修改曲面 区域的 缝合 命令，系统弹出“缝合曲面选项”对话框，采用系统默认的选项设置，单击 确定 按钮；选取图 28.11 所示的曲面 1 和曲面 2 为缝合对象，单击右键；单击 完成 按钮，完成缝合曲面 1 的创建，单击 取消 按钮。

Step9. 创建图 28.12b 所示的倒圆特征 1。选取图 28.12a 所示的模型边线为倒圆的对象，倒圆半径值为5。

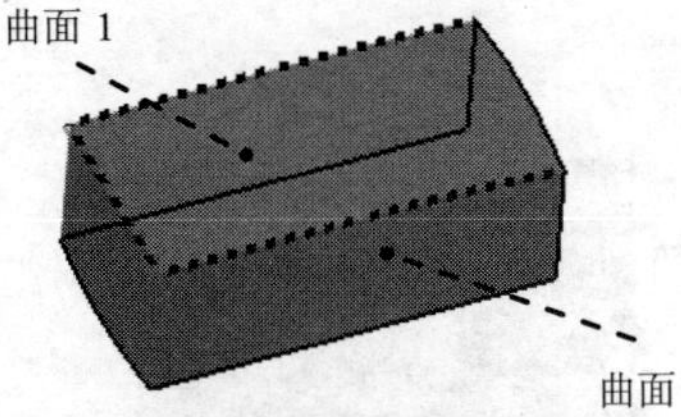

图 28.11 缝合曲面 1

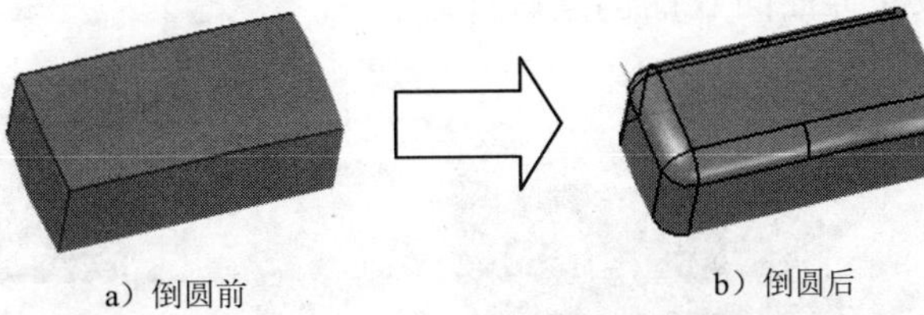

图 28.12 倒圆特征 1

Step10. 创建图28.13所示的拉伸曲面2。选择 曲面 区域中的命令，选取前视图（XZ）平面作为草图平面，绘制图 28.14 所示的截面草图，在“拉伸”命令条中单击按钮，选择命令条中的“对称延伸”按钮，在 距离: 下拉列表中输入值 40，并按 Enter 键，在图形区空白区域单击；单击“拉伸”命令条中的 完成 按钮，单击 取消 按钮，完成拉伸曲面2 的创建。

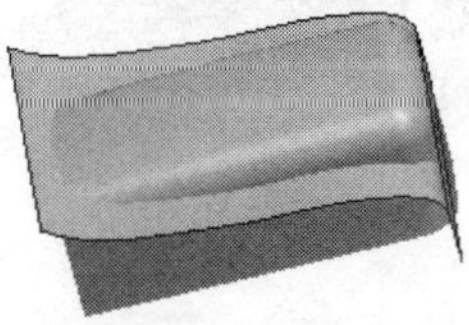

图 28.13 拉伸曲面 2

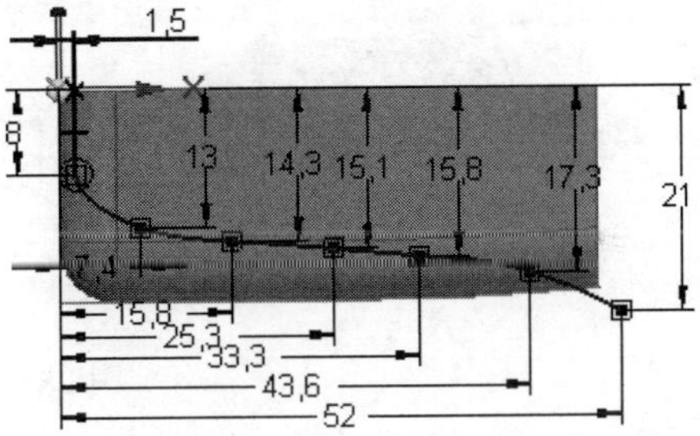

图 28.14 截面草图

Step11. 创建图 28.15b 所示的曲面修剪 3。选择 修改曲面 区域中的命令，选取图 28.15a 所示的曲面为要修剪的面，单击右键；选取图 28.15a 所示的拉伸曲面 2 为修剪边界元素，单击右键；在图 28.15a 所示箭头所指的一侧单击鼠标左键，单击 完成 按钮，完成曲面修剪 3 的创建，单击 取消 按钮。

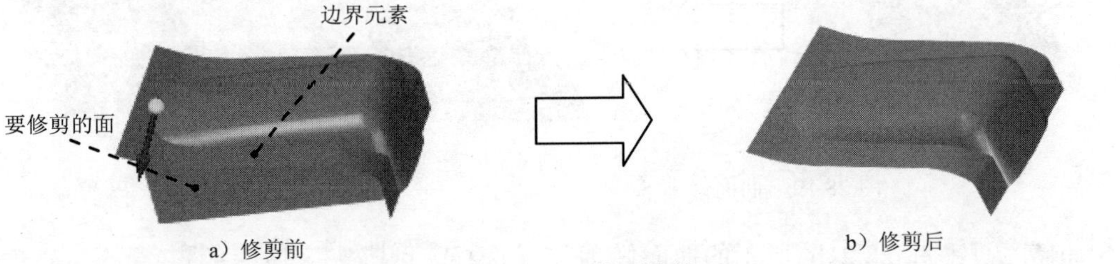

图 28.15 曲面修剪 3

Step12. 创建图 28.16 所示的拉伸曲面 3。在 实体 区域中单击按钮，选取俯视图（XY）作为草图平面，绘制图 28.17 所示的截面草图，在“拉伸”命令条中单击按钮，确认与按钮未被按下，在 距离: 下拉列表中输入值 25，并按 Enter 键，拉伸方向为 Z

轴负方向，在图形区空白区域单击；单击“拉伸”命令条中的完成按钮，单击取消按钮，完成拉伸曲面 3 的创建。

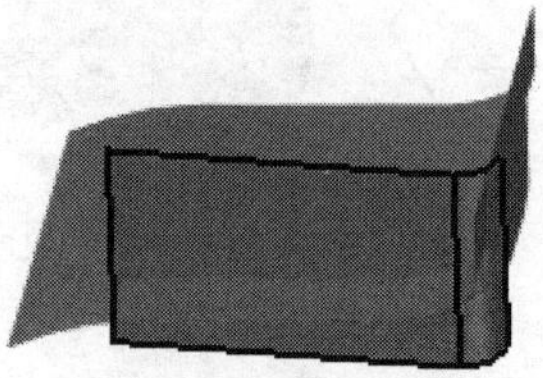
图 28.16　拉伸曲面 3

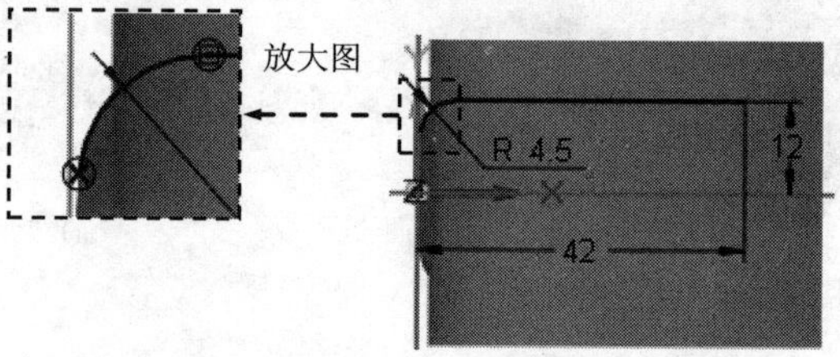

图 28.17　截面草图

Step13. 创建图 28.18b 所示的曲面修剪 4。选择修改曲面区域中的命令，选取图 28.18a 所示的拉伸曲面 3 作为要修剪的面，单击右键；在命令条的选择：下拉列表中选择体选项，选取图 28.18a 所示的拉伸曲面 2 作为修剪边界元素，单击右键；在图 28.18a 所示箭头所指的一侧单击鼠标左键，单击完成按钮，完成曲面修剪 4 的创建，单击取消按钮。

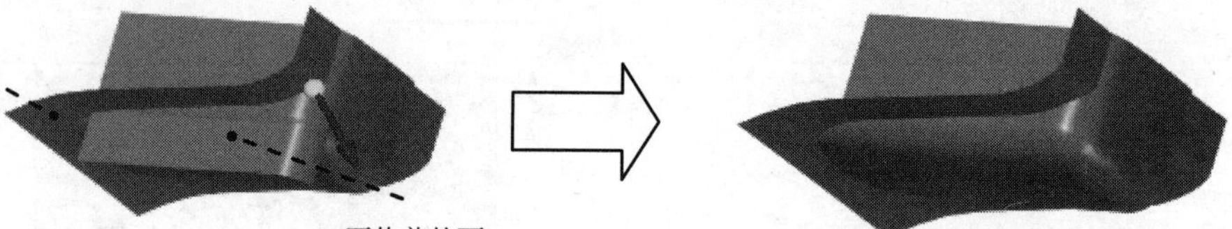

a）修剪前　b）修剪后
图 28.18　曲面修剪 4

Step14. 创建图 28.19b 所示的曲面修剪 5。选择修改曲面区域中的命令，选取图 28.19a 所示拉伸曲面 2 作为要修剪的面，单击右键；选取图 28.19a 所示的边线作为修剪边界元素，单击右键；在图 28.20 所示箭头所指的一侧单击鼠标左键，单击完成按钮，完成曲面修剪 5 的创建，单击取消按钮。

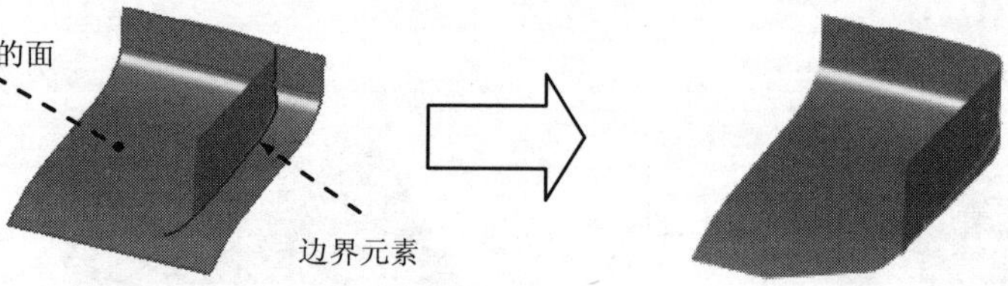

a）修剪前　b）修剪后
图 28.19　曲面修剪 5

图 28.20　修剪方向

Step15. 创建图 28.21b 所示的曲面修剪 6。选择修改曲面区域中的命令，选取图 28.21a 所示的曲面作为要修剪的面，单击右键；选取图 28.21a 所示的曲面作为修剪边界元素，单击右键；在图 28.21a 所示箭头所指的一侧单击鼠标左键，单击完成按钮，完成曲面修剪 6 的创建，单击取消按钮。

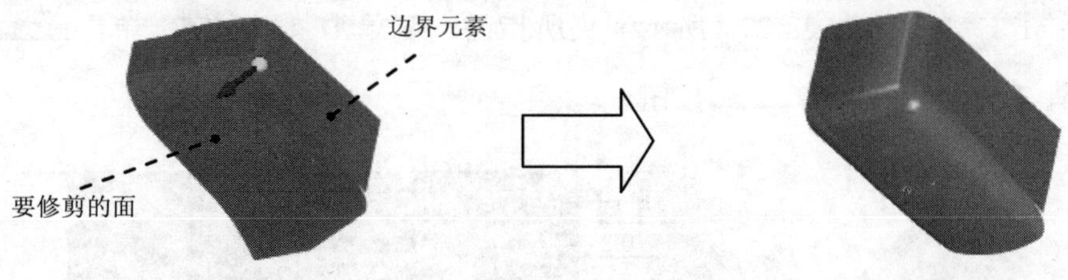

a）修剪前　　b）修剪后

图 28.21　曲面修剪 6

Step16. 创建图 28.22b 所示的镜像特征 1，在阵列区域中单击镜像后的小三角，选择镜像复制零件按钮，在命令条中的选择:下拉菜单中选择体选项，选取图 28.22a 所示的面 1 与面 2 作为镜像零件，单击按钮；选取前视图（XZ）作为镜像中心平面，单击“镜像”命令条中的完成按钮，完成镜像特征 1 的创建。

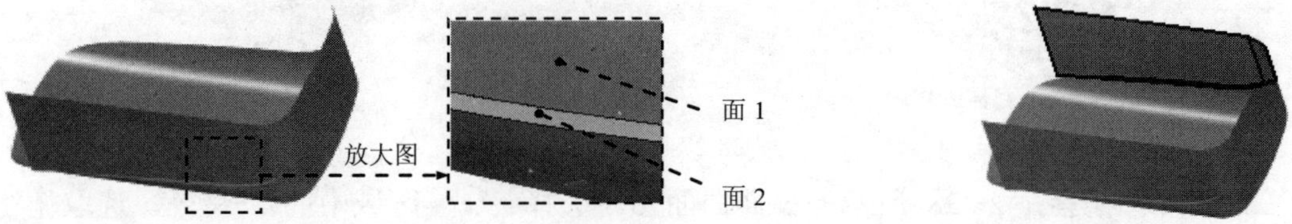

a）镜像前　　b）镜像后

图 28.22　镜像特征 1

Step17. 创建图 28.23 所示的缝合曲面 2。单击修改曲面区域的缝合命令，系统弹出“缝合曲面选项”对话框，采用系统默认的选项设置，单击确定按钮；在路径查找器中选取倒圆 1、拉伸 2、拉伸 3 及镜像 1，再在图形区选取图 28.24 所示的面 2 作为缝合对象，单击右键；单击完成按钮，完成缝合曲面 2 的创建，单击取消按钮。

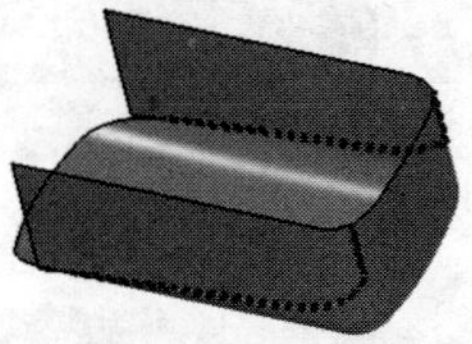

图 28.23　缝合曲面 2

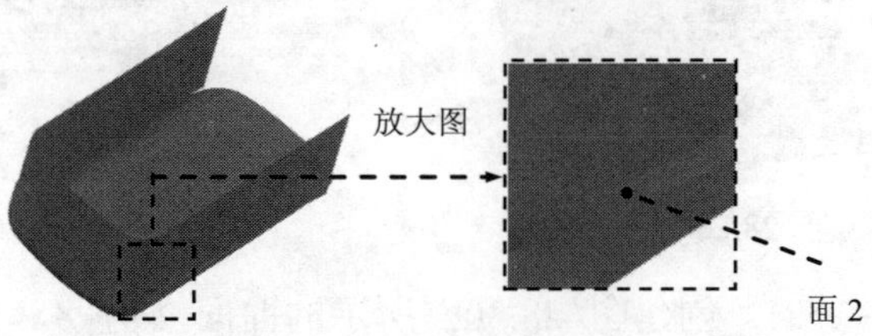

图 28.24　选取缝合对象

Step18. 创建图 28.25 所示的拉伸曲面 4。选择曲面区域中的命令，选取前视图（XZ）平面作为草图平面，绘制图 28.26 所示的截面草图，在“拉伸”命令条中单击按钮，选择“拉伸”命令条中的“对称延伸”按钮，在距离:下拉列表中输入值 40，并按 Enter 键，单击“拉伸”命令条中的完成按钮，单击取消按钮，完成拉伸曲面 4 的创建。

Step19. 创建图 28.27b 所示的曲面修剪 7。选择修改曲面区域中的命令，选取图 28.27a 所示的曲面作为要修剪的面，单击右键；选取图 28.27a 所示的拉伸曲面 4 作为修剪边界元素，单击右键；在图 28.27a 所示箭头所指的一侧单击鼠标左键，单击完成按钮，完成曲面修剪 7 的创建，单击取消按钮。

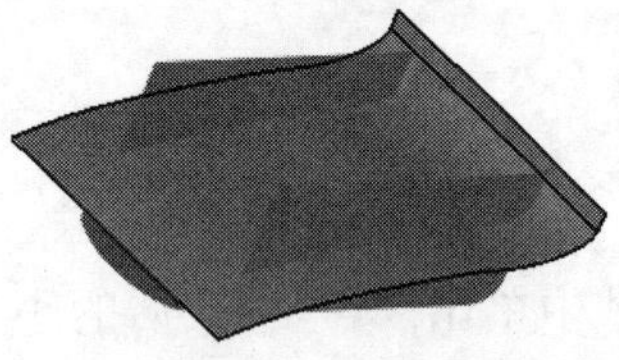

图 28.25 拉伸曲面 4

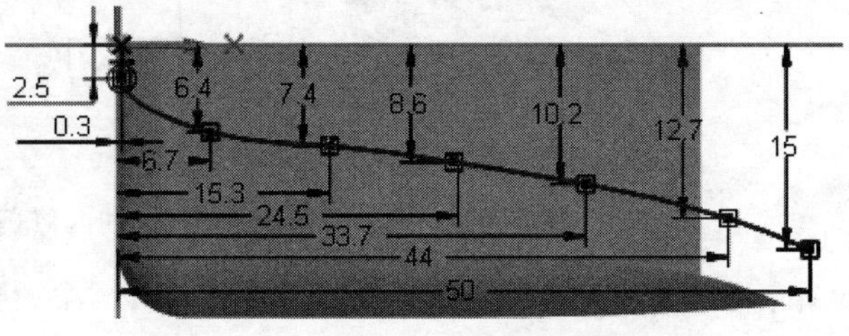

图 28.26 截面草图

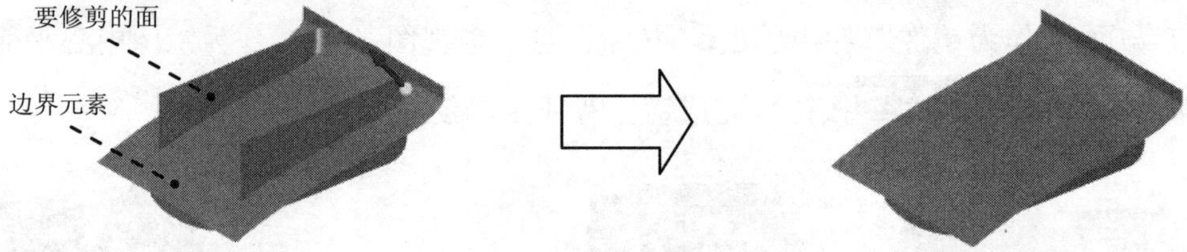

a）修剪前

b）修剪后

图 28.27 曲面修剪 7

Step20. 创建图 28.28 所示的拉伸曲面 5。选择曲面区域中的命令，选取俯视图（XY）平面作为草图平面，绘制图 28.29 所示的截面草图，在“拉伸”命令条中单击按钮，确认与按钮未被按下，在距离下拉列表中输入值 25，并按 Enter 键，拉伸方向为 Z 轴负方向，在图形区空白区域单击；单击“拉伸”命令条中的完成按钮，单击取消按钮，完成拉伸曲面 5 的创建。

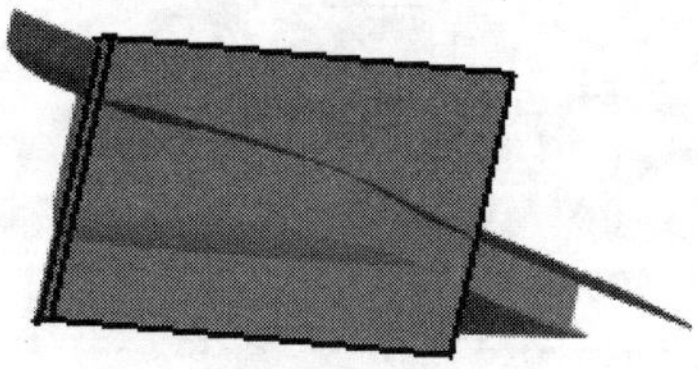

图 28.28 拉伸曲面 5

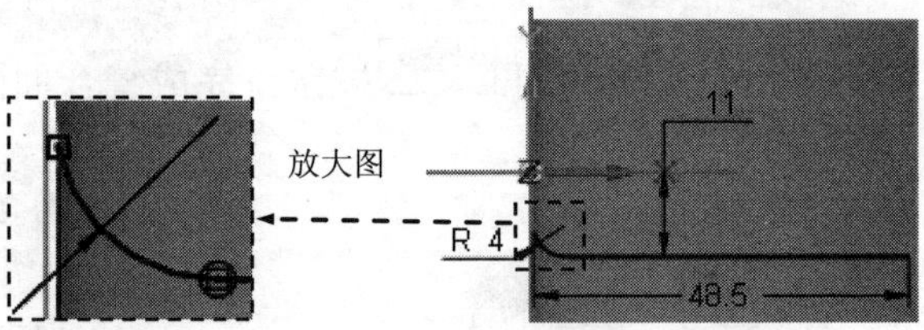

图 28.29 截面草图

Step21. 创建图 28.30b 所示的曲面修剪 8。选择修改曲面区域中的命令，选取图 28.30a 所示的曲面作为要修剪的面，单击右键；选取图 28.30a 所示的曲面作为修剪边界元素，单击右键；在图 28.30a 所示箭头所指的一侧单击鼠标左键，单击完成按钮，完成曲面修剪 8 的创建，单击取消按钮。

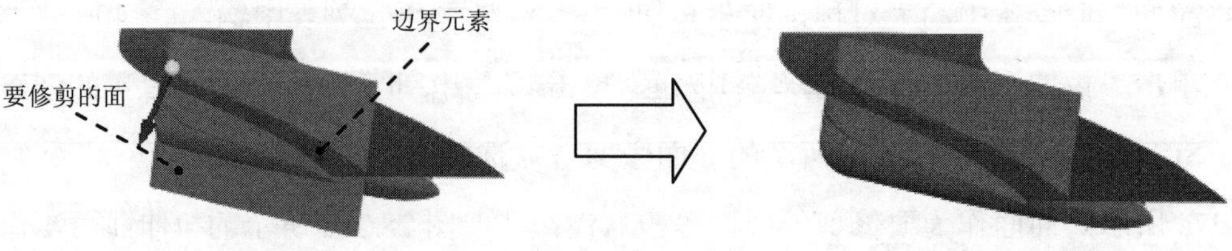

a）修剪前

b）修剪后

图 28.30 曲面修剪 8

Step22. 创建图 28.31b 所示的曲面修剪 9。选择修改曲面区域中的命令，选取图 28.31a 所示的曲面作为要修剪的面，单击右键；选取图 28.31a 所示的曲面作为修剪边界元素，单击右键；在图 28.31a 所示箭头所指的一侧单击鼠标左键，单击完成按钮，完成曲面修剪 9 的创建，单击取消按钮。

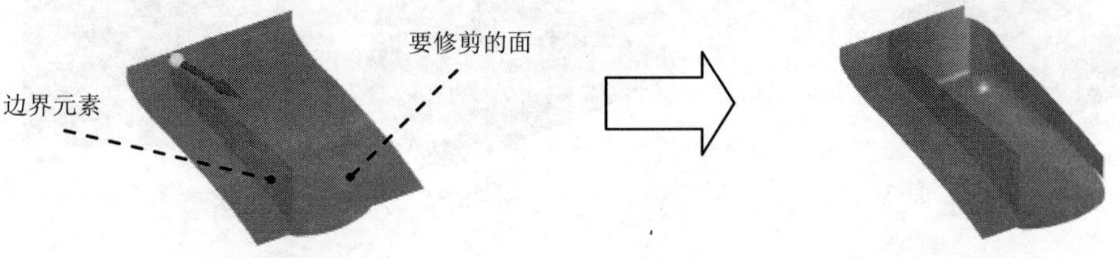

a）修剪前　　b）修剪后

图 28.31　曲面修剪 9

Step23. 创建图 28.32b 所示的曲面修剪 10。选择修改曲面区域中的命令，选取图 28.32a 所示的曲面作为要修剪的面，单击右键；在命令条的选择:下拉列表中选择单一选项，选取图 28.32a 所示的边线作为修剪边界元素，单击右键；在图 28.32a 所示箭头所指的一侧单击鼠标左键，单击完成按钮，完成曲面修剪 10 的创建，单击取消按钮。

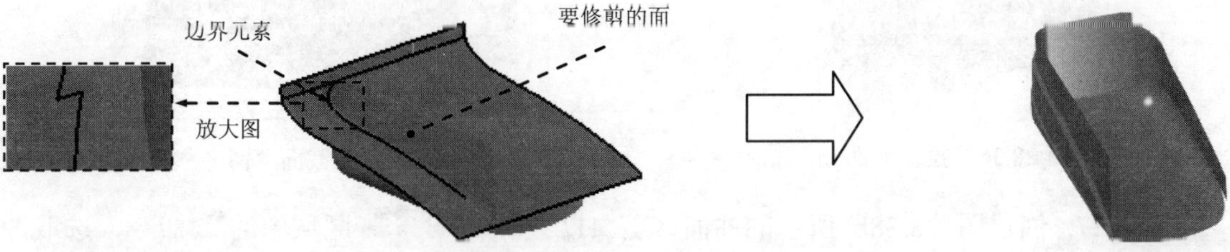

a）修剪前　　b）修剪后

图 28.32　曲面修剪 10

Step24. 创建图 28.33b 所示的镜像特征 2。在阵列区域中单击镜像后的小三角，选择镜像复制零件按钮，在命令条的选择:下拉列表中选择体选项，选取图 28.33a 所示的面 1 与面 2 作为镜像零件，单击按钮；选取前视图（XZ）平面作为镜像中心平面，单击“镜像”命令条中的完成按钮，完成镜像特征 2 的创建。

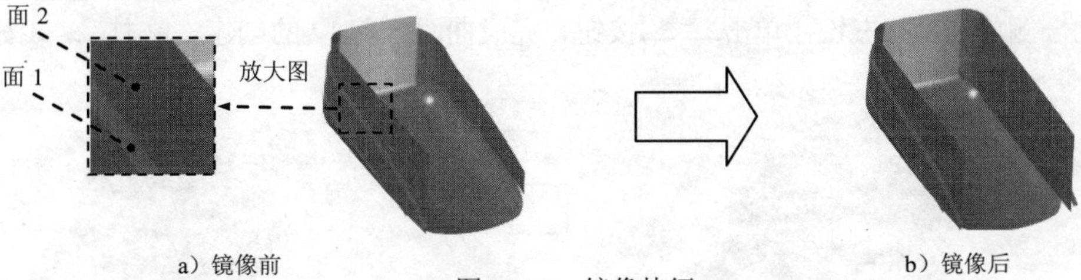

a）镜像前　　b）镜像后

图 28.33　镜像特征 2

Step25. 创建图 28.34 所示的缝合曲面 3。单击修改曲面区域的缝合命令，系统弹出“缝合曲面选项”对话框，采用系统默认的选项设置，单击 确定 按钮；在路径查找器中选取修剪 7、拉伸 5、修剪 8 及修剪 9，在图形区选取图 28.35 所示的面 1 与面 2 作为缝合对象，单击右键；单击 完成 按钮，完成缝合曲面 3 的创建，单击 取消 按钮。

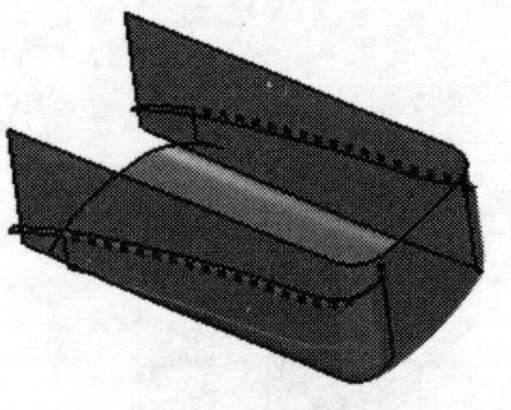

图 28.34 缝合曲面 3

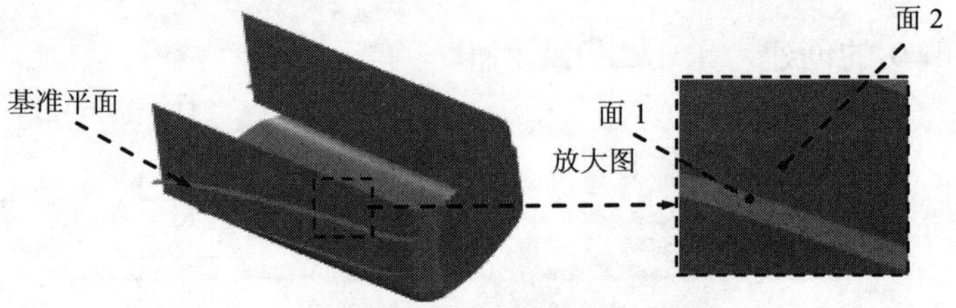

图 28.35 选取缝合对象

Step26. 创建图 28.36 所示的拉伸曲面 6。选择 曲面 区域中的命令，选取前视图（XZ）平面作为草图平面，绘制图 28.37 所示的截面草图，在“拉伸”命令条中单击按钮，选择“拉伸”命令条中的“对称延伸”按钮，在 距离: 下拉列表中输入值 40，并按 Enter 键；单击“拉伸”命令条中的 完成 按钮，单击 取消 按钮，完成拉伸曲面 6 的创建。

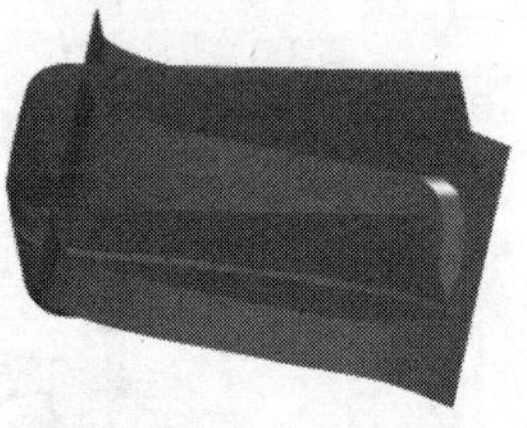

图 28.36 拉伸曲面 6

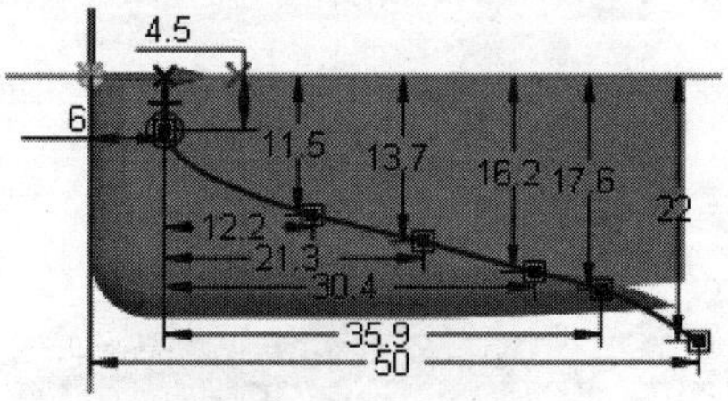

图 28.37 截面草图

Step27. 创建图 28.38b 所示的曲面修剪 11。选择 修改曲面 区域中的命令，选取图 28.38a 所示的曲面作为要修剪的面，单击右键；选取图 28.38a 所示的拉伸曲面 6 作为修剪边界元素，单击右键；在图 28.38a 所示箭头所指的一侧单击鼠标左键，单击 完成 按钮，完成曲面修剪 11 的创建，单击 取消 按钮。

Step28. 创建图 28.39b 所示的曲面修剪 12。选择 修改曲面 区域中的命令，选取图 28.39a 所示的曲面作为要修剪的面，单击右键；在“修剪”命令条 选择: 后的下拉列表中选择 体，选取图 28.39a 所示的拉伸曲面 6 作为修剪边界元素，单击右键；在图 28.38a 所示箭头所指的一侧单击鼠标左键，单击 完成 按钮，完成曲面修剪 12 的创建，单击 取消 按钮。

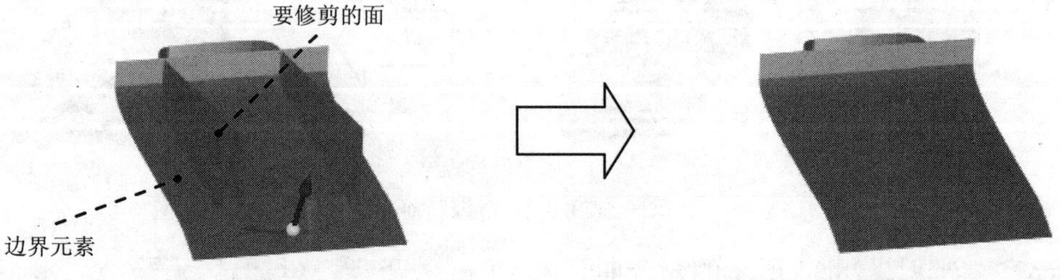

a）修剪前　　b）修剪后

图 28.38 曲面修剪 11

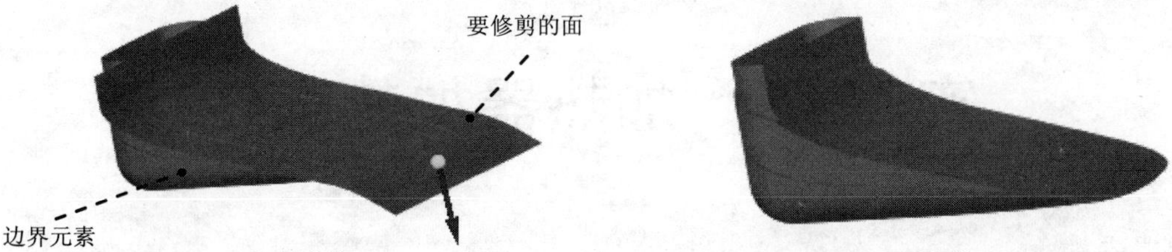

a）修剪前　　b）修剪后

图 28.39　曲面修剪 12

Step29. 创建图 28.40 所示的缝合曲面 4。单击修改曲面区域的缝合命令，系统弹出“缝合曲面选项”对话框，采用系统默认的选项设置，单击确定按钮；在路径查找器中选取修剪 11 与修剪 12 作为缝合对象，单击右键；单击完成按钮，完成缝合曲面 4 的创建，单击取消按钮。

Step30. 创建图 28.41 所示的有界曲面 1，选择曲面区域中的命令，选取图 28.41 所示的边线为曲面的边界边，单击两次右键。单击完成按钮，完成有界曲面 1 的创建。单击取消按钮。

Step31. 创建图 28.42 所示的缝合曲面 5。单击修改曲面区域的缝合命令，系统弹出“缝合曲面选项”对话框，采用系统默认的选项设置，单击确定按钮；在路径查找器中选取缝合 4 与范围 1 作为缝合对象，单击右键；在系统弹出的快捷菜单中单击是(Y)按钮，单击完成按钮，完成缝合曲面 5 的创建，单击取消按钮。

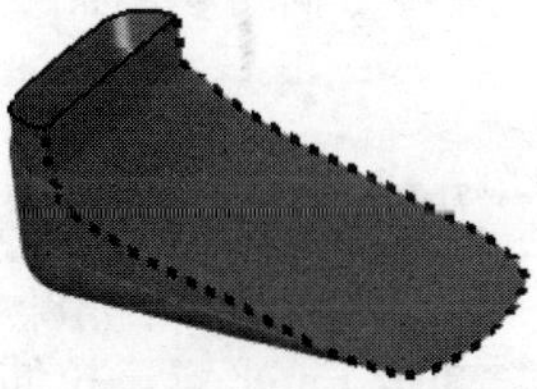

图 28.40　缝合曲面 4

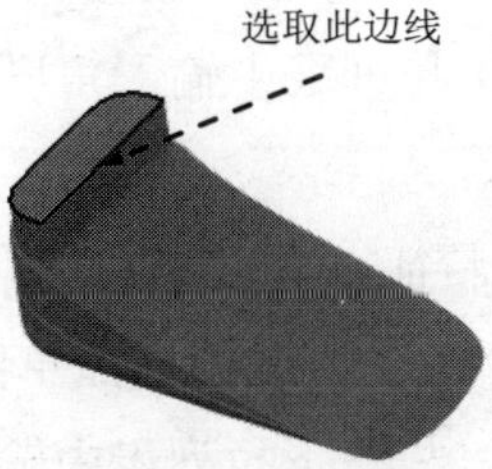

图 28.41　有界曲面 1

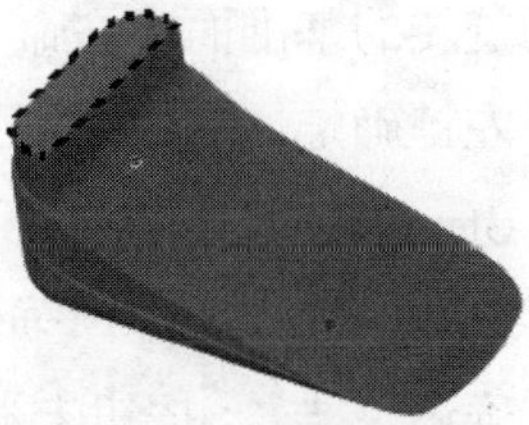

图 28.42　缝合曲面 5

Step32. 创建图 28.43 所示的除料特征 1。在实体区域中单击按钮，选取俯视图（XY）平面作为草图平面，绘制图 28.44 所示的截面草图；绘制完成后，单击按钮，选择命令条中的“有限范围”按钮，在距离:下拉列表中输入值 17，在需要移除材料的一侧单击鼠标左键，单击完成按钮，单击取消按钮，完成除料特征 1 的创建。

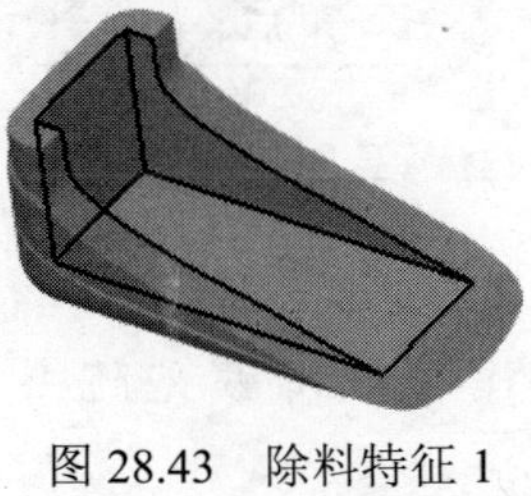

图 28.43　除料特征 1

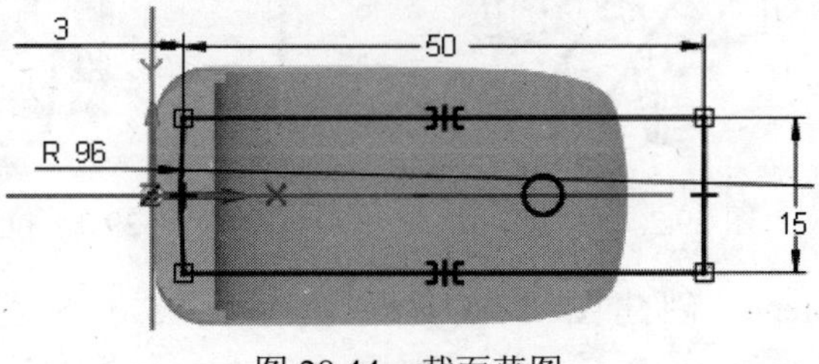

图 28.44　截面草图

Step33. 保存文件，文件名称为 stapler。

实例 29　加热器加热部件

实例概述

本实例运用了拉伸、螺旋、基准平面及扫掠等命令，其中基准平面的运用十分巧妙，零件模型及路径查找器如图 29.1 所示。

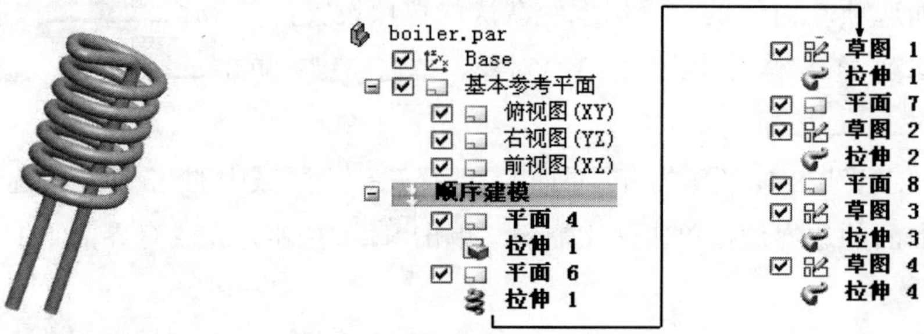

图 29.1　零件模型及路径查找器

Step1. 新建一个零件模型，进入建模环境。

Step2. 创建图 29.2 所示的平面 4。在平面区域中单击按钮，选择成角度命令，选取前视图（XZ）平面与右视图（YZ）平面作为参考平面。然后再选取前视图（XZ）平面为旋转的基准面；在命令条后的下拉列表中输入角度值为 45。旋转方向可参考图 29.2。单击左键确定，完成平面 4 的创建。

Step3. 创建图 29.3 所示的拉伸特征 1。在实体区域中单击按钮，选取俯视图（XY）平面作为草图平面，绘制图 29.4 所示的截面草图，在“拉伸”命令条中单击按钮，确认与按钮未被按下，在距离:下拉列表中输入值 4.5，并按 Enter 键，拉伸方向为 Z 轴正方向，在图形区空白区域单击；单击“拉伸”命令条中的完成按钮，单击取消按钮，完成拉伸特征 1 的创建。

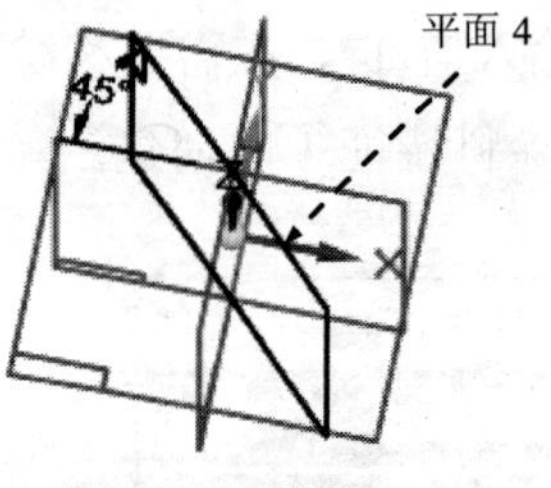

图 29.2　平面 4

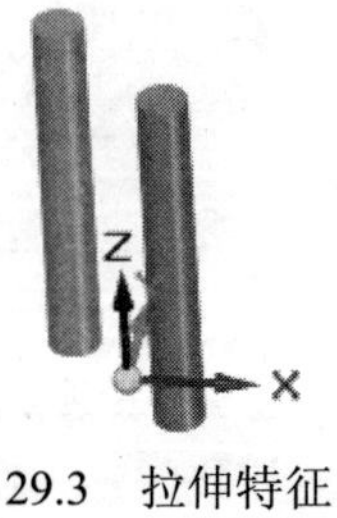

图 29.3　拉伸特征 1

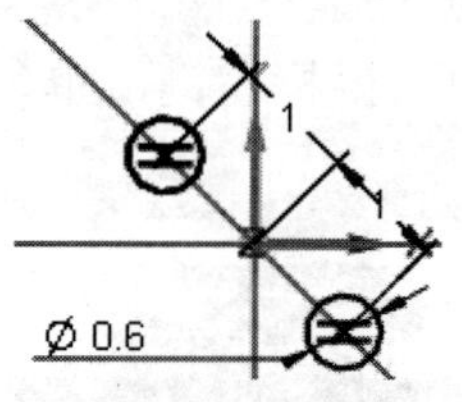

图 29.4　截面草图

Step4. 创建图 29.5 所示的平面 5（本步的详细操作过程请参见随书光盘中 video\ch29\reference\文件下的语音视频讲解文件 boiler-r01.exe）。

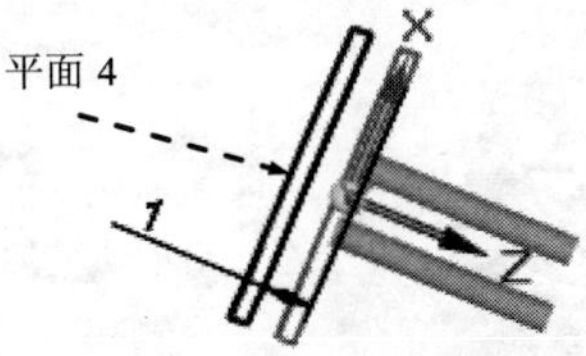

图 29.5 平面 5

Step5. 创建图 29.6 所示的螺旋特征 1。在 实体 区域中单击 后的小三角，选择 螺旋 命令。在“创建起源”下拉列表中选择 重合平面，选取前视图（XZ）平面作为草图平面，绘制图 29.7 所示的草图，单击 绘图 区域中的 按钮，选取图 29.7 所示的线为旋转轴；单击 按钮，然后右击；选取图 29.7 所示的点作为螺旋起点；在命令条中 螺距: 后输入螺距值 1，并按 Enter 键，单击 预览 按钮。单击 完成 按钮，单击 取消 按钮，完成螺旋特征 1 的创建。

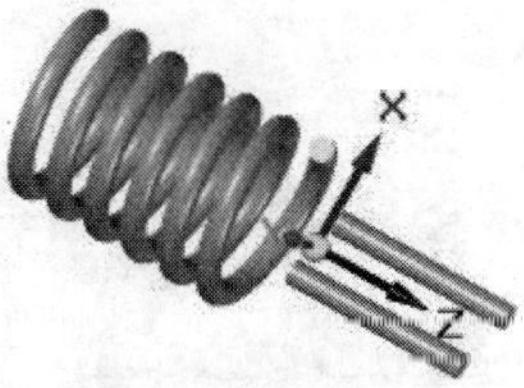

图 29.6 螺旋特征 1

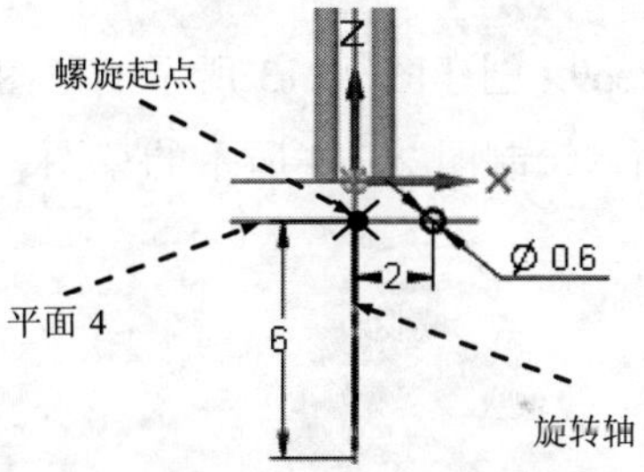

图 29.7 螺旋轴及横截面

Step6. 创建图 29.8 所示的草图 1。在 草图 区域中单击 按钮，选取平面 4 作为草图平面，绘制图 29.9 所示的草图 1。

图 29.8 草图 1（建模环境）

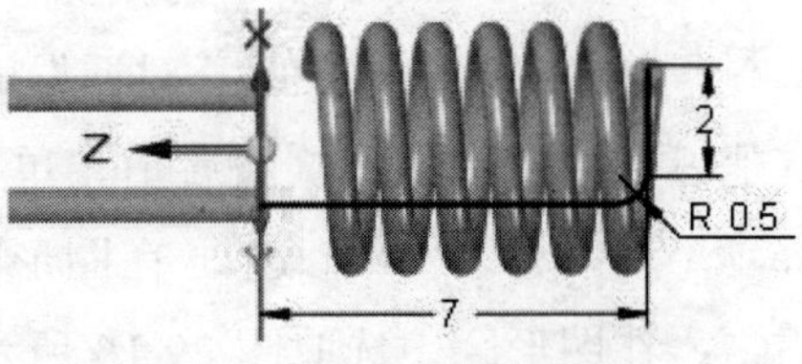

图 29.9 草图 1（草绘环境）

Step7. 创建图 29.10b 所示的扫掠特征 1。在 实体 区域中单击 后的小三角，选择 扫掠 命令后，在“扫掠”对话框的 默认扫掠类型 区域中选中 单一路径和横截面(S) 单选项。其他参数接受系统默认设置值，单击 确定 按钮。在“创建起源”选项下拉列表中选择 从草图/零件边选择 选项,在图形区中选取图 29.11 所示的草图 1 作为扫掠轨迹曲线，然后右击；在图形区中选取图 29.11 所示的模型表面轮廓作为扫掠截面；单击 完成 按钮，单击 取消 按钮，完成扫掠特征 1 的创建。

Step8. 创建图 29.12 所示的平面 6。在 平面 区域中单击 按钮，选择 平行 选项；在绘图区域选取平面 5 作为参考平面，在 距离: 下拉列表中输入偏移距离值为 6，偏移方向为 Z 轴负方向，单击左键完成平面 6 的创建。

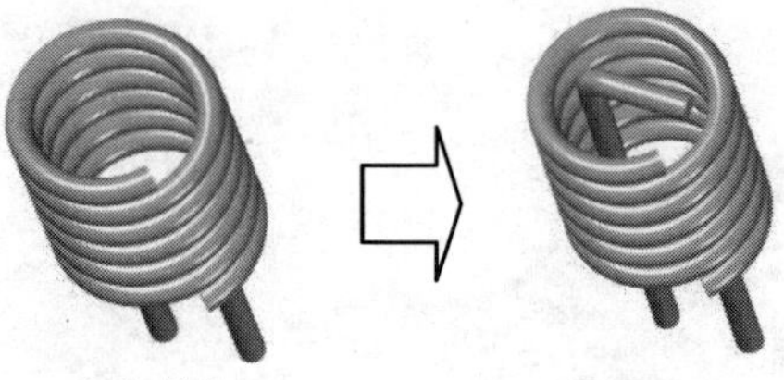

a）扫掠前　　b）扫掠后

图 29.10　扫掠特征 1

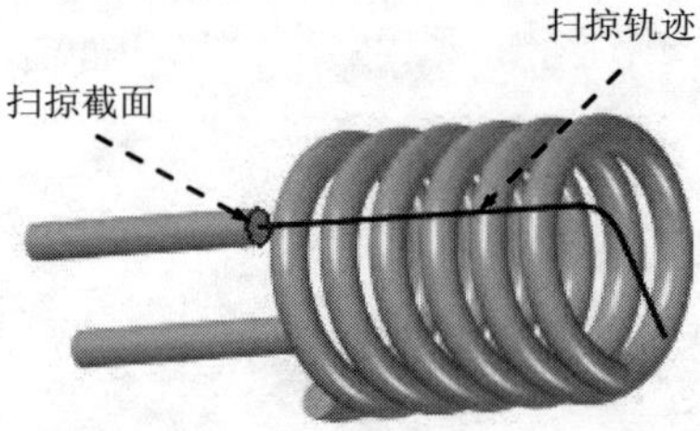

图 29.11　定义扫掠轨迹及截面

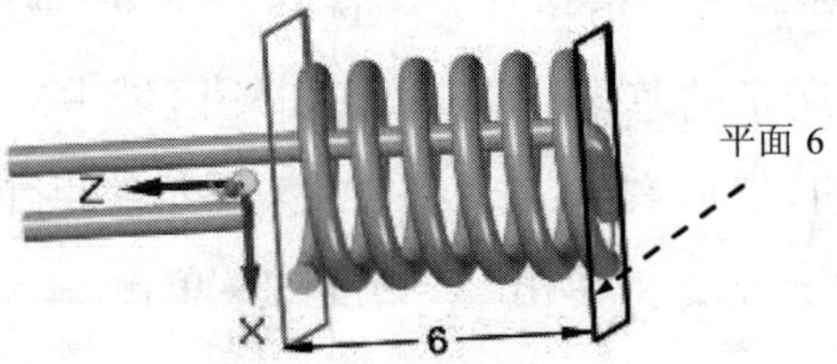

图 29.12　平面 6

Step9. 创建图 29.13 所示的草图 2。在 草图 区域中单击 按钮，选取平面 6 作为草图平面，绘制图 29.14 所示的草图。

图 29.13　草图 2（建模环境）

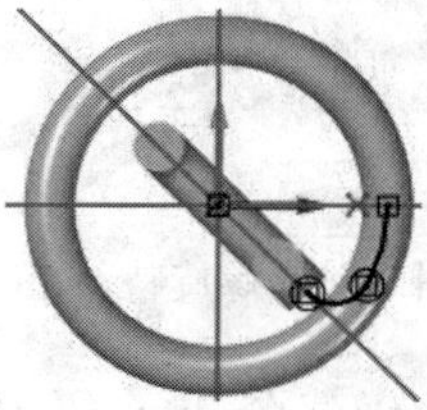

图 29.14　草图 2（草绘环境）

Step10. 创建图 29.15 所示的扫掠特征 2。在 实体 区域中单击 后的小三角，选择 扫掠 命令后，在“扫掠”对话框的 默认扫掠类型 区域中选中 单一路径和横截面(S) 单选项。其他参数接受系统默认设置值，单击 确定 按钮。在“创建起源”选项下拉列表中选择 从草图/零件边选择 选项,在图形区中选取图 29.16 所示的草图 2 作为扫掠轨迹曲线，然后右击；在图形区中选取图 29.16 所示的模型表面轮廓作为扫掠截面；单击 完成 按钮，单击 取消 按钮，完成扫掠特征 2 的创建。

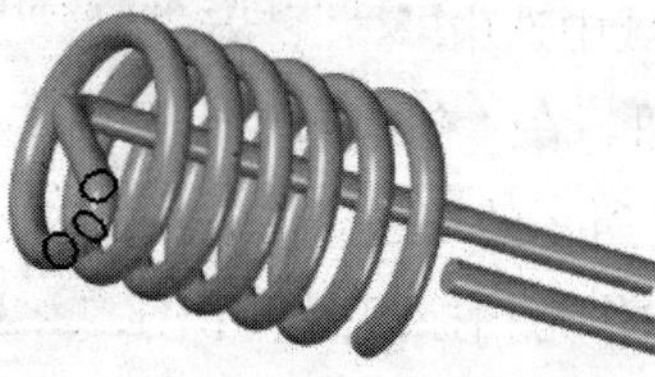

图 29.15　扫掠特征 2

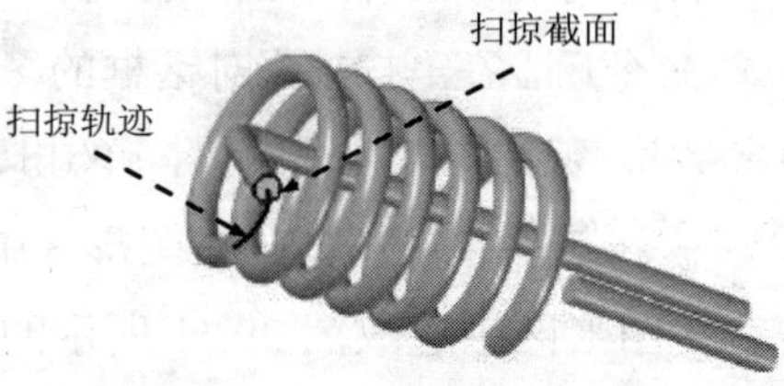

图 29.16　定义扫掠轨迹及截面

Step11. 创建图 29.17 所示的平面 7。在 平面 区域中单击 按钮，选择 平行 选项；选取右视图（YZ）平面作为参考平面，选取图 29.18 所示的模型截面轮廓，完成平面 7 的创建。

Step12. 创建图 29.18 所示的草图 3。在 草图 区域中单击按钮，选取平面 7 作为草图平面，绘制图 29.18 所示的草图 3。

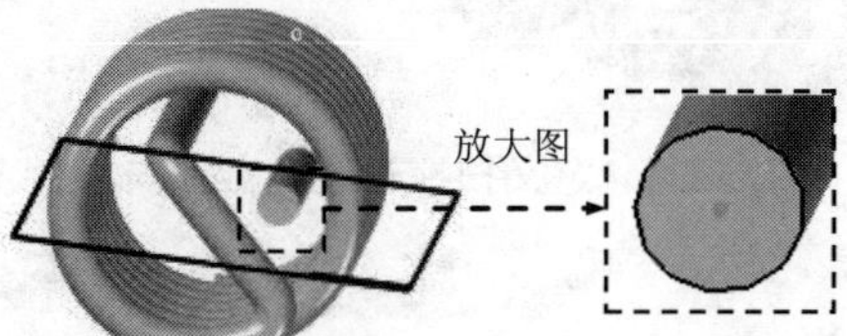

图 29.17　平面 7

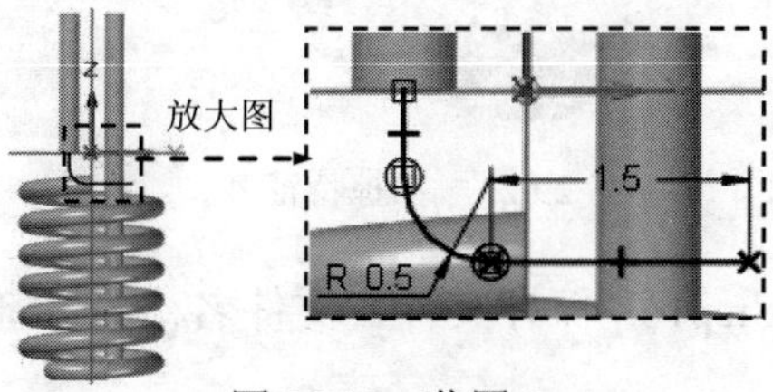

图 29.18　草图 3

Step13. 创建图 29.19b 所示的扫掠特征 3。在 实体 区域中单击后的小三角，选择 扫掠 命令后，在“扫掠”对话框的 默认扫掠类型 区域中选中 ⊙ 单一路径和横截面(S) 单选项。其他参数接受系统默认设置值，单击 确定 按钮。在“创建起源”选项下拉列表中选择 从草图/零件边选择 选项,在图形区中选取图 29.20 所示的草图 3 作为扫掠轨迹曲线，然后右击；在图形区中选取图 29.20 所示的模型表面轮廓作为扫掠截面；单击 完成 按钮，单击 取消 按钮，完成扫掠特征 3 的创建。

a）扫掠前　　b）扫掠后

图 29.19　扫掠特征 3

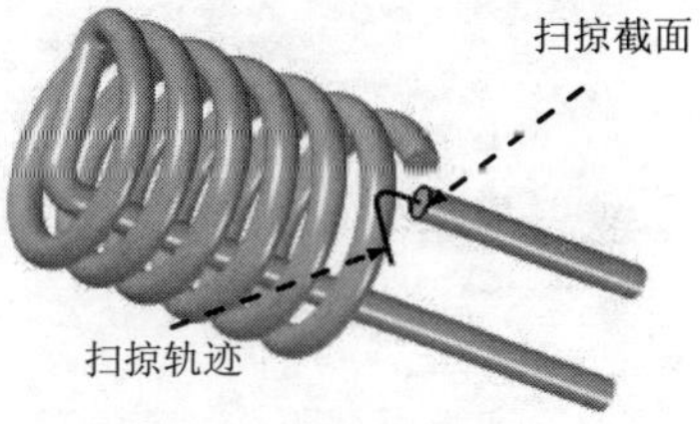

图 29.20　定义扫掠轨迹及截面

Step14. 创建图 29.21 所示的草图 4。在 草图 区域中单击按钮，选取平面 5 作为草图平面，绘制图 29.22 所示的草图 4。

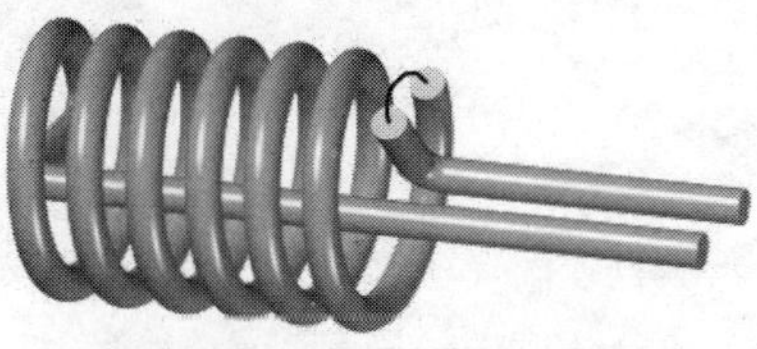

图 29.21　草图 4（建模环境）

图 29.22　草图 4（草绘环境）

Step15. 创建图 29.23 所示的扫掠特征 4。在 实体 区域中单击后的小三角，选择 扫掠 命令后，在“扫掠”对话框的 默认扫掠类型 区域中选中 ⊙ 单一路径和横截面(S) 单选项。其他参数接受系统默认设置值，单击 确定 按钮。在“创建起源”选项下拉列表中选择 从草图/零件边选择 选项,在图形区中选取图 29.24 所示的草图 3 作为扫掠轨迹曲线，然后右击；在图形区中选取图 29.24 所示的模型表面轮廓作为扫掠截面；单击 完成 按钮，单击 取消 按钮，完成扫掠特征 4 的创建。

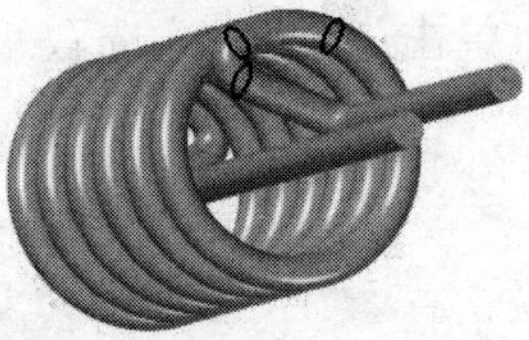

图 29.23　扫掠特征 4

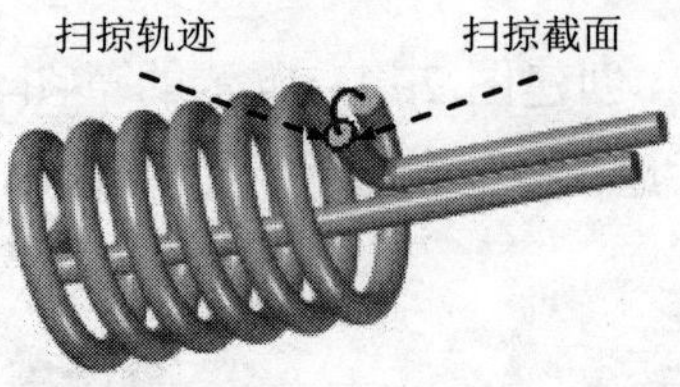

图 29.24　定义扫掠轨迹及截面

Step16. 保存文件，文件名称为 boiler。

实例30 球 轴 承

30.1 概 述

本实例介绍球轴承的创建和装配过程：首先是创建轴承的内环、保持架及滚子，它们分别生成一个模型文件，然后装配模型，并在装配体中创建轴承外环。其中，创建外环时要用到“在装配体中创建零件模型”的方法。装配组件模型如图 30.1.1 所示。

30.2 轴 承 内 环

轴承内环零件模型及路径查找器如图 30.2.1 所示。

图 30.1.1 球轴承装配组件模型

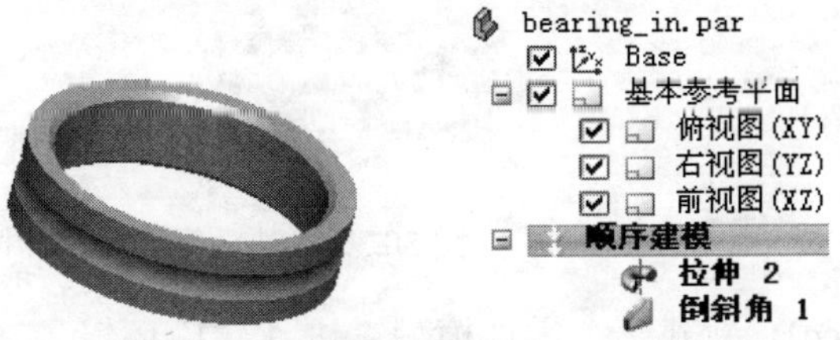

图 30.2.1 轴承内环零件模型及路径查找器

Step1. 新建一个零件模型，进入建模环境。

Step2. 创建图 30.2.2 所示的旋转特征。在 实体 区域中选择 命令，选取前视图（XZ）平面为草图平面，绘制图 30.2.3 所示的截面草图；单击 绘图 区域中的 按钮，选取图 30.2.3 所示的线为旋转轴；单击“关闭草图”按钮，在“旋转”命令条的 角度(A): 文本框中输入值 360.0，在图形区空白区域单击；单击“旋转”命令条中的 完成 按钮，完成旋转特征的创建。

图 30.2.2 旋转特征

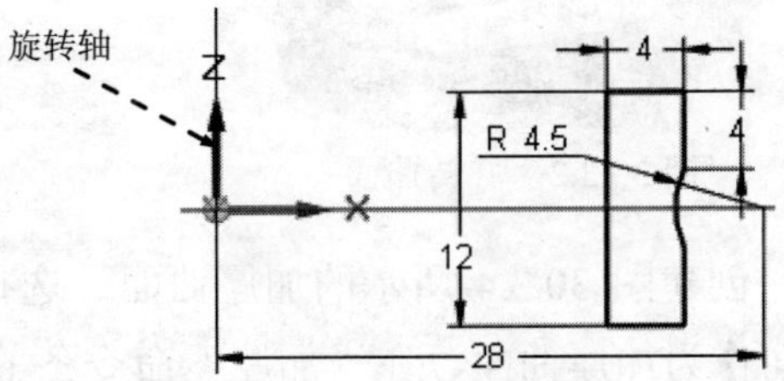

图 30.2.3 截面草图

Step3. 创建图 30.2.4b 所示的倒斜角特征 1。选取图 30.2.4a 所示的模型边线为倒斜角的对象，倒斜角回切值为 1。

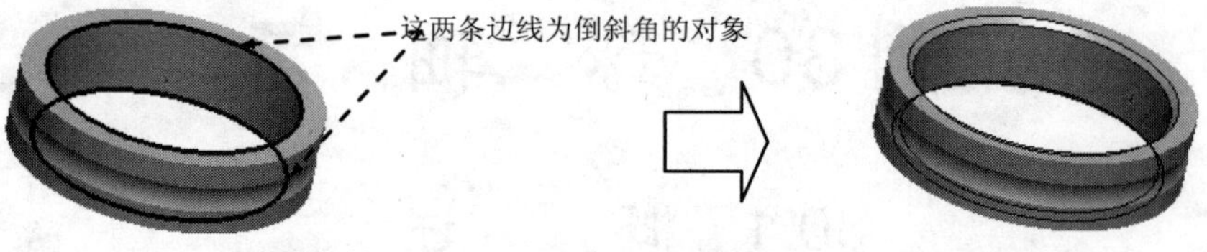

a）倒斜角前　　　　b）倒斜角后

图 30.2.4　倒斜角特征 1

Step4. 保存文件，文件名称为 bearing_in。

30.3　轴承保持架

轴承保持架零件模型及路径查找器如图 30.3.1 所示。

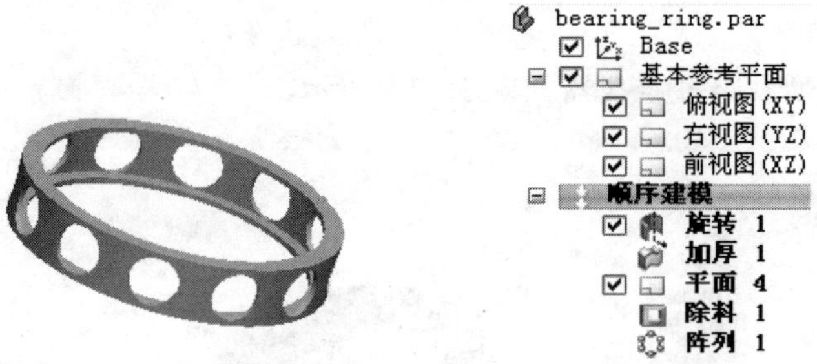

图 30.3.1　轴承保持架零件模型及路径查找器

Step1. 新建一个零件模型，进入建模环境。

Step2. 创建图 30.3.2 所示的旋转曲面。选择 曲面 区域中的 旋转 命令，选取前视图（XZ）平面为草图平面，绘制图 30.3.3 所示的截面草图；单击 绘图 区域中的 按钮，选取 Z 轴为旋转轴；单击“关闭草图”按钮，在“旋转”命令条的 角度(A): 文本框中输入值 360.0，在图形区空白区域单击；单击“旋转”命令条中的 完成 按钮，完成旋转曲面的创建。

图 30.3.2　旋转曲面

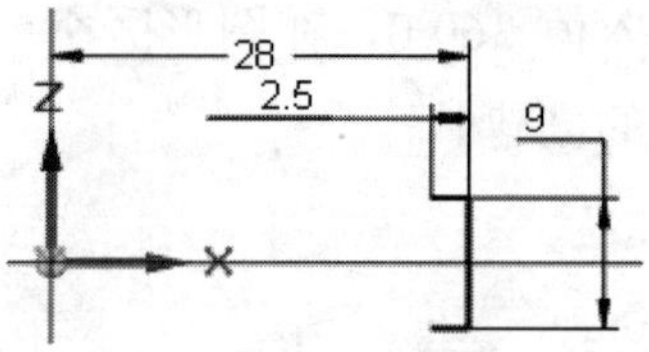

图 30.3.3　截面草图

Step3. 创建图 30.3.4 所示的加厚曲面。选择 实体 区域 中的 加厚 命令，选择旋转曲面作为加厚曲面，在“加厚”命令条的 距离: 文本框中输入值 1。在图 30.3.5 所示箭头所指的方向单击鼠标左键。单击 完成 按钮，完成加厚曲面的创建。单击 取消 按钮。

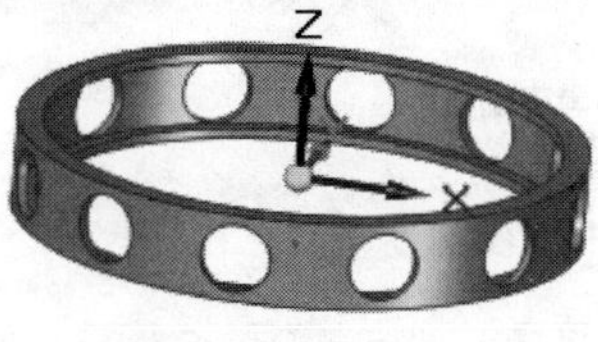

图 30.3.4 加厚曲面

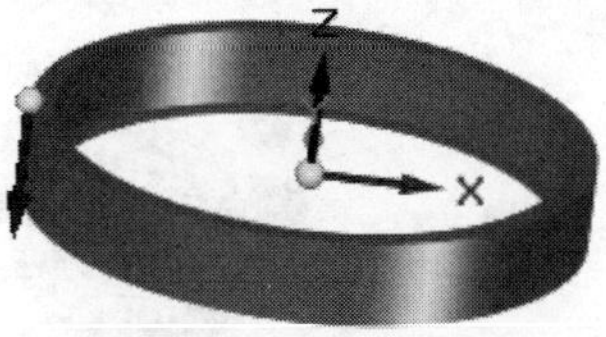

图 30.3.5 加厚方向

Step4. 创建图 30.3.6 所示的平面 4。在平面区域中单击按钮，选择平行选项；选取前视图（XZ）平面作为参考平面，在距离下拉列表中输入偏移距离值 28，偏移方向为 Y 轴负方向，单击左键，完成平面 4 的创建。

Step5. 创建图 30.3.7 所示的除料特征。在实体区域中单击按钮，选取平面 4 作为草图平面，绘制图 30.3.8 所示的截面草图；绘制完成后，单击按钮，选择“除料”命令条中的“穿透下一个”按钮，在需要除料的一侧单击鼠标左键，单击完成按钮，单击取消按钮，完成除料特征的创建。

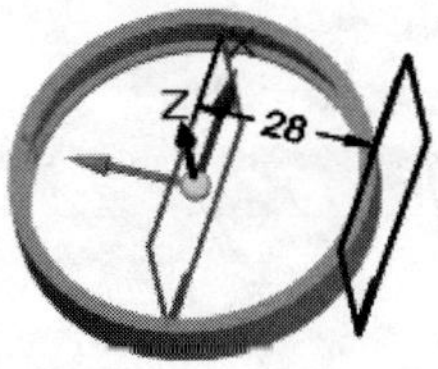

图 30.3.6 平面 4

图 30.3.7 除料特征

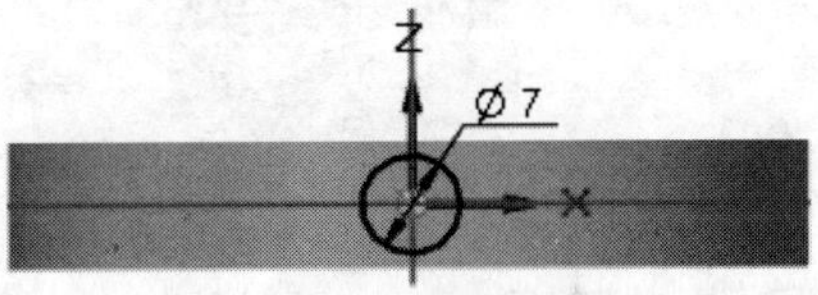

图 30.3.8 截面草图

Step6. 创建图 30.3.9 所示的阵列特征。在阵列区域中单击阵列命令后，在图形区中选取要阵列的孔 1，单击按钮；选取俯视图（XY）平面作为阵列草图平面；单击特征区域中的按钮，绘制图 30.3.10 所示的圆，（注：圆心要与坐标原点重合，对于圆的大小没有要求），在“阵列”命令条的翻转下拉列表中选择适合选项，在计数(C):文本框中输入阵列个数为 12，单击左键，单击按钮，退出草绘环境；在“阵列”命令条中单击完成按钮，完成阵列特征的创建。

图 30.3.9 阵列特征

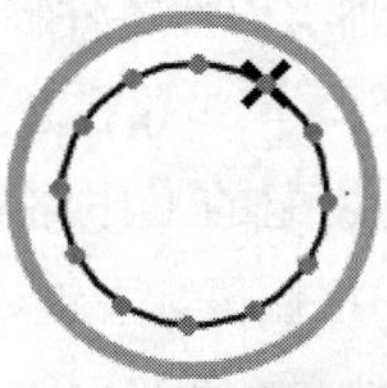

图 30.3.10 环形阵列轮廓

Step7. 保存文件，文件名称为 bearing_ring。

30.4 轴 承 滚 子

轴承滚子零件模型和路径查找器如图 30.4.1 所示。

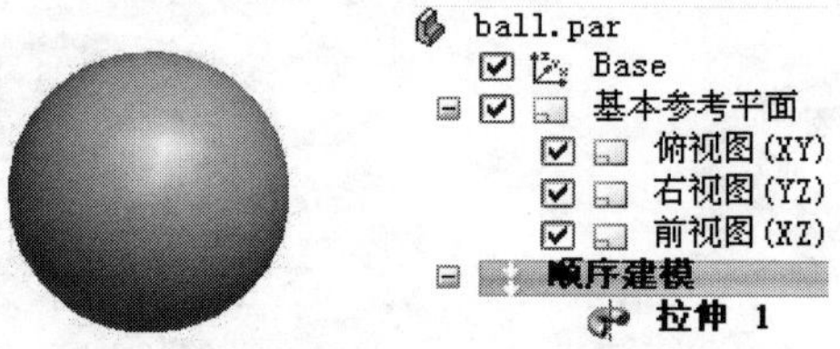

图 30.4.1 轴承滚子零件模型及路径查找器

Step1. 新建一个零件模型，进入建模环境。

Step2. 创建图 30.4.2 所示的旋转特征。在 实体 区域中选择命令，选取前视图（XZ）平面为草图平面，绘制图 30.4.3 所示的截面草图；单击 绘图 区域中的按钮，选取图 30.4.3 所示的线为旋转轴；单击“关闭草图”按钮。在“旋转”命令条的 角度(A): 文本框中输入值 360.0，在图形区空白区域单击；单击“旋转”命令条中的 完成 按钮，完成旋转特征的创建。

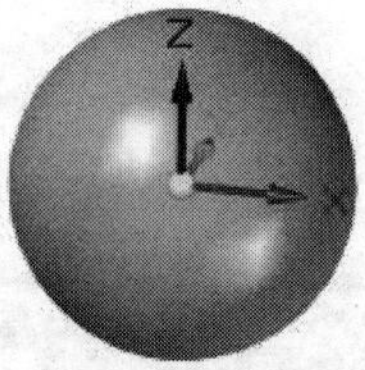

图 30.4.2 旋转特征

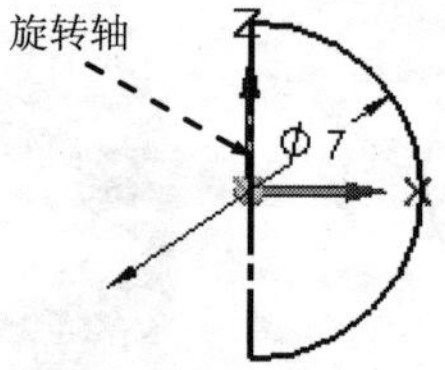

图 30.4.3 截面草图

Step3. 保存文件，文件名称为 ball。

30.5 轴承的装配

Step1. 新建一个装配文件。选择下拉菜单 → 新建 → GB 公制装配 命令，系统进入装配体模板。

Step2. 添加轴承内环零件模型。

（1）引入零件。单击路径查找器中的“零件库”按钮。在“零件库”对话框区域的下拉列表中设定装配的工作路径为 D:\sest10.3\work\ch30。在“零件库”对话框中选中 bearing_in 零件。按住鼠标左键将其拖动至绘图区域。

（2）放置零件。在图形区合适的位置处松开鼠标左键，即可把零件放置到当前位置，如图 30.5.1 所示。

Step3. 添加图 30.5.2 所示的轴承保持架并定位。

图 30.5.1 添加轴承内环

图 30.5.2 添加轴承保持架

（1）引入零件。在“零件库”对话框中选中 bearing_ring 零件。按住鼠标左键将其拖动至绘图区域。在图形区合适的位置处松开鼠标左键，并按 Esc 键，即可把零件放置到当前位置，如图 30.5.3 所示。

（2）添加配合。

① 选择命令。单击装配区域中的“装配”按钮。系统弹出“装配”命令条。

② 添加“轴对齐”配合。在“装配”命令条中单击按钮，在系统弹出的快捷菜单中选择轴对齐命令。选取图 30.5.3 所示的两个面为轴对齐的面。

③ 添加“面对齐”配合，单击路径查找器中的“路径查找器”按钮，在路径查找器中选中 ☑ 参考平面，将参考平面在图形区显示出来，然后右击 bearing_ring.par:1，在系统弹出的快捷菜单中选择显示/隐藏部件...命令，在系统弹出的“显示/隐藏部件”对话框中将参考平面的选项勾选为“开”，将轴承保持架的参考平面在图形区显示出来，单击确定按钮；单击装配区域中的“装配”按钮，选取图 30.5.4 所示的两个面为面对齐的面，然后再选取图 30.5.5 所示的两个面为面对齐的面。

④ 单击 Esc 键，完成零件的定位。

图 30.5.3 选取轴对齐面

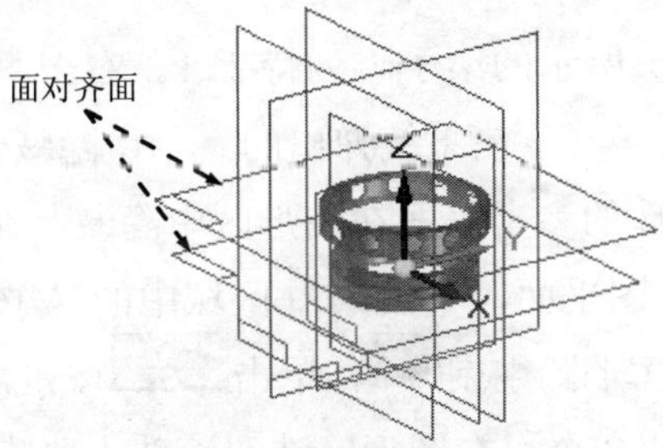

图 30.5.4 选取面对齐面

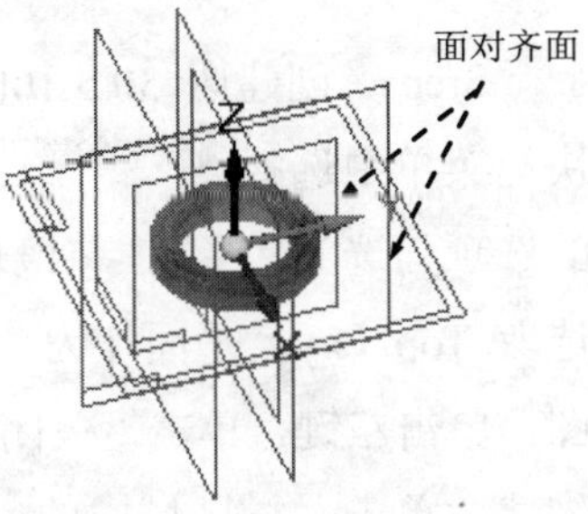

图 30.5.5 选取面对齐面

Step4. 添加图 30.5.6 所示的轴承滚子并定位。

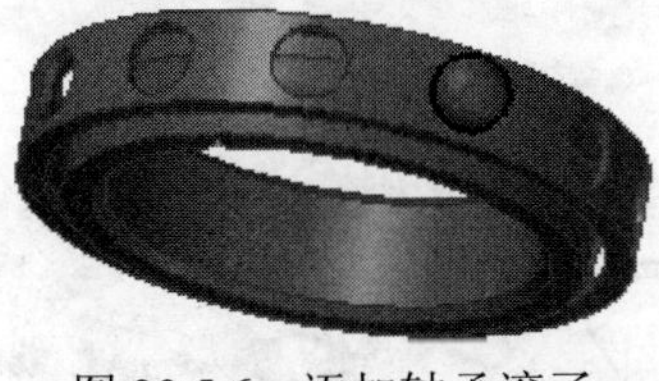

图 30.5.6 添加轴承滚子

（1）引入零件。单击路径查找器中的“零件库”按钮。在“零件库”对话框中选中 ball 零件。按住鼠标左键将其拖动至绘图区域。在图形区合适的位置处松开鼠标左键，并按 Esc 键。

（2）添加配合。

① 添加“面对齐”配合，单击路径查找器中的“路径查找器”按钮，右击 ball.par:1，在系统弹出的快捷菜单中选择显示/隐藏部件...命令，在系统弹出的“显示/隐藏部件”对话框中将参考平面的选项勾选为“开”；滚珠的参考平面在图形区显示

出来，单击装配区域中的“装配”按钮，在“装配-偏置类型”按钮后的文本框中输入偏置值 1，选取图 30.5.7 所示的两个面为面对齐的面，按 Esc 键。

② 添加“面对齐”配合，单击装配区域中的“装配”按钮，然后再选取图 30.5.8 所示的两个面为面对齐的面，按 Esc 键。

③ 添加“面对齐”配合，单击装配区域中的“装配”按钮，然后再选取图 30.5.9 所示的两个面为面对齐的面，按 Esc 键。

④ 单击 Esc 键，完成零件的定位。

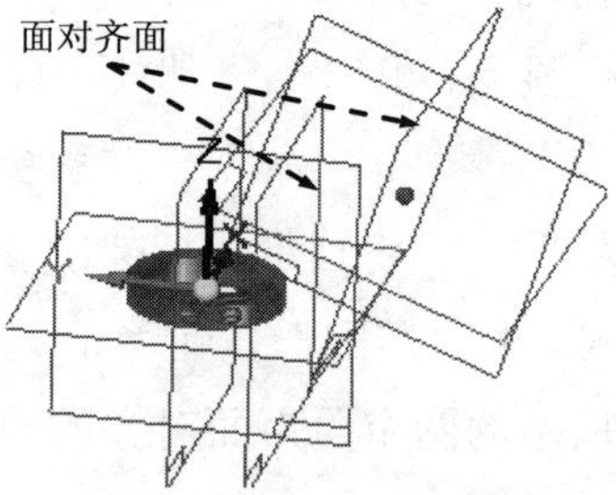

图 30.5.7 面对齐面

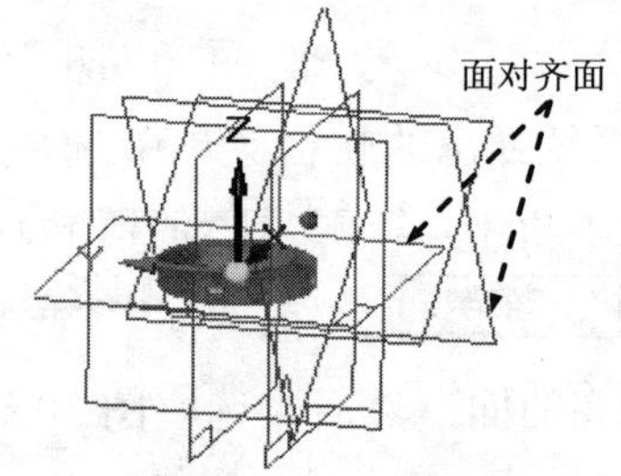

图 30.5.8 面对齐面

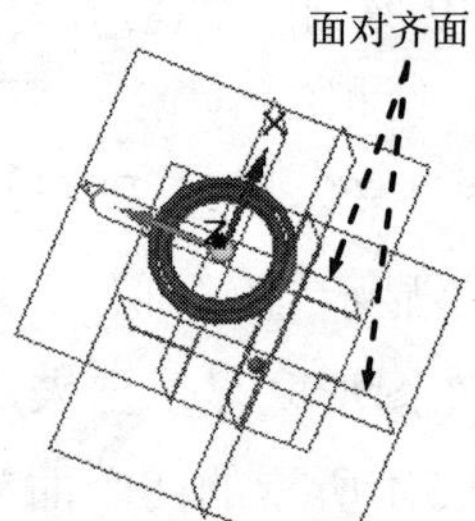

图 30.5.9 选取面对齐面

Step5. 创建图 30.5.10b 所示的滚子阵列特征 1。右击 ball.par:1 ，在系统弹出的快捷菜单中选择显示/隐藏部件...，在系统弹出的“显示/隐藏部件”对话框中将参考平面的选项勾选为“关”；将滚珠的参考平面在图形区中隐藏；在草图区域中单击按钮，选取 Top（xy）平面作为草图平面，单击特征区域中的按钮，绘制图 30.5.11 所示的草图；单击左键，单击“关闭草图”按钮，单击完成按钮，单击取消按钮，完成草图的创建；单击阵列区域中的命令。在图形区选取滚珠为要阵列的零件，单击右键，在路径查找器中单击“草图”前的⊞，选择“草图 1”，然后在图形区单击草图，单击完成按钮，完成阵列特征 1 的创建。

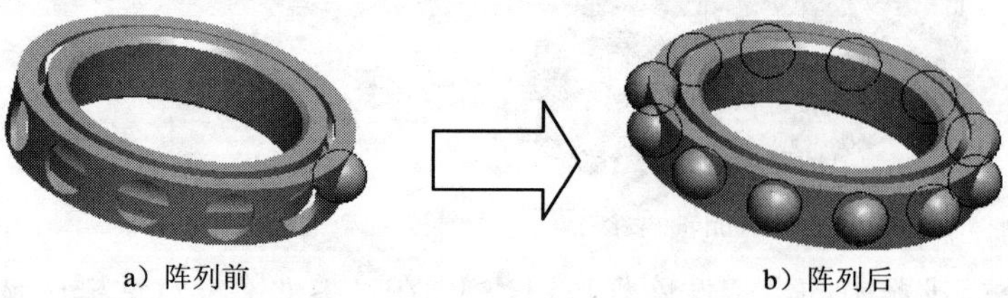
a）阵列前　b）阵列后

图 30.5.10 阵列特征 1

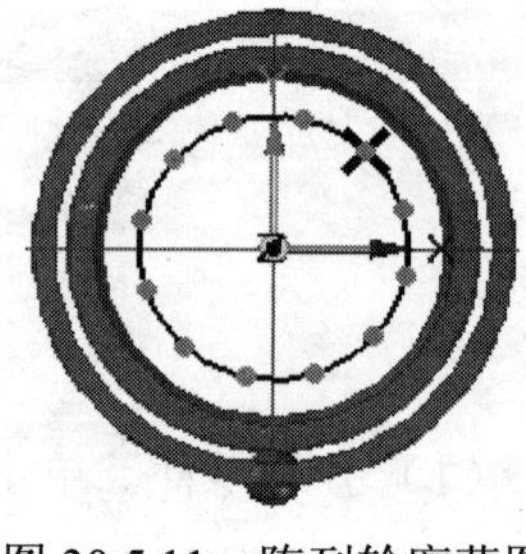
图 30.5.11 阵列轮廓草图

Step6. 创建图 30.5.12 所示的轴承外环。

创建零件。

① 进入建模环境。单击装配区域中的“原位创建零件”按钮。在系统弹出的“原位创建零件”对话框的新文件名 (N):文本框中输入 bearing_out. 其他参数接受系统默认设置值，单击创建和编辑按钮。

② 创建旋转特征。单击实体按钮，选择命令，选择右视图（YZ）平面作为草图平面，绘制图 30.5.13 所示的截面草图，单击 绘图 区域中的按钮，选取图 30.5.13 所示的线为旋转轴；单击“关闭草图”按钮，在“旋转”命令条的 角度(A): 文本框中输入值 360.0，在图形区空白区域单击；单击“旋转”命令条中的 完成 按钮，完成旋转特征 1 的创建。

图 30.5.12 添加轴承外环

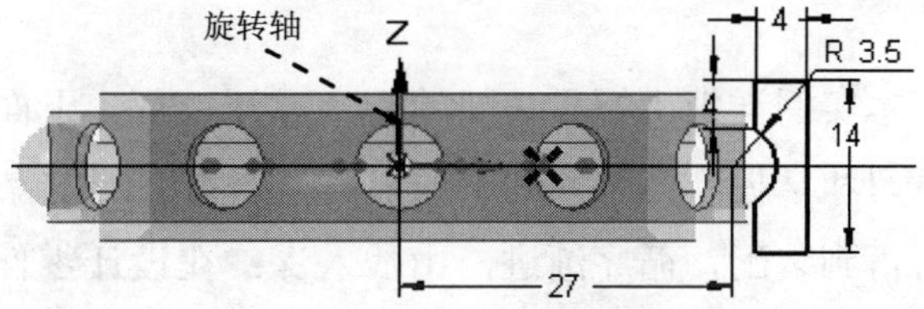

图 30.5.13 选取轴对齐面

③ 创建倒斜角特征。单击实体按钮，选择处的小三角，选择命令，选取图 30.5.14 所示的模型边线为倒斜角的对象，倒斜角回切值为 1。

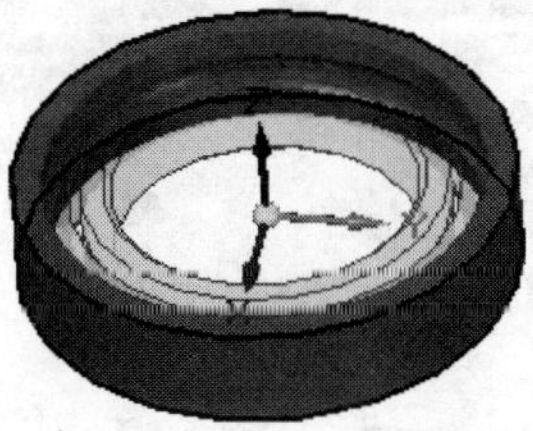

图 30.5.14 倒斜角特征

④ 单击“关闭并返回”按钮，完成轴承外环的创建。

Step7. 保存装配模型，文件名称为 bearing_asm。

实例31 衣　架

31.1 概　述

本实例详细讲解了衣架的整个设计过程，下面将通过介绍图 31.1.1 所示的衣架的设计来学习和掌握产品装配的一般过程，熟悉装配的操作流程。本实例先通过设计每个零部件，然后再到装配，循序渐进，由浅入深；在设计零件的过程中，需要将所有零件保存在同一目录下，并注意零件的尺寸及每个特征的位置，为以后的装配提供方便。衣架的最终装配模型如图 31.1.1 所示。

图 31.1.1　衣架装配模型

31.2 衣架零件（一）

零件模型及路径查找器如图 31.2.1 所示。

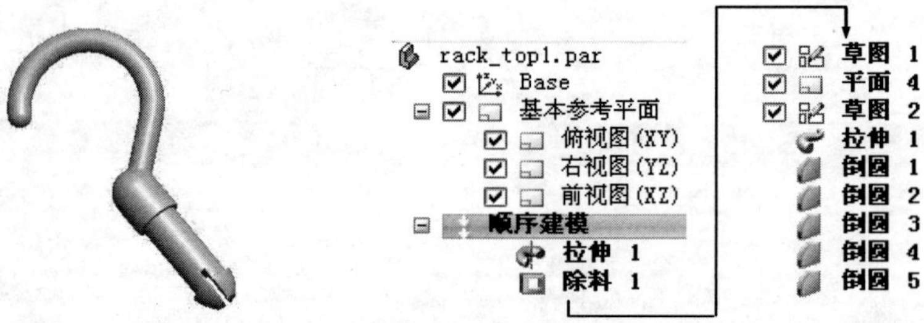

图 31.2.1　零件模型及路径查找器

Step1. 新建一个零件模型，进入建模环境。

Step2. 创建图 31.2.2 所示的旋转特征 1。在 实体 区域中选择命令，选取前视图（XZ）平面为草图平面，绘制图 31.2.3 所示的截面草图；单击 绘图 区域中的按钮，选取图 31.2.3 所示的线为旋转轴；单击“关闭草图”按钮，在“旋转”命令条的 角度(A): 文本框中输入值 360.0，在图形区空白区域单击；单击“旋转”命令条中的 完成 按钮，完成旋转特征 1 的创建。

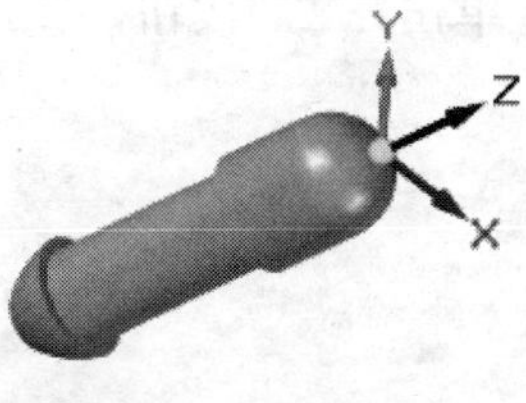

图 31.2.2 旋转特征 1

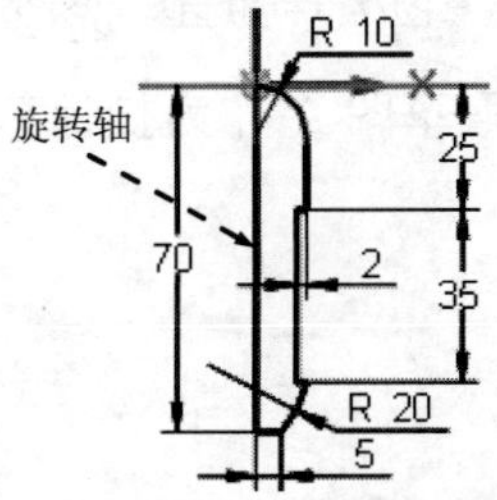

图 31.2.3 截面草图

Step3. 创建图 31.2.4 所示的除料特征 1。在 实体 区域中单击按钮，选取图 31.2.5 所示的模型表面作为草图平面，绘制图 31.2.6 所示的截面草图；绘制完成后，单击按钮，选择“除料”命令条中的“有限范围”按钮，在 距离: 下拉列表中输入值 15，然后按 Enter 键，在需要移除材料的一侧单击鼠标左键，单击 完成 按钮，单击 取消 按钮，完成除料特征 1 的创建。

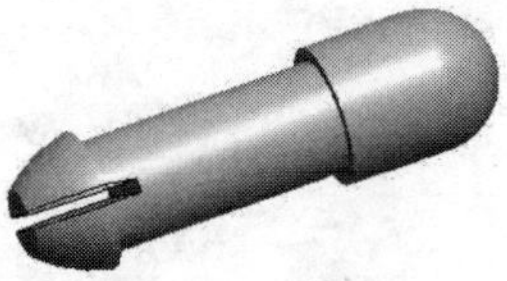

图 31.2.4 除料特征 1

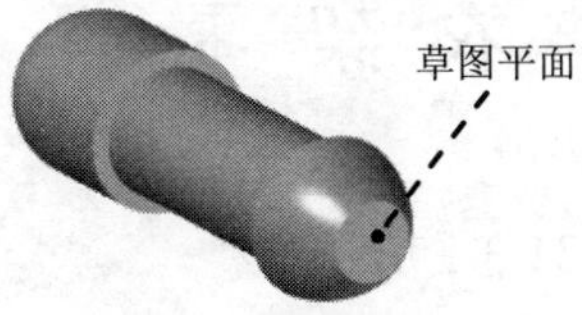

图 31.2.5 定义草图平面

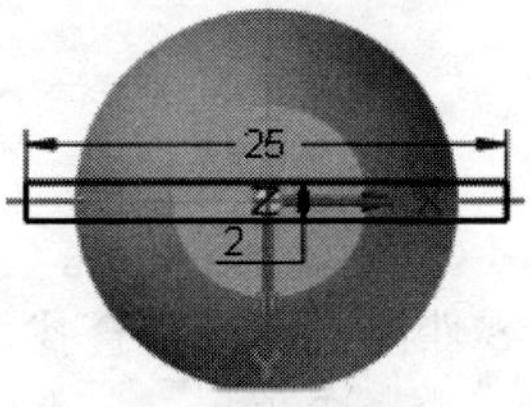

图 31.2.6 截面草图

Step4. 创建草图 1。在 草图 区域中单击按钮，选取前视图（XZ）平面作为草图平面，绘制图 31.2.7 所示的草图 1。

Step5. 创建图 31.2.8 所示的平面 4。在 平面 区域中单击按钮，选择 垂直于曲线 选项，在绘图区域选取草图 1 作为参考，在图 31.2.8 所示的顶点处单击，完成平面 4 的创建。

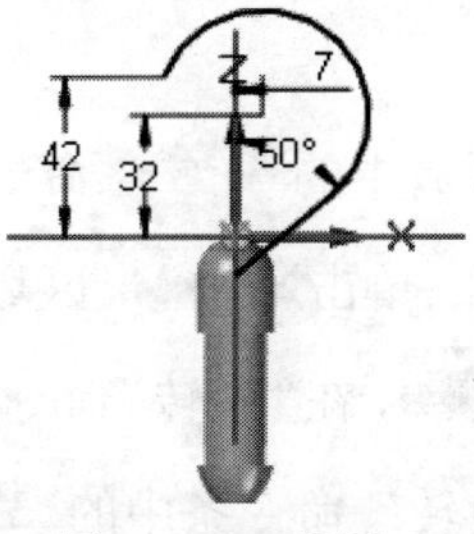

图 31.2.7 草图 1

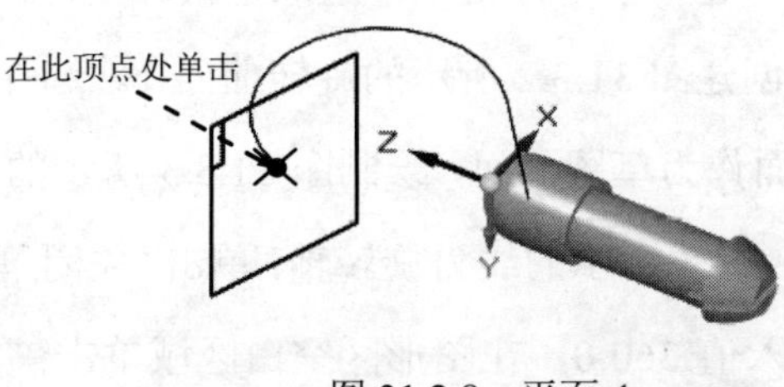

图 31.2.8 平面 4

Step6. 创建图 31.2.9 所示的草图 2。在 草图 区域中单击按钮，选取平面 4 作为草图平面，绘制图 31.2.10 所示的草图 2。

Step7. 创建图 31.2.11 所示的扫掠特征 1。在 实体 区域中单击后的小三角，选择 扫掠 命令后，在“扫掠”对话框的 默认扫掠类型 区域中选中 单一路径和横截面(S) 单选项。其他参数接受系统默认设置值，单击 确定 按钮。在“创建起源”选项下拉列

表中选择 从草图/零件边选择 选项,在图形区中选取草图 1 作为扫掠轨迹曲线，然后右击；在图形区中选取草图 2 作为扫掠截面；单击 完成 按钮，单击 取消 按钮，完成扫掠特征 1 的创建。

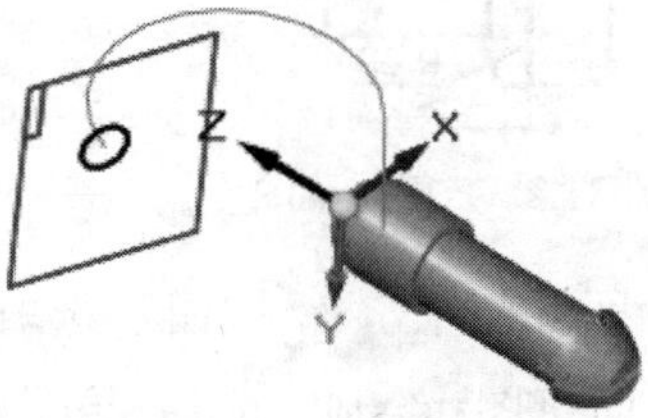

图 31.2.9　草图 2（建模环境）

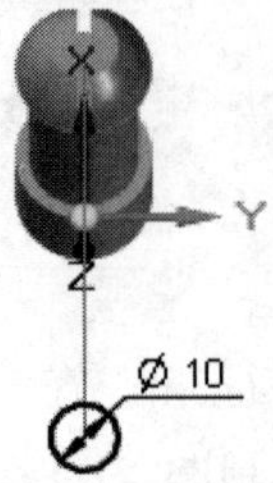

图 31.2.10　草图 2（草绘环境）

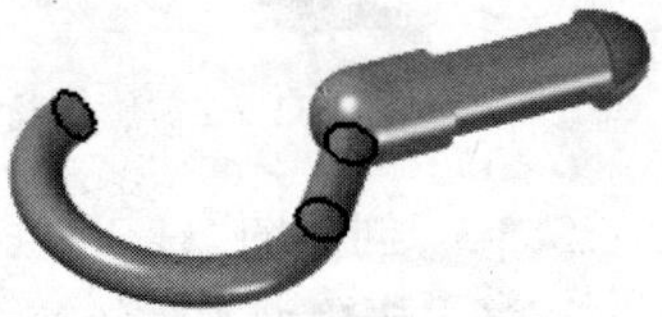

图 31.2.11　扫掠特征 1

Step8. 后面的详细操作过程请参见随书光盘中 video\ch31.02\reference\文件下的语音视频讲解文件 rack_top1-r01.exe。

31.3　衣架零件（二）

零件模型及路径查找器如图 31.3.1 所示。

图 31.3.1　零件模型及路径查找器

Step1. 新建一个零件模型，进入建模环境。

Step2. 创建图 31.3.2 所示的旋转曲面 1。选择 曲面 区域中的 旋转的 命令，选取前视图（XZ）平面作为草图平面，绘制图 31.3.3 所示的截面草图；单击 绘图 区域中的 按钮，选取图 31.3.3 所示的线为旋转轴；单击“关闭草图”按钮，在“旋转”命令条的 角度(A): 文本框中输入值 360.0，在图形区空白区域单击；单击“旋转”命令条中的 完成 按钮，完成旋转曲面 1 的创建。

Step3. 创建图 31.3.4 所示的旋转特征 1。在 实体 区域中选择 命令，选取前视图（XZ）平面为草图平面，绘制图 31.3.5 所示的截面草图；单击 绘图 区域中的 按钮，选取图 31.3.5 所示的线为旋转轴；单击“关闭草图”按钮，在“旋转”命令条的 角度(A): 文本框中输入值 360.0，在图形区空白区域单击；单击“旋转”命令条中的 完成 按钮，完成旋转特征 1 的创建。

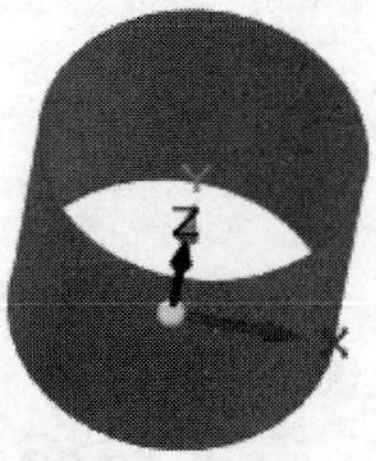

图 31.3.2　旋转曲面 1

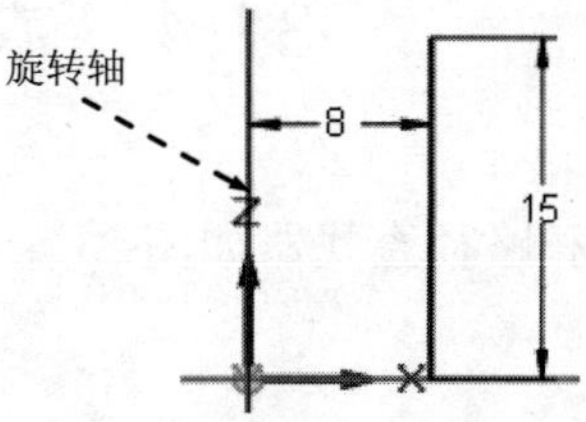

图 31.3.3　截面草图

图 31.3.4　旋转特征 1

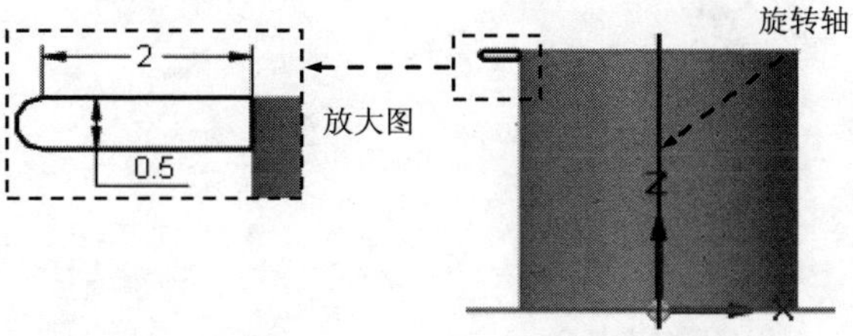

图 31.3.5　截面草图

Step4. 创建图 31.3.6 所示的草图 1。在 草图 区域中单击按钮，选取前视图（XZ）平面作为草图平面，绘制图 31.3.7 所示的草图 1。

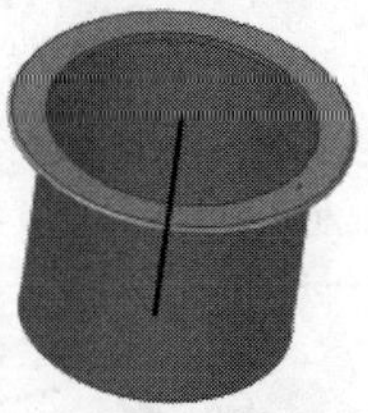

图 31.3.6　草图 1（建模环境）

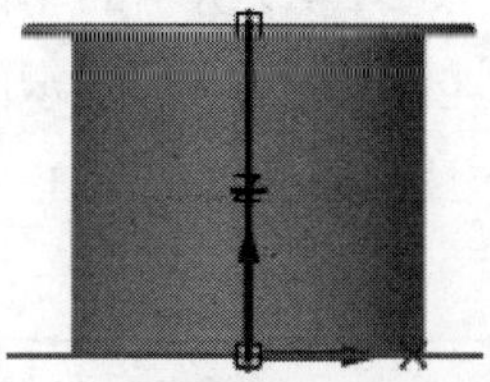

图 31.3.7　草图 1（草绘环境）

Step5. 创建图 31.3.8 所示的阵列特征 1。在 阵列 区域中选择 沿曲线 命令，单击“沿曲线-智能”按钮；在图形区中选取旋转特征 1 为阵列的特征，单击右键；选取草图 1 作为阵列路径，在“沿曲线”命令条的阵列类型的下拉列表中选择 固定 选项，在 个数: 文本框中输入阵列个数为 16，在 间距: 文本框中输入值 1，单击右键；在绘图区域选取图 31.3.9 所示的点为阵列锚点。移动鼠标将阵列方向调整至图 31.3.10 所示的方向，单击鼠标左键，单击 预览 按钮，单击 完成 按钮，完成阵列特征 1 的创建。

Step6. 保存文件，文件名称为 rack_top2。

图 31.3.8　阵列特征 1

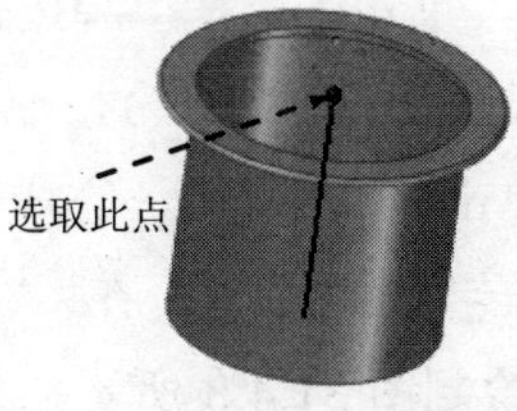

图 31.3.9　定义阵列起点

图 31.3.10　定义阵列方向

31.4 衣架零件（三）

零件模型和路径查找器如图 31.4.1 所示。

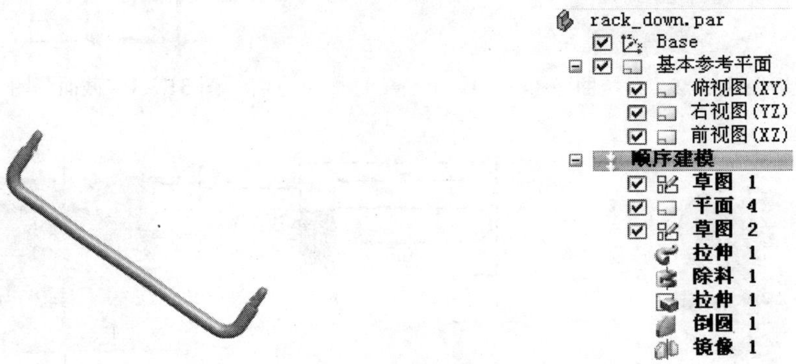

图 31.4.1 零件模型及路径查找器

Step1. 新建一个零件模型，进入建模环境。

Step2. 创建草图 1。在 草图 区域中单击按钮，选取前视图（XZ）平面作为草图平面，绘制图 31.4.2 所示的草图 1。

Step3. 创建图 31.4.3 所示的平面 4。在 平面 区域中单击按钮，选择 垂直于曲线 选项，在绘图区域选取草图 1 为参考，在图 31.4.3 所示的顶点处单击，完成平面 4 的创建。

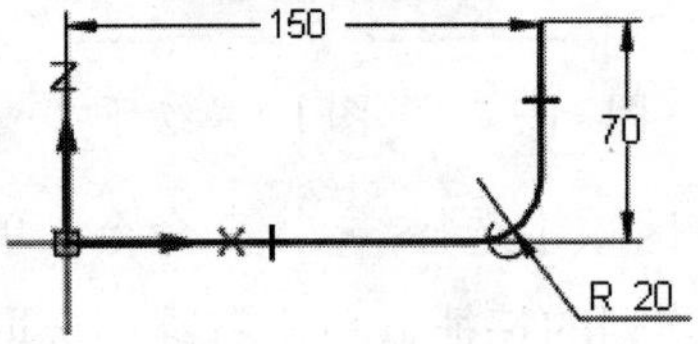

图 31.4.2 草图 1

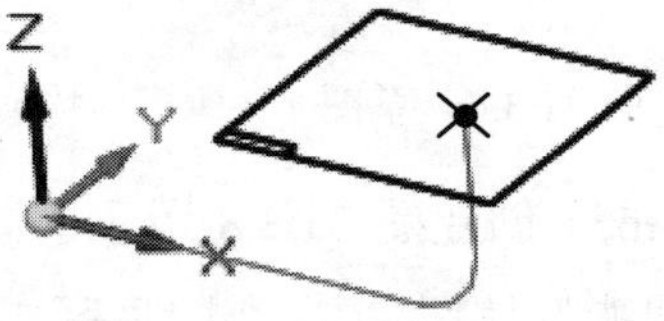

图 31.4.3 平面 4

Step4. 创建图 31.4.4 所示的草图 2。在 草图 区域中单击按钮，选取平面 4 作为草图平面，绘制图 31.4.5 所示的草图 2。

Step5. 创建图 31.4.6 所示的扫掠特征 1。在 实体 区域中单击后的小三角，选择 扫掠 命令后，在“扫掠”对话框的 默认扫掠类型 区域中选中 单一路径和横截面(S) 单选项。其他参数接受系统默认设置值，单击 确定 按钮。在“创建起源”选项下拉列表中选择 从草图/零件边选择 选项，选取草图 1 作为扫掠轨迹曲线，然后右击；选取草图 2 作为扫掠截面；单击 完成 按钮，单击 取消 按钮，完成扫掠特征 1 的创建。

Step6. 创建图 31.4.7 所示的旋转切削特征 1。在 实体 区域中单击按钮，选取前视图（XZ）平面作为草图平面，绘制图 31.4.8 所示的截面草图；单击区域中的按钮，选取图 31.4.8 所示线为旋转轴，单击按钮；在“旋转”命令条的 角度(A): 文本框中输入值 360.0。在图形区空白区域单击，单击窗口中的 完成 按钮，完成旋转切削特征 1 的创建。

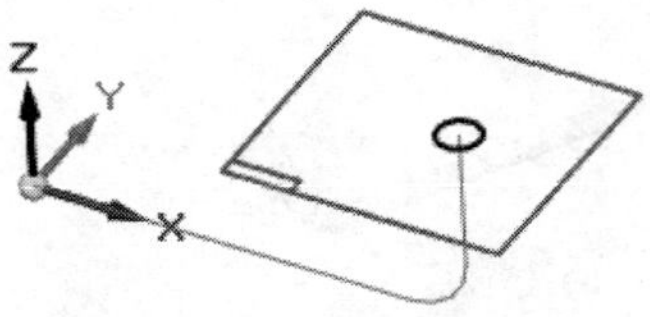

图 31.4.4 草图 2（建模环境）

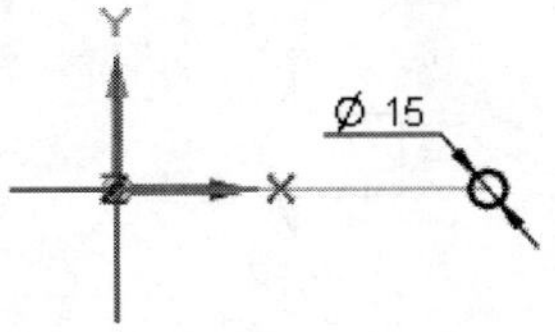

图 31.4.5 草图 2（草绘环境）

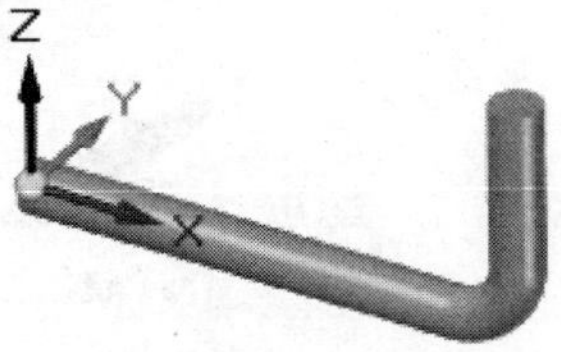

图 31.4.6 扫掠特征 1

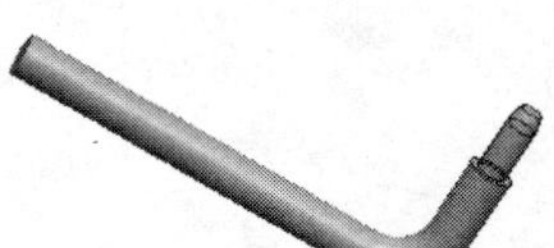

图 31.4.7 旋转切削特征 1

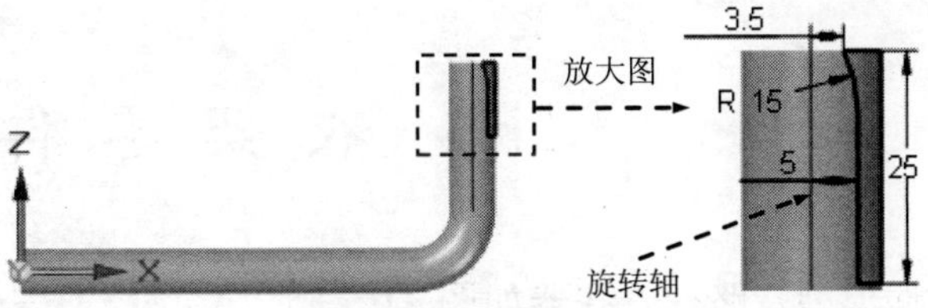

图 31.4.8 截面草图

Step7. 创建图 31.4.9 所示的拉伸特征 1。在 实体 区域中单击按钮，选取前视图（XZ）平面作为草图平面，绘制图 31.4.10 所示的截面草图，在“拉伸”命令条中单击按钮，选择“拉伸”命令条中的“对称延伸”按钮，在 距离: 下拉列表中输入值 4，并按 Enter 键，在图形区空白区域单击；单击“拉伸”命令条中的 完成 按钮，单击 取消 按钮，完成拉伸特征 1 的创建。

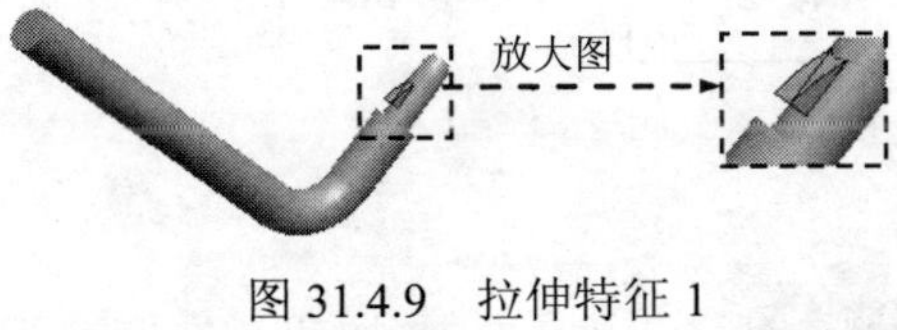

图 31.4.9 拉伸特征 1

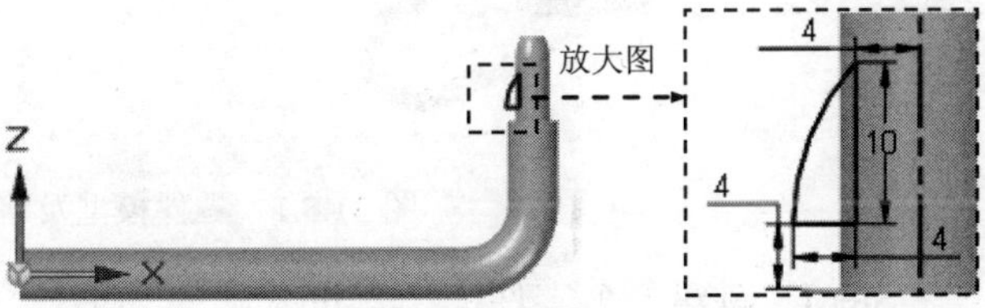

图 31.4.10 截面草图

Step8. 创建图 31.4.11b 所示的倒圆特征 1。选取图 31.4.11a 所示的模型边线为倒圆的对象，倒圆半径值为 0.5。

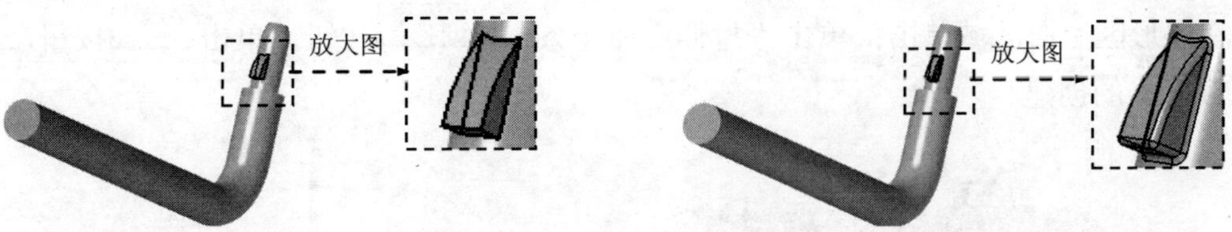

a）倒圆前 b）倒圆后

图 31.4.11 倒圆特征 1

Step9. 创建图 31.4.12b 所示的镜像特征 1，在 阵列 区域中单击 镜像 命令，在路径查找器中选取 **拉伸 1**、**除料 1**、**拉伸 1** 及 **倒圆 1** 作为镜像特征，单击右键；选取右视图（YZ）平面作为镜像中心平面，单击“镜像”命令条中的 完成 按钮，完成镜像特征 1 的创建。

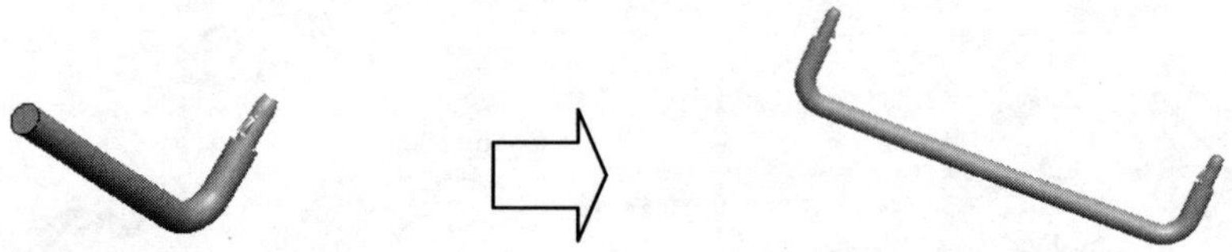

a）镜像前　　　　　　b）镜像后

图 31.4.12　镜像特征 1

Step10. 保存文件，文件名称为 rack_down。

31.5　衣 架 零 件（四）

零件模型及路径查找器如图 31.5.1 所示。

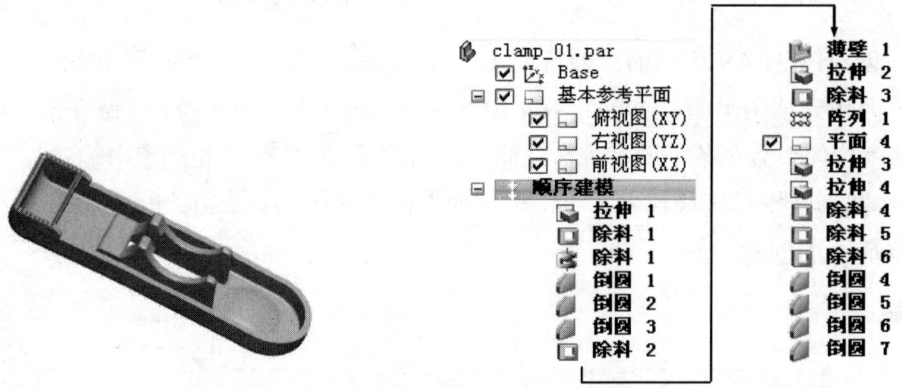

图 31.5.1　零件模型及路径查找器

Step1. 新建一个零件模型，进入建模环境。

Step2. 创建图 31.5.2 所示的拉伸特征 1。在 实体 区域中单击按钮，选取前视图（XZ）平面作为草图平面，绘制图 31.5.3 所示的截面草图，在“拉伸”命令条中单击按钮，选择命令条中的“对称延伸”按钮，在 距离: 下拉列表中输入值 20，并按 Enter 键，在图形区空白区域单击；单击“拉伸”命令条中的 完成 按钮，单击 取消 按钮，完成拉伸特征 1 的创建。

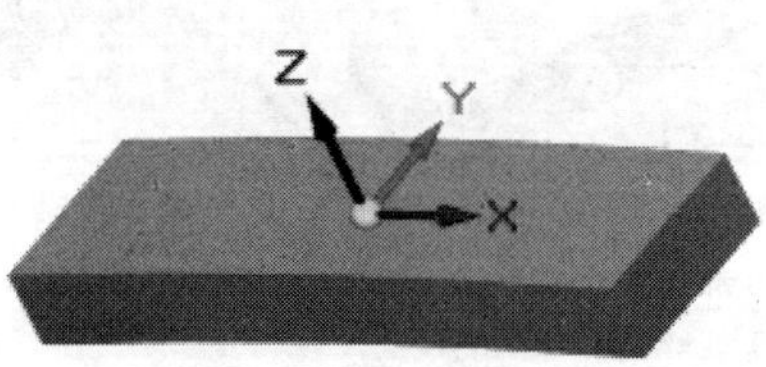

图 31.5.2　拉伸特征 1

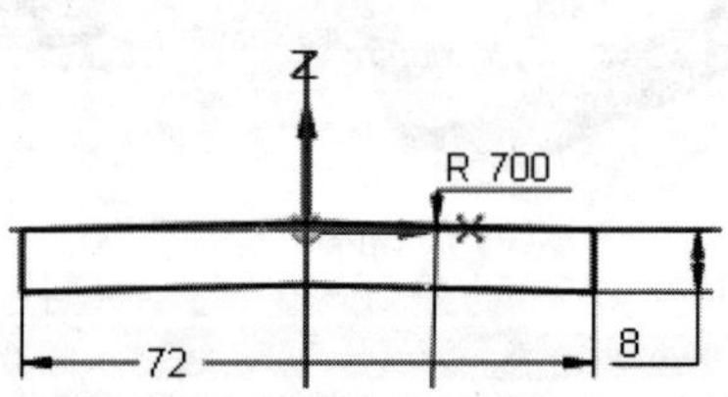

图 31.5.3　截面草图

Step3. 创建图 31.5.4 所示的除料特征 1。在 实体 区域中单击按钮，选取俯视图（XY）平面作为草图平面，绘制图 31.5.5 所示的截面草图；绘制完成后，单击按钮，选择“除料”命令条中的“贯通”按钮，调整除料方向为两侧除料，单击完成按钮，单击取消按钮，完成除料特征 1 的创建。

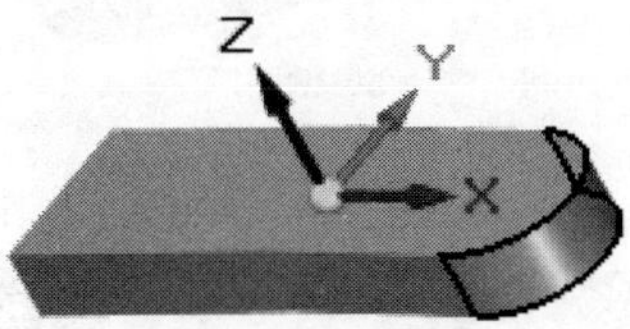

图 31.5.4 除料特征 1

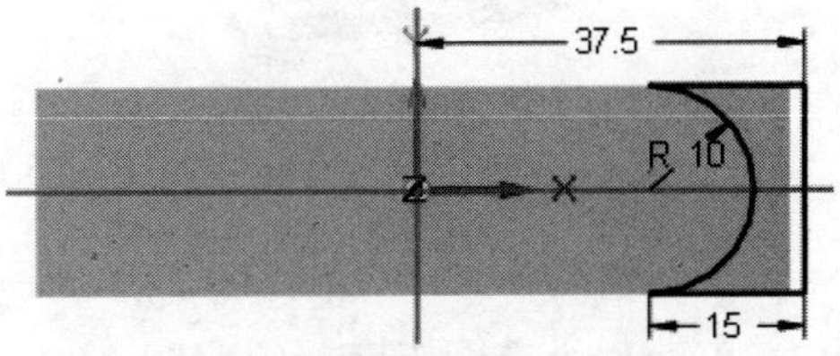

图 31.5.5 截面草图

Step4. 创建图 31.5.6 所示的旋转切削特征 1。在实体区域中单击按钮，选取前视图（XZ）平面作为草图平面，绘制图 31.5.7 所示的截面草图；单击绘图区域中的按钮，选取图 31.5.7 所示线为旋转轴，单击按钮；在“旋转”命令条的角度(A):文本框中输入值 360.0。在图形区空白区域单击，单击窗口中的完成按钮，完成旋转切削特征 1 的创建。

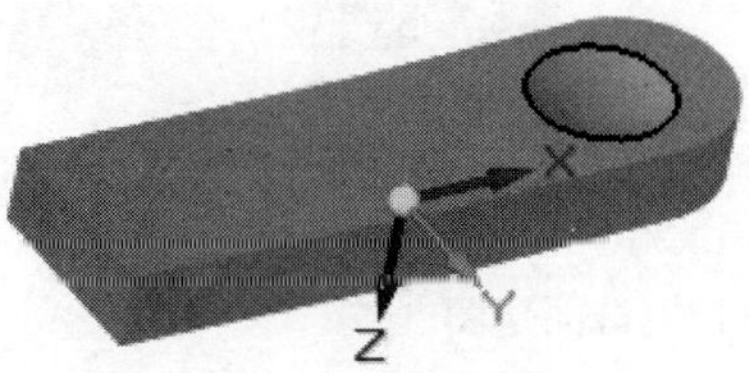

图 31.5.6 旋转切削特征 1

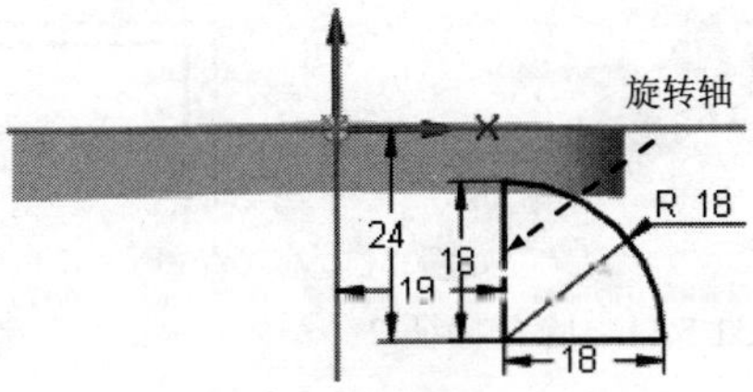

图 31.5.7 截面草图

Step5. 创建图 31.5.8b 所示的倒圆特征 1。选取图 31.5.8a 所示的模型边线为倒圆的对象，倒圆半径值为 5。

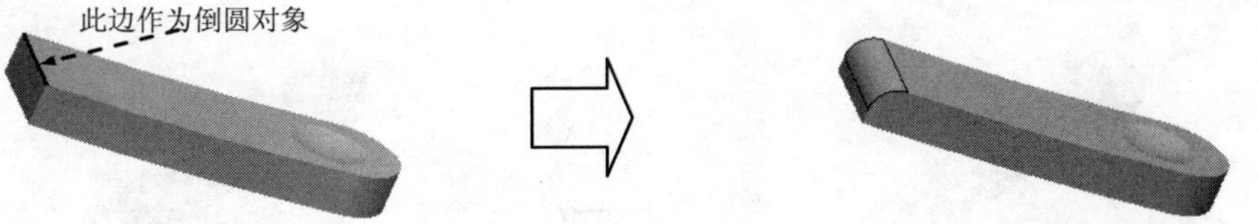

a）倒圆前　　b）倒圆后

图 31.5.8 倒圆特征 1

Step6. 创建图 31.5.9b 所示的倒圆特征 2。选取图 31.5.9a 所示的边链为倒圆的对象，圆角半径值为 2.0。

Step7. 创建图 31.5.10b 所示的倒圆特征 3。选取图 31.5.10a 所示的边线为倒圆的对象，圆角半径值为 5.0。

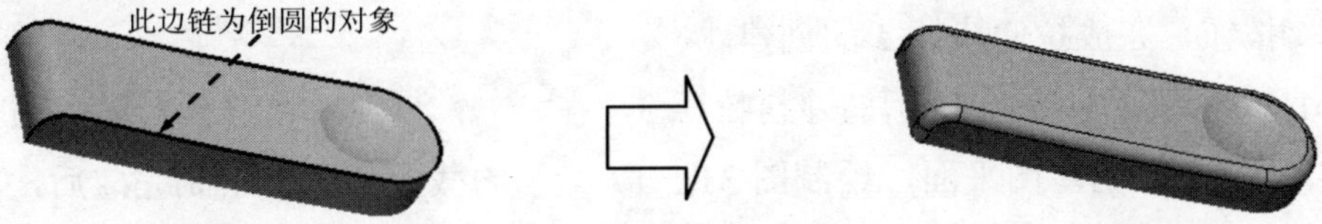

a）倒圆前　　b）倒圆后

图 31.5.9 倒圆特征 2

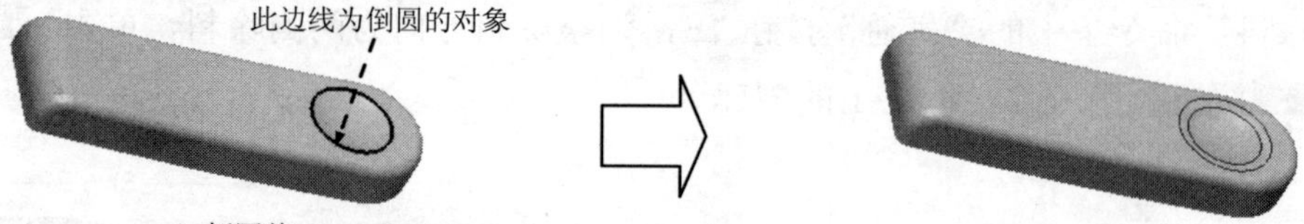

a）倒圆前 b）倒圆后

图 31.5.10 倒圆特征 3

Step8. 创建图 31.5.11 所示的除料特征 2。在 实体 区域中单击按钮，选取前视图（XZ）平面作为草图平面，绘制图 31.5.12 所示的截面草图；绘制完成后，单击按钮，选择“除料”命令条中的“贯通”按钮，调整除料方向为两侧除料，单击 完成 按钮，单击 取消 按钮，完成除料特征 2 的创建。

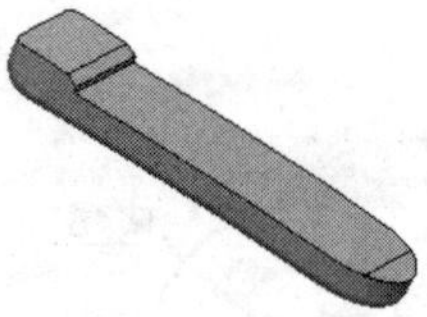

图 31.5.11 除料特征 2

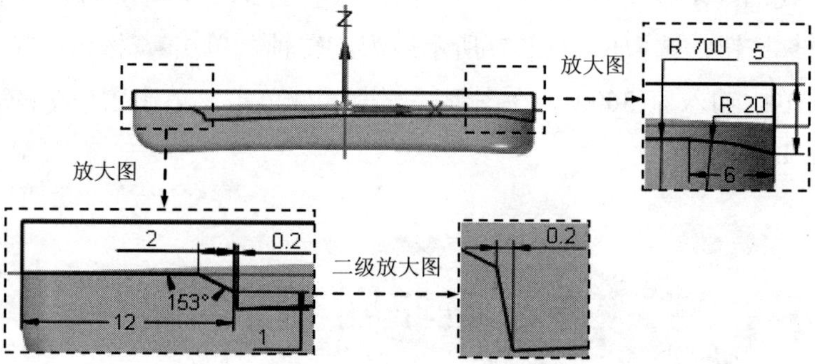

图 31.5.12 截面草图

Step9. 创建图 31.5.13b 所示的薄壁特征 1。在 实体 区域中单击按钮，在“薄壁”命令条的同一厚度:文本框中输入薄壁厚度值 1.5，然后右击；选择图 31.5.13a 所示的模型表面 1 为要移除的面，然后右击；单击“薄壁”命令条中的 预览 按钮，单击 完成 按钮，完成薄壁特征 1 的创建。

a）薄壁前 b）薄壁后

图 31.5.13 薄壁特征 1

Step10. 创建图 31.5.14 所示的拉伸特征 2。在 实体 区域中单击按钮，选取图 31.5.14 所示的模型表面作为草图平面，绘制图 31.5.15 所示的截面草图，在“拉伸”命令条中单击按钮，确认与按钮未被按下，选择该命令条中的“穿过下一个”按钮，拉伸方向为 Z 轴负方向，在图形区空白区域单击；单击“拉伸”命令条中的 完成 按钮，单击 取消 按钮，完成拉伸特征 2 的创建。

Step11. 创建图 31.5.16 所示的除料特征 3。在 实体 区域中单击按钮，选取前视图（XZ）平面作为草图平面，绘制图 31.5.17 所示的截面草图；绘制完成后，单击按钮，选择“除料”命令条中的“贯通”按钮，调整除料方向为两侧除料，单击 完成 按钮，单击取消按钮，完成除料特征 3 的创建。

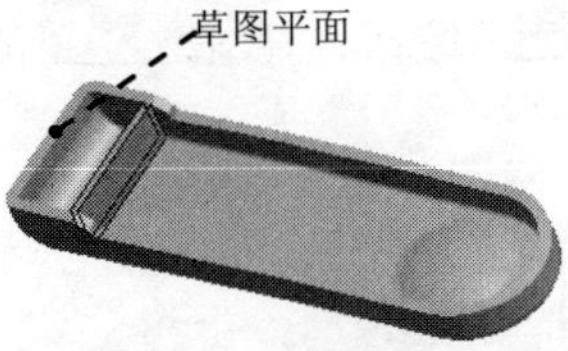

图 31.5.14 拉伸特征 2

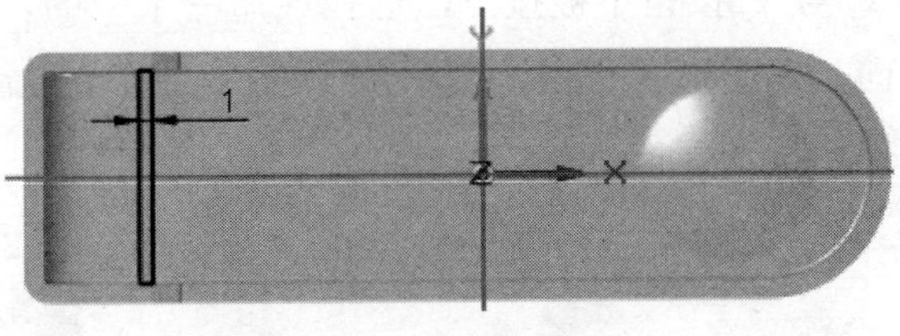

图 31.5.15 截面草图

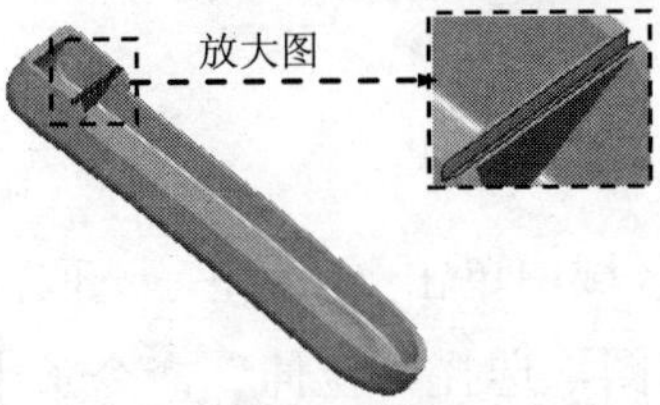

图 31.5.16 除料特征 3

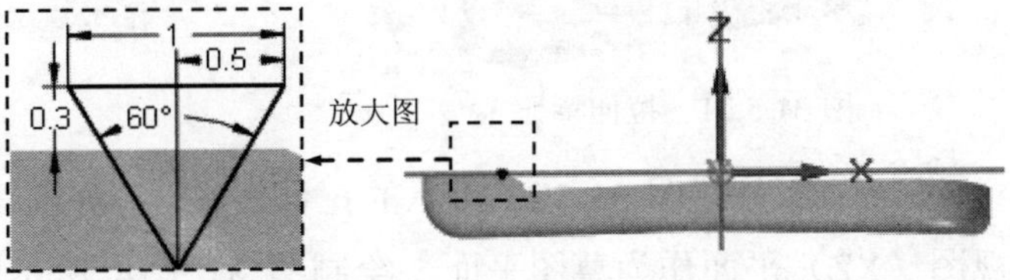

图 31.5.17 截面草图

Step12. 创建图 31.5.18 所示的阵列特征 1。在阵列区域中单击阵列命令，在图形区中选取要阵列的除料特征，单击按钮，完成特征的选取；选取前视图（XZ）平面作为阵列草图平面。单击特征区域中的按钮，绘制图 31.5.19 所示的矩形；在“阵列”命令条翻转后的下拉列表中选择固定选项，在“阵列”命令条的X:文本框中输入第一方向的阵列个数为 10，输入间距值 1。在“阵列”命令条的Y:文本框中输入第一方向的阵列个数为 1，输入间距值 0，然后右击；单击按钮，退出草绘环境，在该命令条中单击完成按钮，完成阵列特征 1 的创建。

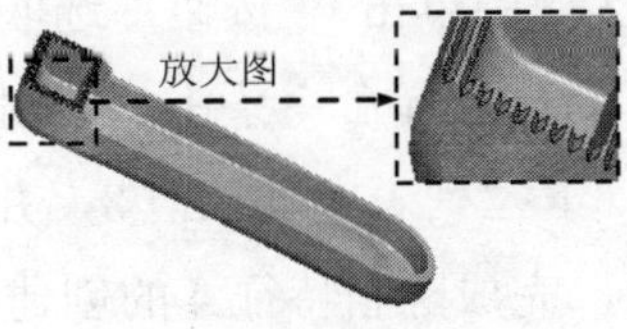

图 31.5.18 阵列特征 1

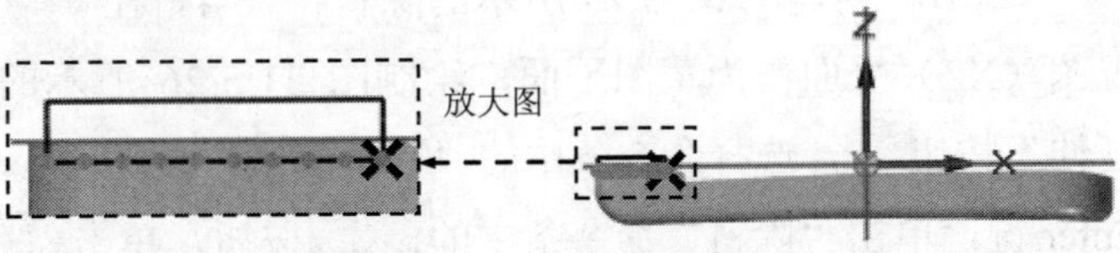

图 31.5.19 矩形阵列轮廓

Step13. 创建图 31.5.20 所示的平面 4。在平面区域中单击按钮，选择平行选项；选取俯视图（XY）平面作为参考平面，在距离:下拉列表中输入偏移距离值 3，偏移方向为 Z 轴负方向，单击左键完成平面 4 的创建。

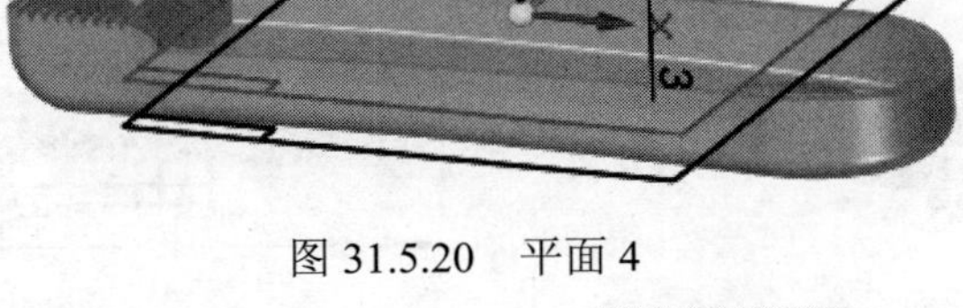

图 31.5.20 平面 4

Step14. 创建图 31.5.21 所示的拉伸特征 3。在实体区域中单击按钮，选取平面 4 作为草图平面，绘制图 31.5.22 所示的截面草图；在“拉伸”命令条中单击按钮，确认与按钮不被按下，选择该命令条中的“穿过下一个”按钮，拉伸方向为 Z 轴负方向，在图形区空白区域单击；单击“拉伸”命令条中的完成按钮，单击取消按钮，完成拉伸特征 3 的创建。

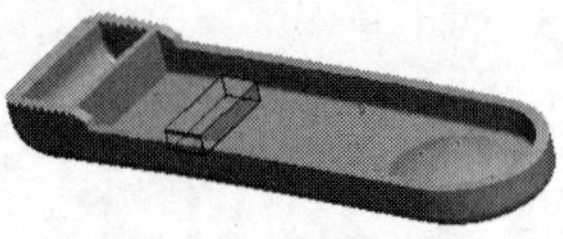

图 31.5.21 拉伸特征 3

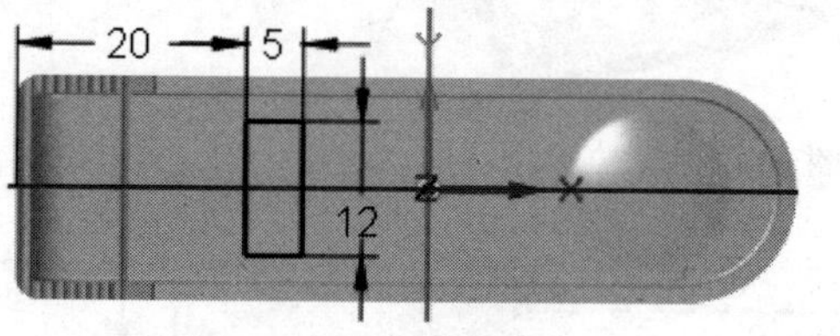

图 31.5.22 截面草图

Step15. 创建图 31.5.23 所示的拉伸特征 4。在实体区域中单击按钮，选取前视图（XZ）平面作为草图平面，绘制图 31.5.24 所示的截面草图，选择“拉伸”命令条中的“对称延伸”按钮，在距离:下拉列表中输入值 12，并按 Enter 键，单击“拉伸”命令条中的完成按钮，单击取消按钮，完成拉伸特征 4 的创建。

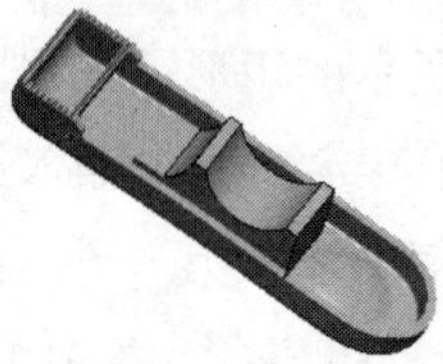

图 31.5.23 拉伸特征 4

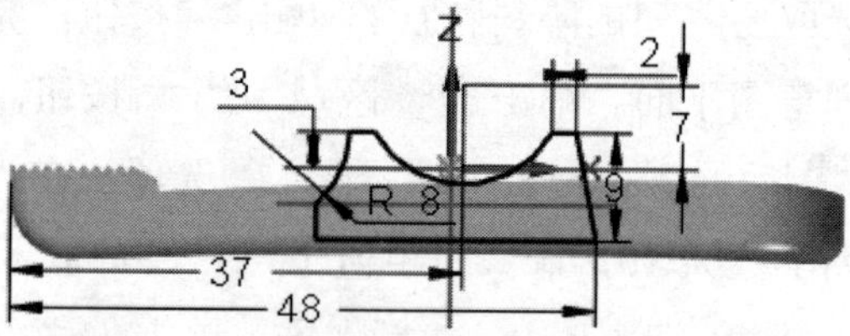

图 31.5.24 截面草图

Step16. 创建图 31.5.25 所示的除料特征 4。在实体区域中单击按钮，选取前视图（XZ）平面作为草图平面，绘制图 31.5.26 所示的截面草图；选择命令条中的“对称延伸”按钮，选择命令条中的“有限范围”按钮，在距离:下拉列表中输入值 8，并按 Enter 键，单击“除料”命令条中的完成按钮，单击取消按钮，完成除料特征 4 的创建。

Step17. 创建图 31.5.27 所示的除料特征 5。在实体区域中单击按钮，选取前视图（XZ）平面作为草图平面，绘制图 31.5.28 所示的截面草图；选择命令条中的“对称延伸”按钮，选择“除料”命令条中的“有限范围”按钮，在距离:下拉列表中输入值 8，并按 Enter 键，单击“除料”命令条中的完成按钮，单击取消按钮，完成除料特征 5 的创建。

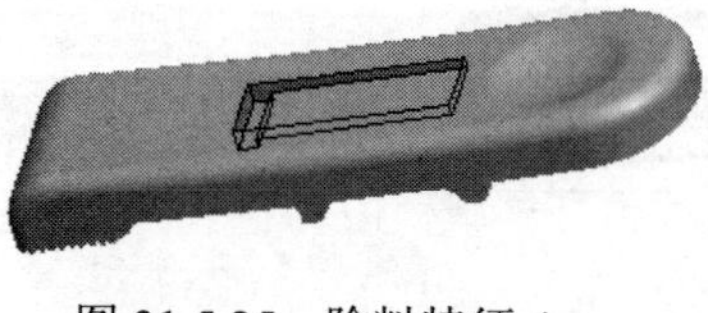

图 31.5.25 除料特征 4

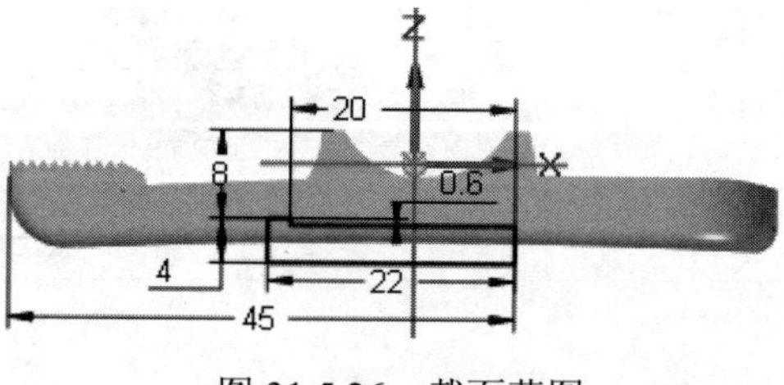

图 31.5.26 截面草图

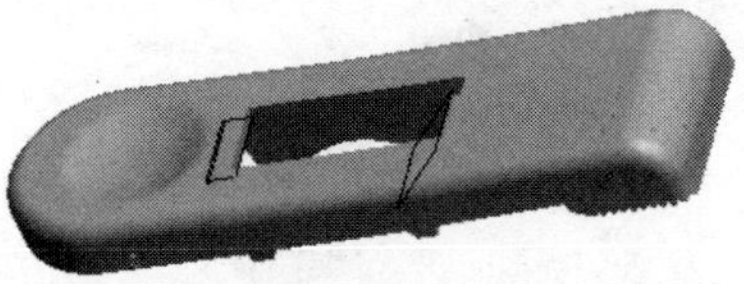

图 31.5.27 除料特征 5

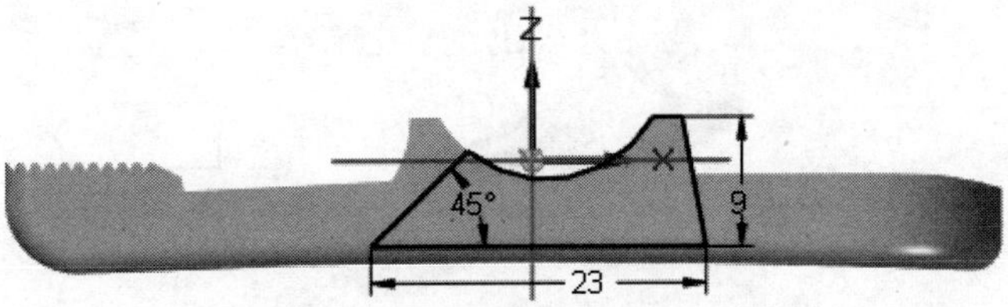

图 31.5.28 截面草图

Step18. 创建图 31.5.29 所示的除料特征 6。在 实体 区域中单击按钮，选取俯视图（XY）平面作为草图平面，绘制图 31.5.30 所示的截面草图；确认与按钮未被按下，选择“除料”命令条中的“贯通”按钮，调整除料方向为两侧除料，单击 完成 按钮，单击 取消 按钮，完成除料特征 6 的创建。

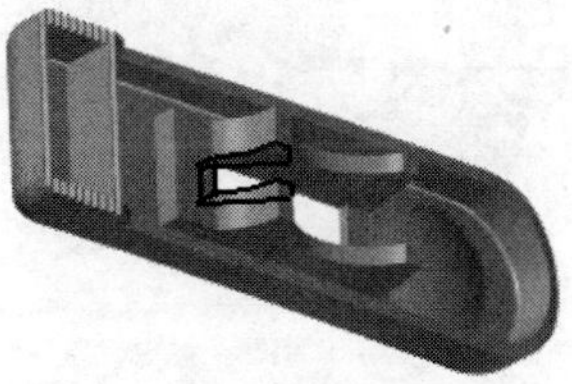

图 31.5.29 除料特征 6

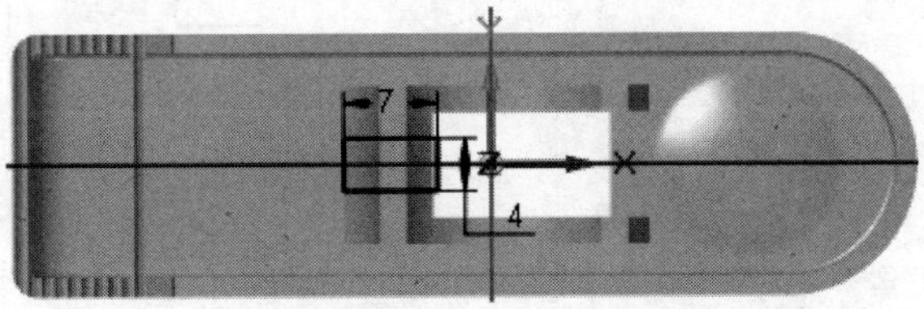

图 31.5.30 截面草图

Step19. 创建图 31.5.31b 所示的倒圆特征 4。选取图 31.5.31a 所示的模型边线为倒圆的对象，倒圆半径值为 1。

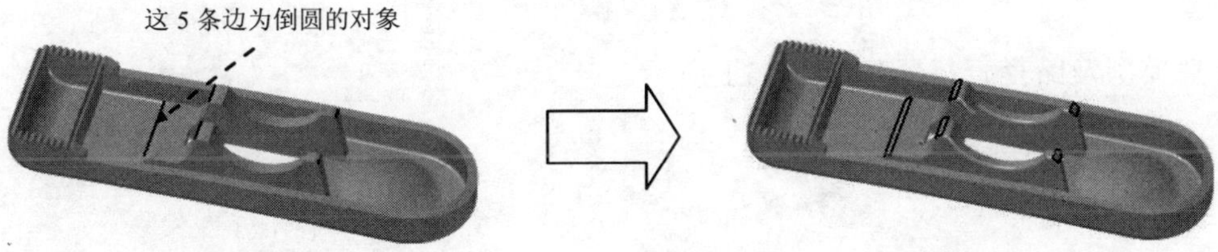

a）倒圆前　　b）倒圆后

图 31.5.31 倒圆特征 4

Step20. 创建图 31.5.32b 所示的倒圆特征 5。选取图 31.5.32a 所示的模型边线为倒圆的对象，倒圆半径值为 0.5。

Step21. 创建图 31.5.33b 所示的倒圆特征 6。选取图 31.5.33a 所示的模型边线为倒圆的对象，倒圆半径值为 0.5。

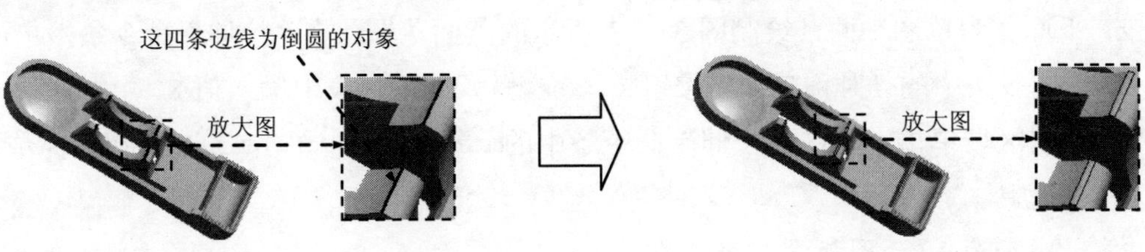

a）倒圆前　　b）倒圆后

图 31.5.32 倒圆特征 5

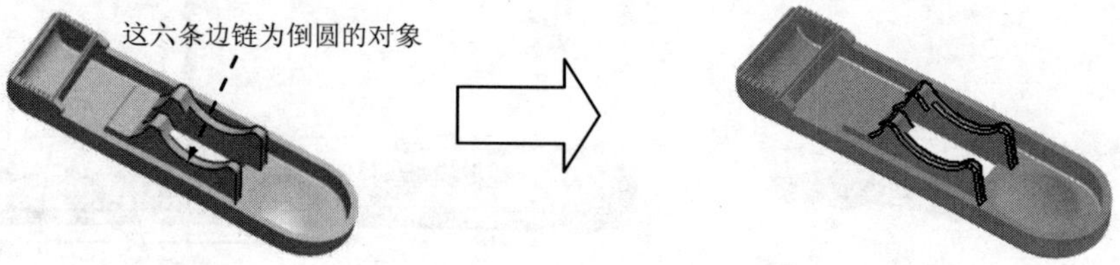

a）倒圆前　　b）倒圆后

图 31.5.33　倒圆特征 6

Step22. 创建图 31.5.34b 所示的倒圆特征 7。选取图 31.5.34a 所示的模型边线为倒圆的对象，倒圆半径值为 0.5。

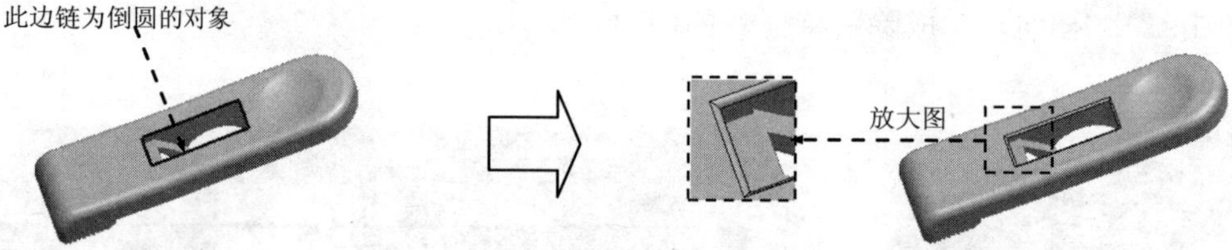

a）倒圆前　　b）倒圆后

图 31.5.34　倒圆特征 7

Step23. 保存文件，文件名称为 clamp_01。

31.6　衣架零件（五）

零件模型及路径查找器如图 31.6.1 所示。

图 31.6.1　零件模型及路径查找器

Step1. 新建一个零件模型，进入建模环境。

Step2. 创建图 31.6.2 所示的拉伸特征 1。在实体区域中单击按钮，选取前视图（XZ）平面作为草图平面，绘制图 31.6.3 所示的截面草图，在“拉伸”命令条中单击按钮，选择命令条中的“对称延伸”按钮，在距离:下拉列表中输入值 8，并按 Enter 键，在图形区空白区域单击；单击“拉伸”命令条中的完成按钮，单击取消按钮，完成拉伸特征 1 的创建。

注意：半径为 10 的圆弧没有经过圆心。

Step3. 创建图 31.6.4b 所示的倒圆特征 1。选取图 31.6.4a 所示的模型边线为倒圆的对象，倒圆半径值为 0.5。

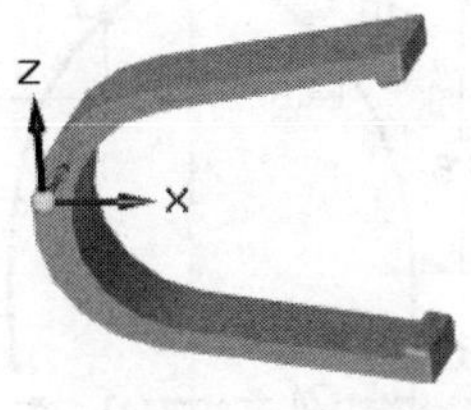

图 31.6.2 拉伸特征 1

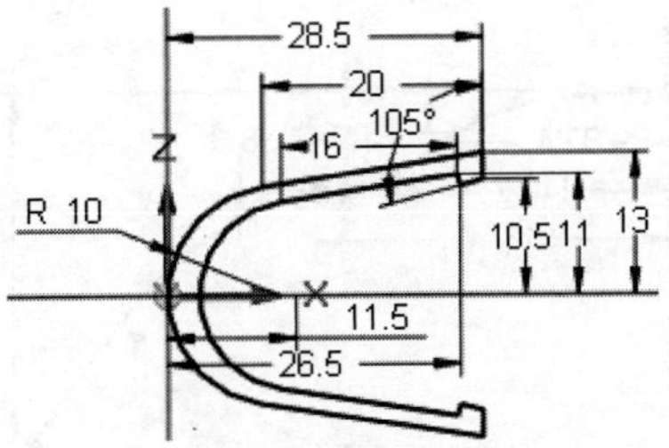

图 31.6.3 截面草图

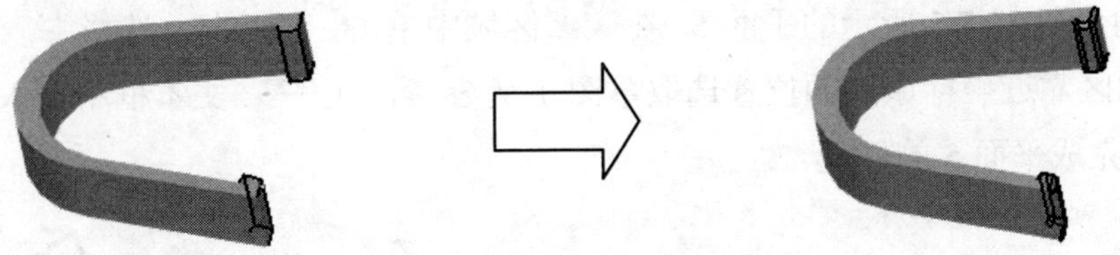

a）倒圆前　　b）倒圆后

图 31.6.4 倒圆特征 1

Step4. 保存文件，文件名称为 clamp_02。

31.7 衣架零件（六）

零件模型及路径查找器如图 31.7.1 所示。

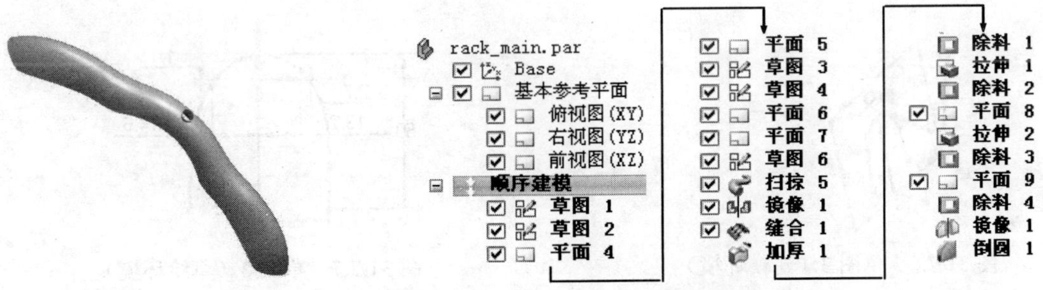

图 31.7.1 零件模型及路径查找器

Step1. 新建一个零件模型，进入建模环境。

Step2. 创建草图 1。在 草图 区域中单击按钮，选取前视图（XZ）平面作为草图平面，绘制图 31.7.2 所示的草图 1。

Step3. 创建草图 2。在 草图 区域中单击按钮，选取右视图（YZ）平面作为草图平面，绘制图 31.7.3 所示的草图 2。

Step4. 创建图 31.7.4 所示的平面 4。在 平面 区域中单击按钮，选择 垂直于曲线 选项，在绘图区靠近坐标原点的位置选取草图 1 为参考，在 位置: 文本框中输入值 0.2（若选取草图 1 时的位置远离坐标原点而靠近草图 1 的另一顶点，则需在 位置: 文本框中输入值

0.8），并按 Enter 键，完成平面 4 的创建。

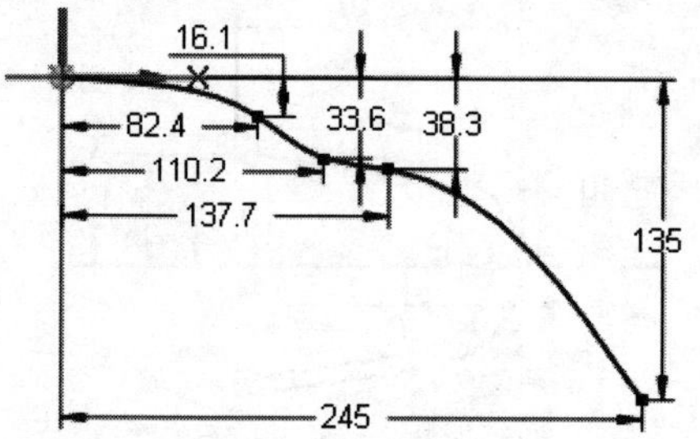

图 31.7.2　草图 1

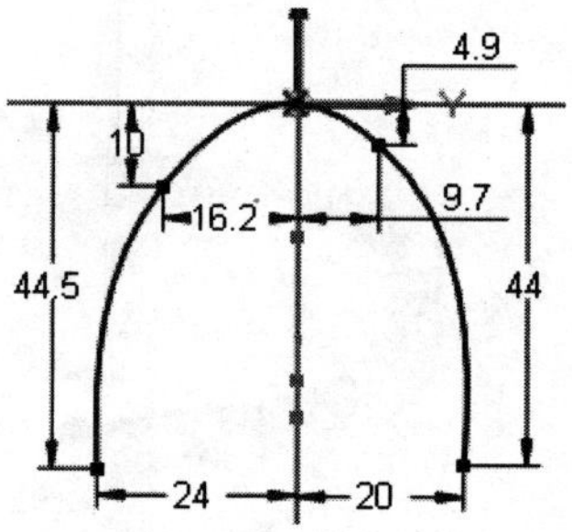

图 31.7.3　草图 2

Step5. 创建图 31.7.5 所示的平面 5。在 平面 区域中单击 按钮，选择 垂直于曲线 选项，在绘图区靠近坐标原点的位置选取草图 1 为参考，在 位置: 文本框中输入值 0.6，并按 Enter 键，完成平面 5 的创建。

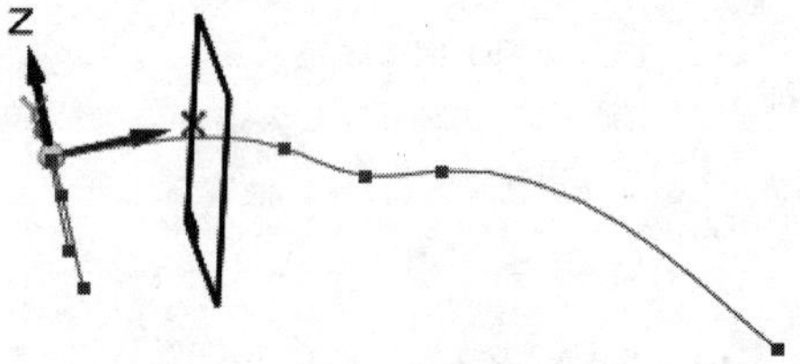

图 31.7.4　平面 4

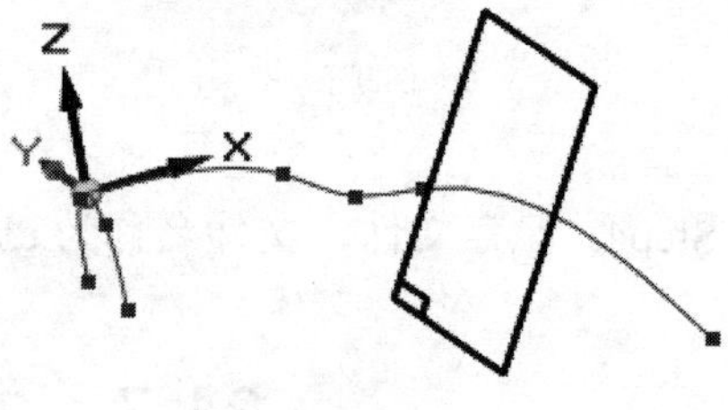

图 31.7.5　平面 5

Step6. 创建 31.7.6 所示的草图 3。在 草图 区域中单击 按钮，选取平面 4 作为草图平面，绘制图 31.7.7 所示的草图 3。

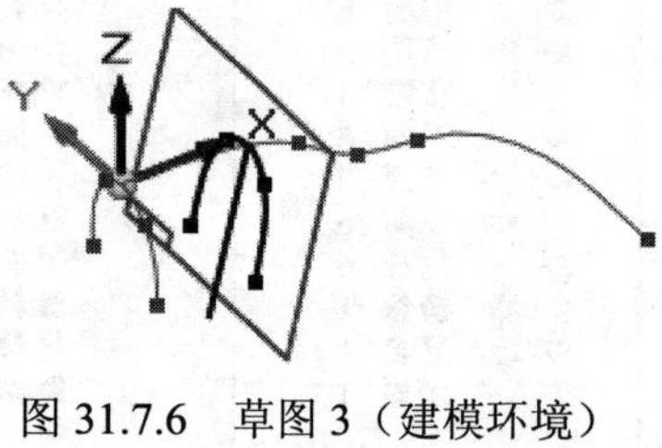

图 31.7.6　草图 3（建模环境）

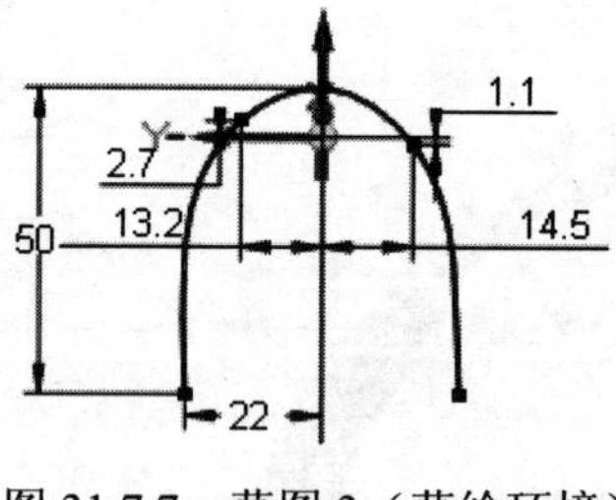

图 31.7.7　草图 3（草绘环境）

Step7. 创建 31.7.8 所示的草图 4。在 草图 区域中单击 按钮，选取平面 5 作为草图平面，绘制图 31.7.9 所示的草图 4。

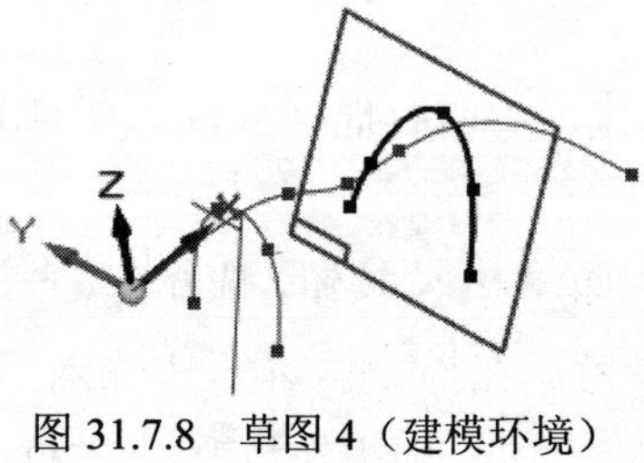

图 31.7.8　草图 4（建模环境）

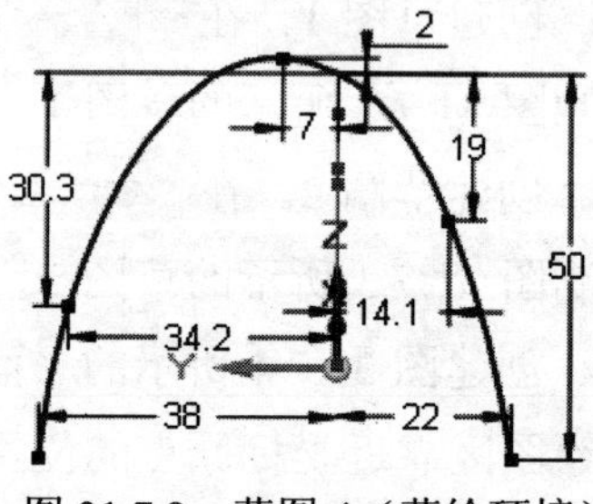

图 31.7.9　草图 4（草绘环境）

Step8. 创建图 31.7.10 所示的平面 6。在 平面 区域中单击 按钮，选择 垂直于曲线 选项，在绘图区域选取草图 1 为参考，在图 31.7.10 所示的顶点处单击，完成平面 6 的创建。

Step9. 创建图 31.7.11 所示的平面 7。在 平面 区域中单击 按钮，选择 平行 选项；在绘图区域选取平面 6 作为参考平面，在 距离: 下拉列表中输入偏移距离值 30，偏移方向如图 31.7.11 所示，单击左键确定，完成平面 7 的创建。

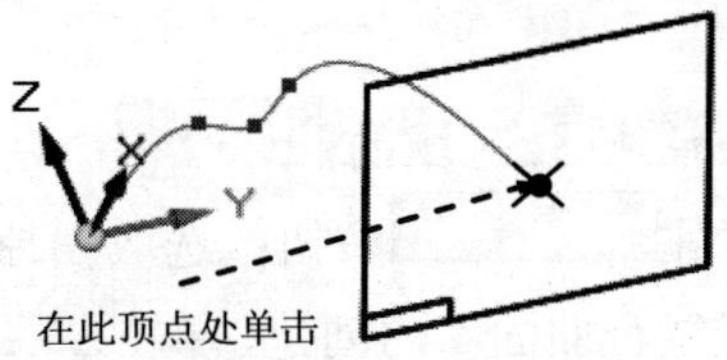

图 31.7.10 平面 6

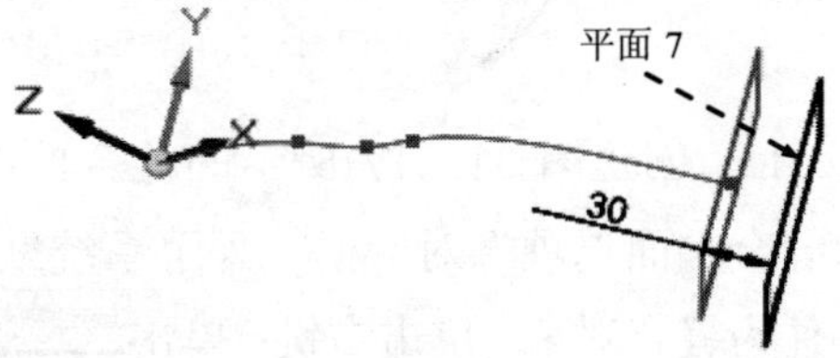

图 31.7.11 平面 7

Step10. 创建 31.7.12 所示的草图 5。在 草图 区域中单击 按钮，选取平面 7 作为草图平面，绘制图 31.7.13 所示的草图 5。

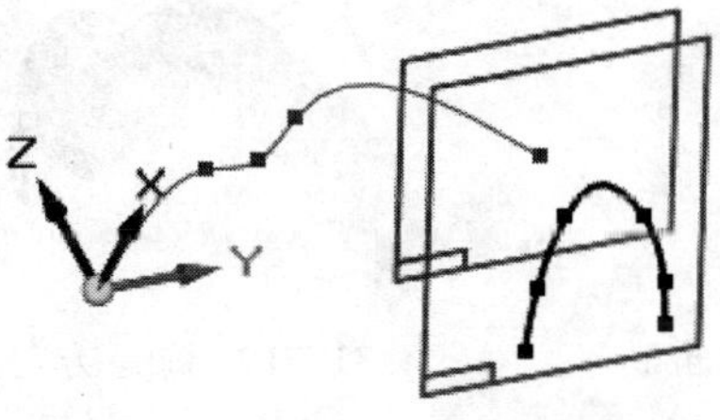

图 31.7.12 草图 5（建模环境）

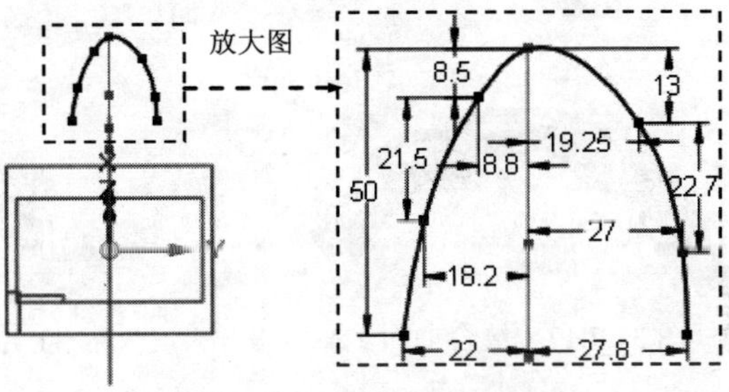

图 31.7.13 草图 5（草绘环境）

Step11. 创建图 31.7.14 所示的扫掠曲面 1，选择 曲面 区域中的 命令，系统弹出“扫掠选项”对话框，在 默认扫掠类型 区域中选中 多个路径和横截面(M) 单选项，然后单击 确定 按钮；定义扫掠路径，选取图 31.7.15 所示的草图 1 作为扫掠路径，单击右键，单击“扫掠”命令条中的 下一步 按钮，定义扫掠截面，依次选取图 31.7.15 所示的截面 1、截面 2、截面 3 与截面 4 为扫掠截面，单击右键；单击 完成 按钮，完成扫掠曲面 1 的创建。单击 取消 按钮。

说明：每选取一个截面都要右击一次鼠标。

图 31.7.14 扫掠曲面 1

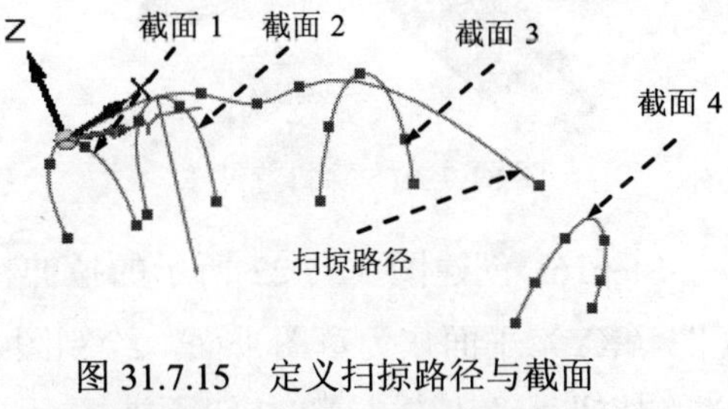

图 31.7.15 定义扫掠路径与截面

Step12. 创建图 31.7.16b 所示的镜像特征 1，在 阵列 区域中单击 镜像 后的小三角，选择 镜像复制零件 命令，在图形区选取扫掠曲面作为镜像零件，单击 按钮；选取右视图（YZ）平面作为镜像中心平面，单击“镜像”命令条中的 完成 按钮，完成镜像特征 1 的创建。

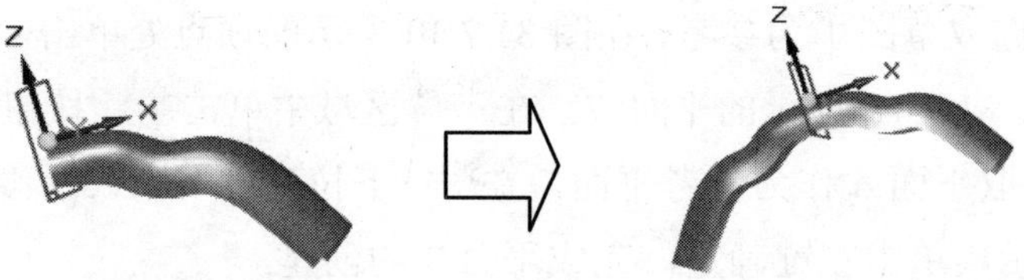

a）镜像前　　　b）镜像后

图 31.7.16　镜像特征 1

Step13. 创建图 31.7.17 所示的缝合曲面 1。单击修改曲面区域的缝合的命令，系统弹出“缝合曲面选项”对话框，采用系统默认设置，单击确定按钮；选取扫掠曲面及镜像零件为缝合对象，单击右键；单击完成按钮，完成缝合曲面 1 的创建，单击取消按钮。

Step14. 创建图 31.7.18 所示的加厚曲面 1。选择实体区域中的加厚命令，选择整个皮靴曲面作为加厚曲面，在“加厚”命令条的距离:文本框中输入值 2。在图 31.7.19 所示箭头所指的方向单击鼠标左键。单击完成按钮，完成加厚曲面 1 的创建。单击取消按钮。

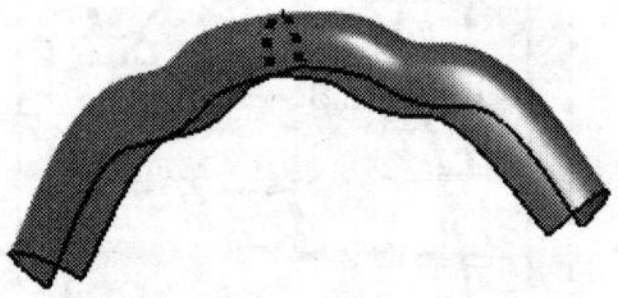

图 31.7.17　缝合曲面 1

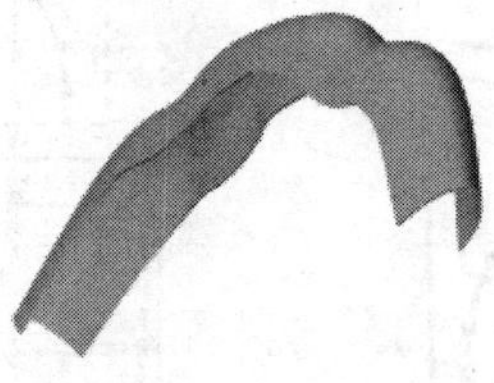

图 31.7.18　加厚曲面 1

图 31.7.19　加厚方向

Step15. 创建图 31.7.20 所示的除料特征 1。在实体区域中单击按钮，选取前视图（XZ）平面作为草图平面，绘制图 31.7.21 所示的截面草图；绘制完成后，单击按钮，选择命令条中的“贯通”按钮，调整除料方向为两侧除料，单击完成按钮，单击取消按钮，完成除料特征 1 的创建。

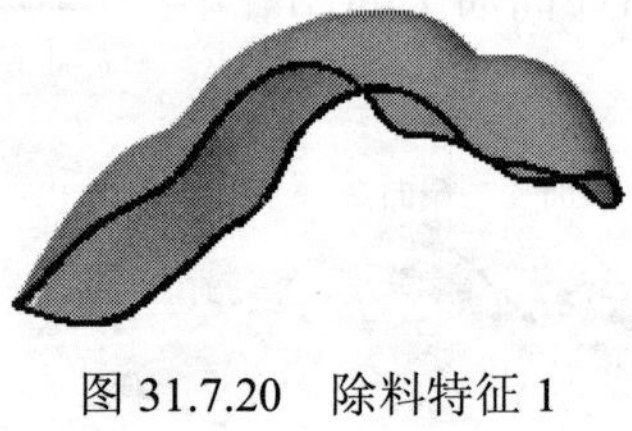

图 31.7.20　除料特征 1

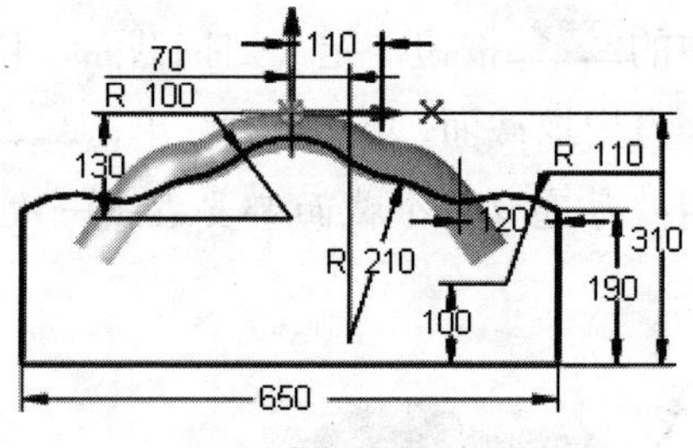

图 31.7.21　截面草图

Step16. 创建图 31.7.22 所示的拉伸特征 1。在实体区域中单击按钮，选取俯视图（XY）平面作为草图平面，绘制图 31.7.23 所示的截面草图，在“拉伸”命令条中单击按钮，确认与按钮不被按下，在距离:下拉列表中输入值 10，并按 Enter 键，拉伸方向为 Z 轴负方向，在图形区空白区域单击；单击“拉伸”命令条中的完成按钮，单击取消按钮，完成拉伸特征 1 的创建。

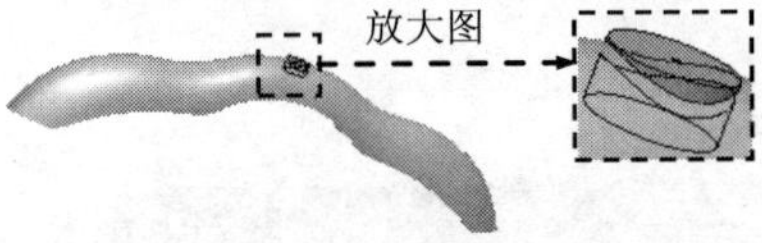

图 31.7.22 拉伸特征 1

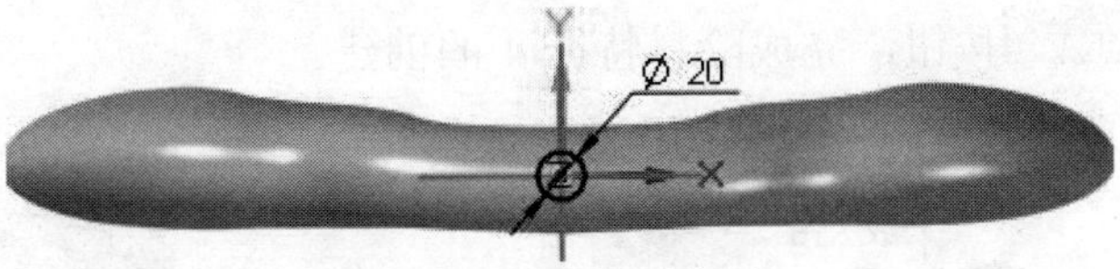

图 31.7.23 截面草图

Step17. 创建图 31.7.24 所示的除料特征 2。在 实体 区域中单击按钮，选取俯视图（XY）平面作为草图平面，绘制图 31.7.25 所示的截面草图；绘制完成后，单击按钮，选择“除料”命令条中的“贯通”按钮，调整除料方向为两侧除料，单击 完成 按钮，单击 取消 按钮，完成除料特征 2 的创建。

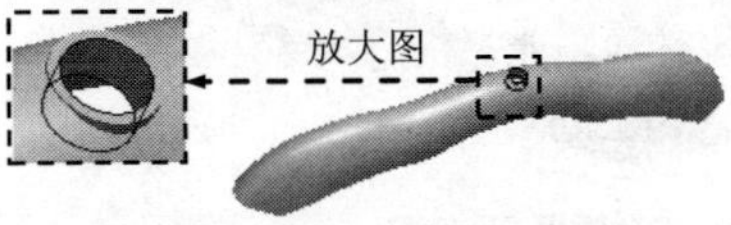

图 31.7.24 除料特征 2

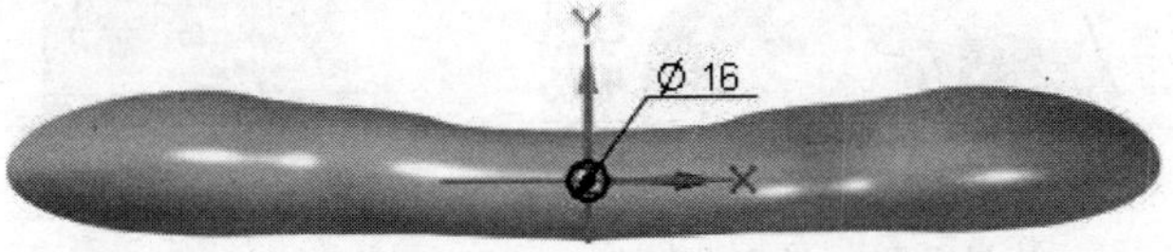

图 31.7.25 截面草图

Step18. 创建图 31.7.26 所示的平面 8。在 平面 区域中单击按钮，选择 平行 选项；在绘图区域选取俯视图（XY）平面作为参考平面，在 距离: 下拉列表中输入偏移距离值 80，偏移方向为 Z 轴负方向，单击左键确定，完成平面 8 的创建。

Step19. 创建图 31.7.27 所示的拉伸特征 2。在 实体 区域中单击按钮，选取平面 8 作为草图平面，绘制图 31.7.28 所示的截面草图；在“拉伸”命令条中单击按钮，确认与按钮未被按下，选择命令条中的“穿过下一个”按钮，拉伸方向为 Z 轴正方向，在图形区空白区域单击；单击“拉伸”命令条中的 完成 按钮，单击 取消 按钮，完成拉伸特征 2 的创建。

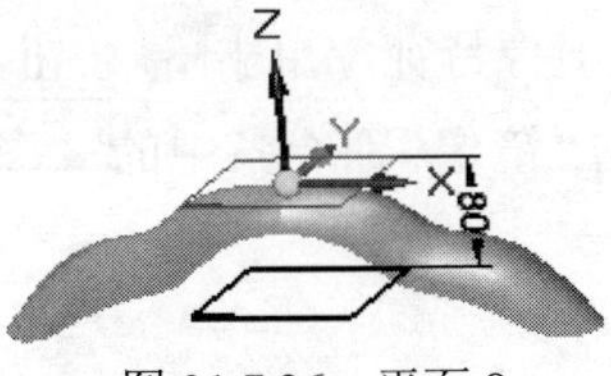

图 31.7.26 平面 8

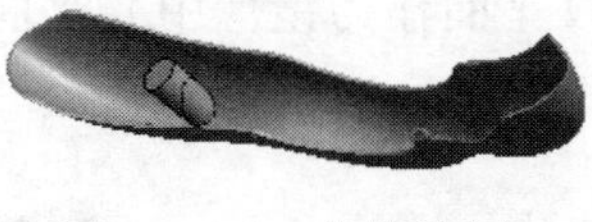

图 31.7.27 拉伸特征 2

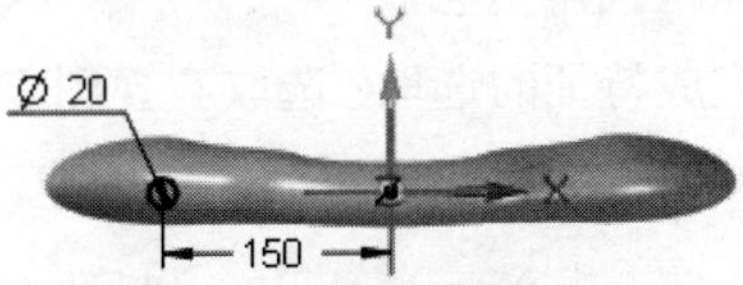

图 31.7.28 截面草图

Step20. 创建图 31.7.29 所示的除料特征 3。在 实体 区域中单击按钮，选取平面 8 作为草图平面，绘制图 31.7.30 所示的截面草图；绘制完成后，单击按钮，选择“除料”命令条中的“有限范围”按钮，在 距离: 下拉列表中输入值 16，然后按 Enter 键，在需要除料的一侧单击鼠标左键，单击 完成 按钮，单击 取消 按钮，完成除料特征 3 的创建。

Step21. 创建图 31.7.31 所示的平面 9。在 平面 区域中单击按钮，选择 平行 选项；选取右视图（YZ）平面作为参考平面，选取图 31.7.32 所示的模型截面轮廓，完成平面 9 的创建。

Step22. 创建图 31.7.33 所示的除料特征 4。在 实体 区域中单击按钮，选取平面 9 作为草图平面，绘制图 31.7.34 所示的截面草图；绘制完成后，单击按钮，选择“除料”命令条中的“穿过下一个”按钮，除料方向为 X 轴正方向，单击 完成 按钮，单击取消按钮，完成除料特征 4 的创建。

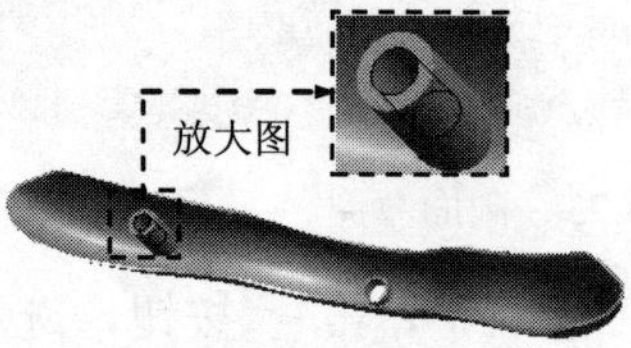

图 31.7.29　除料特征 3

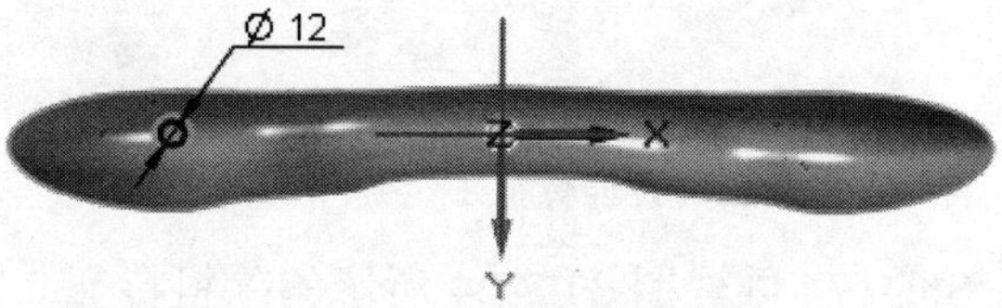

图 31.7.30　截面草图

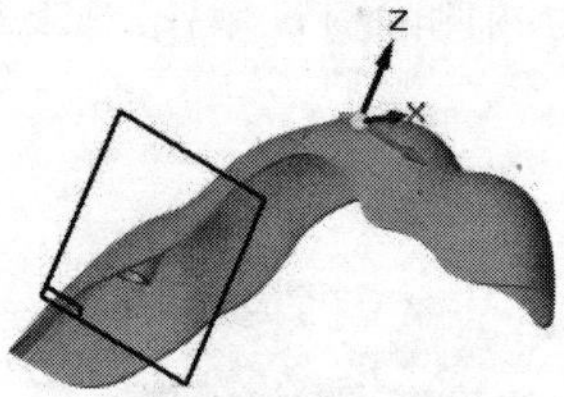

图 31.7.31　平面 9

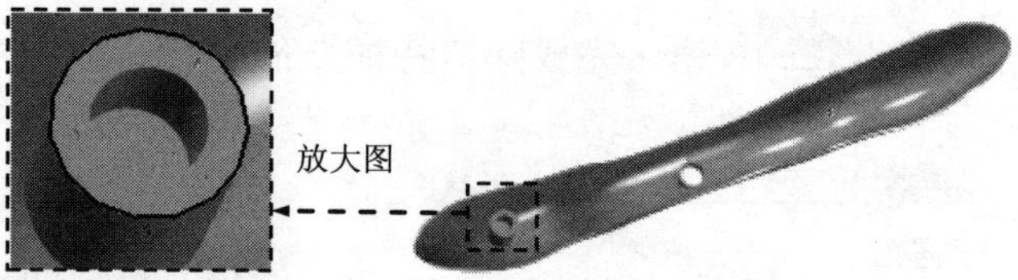

图 31.7.32　确定平面位置

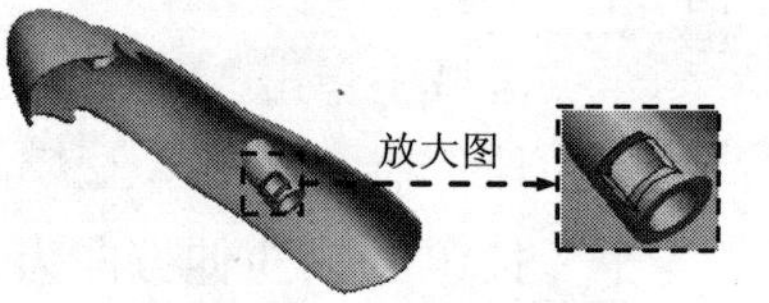

图 31.7.33　除料特征 4

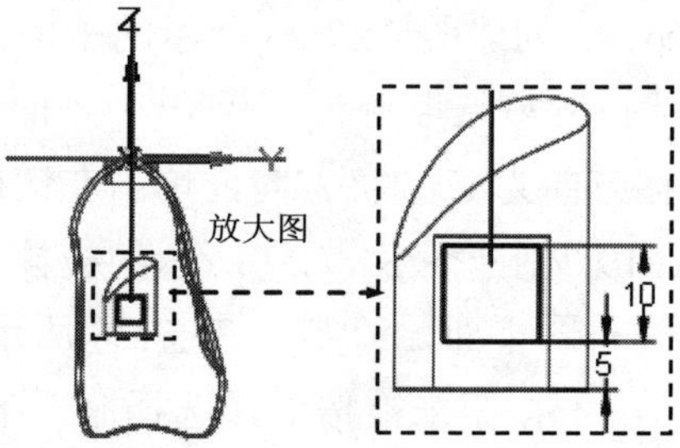

图 31.7.34　截面草图

Step23. 创建图 31.7.35b 所示的镜像特征 2。在 阵列 区域中单击 镜像 命令，在路径查找器中选取 拉伸 2 、 除料 3 与 除料 4 作为镜像特征，单击按钮，完成特征的选取；选取右视图（YZ）平面作为镜像中心平面，单击“镜像”命令条中的完成按钮，完成镜像特征 2 的创建。

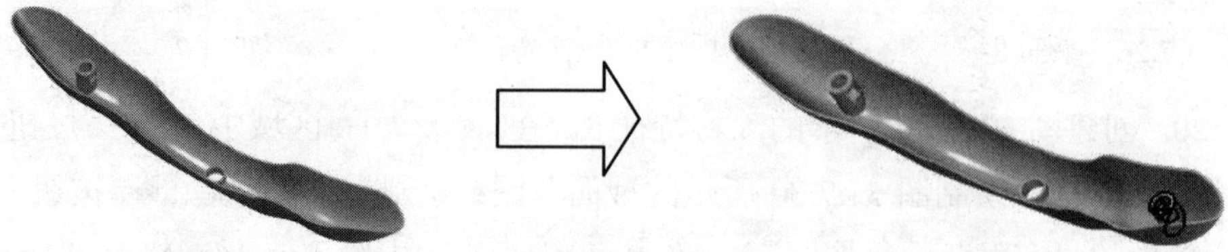

a）镜像前　　b）镜像后

图 31.7.35　镜像特征 2

Step24. 创建倒圆特征 1。选取图 31.7.36 所示的模型边线为倒圆的对象，倒圆半径值为 0.5。

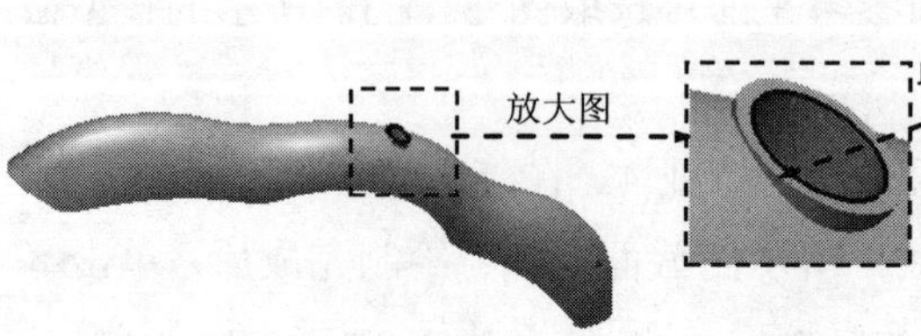

图 31.7.36　倒圆特征 1

Step25. 保存文件，文件名称为 rack_main。

31.8　衣架的装配

Task1. 创建 clamp_01 和 clamp_02 的子装配模型

Step1. 新建一个装配文件。选择下拉菜单 → 新建 → GB 公制装配 命令，系统进入装配体模板。

Step2. 添加 clamp_01 零件模型。

（1）引入零件。单击路径查找器中的“零件库”按钮，在“零件库”对话框区域的下拉列表中设定装配的工作路径为 D:\sest10.3\work\ch31，在“零件库”对话框中选中 clamp_01 零件。按住鼠标左键将其拖动至绘图区域。

（2）放置零件。在图形区合适的位置处松开鼠标左键，即可把零件放置到当前位置，如图 31.8.1 所示。

Step3. 添加图 31.8.2 所示的 clamp_02 并定位。

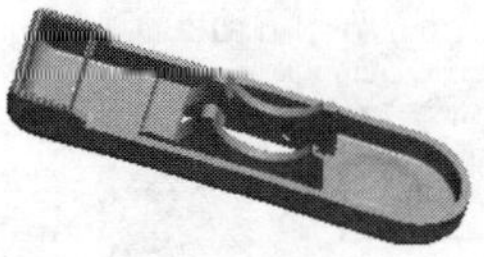

图 31.8.1　添加 clamp_01

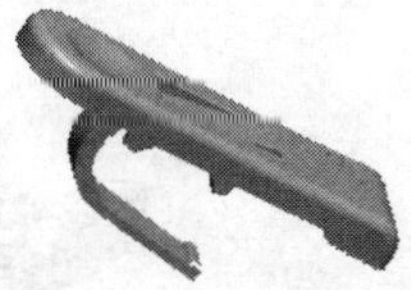

图 31.8.2　添加 clamp_02

（1）引入零件。单击路径查找器中的“零件库”按钮，在“零件库”对话框中选中 clamp_02 零件，按住鼠标左键将其拖动至绘图区域，在图形区合适的位置处松开鼠标左键，并按 Esc 键。

（2）添加配合。

① 选择命令。单击 装配 区域中的“装配”按钮。系统弹出“装配”命令条。

② 添加“平面对齐”配合。选取图 31.8.3 所示的两个面为面对齐的面，单击 翻转 按钮，按 Esc 键。

③ 添加面对齐配合。单击路径查找器中的“路径查找器”按钮，在路径查找器中选中 ☑ 参考平面，将参考平面在图形区显示出来，然后右击 clamp_02.par:1，在弹出的快捷菜单中选择 显示/隐藏部件... 命令，在系统弹出的“显示/隐藏部件”对话框中将 参考平面 的选项勾选为“开”，将 clamp_02 的参考平面在图形区显示出来，单击 确定 按钮，单击 装配 区域中的“装配”按钮，选取图 31.8.4 所示的两个面为面对齐的面，按 Esc 键。

④ 隐藏参考平面并打开 clamp_01 的参考平面显示，单击 装配 区域中的“装配”按钮，在“装配-偏置类型”按钮后的文本框中输入偏置值 6，然后按 Enter 键，选取图 31.8.5

所示的面 1 与面 2 为面对齐的面。按 Esc 键，完成零件的定位。

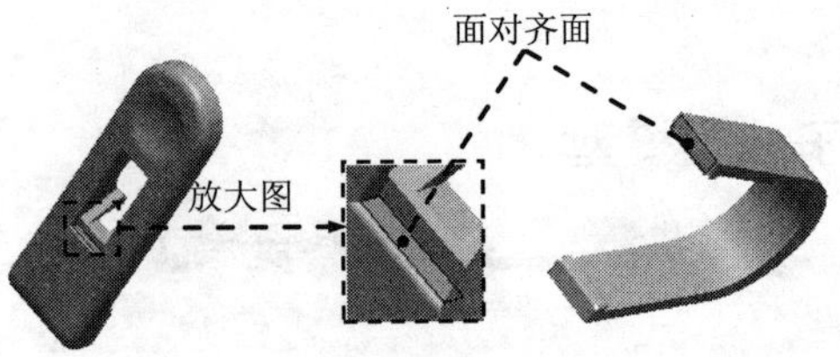

图 31.8.3　面对齐面

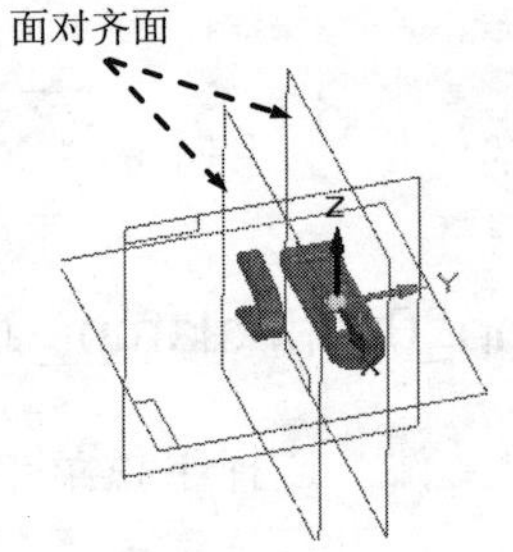

图 31.8.4　面对齐面

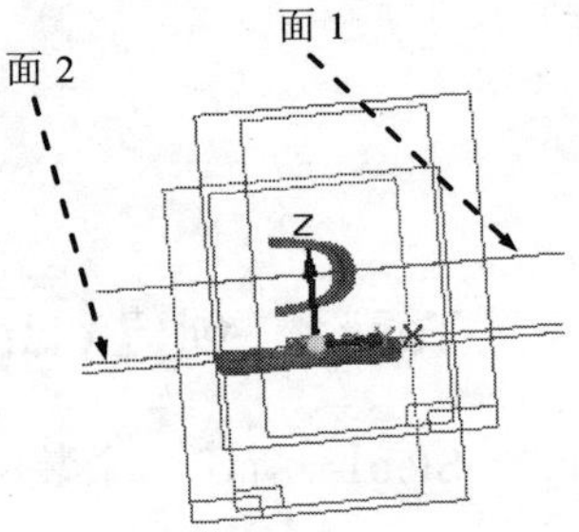

图 31.8.5　面对齐面

Step4. 添加图 31.8.6 所示的 clamp_01（2）零件模型并定位。

（1）引入零件。单击路径查找器中的“零件库”按钮，在“零件库”对话框中选中 clamp_01 零件。按住鼠标左键将其拖动至绘图区域。在图形区合适的位置处松开鼠标左键，并按 Esc 键。

（2）添加配合。

① 选择命令。单击装配区域中的“装配”按钮。系统弹出“装配”命令条。

② 添加“平面对齐”配合。选取图 31.8.7 所示的两个面为面对齐的面，按 Esc 键。

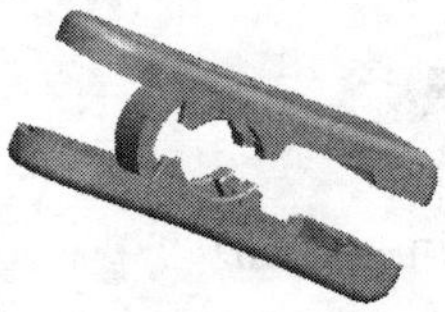

图 31.8.6　添加 clamp_01（2）

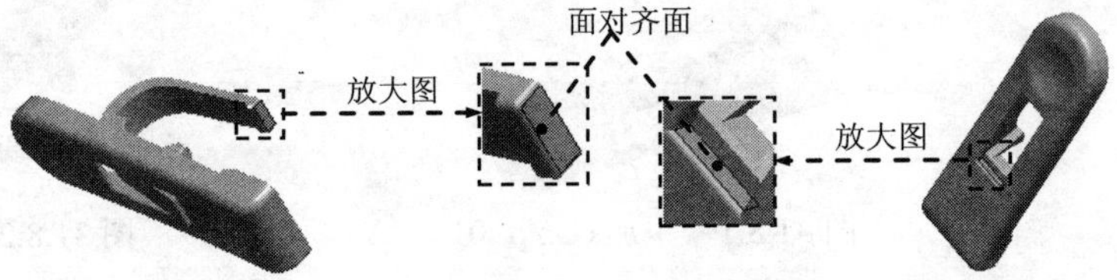

图 31.8.7　面对齐面

③ 添加面对齐配合。单击路径查找器中的“路径查找器”按钮，然后右击 clamp_01.par:2，在系统弹出的快捷菜单中选择 显示/隐藏部件... 命令，在系统弹出的“显示/隐藏部件”对话框中将 参考平面 的选项勾选为“开”，将 clamp_01（2）的参考平面在图形区显示出来，单击 确定 按钮，单击装配区域中的“装配”按钮，选取图 31.8.8 所示的面为面对齐的面，单击 翻转 按钮，按 Esc 键。

④ 单击装配区域中的“装配”按钮，在“装配-偏置类型”按钮后的文本框中输入偏置值 6，然后按 Enter 键，依次选取图 31.8.9 所示面 1 与面 2 为面对齐的面。按 Esc 键，完成零件的定位。

Step5. 隐藏参考平面并保存装配体模型文件，文件名称为 pin。

Task2. 衣架的总装配

Step1. 新建一个装配文件。选择下拉菜单 → 新建 → GB 公制装配 命令，系统进入装配体模板。

Step2. 添加图 31.8.10 所示的 rack_main 零件模型。

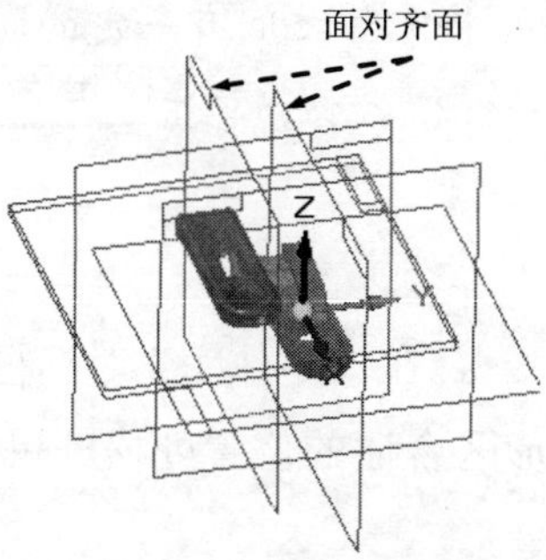

图 31.8.8 面对齐面

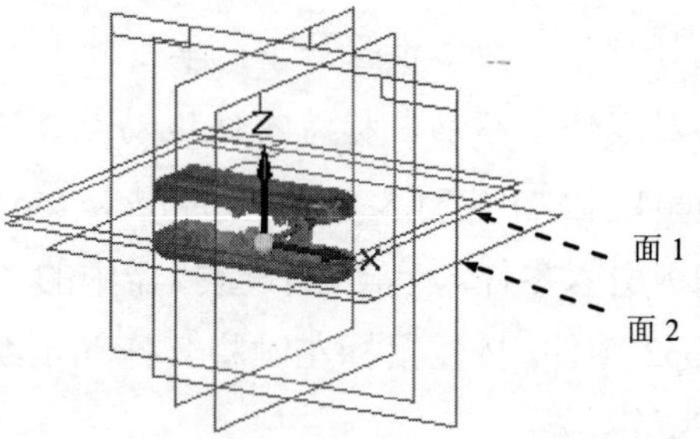

图 31.8.9 面对齐面

（1）引入零件。单击路径查找器中的“零件库”按钮。在“零件库”对话框区域的下拉列表中设定装配的工作路径为 D:\sest10.3\work\ch31。在“零件库”对话框中选中 rack_main 零件。按住鼠标左键将其拖动至绘图区域。

（2）放置零件。在图形区合适的位置处松开鼠标左键，即可把零件放置到当前位置，如图 31.8.10 所示。

Step3. 添加图 31.8.11 所示的 rack_top1 并定位。

（1）引入零件。单击路径查找器中的“零件库”按钮，在“零件库”对话框中选中 rack_top1 零件。按住鼠标左键将其拖动至绘图区域。在图形区合适的位置处松开鼠标左键，并按 Esc 键。

（2）添加配合。

① 添加“轴对齐”配合。单击装配区域中的“装配”按钮，选取图 31.8.12 所示的面为面对齐的面，并按 Esc 键。

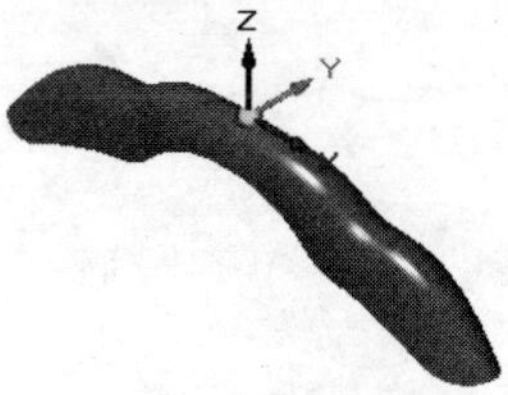

图 31.8.10 添加 rack_main

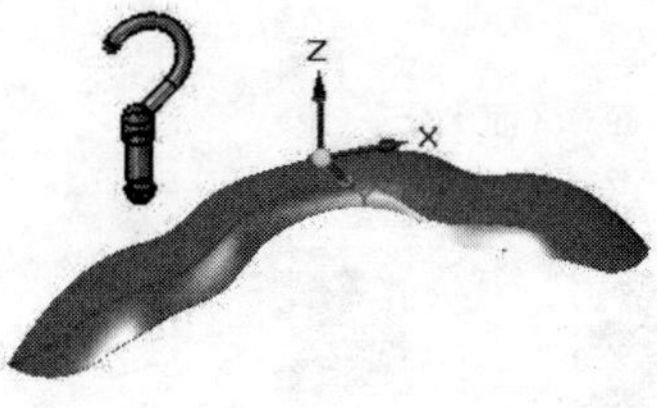

图 31.8.11 添加 rack_top1

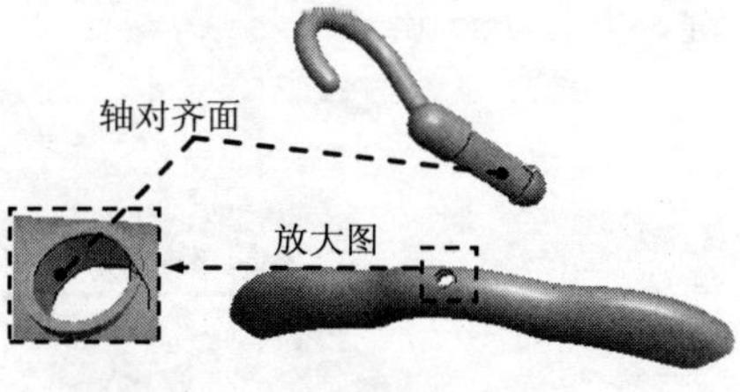

图 31.8.12 轴对齐面

② 添加“面对齐”配合，单击装配区域中的“装配”按钮，在“装配-偏置类型”按钮后的文本框中输入偏置值 15，然后按 Enter 键，选取图 31.8.13 所示的两个面为面对齐的面，按 Esc 键，完成零件的定位。

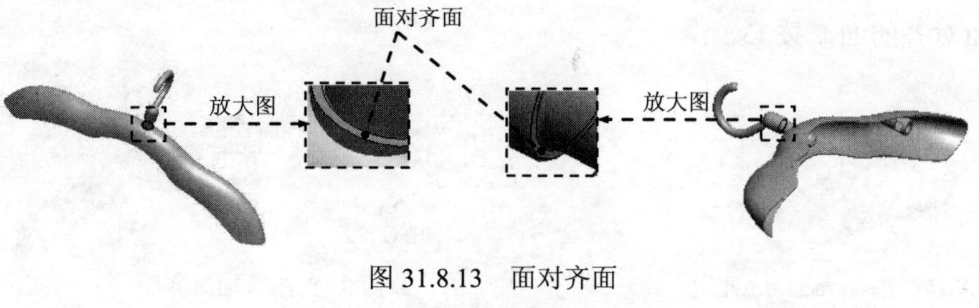

图 31.8.13 面对齐面

说明：在选取配合对象面时，可先通过拖动部件方法，将零件之间有一定的间隙，以便于选择对象。具体步骤如下：单击 修改 区域中的 拖动部件 按钮，单击 确定 按钮，选取移动零件，移动鼠标将零件拖动至合适的位置即可。

Step4. 添加图 31.8.14 所示的 rack_top2 并定位。

（1）引入零件。单击路径查找器中的“零件库”按钮，在“零件库”对话框中选中 rack_top2 零件。按住鼠标左键将其拖动至绘图区域。在图形区合适的位置处松开鼠标左键，并按 Esc 键。

（2）添加配合。

① 添加“轴对齐”配合，单击 装配 区域中的“装配”按钮，选取图 31.8.15 所示的两个面为面对齐的面，按 Esc 键。

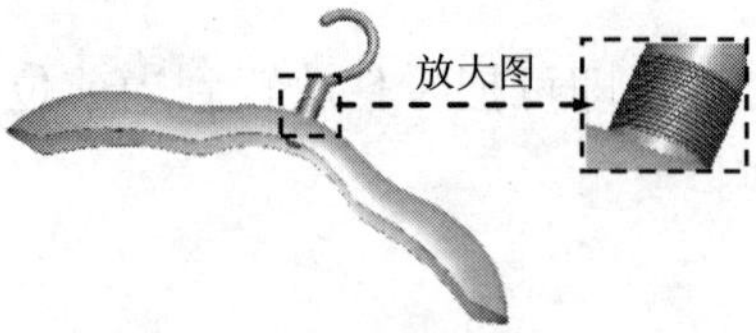

图 31.8.14　添加 rack_top2

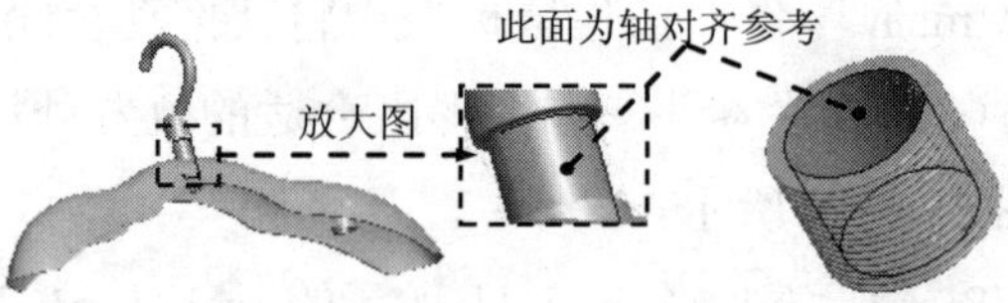

图 31.8.15　轴对齐面

② 添加“面对齐”配合，单击 装配 区域中的“装配”按钮，选取图 31.8.16 所示的两个面为面对齐的面，按 Esc 键，完成零件的定位。

Step5. 添加图 31.8.17 所示的 rack_down 并定位。

（1）引入零件。单击路径查找器中的“零件库”按钮，在“零件库”对话框中选中 rack_down 零件。按住鼠标左键将其拖动至绘图区域。在图形区合适的位置处松开鼠标左键，并按 Esc 键。

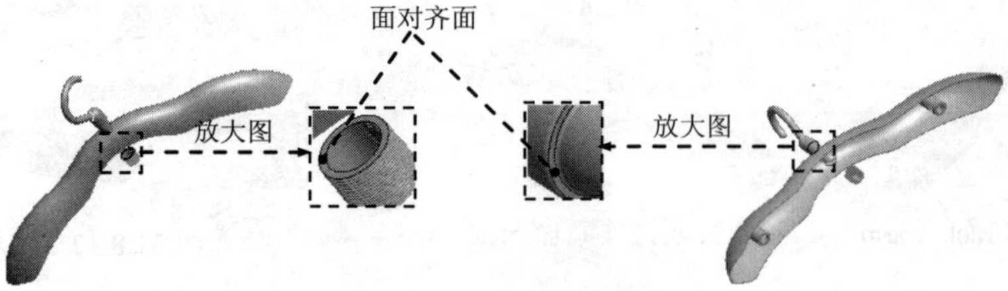

图 31.8.16　面对齐面

（2）添加配合

① 添加“轴对齐”配合。单击 装配 区域中的“装配”按钮，选取图 31.8.18 所示的两个面为面对齐的面，按 Esc 键。

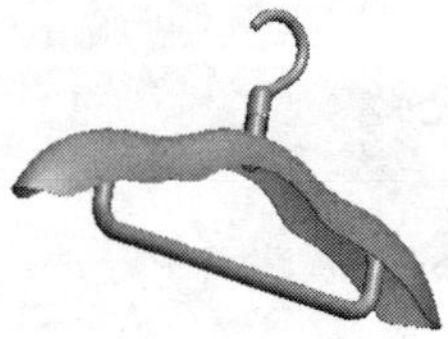
图 31.8.17　添加 rack_down

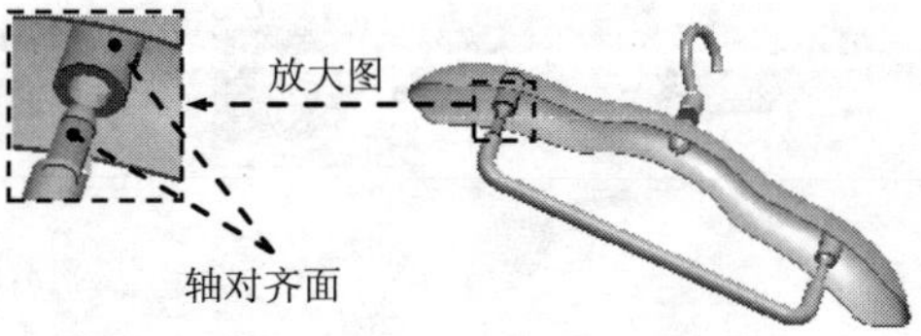

图 31.8.18　轴对齐面

② 添加“面对齐”配合。单击装配区域中的“装配”按钮，选取图 31.8.19 所示面为面对齐的面，按 Esc 键，完成零件的定位。

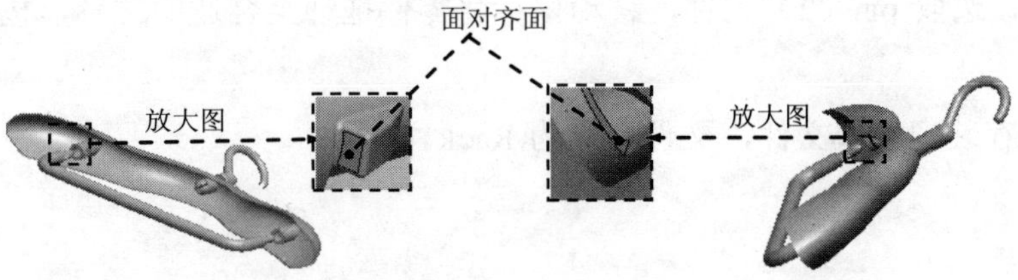

图 31.8.19 面对齐面

③ 添加“轴对齐”配合。单击装配区域中的“装配”按钮，选取图 31.8.20 所示的两个面为面对齐的面，按 Esc 键，完成零件的定位。

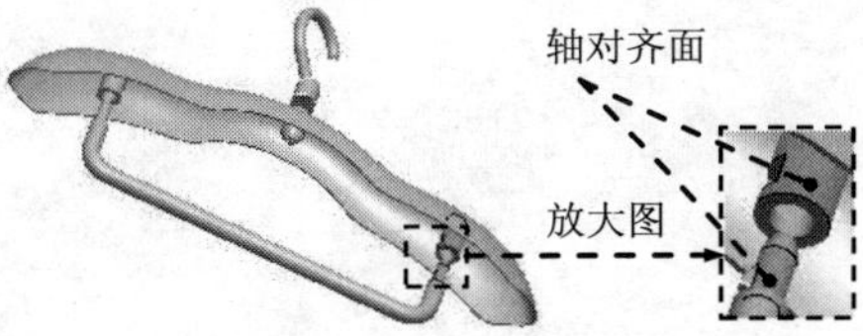

图 31.8.20 轴对齐面

Step6. 添加图 31.8.21 所示的 pin 并定位。

（1）引入零件。单击路径查找器中的“零件库”按钮，在“零件库”对话框中选中 pin 零件。按住鼠标左键将其拖动至绘图区域。在图形区合适的位置处松开鼠标左键，并按 Esc 键。

（2）添加“轴对齐”配合。单击装配区域中的“装配”按钮，选取图 31.8.22 所示的面为面对齐的面，按 Esc 键，完成零件的定位。

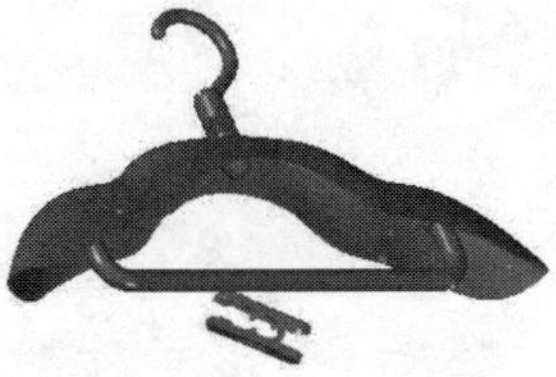
图 31.8.21 添加 pin

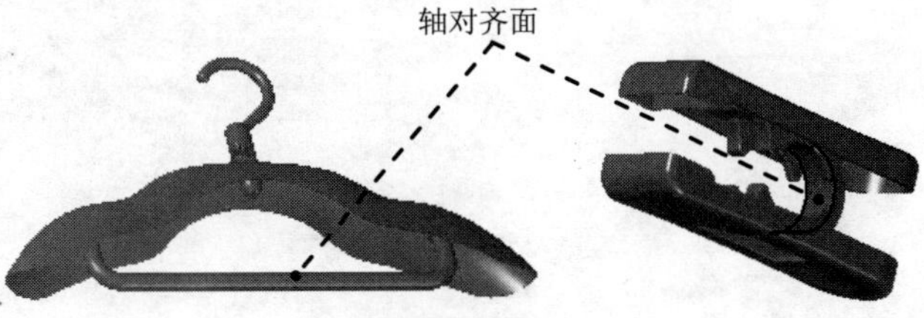

图 31.8.22 轴对齐面

Step7. 添加图 31.8.23 所示的 pin（2）并定位，步骤同 Step6。

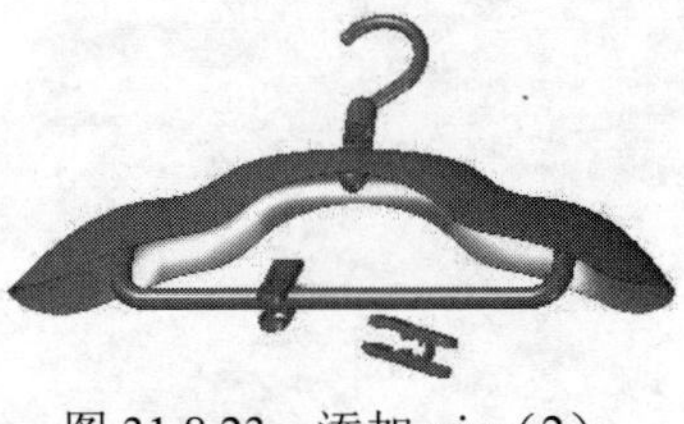
图 31.8.23 添加 pin（2）

Step8. 拖动部件。单击 修改 区域中的 拖动部件 按钮，单击 确定 按钮，选取 pin 元件，移动鼠标将 pin 拖动至合适的位置；单击 修改 区域中的 拖动部件 按钮，单击 确定 按钮，选取 pin（2）元件，移动鼠标将零件拖动至合适的位置，按 Esc 键，完成拖动。

Step9. 保存装配模型文件，文件名称为 Rack。

实例32 储 蓄 罐

32.1 实 例 概 述

本实例介绍了一款精致的储蓄罐（图 32.1.1）的主要设计过程，采用的设计方法是自顶向下的方法（Top_Down Design）。许多家用电器（如电脑机箱、吹风机和电脑鼠标）也都可以采用这种方法进行设计，以获得较好的整体造型。

a）方位 1　　b）方位 2　　c）方位 3

图 32.1.1　储蓄罐

32.2 创建储蓄罐的骨架模型

下面讲解骨架模型（MONEY_SAVER_SKEL.PRT）的创建过程，零件模型及路径查找器如图 32.2.1 所示。

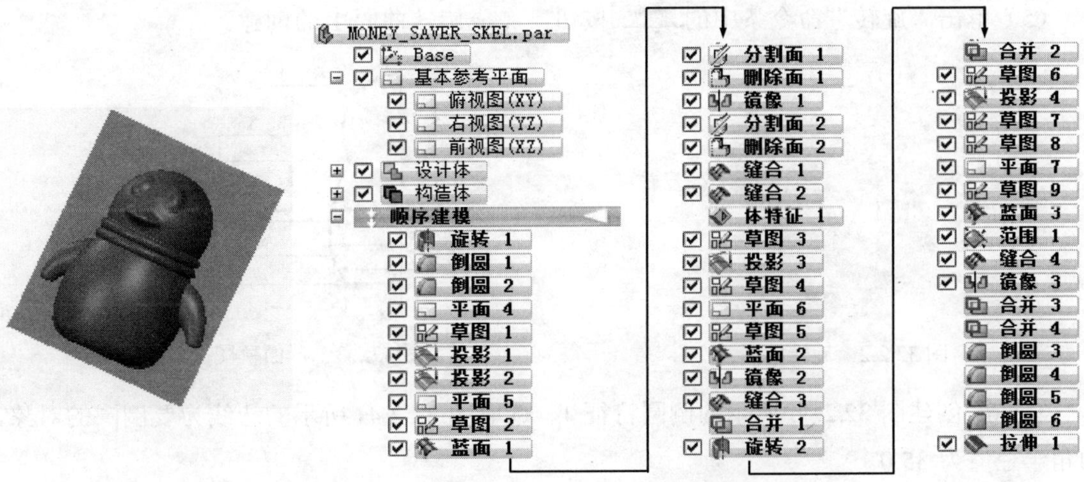

图 32.2.1　零件模型及路径查找器

Step1. 新建一个装配文件。选择下拉菜单 → 新建 → GB 公制装配 命令，系统进入装配体模板。

Step2. 保存装配模型。选择下拉菜单 → 保存 命令，将模型命名为 MONEY_SAVER。

Step3. 在装配体中建立一级主控件 MONEY_SAVER_SKEL。

（1）单击 装配 区域中的“原位创建零件”按钮。系统弹出“原位创建零件”命令条与“原位创建零件选项”对话框。

（2）在“原位创建零件选项”对话框的 放置原点 区域选中 与装配原点重合(C) 单选项，在 原位创建 区域选中 创建部件并原位编辑(E) 单选项，然后单击“原位创建零件选项”对话框中的 确定 按钮。

（3）在“原位创建零件”命令条 模板(T): 区域的下拉列表中选择 gb part.par 选项，单击按钮，系统弹出“另存为”对话框，在 文件名(N): 文本框中输入零件的名称为 MONEY_SAVER_SKEL，单击 保存(S) 按钮。

（4）单击按钮。

Step4.在路径查找器中选中 MONEY_SAVER_SKEL1.par:1 后右击，选择 打开 命令。

Step5. 创建图 32.2.2 所示的旋转曲面 1。

（1）选择命令。在 曲面处理 选项卡的 曲面 区域中单击 旋转 按钮。

（2）定义特征的截面草图。选取前视图（XZ）平面作为草图平面，进入草绘环境。绘制图 32.2.3 所示的截面草图。

（3）定义旋转轴。单击 绘图 区域中的按钮，选取图 32.2.3 所示的线为旋转轴。

（4）定义旋转属性。单击“关闭草图”按钮，退出草绘环境；在“旋转”命令条的 角度(A): 文本框中输入值 360.0，在图形区空白区域单击。

（5）单击“旋转”命令条中的 完成 按钮，完成旋转曲面 1 的创建。

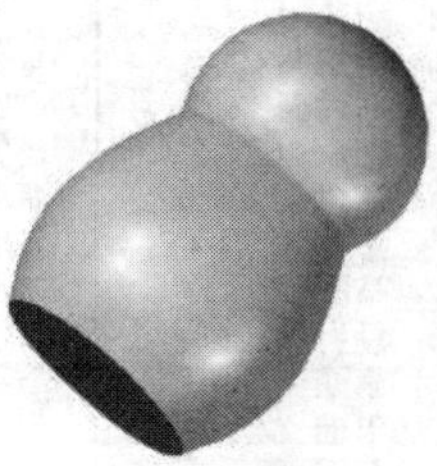

图 32.2.2 旋转曲面 1

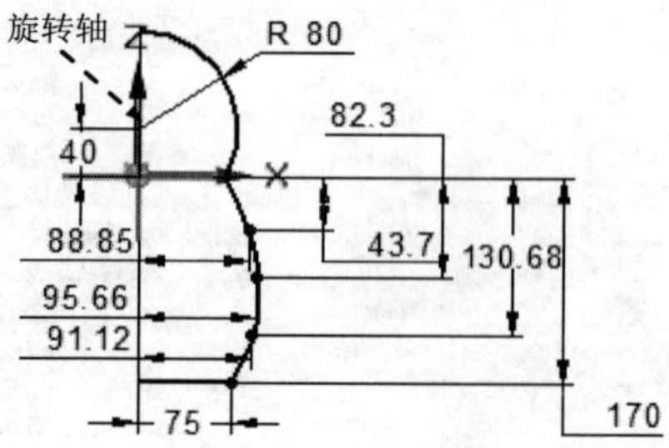

图 32.2.3 截面草图

Step6. 创建图 32.2.4b 所示的倒圆特征 1。选取图 32.2.4a 所示的边线为要倒圆的对象，圆角半径值为 35.0。

Step7. 创建图 32.2.5b 所示的倒圆特征 2。选取图 32.2.5a 所示的边线为要倒圆的对象，圆角半径值为 20.0。

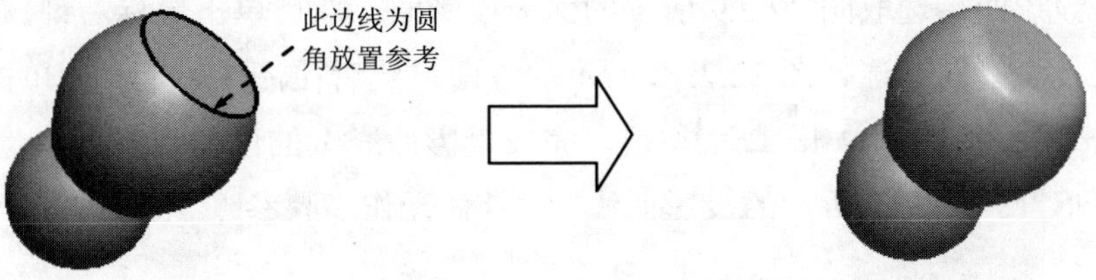

a）倒圆前　　　　b）倒圆后

图 32.2.4　倒圆特征 1

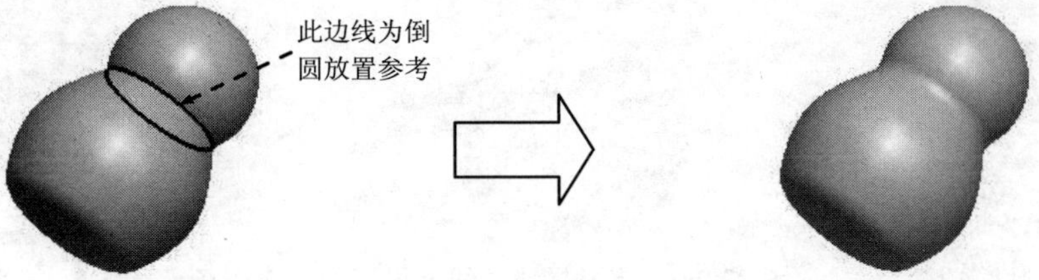

a）倒圆前　　　　b）倒圆后

图 32.2.5　倒圆特征 2

Step8. 创建图 32.2.6 所示的平面 4。

（1）选择命令。在平面区域中单击按钮，选择成角度选项。

（2）定义基准面的参考实体。依次选取右视图（YZ）平面与前视图（XZ）平面作为参考实体，然后再次选取右视图（YZ）平面为旋转基准面。

（3）定义旋转角度及方向。在角度(A):下拉列表中输入旋转角度值 25。旋转方向可参考图 32.2.6 所示。

（4）在绘图区域单击完成平面 4 的创建。

Step9. 创建图 32.2.7 所示的草图 1。在草图区域中单击按钮，选取平面 4 为草图平面，进入草绘环境；绘制图 32.2.7 所示的草图，单击按钮。退出草绘环境。

注意：此草图的上下部分是分开的。

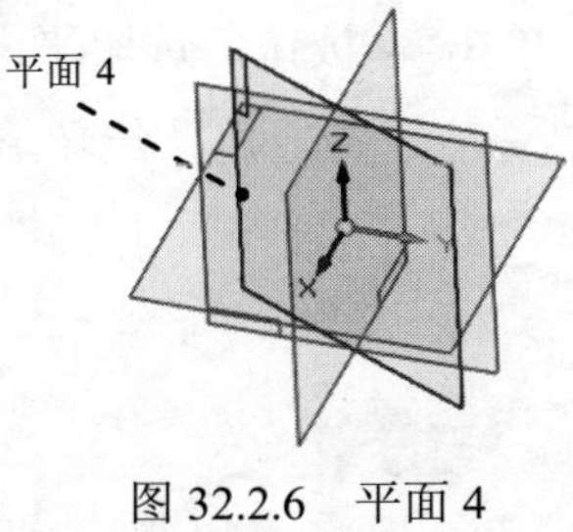

图 32.2.6　平面 4

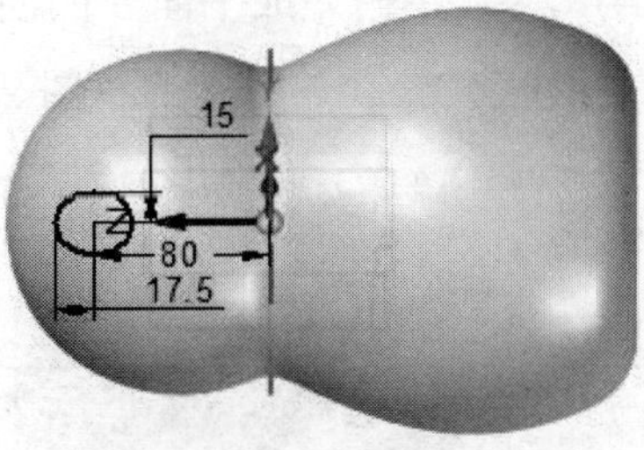

图 32.2.7　草图 1

Step10. 创建图 32.2.8 所示的投影曲线 1。

（1）选择命令。在曲线区域中单击按钮。

（2）定义投影曲线。在“投影”命令条的选择:下拉列表中选择单一选项。选取图 32.2.9 所示的曲线为投影曲线，然后单击鼠标右键（或单击按钮）。

（3）定义投影面。选取图 32.2.9 所示的面为投影面，然后单击鼠标右键。

（4）定义投影方向。选择图 32.2.10 所示的方向，然后在箭头所示一侧单击鼠标左键。

（5）单击 完成 按钮，单击 取消 按钮，完成投影曲线 1 的创建。

Step11. 创建图 32.2.11 所示的投影曲线 2。具体操作步骤参照 Step10。

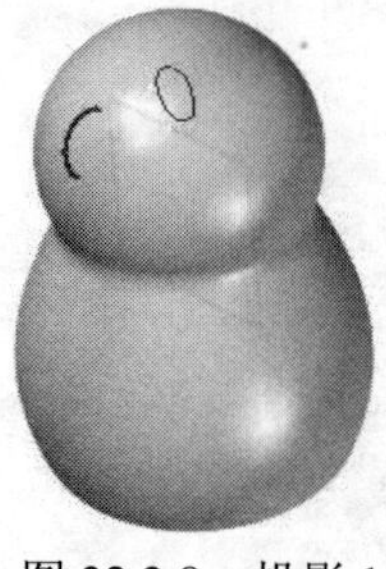

图 32.2.8　投影 1

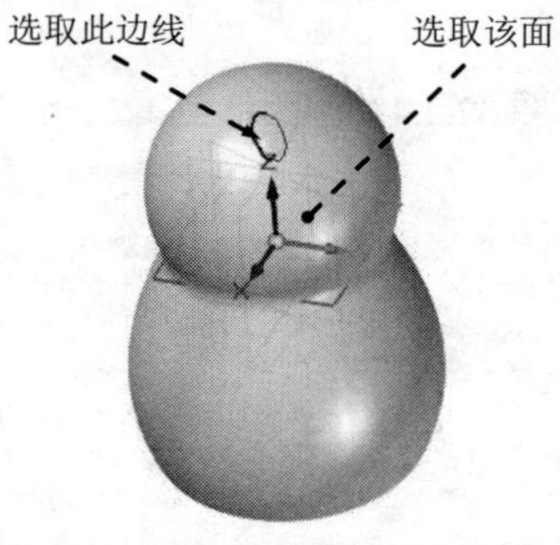

图 32.2.9　定义投影曲线及投影面

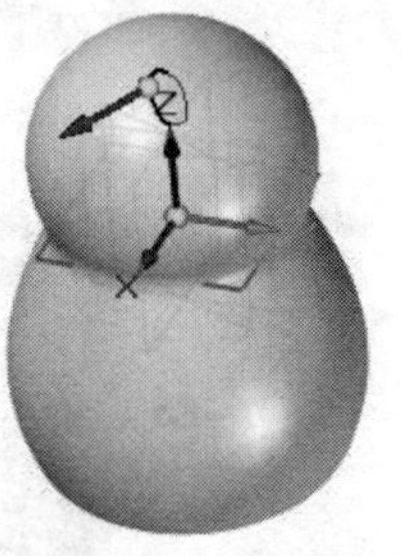

图 32.2.10　定义投影方向

Step12. 创建图 32.2.12 所示的平面 5。

（1）选择命令。在 平面 区域中单击 按钮，选择 垂直 选项。

（2）定义基准面的参考实体。依次选取平面 4 与前视图（XZ）平面作为参考实体。然后再次选取平面 4 为旋转基准面。

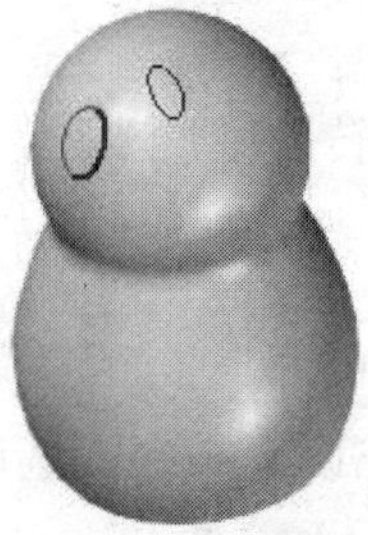

图 32.2.11　投影 2

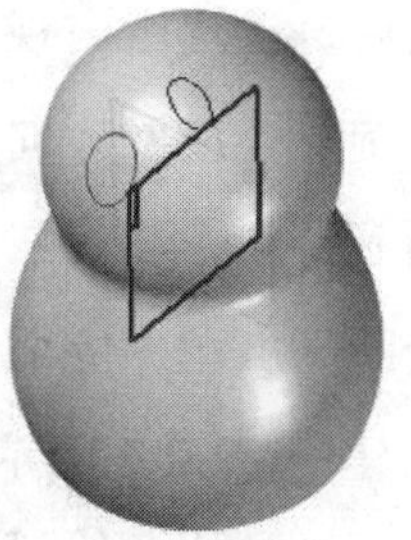

图 32.2.12　平面 5

（3）在绘图区域单击完成平面 5 的创建。

Step13. 创建图 32.2.13 所示的草图 2。在 草图 区域中单击 按钮，选取平面 5 为草图平面，进入草绘环境，绘制图 32.2.13 所示的草图，单击 按钮。退出草绘环境。

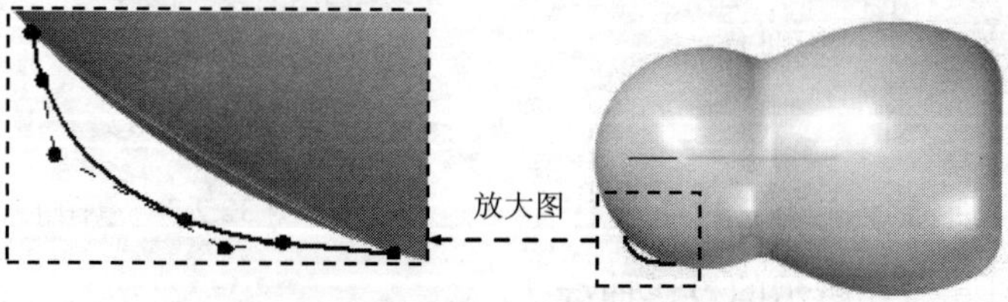

图 32.2.13　草图 2

Step14. 创建图 32.2.14 所示的蓝面 1。

（1）选择命令。在曲面处理选项卡的曲面区域单击按钮，

（2）定义横截面。在选择:下拉列表中选择单一选项。在绘图区域选取投影曲线 1，单击按钮。在绘图区域选取草图 2，单击按钮。在绘图区域选取投影曲线 2（选取曲线时尽可能靠近同一侧选取），单击按钮。

（3）单击预览按钮，单击完成按钮，单击取消按钮，完成蓝面 1 的创建。

Step15. 创建分割面 1。

（1）选择命令。在修改曲面区域中单击按钮。

（2）定义要分割的面。在选择:下拉列表中选择体选项。在绘图区域选取旋转曲面 1 为要分割的面，单击右键。

（3）定义分割元素。在绘图区域选取蓝面 1 为分割元素，单击右键。

（4）单击完成按钮，单击取消按钮，完成曲面分割 1 的创建。

Step16. 创建图 32.2.15 所示的删除面 1。

（1）选择命令。选择主页选项卡，单击修改中删除里面的面按钮。

（2）定义删除面。选取图 32.2.16 所示的面为要删除的面。然后单击右键。

（3）单击完成按钮，单击取消按钮，完成删除面 1 的创建。

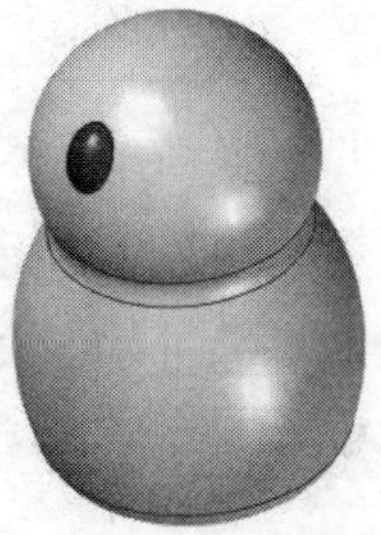

图 32.2.14 蓝面 1

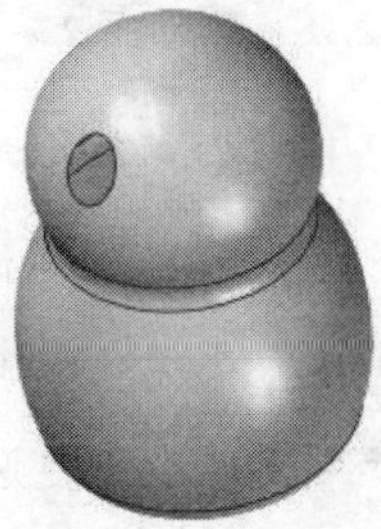

图 32.2.15 删除面 1

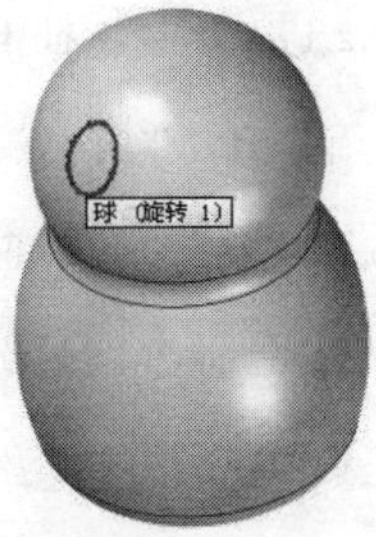

图 32.2.16 定义删除面

Step17. 创建图 32.2.17 所示的镜像 1。

（1）选择命令。在阵列区域中单击镜像后的，选择镜像复制零件命令。

（2）定义要镜像的元素。在绘图区域选取蓝面 1 为要镜像的元素。单击按钮。

（3）定义镜像平面。选取前视图（XZ）平面为镜像平面。

（4）单击完成按钮，单击取消按钮，完成镜像 1 的创建。

Step18. 创建分割面 1。

（1）选择命令。在修改曲面区域中单击按钮。

（2）定义要分割的面。在选择:下拉列表中选择体选项。在绘图区域选取旋转曲面 1 为要分割的面，单击右键。

（3）定义分割元素。在绘图区域选取镜像 1 为分割元素，单击右键。

（4）单击 完成 按钮，单击 取消 按钮，完成曲面分割 2 的创建。

Step19. 创建图 32.2.18 所示的删除面 2。

（1）选择命令。选择 主页 选项卡，单击 修改 中 删除 里面的 面 按钮。

（2）定义删除面。选取图 32.2.19 所示的面为要删除的面。然后单击右键。

（3）单击 完成 按钮，单击 取消 按钮，完成删除面 2 的创建。

Step20. 创建缝合曲面 1。

（1）选择命令。在 修改曲面 区域中单击 缝合 按钮，系统弹出“缝合曲面选项”对话框，在该对话框中取消选中 □ 修复已缝合的表面(E) 复选框，单击 确定 按钮。

（2）选择要缝合的曲面。在绘图区域选取蓝面 1 与旋转 1 为要缝合的曲面，单击按钮。

图 32.2.17　镜像特征 1

图 32.2.18　删除面 2

图 32.2.19　定义删除面

（3）单击按钮，单击 完成 按钮，单击 取消 按钮，完成缝合曲面 1 的创建。

Step21. 创建缝合曲面 2。

（1）选择命令。在 修改曲面 区域中单击 缝合 按钮，系统弹出“缝合曲面选项”对话框，在该对话框中取消选中 □ 修复已缝合的表面(E) 复选框，单击 确定 按钮。

（2）选择要缝合的曲面。在绘图区域选取缝合曲面 1 与镜像 1 为要缝合的曲面，单击按钮。

（3）系统弹出图 32.2.20 所示的 SolidEdge 对话框，单击 是(Y) 按钮。完成缝合曲面 2 的创建。

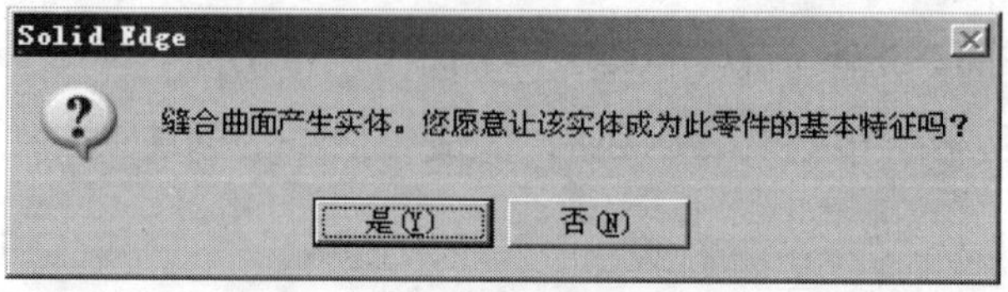

图 32.2.20　SolidEdge 对话框

Step22. 创建图 32.2.21 所示的草图 3。在 草图 区域中单击按钮，选取右视图(YZ)平面作为草图平面，进入草绘环境，绘制图 32.2.21 所示的草图，单击按钮。退出草绘环境。

Step23. 创建图 32.2.22 所示的投影曲线 3。

（1）选择命令。在 曲线 区域中单击按钮。

（2）定义投影曲线。在“投影”命令条的 选择: 下拉列表中选择 链 选项。在绘图区域选取草图 3 为要投影的曲线，然后单击鼠标右键（或单击按钮）。

（3）定义投影面。选取旋转曲面 1 为投影面，然后单击鼠标右键。

（4）定义投影方向。选择图 32.2.23 所示的方向，然后在箭头所示一侧单击鼠标左键。

（5）单击 完成 按钮，单击 取消 按钮，完成投影曲线 3 的创建。

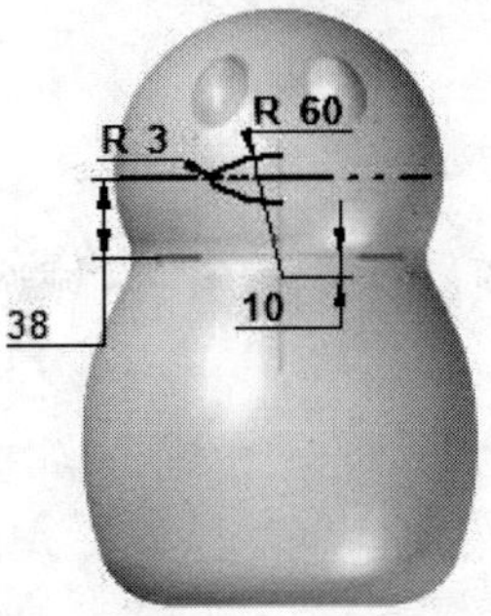

图 32.2.21 草图 3

图 32.2.22 投影 3

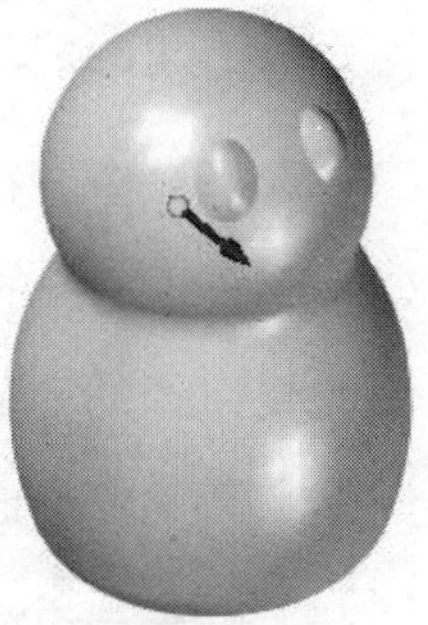
图 32.2.23 定义投影方向

Step24. 创建图 32.2.24 所示的草图 4。在 草图 区域中单击按钮，选取前视图（XZ）平面作为草图平面，进入草绘环境；绘制图 32.2.24 所示的草图 4，单击按钮。退出草绘环境。

Step25. 创建图 32.2.25 所示的平面 6。

（1）选择命令。在 平面 区域中单击按钮，选择 平行 选项。

（2）定义基准面的参考实体。选取俯视图（XY）平面作为参考实体。

（3）定义偏移距离及方向。在 距离: 下拉列表中输入偏移距离值 38。偏移方向可参考图 32.2.25 所示。

（4）在绘图区域单击完成平面 6 的创建。

Step26. 创建图 32.2.26 所示的草图 5。在 草图 区域中单击按钮，选取平面 6 作为草图平面，进入草绘环境；绘制图 32.2.26 所示的草图 5，单击按钮。退出草绘环境。

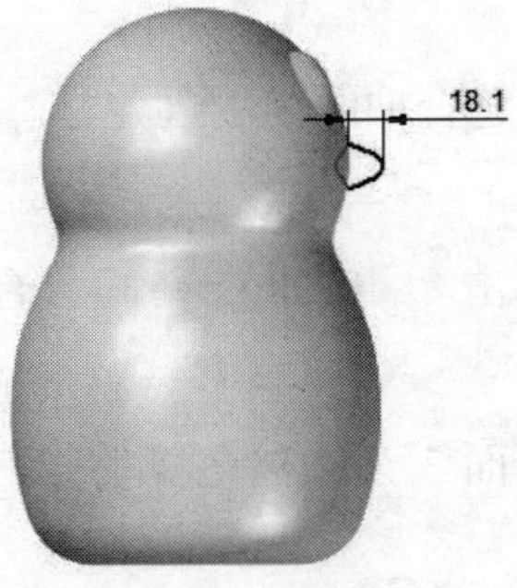

图 32.2.24 草图 4

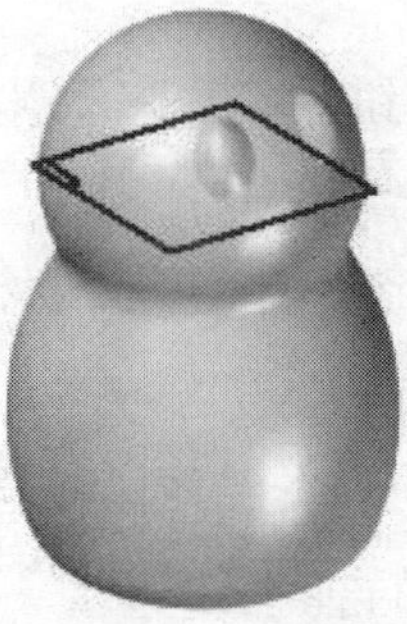
图 32.2.25 平面 6

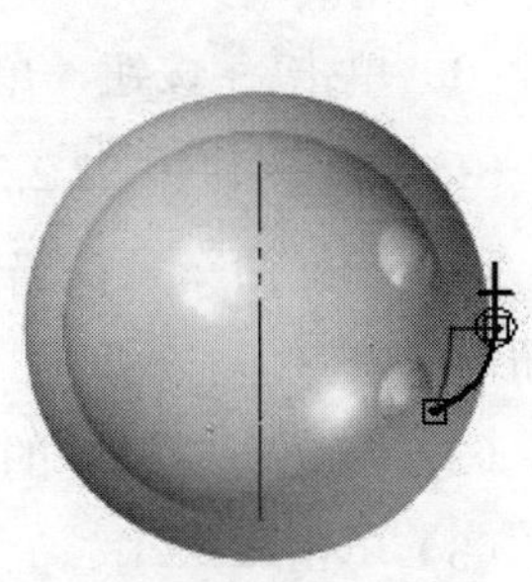
图 32.2.26 草图 5

Step27. 创建图 32.2.27 所示的蓝面 2。

（1）选择命令。在曲面处理选项卡的曲面区域单击按钮。

（2）定义横截面。在选择:下拉列表中选择链选项。在绘图区域选取投影曲线 3，单击按钮。在绘图区域选取草图 4，（选取曲线时尽可能靠近同一侧选取），单击按钮。

（3）定义引导线。在“蓝面”命令条中单击，然后在绘图区域选取草图 5，单击按钮。

（4）单击预览按钮，单击完成按钮。单击取消按钮。完成蓝面 2 的创建。

Step28. 创建图 32.2.28 所示的镜像 2。

（1）选择命令。在阵列区域中单击镜像后的，选择镜像复制零件命令。

（2）定义要镜像的元素。在选择:后的下拉列表中选择单一选项，然后在绘图区域选取蓝面 2 为要镜像的元素。单击按钮。

（3）定义镜像平面。选取前视图（XZ）平面为镜像平面。

（4）单击完成按钮，单击取消按钮，完成镜像特征 2 的创建。

图 32.2.27　蓝面 2

图 32.2.28　镜像特征 2

Step29. 创建缝合曲面 3。

（1）选择命令。在修改曲面区域中单击缝合按钮，系统弹出“缝合曲面选项”对话框，在该对话框中取消选中修复已缝合的表面(E)复选框，单击确定按钮。

（2）选择要缝合的曲面。在绘图区域选取蓝面 2 与镜像 2 为要缝合的曲面，单击按钮。

（3）单击按钮，单击完成按钮，单击取消按钮，完成缝合曲面 3 的创建。

Step30. 创建图 32.2.29 所示的合并特征 1。

（1）选择命令。在主页功能选项卡的实体区域中单击后的。单击“合并”按钮合并。

（2）定义布尔运算的工具及方向。在绘图区域选取缝合曲面 3 为布尔运算的工具。

（3）单击完成按钮。完成合并特征 1 的创建。

Step31. 创建图 32.2.30 所示的旋转曲面 2。

（1）选择命令。在 曲面 区域中单击 旋转 按钮。

（2）定义特征的截面草图。选取右视图（YZ）平面作为草图平面，进入草绘环境。绘制图 32.2.31 所示的截面草图。

（3）定义旋转轴。单击 绘图 区域中的按钮，选取图 32.2.31 所示的线为旋转轴。

（4）定义旋转属性。单击“关闭草图”按钮，退出草绘环境；在“旋转”命令条的 角度(A): 文本框中输入值 360.0，在图形区空白区域单击。

（5）单击“旋转”命令条中的 完成 按钮，完成旋转曲面 2 的创建。

图 32.2.29 合并特征 1

图 32.2.30 旋转曲面 2

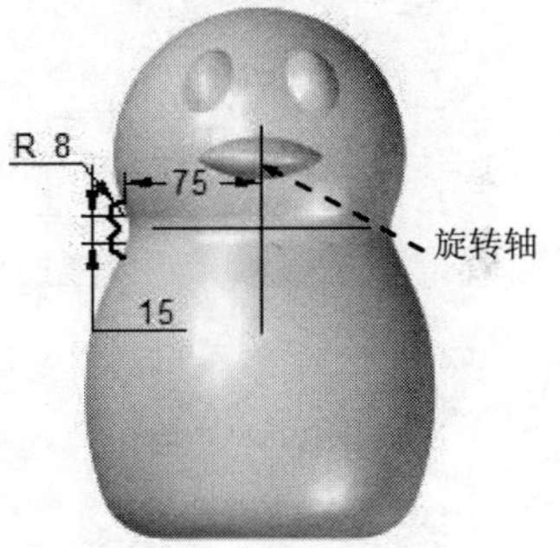

图 32.2.31 截面草图

Step32. 创建合并特征 2。

（1）选择命令。在 主页 功能选项卡的 实体 区域中单击后的。单击“合并”按钮 合并 。

（2）定义布尔运算的工具及方向。在绘图区域选取旋转曲面 2 为布尔运算的工具。

（3）单击 完成 按钮。完成合并特征 2 的创建。

Step33. 创建图 32.2.32 所示的草图 6。在 草图 区域中单击按钮，选取前视图（XZ）平面作为草图平面，进入草绘环境；绘制图 32.2.32 所示的草图，单击按钮。退出草绘环境。

Step34. 创建图 32.2.33 所示的投影曲线 4。

（1）选择命令。在 曲线 区域中单击按钮。

（2）定义投影曲线。在“投影”命令条的 选择: 下拉列表中选择 链 选项。在绘图区域选取草图 6 为要投影的曲线，然后单击鼠标右键（或单击按钮）。

（3）定义投影面。选取图 32.2.33 所示的曲面为投影面，然后单击鼠标右键。

（4）定义投影方向。选择图 32.2.34 所示的方向，然后在箭头所示一侧单击鼠标左键。

（5）单击 完成 按钮，单击 取消 按钮，完成投影曲线 4 的创建。

Step35. 创建图 32.2.35 所示的草图 7。

（1）在 草图 区域中单击按钮，选取右视图（YZ）平面作为草图平面，进入草绘环境。

（2）绘制图 32.2.35 所示的草图 7，单击按钮。退出草绘环境。

Step36. 创建图 32.2.36 所示的草图 8。

（1）在 草图 区域中单击按钮，选取右视图（YZ）平面作为草图平面，进入草绘环境。

（2）绘制图 32.2.36 所示的草图 8，单击按钮。退出草绘环境。

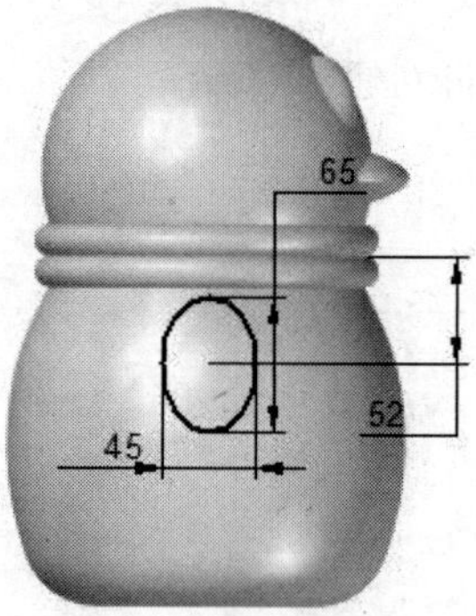

图 32.2.32 草图 6

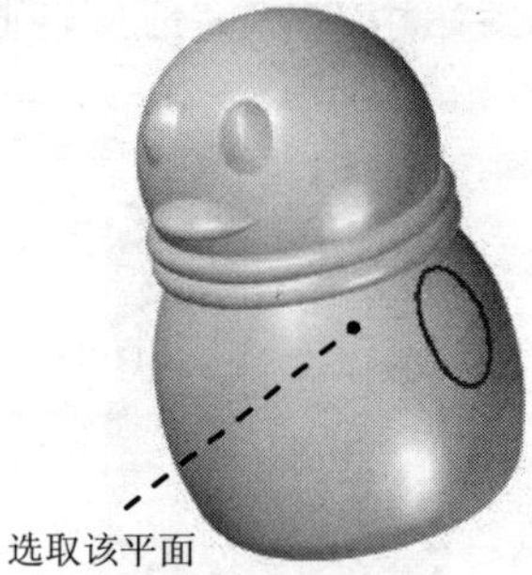

图 32.2.33 投影 4

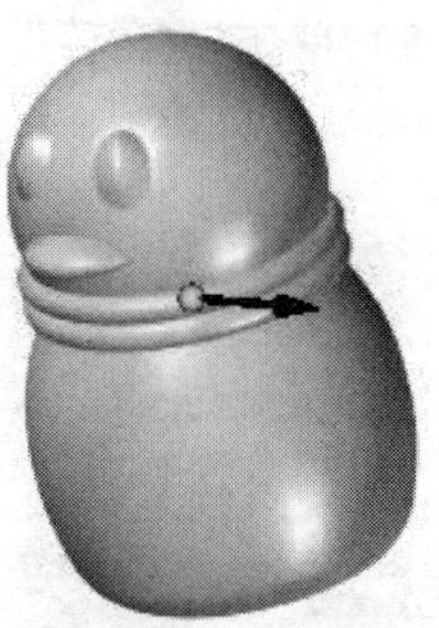

图 32.2.34 定义投影方向

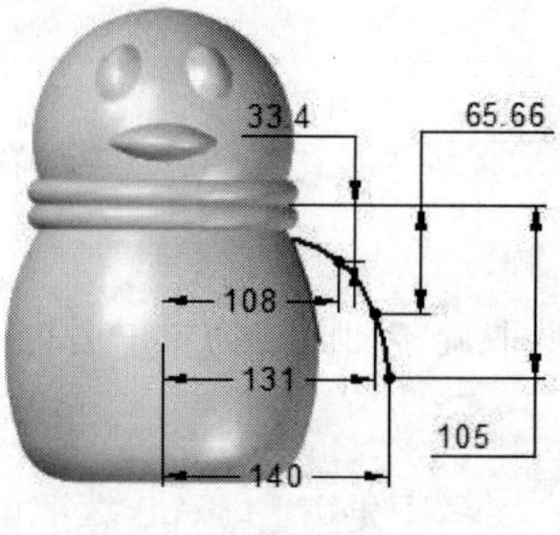

图 32.2.35 草图 7

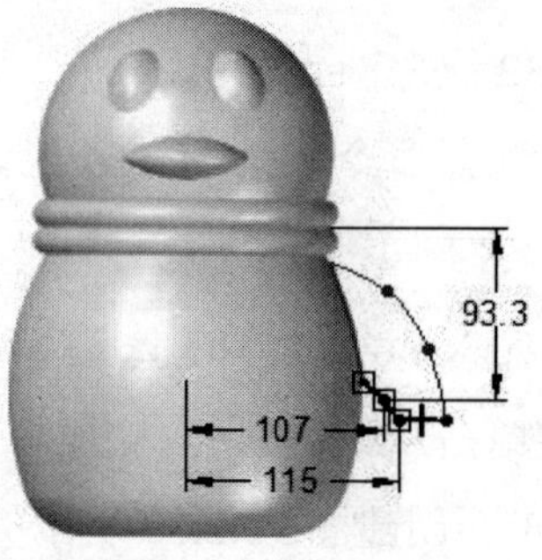

图 32.2.36 草图 8

Step37. 创建图 32.2.37 所示的平面 7。

（1）选择命令。在 平面 区域中单击按钮，选择 平行 选项。

（2）定义基准面的参考实体。选取俯视图（XY）平面作为参考实体。

（3）定义偏移距离及方向。在 距离: 下拉列表中输入偏移距离值 105。偏移方向可参考图 32.2.37 所示。

（4）在绘图区域单击完成平面 7 的创建。

Step38. 创建图 32.2.38 所示的草图 9。

（1）在 草图 区域中单击按钮，选取平面 7 作为草图平面，进入草绘环境。

（2）绘制图 32.2.38 所示的草图 9，单击按钮。退出草绘环境。

Step39. 创建图 32.2.39 所示的蓝面 3。

（1）选择命令。在 曲面处理 选项卡的 曲面 区域中单击按钮。

（2）定义横截面。在选择:下拉列表中选择链选项。在绘图区域中选取投影曲线 4，单击按钮。在绘图区域选取草图 9（选取曲线时尽可能靠近同一侧选取），单击按钮。

图 32.2.37　平面 7

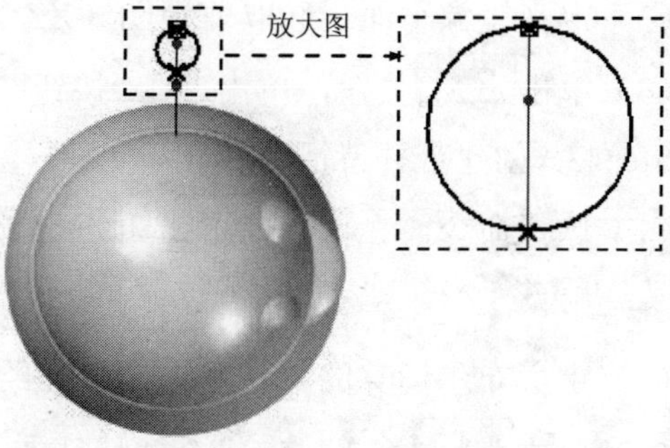

图 32.2.38　草图 9

（3）定义引导线。在“蓝面”命令条中单击，然后在绘图区域选取草图 7，单击按钮。然后在绘图区域选取草图 8，单击按钮。

（4）单击预览按钮，单击完成按钮。单击取消按钮。完成蓝面 3 的创建。

Step40. 创建图 32.2.40 所示的有界曲面 1。

（1）选择命令。在曲面区域中单击按钮。

（2）定义边界曲线。在绘图区域选取图 32.2.41 所示的模型边线为定义边界的曲线。单击按钮。

（3）单击预览按钮，单击完成按钮，单击取消按钮。完成有界曲面 1 的创建。

图 32.2.39　蓝面 3

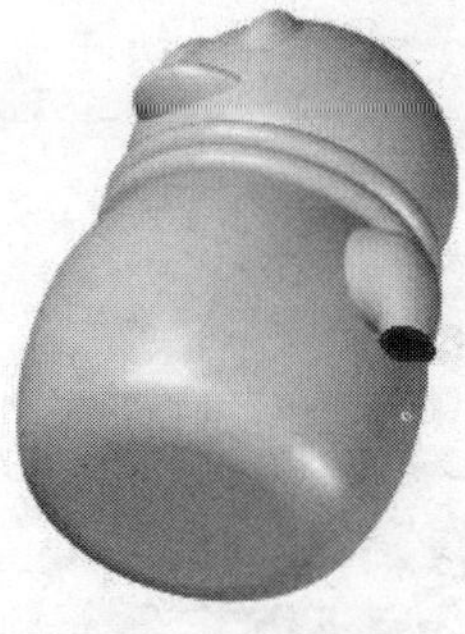

图 32.2.40　有界曲面 1

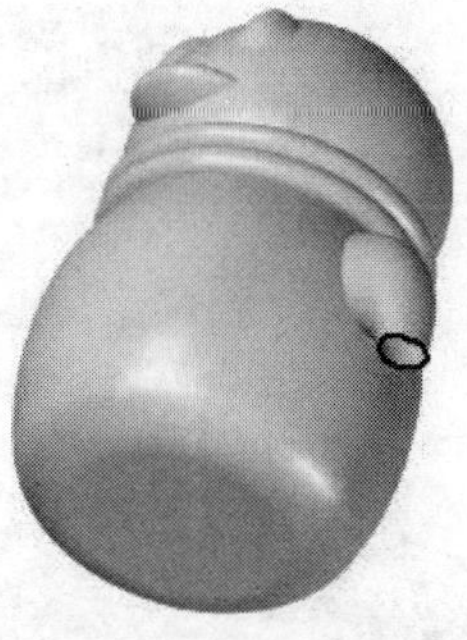

图 32.2.41　定义边界曲线

Step41. 创建缝合曲面 4。

（1）选择命令。在修改曲面区域中单击缝合按钮，系统弹出“缝合曲面选项”对话框，在该对话框中取消选中□ 修复已缝合的表面(E)复选框，单击确定按钮。

（2）选择要缝合的曲面。在绘图区域选取蓝面 3 与有界曲面 1 为要缝合的曲面，单击按钮。

（3）单击按钮，单击完成按钮，单击取消按钮，完成缝合曲面 4 的创建。

Step42. 创建图 32.2.42 所示的镜像 3。

（1）选择命令。在阵列区域中单击镜像后的，选择镜像复制零件命令。

（2）定义要镜像的元素。在绘图区域选取缝合曲面 4 为要镜像的元素。单击按钮。

（3）定义镜像平面。选取前视图（XZ）平面为镜像平面。

（4）单击完成按钮，单击取消按钮，完成镜像 3 的创建。

Step43. 创建合并特征 3。

（1）选择命令。在主页功能选项卡的实体区域中单击后的。单击“合并”按钮合并。

（2）定义布尔运算的工具及方向。在绘图区域选取缝合曲面 4 为布尔运算的工具。

（3）单击完成按钮。完成合并特征 3 的创建。

Step44. 创建合并特征 4。

（1）选择命令。在主页功能选项卡的实体区域中单击后的。单击“合并”按钮合并。

（2）定义布尔运算的工具及方向。在绘图区域选取镜像 3 为布尔运算的工具。

（3）单击完成按钮。完成合并特征 4 的创建。

Step45. 创建图 32.2.43b 所示的倒圆 3。选取图 32.2.43a 所示的边线为要倒圆的对象，圆角半径值为 10.0。

Step46. 创建图 32.2.44b 所示的倒圆 4。选取图 32.2.44a 所示的边线为要倒圆的对象，圆角半径值为 15.0。

Step47. 创建倒圆 5。选取图 32.2.45 所示的边线为要倒圆的对象，圆角半径值为 2.0。

图 32.2.42　镜像特征 3

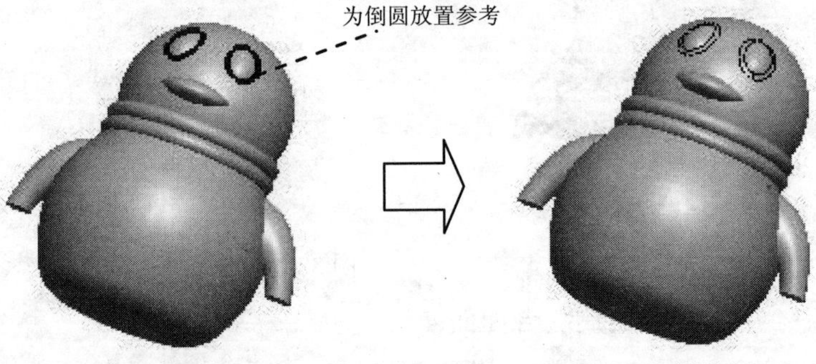

a）倒圆前　　b）倒圆后

图 32.2.43　倒圆特征 3

Step48. 创建倒圆 6。选取图 32.2.46 所示的边线为要倒圆的对象，圆角半径值为 8.0。

Step49 创建图 32.2.47 所示的拉伸曲面 1。

（1）选择命令。在曲面处理功能选项卡的曲面区域中单击按钮。

（2）定义特征的截面草图。选取前视图（XZ）平面作为草图平面，进入草绘环境。绘制图 32.2.48 所示的截面草图，单击按钮。

（3）定义拉伸属性。在“拉伸”命令条中单击按钮，确认按钮被按下，在距离:下拉列表中输入值 300，并按 Enter 键，在图形区空白区域单击。

（4）单击“拉伸”命令条中的完成按钮，单击取消按钮，完成拉伸曲面 1 的创建。

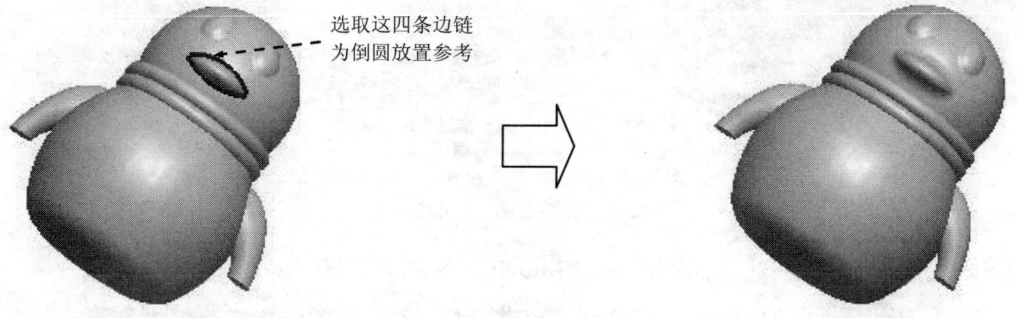

a）倒圆前　　b）倒圆后

图 32.2.44　倒圆特征 4

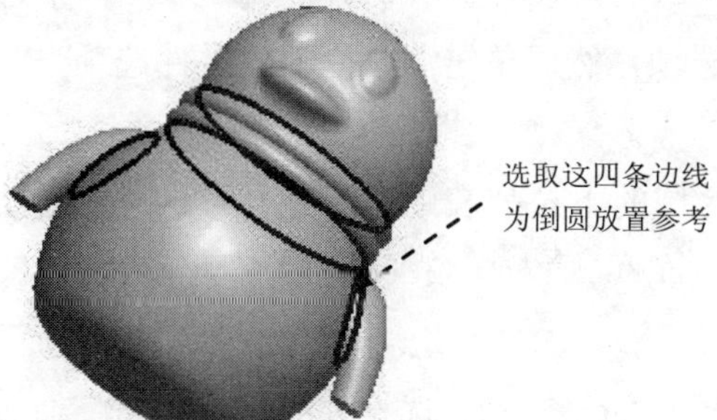

图 32.2.45　倒圆特征 5

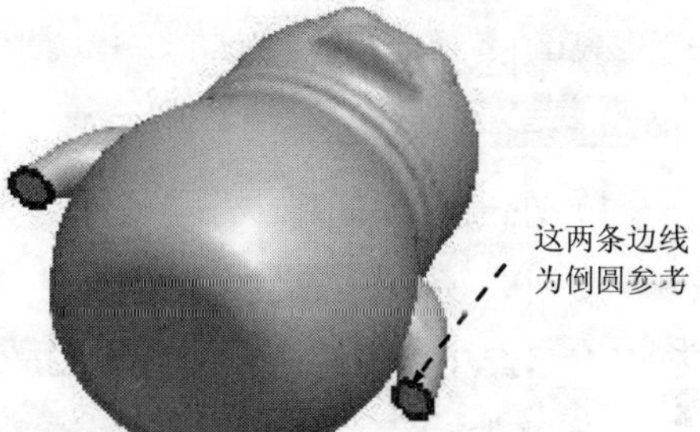

图 32.2.46　倒圆特征 6

图 32.2.47　拉伸曲面 1

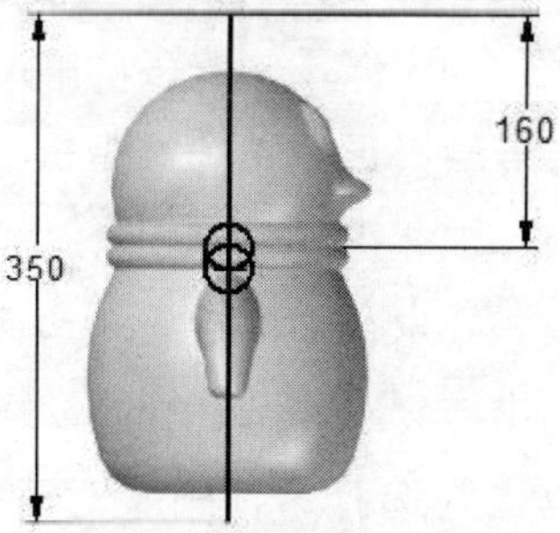

图 32.2.48　截面草图

Step50. 保存并关闭模型文件，并将总装配文件保存。

32.3　创建储蓄罐后盖

下面讲解储蓄罐后盖（MONEY_SAVER_BACK.PRT）的创建过程，零件模型及路径查找器如图 32.3.1 所示。

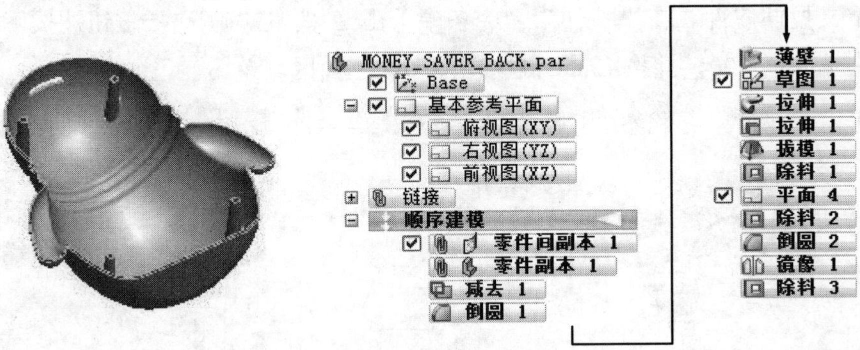

图 32.3.1 零件模型及路径查找器

Step1. 在装配体中建立储蓄罐后盖 MONEY_SAVER_BACK。

（1）单击装配区域中的“原位创建零件”按钮。系统弹出“原位创建零件”命令条与“原位创建零件选项”对话框。

（2）在“原位创建零件选项”对话框的放置原点区域选中 与装配原点重合(C) 单选项，在原位创建区域选中 创建部件并原位编辑(E) 单选项，然后单击“原位创建零件选项”对话框中的 确定 按钮。

（3）在“原位创建零件”命令条模板(T):区域的下拉列表中选择 gb part.par 选项，单击按钮，系统弹出“另存为”对话框，在文件名(N):文本框中输入零件的名称为 MONEY_SAVER_BACK，单击 保存(S) 按钮。

（4）单击 主页 功能选项卡 剪贴板 区域后的小三角，选择 零件间复制 命令，系统弹出“零件间复制”命令条，在绘图区域选取 MONEY_SAVER_SKEL 零件为参考零件，在选择下拉列表中选择 面 选项，在绘图区域选取 MONEY_SAVER_SKEL 中的拉伸曲面 1。单击按钮，单击 完成 按钮，单击 取消 按钮，完成“零件间复制”的操作。

说明：若绘图区域没有显示出拉伸曲面 1，可先退出“零件间复制”命令，然后在路径查找器中选中 MONEY_SAVER_SKEL.par:1 右击，在系统弹出的快捷菜单中选择 显示/隐藏部件 命令，然后将“曲面”选中即可。

（5）单击 剪贴板 区域中的按钮，系统弹出“零件副本”命令条以及“选择零件副本”对话框。在选择零件副本对话框中选择“MONEY_SAVER_SKEL”零件，然后单击 打开(O) 按钮。系统弹出“零件副本参数”对话框，在该对话框中选中 链接到文件(F) 复选框、复制颜色(L) 复选框与 复制为设计体(D) 单选项，单击 确定 按钮。单击 完成 按钮，

（6）单击按钮。

Step2. 选择下拉菜单 → 保存(S) 命令，在路径查找器中选中 MONEY_SAVER_BACK.par:1 选项，然后右击选择 打开 命令。

Step3. 创建图 32.3.2 所示的减去特征 1。

（1）选择命令。在 主页 功能选项卡的 实体 区域中单击后的，单击“减去”按钮 减去 。

（2）定义布尔运算的工具及方向。在绘图区域选择图 32.3.3 所示的曲面为布尔运算的工具，减去方向如图 32.3.3 所示。

（3）单击 完成 按钮。完成减去特征 1 的创建。

Step4. 创建倒圆特征 1。选取图 32.3.4 所示的边线为要倒圆的对象，圆角半径值为 2.0。

图 32.3.2　减去特征 1

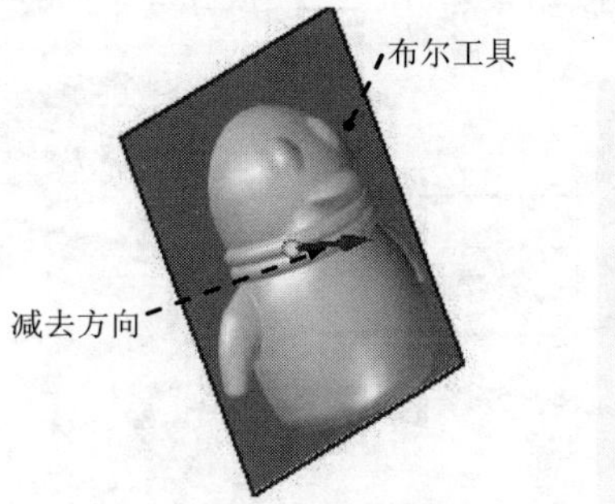

图 32.3.3　定义布尔运算的工具及方向

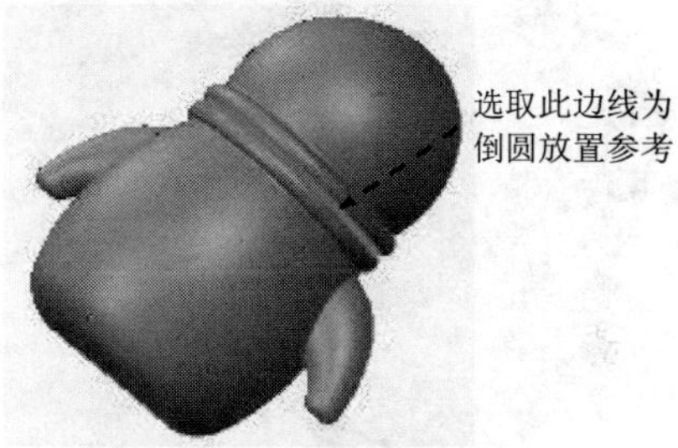

图 32.3.4　倒圆特征 1

Step5. 创建图 32.3.5b 所示的薄壁特征 1。

（1）选择命令。在 实体 区域中单击 按钮。

（2）定义薄壁厚度。在“薄壁”命令条的 同一厚度: 文本框中输入薄壁厚度值 0.5，然后右击。

（3）选择要移除的面。在系统提示下，选择图 32.3.5a 所示的模型表面为要移除的面，然后右击。

（4）单击“薄壁”命令条中的 预览 按钮，单击 完成 按钮，完成薄壁特征 1 的创建。

Step6. 创建图 32.3.6 所示的草图 1。

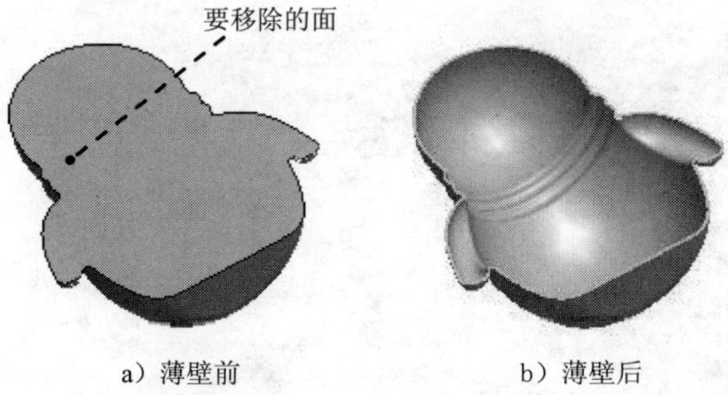

图 32.3.5　薄壁特征 1

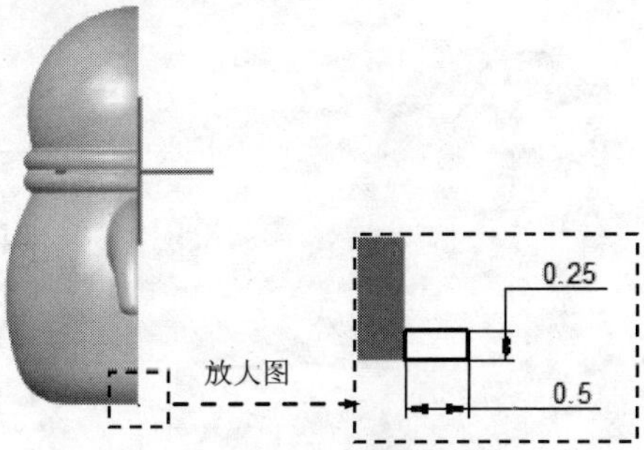

图 32.3.6　草图 1

（1）在 草图 区域中单击 按钮，选取前视图（XZ）平面作为草图平面，进入草绘环境。

（2）绘制图 32.3.6 所示的草图 1，单击 按钮。退出草绘环境。

Step7. 创建图 32.3.7 所示的扫掠特征 1。

（1）选择命令。在 实体 区域中单击 后的小三角，选择 扫掠 命令。

（2）定义扫掠类型。在“扫掠选项”对话框的 默认扫掠类型 区域中选中 ⊙ 单一路径和横截面(S)

单选项。其他参数接受系统默认设置值，单击 确定 按钮。

（3）定义扫掠轨迹曲线。在“创建起源”选项的下拉列表中选择 从草图/零件边选择 选项，在图形区中选取图 32.3.8 所示模型边线作为扫掠轨迹曲线。

（4）定义扫掠横截面。在图形区中选取草图 1 作为扫掠截面。

（5）单击命令条中的 完成 按钮，单击 取消 按钮，完成扫掠特征 1 的创建。

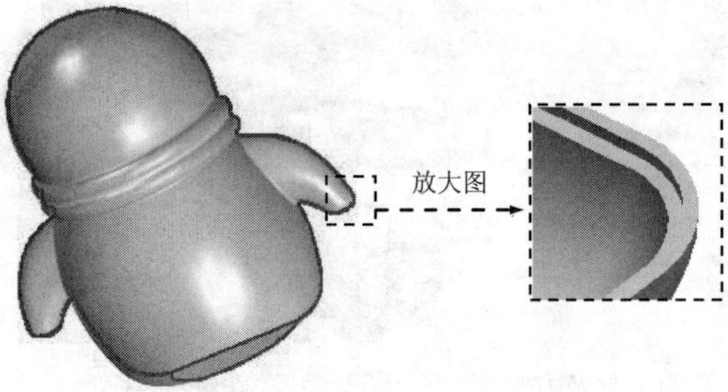

图 32.3.7　扫掠特征 1

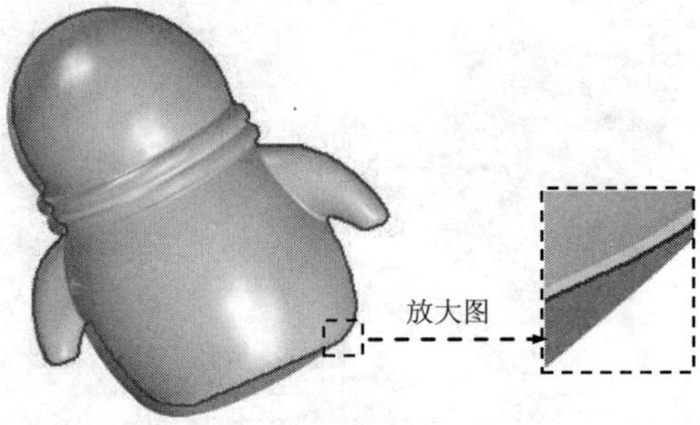

图 32.3.8　定义扫掠轨迹曲线

Step8. 创建图 32.3.9 所示的拉伸特征 1。

（1）选择命令。在 实体 区域中单击按钮。

（2）定义特征的截面草图。选取右视图（YZ）平面作为草图平面，进入草绘环境。绘制图 32.3.10 所示的截面草图，单击按钮。

（3）定义拉伸属性。在“拉伸”命令条中单击按钮，确认与按钮未被按下，单击“穿过下一个”按钮，拉伸方向沿 X 轴负方向。

（4）单击“拉伸”命令条中的 完成 按钮，单击 取消 按钮，完成拉伸特征 1 的创建。

Step9. 创建图 32.3.11 所示的拔模特征 1。

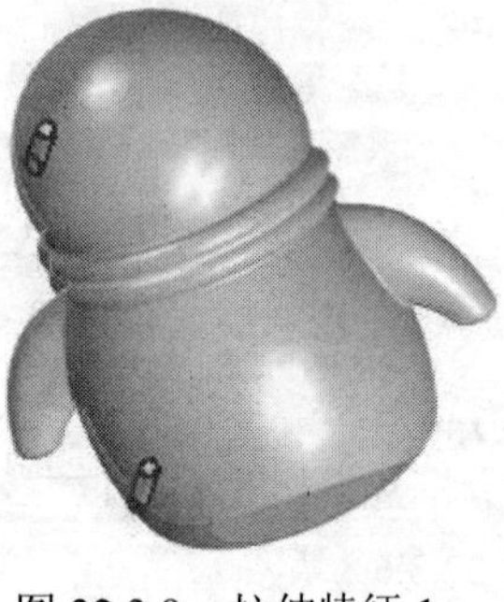

图 32.3.9　拉伸特征 1

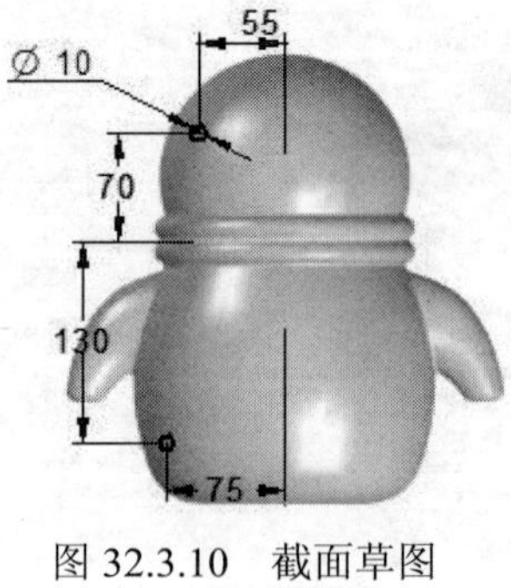

图 32.3.10　截面草图

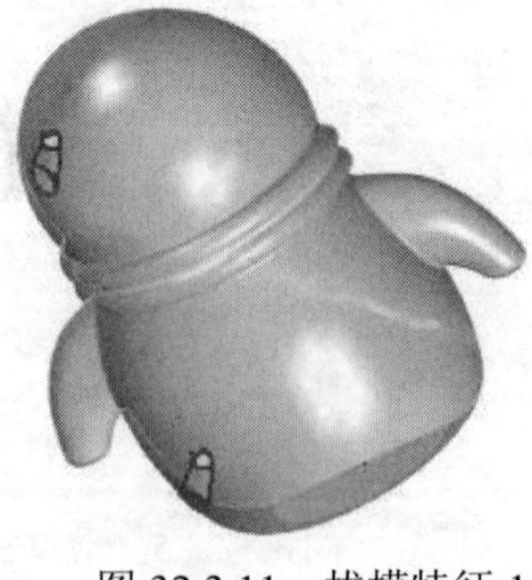

图 32.3.11　拔模特征 1

（1）选择命令。在 实体 区域中单击按钮。

（2）定义拔模类型。单击按钮，系统弹出“拔模选项”对话框。选择拔模类型为 从平面(F)，选中 分割拔模(B) 复选框，单击 确定 按钮。完成拔模类型的设置。

（3）定义参考面。在系统的提示下，选取图 32.3.12 所示的模型表面作为拔模参考面。

（4）定义拔模面。在系统的提示下，选取图 32.3.12 所示的模型表面为需要拔模的面。

（5）定义拔模属性。在“拔模”命令条的拔模角度文本框中输入角度值 3.0，单击鼠标右键。然后单击下一步按钮。

（6）定义拔模方向。移动鼠标将拔模方向调整至图 32.3.13 所示的方向后单击。

（7）单击“拔模”命令条中的完成按钮，完成拔模特征 1 的创建。单击取消按钮，执行显示的操作。

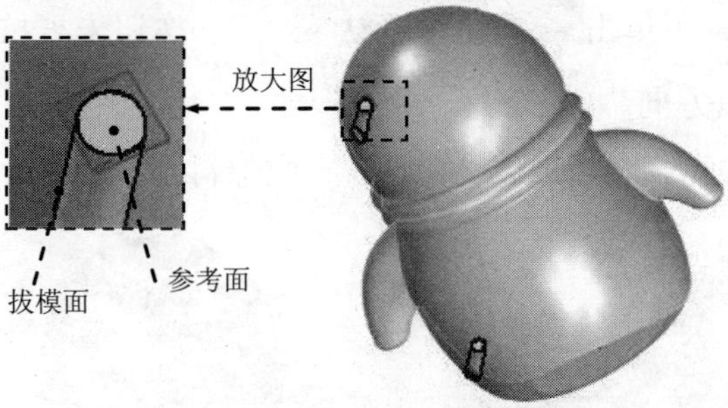

图 32.3.12 定义参考面 拔模面

图 32.3.13 定义拔模方向

Step10. 创建图 32.3.14 所示的除料特征 1。

（1）选择命令。在实体区域中选择命令。

（2）定义特征的横断面草图。选取右视图（YZ）平面作为草图平面，进入草绘环境，绘制图 32.3.15 所示的截面草图。

（3）定义拉伸属性。在“除料”命令条中单击按钮，确认与按钮未被按下，单击“贯通”按钮。拉伸方向沿 X 轴负方向。

（4）单击“除料”命令条中的完成按钮，单击取消按钮，完成除料特征 1 的创建。

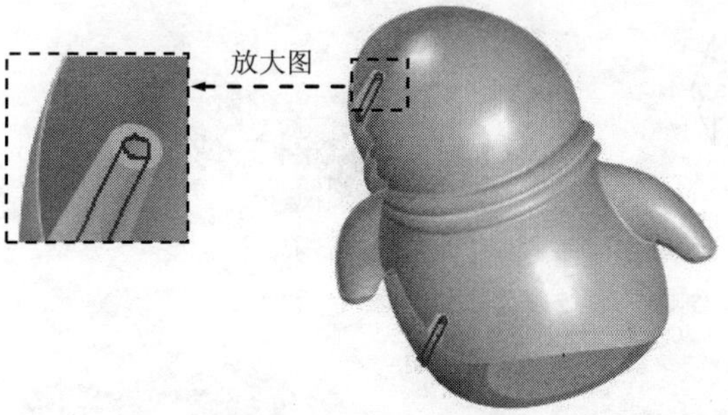

图 32.3.14 除料特征 1

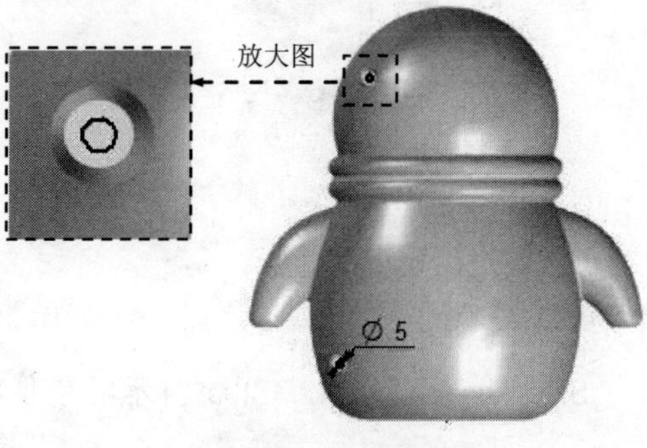

图 32.3.15 截面草图

Step11. 创建图 32.3.16 所示的平面 4。

（1）选择命令。在平面区域中单击按钮，选择平行选项。

（2）定义基准面的参考实体。选取右视图（YZ）平面作为参考实体。

（3）定义偏移距离及方向。在距离:下拉列表中输入偏移距离值 20。偏移方向沿 X 轴负方向。

（4）在绘图区域单击完成平面 4 的创建。

Step12. 创建图 32.3.17 所示的除料特征 2。

（1）选择命令。在 实体 区域中选择命令。

（2）定义特征的横断面草图。选取平面 4 作为草图平面，进入草绘环境，绘制图 32.3.18 所示的截面草图。

（3）定义拉伸属性。在“除料”命令条中单击按钮，确认与按钮未被按下，单击“贯通”按钮。拉伸方向沿 X 轴负方向。

（4）单击“除料”命令条中的 完成 按钮，单击 取消 按钮，完成除料特征 2 的创建。

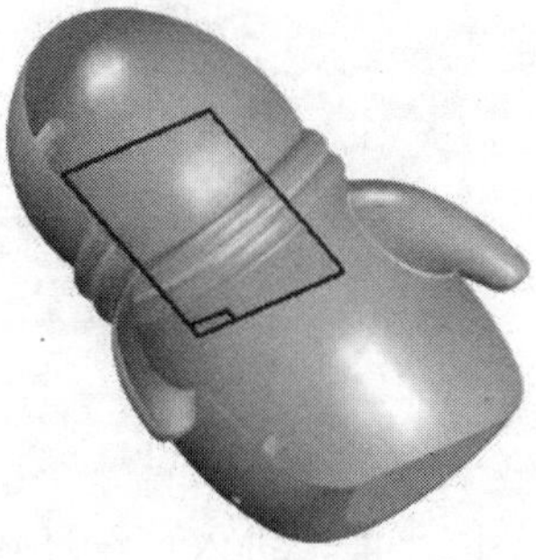

图 32.3.16　平面 4

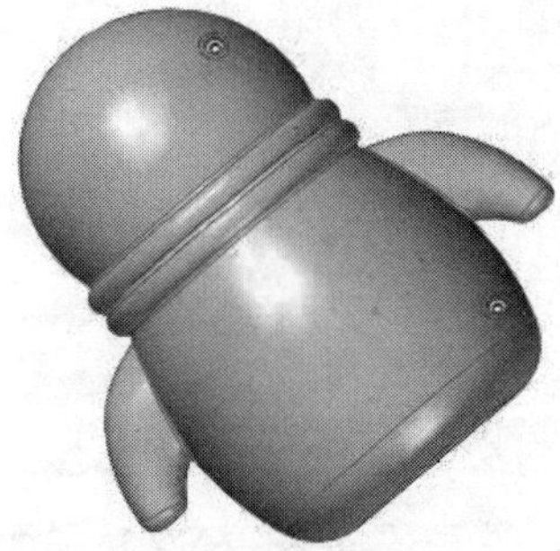

图 32.3.17　除料特征 2

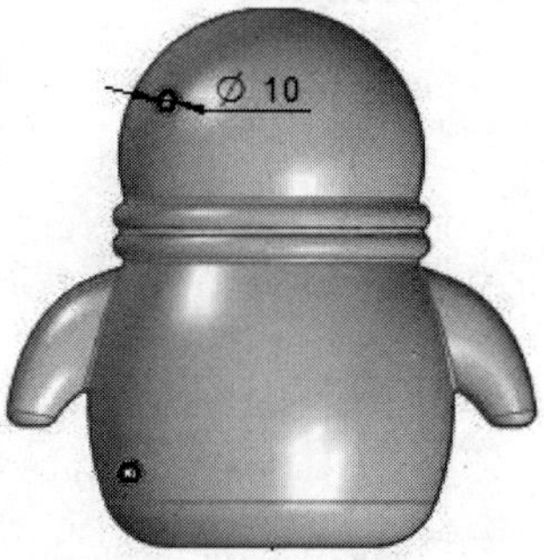

图 32.3.18　截面草图

Step13. 创建图 32.3.19b 所示的倒圆特征 2。选取图 32.3.19a 所示的边线为要倒圆的对象，圆角半径值为 2.0。

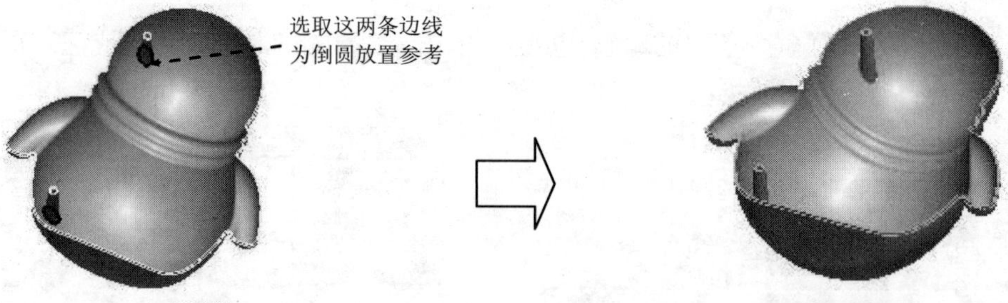

a）倒圆前　　b）倒圆后

图 32.3.19　倒圆特征 2

Step14. 创建图 32.3.20b 所示的镜像特征 1。

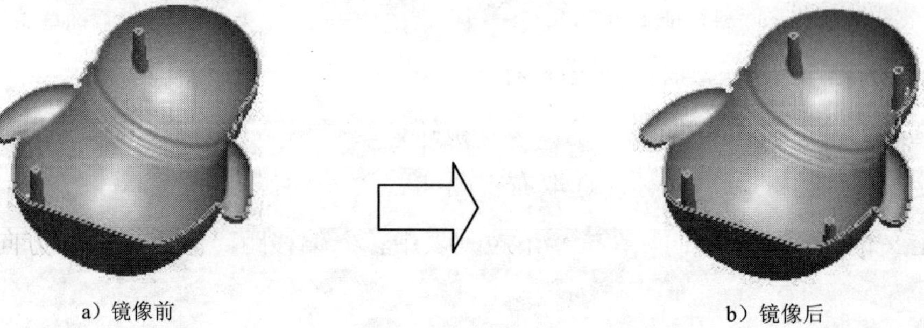

a）镜像前　　b）镜像后

图 32.3.20　镜像特征 1

（1）选择命令。在阵列区域中单击镜像按钮。

（2）定义要镜像的元素。在路径查找器中选择“拉伸 1”“拔模 1”“除料 1”“除料 2”以及“倒圆 2”为要镜像的特征，单击按钮。

（3）定义镜像平面。选取前视图（XZ）平面为镜像平面。

（4）单击完成按钮，完成镜像特征 1 的创建。

Step15. 创建图 32.3.21 所示的除料特征 3。

（1）选择命令。在实体区域中选择命令。

（2）定义特征的横断面草图。选取俯视图（XY）平面作为草图平面，进入草绘环境，绘制图 32.3.22 所示的截面草图。

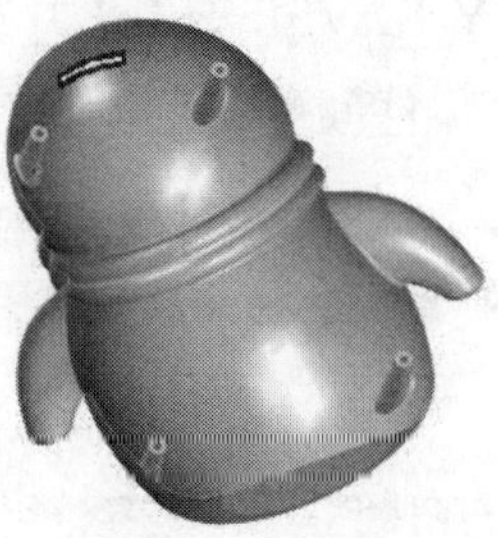

图 32.3.21　除料特征 3

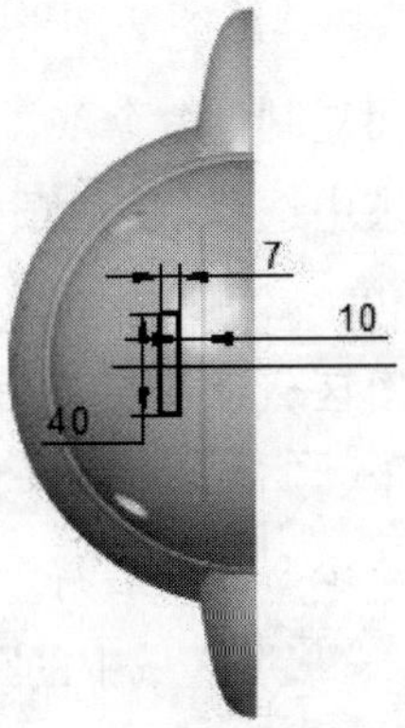

图 32.3.22　截面草图

（3）定义拉伸属性。在“除料”命令条中单击按钮，确认与按钮未被按下，单击“贯通”按钮。拉伸方向沿 Z 轴正方向。

（4）单击“除料”命令条中的完成按钮，单击取消按钮，完成除料特征 3 的创建。

Step16. 保存并关闭模型文件，并将总装配文件保存。

32.4　创建储蓄罐前盖

下面讲解储蓄罐前盖（MONEY_SAVER_FRONT）的创建过程，零件模型及路径查找器如图 32.4.1 所示。

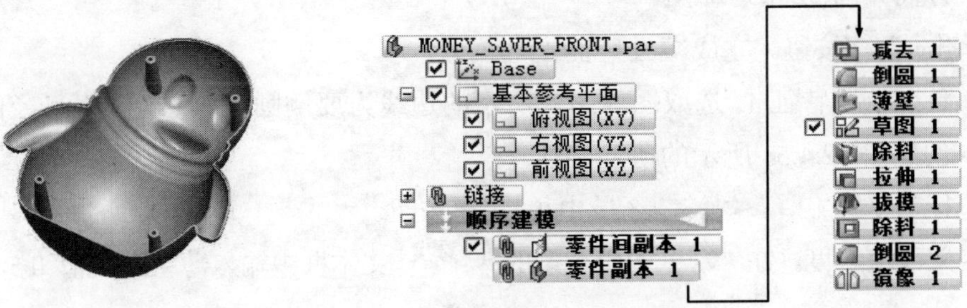

图 32.4.1　零件模型及路径查找器

Step1. 在装配体中建立储蓄罐前盖 MONEY_SAVER_FRONT。

（1）单击装配区域中的“原位创建零件”按钮。系统弹出“原位创建零件”命令条与“原位创建零件选项”对话框。

（2）在“原位创建零件选项”对话框的放置原点区域选中 与装配原点重合(C) 单选项，在原位创建区域选中 创建部件并原位编辑(E) 单选项，然后单击“原位创建零件选项”对话框中的确定按钮。

（3）在“原位创建零件”命令条模板(T):区域的下拉列表中选择 gb part.par 选项，单击按钮，系统弹出“另存为”对话框，在文件名(N):文本框中输入零件的名称为 MONEY_SAVER_FRONT，单击保存(S)按钮。

（4）单击主页功能选项卡剪贴板区域后的小三角，选择 零件间复制 命令，系统弹出“零件间复制”命令条，在绘图区域选取 MONEY_SAVER_SKEL 零件为参考零件，在选择下拉列表中选择面选项，在绘图区域选取 MONEY_SAVER_SKEL 中的拉伸曲面 1。单击按钮，单击完成按钮，单击取消按钮，完成“零件间复制”的操作。

注：若绘图区域没有显示出拉伸曲面 1，可先退出“零件间复制”命令，然后在路径查找器中选中 ☑ MONEY_SAVER_SKEL.par:1 右击，在系统弹出的快捷菜单中选择显示/隐藏部件命令，然后将“曲面”选中即可。

（5）单击剪贴板区域中的按钮，系统弹出“零件副本”命令条，以及“选择零件副本”对话框。在选择零件副本对话框中选择“MONEY_SAVER_SKEL”零件，然后单击打开(O)按钮。系统弹出“零件副本参数”对话框，在该对话框中选中 ☑ 链接到文件(F) 复选框、☑ 复制颜色(L) 复选框与 复制为设计体(D) 单选项，单击确定按钮。单击完成按钮。

（6）单击按钮。

Step2. 选择下拉菜单 → 保存命令，在路径查找器中选中 ☑ MONEY_SAVER_FRONT.par:1 后右击选择 打开 命令。

Step3. 创建图 32.4.2 所示的减去特征 1。

（1）选择命令。在主页功能选项卡的实体区域中单击后的，单击“减去”按钮 减去。

（2）定义布尔运算的工具及方向。在绘图区域选择图 32.4.3 所示的曲面为布尔运算的工具，减去方向如图 32.4.3 所示。

（3）单击完成按钮。完成减去特征 1 的创建。

Step4. 创建倒圆特征 1。选取图 32.4.4 所示的边线为要倒圆的对象，圆角半径值为 2.0。

Step5. 创建图 32.4.5b 所示的薄壁特征 1。

（1）选择命令。在实体区域中单击按钮。

（2）定义薄壁厚度。在“薄壁”命令条的同一厚度:文本框中输入薄壁厚度值 0.5，然后右击。

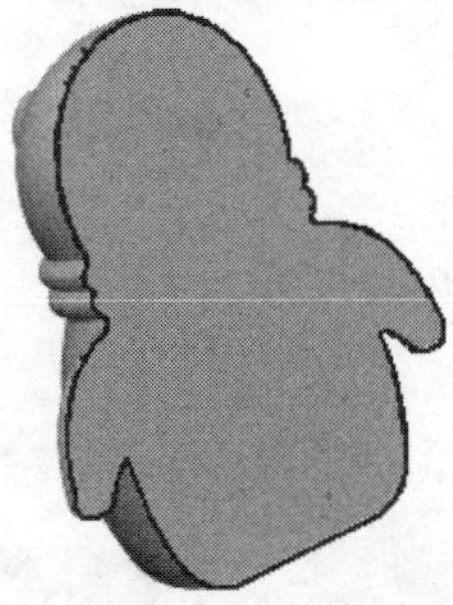

图 32.4.2 减去特征 1

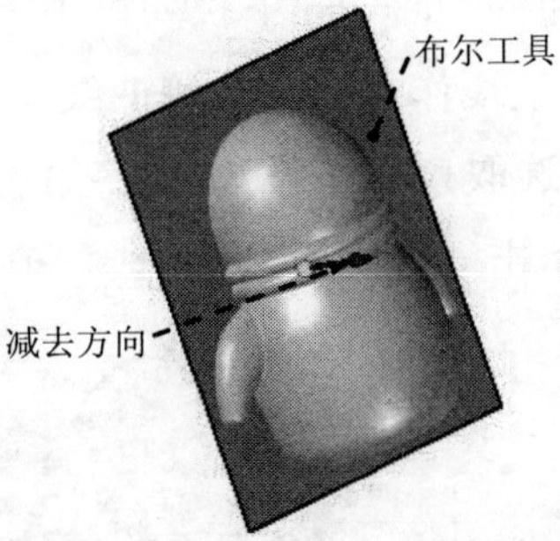

图 32.4.3 定义布尔运算的工具及方向

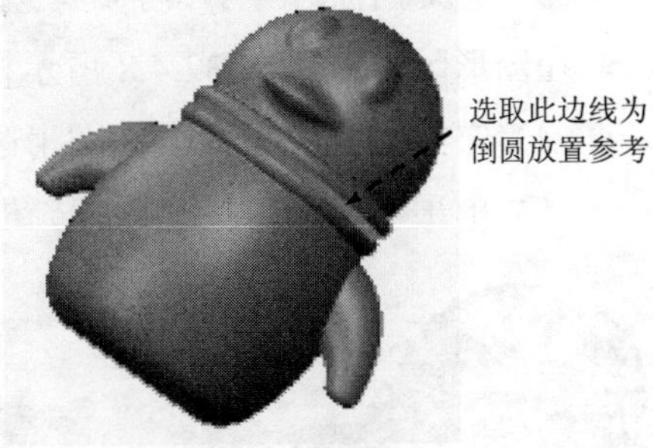

图 32.4.4 倒圆特征 1

（3）选择要移除的面。在系统提示下，选择图 32.4.5a 所示的模型表面为要移除的面，然后右击。

（4）单击“薄壁”命令条中的 预览 按钮，单击 完成 按钮，完成薄壁特征 1 的创建。

a）薄壁前　　b）薄壁后

图 32.4.5 薄壁特征 1

Step6. 创建图 32.4.6 所示的草图 1。

（1）在 草图 区域中单击按钮，选取前视图（XZ）平面作为草图平面，进入草绘环境。

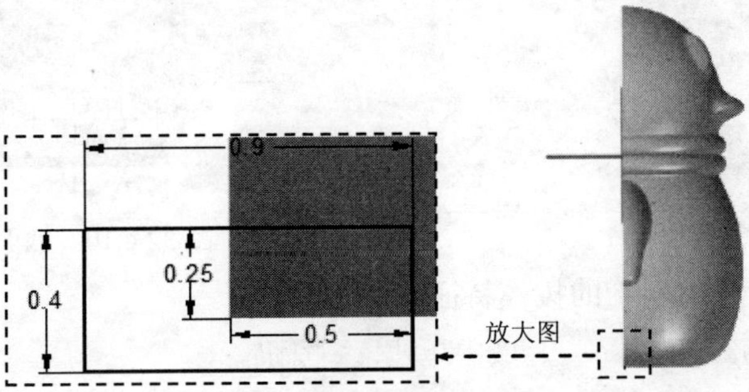

图 32.4.6 草图 1

（2）绘制图 32.4.6 所示的草图 1，单击按钮。退出草绘环境。

Step7. 创建图 32.4.7 所示的扫掠除料 1。

（1）选择命令。在 实体 区域中单击后的小三角，选择 扫掠 命令。

（2）定义扫掠类型。在“扫掠选项”对话框的 默认扫掠类型 区域中选中 单一路径和横截面(S) 单选项。其他参数接受系统默认设置值，单击 确定 按钮。

（3）定义扫掠轨迹曲线。在“创建起源”选项的下拉列表中选择 从草图/零件边选择 选项，在图形区中选取图 32.4.8 所示模型边线作为扫掠轨迹曲线。

（4）定义扫掠横截面。在图形区中选取草图 1 作为扫掠截面。

（5）单击命令条中的 完成 按钮，单击 取消 按钮，完成扫掠除料 1 的创建。

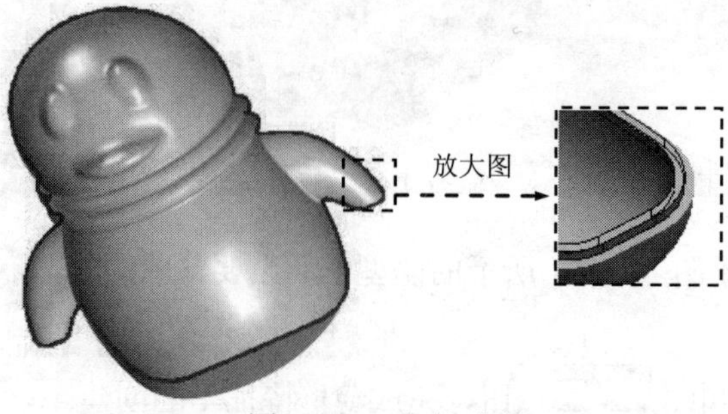

图 32.4.7　扫掠除料 1

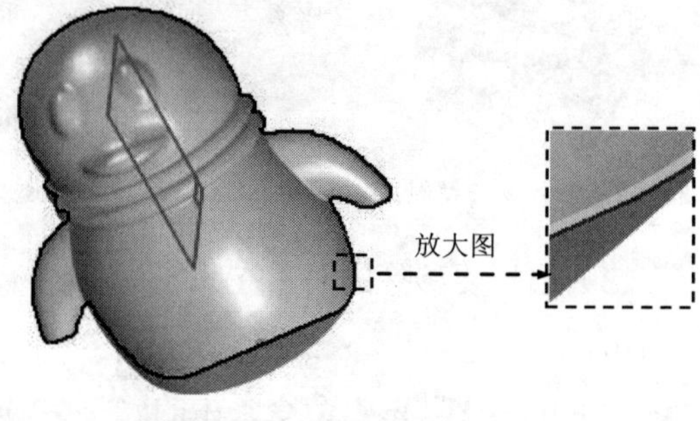

图 32.4.8　定义扫掠轨迹曲线

Step8. 创建图 32.4.9 所示的拉伸特征 1。

（1）选择命令。在 实体 区域中单击按钮。

（2）定义特征的截面草图。选取右视图（YZ）平面作为草图平面，进入草绘环境。绘制图 32.4.10 所示的截面草图，单击按钮。

（3）定义拉伸属性。在“拉伸”命令条中单击按钮，确认与按钮未被按下，单击“穿过下一个”按钮，拉伸方向沿 X 轴正方向。

（4）单击“拉伸”命令条中的 完成 按钮，单击 取消 按钮，完成拉伸特征 1 的创建。

图 32.4.9　拉伸特征 1

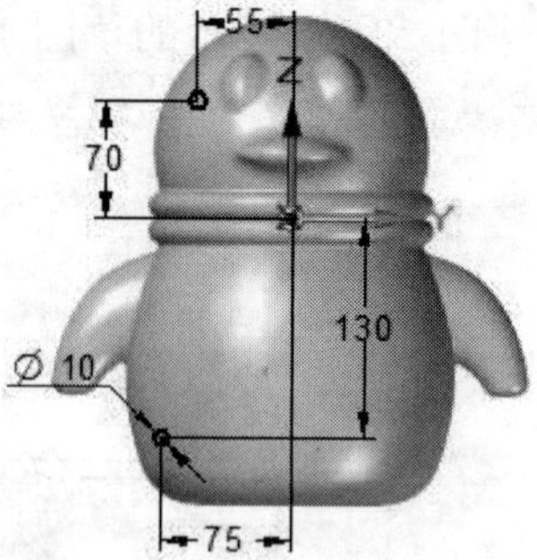

图 32.4.10　截面草图

Step9. 创建图 32.4.11 所示的拔模特征 1。

（1）选择命令。在 实体 区域中单击按钮。

（2）定义拔模类型。单击按钮，系统弹出“拔模选项”对话框。选择拔模类型为 从平面(F)，选中 分割拔模(R) 复选框，单击 确定 按钮。完成拔模类型的设置。

（3）定义参考面。在系统的提示下，选取图 32.4.12 所示的模型表面作为拔模参考面。

（4）定义拔模面。在系统的提示下，选取图 32.4.12 所示的模型表面为需要拔模的面。

（5）定义拔模属性。在“拔模”命令条的拔模角度区域的文本框中输入角度值为 3.0，单击鼠标右键，然后单击 下一步 按钮。

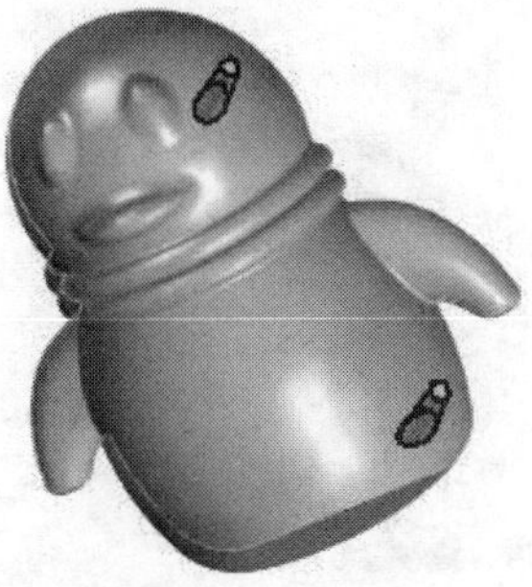
图 32.4.11 拔模特征 1

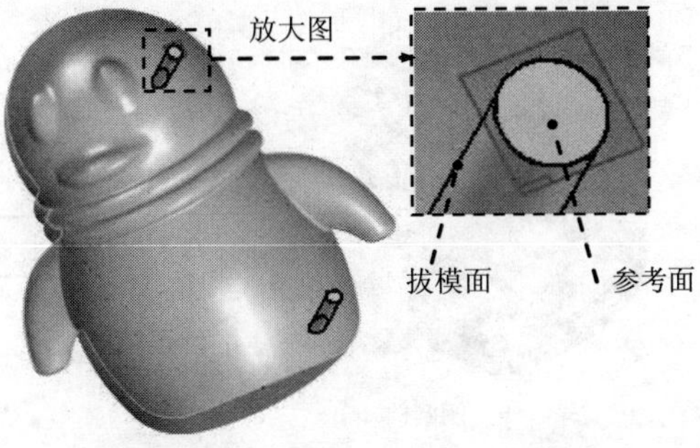

图 32.4.12 定义参考面 拔模面

（6）定义拔模方向。移动鼠标将拔模方向调整至图 32.4.13 所示的方向后单击。

（7）单击“拔模”命令条中的完成按钮，完成拔模特征 1 的创建。单击取消按钮，执行显示的操作。

图 32.4.13 定义拔模方向

Step10. 创建图 32.4.14 所示的除料特征 1。

（1）选择命令。在实体区域中选择命令。

（2）定义特征的截面草图。选取右视图（YZ）平面作为草图平面，进入草绘环境，绘制图 32.4.15 所示的截面草图。

（3）定义拉伸属性。在“除料”命令条中单击按钮，确认与按钮不被按下，在距离下拉列表中输入值 20，并按 Enter 键，拉伸方向沿 X 轴正方向。

（4）单击“除料”命令条中的完成按钮，单击取消按钮，完成除料特征 1 的创建。

Step11. 创建图 32.4.16b 所示的倒圆特征 2。选取图 32.4.16a 所示的边线为要倒圆的对象，圆角半径值为 2.0。

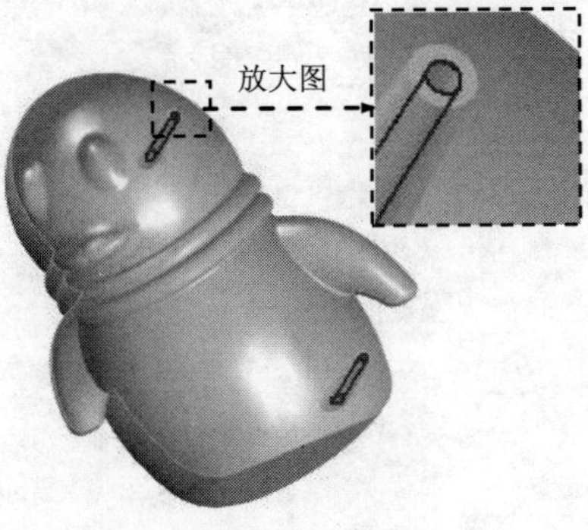

图 32.4.14 除料特征 1

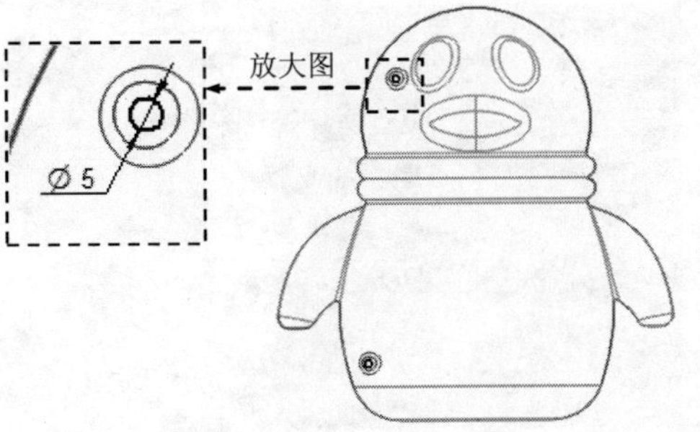

图 32.4.15 截面草图

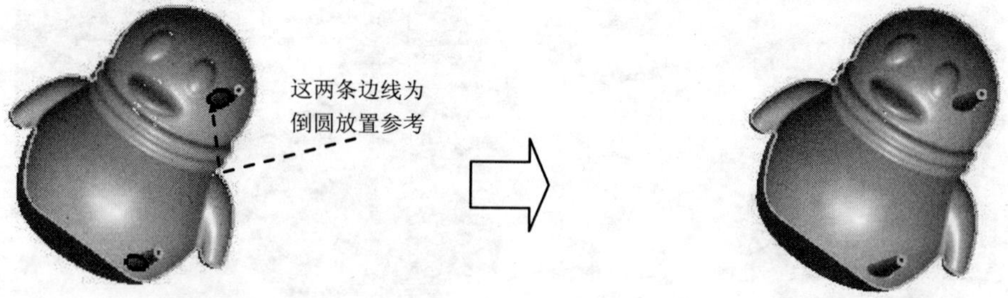

a）倒圆前　　　　b）倒圆后

图 32.4.16　倒圆特征 2

Step12. 创建图 32.4.17b 所示的镜像特征 1。

（1）选择命令。在 阵列 区域中单击 镜像 按钮。

（2）定义要镜像的元素。在路径查找器中选择“拉伸 1”“拔模 1”“除料 1”以及“倒圆 2”为要镜像的特征。单击 按钮。

（3）定义镜像平面。选取前视图（XZ）平面为镜像平面。

（4）单击 完成 按钮，完成镜像特征 1 的创建。

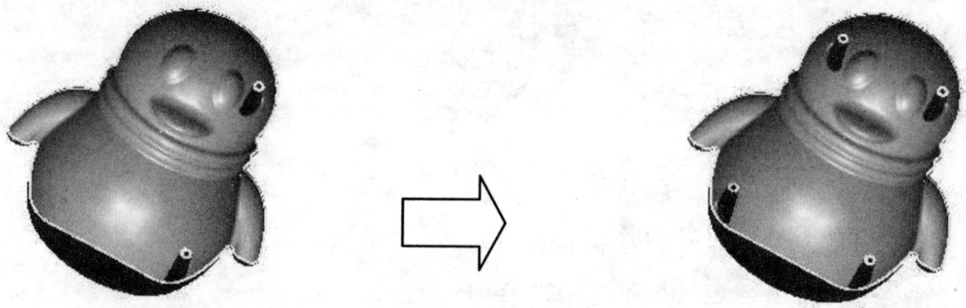

a）镜像前　　　　b）镜像后

图 32.4.17　镜像特征 1

Step13. 保存并关闭模型文件，并将总装配文件保存。

实例33 减 振 器

33.1 实 例 概 述

本实例详细讲解了减振器的整个设计过程，该过程是先将连接轴、减振弹簧、驱动轴、限位轴、下挡环和上挡环设计完成后，在装配环境中将它们组装起来。零件模型如图 33.1.1 所示。

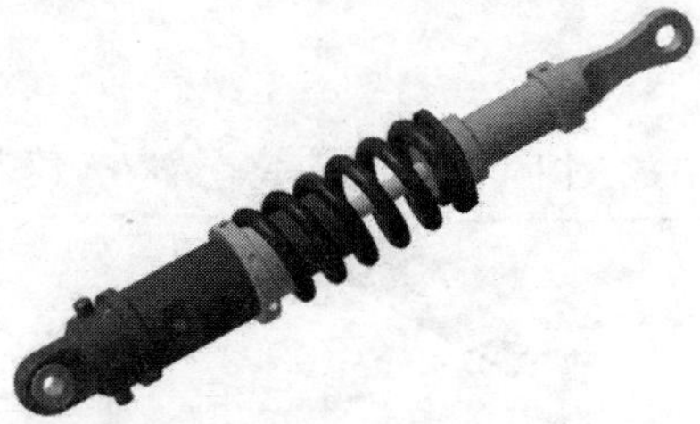

图 33.1.1 减振器模型

33.2 驱 动 轴

驱动轴为减振器的一个主要零件，设计时运用了除料、倒圆、旋转、拉伸以及镜像等特征。零件模型及其路径查找器如图 33.2.1 所示。

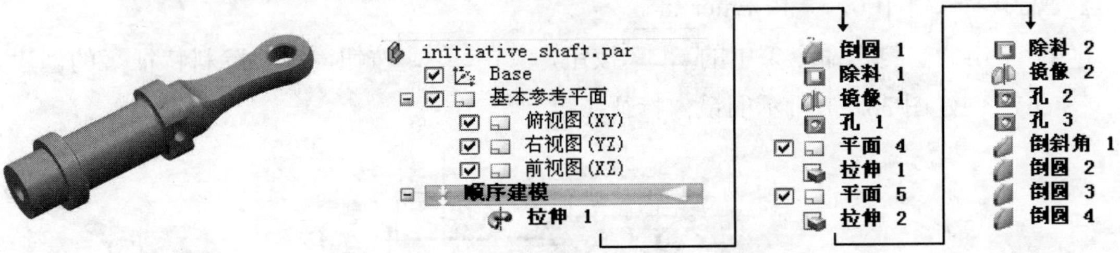

图 33.2.1 零件模型和路径查找器

Step1. 新建一个零件模型，选择下拉菜单 → 新建 → GB 公制零件 命令，进入建模环境。

Step2. 创建图 33.2.2 所示的旋转特征 1。

（1）选择命令。在 实体 区域中单击 按钮。

（2）定义特征的截面草图。选取俯视图（XY）平面为草图平面，进入草绘环境，绘制图 33.2.3 所示的截面草图。

（3）定义旋转轴。单击 绘图 区域中的 按钮，选取图 33.2.3 所示的线为旋转轴。

（4）定义旋转属性。单击“关闭草图”按钮，退出草绘环境；在“旋转”命令条的 角度(A): 文本框中输入值 360.0，在图形区空白区域单击。

（5）单击“旋转”命令条中的 完成 按钮，完成旋转特征 1 的创建。

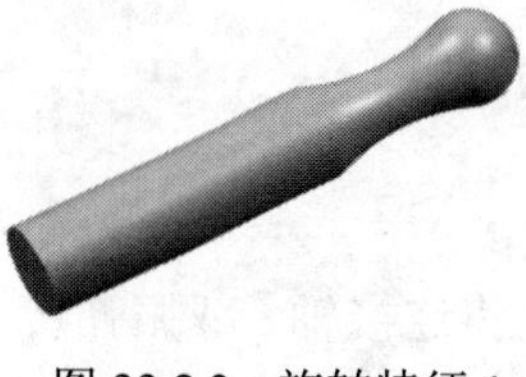

图 33.2.2　旋转特征 1

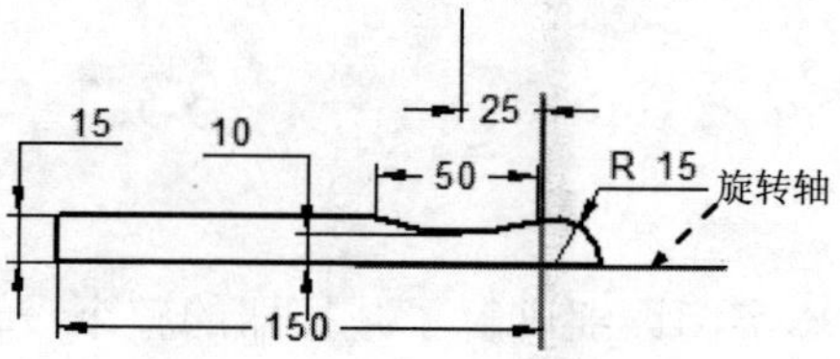

图 33.2.3　截面草图

Step3. 创建图 33.2.4b 所示的倒圆 1。选取图 33.2.5a 所示的边线为要倒圆的对象，圆角半径值为 2.0。

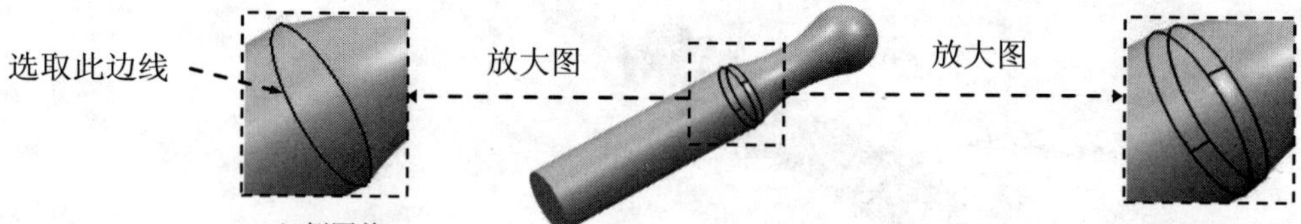

a）倒圆前　　b）倒圆后

图 33.2.4　倒圆 1

Step4. 创建图 33.2.5 所示的除料特征 1。

（1）选择命令。在 实体 区域中选择命令。

（2）定义特征的截面草图。选取前视图（XZ）平面作为草图平面，进入草绘环境，绘制图 33.2.6 所示的截面草图。

（3）定义拉伸属性。在“除料”命令条中单击按钮，确认按钮未被按下，在 距离: 下拉列表中输入值 100，并按 Enter 键。

（4）单击“除料”命令条中的 完成 按钮，单击 取消 按钮，完成除料特征 1 的创建。

Step5. 创建图 33.2.7 所示的镜像特征 1。

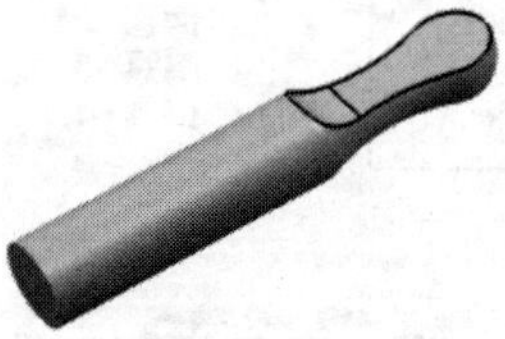

图 33.2.5　除料特征 1

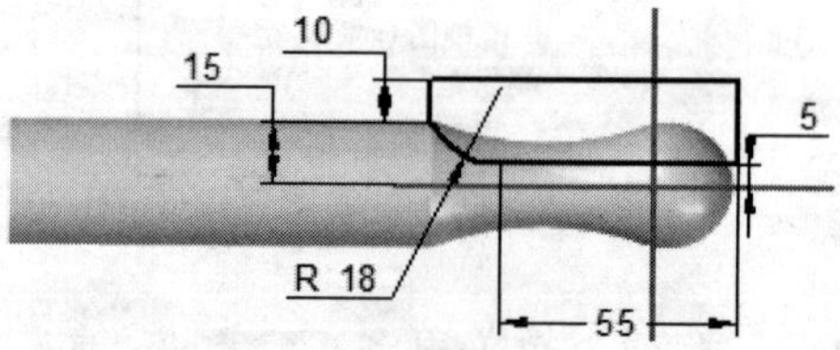

图 33.2.6　截面草图

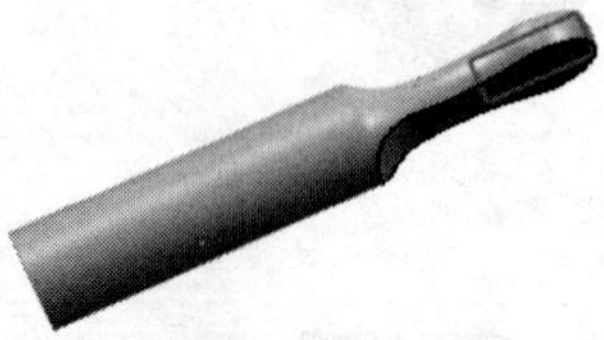

图 33.2.7　镜像特征 1

（1）选择命令。在 阵列 区域中单击 镜像 按钮。

（2）定义要镜像的元素。在路径查找器中选择“除料 1”为要镜像的特征。单击按钮。

（3）定义镜像平面。选取俯视图（XY）平面为镜像平面。

（4）单击 完成 按钮，完成镜像特征 1 的创建。

Step6. 创建图 33.2.8 所示的孔特征 1。

（1）选择命令。在 实体 区域中单击 按钮。

（2）定义孔的参数。单击 按钮，系统弹出 “孔选项”对话框。在“孔选项”对话框中选择“简单孔”选项，在 4 mm 下拉列表中输入值 14，在 孔范围: 区域选择延伸类型为（贯通），单击 确定 按钮。完成孔参数的设置。

（3）定义孔的放置面。选取图 33.2.9 所示的模型表面作为孔的放置面。

（4）编辑孔的定位。定义孔的放置位置与圆心重合（图 33.2.10）。

（5）调整孔的方向。方向可参考图 33.2.8。

（6）然后单击命令条中的 完成 按钮。单击 取消 按钮，完成孔特征 1 的创建。

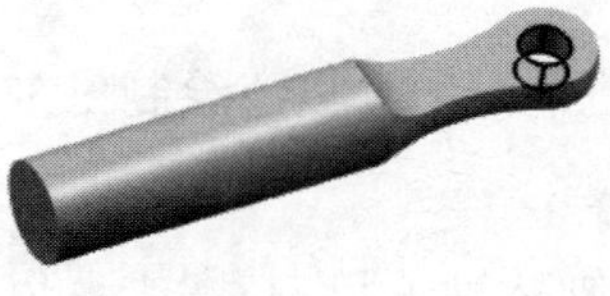

图 33.2.8 孔特征 1

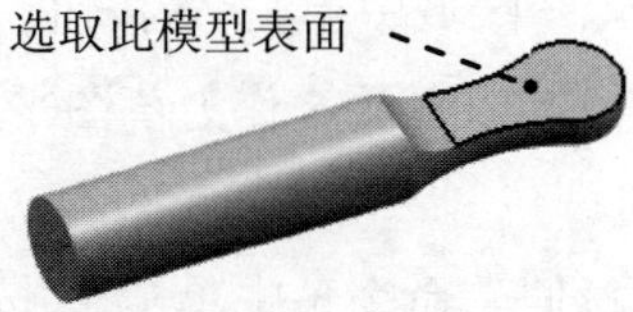

图 33.2.9 选取孔的放置面

图 33.2.10 编辑孔的定位

Step7. 创建图 33.2.11 所示的平面 4。

（1）选择命令。在 平面 区域中单击 按钮，选择 平行 选项。

（2）定义基准面的参考实体。选取右视图（YZ）平面作为参考实体。

（3）定义偏移距离及方向。在 距离: 下拉列表中输入偏移距离值 60。偏移方向沿 X 轴负方向。

（4）在绘图区域单击完成平面 4 的创建。

Step8. 创建图 33.2.12 所示的拉伸特征 1。

（1）选择命令。在 实体 区域中单击 按钮。

（2）定义特征的截面草图。选取平面 4 作为草图平面，进入草绘环境。绘制图 33.2.13 所示的截面草图，单击 按钮。

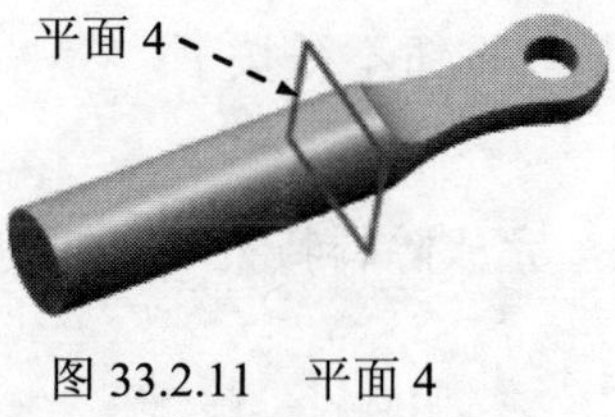

图 33.2.11 平面 4

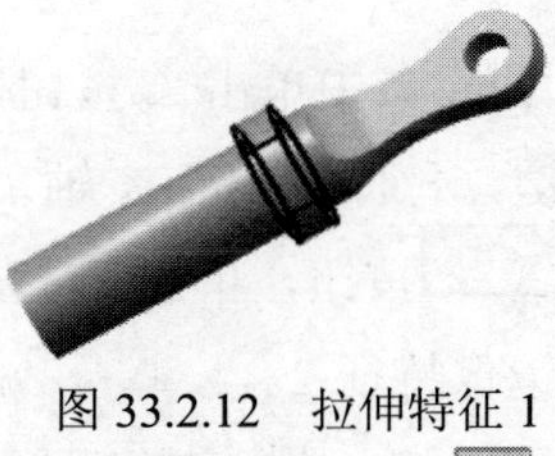

图 33.2.12 拉伸特征 1

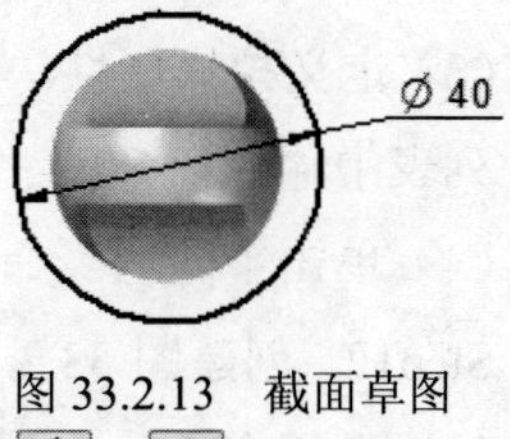

图 33.2.13 截面草图

（3）定义拉伸属性。在“拉伸”命令条中单击 按钮，确认 与 按钮不被按下，在 距离: 下拉列表中输入值 12，并按 Enter 键，拉伸方向沿 X 轴负方向。

（4）单击“拉伸”命令条中的 完成 按钮，单击 取消 按钮，完成拉伸特征 1 的创建。

Step9. 创建图 33.2.14 所示的平面 5。

（1）选择命令。在平面区域中单击按钮，选择平行选项。

（2）定义基准面的参考实体。选取图 33.2.15 所示的模型表面作为参考平面。

（3）定义偏移距离及方向。在距离:下拉列表中输入偏移距离值 20。偏移方向沿 X 轴正方向。

（4）在绘图区域单击完成平面 5 的创建。

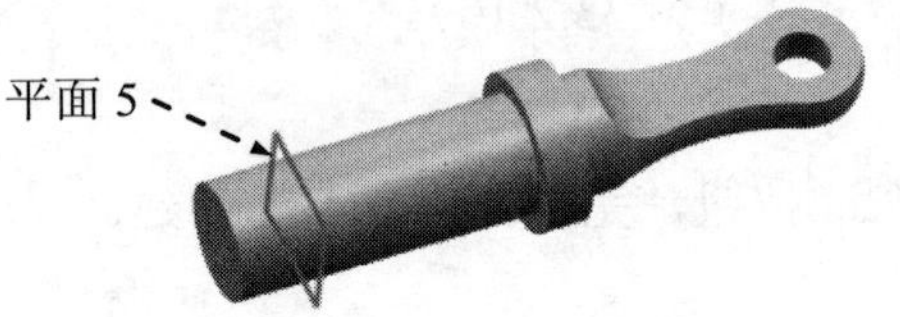

图 33.2.14　平面 5

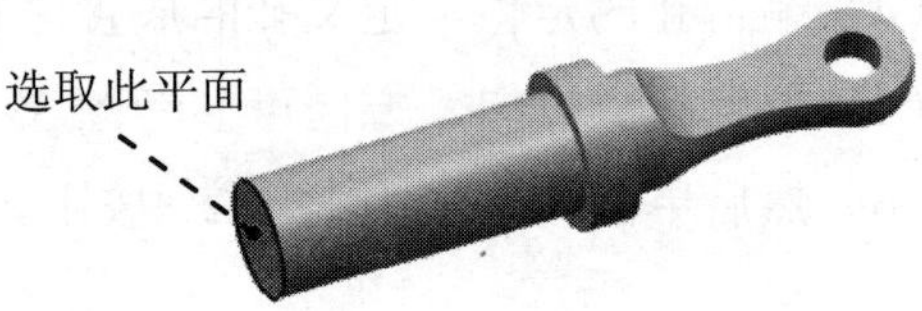

图 33.2.15　选取参考平面

Step10. 创建图 33.2.16 所示的拉伸特征 2。

（1）选择命令。在实体区域中单击按钮。

（2）定义特征的截面草图。选取平面 5 作为草图平面，进入草绘环境。绘制图 33.2.17 所示的截面草图，单击按钮。

（3）定义拉伸属性。在“拉伸”命令条中单击按钮，确认与按钮不被按下，在距离:下拉列表中输入值 10，并按 Enter 键，拉伸方向沿 X 轴正方向。

（4）单击“拉伸”命令条中的完成按钮，单击取消按钮，完成拉伸特征 2 的创建。

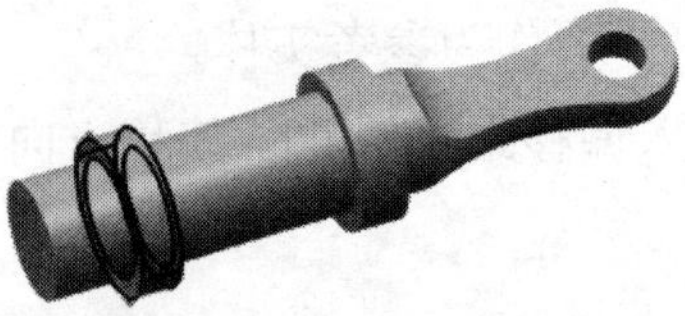

图 33.2.16　拉伸特征 2

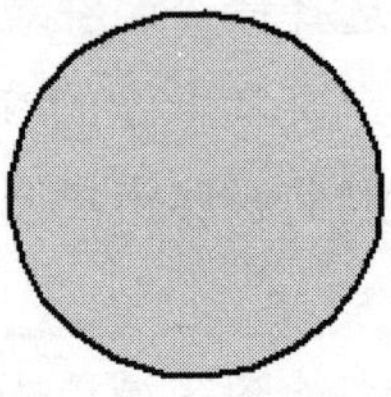

图 33.2.17　截面草图

Step11. 创建图 33.2.18 所示的除料特征 2。

（1）选择命令。在实体区域中选择命令。

（2）定义特征的截面草图。选取右视图（YZ）平面作为草图平面，进入草绘环境，绘制图 33.2.19 所示的截面草图。

（3）定义拉伸属性。在“除料”命令条中单击按钮，确认按钮不被按下，在距离:下拉列表中输入值 80，并按 Enter 键，拉伸方向沿 X 轴负方向。

（4）单击“除料”命令条中的完成按钮，单击取消按钮，完成除料特征 2 的创建。

Step12. 创建图 33.2.20 所示的镜像特征 2。

（1）选择命令。在阵列区域中单击镜像按钮。

（2）定义要镜像的元素。在路径查找器中选择“除料 2”为要镜像的特征。单击按钮。

（3）定义镜像平面。选取前视图（XZ）平面为镜像平面。

（4）单击 完成 按钮，完成镜像 2 的创建。

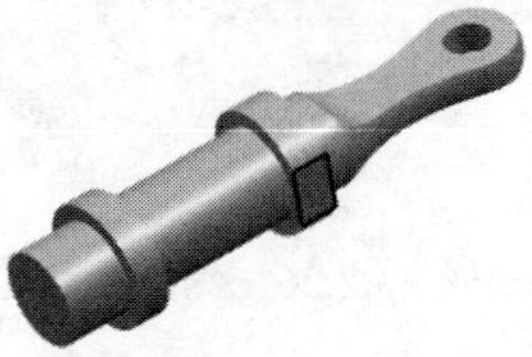

图 33.2.18　除料特征 2

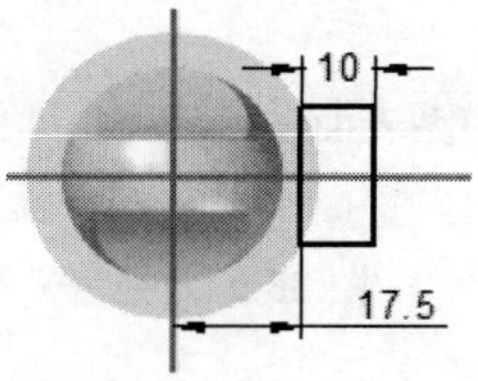

图 33.2.19　截面草图

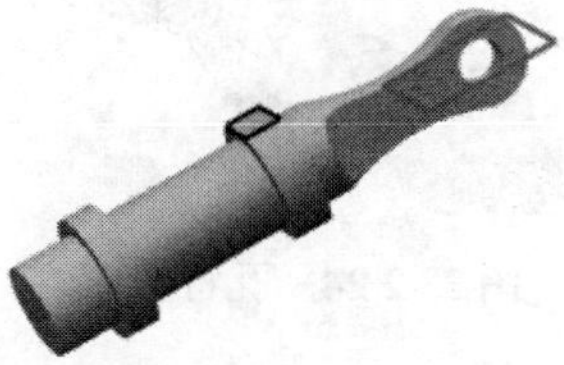

图 33.2.20　镜像特征 2

Step13. 创建图 33.2.21 所示的孔特征 2。

（1）选择命令。在 实体 区域中单击按钮。

（2）定义孔的参数。单击按钮，系统弹出“孔选项”对话框。在“孔选项”对话框中选择“简单孔”选项，在 4 mm 下拉列表中输入值 6，在 孔范围: 区域选择延伸类型为（贯通），单击 确定 按钮。完成孔参数的设置。

（3）定义孔的放置面。选取图 33.2.22 所示的模型表面作为孔的放置面。

（4）编辑孔的定位。创建图 33.2.23 所示的尺寸 ，并修改为设计要求的尺寸值。约束完成后，单击按钮，退出草图绘制环境。

（5）调整孔的方向。方向可参考图 33.2.8。

（6）然后单击命令条中的 完成 按钮。单击 取消 按钮，完成孔特征 2 的创建。

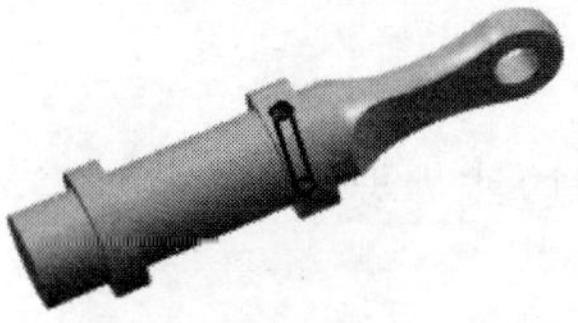

图 33.2.21　孔特征 2

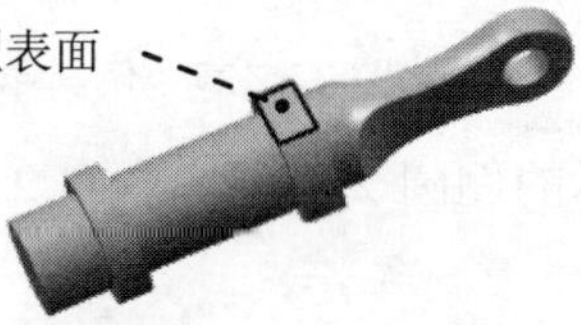

图 33.2.22　定义孔的放置面

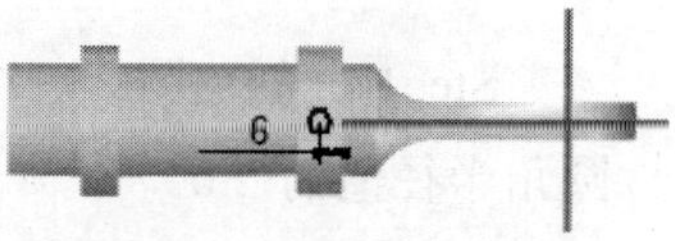

图 33.2.23　约束孔的定位

Step14. 创建图 33.2.24 所示的孔特征 3。

（1）选择命令。在 实体 区域中单击按钮。

（2）定义孔的参数。单击按钮，系统弹出“孔选项”对话框。在“孔选项”对话框中选择“螺纹孔”选项，在 子类型(Y): 下拉列表中选择 标准螺纹 选项，在 大小(Z): 下拉列表中选择 M12x1.25 选项，选中 至孔全长(X) 单选项，在 孔范围: 区域选择延伸类型为，在 孔深(P): 文本框中输入值 20，单击 确定 按钮。完成孔参数的设置。

（3）定义孔的放置面。选取图 33.2.25 所示的模型表面作为孔的放置面。

（4）编辑孔的定位。定义孔的放置位置与圆心重合（图 33.2.26）。

（5）调整孔的方向。方向沿 X 轴正方向。

（6）然后单击命令条中的 完成 按钮。单击 取消 按钮，完成“孔”的创建。

图 33.2.24　孔特征 3

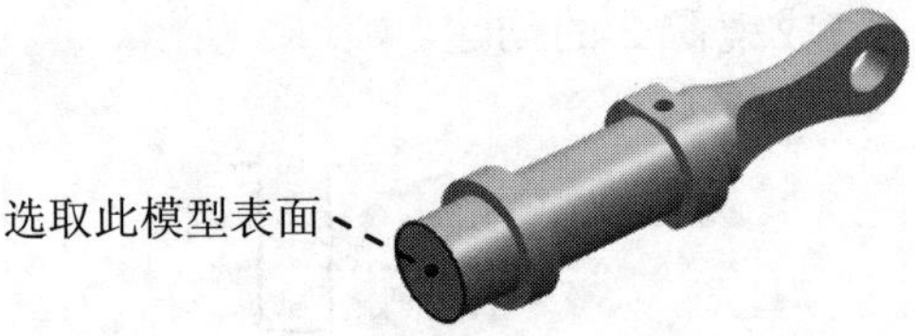

图 33.2.25　定义孔的放置面

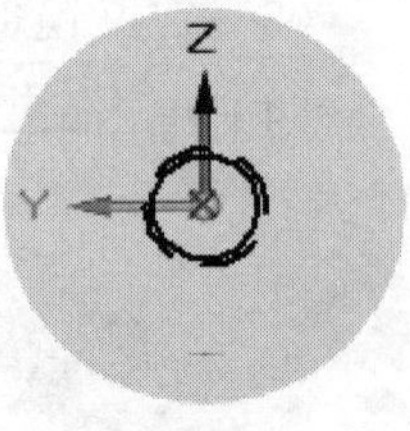

图 33.2.26　约束孔的定位

Step15. 创建图 33.2.27b 所示的倒斜角特征 1。

（1）选择命令。在 实体 区域中单击 倒圆 按钮，选择 倒斜角 命令。

（2）定义倒角类型。单击按钮，系统弹出“倒斜角选项”对话框。选取倒斜角边类型为 深度相等(E) 选项。单击 确定 按钮。

（3）选取模型中要倒角的边线，如图 33.2.27a 所示。

（4）定义倒角参数。在“倒斜角”命令条的 深度: 文本框中输入值 1.0。

（5）单击“倒斜角”命令条 选择: 区域后的按钮，单击 完成 按钮，完成倒斜角特征 1 的定义。

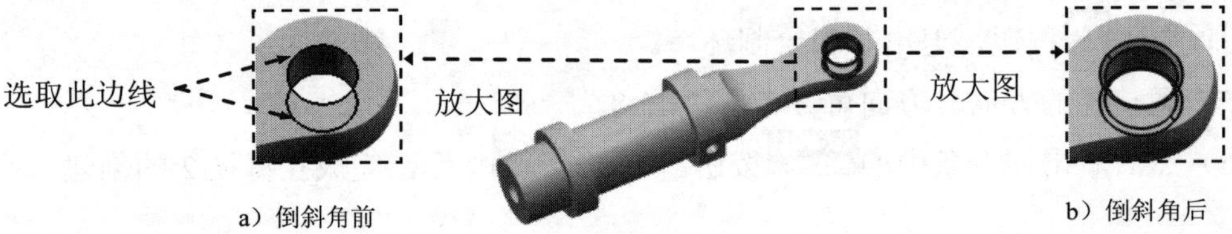

图 33.2.27　倒斜角 1

Step16. 创建图 33.2.28b 所示的倒圆 2。选取图 33.2.28a 所示的边线为要倒圆的对象，圆角半径值为 2.0。

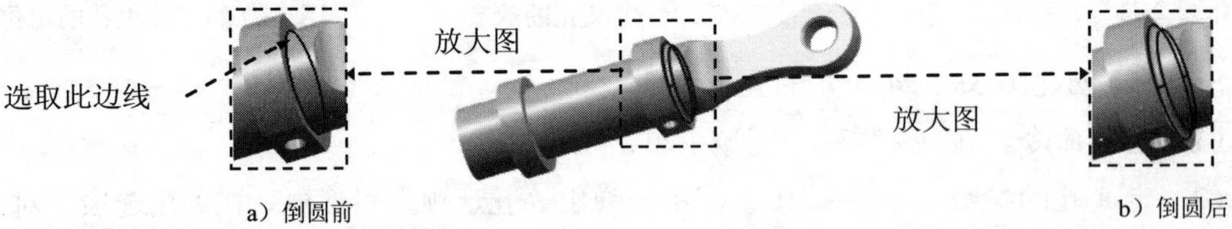

图 33.2.28　倒圆 2

Step17. 创建倒圆 3。倒圆的对象为图 33.2.29 所示的边线，倒圆角半径值为 2。

Step18. 创建倒圆 4。倒圆的对象为图 33.2.30 所示的边线，倒圆角半径值为 2。

Step19. 选择下拉菜单 → 保存 命令，将模型命名为 initiative_shaft.par。

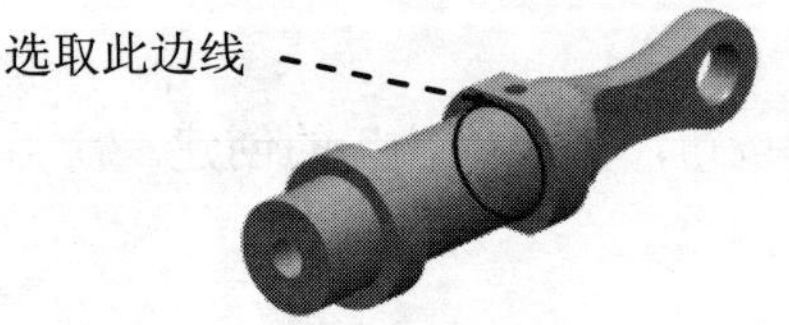

图 33.2.29　倒圆 3

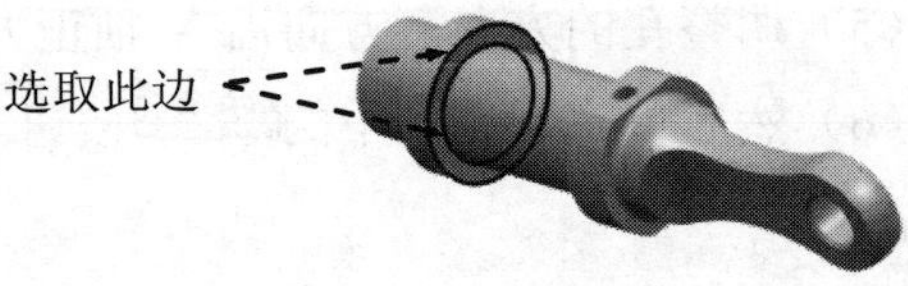

图 33.2.30　倒圆 4

33.3 限 位 轴

此零件是减振器的一个轴类限位零件，主要运用了拉伸和倒角等特征。限位轴模型及相应的路径查找器如图 33.3.1 所示。

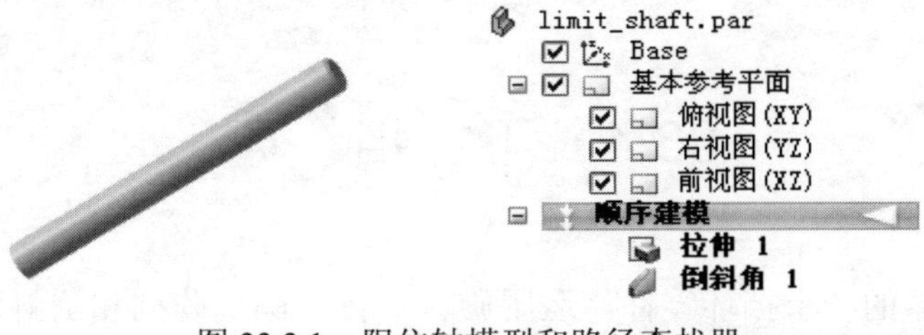

图 33.3.1 限位轴模型和路径查找器

Step1. 新建一个零件模型，选择下拉菜单 → 新建 → GB 公制零件 命令，进入建模环境。

Step2. 创建图 33.3.2 所示的拉伸特征 1。

（1）选择命令。在 实体 区域中单击 按钮。

（2）定义特征的截面草图。选取前视图（XZ）平面作为草图平面，进入草绘环境。绘制图 33.3.3 所示的截面草图，单击 按钮。

（3）定义拉伸属性。在“拉伸”命令条中单击 按钮，确认 与 按钮不被按下，在 距离: 下拉列表中输入值 120，并按 Enter 键，拉伸方向沿 Y 轴正方向。

（4）单击“拉伸”命令条中的 完成 按钮，单击 取消 按钮，完成拉伸特征 1 的创建。

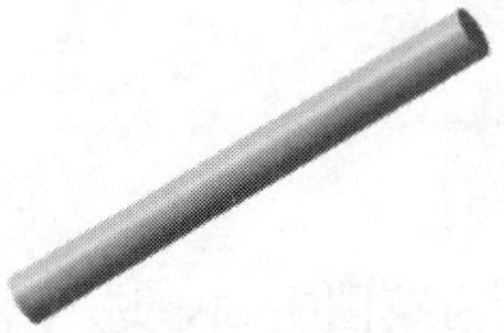

图 33.3.2 拉伸特征 1

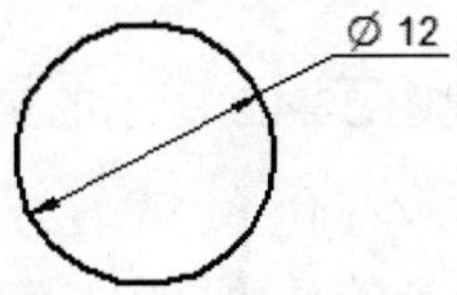

图 33.3.3 截面草图

Step3. 创建图 33.3.4b 所示的倒斜角特征 1。

（1）选择命令。在 实体 区域中单击 倒圆 按钮，选择 倒斜角 命令。

（2）定义倒角类型。单击 按钮，系统弹出“倒斜角选项”对话框。选取倒斜角边类型为 ⊙ 深度相等(E)。单击 确定 按钮。

（3）选取模型中要倒角的边线，如图 33.3.4a 所示。

（4）定义倒角参数。在“倒斜角”命令条的 深度: 文本框中输入值 1.0。

（5）单击“倒斜角”命令条 选择: 区域后的 按钮，单击 完成 按钮，完成倒斜角特征的定义。

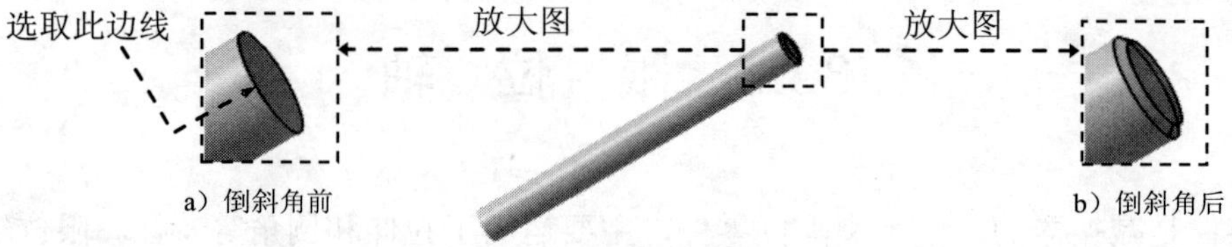

图 33.3.4　倒斜角 1

Step4. 选择下拉菜单 → 保存 命令，将模型命名为 limit_shaft。

33.4　下　挡　环

此零件是减振器的一个挡环零件，运用旋转、孔、圆周阵列和倒斜角特征即可完成创建。零件模型及其路径查找器如图 33.4.1 所示。

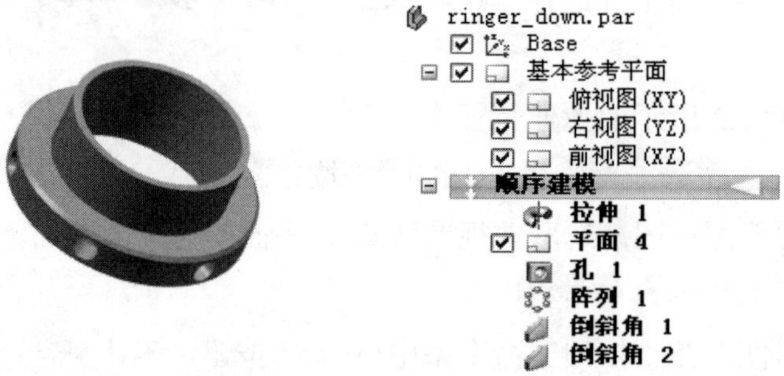

图 33.4.1　零件模型和路径查找器

Step1. 新建一个零件模型，选择下拉菜单 → 新建 → GB 公制零件 命令，进入建模环境。

Step2. 创建图 33.4.2 所示的旋转特征 1。

（1）选择命令。在 实体 区域中单击 按钮。

（2）定义特征的截面草图。选取俯视图（XY）平面为草图平面，进入草绘环境，绘制图 33.4.3 所示的截面草图。

（3）定义旋转轴。单击 绘图 区域中的 按钮，选取图 33.4.3 所示的线为旋转轴。

图 33.4.2　旋转特征 1

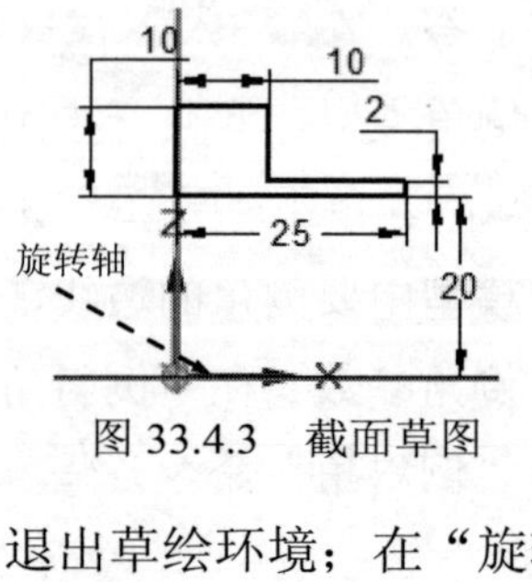

图 33.4.3　截面草图

（4）定义旋转属性。单击“关闭草图”按钮，退出草绘环境；在“旋转”命令条的角度(A): 文本框中输入值 360.0，在图形区空白区域单击。

（5）单击“旋转”命令条中的 完成 按钮，完成旋转特征 1 的创建。

Step3. 创建图 33.4.4 所示的平面 4。

（1）选择命令。在 平面 区域中单击 按钮，选择 平行 选项。

（2）定义基准面的参考实体。选取俯视图（XY）平面作为参考实体。

（3）定义偏移距离及方向。在 距离: 下拉列表中输入偏移距离值 30。偏移方向沿 Z 轴正方向。

（4）在绘图区域单击完成平面 4 的创建。

Step4. 创建图 33.4.5 所示的孔特征 1。

（1）选择命令。在 实体 区域中单击 按钮。

（2）定义孔的参数。单击 按钮，系统弹出“孔选项”对话框。在“孔选项”对话框中选择“简单孔”选项，在 4 mm 下拉列表中输入值 6，在 孔范围: 区域选择延伸类型为，在 孔深(P): 后的下拉列表中选择 6.00mm。选中 V 型孔底角度(O): 复选框，单击 确定 按钮。完成孔参数的设置。

（3）定义孔的放置面。选取俯视图（XY）平面作为孔的放置面。

（4）编辑孔的定位。创建图 33.4.6 所示的尺寸并修改为设计要求的尺寸值。约束完成后，单击 按钮，退出草图绘制环境。

（5）调整孔的方向。方向沿 Z 轴正方向。

（6）然后单击命令条中的 完成 按钮。单击 取消 按钮，完成孔特征 1 的创建。

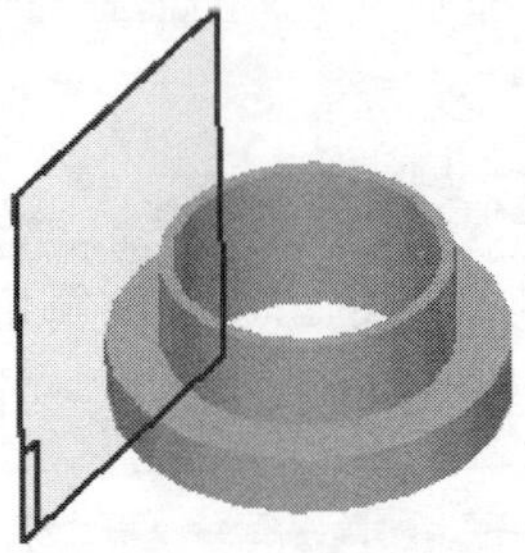

图 33.4.4 平面 4

图 33.4.5 孔特征 1

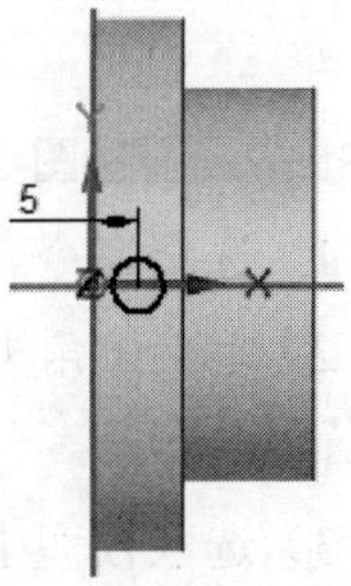

图 33.4.6 约束孔的定位

Step5. 创建图 33.4.7 所示的阵列特征 1。

（1）选择命令。在 阵列 区域中单击 阵列 按钮。

（2）选择要阵列的特征。在图形区中选取孔特征。单击 按钮，完成特征的选取。

（3）选择阵列草图平面。选取右视图（YZ）平面为阵列草图平面。

（4）定义阵列属性。单击 特征 区域中的 按钮，绘制图 33.4.8 所示的圆并确定阵列方向，单击左键确认。（注：圆心要与坐标原点重合，对于圆的大小没有要求）在“阵列”命令条的 翻转 下拉列表中选择 适合。在 计数(C): 文本框中输入阵列个数为 6，并按 Enter 键确认，然后在图形区单击，单击按钮，退出草绘环境。

（5）单击完成按钮，完成阵列特征 1 的创建。

图 33.4.7　阵列特征 1

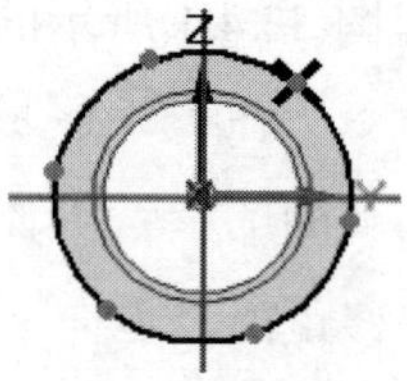

图 33.4.8　阵列轮廓

Step6. 创建图 33.4.9b 所示的倒斜角特征 1。

（1）选择命令。在实体区域中单击倒圆按钮，选择倒斜角命令。

（2）定义倒角类型。单击按钮，系统弹出“倒斜角选项”对话框。选取倒斜角边类型为回切相等(E)。单击确定按钮。

（3）选取模型中要倒角的边线，如图 33.4.9a 所示。

（4）定义倒角参数。在“倒斜角”命令条的深度:文本框中输入值 1.0。

（5）单击“倒斜角”命令条选择:区域后的按钮，单击完成按钮，完成倒斜角特征 1 的定义。

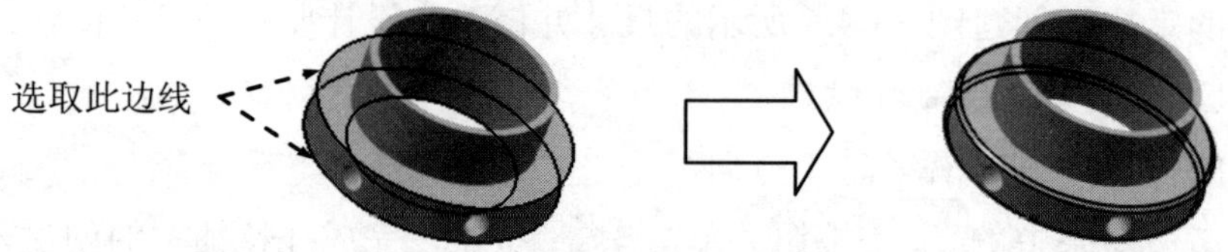

a）倒斜角前　　b）倒斜角后

图 33.4.9　倒斜角特征 1

Step7. 创建图 33.4.10b 所示的倒斜角特征 2。

（1）选择命令。在实体区域中单击倒圆按钮，选择倒斜角命令。

（2）定义倒角类型。单击按钮，系统弹出“倒斜角选项”对话框。选取倒斜角边类型为深度相等(E)。单击确定按钮。

（3）选取模型中要倒角的边线，如图 33.4.10a 所示。

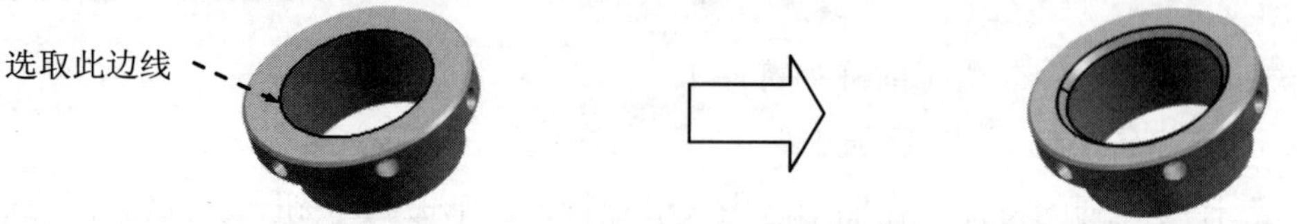

a）倒斜角前　　b）倒斜角后

图 33.4.10　倒斜角特征 2

（4）定义倒角参数。在“倒斜角”命令条的深度:文本框中输入值 2.0。

（5）单击“倒斜角”命令条选择:区域后的按钮，单击完成按钮，完成倒斜角特征

2 的创建。

Step8. 选择下拉菜单 → 保存 命令，将模型命名为 ringer_down。

33.5 减 振 弹 簧

此零件为减振器的一个减振弹簧，主要运用螺旋及除料特征，结构比较简单。零件模型及其路径查找器如图 33.5.1 所示。

Step1. 新建一个零件模型，选择下拉菜单 → 新建 → GB 公制零件 命令，进入建模环境。

Step2. 创建图 33.5.2 所示的草图 1。

（1）在 草图 区域中单击按钮，选取前视图（XZ）平面为草图平面，进入草绘环境。

（2）绘制图 33.5.2 所示的草图，单击按钮。退出草绘环境。

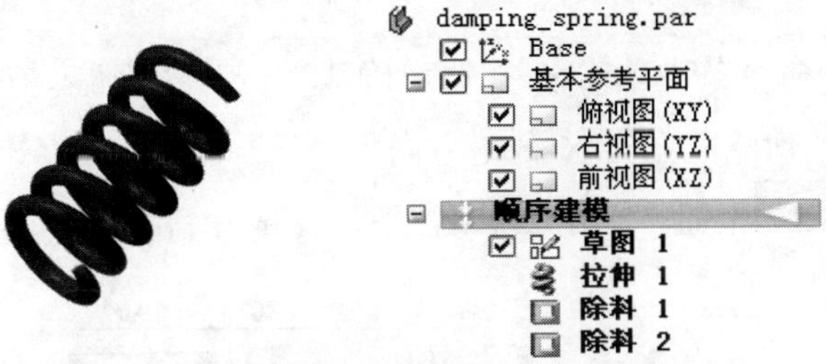

图 33.5.1 减振弹簧模型和路径查找器

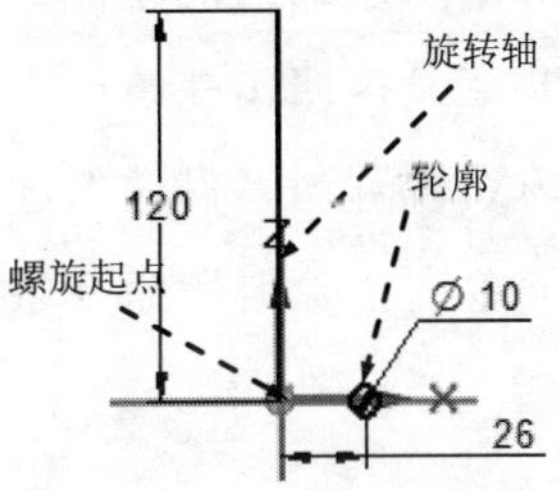

图 33.5.2 草图 1

Step3. 创建图 33.5.3 所示的螺旋特征 1。

（1）旋转命令。在 实体 区域中单击后的小三角，选择 螺旋 命令。

（2）定义特征的横截面。在“创建起源”选项下拉列表中选择 从草图选择 选项，选取图 33.5.2 所示的轮廓作为特征的旋转轮廓，然后右击。

（3）定义特征的旋转轴。选取图 33.5.2 所示的线为旋转轴。

（4）定义螺旋的起点，在绘图区域选取图 33.5.2 所示的点为螺旋起点。

（5）定义螺旋方法。在“螺旋”命令条的 下一步 下拉列表中选择 轴长和圈数 选项。在 螺距: 下拉列表中输入值 20.0，并按 Enter 键。

（6）单击 预览 按钮。单击 完成 按钮，单击 取消 按钮，完成螺旋特征 1 的创建。

Step4. 创建图 33.5.4 所示的除料特征 1。

（1）选择命令。在 实体 区域中选择命令。

（2）定义特征的截面草图。选取右视图（YZ）平面作为草图平面，进入草绘环境，绘制图 33.5.5 所示的截面草图。

（3）定义拉伸属性。在“除料”命令条中单击按钮，确认与按钮未被按下，将拉伸方式设置为“贯通”选项。切除方向沿 X 轴正方向。

（4）单击“除料”命令条中的完成按钮，单击取消按钮，完成除料特征 1 的创建。

图 33.5.3　螺旋特征 1

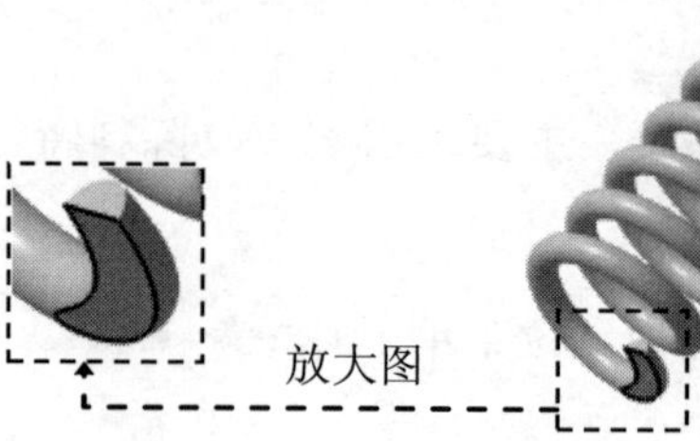

图 33.5.4　除料特征 1

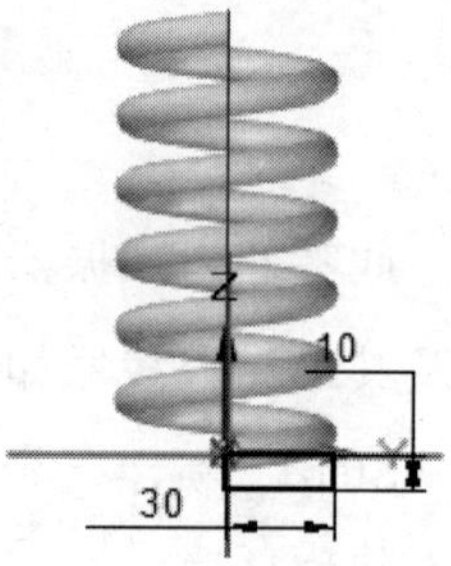

图 33.5.5　截面草图

Step5. 创建图 33.5.6 所示的除料特征 2。

（1）选择命令。在实体区域中选择命令。

（2）定义特征的截面草图。选取右视图（YZ）平面作为草图平面，进入草绘环境，绘制图 33.5.7 所示的截面草图。

（3）定义拉伸属性。在“除料”命令条中单击按钮，确认与按钮未被按下，将拉伸方式设置为“贯通”选项。切除方向沿 X 轴正方向。

（4）单击“除料”命令条中的完成按钮，单击取消按钮，完成除料特征 2 的创建。

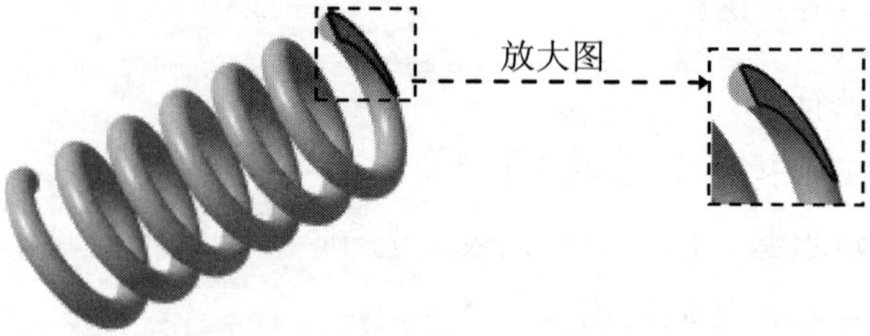

图 33.5.6　除料特征 2

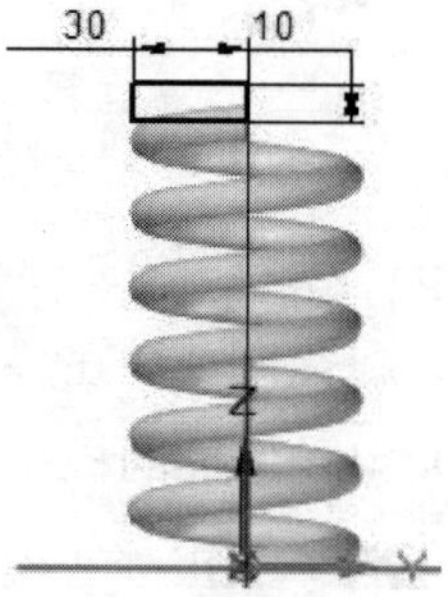

图 33.5.7　截面草图

Step6. 选择下拉菜单 → 保存命令，将模型命名为 damping_spring。

33.6　上　挡　环

此零件也是减振器的一个挡环零件，运用旋转和倒斜角特征便可完成创建。零件模型及其路径查找器如图 33.6.1 所示。

Step1. 新建一个零件模型，选择下拉菜单 → 新建 → GB 公制零件命令，进入建模环境。

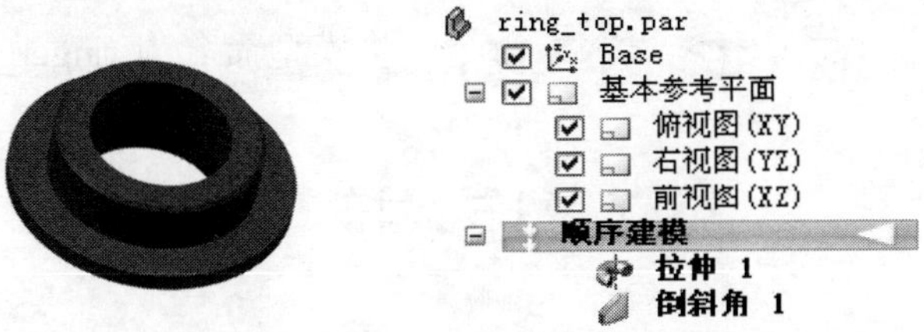

图 33.6.1 零件模型和路径查找器

Step2. 创建图 33.6.2 所示的旋转特征 1。

（1）选择命令。在 实体 区域中单击按钮。

（2）定义特征的截面草图。选取前视图（XZ）平面为草图平面，进入草绘环境，绘制图 33.6.2 所示的截面草图。

（3）定义旋转轴。单击 绘图 区域中的按钮，选取图 33.6.3 所示的线为旋转轴。

（4）定义旋转属性。单击“关闭草图”按钮，退出草绘环境；在“旋转”命令条的 角度(A): 文本框中输入值 360.0，在图形区空白区域单击。

（5）单击“旋转”命令条中的 完成 按钮，完成旋转特征 1 的创建。

图 33.6.2 旋转特征 1

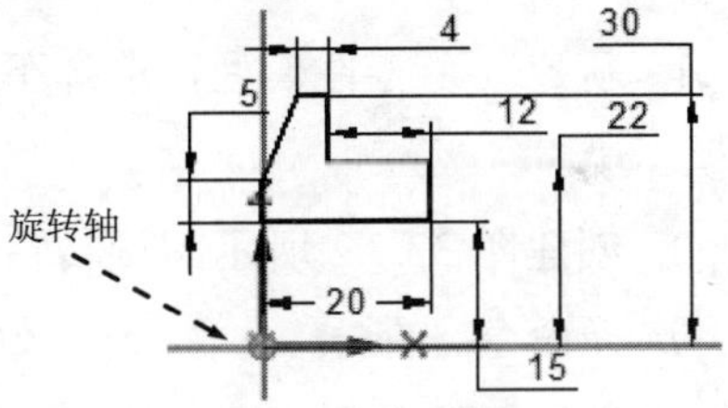

图 33.6.3 截面草图

Step3. 创建图 33.6.4b 所示的倒斜角特征 1。

（1）选择命令。在 实体 区域中单击 倒圆 按钮，选择 倒斜角 命令。

（2）定义倒角类型。单击按钮，系统弹出“倒斜角选项”对话框。选取倒斜角边类型为 深度相等(E)。单击 确定 按钮。

（3）选取模型中要倒角的边线，如图 33.6.4a 所示。

（4）定义倒角参数。在“倒斜角”命令条的 深度: 文本框中输入值 1.0。

（5）单击“倒斜角”命令条 选择: 区域后的按钮，单击 完成 按钮，完成倒斜角特征 1 的定义。

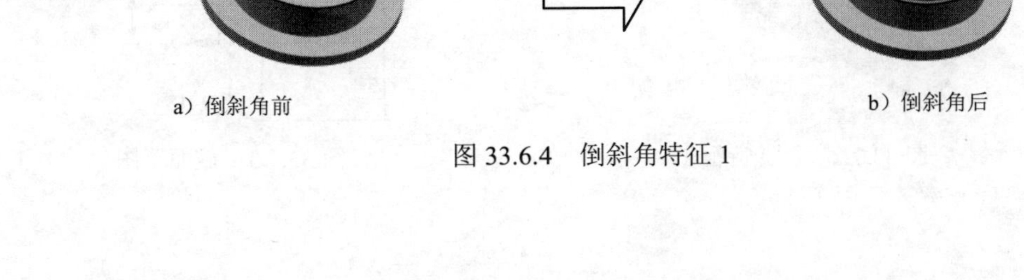

a）倒斜角前　　b）倒斜角后

图 33.6.4 倒斜角特征 1

Step4. 选择下拉菜单 → 保存 命令，将模型命名为 ringer_top。

33.7 连 接 轴

此零件为减振器的一个轴类连接零件，主要运用旋转、除料、镜像、拉伸、孔和倒角等命令。零件模型及其路径查找器如图 33.7.1 所示。

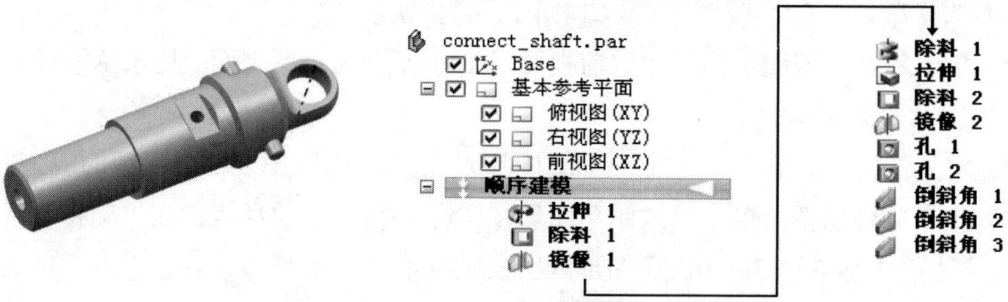

图 33.7.1 零件模型和路径查找器

Step1. 新建一个零件模型，选择下拉菜单 → 新建 → GB 公制零件 命令，进入建模环境。

Step2. 创建图 33.7.2 所示的旋转特征 1。

(1) 选择命令。在 实体 区域中单击 按钮。

(2) 定义特征的截面草图。选取前视图（XZ）平面为草图平面，进入草绘环境，绘制图 33.7.2 所示的截面草图。

(3) 定义旋转轴。单击 绘图 区域中的 按钮，选取图 33.7.3 所示的线为旋转轴。

(4) 定义旋转属性。单击“关闭草图”按钮，退出草绘环境；在“旋转”命令条的 角度(A): 文本框中输入值 360.0，在图形区空白区域单击。

(5) 单击“旋转”命令条中的 完成 按钮，完成旋转特征 1 的创建。

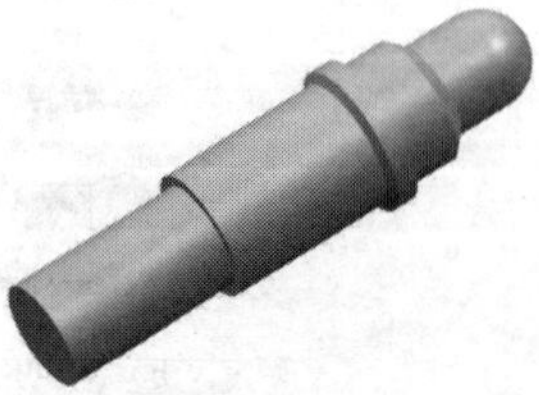

图 33.7.2 旋转特征 1

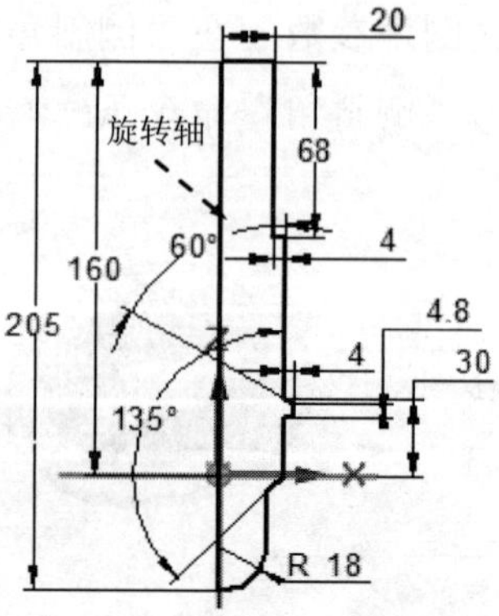

图 33.7.3 截面草图

Step3. 创建图 33.7.4 所示的除料特征 1。

（1）选择命令。在 实体 区域中选择命令。

（2）定义特征的截面草图。选取前视图（XZ）平面作为草图平面，进入草绘环境，绘制图 33.7.5 所示的截面草图。

（3）定义拉伸属性。在“除料”命令条中单击按钮，确认按钮被按下，在 距离: 下拉列表中输入值 40，并按 Enter 键。

（4）单击“除料”命令条中的 完成 按钮，单击 取消 按钮，完成除料特征 1 的创建。

Step4. 创建图 33.7.6 所示的镜像特征 1。

（1）选择命令。在 阵列 区域中单击 镜像 按钮。

（2）定义要镜像的元素。在路径查找器中选择“除料 1”为要镜像的特征。单击按钮。

（3）定义镜像平面。选取右视图（YZ）平面为镜像平面。

（4）单击 完成 按钮，完成镜像特征 1 的创建。

图 33.7.4 除料特征 1

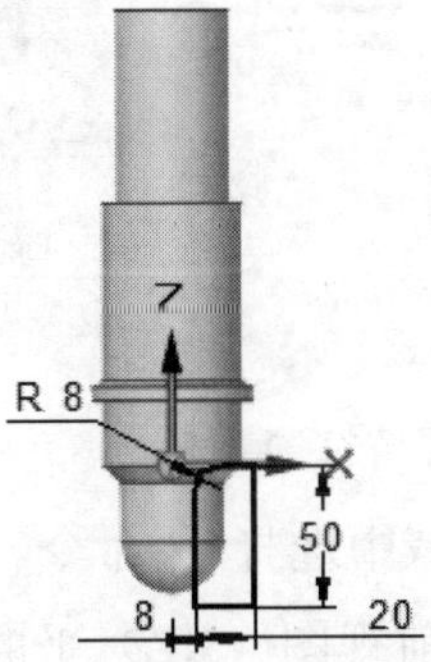

图 33.7.5 截面草图

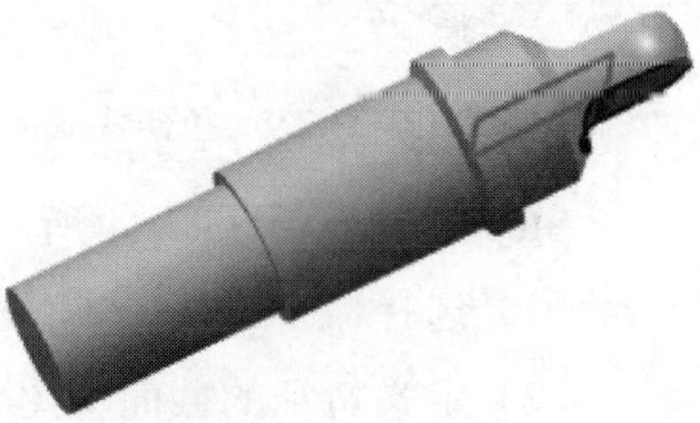

图 33.7.6 镜像特征 1

Step5. 创建图 33.7.7 所示的旋转除料 1。

（1）选择命令。在 实体 区域中单击按钮。

（2）定义特征的截面草图。选取前视图（XZ）平面为草图平面，进入草绘环境，绘制图 33.7.8 所示的截面草图。

（3）定义旋转轴。单击 绘图 区域中的按钮，选取图 33.7.8 所示的线为旋转轴。

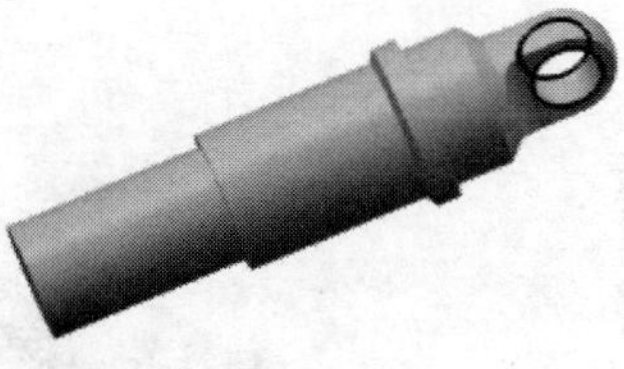

图 33.7.7 旋转除料 1

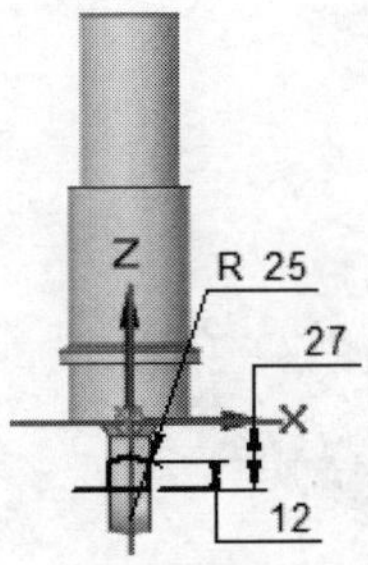

图 33.7.8 截面草图

（4）定义旋转属性。单击“关闭草图”按钮，退出草绘环境；在“旋转”命令条的角度(A): 文本框中输入值 360.0，在图形区空白区域单击。

（5）单击“旋转”命令条中的 完成 按钮，完成旋转除料 1 的创建。

Step6. 创建图 33.7.9 所示的拉伸特征 1。

（1）选择命令。在 实体 区域中单击 按钮。

（2）定义特征的截面草图。选取前视图（XZ）平面作为草图平面，进入草绘环境。绘制图 33.7.10 所示的截面草图，单击 按钮。

（3）定义拉伸属性。在“拉伸”命令条中单击 按钮，确认 按钮被按下，在 距离: 下拉列表中输入值 64，并按 Enter 键，在图形区空白区域单击。

（4）单击“拉伸”命令条中的 完成 按钮，单击 取消 按钮，完成拉伸特征 1 的创建。

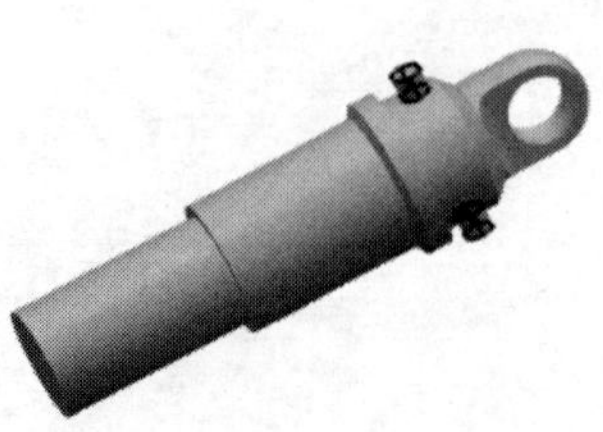

图 33.7.9　拉伸特征 1

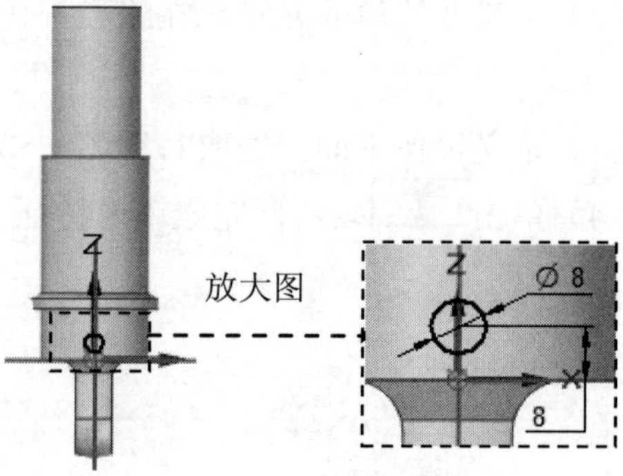

图 33.7.10　截面草图

Step7. 创建图 33.7.11 所示的除料特征 2。

（1）选择命令。在 实体 区域中选择 命令。

（2）定义特征的截面草图。选取前视图（XZ）平面作为草图平面，进入草绘环境，绘制图 33.7.12 所示的截面草图。

（3）定义拉伸属性。在“除料”命令条中单击 按钮，确认 按钮被按下，在 距离: 下拉列表中输入值 50，并按 Enter 键。

（4）单击“除料”命令条中的 完成 按钮，单击 取消 按钮，完成除料特征 2 的创建。

Step8. 创建图 33.7.13 所示的镜像特征 2。

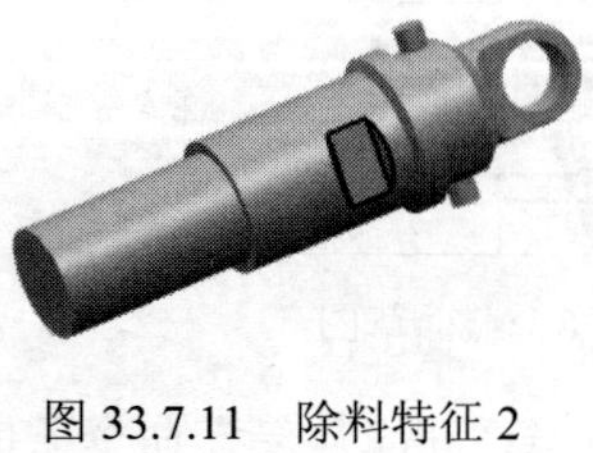

图 33.7.11　除料特征 2

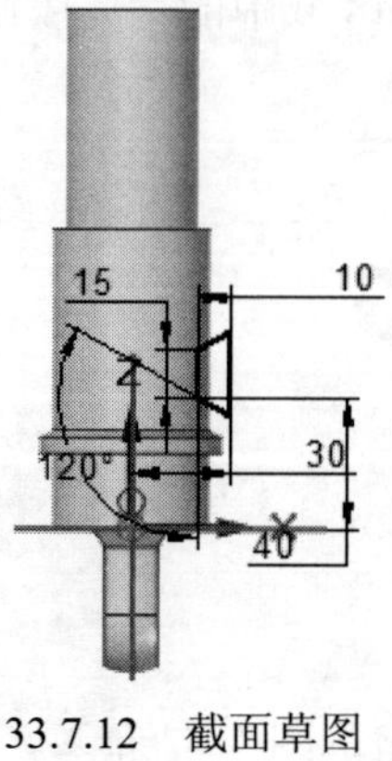

图 33.7.12　截面草图

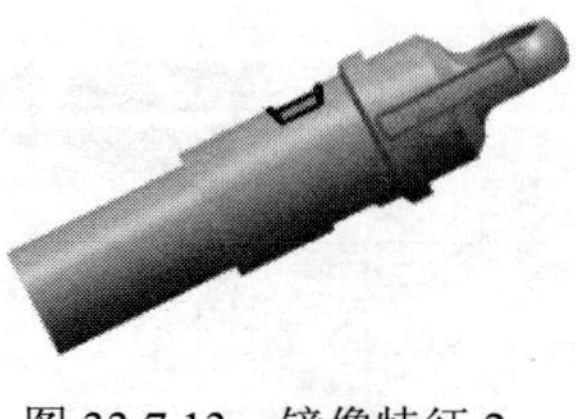

图 33.7.13　镜像特征 2

（1）选择命令。在 阵列 区域中单击 镜像 按钮。

（2）定义要镜像的元素。在路径查找器中选择“除料 1”为要镜像的特征。单击按钮。

（3）定义镜像平面。选取右视图（YZ）平面为镜像平面。

（4）单击 完成 按钮，完成镜像特征 2 的创建。

Step9. 创建图 33.7.14 所示的孔特征 1。

（1）选择命令。在 实体 区域中单击按钮。

（2）定义孔的参数。单击按钮，系统弹出“孔选项”对话框。在“孔选项”对话框中选择“简单孔”选项，在 4 mm 下拉列表中输入值 8，在 孔范围: 区域选择延伸类型为（贯通），单击 确定 按钮。完成孔参数的设置。

（3）定义孔的放置面。选取图 33.7.15 所示的模型表面作为孔的放置面。

（4）编辑孔的定位。创建图 33.7.16 所示的尺寸 ，并修改为设计要求的尺寸值。约束完成后，单击按钮，退出草图绘制环境。

（5）调整孔的方向。方向可参考图 33.7.14。

（6）然后单击命令条中的 完成 按钮。单击 取消 按钮，完成孔特征 1 的创建。

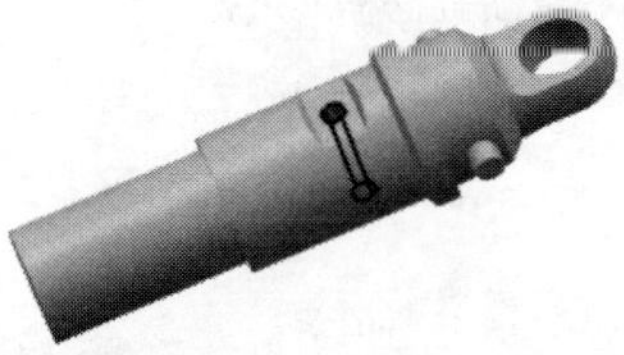

图 33.7.14 孔特征 1

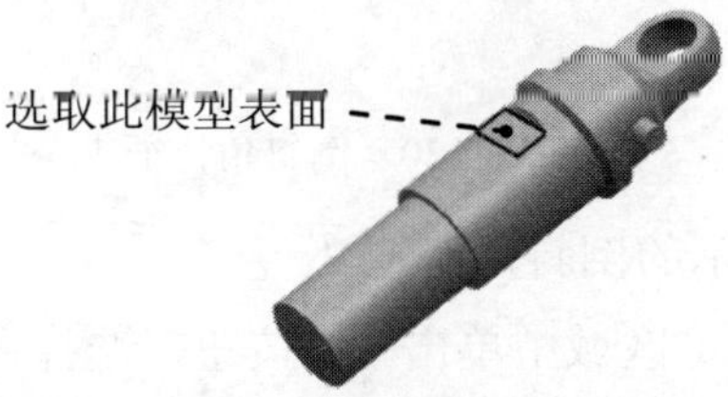

图 33.7.15 选取孔的放置面

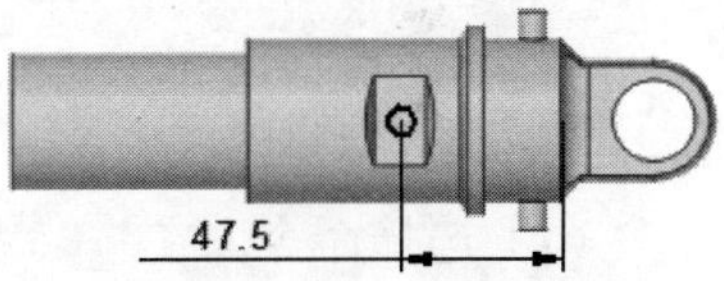

图 33.7.16 约束孔的定位

Step10. 创建图 33.7.17 所示的孔特征 2。

（1）选择命令。在 实体 区域中单击按钮。

（2）定义孔的参数。单击按钮，系统弹出“孔选项”对话框。在“孔选项”对话框中选择“简单孔”选项，在 4 mm 下拉列表中输入值 13，在 孔范围: 区域选择延伸类型为，在 孔深(P): 下拉列表中输入孔的深度值 100.0。单击 确定 按钮。完成孔参数的设置。

（3）定义孔的放置面。选取图 33.7.18 所示的模型表面作为孔的放置面。

（4）编辑孔的定位。定义孔的放置位置与圆心重合（图 33.7.19）。

（5）调整孔的方向。方向沿 Z 轴负方向。

（6）然后单击命令条中的 完成 按钮。单击 取消 按钮，完成孔特征 2 的创建。

Step11. 创建图 33.7.20b 所示的倒斜角特征 1。

（1）选择命令。在 实体 区域中单击 倒圆 按钮，选择 倒斜角 命令。

（2）定义倒角类型。单击按钮，系统弹出“倒斜角选项”对话框。选取倒斜角边类

型为 深度相等(E) 。单击 确定 按钮。

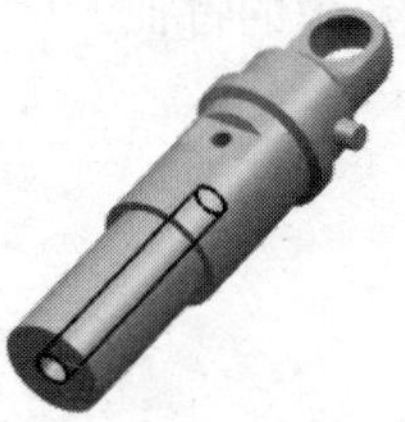

图 33.7.17　孔特征 2

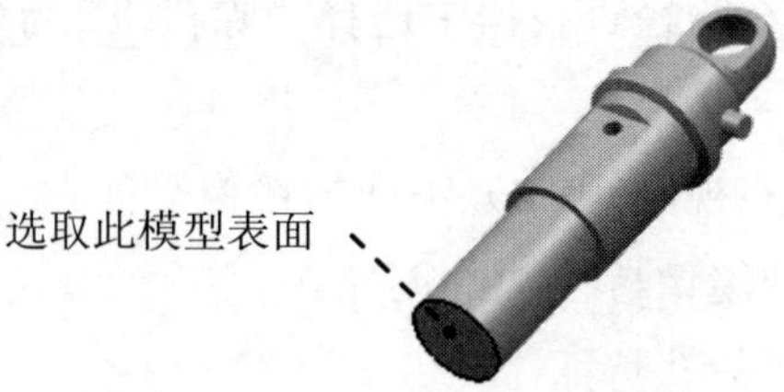

图 33.7.18　选取孔的放置面

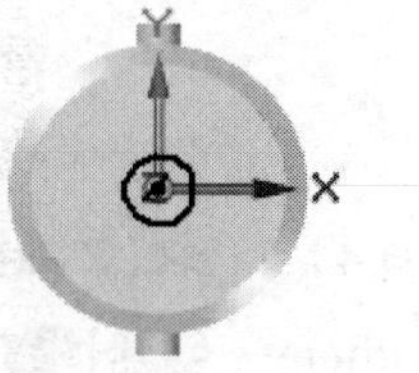

图 33.7.19　约束孔的定位

（3）选取模型中要倒角的边线，如图 33.7.20a 所示。

（4）定义倒角参数。在“倒斜角”命令条的 深度: 文本框中输入值 2.0。

（5）单击“倒斜角”命令条 选择: 区域后的 ☑ 按钮，单击 完成 按钮，完成倒斜角特征 1 的定义。

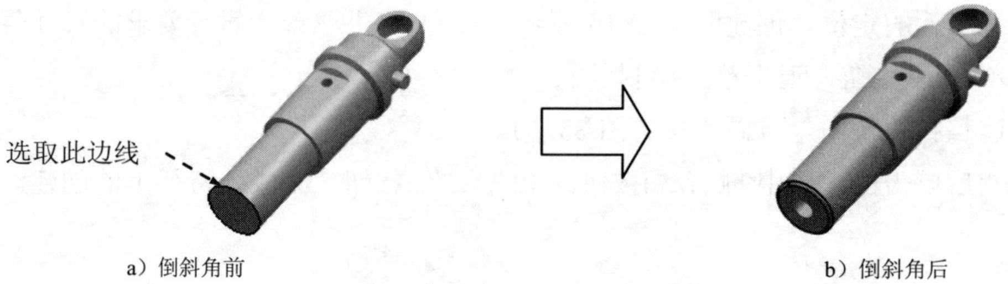

a）倒斜角前　　b）倒斜角后

图 33.7.20　倒斜角特征 1

Step12. 创建图 33.7.21b 所示的倒斜角特征 2。

（1）选择命令。在 实体 区域中单击 倒圆 按钮，选择 倒斜角 命令。

（2）定义倒角类型。单击 按钮，系统弹出“倒斜角选项”对话框。选取倒斜角边类型为 深度相等(E) 。单击 确定 按钮。

（3）选取模型中要倒角的边线，如图 33.7.21a 所示。

（4）定义倒角参数。在“倒斜角”命令条的 深度: 文本框中输入值 1.0。

（5）单击“倒斜角”命令条 选择: 区域后的 ☑ 按钮，单击 完成 按钮，完成倒斜角特征 2 的定义。

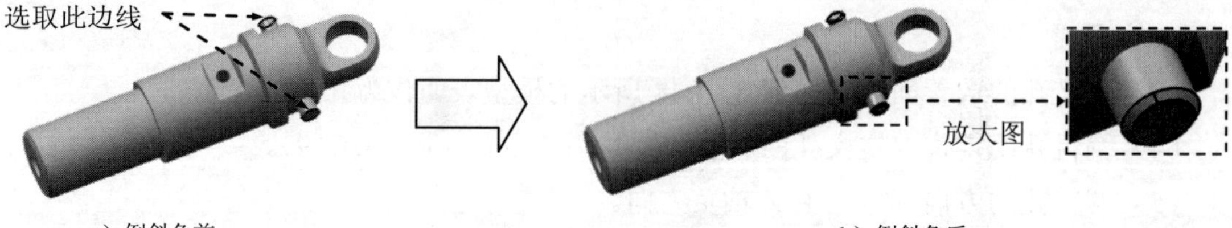

a）倒斜角前　　b）倒斜角后

图 33.7.21　倒斜角特征 2

Step13. 创建图 33.7.22b 所示的倒斜角特征 3。

（1）选择命令。在 实体 区域中单击 倒圆 按钮，选择 倒斜角 命令。

（2）定义倒角类型。单击 按钮，系统弹出“倒斜角选项”对话框。选取倒斜角边类

型为 ◉ 深度相等(E) 。单击 确定 按钮。

（3）选取模型中要倒角的边线，如图 33.7.22a 所示。

（4）定义倒角参数。在“倒斜角”命令条的 深度: 文本框中输入值 1.0。

（5）单击“倒斜角”命令条 选择: 区域后的 ☑ 按钮，单击 完成 按钮，完成倒斜角特征 3 的定义。

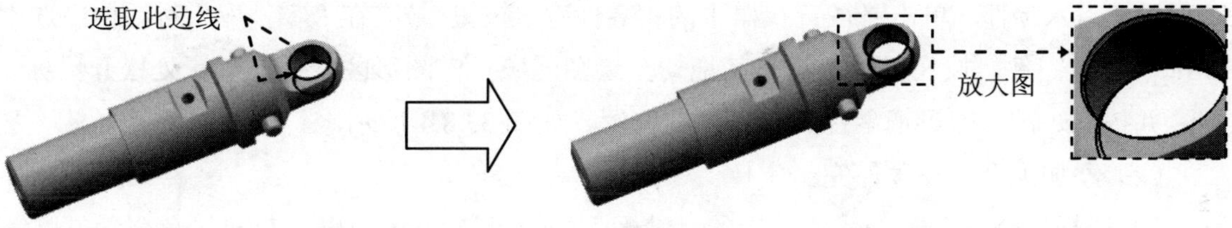

a）倒斜角前　　b）倒斜角后

图 33.7.22　倒斜角特征 3

Step14. 选择下拉菜单 → 保存 命令，将模型命名为 connect_shaft。

33.8　减振器的装配过程

Stage1. 驱动轴和限位轴的子装配（图 33.8.1）

注意：在装配前需将已创建好的零件复制至 D:\sest10.3\work\ch33 目录下，以方便装配。

Step1. 新建一个装配文件。选择下拉菜单 → 新建 → GB 公制装配 命令，系统进入装配体模板。

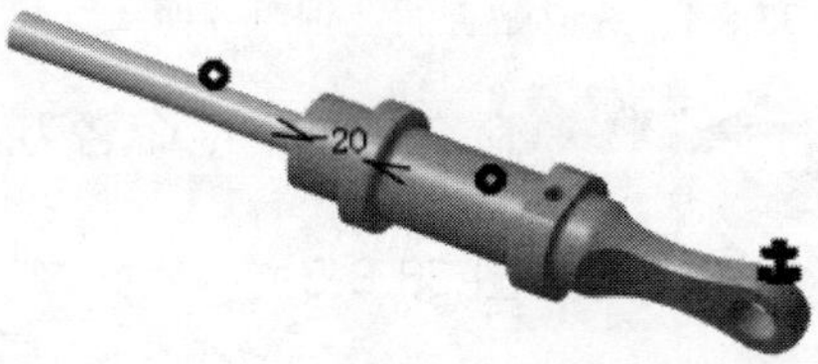

图 33.8.1　驱动轴和限位轴的子装配

Step2. 添加图 33.8.2 所示的驱动轴零件模型并固定。

（1）引入零件。单击路径查找器中的“零件库”按钮。在“零件库”对话框区域的下拉列表中设定装配的工作路径为 D:\sest10.3\work\ch33。在“零件库”对话框中选中 initiative_shaft 零件。按住鼠标左键将其拖动至绘图区域。

（2）放置零件。在图形区合适的位置处松开鼠标左键，即可把零件放置到当前位置，如图 33.8.2 所示。

Step3. 添加图 33.8.3 所示的限位轴并定位。

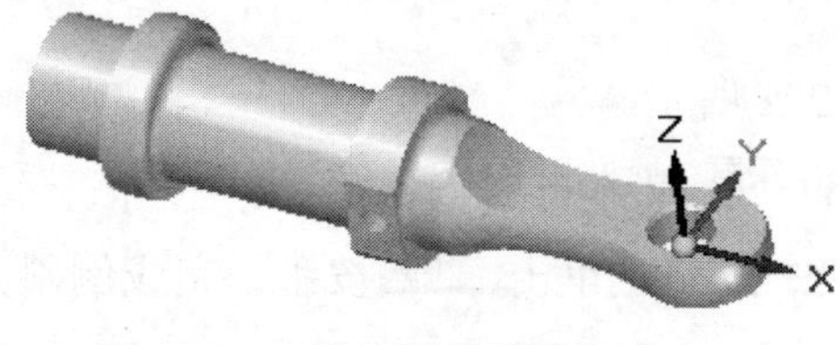

图 33.8.2　添加驱动轴模型

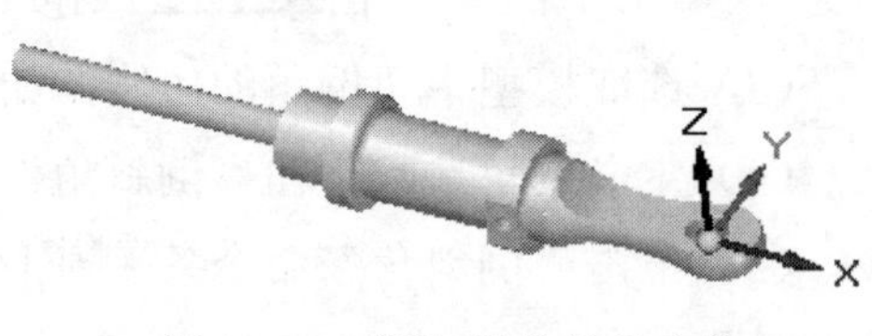

图 33.8.3　添加限位轴并定位

（1）引入零件。单击路径查找器中的“零件库”按钮。在“零件库”对话框中选中 limit_ shaft.零件。按住鼠标左键将其拖动至绘图区域。在图形区合适的位置处松开鼠标左键，并按 Esc 键，即可把零件放置到当前位置，如图 33.8.4 所示。

（2）添加配合，使零件完全定位。

① 选择命令。单击装配区域中的“装配”按钮。系统弹出“装配”命令条。

② 添加“贴合”配合。在“装配”命令条中单击按钮，在系统弹出的快捷菜单中选择贴合命令，在下拉列表中输入偏置值为-20.0，并按 Enter 键，选取图 33.8.4 所示的面 1 与面 2 为贴合的面，单击 Esc 键。

③ 添加“轴对齐”配合。单击装配区域中的“装配”按钮，系统弹出“装配”命令条。在“装配”命令条中单击按钮，在系统弹出的快捷菜单中选择轴对齐命令。选取图 33.8.5 所示的两个面为轴对齐的面。

④ 单击 Esc 键，完成零件的定位。

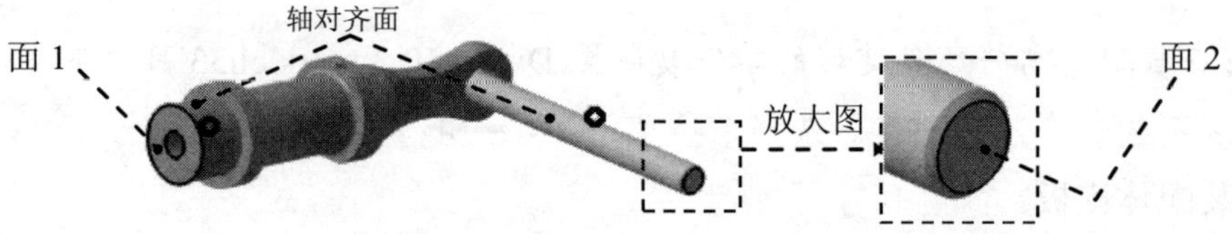

图 33.8.4　选取贴合面及轴对齐面

Step4. 选择下拉菜单 → 保存命令，将模型命名为 sub_asm_01。

Stage2. 连接轴和下挡环的子装配（图 33.8.5）

图 33.8.5　连接轴和下挡环的子装配

Step1. 新建一个装配文件。选择下拉菜单 → 新建 → GB 公制装配命令，系统进入装配体模板。

Step2. 添加图 33.8.6 所示的连接轴零件模型。

（1）引入零件。单击路径查找器中的“零件库”按钮。在“零件库”对话框区域的下拉列表中设定装配的工作路径为 D:\sest10.3\work\ch33。在“零件库”对话框中选中 connect_shaft 零件。按住鼠标左键将其拖动至绘图区域。

（2）放置零件。在图形区合适的位置处松开鼠标左键，即可把零件放置到当前位置，如图 33.8.6 所示。

Step3. 添加图 33.8.7 所示的下挡环并定位。

（1）引入零件。单击路径查找器中的“零件库”按钮。在“零件库”对话框中选中 ringer_down 零件。按住鼠标左键将其拖动至绘图区域。在图形区合适的位置处松开鼠标左键，并按 Esc 键，即可把零件放置到当前位置，如图 33.8.8 所示。

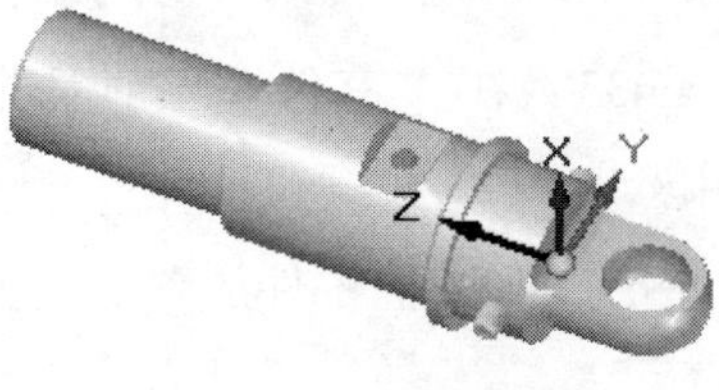

图 33.8.6 连接轴模型

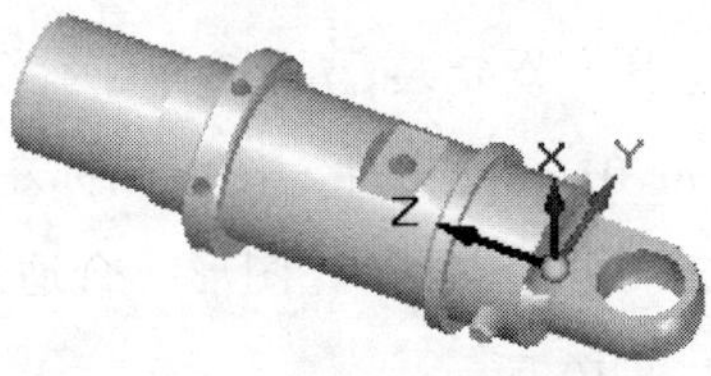

图 33.8.7 添加下挡环并定位

（2）添加配合，使零件完全定位。

① 选择命令。单击装配区域中的“装配”按钮。系统弹出“装配”命令条。

② 添加“贴合”配合。在“装配”命令条中单击按钮，在系统弹出的快捷菜单中选择贴合命令。选取图 33.8.8 所示的两个面为贴合的面，单击 Esc 键。

③ 添加“轴对齐”配合。单击装配区域中的“装配”按钮，系统弹出“装配”命令条。在“装配”命令条中单击按钮，在系统弹出的快捷菜单中选择轴对齐命令。选取图 33.8.8 所示的面 1 与面 2 为轴对齐的面。

④ 单击 Esc 键，完成零件的定位。

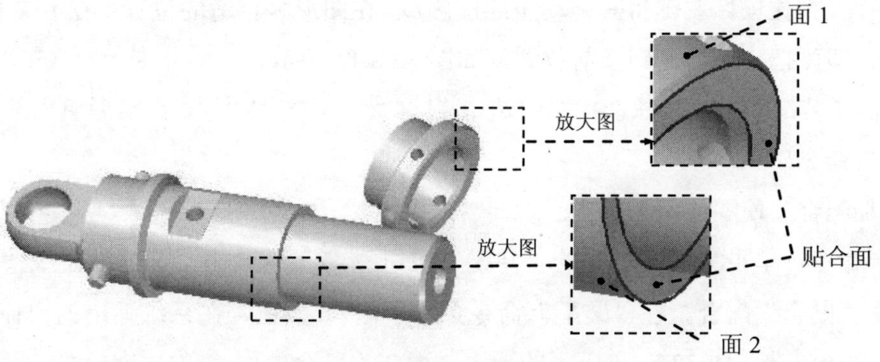

图 33.8.8 选取贴合面及轴对齐面

Step4. 选择下拉菜单 → 保存命令，将模型命名为 sub_asm_02。

Stage3. 减振机构的总装配（图 33.8.9）

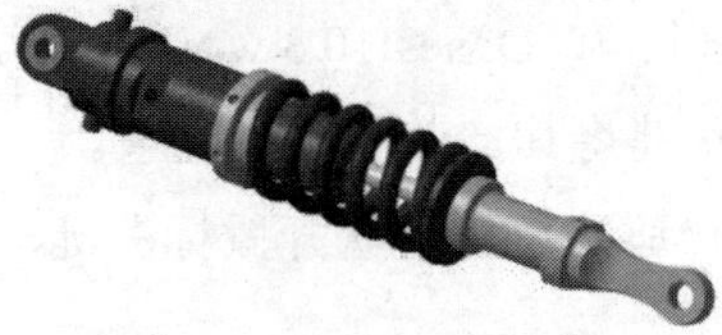

图 33.8.9　减振机构的总装配

Step1. 新建一个装配文件。选择下拉菜单 → 新建 → GB 公制装配 命令，系统进入装配体模板。

Step2. 添加图 33.8.10 所示的子装配模型 1。

（1）引入零件。单击路径查找器中的“零件库”按钮。在“零件库”对话框区域的下拉列表中设定装配的工作路径为 D:\sest10.3\work\ch33。在“零件库”对话框中选中 sub_asm_01 装配文件。按住鼠标左键将其拖动至绘图区域。

（2）放置零件。在图形区合适的位置处松开鼠标左键，即可把零件放置到当前位置，如图 33.8.10 所示。

Step3. 添加图 33.8.11 所示的上挡环并定位。

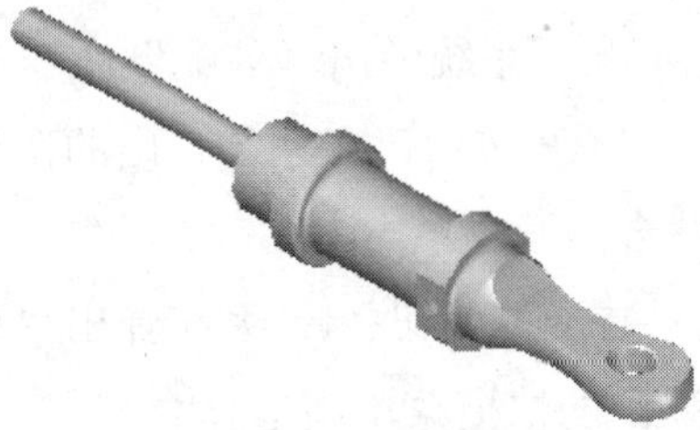

图 33.8.10　子装配模型 1

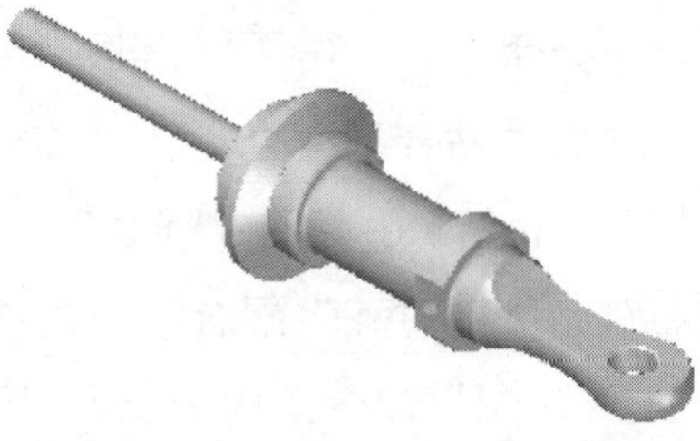

图 33.8.11　添加上挡环并定位

（1）引入零件。单击路径查找器中的“零件库”按钮。在“零件库”对话框中选中 ringer_top 零件。按住鼠标左键将其拖动至绘图区域。在图形区合适的位置处松开鼠标左键，并按 Esc 键，即可把零件放置到当前位置，如图 33.8.12 所示。

（2）激活子装配体。在路径查找器中选中 sub_asm_01.asm:1，然后单击选择区域中的“激活”命令。

（3）添加配合，使零件完全定位。

① 选择命令。单击装配区域中的“装配”按钮。系统弹出“装配”命令条。

② 添加“贴合”配合。在“装配”命令条中单击按钮，在系统弹出的快捷菜单中选择贴合命令。选取图 33.8.12 所示的面 1 与面 2 为贴合的面，单击 Esc 键。

③ 添加“轴对齐”配合。单击装配区域中的“装配”按钮，系统弹出“装配”命令条。在“装配”命令条中单击按钮，在系统弹出的快捷菜单中选择轴对齐命令。选取图 33.8.12 所示的面 3 与面 4 为轴对齐的面。

④ 单击 Esc 键，完成零件的定位。

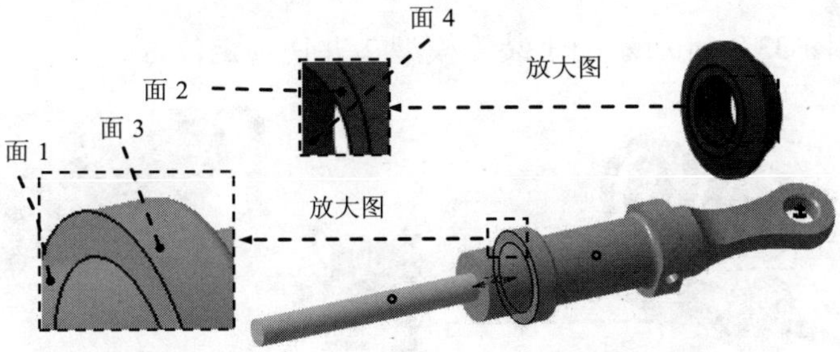

图 33.8.12 选取贴合面及轴对齐面

Step4. 添加图 33.8.13 所示的减振弹簧并使其定位。

（1）引入零件。单击路径查找器中的“零件库”按钮。在“零件库”对话框中选中 damping_spring 零件。按住鼠标左键将其拖动至绘图区域。在图形区合适的位置处松开鼠标左键，并按 Esc 键，即可把零件放置到当前位置，如图 33.8.14 所示。

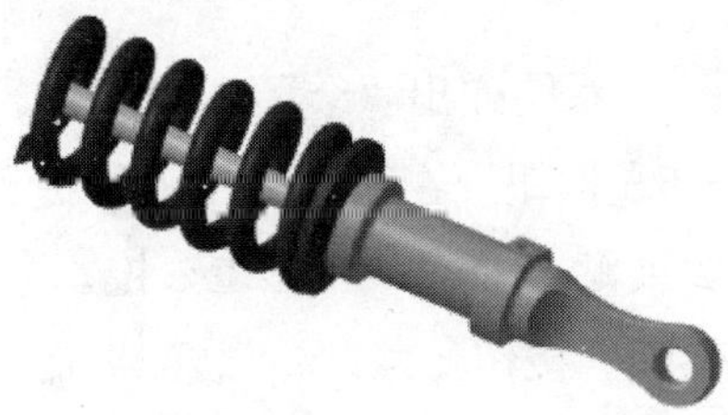

图 33.8.13 添加减振弹簧并定位

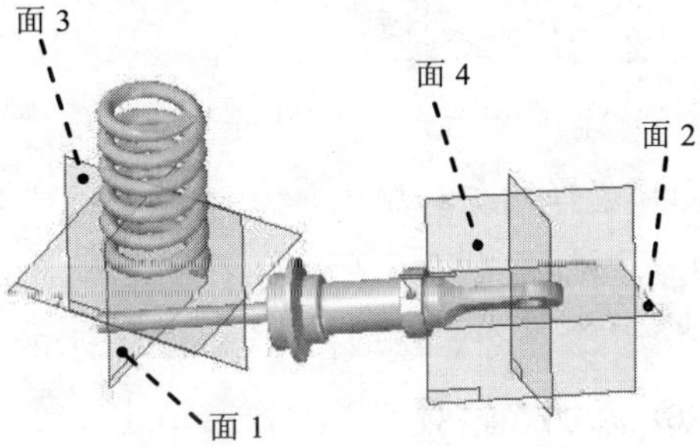

图 33.8.14 选取面对齐的面

（2）添加配合，使零件完全定位。

① 显示参考平面。单击路径查找器中的“路径查找器”按钮，在路径查找器中选中☑ 参考平面，将参考平面在图形区显示出来，在绘图区域选取 damping_spring 零件，右击选择 显示/隐藏部件... 命令，在系统弹出的“显示/隐藏部件”对话框中将“参考平面”显示出来。单击 确定 按钮。

② 添加“面对齐”配合。单击 装配 区域中的“装配”按钮，系统弹出“装配”命令条。在“装配”命令条中单击按钮，在系统弹出的快捷菜单中选择 平面对齐 命令。选取图 33.8.14 所示的面 1 与面 2 为面对齐的面，单击 Esc 键。

③ 添加“面对齐”配合。单击 装配 区域中的“装配”按钮，在“装配”命令条中单击按钮，在系统弹出的快捷菜单中选择 平面对齐 命令。选取图 33.8.14 所示的面 3 与面 4 为面对齐的面，单击 Esc 键。

④ 添加“贴合”配合。单击 装配 区域中的“装配”按钮，在“装配”命令条中单击按钮，在系统弹出的快捷菜单中选择 贴合 命令。选取图 33.8.15 所示的面 1 和面 2 为贴合的面。

⑤ 单击 Esc 键，完成零件的定位。

Step5. 添加图 33.8.16 所示的子装配模型 2 并使其定位。

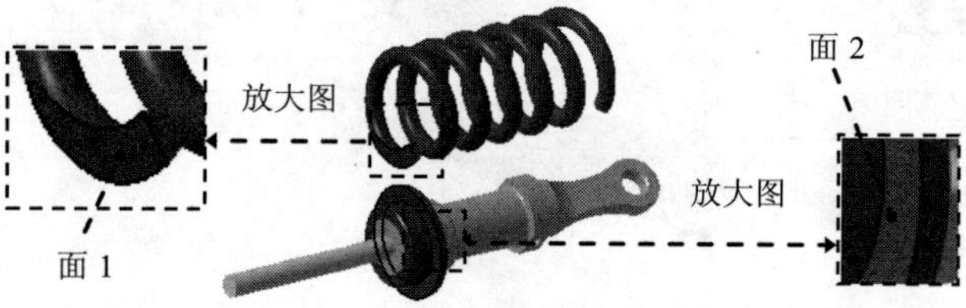

图 33.8.15　选取贴合平面

图 33.8.16　子装配模型 2

（1）引入零件。单击路径查找器中的“零件库”按钮。在“零件库”对话框区域的下拉列表中设定装配的工作路径为 D:\sest10.3\work\ch33。在“零件库”对话框中选中 sub_asm_02 装配文件。按住鼠标左键将其拖动至绘图区域，单击 Esc 键。

（2）激活子装配体。在路径查找器中选中 sub_asm_02.asm:1，然后单击选择区域中的“激活”命令。

（3）添加配合，使零件完全定位。

① 选择命令。单击装配区域中的“装配”按钮。系统弹出“装配”命令条。

② 添加“贴合”配合。在“装配”命令条中单击按钮，在系统弹出的快捷菜单中选择贴合命令。选取图 33.8.17 所示的面 1 与面 2 为要贴合的面，单击 Esc 键。

③ 添加“轴对齐”配合。单击装配区域中的“装配”按钮，在“装配”命令条中单击按钮，在系统弹出的快捷菜单中选择轴对齐命令。选取图 33.8.17 所示的面 3 与面 4 为轴对齐的面，单击 Esc 键。

④ 添加“面对齐”配合。单击装配区域中的“装配”按钮，在“装配”命令条中单击按钮，在系统弹出的快捷菜单中选择平面对齐命令。在路径查找器中单击 sub_asm_02.asm:1 前的“+”号，然后将参考平面显示出来。选取图 33.8.18 所示的面为面对齐的面。

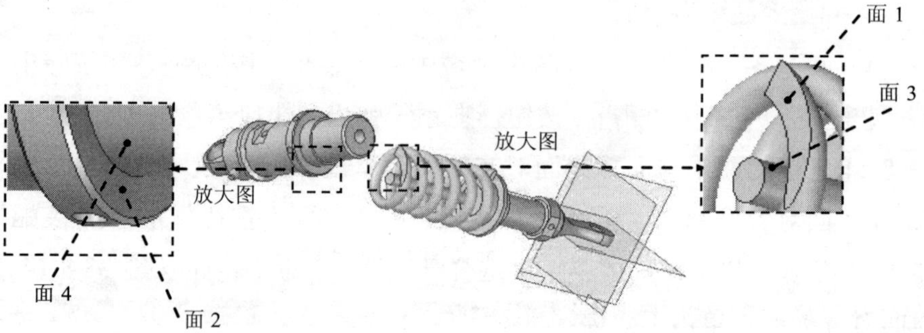

图 33.8.17　贴合面与轴对齐面

⑤ 单击 Esc 键，完成零件的定位。

Step6. 选择下拉菜单 → 保存命令，将模型命名为 damper。

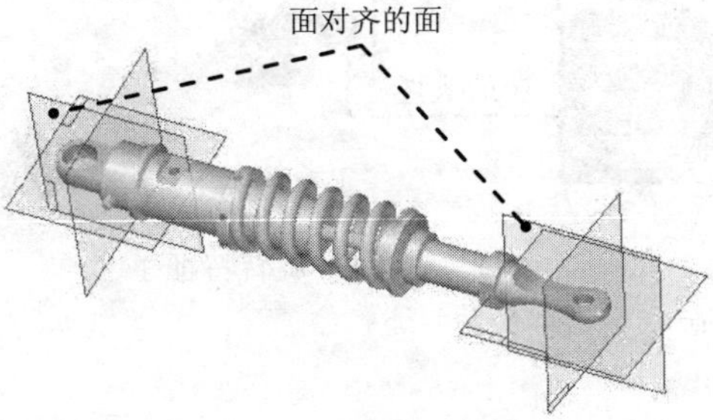

图 33.8.18　选取面对齐面

Step7. 添加图 33.8.19 所示的转动环。

（1）单击装配区域中的“原位创建零件”按钮。系统弹出“原位创建零件”命令条与“原位创建零件选项”对话框。

（2）在“原位创建零件选项”对话框的放置原点区域选中 与装配原点重合(C) 单选项，在原位创建区域选中 创建部件并原位编辑(E) 单选项，然后单击“原位创建零件选项”对话框中的确定按钮。

（3）在“原位创建零件”命令条模板(T):区域的下拉列表中选择 gb part.par 选项，单击按钮，系统弹出“另存为”对话框，在文件名(N):文本框中输入零件的名称为 rotate_ringer，单击保存(S)按钮。

（4）单击主页功能选项卡剪贴板区域中后的小三角，选择零件间复制命令，系统弹出“零件间复制”命令条，在绘图区域选取 connect_shaft 为参考零件，在选择后的下拉列表中选择面选项，在绘图区域选取图 33.8.20 所示的面。单击按钮，单击完成按钮，单击取消按钮，完成“零件间复制”的操作。

（5）创建图 33.8.21 所示的零件特征——旋转特征 1。

① 选择命令。单击主页选项卡中的实体按钮，选择命令。

② 定义特征的截面草图。选取前视图（XZ）平面为草图平面，进入草绘环境，绘制图 33.8.22 所示的截面草图。

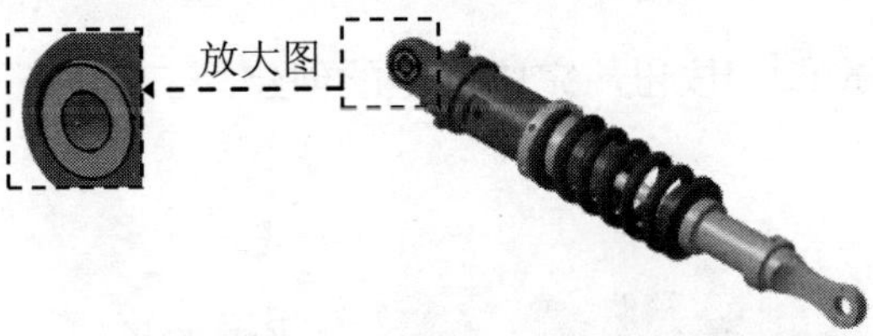

图 33.8.19　转动环

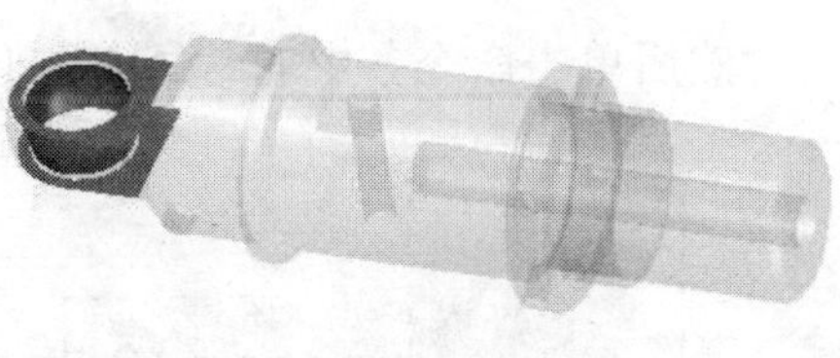

图 33.8.20　选取复制几何面

③ 定义旋转轴。单击绘图区域中的按钮，选取图 33.8.22 所示的线为旋转轴。

④ 定义旋转属性。单击“关闭草图”按钮，退出草绘环境；在“旋转”命令条角度(A):文本框中输入值 360.0，在图形区空白区域单击。

⑤ 单击“旋转”命令条中的完成按钮，完成旋转特征 1 的创建。

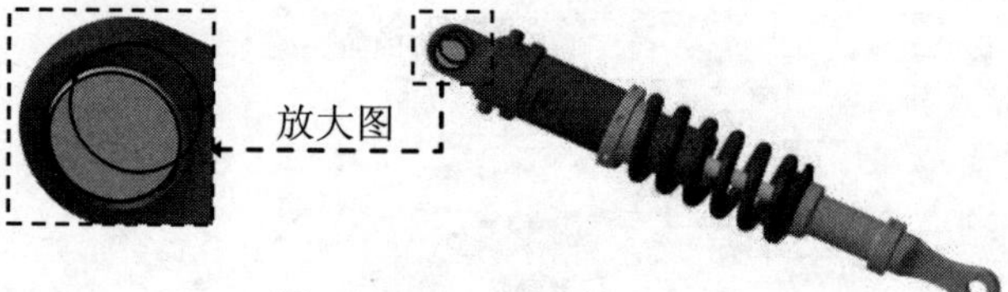

图 33.8.21　旋转特征 1

图 33.8.22　截面草图

（6）创建图 33.8.23b 所示的零件特征——孔 1。

① 选择命令。单击 主页 选项卡中的 实体 按钮，选择 命令。

② 定义孔的参数。单击 按钮，系统弹出“孔选项”对话框。在“孔选项”对话框中选择“简单孔”选项，在 4 mm 下拉列表中输入值 10，在 孔范围: 区域选择延伸类型为（贯通），单击 确定 按钮。完成孔参数的设置。

③ 定义孔的放置面。选取图 33.8.23a 所示的模型表面作为孔的放置面。

④ 编辑孔的定位。添加图 33.8.24 所示的约束，约束完成后，单击 按钮，退出草图绘制环境。

⑤ 调整孔的方向。方向可参考图 33.8.23 所示。

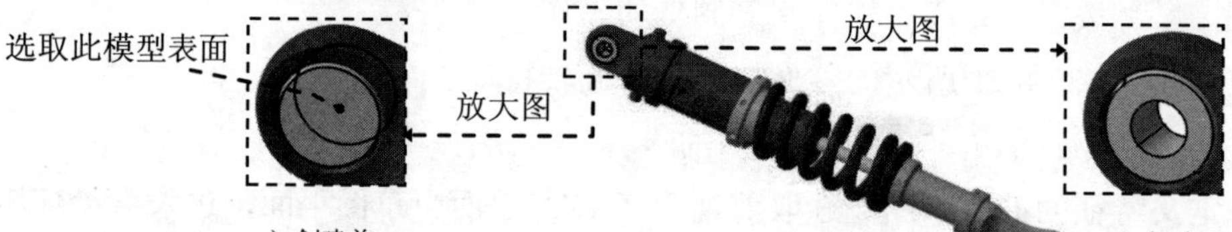

a）创建前　　b）创建后

图 33.8.23　孔 1

⑥ 然后单击命令条中的 完成 按钮。单击 取消 按钮，完成孔 1 的创建。

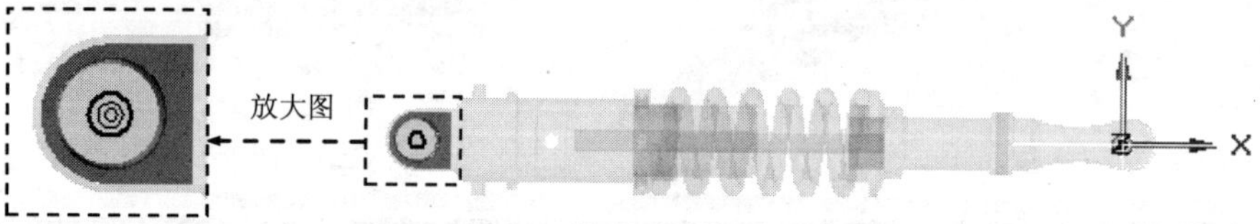

图 33.8.24　编辑孔定位

（7）单击 按钮，完成操作。

Step8. 选择下拉菜单 → 保存 命令。

实例 34　遥控器的自顶向下设计

34.1　实 例 概 述

本实例详细讲解了一款遥控器的整个设计过程，该设计过程中采用了较为先进的设计方法——自顶向下（Top-Down Design）的设计方法。采用这种方法，不仅可以获得较好的整体造型，并且能够大大缩短产品的上市时间。许多家用电器（如电脑机箱、吹风机和电脑鼠标）都可以采用这种方法进行设计。设计流程图如图 34.1.1 所示。

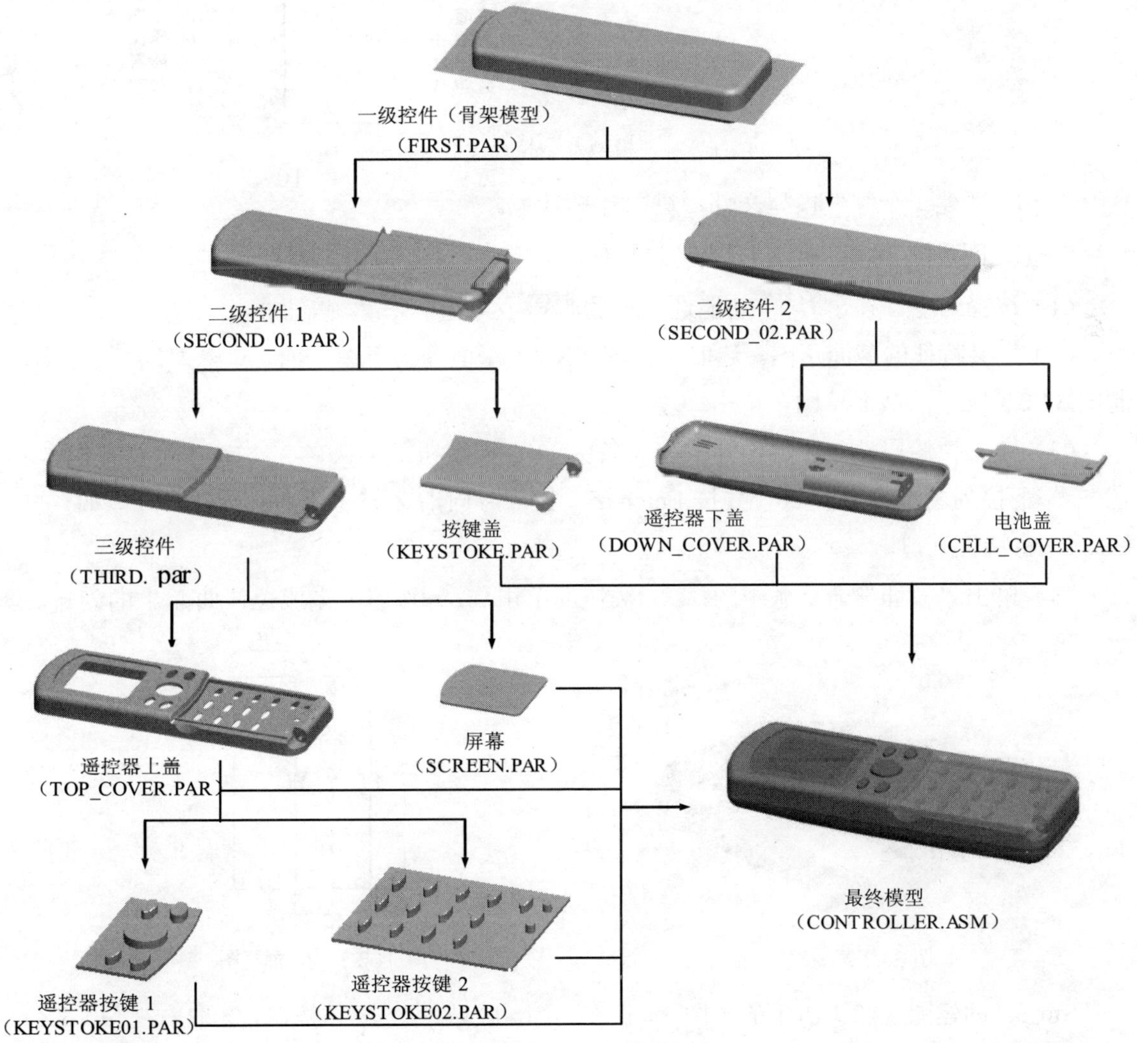

图 34.1.1　设计流程图

34.2 创建一级控件

下面讲解一级控件（CONTROLLER_FIRST.par）的创建过程，零件模型及模型树如图34.2.1所示。

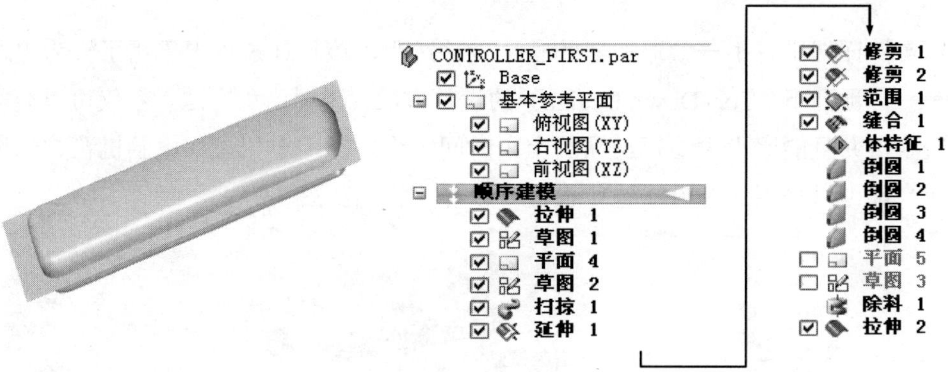

图34.2.1　零件模型及路径查找器

Step1. 新建一个零件模型文件，进入建模环境。

Step2. 创建图34.2.2所示的拉伸曲面1。

（1）选择命令。在曲面处理功能选项卡的曲面区域中单击按钮。

（2）定义特征的截面草图。选取俯视图（XY）平面作为草图平面，进入草绘环境。绘制图34.2.3所示的截面草图，单击按钮。

（3）定义拉伸属性。在“拉伸”命令条中单击按钮，确认与按钮不被按下，在距离:下拉列表中输入值20，并按Enter键，拉伸方向沿Z轴正方向。选中“开口端”按钮。将特征开口。

（4）单击“拉伸”命令条中的完成按钮，单击取消按钮，完成拉伸曲面1的创建。

图34.2.2　拉伸曲面1

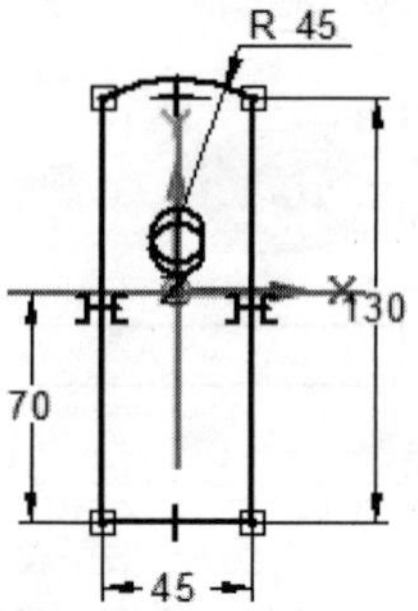

图34.2.3　截面草图

Step3. 创建图34.2.4所示的草图1。在草图区域中单击按钮，选取右视图（YZ）平面为草图平面，进入草绘环境；绘制图34.2.5所示的草图，单击按钮。退出草绘环境，然后单击完成按钮。

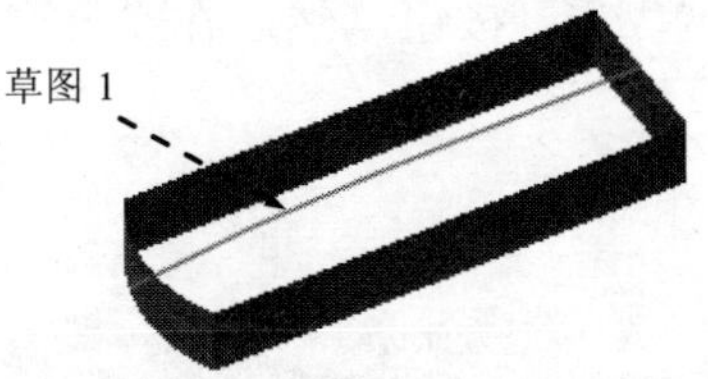

图 34.2.4 草图 1（建模环境）

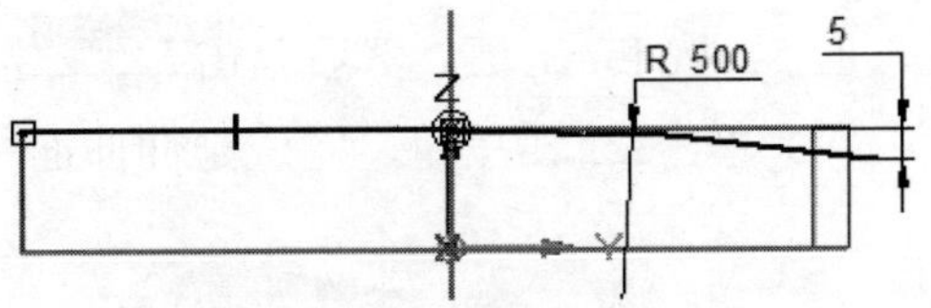

图 34.2.5 草图 1（草绘环境）

Step4. 创建图 34.2.6 所示的平面 4。在平面区域中单击按钮，选择垂直于曲线命令；选取图 34.2.6 所示的曲线为参考线。然后再选取图 34.2.6 所示的点。

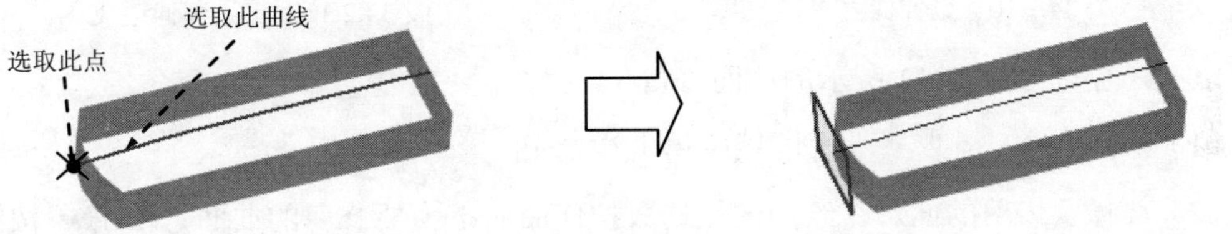

图 34.2.6 平面 4

Step5. 创建图 34.2.7 所示的草图 2。在草图区域中单击按钮，选取平面 4 为草图平面，进入草绘环境；绘制图 34.2.8 所示的草图，单击按钮。退出草绘环境，然后单击完成按钮。

Step6. 创建图 34.2.9 所示的扫掠曲面 1。

（1）选择命令。单击曲面处理功能选项卡曲面区域中的按钮，系统弹出“扫掠选项”对话框。

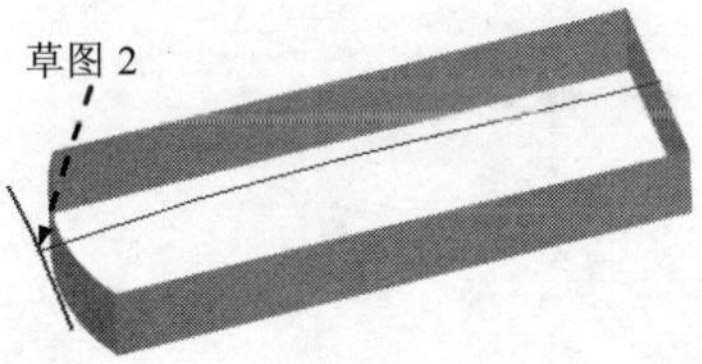

图 34.2.7 草图 2（建模环境）

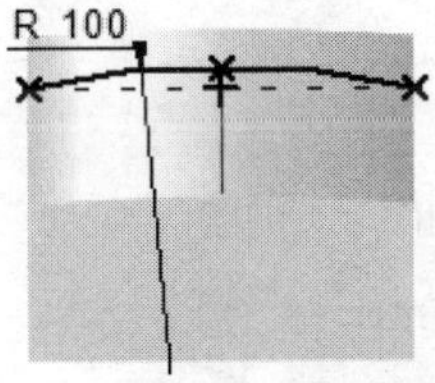

图 34.2.8 草图 2（草绘环境）

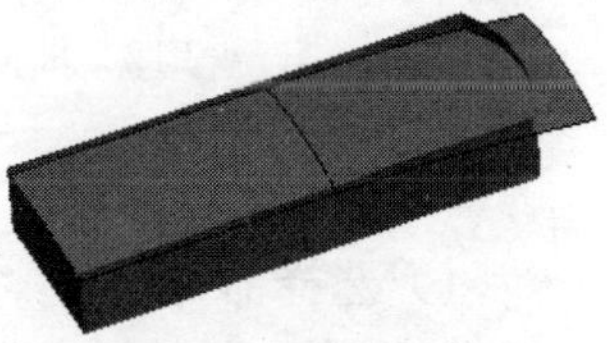

图 34.2.9 扫掠曲面 1

（2）定义扫掠类型。在“扫掠选项”对话框的默认扫掠类型区域中选中单一路径和横截面(S)单选项，其他参数接受系统默认设置值，然后单击确定按钮。

（3）定义扫掠路径。在“创建起源”选项下拉列表中选择从草图/零件边选择选项，在绘图区中选取草图 1 为扫掠路径曲线，单击按钮，完成扫掠轨迹曲线的选取。

（4）定义扫掠横截面。在“创建起源”选项下拉列表中选择从草图/零件边选择选项，在绘图区中选取草图 2 为扫掠横截面，单击按钮。

（5）单击完成按钮，单击取消按钮，完成扫掠曲面 1 的创建。

Step7. 创建图 34.2.10 所示的延伸曲面 1。

（1）选择命令。在修改曲面区域中单击按钮。

（2）定义延伸边线。选择图 34.2.11 所示的边线为延伸边线，单击右键。

（3）定义延伸类型和距离。在“延伸”命令条中单击按钮，然后在距离:文本框中输入值 5，按 Enter 键。然后单击预览按钮。

（4）单击完成按钮，完成延伸曲面 1 的创建。

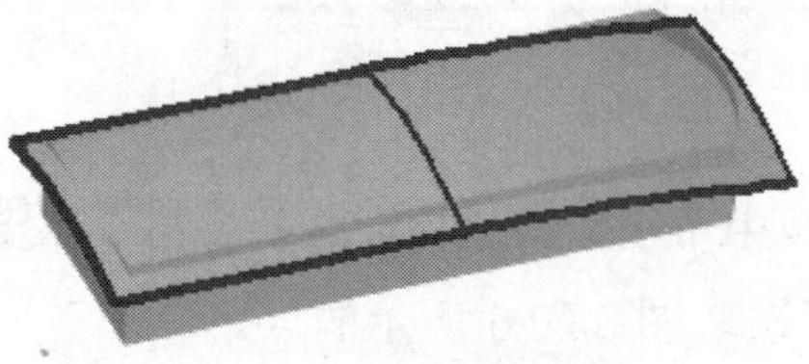

图 34.2.10　延伸曲面 1

图 34.2.11　定义延伸边线

Step8. 创建图 34.2.12 所示的曲面修剪 1。

（1）选择命令。在修改曲面区域中单击按钮。

（2）选择要修剪的面。在绘图区域选取拉伸曲面 1 为要修剪的曲面，单击按钮。

（3）选择修剪工具。在绘图区域选取延伸曲面 1 为修剪工具，单击按钮。

（4）定义要修剪的一侧。特征修剪方向箭头如图 34.2.13 所示，单击左键确定。

（5）单击完成按钮，单击取消按钮，完成曲面修剪 1 的创建。

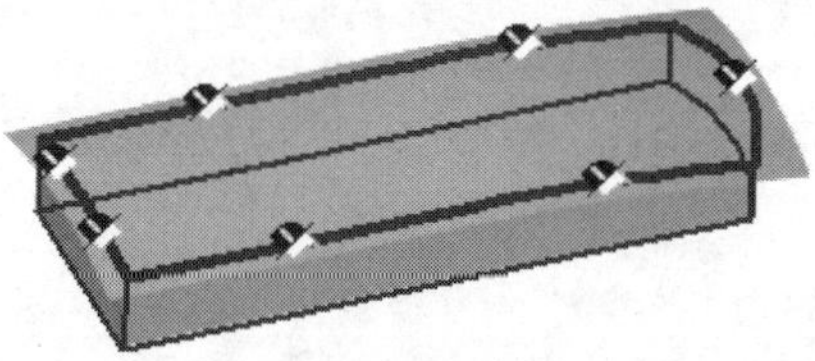

图 34.2.12　曲面修剪 1

图 34.2.13　调整修剪方向

Step9. 创建图 34.2.14 所示的曲面修剪 2。

（1）选择命令。在修改曲面区域中单击按钮。

（2）选择要修剪的面。在绘图区域选取延伸曲面 1 为要修剪的曲面，单击按钮。

（3）选择修剪工具。在绘图区域选取修剪曲面 1 为修剪工具，单击按钮。

（4）定义要修剪的一侧。特征修剪方向箭头如图 34.2.15 所示，单击左键确定。

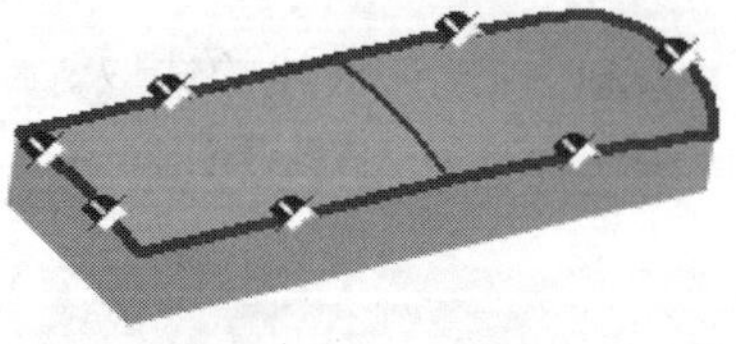

图 34.2.14　曲面修剪 2

图 34.2.15　调整修剪方向

（5）单击完成按钮，单击取消按钮，完成曲面修剪 2 的创建。

Step10. 创建图 34.2.16 所示的有界曲面 1。

（1）选择命令。在曲面区域中单击有界按钮。

（2）定义边界曲线。在绘图区域选取图 34.2.17 所示的模型边线为定义边界的曲线。单击✓按钮。

（3）单击预览按钮，单击完成按钮，单击取消按钮。完成有界曲面 1 的创建。

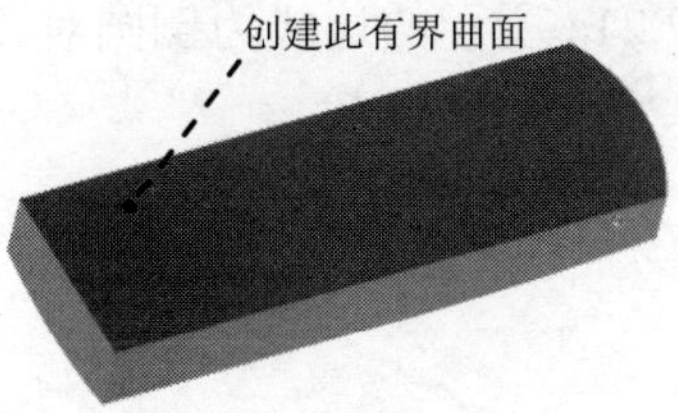

图 34.2.16 有界曲面 1

图 34.2.17 定义边界曲线

Step11. 创建缝合曲面 1。

（1）选择命令。在修改曲面区域中单击缝合按钮，系统弹出“缝合曲面选项”对话框，在该对话框中取消选中□ 修复已缝合的表面(E)复选框，单击确定按钮。

（2）选择要缝合的曲面。在绘图区域选取曲面修剪 1、曲面修剪 2 和有界曲面 1 为要缝合的曲面，单击✓按钮。

（3）单击预览按钮。在系统弹出图 34.2.18 所示的“SolidEdge”对话框中单击是(Y)按钮，完成缝合曲面 1 的创建。

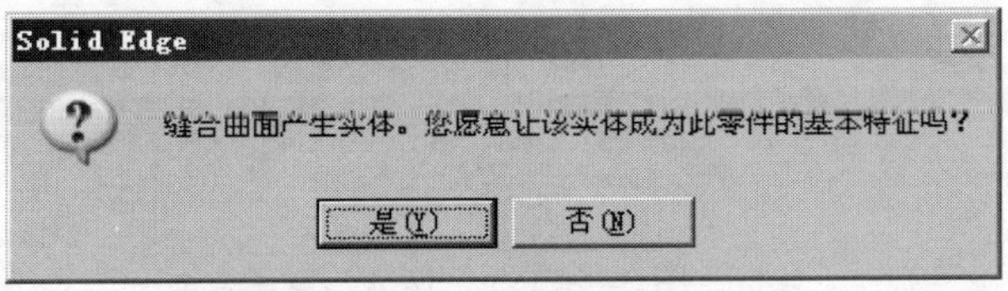

图 34.2.18 “SolidEdge”对话框

Step12. 创建图 34.2.19b 所示的倒圆 1。选取图 34.2.19a 所示的边线为倒圆对象，圆角半径值为 8.0。

Step13. 创建图 34.2.20b 所示的倒圆 2。选取图 34.2.20a 所示的边线为倒圆对象，圆角半径值为 5.0。

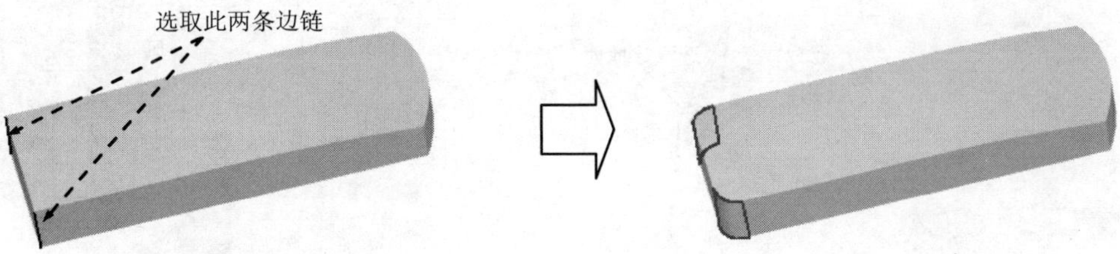

a）倒圆前　　b）倒圆后

图 34.2.19 倒圆 1

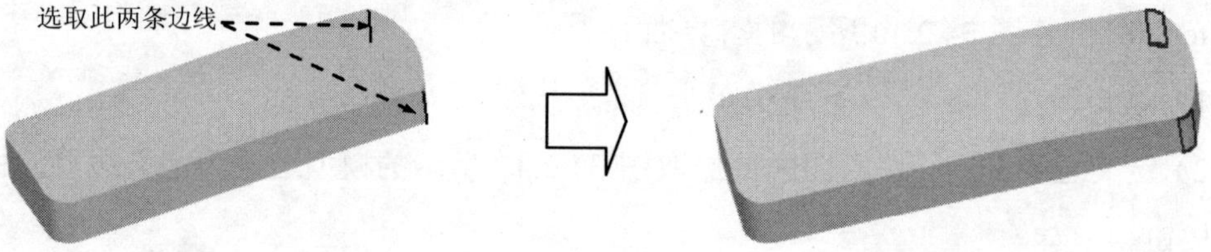

a）倒圆前　　b）倒圆后

图 34.2.20　倒圆 2

Step14. 创建图 34.2.21b 所示的倒圆 3。选取图 34.2.21a 所示的边线为倒圆对象，圆角半径值为 3.0。

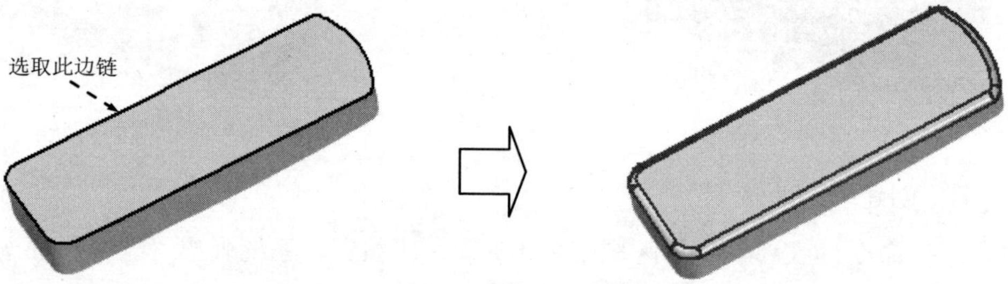

a）倒圆前　　b）倒圆后

图 34.2.21　倒圆 3

Step15. 创建图 34.2.22b 所示的倒圆 4。选取图 34.2.22a 所示的边线为倒圆对象，圆角半径值为 6.0。

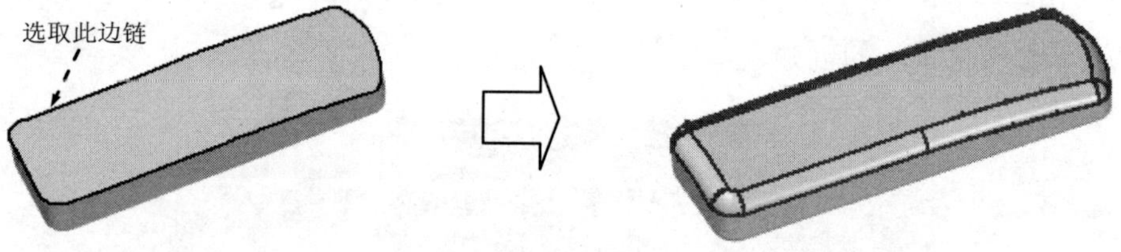

a）倒圆前　　b）倒圆后

图 34.2.22　倒圆 4

Step16. 创建图 34.2.23 所示的平面 5。

（1）选择命令。在平面区域中单击按钮，选择相切命令。

（2）定义基准面的参考实体。选取图 34.2.23 所示的曲面为参考曲面。在“基准面”命令条的角度(A):下拉列表中输入值 0。

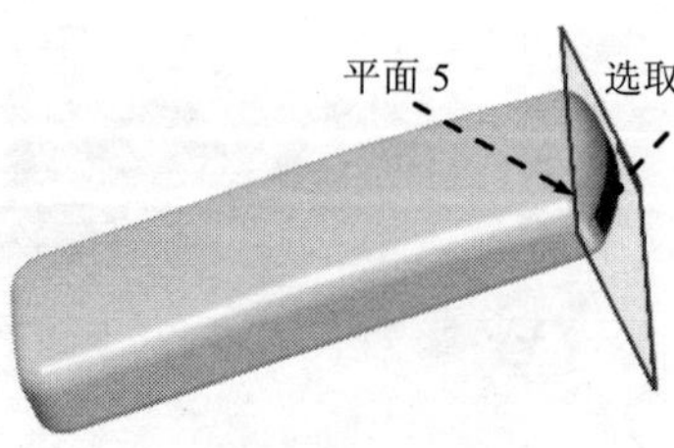

图 34.2.23　平面 5

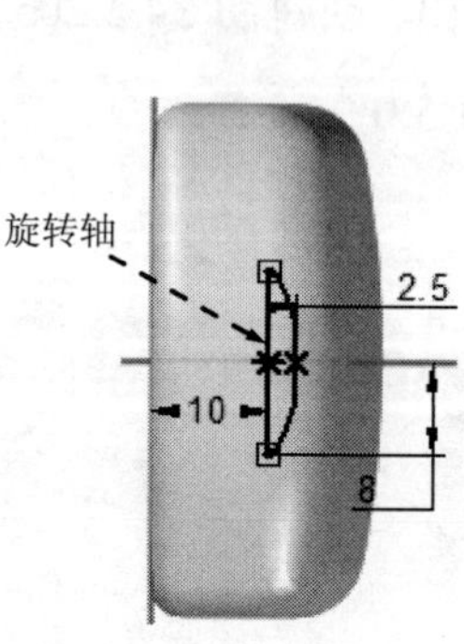

图 34.2.24　草图 3

Step17. 创建图 34.2.24 所示的草图 3。

（1）在 草图 区域中单击按钮，选取平面 5 为草图平面，进入草绘环境。

（2）绘制图 34.2.24 所示的草图，单击按钮。退出草绘环境。

Step18. 创建图 34.2.25 所示的旋转切削 1。

（1）选择命令。在 实体 区域中单击按钮，

（2）定义特征的截面草图。在“创建起源”选项下拉列表中选择 从草图选择 选项，在绘图区域选取草图 3 为特征的截面轮廓，单击按钮。

（3）定义旋转轴。在绘图区域选取图 34.2.24 所示的线为旋转轴。

（4）定义旋转属性。在“旋转”命令条的 角度(A): 文本框中输入值 360.0。在图形区空白区域单击。

（5）单击窗口中的 完成 按钮，完成旋转切削 1 的创建。

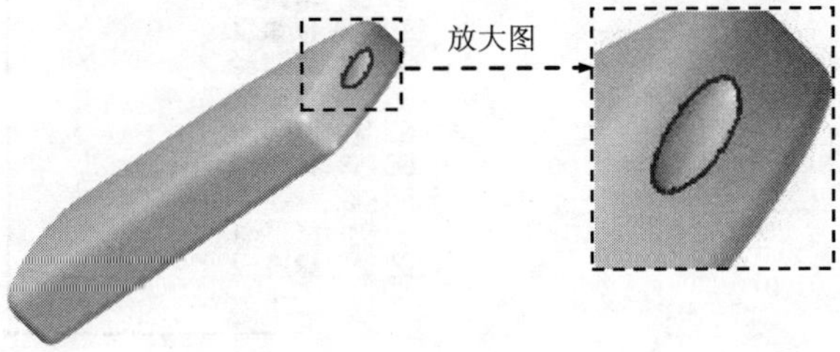

图 34.2.25 旋转切削 1

Step19. 创建图 34.2.26 所示的拉伸曲面 2。

（1）选择命令。在 曲面处理 功能选项卡的 曲面 区域中单击按钮。

（2）定义特征的截面草图。选取右视图（YZ）平面作为草图平面，进入草绘环境。绘制图 34.2.27 所示的截面草图，单击按钮。

（3）定义拉伸属性。在“拉伸”命令条中单击按钮，确认按钮被按下，在 距离: 下拉列表中输入值 60，并按 Enter 键。

（4）单击“拉伸”命令条中的 完成 按钮，单击 取消 按钮，完成拉伸曲面 2 的创建。

Step20. 选择下拉菜单 → 保存 命令，将模型命名为 CONTROLLER_FIRST。

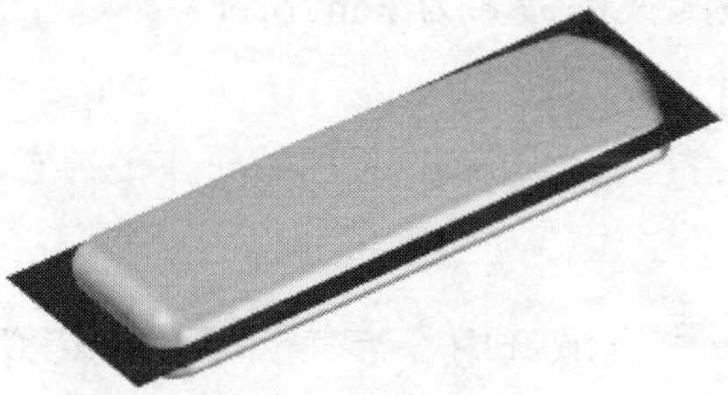

图 34.2.26 拉伸曲面 2

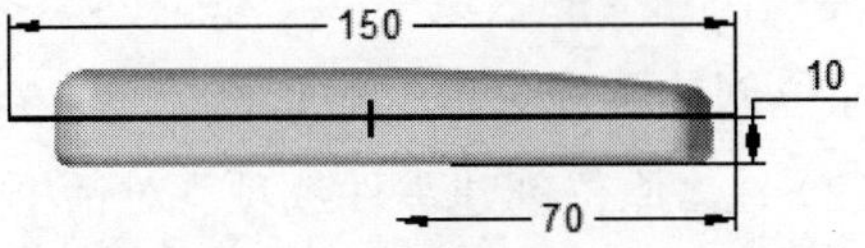

图 34.2.27 截面草图

34.3 创建二级主控件 1

下面讲解二级主控件 1（SECOND01. par）的创建过程，零件模型及路径查找器如图 34.3.1 所示。

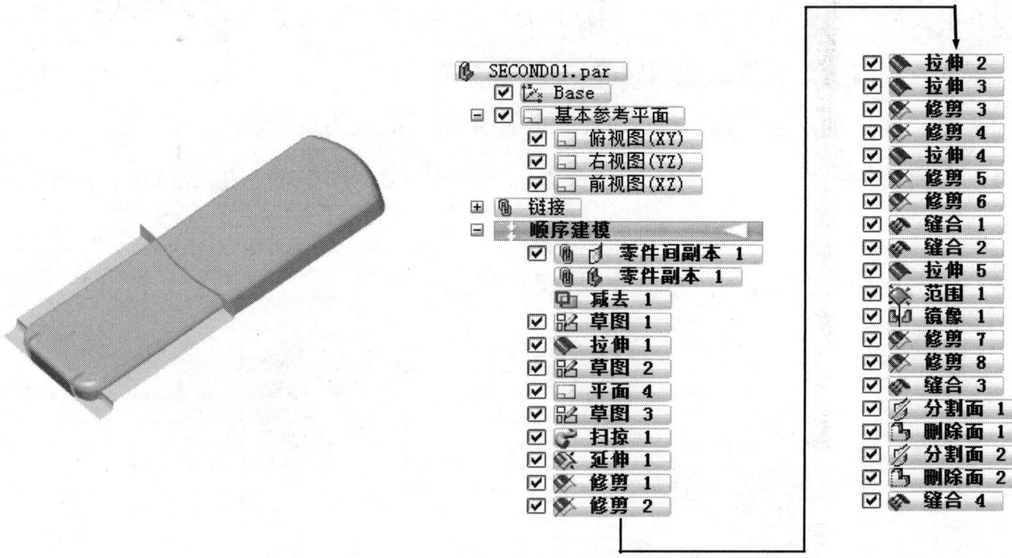

图 34.3.1 零件模型及路径查找器

Step1. 新建一个装配文件。选择下拉菜单 → 新建 → GB 公制装配 命令，系统进入装配体模板。

Step2. 添加一级控件零件模型。

（1）引入零件。单击路径查找器中的“零件库”按钮。在“零件库”对话框区域的下拉列表中设定装配的工作路径为 D:\sest10.3\work\ch34\，在“零件库”对话框中选中 CONTROLLER_FIRST 零件。按住鼠标左键将其拖动至绘图区域。

（2）放置零件。在图形区合适的位置处松开鼠标左键，即可把零件放置到当前位置，如图 34.3.2 所示。

（3）选择下拉菜单 → 保存 命令，将装配文件命名为 controller。

Step3. 在装配体中建立二级主控件 SECOND01。

（1）单击 装配 区域中的“原位创建零件”按钮。系统弹出“原位创建零件”命令条与“原位创建零件选项”对话框。

（2）在“原位创建零件选项”对话框中的 放置原点 区域选中 与装配原点重合(C) 单选项，在 原位创建 区域选中 创建部件并原位编辑(E) 单选项，然后单击“原位创建零件选项”对话框中的 确定 按钮。

（3）在“原位创建零件”命令条 模板(T): 区域的下拉列表中选择 gb part.par 选项，单击 按钮，系统弹出“另存为”对话框，在 文件名(N): 文本框中输入零件的名称为 SECOND01，单击 保存(S) 按钮。

（4）单击 主页 功能选项卡 剪贴板 区域中 后的小三角，选择 零件间复制 命令，系统弹出“零件间复制”命令条，在绘图区域选取 CONTROLLER_FIRST 零件为参考零件，在选择后的下拉列表中选择 面 选项，在绘图区域选取 CONTROLLER_FIRST 中的拉伸曲面 2。单击 按钮，单击 完成 按钮，单击 取消 按钮，完成“零件间复制”的操作。

注意：若绘图区域没有显示出拉伸曲面 2，可先退出“零件间复制”命令，然后在路径查找器中选中 ☑ CONTROLLER_FIRST.par:1 右击，在系统弹出的快捷菜单中选择 显示/隐藏部件 命令，然后将“曲面”选中 ✓ 曲面 即可。

（5）单击 剪贴板 区域中的 按钮，系统弹出“零件副本”命令条，以及“选择零件副本”对话框。在选择零件副本对话框中选择 CONTROLLER_FIRST 零件，然后单击 打开(O) 按钮。系统弹出“零件副本参数”对话框，在该对话框中选中 ☑ 链接到文件(F) 复选框、☑ 复制颜色(L) 复选框与 ⊙ 复制为设计体(D) 单选项，单击 确定 按钮，单击 完成 按钮。

（6）单击 按钮。

Step4. 选择下拉菜单 → 保存 命令，在路径查找器中选中 ☑ SECOND01.par:1 后右击选择 打开 命令。

Step5. 创建图 34.3.3 所示的减去特征 1。

（1）选择命令。在 主页 功能选项卡的 实体 区域中单击 后的 符号，单击“减去”按钮 减去。

（2）定义布尔运算的工具及方向。在绘图区域选取图 34.3.4 所示的面为布尔运算的工具，减去方向如图 34.3.4 所示。

（3）单击 完成 按钮，完成减去特征 1 的创建。

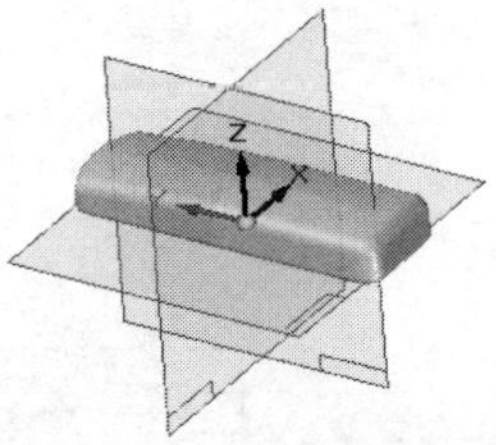

图 34.3.2 添加一级控件模型

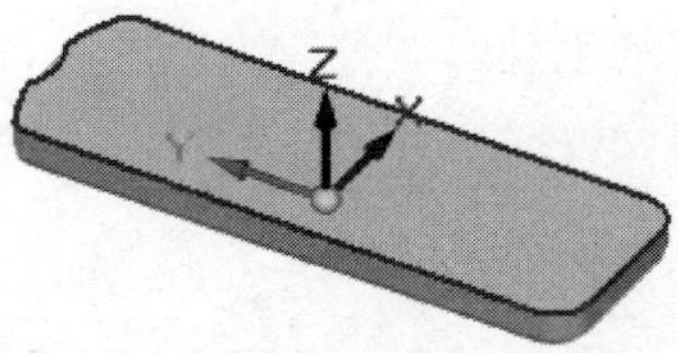

图 34.3.3 减去特征 1

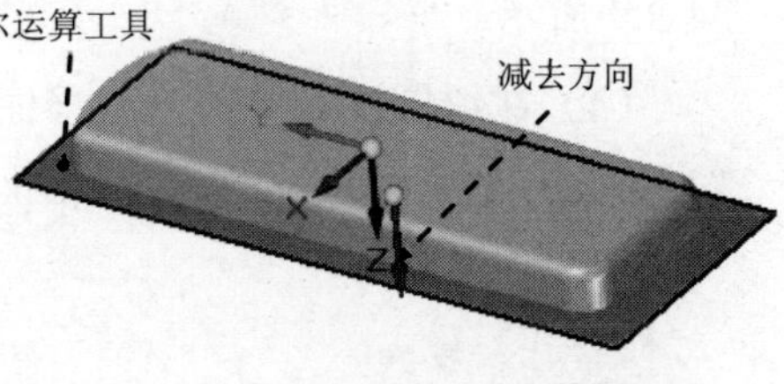

图 34.3.4 定义布尔运算工具及方向

Step6. 创建图 34.3.5 所示的草图 1。在 草图 区域中单击 按钮，选取右视图（YZ）平面为草图平面，进入草绘环境，绘制图 34.3.5 所示的草图，单击 按钮，退出草绘环境。

Step7. 创建图 34.3.6 所示的拉伸曲面 1。

（1）选择命令。在曲面处理功能选项卡的曲面区域中单击按钮。

（2）定义特征的截面草图。在“创建起源”选项下拉列表中选择从草图选择选项，然后在绘图区域选取草图 1 为特征的截面草图。单击按钮。

（3）定义拉伸属性。在“拉伸”命令条中单击按钮，确认按钮被按下，在距离:下拉列表中输入值 60，并按 Enter 键。

（4）单击“拉伸”命令条中的完成按钮，单击取消按钮，完成拉伸曲面 1 的创建。

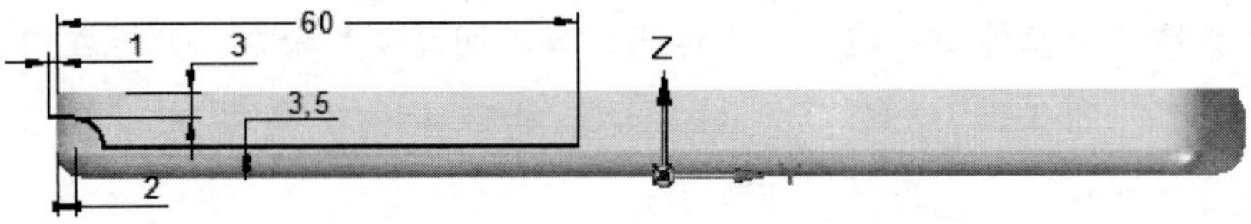

图 34.3.5　草图 1

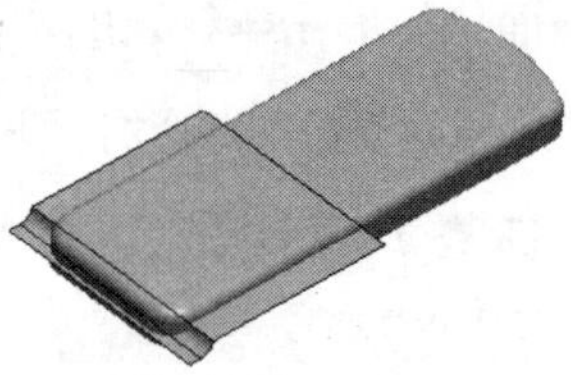

图 34.3.6　拉伸曲面 1

Step8. 创建图 34.3.7 所示的草图 2。在草图区域中单击按钮，选取图 34.3.7 所示的面为草图平面，进入草绘环境；绘制图 34.3.8 所示的草图，单击按钮。退出草绘环境。

Step9. 创建图 34.3.9 所示的平面 4。

（1）选择命令。在平面区域中单击按钮，选择平行选项。

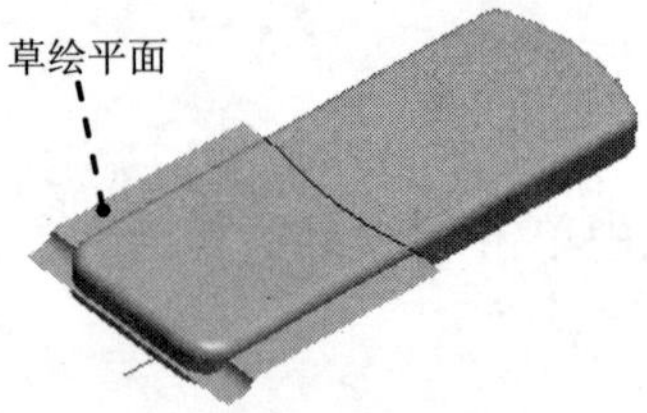

图 34.3.7　草图 2（建模环境）

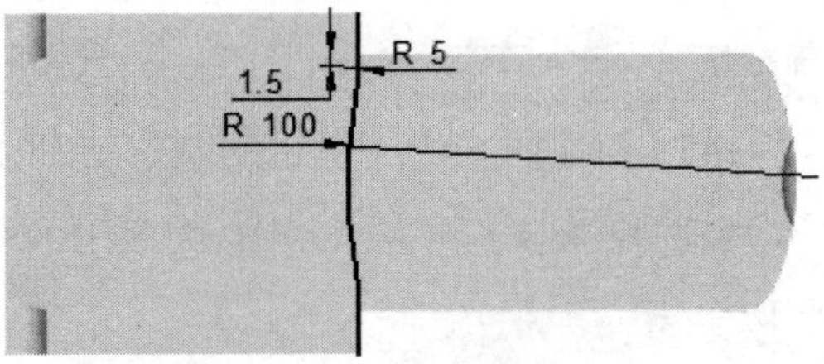

图 34.3.8　草图 2（草绘环境）

（2）定义基准面的参考实体。选取右视图（YZ）平面作为参考实体。

（3）定义偏移距离及方向。在距离:下拉列表中输入偏移距离值 30。偏移方向可参考图 34.3.9 所示。

（4）在绘图区域单击完成平面 4 的创建。

Step10. 创建图 34.3.10 所示的草图 3。

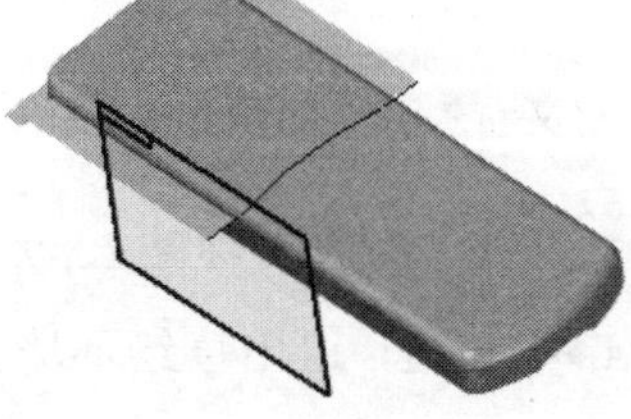

图 34.3.9　平面 4

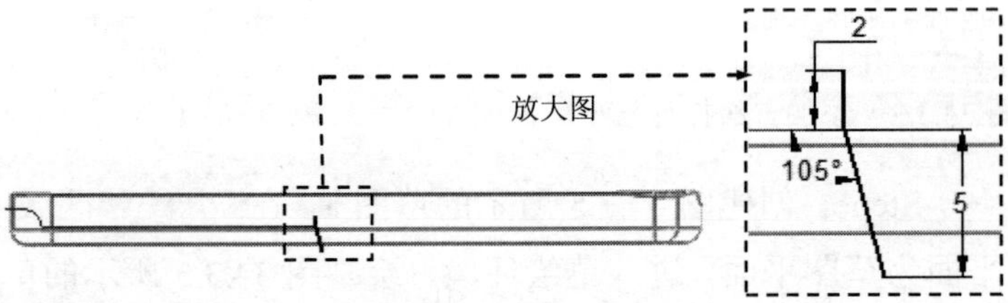

图 34.3.10　草图 3

（1）在 草图 区域中单击按钮，选取平面 4 为草图平面，进入草绘环境。

（2）绘制图 34.3.10 所示的草图，单击按钮。退出草绘环境。

Step11. 创建图 34.3.11 所示的扫掠曲面 1。

（1）选择命令。单击 曲面处理 功能选项卡 曲面 区域中的按钮，系统弹出“扫掠选项”对话框。

（2）定义扫掠类型。在“扫掠选项”对话框的 默认扫掠类型 区域中选中 单一路径和横截面(S) 单选项，其他参数接受系统默认设置值，然后单击 确定 按钮。

（3）定义扫掠路径。在“创建起源”选项下拉列表中选择 从草图/零件边选择 选项，在绘图区中选取草图 2 为扫掠路径曲线，单击按钮，完成扫掠轨迹曲线的选取。

（4）定义扫掠横截面。在“创建起源”选项下拉列表中选择 从草图/零件边选择 选项，在绘图区中选取草图 3 为扫掠横截面，单击按钮。

（5）单击 完成 按钮，单击 取消 按钮，完成扫掠曲面的创建。

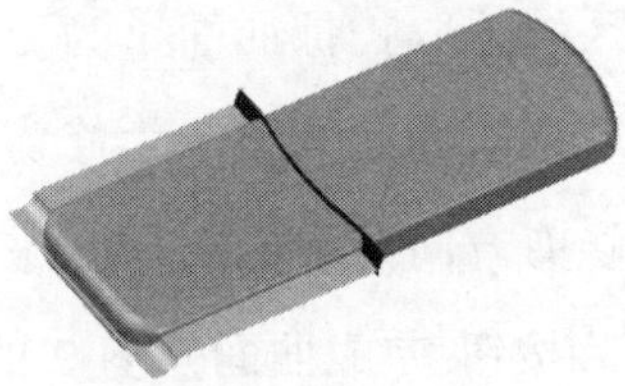

图 34.3.11 扫掠曲面 1

Step12. 创建图 34.3.12 所示的延伸曲面 1。

（1）选择命令。在 修改曲面 区域中单击按钮。

（2）定义延伸边线。选择图 34.3.13 所示的边线为延伸边线，单击右键。

（3）定义延伸类型和距离。在“延伸”命令条中单击按钮，然后在 距离: 下拉列表中输入值 5，按 Enter 键。然后单击 预览 按钮。

（4）单击 完成 按钮，完成延伸曲面 1 的创建。

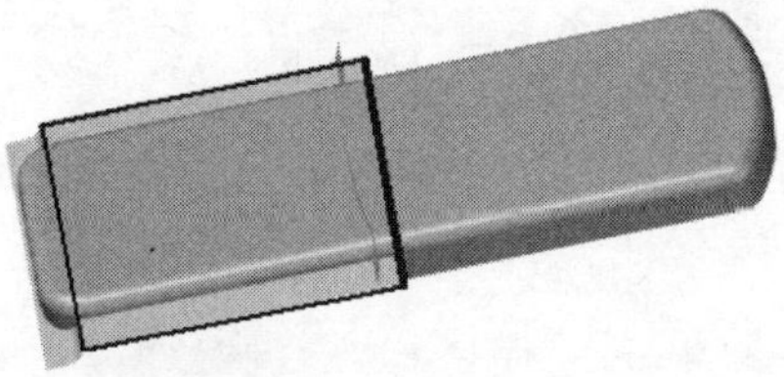

图 34.3.12 延伸曲面 1

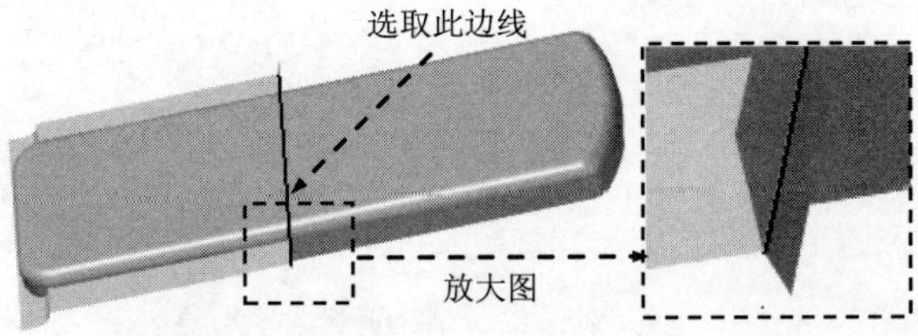

图 34.3.13 定义延伸边线

Step13. 创建图 34.3.14 所示的曲面修剪 1。

（1）选择命令。在 修改曲面 区域中单击按钮。

（2）选择要修剪的面。在绘图区域选取延伸曲面 1 为要修剪的曲面，单击按钮。

（3）选择修剪工具。在绘图区域选取扫掠曲面 1 为修剪工具，单击按钮。

（4）定义要修剪的一侧。特征修剪方向箭头如图 34.3.15 所示，单击左键确定。

（5）单击 完成 按钮，单击 取消 按钮，完成曲面修剪 1 的创建。

注意：在选择对象时，需在修剪命令条的 选择: 下拉列表中选择 体 选项。

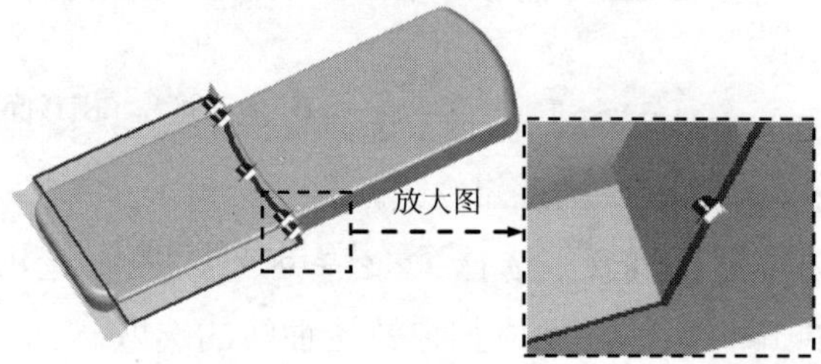

图 34.3.14　曲面修剪 1

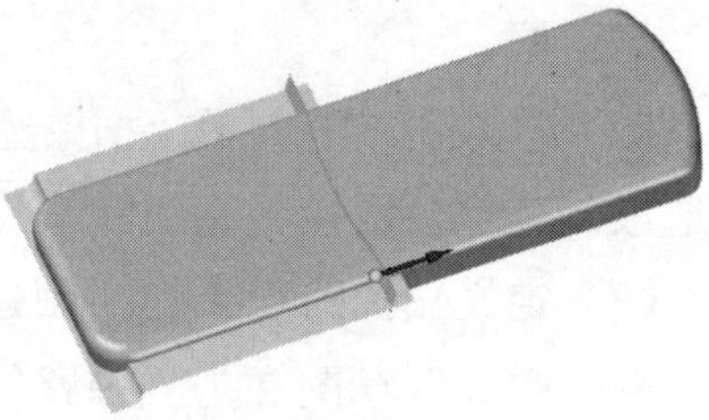

图 34.3.15　修剪方向

Step14. 创建图 34.3.16 所示的曲面修剪 2。

（1）选择命令。在 修改曲面 区域中单击按钮。

（2）选择要修剪的面。在绘图区域选取扫掠曲面 1 为要修剪的曲面，单击按钮。

（3）选择修剪工具。在绘图区域选取曲面修剪 1 为修剪工具，单击按钮。

（4）定义要修剪的一侧。特征修剪方向箭头如图 34.3.17 所示，单击左键确定。

（5）单击 完成 按钮，单击 取消 按钮,完成曲面修剪 2 的创建。

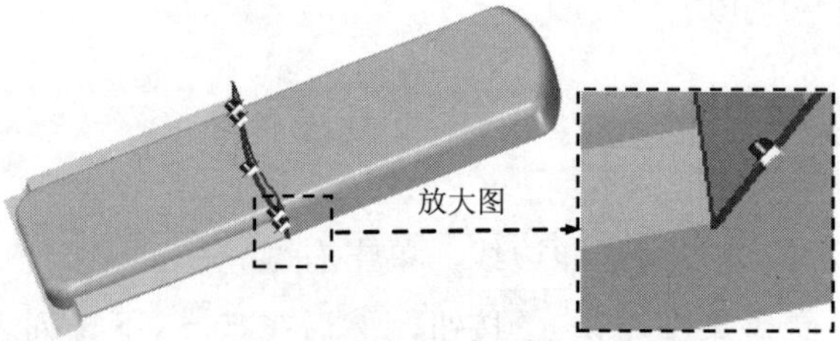

图 34.3.16　曲面修剪 2

图 34.3.17　修剪方向

Step15. 创建图 34.3.18 所示的拉伸曲面 2。

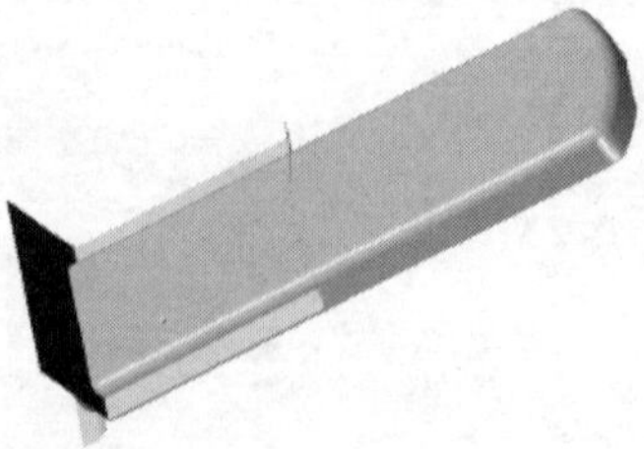

图 34.3.18　拉伸曲面 2

（1）选择命令。在 曲面处理 功能选项卡的 曲面 区域中单击按钮。

（2）定义特征的截面草图。选取右视图（YZ）平面作为草图平面，进入草绘环境。绘制图 34.3.19 所示的截面草图，单击按钮。

（3）定义拉伸属性。在“拉伸”命令条中单击按钮，确认按钮被按下，在 距离:

下拉列表中输入值 60，并按 Enter 键。

（4）单击“拉伸”命令条中的完成按钮，单击取消按钮，完成拉伸曲面 2 的创建。

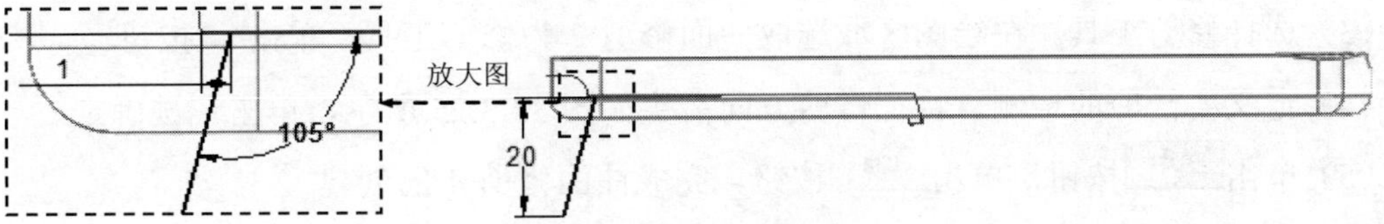

图 34.3.19　截面草图

Step16. 创建图 34.3.20 所示的拉伸曲面 3。

（1）选择命令。在曲面处理功能选项卡的曲面区域中单击按钮。

（2）定义特征的截面草图。选取俯视图（XY）平面作为草图平面，进入草绘环境。绘制图 34.3.21 所示的截面草图，单击按钮。

（3）定义拉伸属性。在“拉伸”命令条中单击按钮，确认按钮被按下，在距离:下拉列表中输入值 20，并按 Enter 键。

（4）单击“拉伸”命令条中的完成按钮，单击取消按钮，完成拉伸曲面 3 的创建。

Step17. 创建图 34.3.22 所示的曲面修剪 3。

（1）选择命令。在修改曲面区域中单击按钮。

（2）选择要修剪的面。在绘图区域选取拉伸曲面 2 为要修剪的曲面，单击按钮。

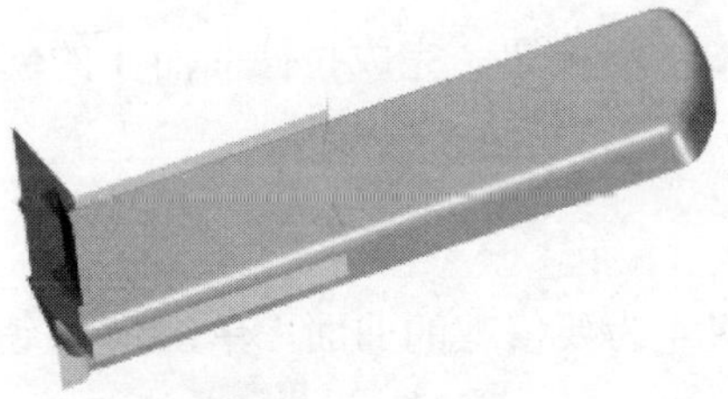

图 34.3.20　拉伸曲面 3

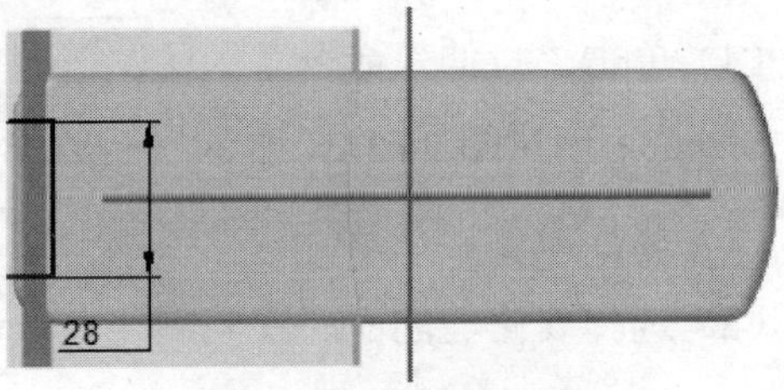

图 34.3.21　截面草图

（3）选择修剪工具。在绘图区域选取拉伸曲面 3 为修剪工具，单击按钮。

（4）定义要修剪的一侧。特征修剪方向箭头如图 34.3.23 所示，单击左键确定。

（5）单击完成按钮，单击取消按钮，完成曲面修剪 3 的创建

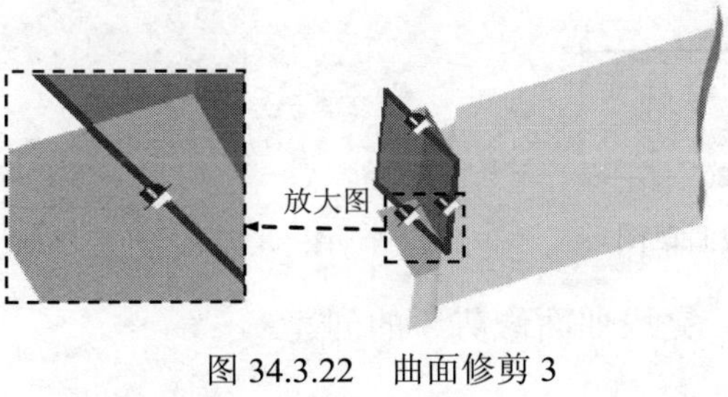

图 34.3.22　曲面修剪 3

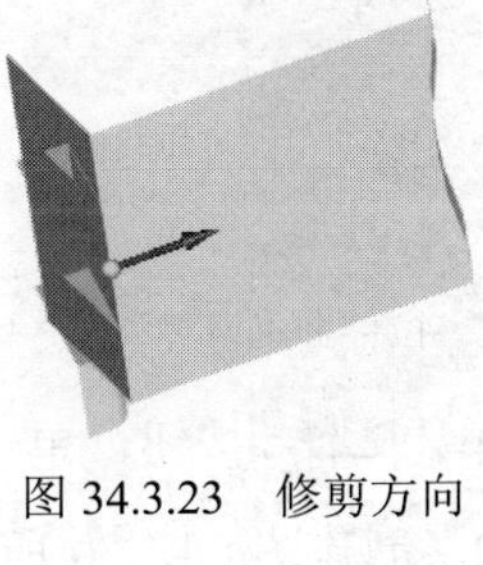

图 34.3.23　修剪方向

Step18. 创建图 34.3.24 所示的曲面修剪 4。

（1）选择命令。在修改曲面区域中单击按钮。

（2）选择要修剪的面。在绘图区域选取拉伸曲面 3 为要修剪的曲面，单击按钮。

（3）选择修剪工具。在绘图区域选取曲面修剪 2 为修剪工具，单击按钮。

（4）定义要修剪的一侧。特征修剪方向箭头如图 34.3.25 所示，单击左键确定。

（5）单击完成按钮，单击取消按钮，完成曲面修剪 4 的创建

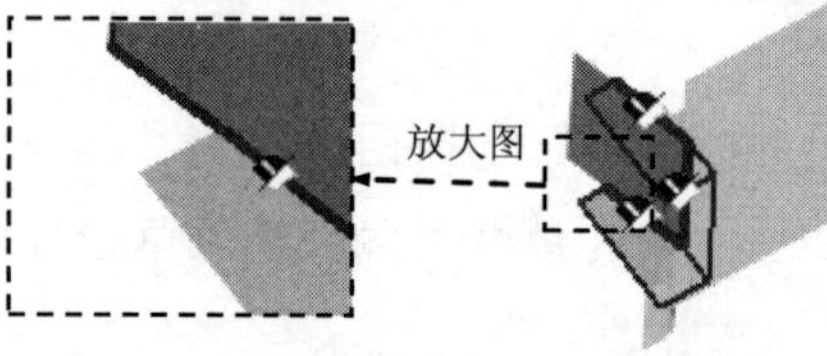

图 34.3.24　曲面修剪 4

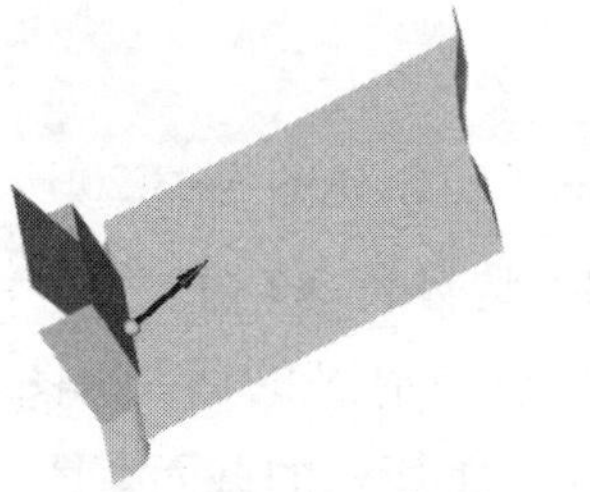

图 34.3.25　修剪方向

Step19. 创建图 34.3.26 所示的拉伸曲面 4。

（1）选择命令。在曲面处理功能选项卡曲面区域中单击按钮。

（2）定义特征的截面草图。选取右视图（YZ）平面作为草图平面，进入草绘环境。绘制图 34.3.27 所示的截面草图，单击按钮。

（3）定义拉伸属性。在“拉伸”命令条中单击按钮，确认按钮被按下，在距离:下拉列表中输入值 40，并按 Enter 键。

（4）单击“拉伸”命令条中的完成按钮，单击取消按钮，完成拉伸曲面 4 的创建。

Step20. 创建图 34.3.28 所示的曲面修剪 5。

（1）选择命令。在修改曲面区域中单击按钮。

（2）选择要修剪的面。在绘图区域选取曲面修剪 4 为要修剪的曲面，单击按钮。

（3）选择修剪工具。在绘图区域选取拉伸曲面 4 为修剪工具，单击按钮。

（4）定义要修剪的一侧。特征修剪方向箭头如图 34.3.29 所示，单击左键确定。

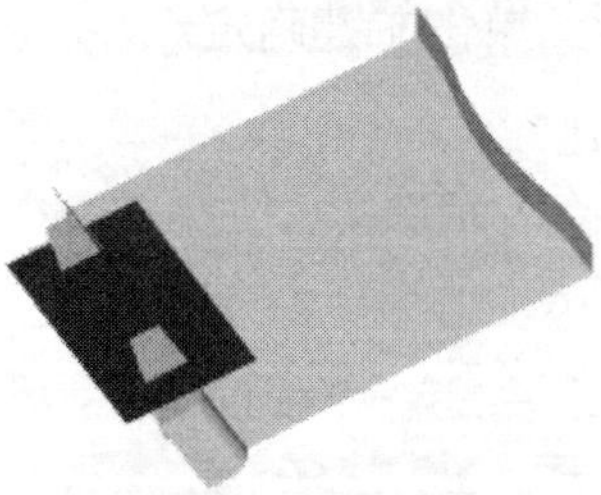

图 34.3.26　拉伸曲面 4

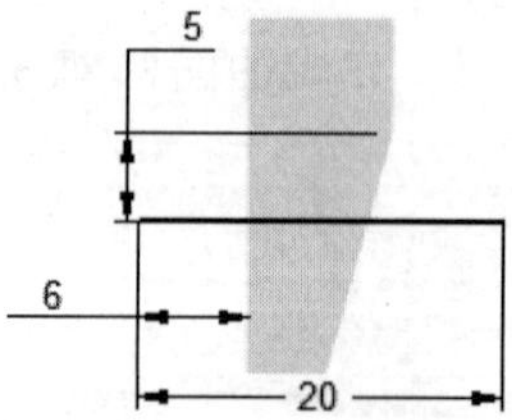

图 34.3.27　截面草图

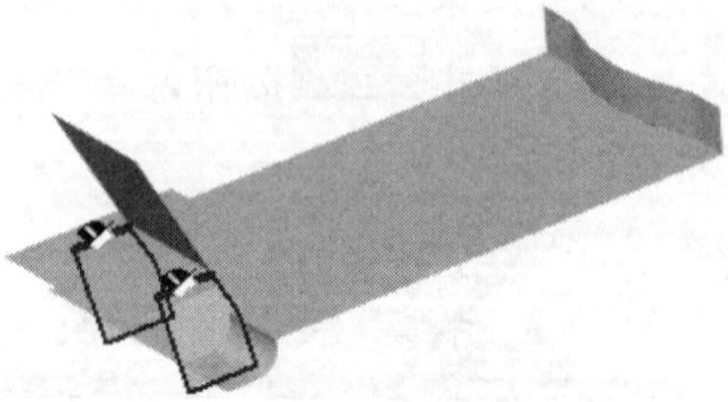

图 34.3.28　曲面修剪 5

（5）单击完成按钮，单击取消按钮，完成曲面修剪 5 的创建。

Step21. 创建图 34.3.30 所示的曲面修剪 6。

（1）选择命令。在修改曲面区域中单击按钮。

（2）选择要修剪的面。在绘图区域选取曲面修剪 3 为要修剪的曲面，单击✔按钮。

（3）选择修剪工具。在绘图区域选取拉伸曲面 4 为修剪工具，单击✔按钮。

（4）定义要修剪的一侧。特征修剪方向箭头如图 34.3.31 所示，单击左键确定。

（5）单击 完成 按钮，单击 取消 按钮，完成曲面修剪 6 的创建。

图 34.3.29　修剪方向

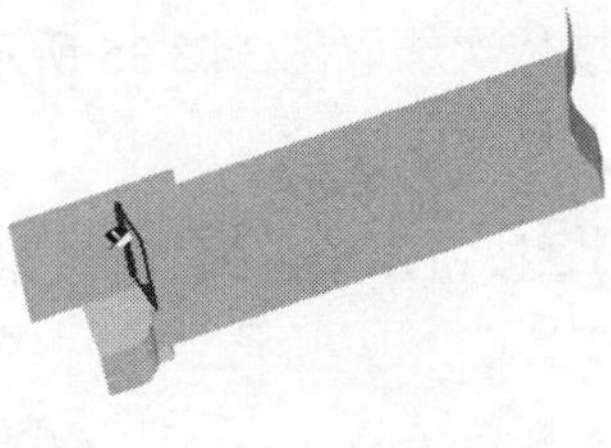
图 34.3.30　曲面修剪 6

图 34.3.31　修剪方向

Step22. 创建缝合曲面 1。

（1）选择命令。在 修改曲面 区域中单击 缝合 按钮，系统弹出“缝合曲面选项”对话框，在该对话框中取消选中 □ 修复已缝合的表面(E) 复选框，单击 确定 按钮。

（2）选择要缝合的曲面。在绘图区域选取曲面修剪 5 与曲面修剪 6 为要缝合的曲面，单击✔按钮。

（3）单击✔按钮，单击 完成 按钮，单击 取消 按钮，完成缝合曲面 1 的创建。

Step23. 创建缝合曲面 2。

（1）选择命令。在 修改曲面 区域中单击 缝合 按钮，系统弹出“缝合曲面选项”对话框，在该对话框中取消选中 □ 修复已缝合的表面(E) 复选框，单击 确定 按钮。

（2）选择要缝合的曲面。在绘图区域选取曲面修剪 1 与曲面修剪 2 为要缝合的曲面，单击✔按钮。

（3）单击✔按钮，单击 完成 按钮，单击 取消 按钮，完成缝合曲面 2 的创建。

Step24. 创建图 34.3.32 所示的拉伸曲面 5。

（1）选择命令。在 曲面处理 功能选项卡的 曲面 区域中单击按钮。

（2）定义特征的截面草图。选取图 34.3.32 所示的平面作为草图平面，进入草绘环境。绘制图 34.3.33 所示的截面草图，单击✔按钮。

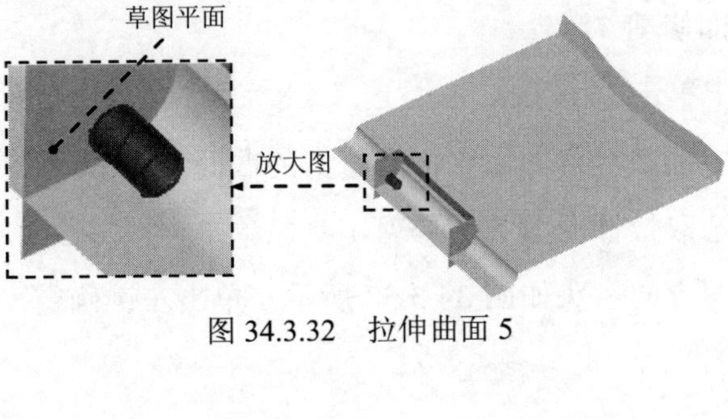

图 34.3.32　拉伸曲面 5

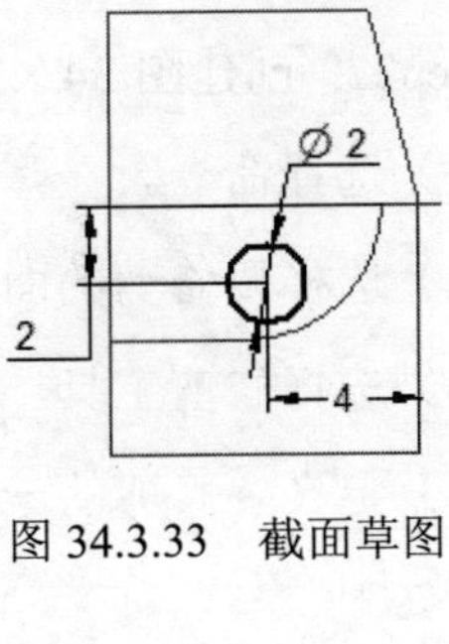

图 34.3.33　截面草图

（3）定义拉伸属性。在“拉伸”命令条中单击按钮，确认与按钮未被按下，在距离:下拉列表中输入值 3，并按 Enter 键，拉伸方向可参考图 34.3.32 所示。

（4）单击“拉伸”命令条中的完成按钮，单击取消按钮，完成拉伸曲面 5 的创建。

Step25. 创建图 34.3.34 所示的有界曲面 1。

（1）选择命令。在曲面区域中单击按钮。

（2）定义边界曲线。在绘图区域依次选取图 34.3.35 所示的模型边线为定义边界的曲线。单击按钮。

（3）单击预览按钮，单击完成按钮，单击取消按钮，完成有界曲面 1 的创建。

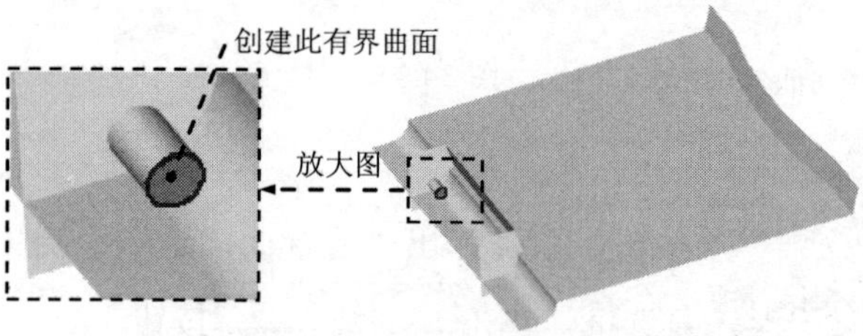

图 34.3.34　有界曲面 1

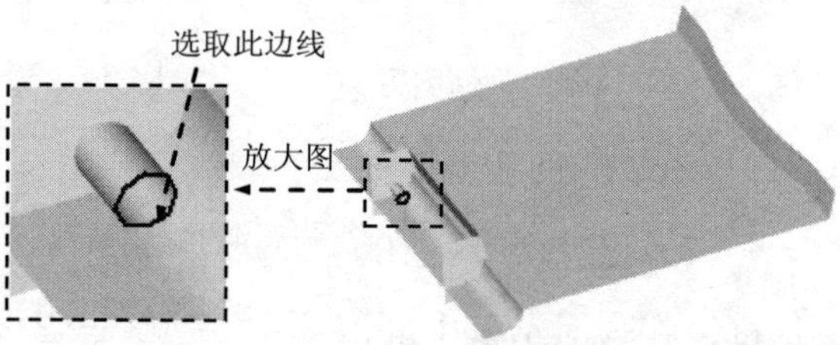

图 34.3.35　定义边界曲线

Step26. 创建图 34.3.36b 所示的镜像 1。

（1）选择命令。在阵列区域中单击镜像后的，选择镜像复制零件命令。

（2）定义要镜像的元素。在绘图区域选取拉伸曲面 5 与有界曲面 1 为要镜像的元素。单击按钮。

（3）定义镜像平面。选取右视图（YZ）平面为镜像平面。

（4）单击完成按钮，单击取消按钮，完成镜像 1 的创建。

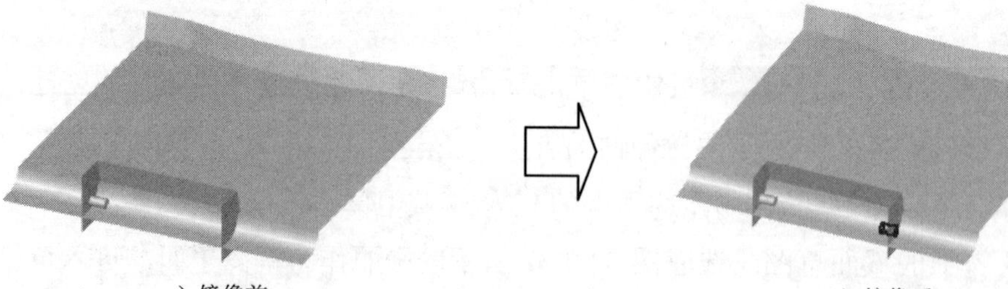

a）镜像前　　b）镜像后

图 34.3.36　镜像 1

Step27. 创建图 34.3.37 所示的曲面修剪 7。

（1）选择命令。在修改曲面区域中单击按钮。

（2）选择要修剪的面。在绘图区域选取缝合曲面 1 为要修剪的曲面，单击按钮。

（3）选择修剪工具。在绘图区域选取拉伸曲面 5 为修剪工具，单击按钮。

（4）定义要修剪的一侧。特征修剪方向箭头如图 34.3.38 所示，单击左键确定。

（5）单击完成按钮，单击取消按钮，完成曲面修剪 7 的创建。

Step28. 创建图 34.3.39 所示的曲面修剪 8。

（1）选择命令。在修改曲面区域中单击按钮。

（2）选择要修剪的面。在绘图区域选取缝合曲面 1 为要修剪的曲面，单击按钮。

（3）选择修剪工具。在绘图区域选取镜像 1 为修剪工具，单击按钮。

（4）定义要修剪的一侧。特征修剪方向箭头如图 34.3.40 所示，单击左键确定。

（5）单击完成按钮，单击取消按钮，完成曲面修剪 8 的创建。

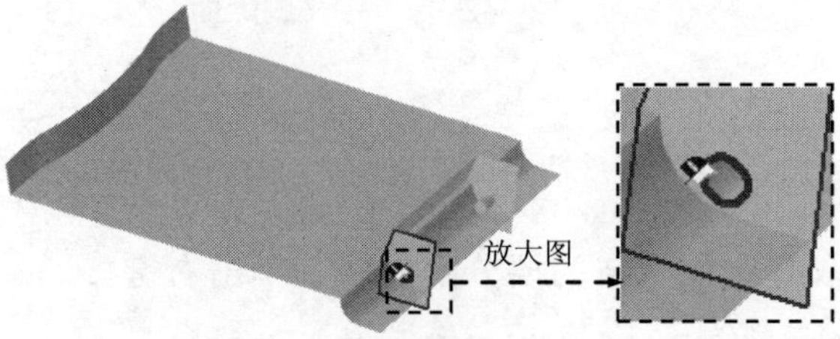

图 34.3.37　曲面修剪 7

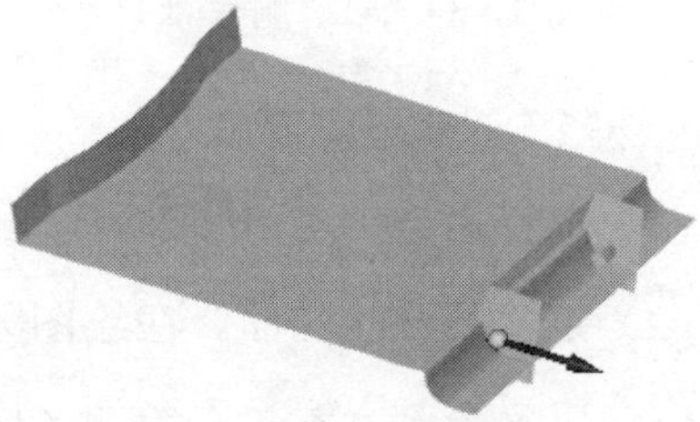

图 34.3.38　修剪方向

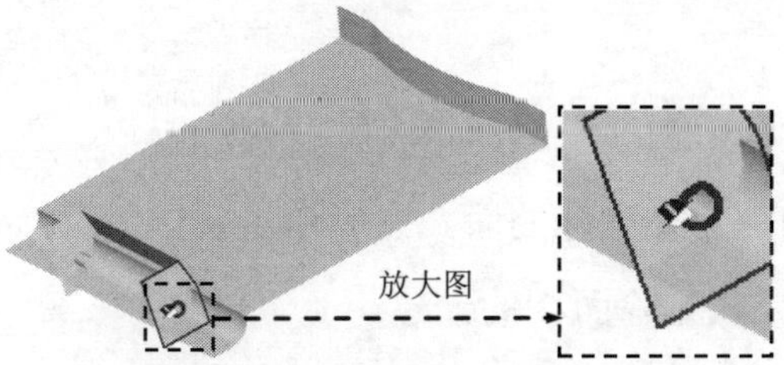

图 34.3.39　曲面修剪 8

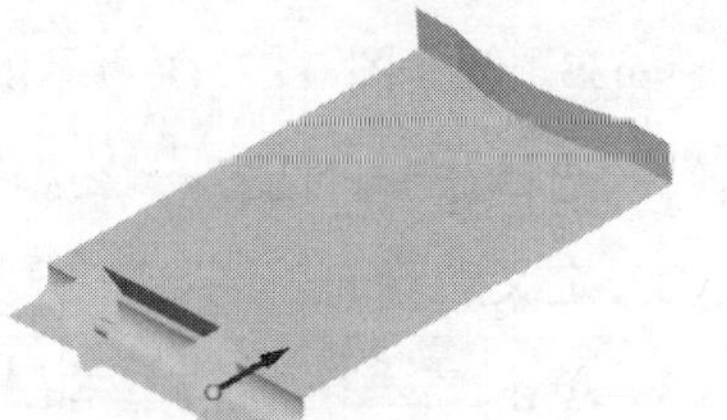

图 34.3.40　修剪方向

Step29. 创建缝合曲面 3。

（1）选择命令。在修改曲面区域中单击缝合按钮，系统弹出“缝合曲面选项”对话框，在该对话框中取消选中修复已缝合的表面(E)复选框，单击确定按钮。

（2）选择要缝合的曲面。在绘图区域选取有界曲面 1、曲面修剪 7、曲面修剪 8 与缝合曲面 1 为要缝合的曲面，单击按钮。

（3）单击按钮，单击完成按钮，单击取消按钮，完成缝合曲面 3 的创建。

Step30. 创建分割面 1。

（1）选择命令。在修改曲面区域中单击按钮。

（2）定义要分割的面。在绘图区域选取缝合曲面 3 为要分割的面，单击右键。

（3）定义分割元素。在绘图区域选取缝合曲面 2 为分割元素，单击右键。

（4）单击完成按钮，单击取消按钮，完成分割面 1 的创建。

Step31. 创建图 34.3.41 所示的删除面 1。

（1）选择命令。选择 主页 选项卡，单击 修改 中 删除 里面的 面 按钮。

（2）定义删除面。选取图 34.3.42 所示的面为要删除的面。然后单击右键。

（3）单击 完成 按钮，单击 取消 按钮，完成删除面 1 的创建。

图 34.3.41　删除面 1

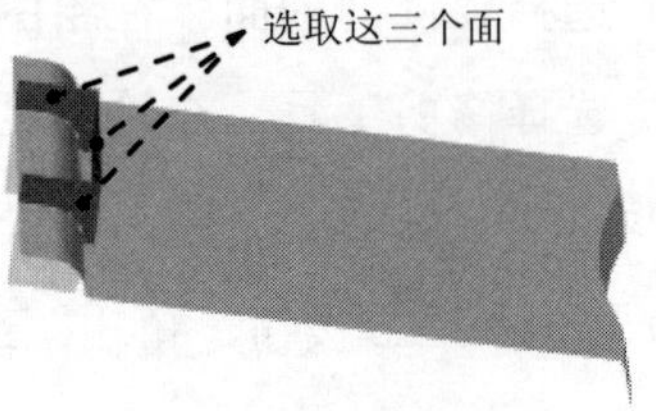

图 34.3.42　定义删除面

Step32. 创建分割面 2。

（1）选择命令。在 修改曲面 区域中单击 按钮。

（2）定义要分割的面。在绘图区域选取缝合曲面 2 为要分割的面，单击右键。

（3）定义分割元素。在绘图区域选取缝合曲面 4 为分割元素，单击右键。

（4）单击 完成 按钮，单击 取消 按钮，完成分割面 2 的创建。

Step33. 创建图 34.3.43 所示的删除面 2。

（1）选择命令。选择 主页 选项卡，单击 修改 中 删除 里面的 面 按钮。

（2）定义删除面。选取图 34.3.44 所示的面为要删除的面。然后单击右键。

（3）单击 完成 按钮，单击 取消 按钮，完成删除面 2 的创建。

图 34.3.43　删除面 2

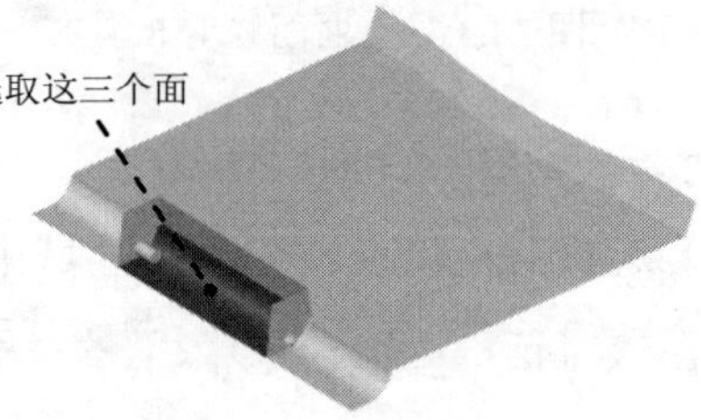

图 34.3.44　定义删除面

Step34. 创建缝合曲面 4。

（1）选择命令。在 修改曲面 区域中单击 缝合 按钮，系统弹出“缝合曲面选项”对话框，在该对话框中取消选中 □ 修复已缝合的表面(E) 复选框，单击 确定 按钮。

（2）选择要缝合的曲面。在绘图区域选取曲面缝合 2 与曲面缝合 3 为要缝合的曲面，单击 按钮。

（3）单击 按钮，单击 完成 按钮，单击 取消 按钮，完成缝合曲面 4 的创建。

Step35. 保存并关闭模型文件。

34.4 创建二级主控件 2

下面讲解二级主控件 2（SECOND02. par）的创建过程，零件模型及路径查找器如图 34.4.1 所示。

Step1. 在装配体中建立二级主控件 SECOND02。

（1）单击装配区域中的“原位创建零件”按钮。系统弹出“原位创建零件”命令条与“原位创建零件选项”对话框。

（2）在“原位创建零件选项”对话框中的放置原点区域选中 ⦿ 与装配原点重合(C) 单选项，在原位创建区域选中 ⦿ 创建部件并原位编辑(E) 单选项，然后单击“原位创建零件选项”对话框中的确定按钮。

（3）在“原位创建零件”命令条模板(T):区域的下拉列表中选择 gb part.par 选项，单击按钮，系统弹出“另存为”对话框，在文件名(N):文本框中输入零件的名称为 SECOND02，单击保存(S)按钮。

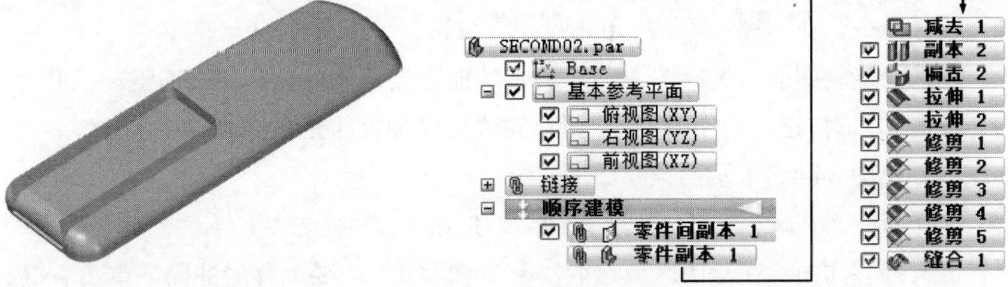

图 34.4.1　零件模型及路径查找器

（4）单击主页功能选项卡剪贴板区域后的小三角，选择零件间复制命令，系统弹出“零件间复制”命令条，在绘图区域选取 CONTROLLER_FIRST 零件为参考零件，在选择后的下拉列表中选择面选项，在绘图区域选取 CONTROLLER_FIRST 中的拉伸曲面 2。单击按钮，单击完成按钮，单击按钮，完成“零件间复制”的操作。

注：若绘图区域没有显示出拉伸曲面 2，可先退出“零件间复制”命令，然后在路径查找器中选中 ☑ CONTROLLER_FIRST.par:1 右击，在系统弹出的快捷菜单中选择显示/隐藏部件命令，然后将“曲面”选中 ✓ 曲面即可。

（5）单击剪贴板区域中的按钮，系统弹出“零件副本”命令条，以及“选择零件副本”对话框。在“选择零件副本”对话框中选择 CONTROLLER_FIRST 零件，然后单击打开(O)按钮。系统弹出“零件副本参数”对话框，在该对话框中选中 ☑ 链接到文件(F) 复选框、☑ 复制颜色(L) 复选框与 ⦿ 复制为设计体(D) 单选项，单击确定按钮，单击完成按钮。

（6）单击按钮。

Step2. 选择下拉菜单 → 保存 命令。在路径查找器中选中 SECOND02.par:1后右击选择 打开 命令。

Step3. 创建图 34.4.2 所示的减去特征 1。

（1）选择命令。在 主页 功能选项卡的 实体 区域中单击 后的 符号，单击“减去”按钮 减去。

（3）定义布尔运算的工具及方向。在绘图区域选取图 34.4.3 所示面为布尔运算的工具，减去方向如图 34.4.3 所示。

（4）单击 完成 按钮。完成减去特征 1 的创建。

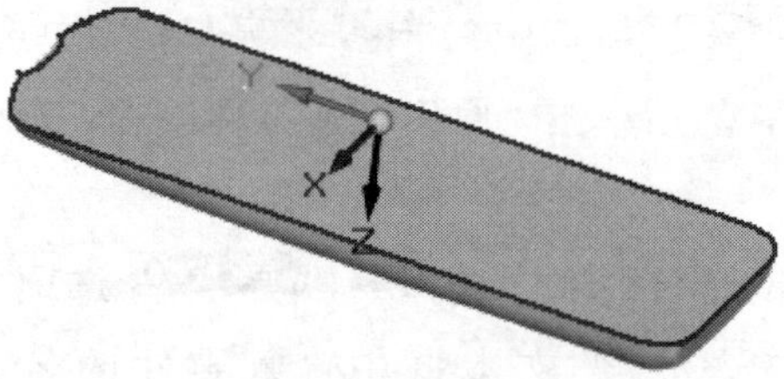

图 34.4.2 减去特征 1

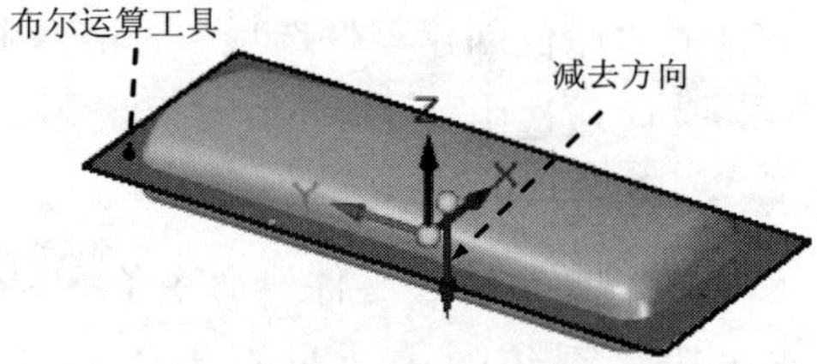

图 34.4.3 定义布尔运算工具及方向

Step4. 创建图 34.4.4 所示的复制曲面 1。

（1）选择命令。在 曲面 区域中单击 复制 按钮。

（2）定义要复制的面。选择图 34.4.4 所示的面为要复制的面，单击右键。

（3）单击 完成 按钮，单击 取消 按钮，完成复制曲面 1 的创建。

Step5. 创建图 34.4.5 所示的偏移曲面 1。

（1）选择命令。在 曲面 区域中单击 偏移 按钮。

（2）定义偏移曲面。在绘图区域选取“复制曲面 1”为要偏移的曲面，单击右键。

（3）定义偏移距离。在“偏移”命令条的 距离: 文本框中输入值 2，按 Enter 键。

（4）定义偏移方向。偏移方向可参考图 34.4.5 所示（向实体内部）。

（5）单击 完成 按钮，单击 取消 按钮，完成偏移曲面 1 的创建。

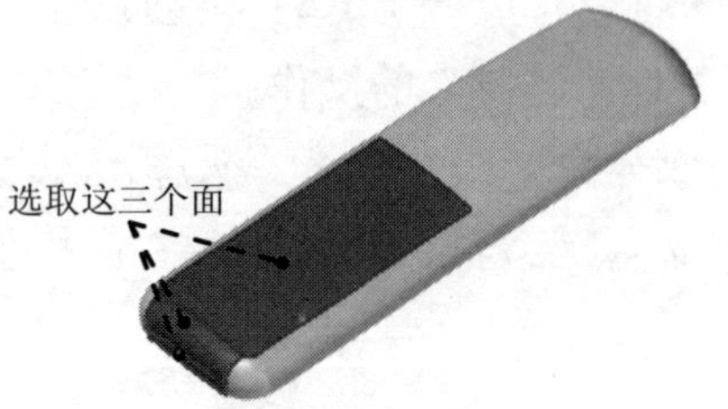

图 34.4.4 复制曲面 1

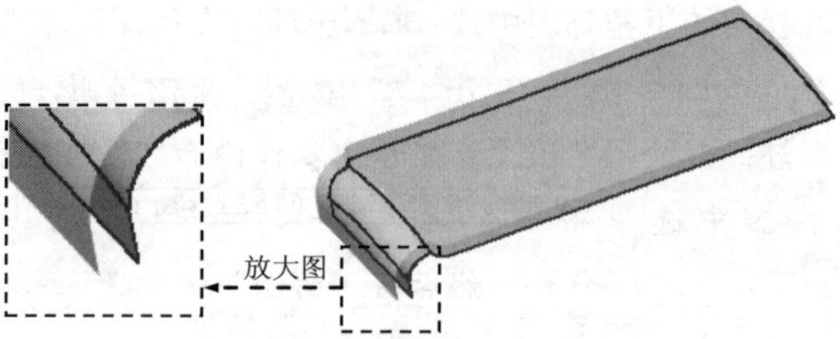

图 34.4.5 偏移曲面 1

Step6. 创建图 34.4.6 所示的拉伸曲面 1（隐藏实体）。

（1）选择命令。在 曲面处理 功能选项卡的 曲面 区域中单击 按钮。

（2）定义特征的截面草图。选取俯视图（XY）平面作为草图平面，进入草绘环境。绘制图 34.4.7 所示的截面草图，单击 按钮。

说明：截面草图直线的下端点与复制曲面 1 重合。

图 34.4.6　拉伸曲面 1

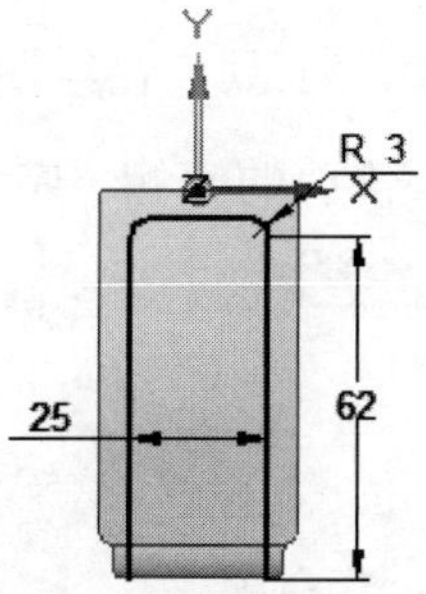

图 34.4.7　截面草图

（3）定义拉伸属性。在“拉伸”命令条中单击按钮，确认与按钮未被按下，在距离下拉列表中输入值 25，并按 Enter 键，拉伸方向沿 Z 轴正方向。

（4）单击“拉伸”命令条中的完成按钮，单击取消按钮，完成拉伸曲面 1 的创建。

Step7. 创建图 34.4.8 所示的拉伸曲面 2（实体与复制曲面 1 已隐藏）。

（1）选择命令。在曲面处理功能选项卡的曲面区域中单击按钮。

（2）定义特征的截面草图。选取图 34.4.8 所示的面作为草图平面，进入草绘环境。绘制图 34.4.9 所示的截面草图，单击按钮。

（3）定义拉伸属性。在“拉伸”命令条中单击按钮，确认被按下，在距离下拉列表中输入值 10，并按 Enter 键，拉伸方向沿 Y 轴正方向。在距离下拉列表中输入值 3，并按 Enter 键，拉伸方向沿 Y 轴负方向。

（4）单击“拉伸”命令条中的完成按钮，单击取消按钮，完成拉伸曲面 2 的创建。

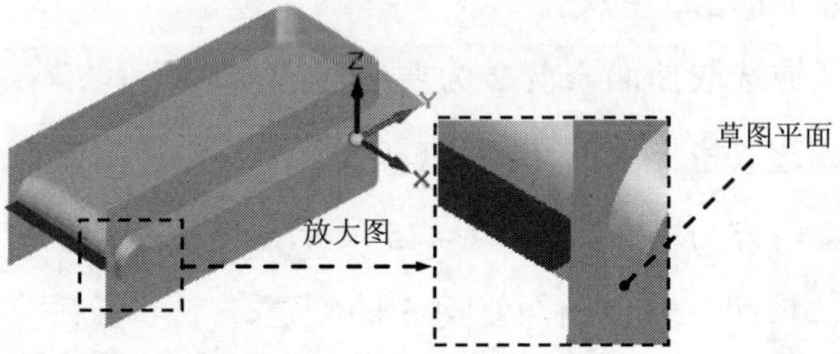

图 34.4.8　拉伸曲面 2

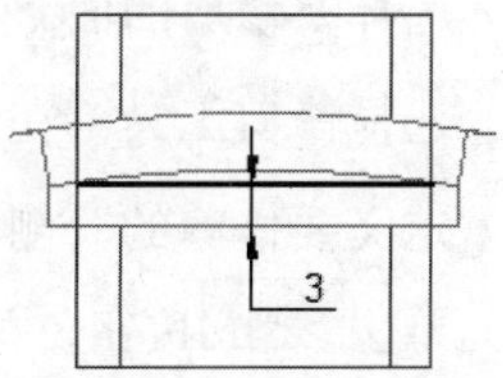

图 34.4.9　截面草图

Step8. 创建图 34.4.10 所示的曲面修剪 1。

（1）选择命令。在修改曲面区域中单击按钮。

（2）选择要修剪的面。在绘图区域选取偏移曲面 1 为要修剪的曲面，单击按钮。

（3）选择修剪工具。在绘图区域选取拉伸曲面 1 为修剪工具，单击按钮。

（4）定义要修剪的一侧。特征修剪方向箭头如图 34.4.11 所示，单击左键确定。

（5）单击完成按钮，单击取消按钮，完成曲面修剪 1 的创建。

Step9. 创建图 34.4.12 所示的曲面修剪 2。

（1）选择命令。在修改曲面区域中单击按钮。

（2）选择要修剪的面。在绘图区域选取拉伸曲面 1 为要修剪的曲面，单击按钮。

（3）选择修剪工具。在绘图区域选取曲面修剪 1 为修剪工具，单击按钮。

(4) 定义要修剪的一侧。特征修剪方向箭头如图 34.4.13 所示，单击左键确定。

（5）单击 完成 按钮，单击 取消 按钮，完成曲面修剪 2 的创建。

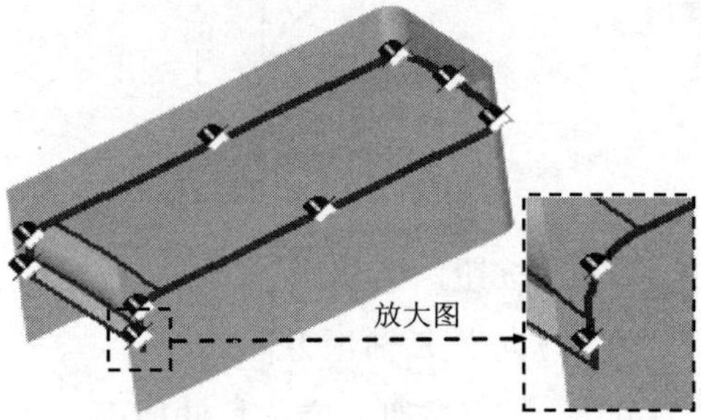

图 34.4.10　曲面修剪 1

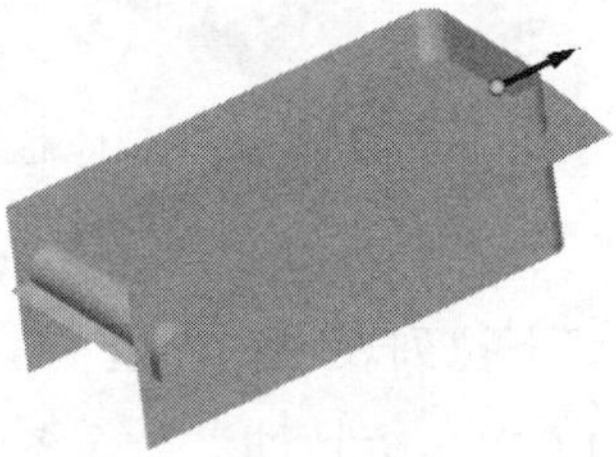
图 34.4.11　修剪方向

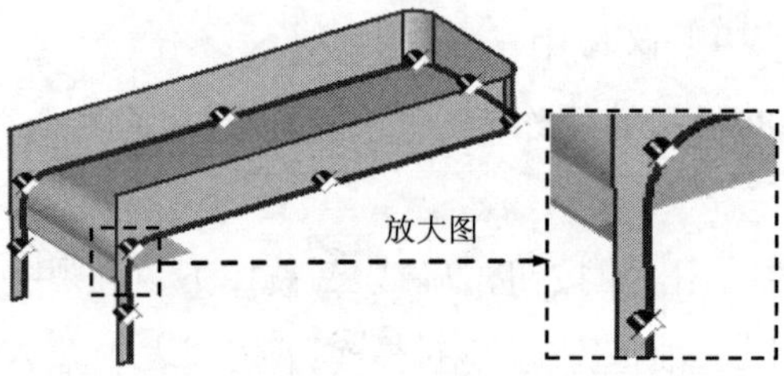

图 34.4.12　曲面修剪 2

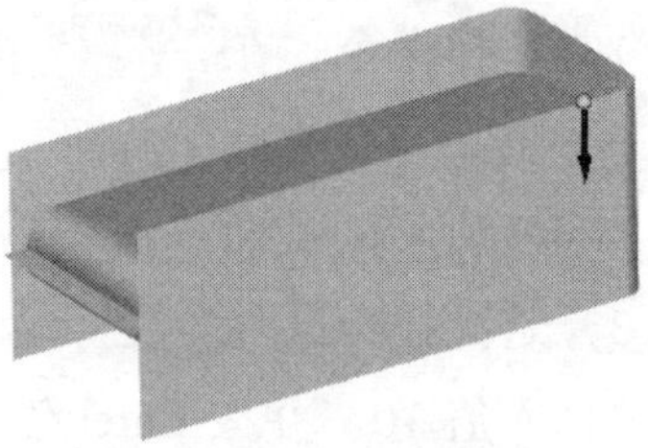
图 34.4.13　修剪方向

Step10. 创建图 34.4.14 所示的曲面修剪 3。

（1）选择命令。在 修改曲面 区域中单击按钮。

（2）选择要修剪的面。在绘图区域选取曲面修剪 2 为要修剪的曲面，单击按钮。

（3）选择修剪工具。在绘图区域选取拉伸曲面 2 为修剪工具，单击按钮。

（4）定义要修剪的一侧。特征修剪方向箭头如图 34.4.15 所示，单击左键确定。

（5）单击 完成 按钮，单击 取消 按钮，完成曲面修剪 3 的创建。

图 34.4.14　曲面修剪 3

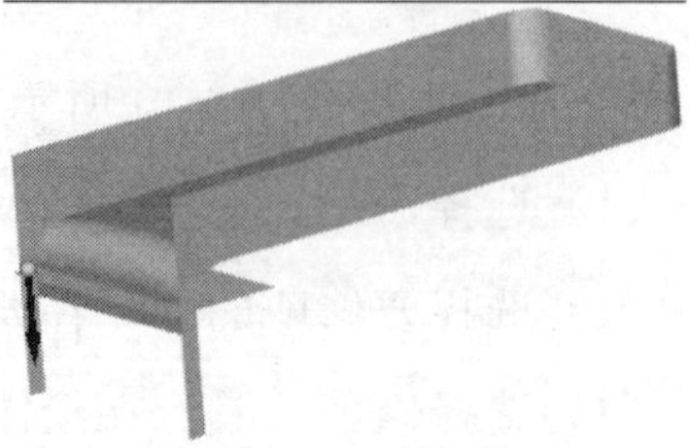
图 34.4.15　修剪方向

Step11. 创建图 34.4.16 所示的曲面修剪 4。

（1）选择命令。在 修改曲面 区域中单击按钮。

（2）选择要修剪的面。在绘图区域选取曲面修剪 1 为要修剪的曲面，单击按钮。

（3）选择修剪工具。在绘图区域选取拉伸曲面 2 为修剪工具，单击按钮。

（4）定义要修剪的一侧。特征修剪方向箭头如图 34.4.17 所示，单击左键确定。

（5）单击完成按钮，单击取消按钮，完成曲面修剪 4 的创建。

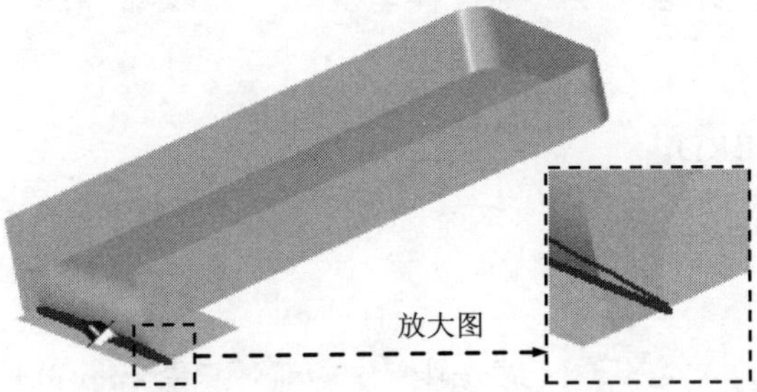

图 34.4.16　曲面修剪 4

图 34.4.17　修剪方向

Step12. 创建图 34.4.18 所示的曲面修剪 5。

（1）选择命令。在修改曲面区域中单击按钮。

（2）选择要修剪的面。在绘图区域选取拉伸曲面 2 为要修剪的曲面，单击按钮。

（3）选择修剪工具。在绘图区域选取曲面修剪 4 为修剪工具，单击按钮。

（4）定义要修剪的一侧。特征修剪方向箭头如图 34.4.19 所示，单击左键确定。

（5）单击完成按钮，单击取消按钮，完成曲面修剪 5 的创建。

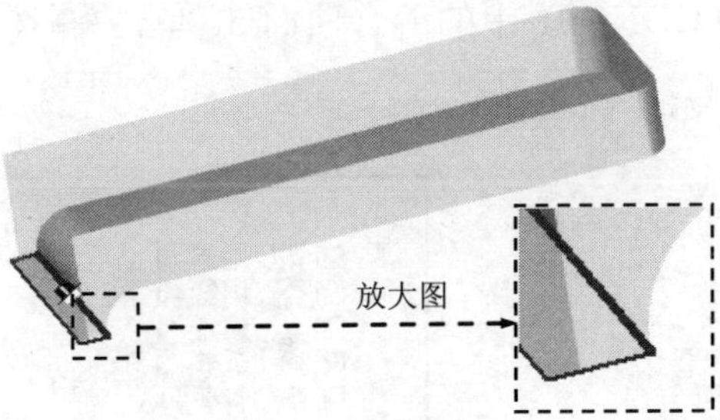

图 34.4.18　曲面修剪 5

图 34.4.19　修剪方向

Step13. 创建缝合曲面 1。

（1）选择命令。在修改曲面区域中单击缝合按钮，系统弹出“缝合曲面选项”对话框，在该对话框中取消选中□ 修复已缝合的表面(E)复选框，单击确定按钮。

（2）选择要缝合的曲面。在绘图区域选取曲面修剪 2、曲面修剪 3 与曲面修剪 4 为要缝合的曲面，单击按钮。

（3）单击按钮，单击完成按钮，单击取消按钮，完成缝合曲面 1 的创建。

Step14. 保存并关闭模型文件。

34.5　三级主控件

下面讲解三级主控件（THIRD.par）的创建过程，零件模型及路径查找器如图 34.5.1 所示。

Step1. 在装配体中建立三级主控件 THIRD。

（1）单击 装配 区域中的“原位创建零件”按钮。系统弹出“原位创建零件”命令条与“原位创建零件选项”对话框。

（2）在“原位创建零件选项”对话框的 放置原点 区域选中 ⊙ 与装配原点重合(C) 单选项，在 原位创建 区域选中 ⊙ 创建部件并原位编辑(E) 单选项，然后单击“原位创建零件选项”对话框中的 确定 按钮。

（3）在“原位创建零件”命令条 模板(T): 区域的下拉列表中选择 gb part.par 选项，单击按钮，系统弹出“另存为”对话框，在 文件名(N): 文本框中输入零件的名称为 THIRD，单击 保存(S) 按钮。

（4）单击 主页 功能选项卡 剪贴板 区域中后的小三角，选择 零件间复制 命令，系统弹出“零件间复制”命令条，在绘图区域选取 SECOND01 零件为参考零件，在选择后的下拉列表中选择 特征 选项，在绘图区域选取 SECOND01 中的缝合曲面 5。单击按钮，单击 完成 按钮，单击 取消 按钮，完成“零件间复制”的操作。

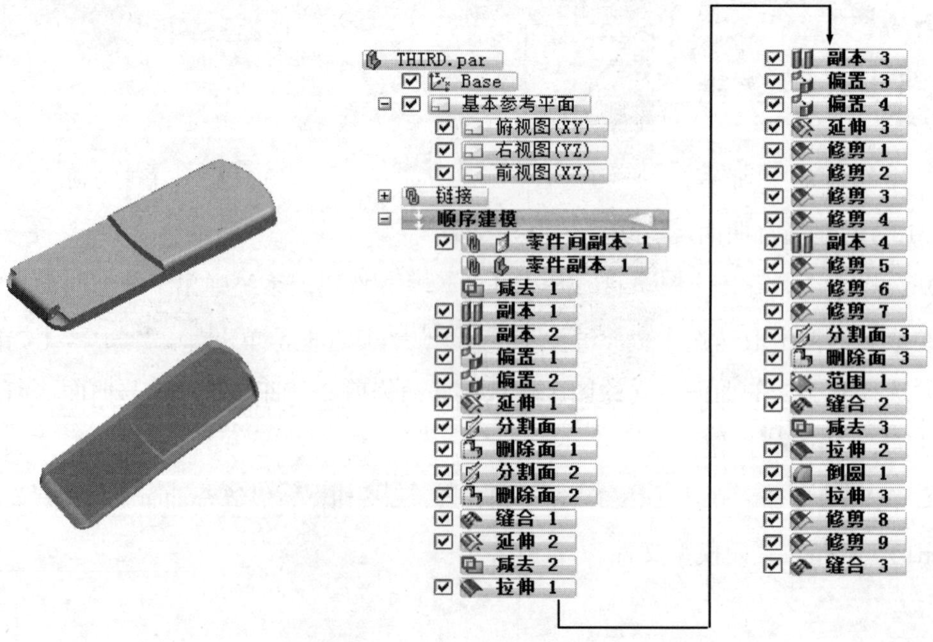

图 34.5.1　三级主控件及路径查找器

注：若绘图区域没有显示出缝合曲面 5，可先退出“零件间复制”命令，然后在路径查找器中选中 SECOND01.par:1 右击，在系统弹出的快捷菜单中选择 显示/隐藏部件 命令，然后将“曲面”选中 曲面 即可。

（5）单击 剪贴板 区域中的 按钮，系统弹出“零件副本”命令条，以及“选择零件副本”对话框。在选择零件副本对话框中选择“SECOND01”零件，然后单击 打开(O) 按钮。系统弹出“零件副本参数”对话框，在该对话框中选中 链接到文件(F) 复选框、 复制颜色(L) 复选框与 复制为设计体(D) 单选项，单击 确定 按钮。单击 完成 按钮。

（6）单击 按钮。

Step2. 选择下拉菜单 → 保存 命令。在路径查找器中选中 THIRD.par:1 后右击，选择 打开 命令。

Step3. 创建图 34.5.2 所示的减去特征 1。

（1）选择命令。在 主页 功能选项卡的 实体 区域中单击 后的 ，单击“减去”按钮 减去 。

（2）定义布尔运算的工具及方向。在绘图区域选取图 34.5.3 所示面为布尔运算的工具，减去方向如图 34.5.3 所示。

（3）单击 完成 按钮。完成减去特征 1 的创建。

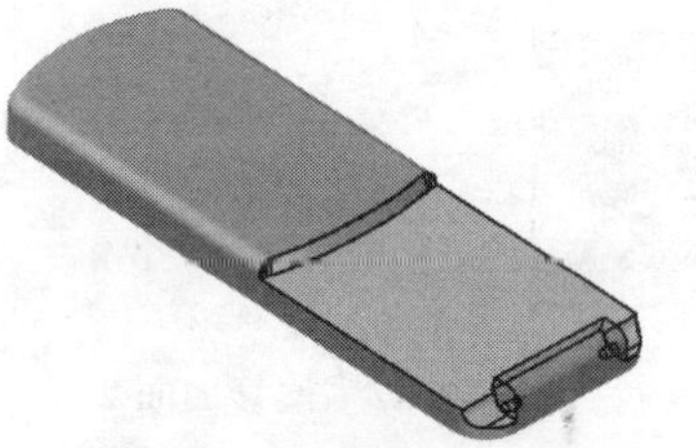

图 34.5.2 减去特征 1

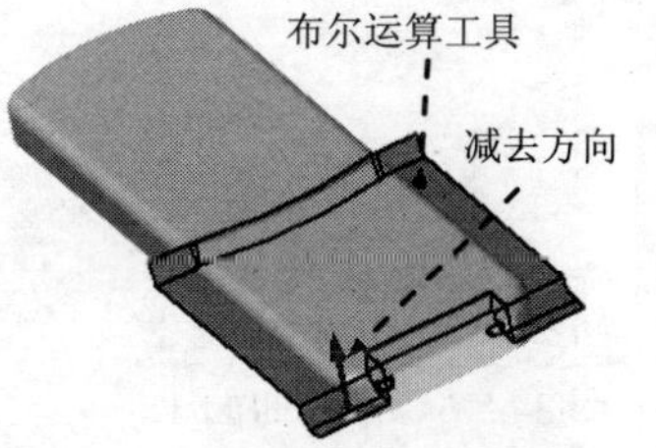

图 34.5.3 定义布尔运算工具及方向

Step4. 创建图 34.5.4 所示的复制曲面 1。

（1）选择命令。在 曲面 区域中单击 复制 按钮。

（2）定义要复制的面。选择图 34.5.4 所示的面为要复制的面，单击右键。

（3）单击 完成 按钮，单击 取消 按钮，完成复制曲面 1 的创建。

Step5. 创建图 34.5.5 所示的复制曲面 2。

（1）选择命令。在 曲面 区域中单击 复制 按钮。

（2）定义要复制的面。选择图 34.5.5 所示的面为要复制的面，单击右键。

（3）单击 完成 按钮，单击 取消 按钮，完成复制曲面 2 的创建。

Step6. 创建图 34.5.6 所示的偏移曲面 1。

（1）选择命令。在 曲面 区域中单击 偏移 按钮。

（2）定义偏移曲面。在绘图区域选取“复制曲面 2”为要偏移的曲面，单击右键。

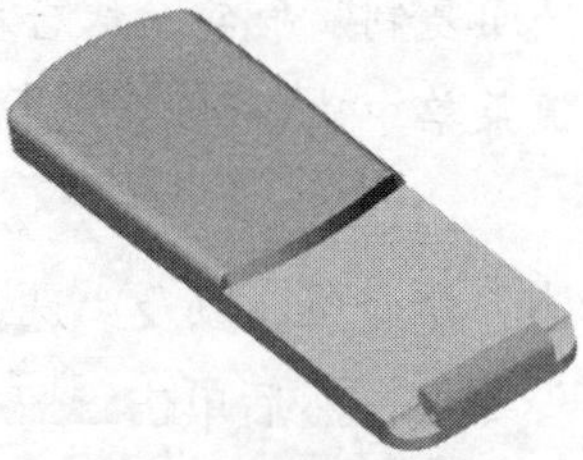

图 34.5.4　复制曲面 1

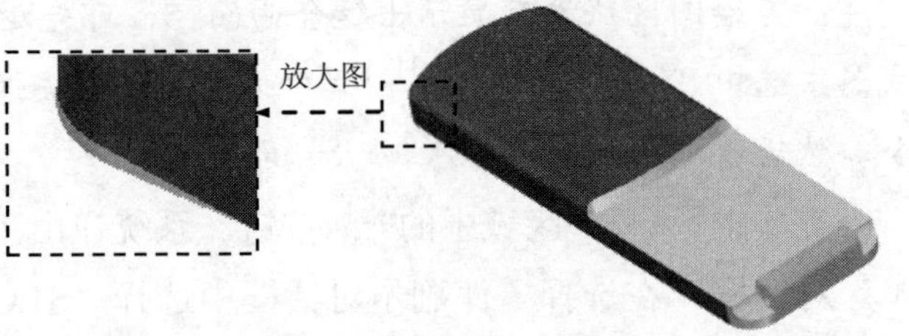

图 34.5.5　复制曲面 2

（3）定义偏移距离。在“偏移”命令条的距离:下拉列表中输入值 1.5，按 Enter 键。

（4）定义偏移方向。偏移方向可参考图 34.5.6 所示。

（5）单击完成按钮，单击取消按钮，完成偏移曲面 1 的创建。

注：为了定义偏移方向的方便，可提前将“复制曲面 2”与“零件副本 1”隐藏。

Step7. 创建图 34.5.7 所示的偏移曲面 2。

（1）选择命令。在曲面区域中单击偏移按钮。

（2）定义偏移曲面。在绘图区域选取“复制曲面 1”为要偏移的曲面，单击右键。

（3）定义偏移距离。在“偏移”命令条的距离:文本框中输入值 1.5，按 Enter 键。

（4）定义偏移方向。偏移方向可参考图 34.5.7 所示。

（5）单击完成按钮，单击取消按钮，完成偏移曲面 2 的创建。

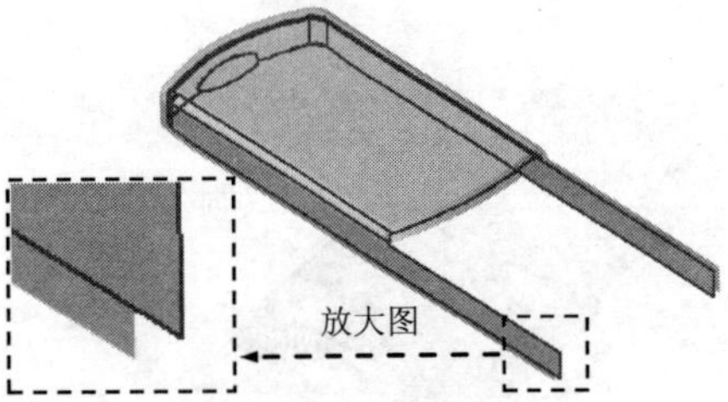

图 34.5.6　偏移曲面 1

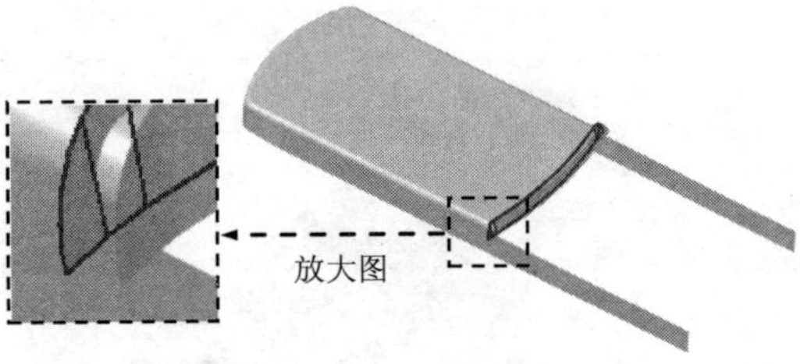

图 34.5.7　偏移曲面 2

Step8. 创建图 34.5.8 所示的延伸曲面 1（隐藏实体）。

（1）选择命令。在修改曲面区域中单击按钮。

（2）定义延伸边线。选择图 34.5.9 所示的边线为延伸边线，单击右键。

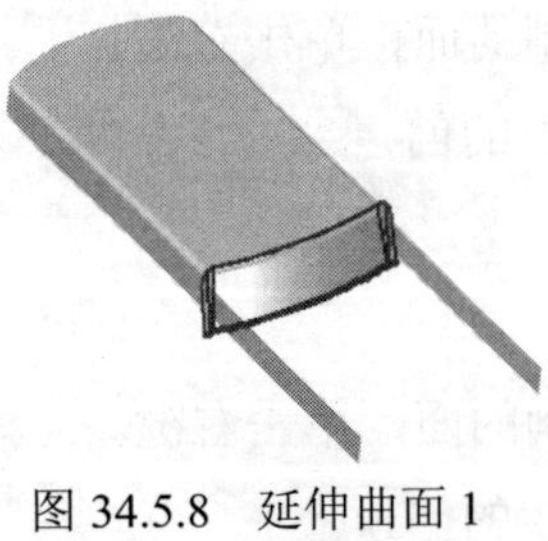

图 34.5.8　延伸曲面 1

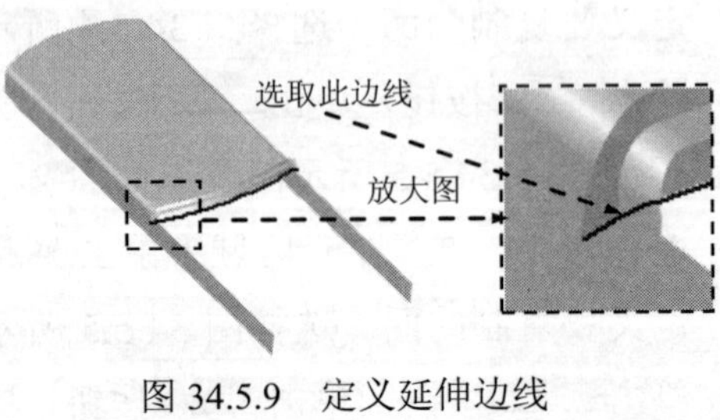

图 34.5.9　定义延伸边线

（3）定义延伸类型和距离。在“延伸”命令条中单击按钮，然后在距离:文本框中输入值 10，按 Enter 键。然后单击预览按钮。

（4）单击完成按钮，完成延伸曲面 1 的创建。

注：为了定义延伸边线的方便，可提前将“复制曲面 1”隐藏。

Step9. 创建分割面 1。

（1）选择命令。在修改曲面区域中单击按钮。

（2）定义要分割的面。在绘图区域选取偏移曲面 1 为要分割的面，单击右键。

（3）定义分割元素。在绘图区域选取延伸曲面 1 为分割元素，单击右键。

（4）单击完成按钮，单击取消按钮，完成分割面 1 的创建。

Step10. 创建图 34.5.10 所示的删除面 1。

（1）选择命令。选择主页选项卡，单击修改中删除里面的面按钮。

（2）定义删除面。选取图 34.5.11 所示的面为要删除的面。然后单击右键。

（3）单击完成按钮，单击取消按钮，完成删除面 1 的创建。

Step11. 创建分割面 2。

（1）选择命令。在修改曲面区域中单击按钮。

（2）定义要分割的面。在绘图区域选取延伸曲面 1 为要分割的面，单击右键。

（3）定义分割元素。在绘图区域选取偏移曲面 1 为分割元素，单击右键。

（4）单击完成按钮，单击取消按钮，完成分割面 2 的创建。

图 34.5.10　删除面 1

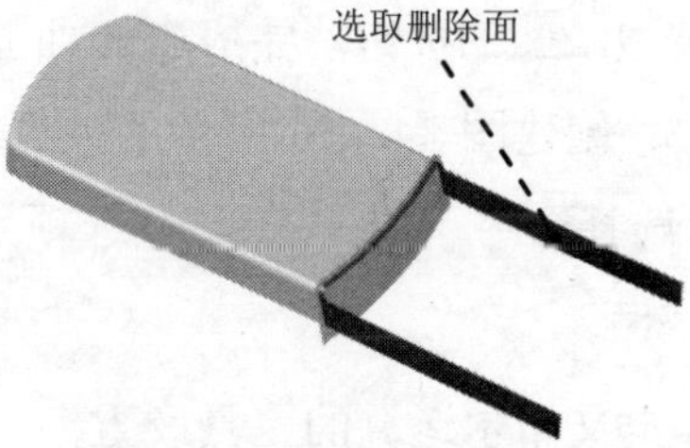

图 34.5.11　定义删除面

Step12. 创建图 34.5.12 所示的删除面 2。

（1）选择命令。选择主页选项卡，单击修改中删除里面的面按钮。

（2）定义删除面。选取图 34.5.13 所示的面为要删除的面。然后单击右键。

（3）单击完成按钮，单击取消按钮，完成删除面 2 的创建。

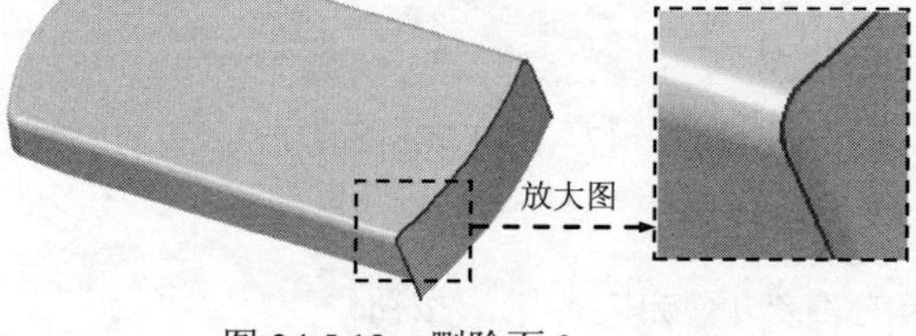

图 34.5.12　删除面 2

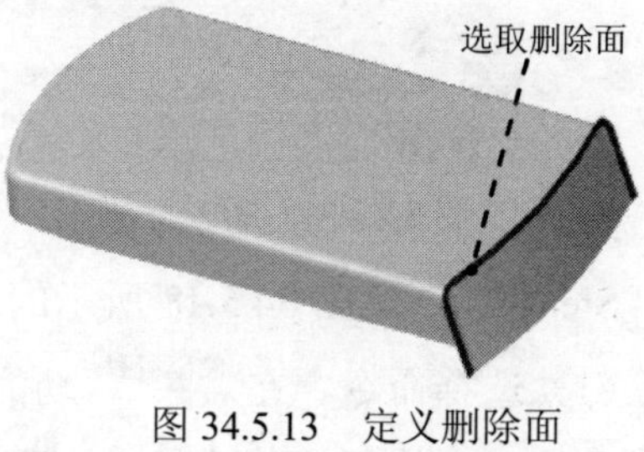

图 34.5.13　定义删除面

Step13. 创建缝合曲面 1。

（1）选择命令。在 修改曲面 区域中单击 缝合 按钮，系统弹出“缝合曲面选项”对话框，在该对话框中取消选中 修复已缝合的表面(E) 复选框，单击 确定 按钮。

（2）选择要缝合的曲面。在绘图区域选取偏置曲面和延伸曲面为要缝合的曲面，单击按钮。

（3）单击按钮，单击 完成 按钮，单击 取消 按钮，完成缝合曲面 1 的创建。

Step14. 创建图 34.5.14 所示的延伸曲面 2。

（1）选择命令。在 修改曲面 区域中单击按钮。

（2）定义延伸边线。选择图 34.5.15 所示的边线为延伸边线，单击右键。

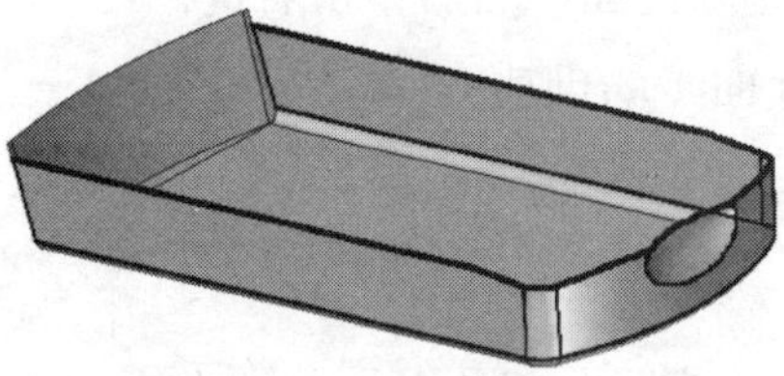

图 34.5.14　延伸曲面 2

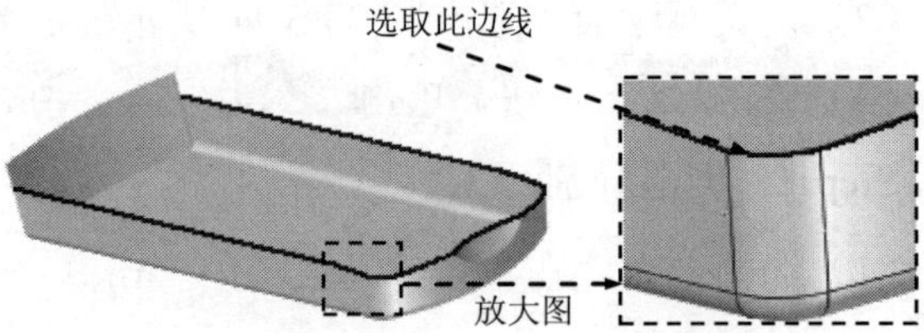

图 34.5.15　定义延伸边线

（3）定义延伸类型和距离。在“延伸”命令条中单击按钮，然后在 距离: 文本框中输入值 2，按 Enter 键。然后单击 预览 按钮。

（4）单击 完成 按钮，完成延伸曲面 2 的创建。

Step15. 创建图 34.5.16 所示的减去特征 2。

（1）选择命令。在 主页 功能选项卡的 实体 区域中单击后的，单击“减去”按钮 减去 。

（2）定义布尔运算的工具及方向。在绘图区域选取图 34.5.17 所示的面为布尔运算的工具，减去方向如图 34.5.17 所示。

（3）单击 完成 按钮，完成减去特征 2 的创建。

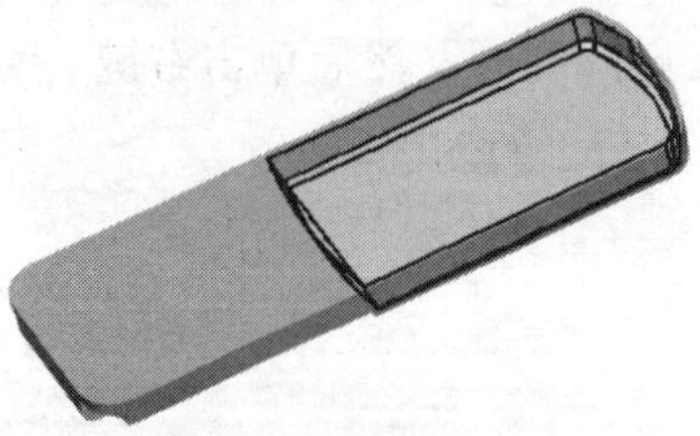

图 34.5.16　减去特征 2

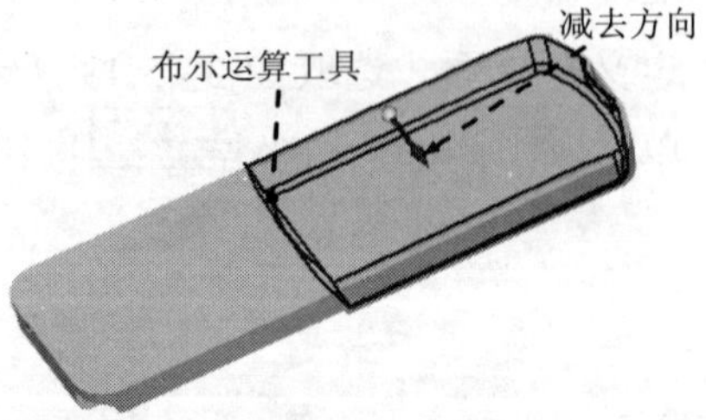

图 34.5.17　定义布尔运算工具及方向

Step16. 创建图 34.5.18 所示的拉伸曲面 1。

（1）选择命令。在 曲面处理 功能选项卡的 曲面 区域中单击按钮。

（2）定义特征的截面草图。选取右视图（YZ）平面作为草图平面，进入草绘环境。绘制图 34.5.19 所示的截面草图，单击✓按钮。

（3）定义拉伸属性。在“拉伸”命令条中单击按钮，确认按钮被按下，在距离:下拉列表中输入值 60，并按 Enter 键。

（4）单击“拉伸”命令条中的完成按钮，单击取消按钮，完成拉伸曲面 1 的创建。

图 34.5.18　拉伸曲面 1

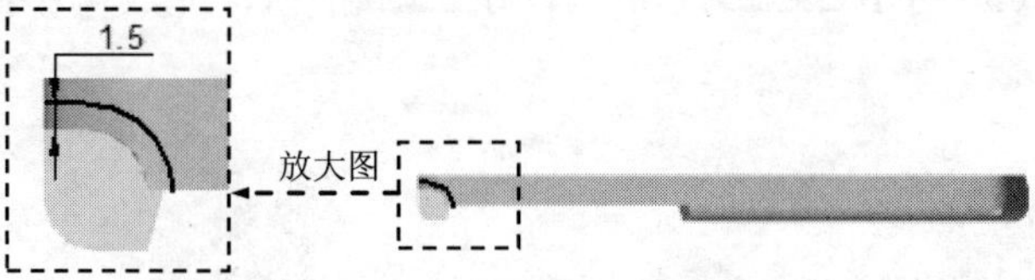

图 34.5.19　截面草图

Step17. 创建图 34.5.20 所示的复制曲面 3。

（1）选择命令。在曲面区域中单击复制按钮。

（2）定义要复制的面。选择图 34.5.21 所示的面为要复制的面，单击右键。

（3）单击完成按钮，单击取消按钮，完成复制曲面 3 的创建。

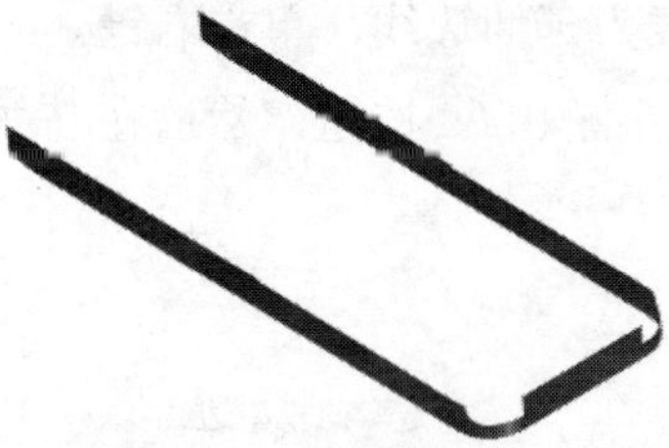

图 34.5.20　复制曲面 3

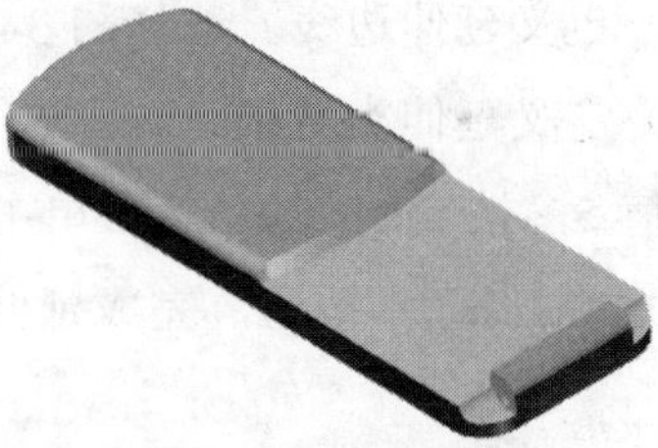

图 34.5.21　选择复制面

Step18. 创建图 34.5.22 所示的偏移曲面 3。

（1）选择命令。在曲面区域中单击偏移按钮。

（2）定义偏移曲面。在绘图区域选取复制曲面 3 为要偏移的曲面，单击右键。

（3）定义偏移距离。在“偏移”命令条的距离:下拉列表中输入值 1.5，按 Enter 键。

（4）定义偏移方向。偏移方向可参考图 34.5.22 所示。

（5）单击完成按钮，单击取消按钮，完成偏移曲面 3 的创建。

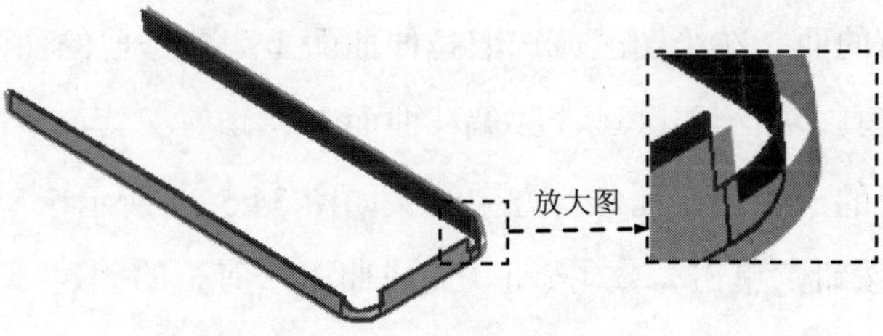

图 34.5.22　偏移曲面 3

Step19. 创建图 34.5.23 所示的偏移曲面 4。

（1）选择命令。在曲面区域中单击偏移按钮。

（2）定义偏移曲面。在绘图区域选取图 34.5.24 所示的模型表面为要偏移的曲面，单击右键。

（3）定义偏移距离。在“偏移”命令条的距离:下拉列表中输入值 1.5，按 Enter 键。

（4）定义偏移方向。偏移方向朝模型的内部。

（5）单击完成按钮，单击取消按钮，完成偏移曲面 4 的创建。

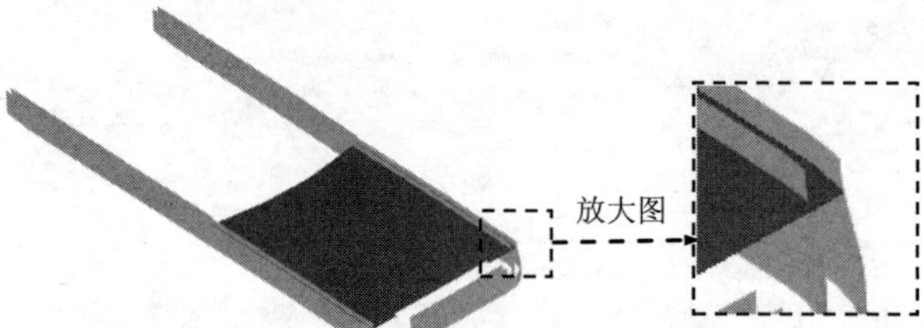

图 34.5.23　偏移曲面 4

图 34.5.24　定义偏移曲面

Step20. 创建图 34.5.25 所示的延伸曲面 3。

（1）选择命令。在修改曲面区域中的单击按钮。

（2）定义延伸边线。选择图 34.5.26 所示的边线为延伸边线，单击右键。

（3）定义延伸类型和距离。在“延伸”命令条中单击按钮，然后在距离:下拉列表中输入值 5，按 Enter 键。然后单击预览按钮。

（4）单击完成按钮，完成延伸曲面 3 的创建。

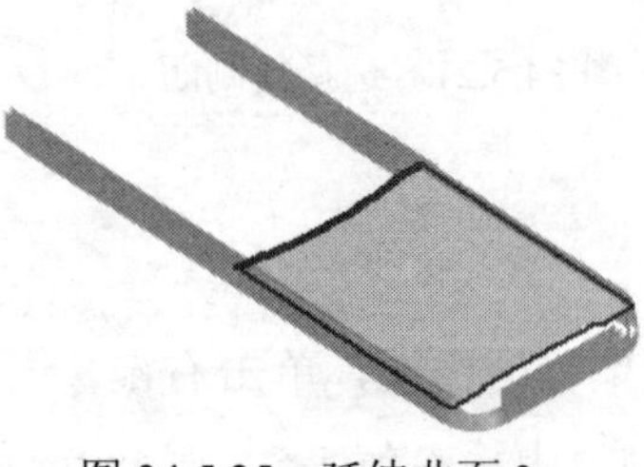

图 34.5.25　延伸曲面 3

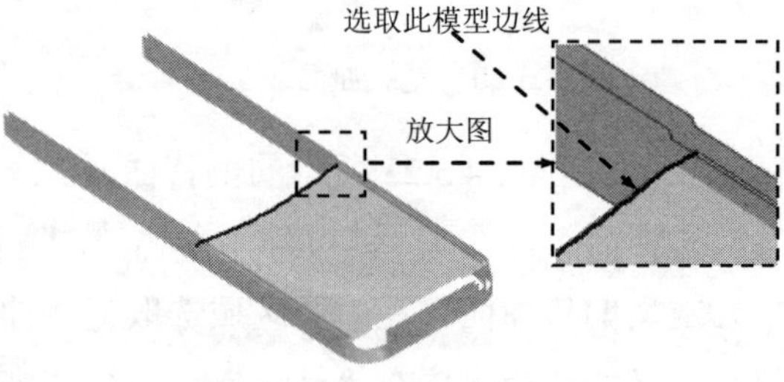

图 34.5.26　定义延伸边线

Step21. 创建图 34.5.27 所示的曲面修剪 1。

（1）选择命令。在修改曲面区域中单击按钮。

（2）选择要修剪的面。在绘图区域选取拉伸曲面 1 为要修剪的曲面，单击按钮。

（3）选择修剪工具。在绘图区域选取偏移曲面 3 为修剪工具，单击按钮。

（4）定义要修剪的一侧。特征修剪方向箭头如图 34.5.28 所示，单击左键确定。

（5）单击完成按钮，单击取消按钮，完成曲面修剪 1 的创建。

Step22. 创建图 34.5.29 所示的曲面修剪 2。

（1）选择命令。在修改曲面区域中单击按钮。

（2）选择要修剪的面。在绘图区域选取偏移曲面 3 为要修剪的曲面，单击按钮。

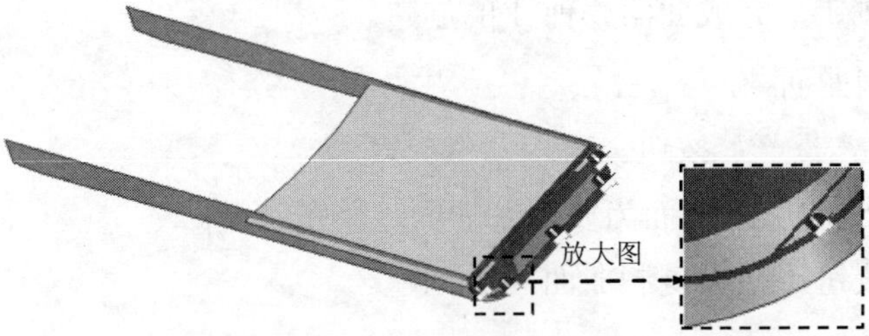

图 34.5.27 曲面修剪 1

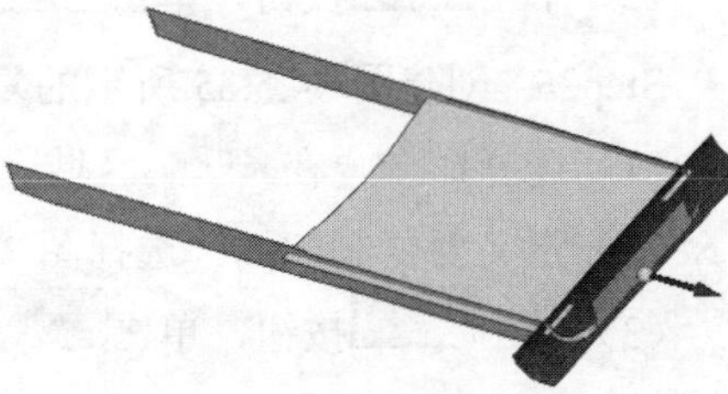

图 34.5.28 修剪方向

（3）选择修剪工具。在绘图区域选取延伸曲面 3 为修剪工具，单击按钮。

（4）定义要修剪的一侧。特征修剪方向箭头如图 34.5.30 所示，单击左键确定。

（5）单击 完成 按钮，单击 取消 按钮，完成曲面修剪 2 的创建。

Step23. 创建图 34.5.31 所示的曲面修剪 3。

（1）选择命令。在 修改曲面 区域中单击按钮。

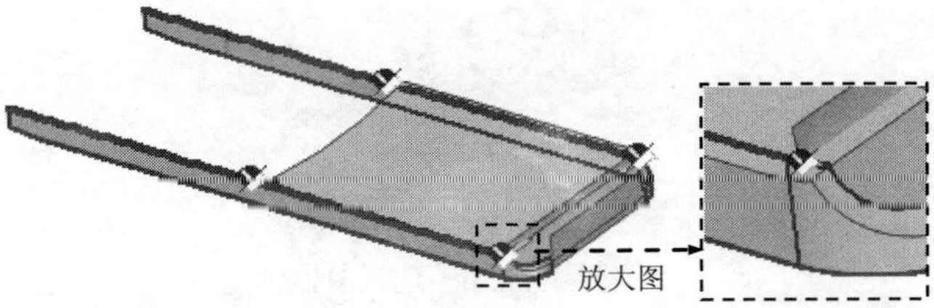

图 34.5.29 曲面修剪 2

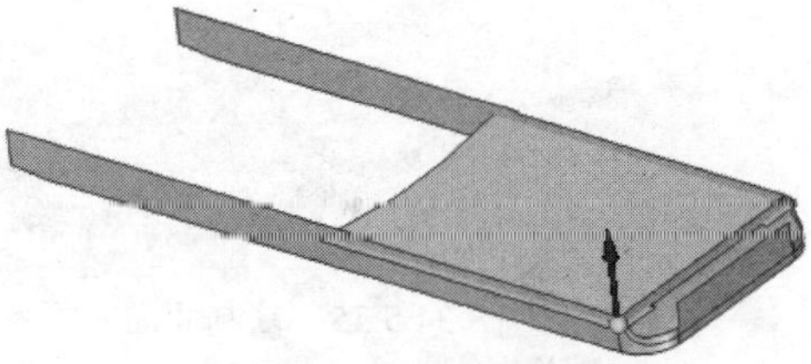

图 34.5.30 修剪方向

（2）选择要修剪的面。在绘图区域选取修剪曲面 1 为要修剪的曲面，单击按钮。

（3）选择修剪工具。在绘图区域选取延伸曲面 3 为修剪工具，单击按钮。

（4）定义要修剪的一侧。特征修剪方向箭头如图 34.5.32 所示，单击左键确定。

（5）单击 完成 按钮，单击 取消 按钮，完成曲面修剪 3 的创建。

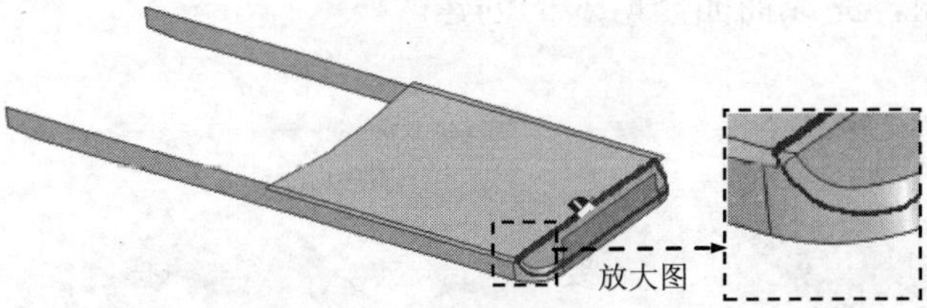

图 34.5.31 曲面修剪 3

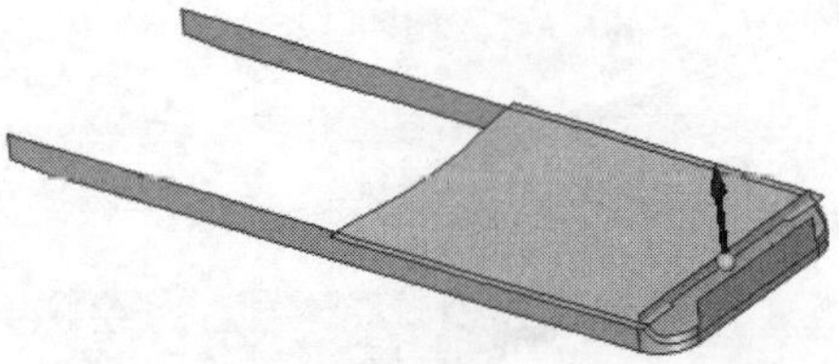

图 34.5.32 修剪方向

Step24. 创建图 34.5.33 所示的曲面修剪 4。

（1）选择命令。在 修改曲面 区域中单击按钮。

（2）选择要修剪的面。在绘图区域选取延伸曲面 3 为要修剪的曲面，单击按钮。

（3）选择修剪工具。在绘图区域选取修剪曲面 2 为修剪工具，单击按钮。

（4）定义要修剪的一侧。特征修剪方向箭头如图 34.5.34 所示，单击左键确定。

（5）单击完成按钮，单击取消按钮，完成曲面修剪 4 的创建。

Step25. 创建图 34.5.35 所示的复制曲面 4。

（1）选择命令。在曲面区域中单击复制按钮。

（2）定义要复制的面。选择图 34.5.36 所示的面为要复制的面，单击右键。

（3）单击完成按钮，单击取消按钮，完成复制曲面 4 的创建。

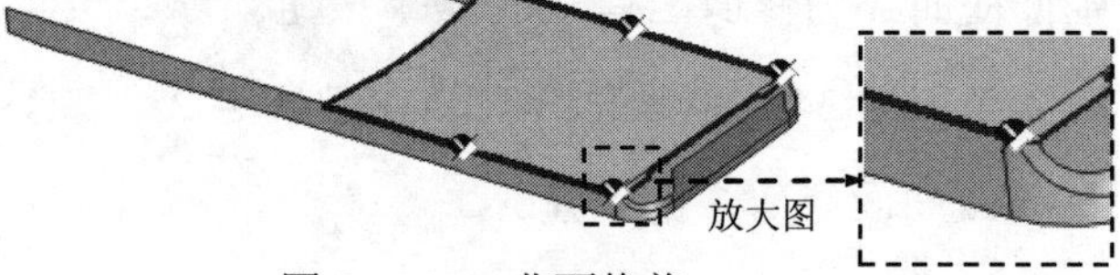

图 34.5.33　曲面修剪 4

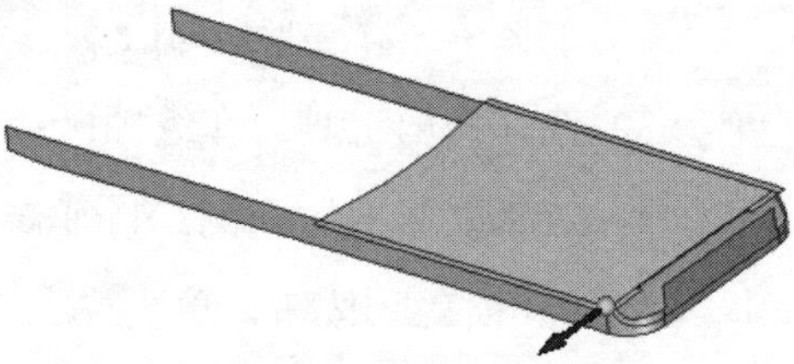
图 34.5.34　修剪方向

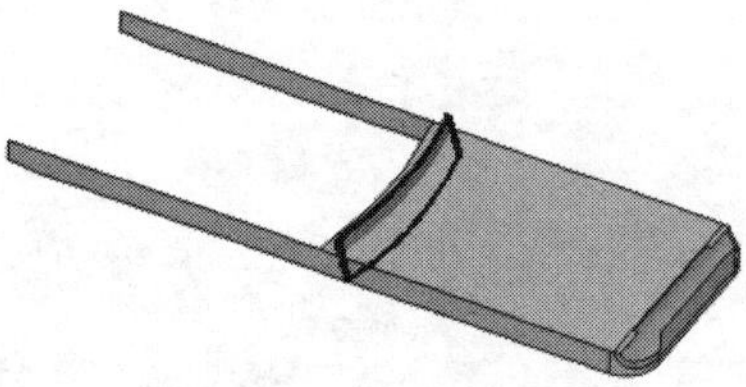
图 34.5.35　复制曲面 4

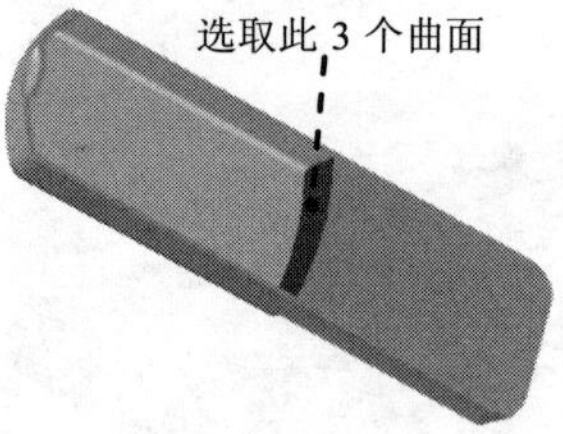

图 34.5.36　选择复制面

Step26. 创建图 34.5.37 所示的曲面修剪 5。

（1）选择命令。在修改曲面区域中单击按钮。

（2）选择要修剪的面。在绘图区域选取修剪曲面 2 为要修剪的曲面，单击按钮。

（3）选择修剪工具。在绘图区域选取修剪曲面 1 为修剪工具，单击按钮。

（4）定义要修剪的一侧。特征修剪方向箭头如图 34.5.38 所示，单击左键确定。

（5）单击完成按钮，单击取消按钮，完成曲面修剪 5 的创建。

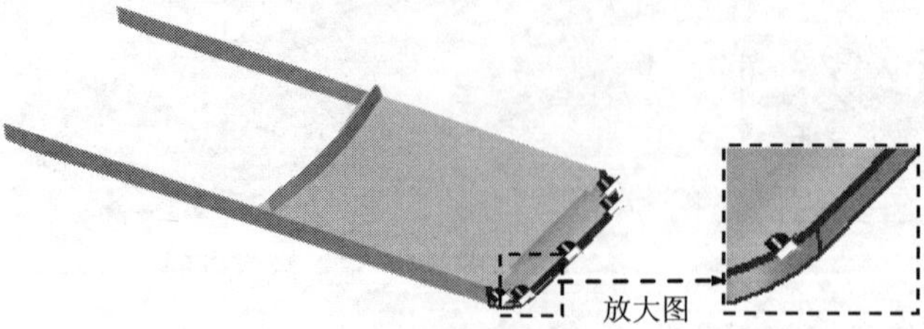

图 34.5.37　曲面修剪 5

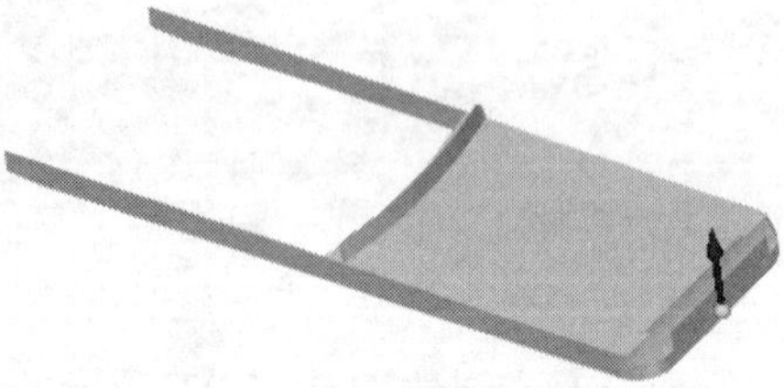
图 34.5.38　修剪方向

Step27. 创建图 34.5.39 所示的曲面修剪 6。

（1）选择命令。在修改曲面区域中单击按钮。

（2）选择要修剪的面。在绘图区域选取复制曲面 4 为要修剪的曲面，单击按钮。

（3）选择修剪工具。在绘图区域选取修剪曲面 4 为修剪工具，单击按钮。

（4）定义要修剪的一侧。特征修剪方向箭头如图 34.5.40 所示，单击左键确定。

（5）单击完成按钮，单击取消按钮，完成曲面修剪 6 的创建。

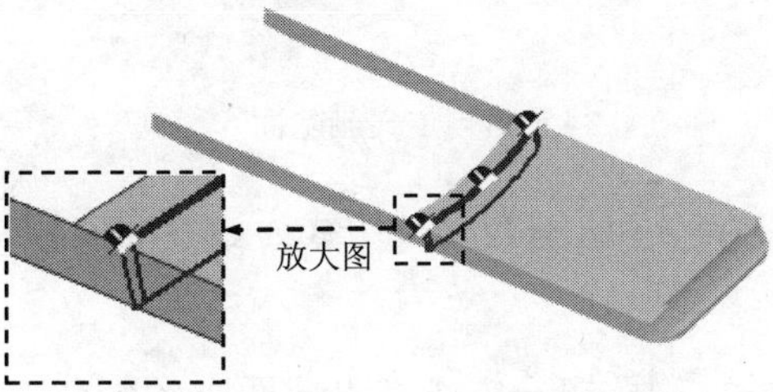

图 34.5.39　曲面修剪 6

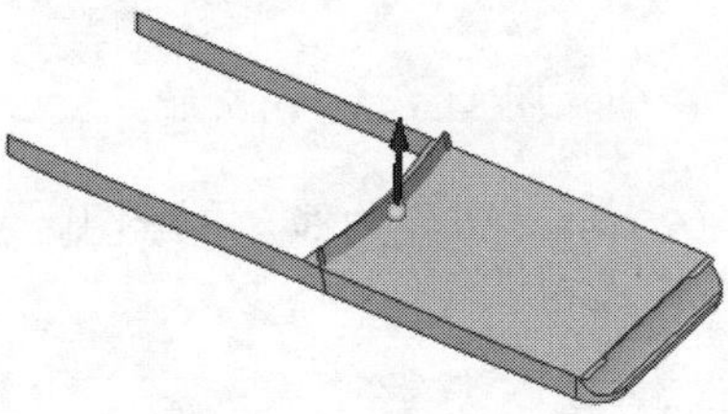

图 34.5.40　修剪方向

Step28. 创建图 34.5.41 所示的曲面修剪 7。

（1）选择命令。在修改曲面区域中单击按钮。

（2）选择要修剪的面。在绘图区域选取修剪曲面 4 为要修剪的曲面，单击按钮。

（3）选择修剪工具。在绘图区域选取修剪曲面 6 为修剪工具，单击按钮。

（4）定义要修剪的一侧。特征修剪方向箭头如图 34.5.42 所示，单击左键确定。

（5）单击完成按钮，单击取消按钮，完成曲面修剪 7 的创建。

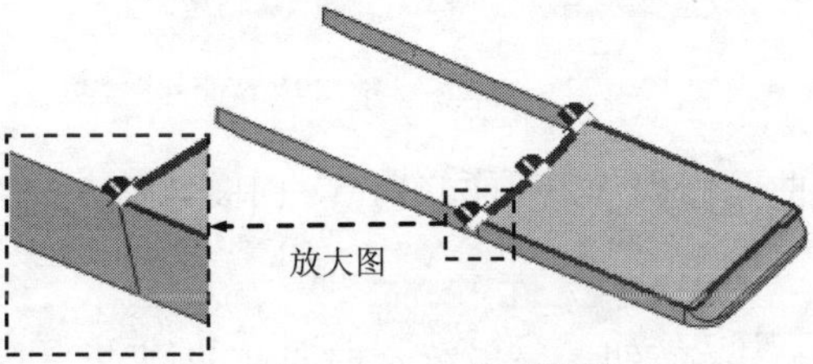

图 34.5.41　曲面修剪 7

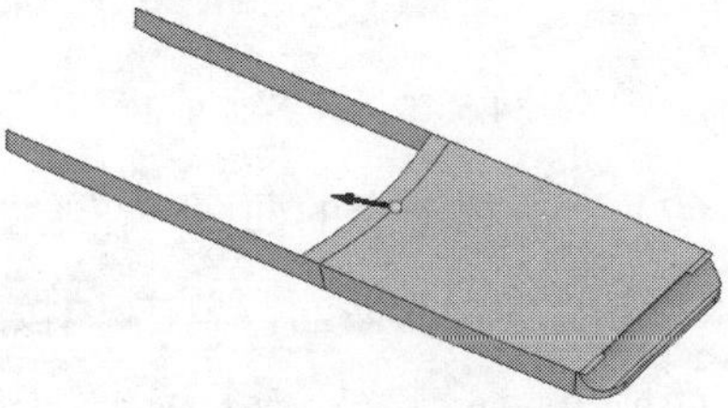

图 34.5.42　修剪方向

Step29. 创建分割面 3。

（1）选择命令。在修改曲面区域中单击按钮。

（2）定义要分割的面。在绘图区域选取偏置曲面 3 为要分割的面，单击右键。

（3）定义分割元素。在绘图区域选取修剪曲面 7 为分割元素，单击右键。

（4）单击完成按钮，单击取消按钮，完成分割面 3 的创建。

Step30. 创建图 34.5.43 所示的删除面 3。

（1）选择命令。选择主页选项卡，单击修改中删除里面的面按钮。

（2）定义删除面。选取图 34.5.44 所示的面为要删除的面。然后单击右键。

（3）单击完成按钮，单击取消按钮，完成删除面 3 的创建。

Step31. 创建图 34.5.45 所示的有界曲面 1（隐藏延伸面）。

（1）选择命令。在曲面区域中单击按钮。

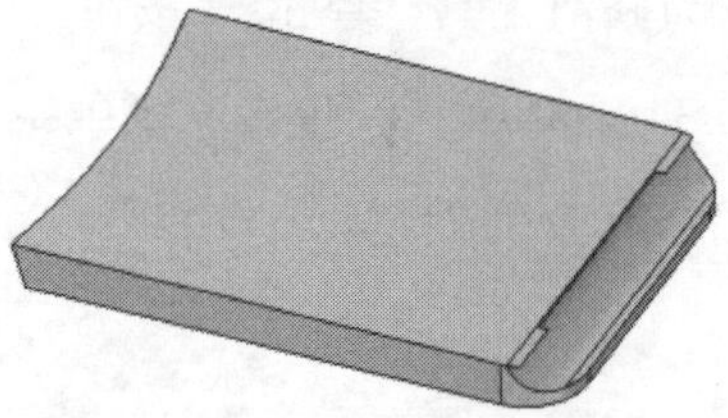

图 34.5.43　删除面 3

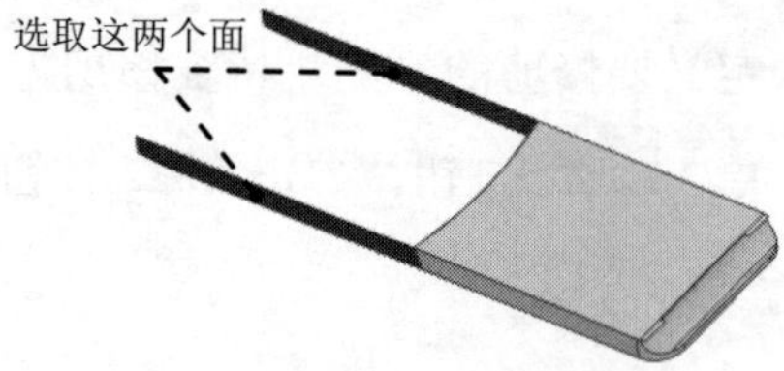

图 34.5.44　定义删除面

（2）定义边界曲线。在绘图区域依次选取图 34.5.46 所示的模型边线为边界的曲线。单击✔按钮。

（3）单击预览按钮，单击完成按钮，单击取消按钮，完成有界曲面 1 的创建。

Step32. 创建缝合曲面 2。

（1）选择命令。在修改曲面区域中单击缝合按钮，系统弹出“缝合曲面选项”对话框，在该对话框中取消选中□修复已缝合的表面(R)复选框，单击确定按钮。

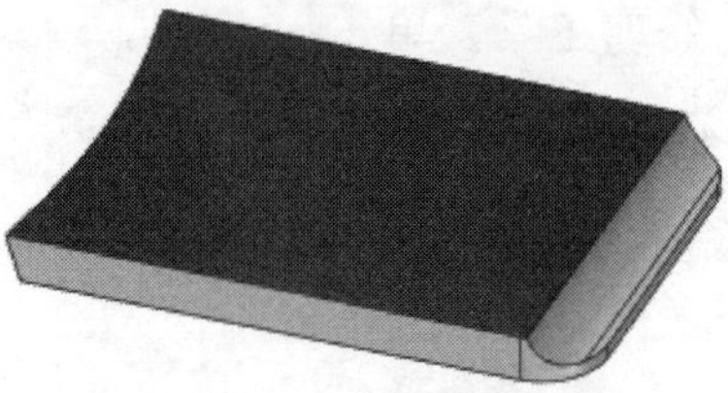

图 34.5.45　有界曲面 1

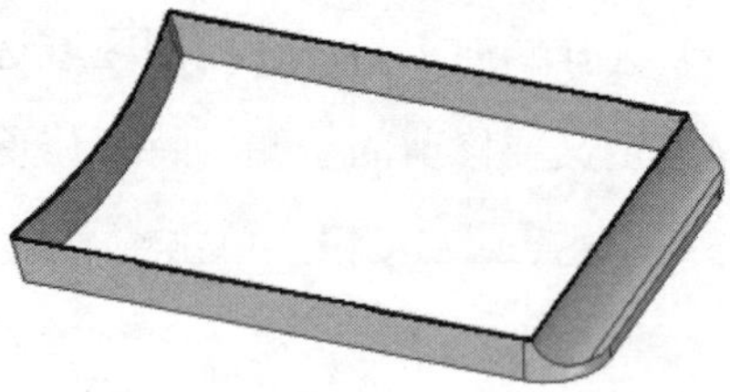

图 34.5.46　定义边界曲线

（2）选择要缝合的曲面。在绘图区域选取曲面修剪 3、曲面修剪 5、曲面修剪 6 与有界曲面 1 为要缝合的曲面，单击✔按钮。

（3）单击✔按钮，单击完成按钮，单击取消按钮，完成缝合曲面 2 的创建。

Step33. 创建图 34.5.47 所示的减去特征 3。

（1）选择命令。在主页功能选项卡的实体区域中单击后的▾。单击“减去”按钮减去。

（2）定义布尔运算的工具及方向。在绘图区域选取缝合曲面 2 为布尔运算的工具，减去方向如图 34.5.48 所示。

（3）单击完成按钮，完成减去特征 3 的创建。

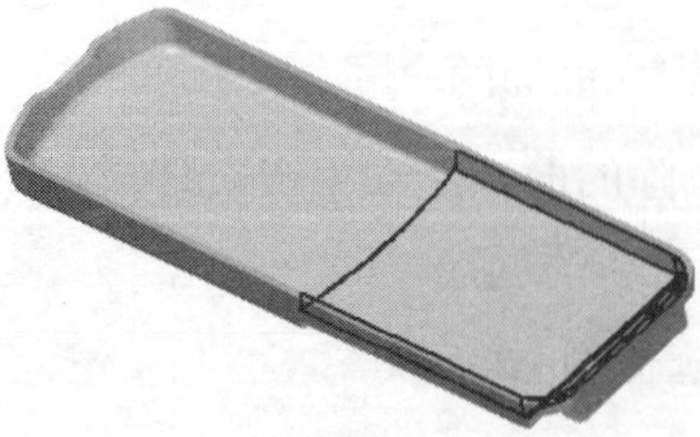

图 34.5.47　减去特征 3

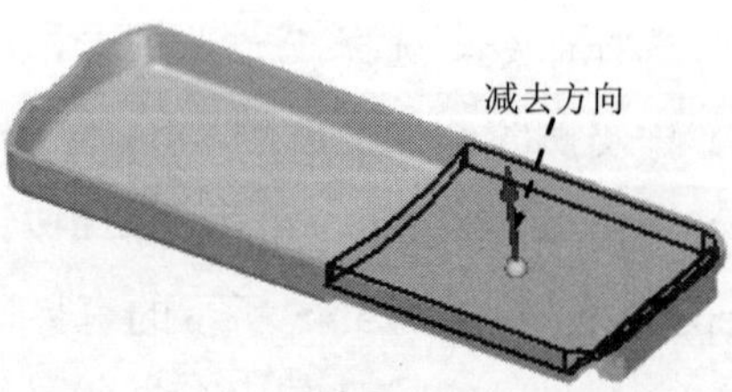

图 34.5.48　定义布尔运算工具及方向

Step34. 创建图 34.5.49 所示的拉伸曲面 2。

（1）选择命令。在曲面处理功能选项卡的曲面区域中单击按钮。

（2）定义特征的截面草图。选取俯视图（XY）平面作为草图平面，进入草绘环境。绘制图 34.5.50 所示的截面草图，单击按钮。

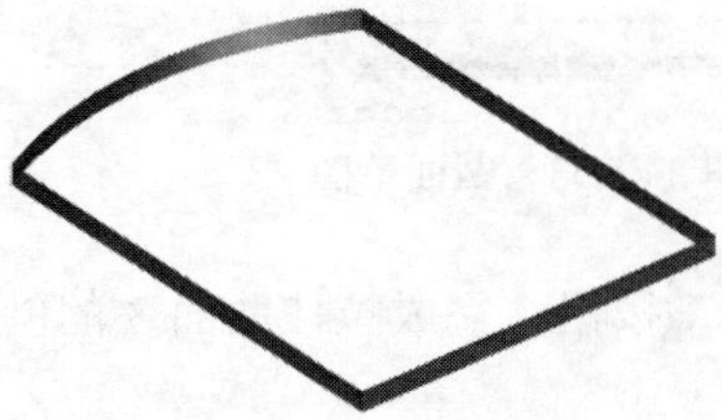

图 34.5.49　拉伸曲面 2

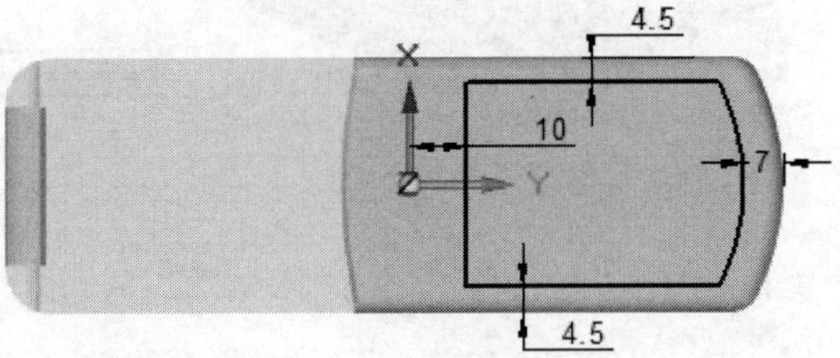

图 34.5.50　截面草图

（3）定义拉伸属性。在“拉伸”命令条中单击按钮，确认与按钮未被按下，在距离:下拉列表中输入值 2，并按 Enter 键，拉伸方向沿 Z 轴正方向。

（4）单击“拉伸”命令条中的完成按钮，单击取消按钮，完成拉伸曲面 2 的创建。

Step35. 创建图 34.5.51b 所示的倒圆特征 1。

（1）选择命令。在实体区域中单击按钮。

（2）定义圆角类型。单击按钮，选取倒圆类型为◉ 恒定半径(C)，单击确定按钮。

（3）选取要倒圆的对象。在系统的提示下，选取图 34.5.51a 所示的模型边线为倒圆的对象。

（4）定义倒圆参数。在“倒圆”命令条的半径:文本框中输入值 3.0。然后单击“完成”按钮。

（5）单击“倒圆”命令条中的预览按钮，然后单击完成按钮，完成倒圆特征 1 的创建。

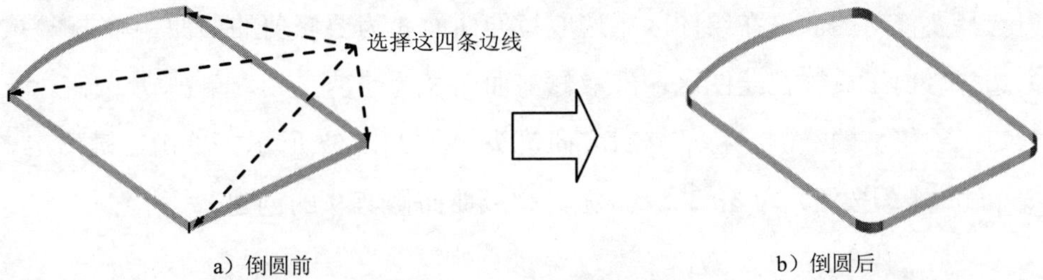

a）倒圆前　　b）倒圆后

图 34.5.51　倒圆特征 1

Step36. 创建图 34.5.52 所示的拉伸曲面 3。

（1）选择命令。在曲面处理功能选项卡的曲面区域中单击按钮。

（2）定义特征的截面草图。选取右视图（YZ）平面作为草图平面，进入草绘环境。绘制图 34.5.53 所示的截面草图，单击按钮。

（3）定义拉伸属性。在“拉伸”命令条中单击按钮，确认按钮被按下，在距离:

下拉列表中输入值 60，并按 Enter 键。

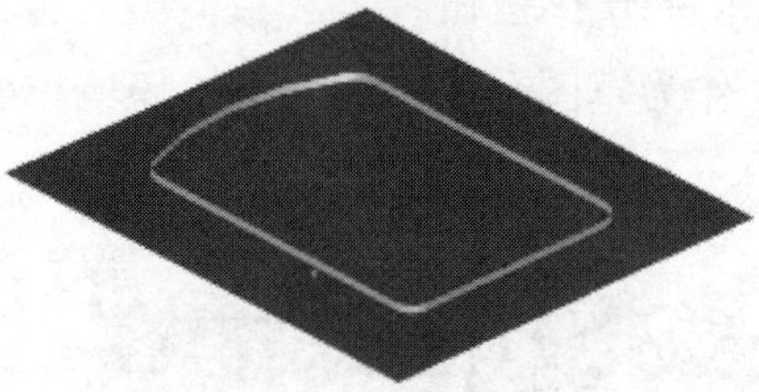

图 34.5.52　拉伸曲面 3

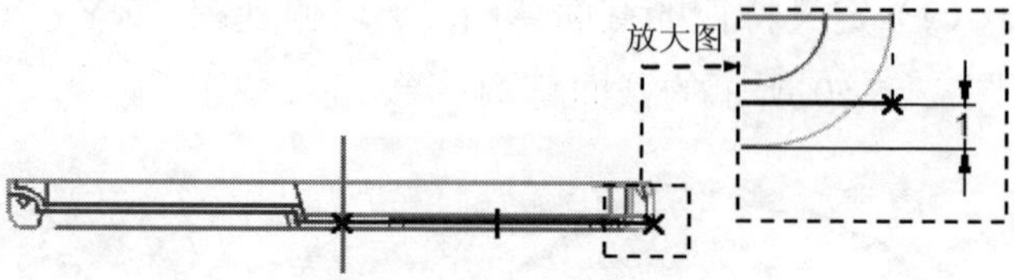

图 34.5.53　截面草图

（4）单击“拉伸”命令条中的 完成 按钮，单击 取消 按钮，完成拉伸曲面 3 的创建。

Step37. 创建图 34.5.54 所示的曲面修剪 8。

（1）选择命令。在 修改曲面 区域中单击按钮。

（2）选择要修剪的面。在绘图区域选取拉伸曲面 2 为要修剪的曲面，单击按钮。

（3）选择修剪工具。在绘图区域选取拉伸曲面 3 为修剪工具，单击按钮。

（4）定义要修剪的一侧。特征修剪方向箭头如图 34.5.55 所示，单击左键确定。

（5）单击 完成 按钮，单击 取消 按钮，完成曲面修剪 8 的创建。

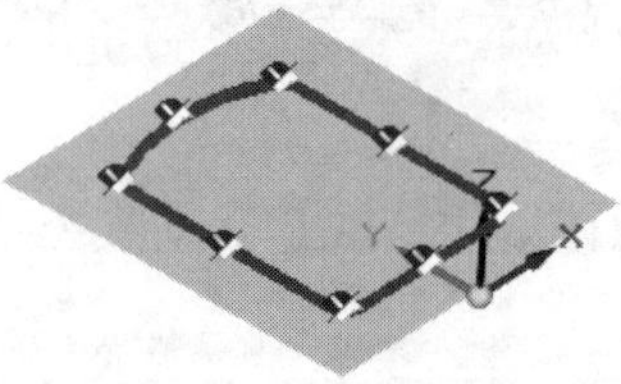

图 34.5.54　曲面修剪 8

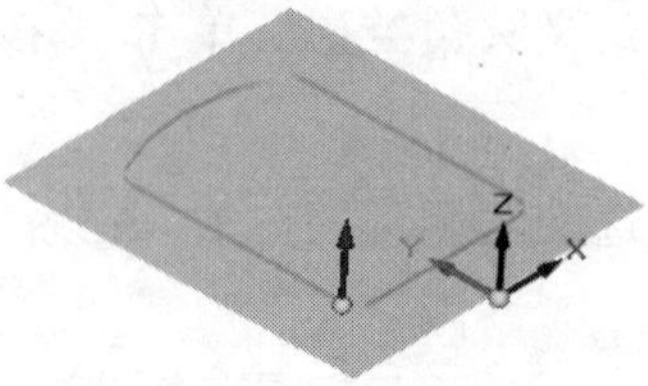

图 34.5.55　修剪方向

Step38. 创建图 34.5.56 所示的曲面修剪 9。

（1）选择命令。在 修改曲面 区域中单击按钮。

（2）选择要修剪的面。在绘图区域选取拉伸曲面 3 为要修剪的曲面，单击按钮。

（3）选择修剪工具。在绘图区域选取修剪曲面 8 为修剪工具，单击按钮。

（4）定义要修剪的一侧。特征修剪方向箭头如图 34.5.57 所示，单击左键确定。

（5）单击 完成 按钮，单击 取消 按钮，完成曲面修剪 9 的创建。

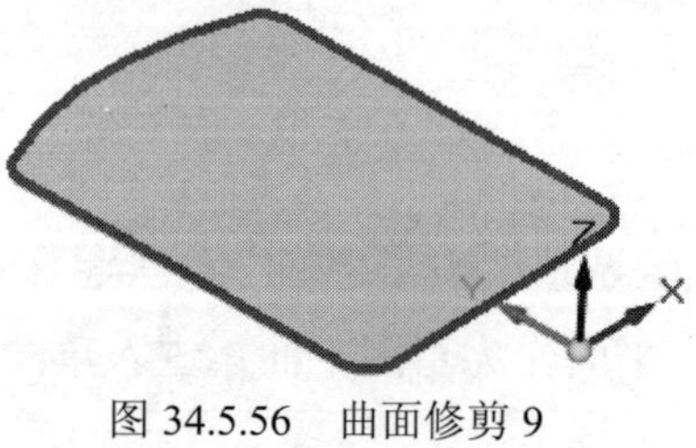

图 34.5.56　曲面修剪 9

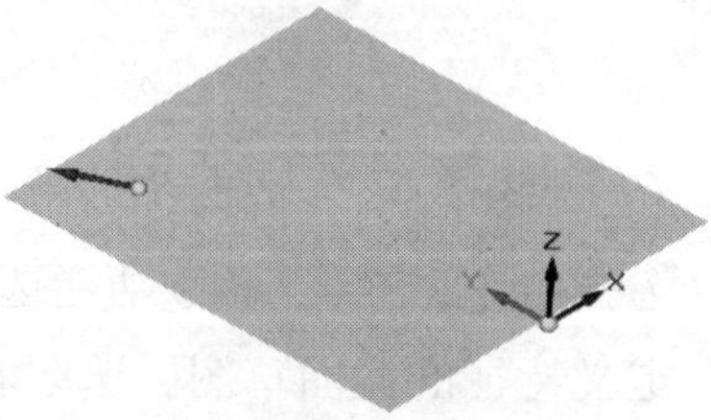

图 34.5.57　修剪方向

Step39. 创建缝合曲面 3。

（1）选择命令。在 修改曲面 区域中单击 缝合 按钮，系统弹出“缝合曲面选项”对话框，在该对话框中取消选中 修复已缝合的表面(E) 复选框，单击 确定 按钮。

（2）选择要缝合的曲面。在绘图区域选取曲面修剪 8 与曲面修剪 9 为要缝合的曲面，单击✔按钮。

（3）单击 完成 按钮，单击 取消 按钮，完成缝合曲面 3 的创建。

Step40. 保存并关闭模型文件。

34.6　创建遥控器上盖

下面讲解遥控器上盖（TOP_COVER.PAR）的创建过程，零件模型及路径查找器如图 34.6.1 所示。

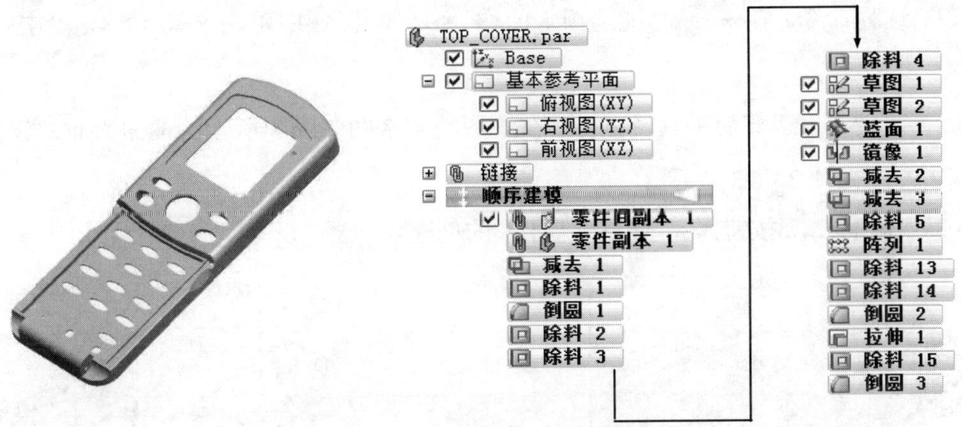

图 34.6.1　零件模型及路径查找器

Step1. 在装配体中建立遥控器上盖 TOP_COVER。

（1）单击 装配 区域中的“原位创建零件”按钮。系统弹出“原位创建零件”命令条与“原位创建零件选项”对话框。

（2）在“原位创建零件选项”对话框的 放置原点 区域选中 ⊙ 与装配原点重合(C) 单选项，在 原位创建 区域选中 ⊙ 创建部件并原位编辑(E) 单选项，然后单击“原位创建零件选项”对话框中的 确定 按钮。

（3）在“原位创建零件”命令条 模板(T): 区域的下拉列表中选择 gb part.par 选项，单击✔按钮，系统弹出“另存为”对话框，在 文件名(N): 文本框中输入零件的名称为 TOP_COVER，单击 保存(S) 按钮。

（4）单击 主页 功能选项卡 剪贴板 区域中 后的小三角，选择 零件间复制 命令，系统弹出“零件间复制”命令条，在绘图区域选取 THIRD 零件为参考零件，在选择后的下拉列表中选择 面 选项，在绘图区域选取 THIRD 中的缝合曲面 3。单击✔按钮，单击完成按钮，单击取消按钮，完成“零件间复制”的操作。

注：若绘图区域没有显示出缝合曲面 3，可先退出“零件间复制”命令，然后在路径查找器中选中 THIRD.par:1 右击，在系统弹出的快捷菜单中选择显示/隐藏部件命令，然后将“曲面”选中即可。

（5）单击剪贴板区域中的按钮，系统弹出“零件副本”命令条，以及“选择零件副本”对话框。在“选择零件副本”对话框中选择“THIRD”零件，然后单击打开(O)按钮。系统弹出“零件副本参数”对话框，在该对话框中选中链接到文件(F)复选框、复制颜色(L)复选框与复制为设计体(D)单选项，单击确定按钮。单击完成按钮，

（6）单击按钮。

Step2. 选择下拉菜单 → 保存命令，在路径查找器中选中 TOP_COVER.par:1 后右击选择打开命令。

Step3. 创建图 34.6.2 所示的减去特征 1。

（1）选择命令。在主页功能选项卡的实体区域中单击后的，单击“减去”按钮减去。

（2）定义布尔运算的工具及方向。在绘图区域选图 34.6.3 所示的曲面为布尔运算的工具，减去方向如图 34.6.3 所示。

（3）单击完成按钮。完成减去特征 1 的创建。

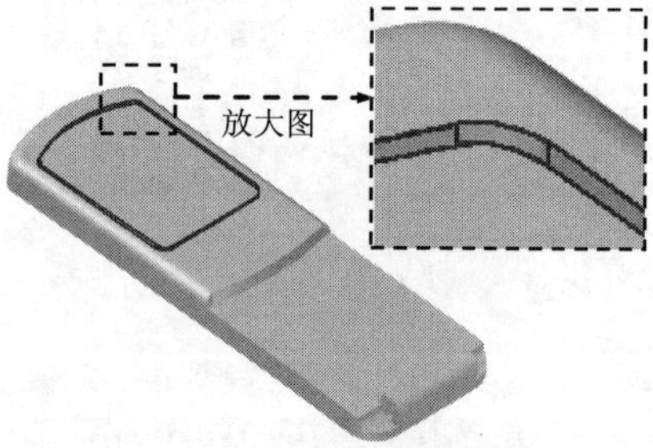

图 34.6.2　减去特征 1

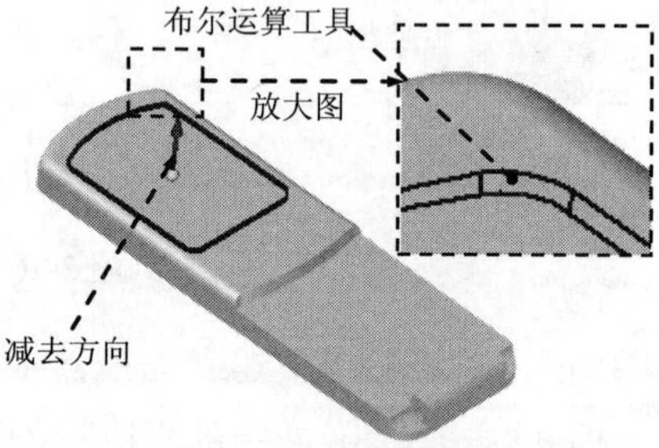

图 34.6.3　定义布尔运算工具及方向

Step4. 创建图 34.6.4 所示的除料特征 1。

（1）选择命令。在实体区域中选择命令。

（2）定义特征的横断面草图。

① 选取草图平面。选取图 34.6.4 所示的平面作为草图平面。

② 绘制横断面草图。在草绘环境中创建图 34.6.5 所示截面草图。

③ 单击“主页”操控板中的“关闭草图”按钮，退出草图绘制环境。

（3）定义拉伸属性。在“除料”命令条中单击按钮，确认与按钮未被按下，在距离下拉列表中输入值 10，切除方向可参考图 34.6.4 所示。

（4）单击“除料”命令条中的完成按钮，单击取消按钮，完成除料特征 1 的创建。

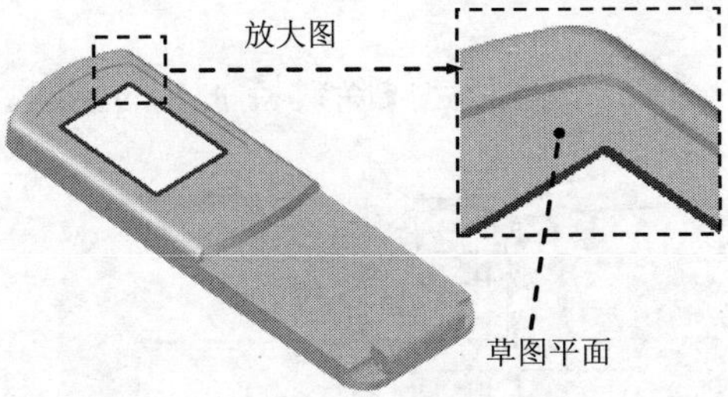

图 34.6.4 除料特征 1

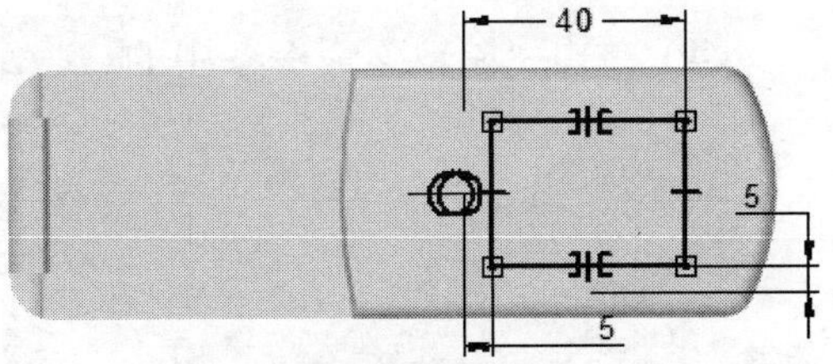

图 34.6.5 截面草图

Step5. 创建图 34.6.6b 所示的倒圆特征 1。选取图 34.6.6a 所示的四条边线为要倒圆的对象，圆角半径值为 2.0。

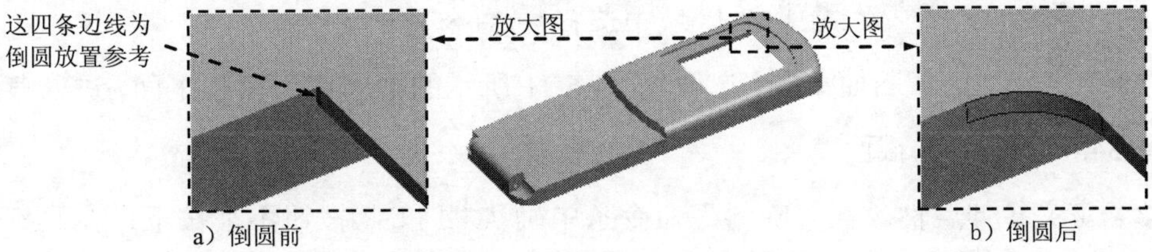

图 34.6.6 倒圆特征 1

Step6. 创建图 34.6.7 所示的除料特征 2。

（1）选择命令。在 实体 区域中选择命令。

（2）定义特征的横断面草图。选取图 34.6.7 所示的平面作为草图平面，进入草绘环境，绘制图 34.6.8 所示的截面草图。

（3）定义拉伸属性。在“除料”命令条中单击按钮，确认按钮被按下，在 距离: 下拉列表中输入值 10。

（4）单击“除料”命令条中的 完成 按钮，单击 取消 按钮，完成除料特征 2 的创建。

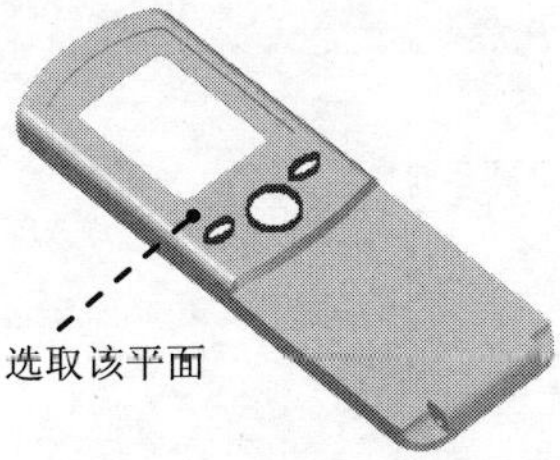

图 34.6.7 除料特征 2

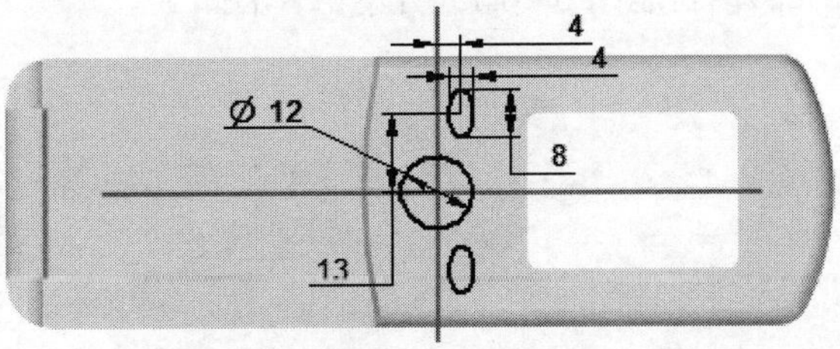

图 36.6.8 截面草图

Step7. 创建图 34.6.9 所示的除料特征 3。

（1）选择命令。在 实体 区域中选择命令。

（2）定义特征的横断面草图。选取图 34.6.9 所示的平面作为草图平面，进入草绘环境，绘制图 34.6.10 所示的截面草图。

（3）定义拉伸属性。在“除料”命令条中单击按钮，确认按钮被按下，在 距离:

下拉列表中输入值 10。

（4）单击“除料”命令条中的 完成 按钮，单击 取消 按钮，完成除料特征 3 的创建。

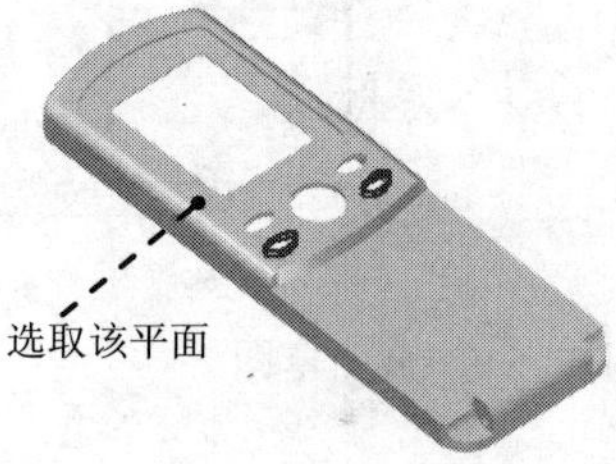

图 34.6.9　除料特征 3

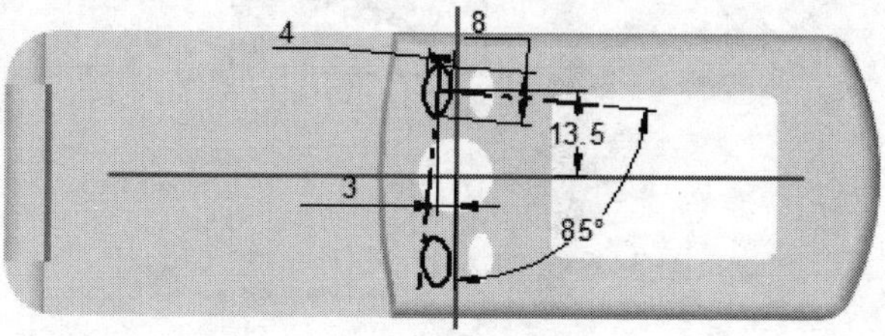

图 36.6.10　截面草图

Step8. 创建图 34.6.11 所示的除料特征 4。

（1）选择命令。在 实体 区域中选择 命令。

（2）定义特征的横断面草图。选取图 34.6.11 所示的平面作为草图平面，进入草绘环境，绘制图 34.6.12 所示的截面草图。

（3）定义拉伸属性。在“除料”命令条中确认 和 按钮不被按下，在 距离: 下拉列表中输入值 1，切除方向可参考图 34.6.11 所示。

（4）单击“除料”命令条中的 完成 按钮，单击 取消 按钮，完成除料特征 4 的创建。

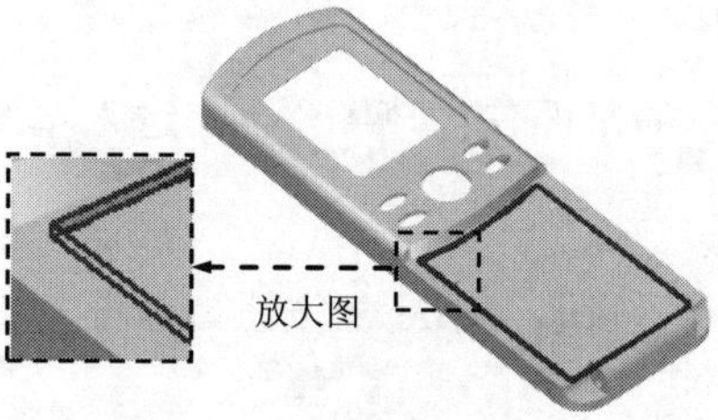

图 34.6.11　除料特征 4

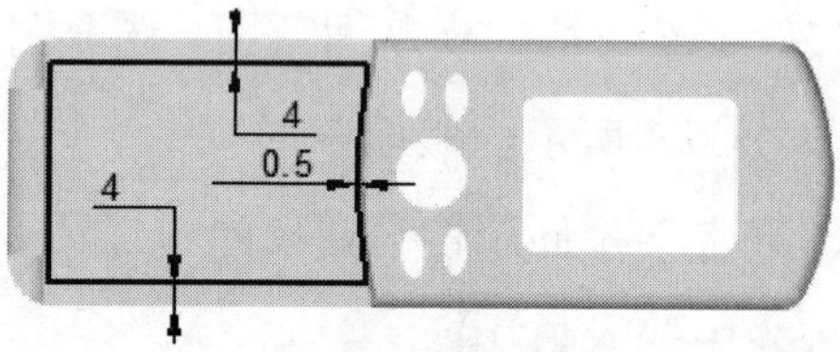

图 34.6.12　截面草图

Step9. 创建图 34.6.13 所示的草图 1。

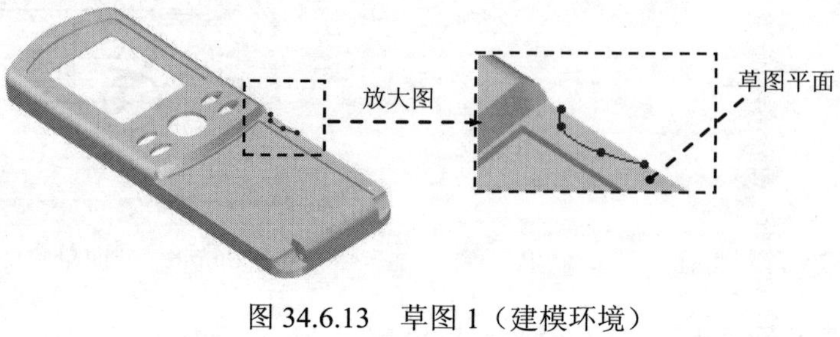

图 34.6.13　草图 1（建模环境）

（1）在 草图 区域中单击 按钮，选取图 34.6.13 所示的平面作为草图平面，进入草绘环境。

（2）绘制图 34.6.14 所示的草图 1，单击 按钮。退出草绘环境。

Step10. 创建图 34.6.15 所示的草图 2。

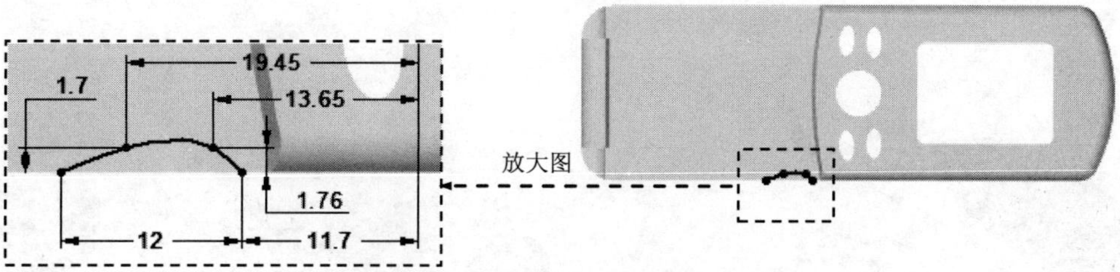

图 34.6.14　草图 1（草绘环境）

（1）在草图区域中单击按钮，选取图 34.6.15 所示的平面作为草图平面，进入草绘环境。

（2）绘制图 34.6.16 所示的草图 2，单击按钮。退出草绘环境。

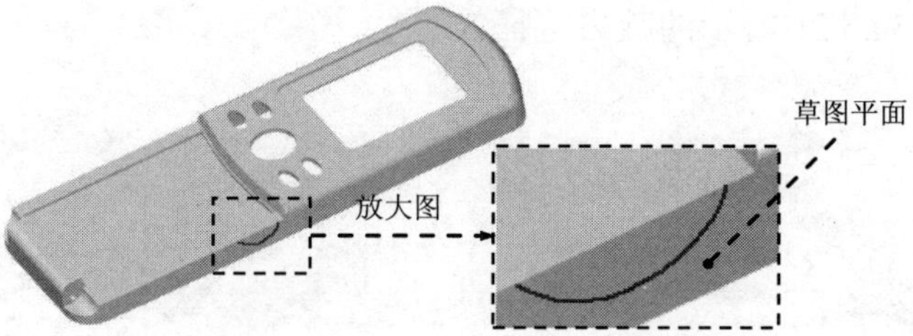

图 34.6.15　草图 2（建模环境）

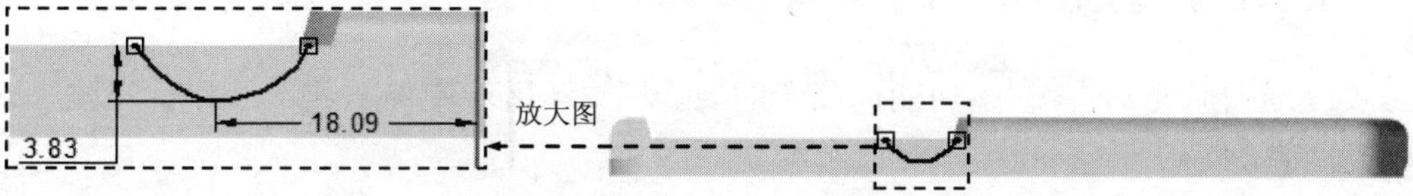

图 34.6.16　草图 2（草绘环境）

Step11. 创建图 34.6.17 所示的蓝面 1。

（1）选择命令。在曲面处理选项卡的曲面区域单击按钮，

（2）定义横截面。在绘图区域选取草图 1，单击按钮。选取草图 2，单击按钮。

（3）单击预览按钮，单击完成按钮；单击取消按钮，完成蓝面 1 的创建。

Step12. 创建图 34.6.18 所示的镜像 1。

（1）选择命令。在阵列区域中单击镜像后的，选择镜像复制零件命令。

（2）定义要镜像的元素。在绘图区域选取蓝面 1 为要镜像的元素。单击按钮。

（3）定义镜像平面。选取右视图（YZ）平面为镜像平面。

（4）单击完成按钮，单击取消按钮，完成镜像 1 的创建。

Step13. 创建图 34.6.19 所示的减去特征 2。

（1）选择命令。在主页功能选项卡的实体区域中单击后的，单击“减去”

按钮 减去 。

图 34.6.17　蓝面 1

图 34.6.18　镜像 1

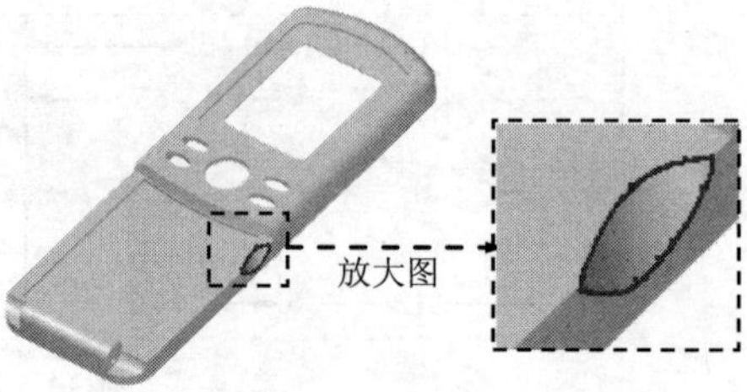

图 34.6.19　减去特征 2

（2）定义布尔运算的工具及方向。在绘图区域选取蓝面 1 为布尔运算的工具，减去方向如图 34.6.20 所示。

（3）单击 完成 按钮，完成减去特征 2 的创建。

Step14. 创建图 34.6.21 所示的减去特征 3。

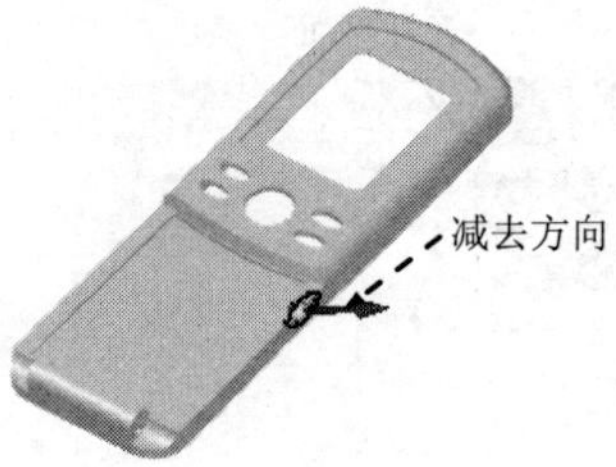

图 34.6.20　定义布尔运算方向

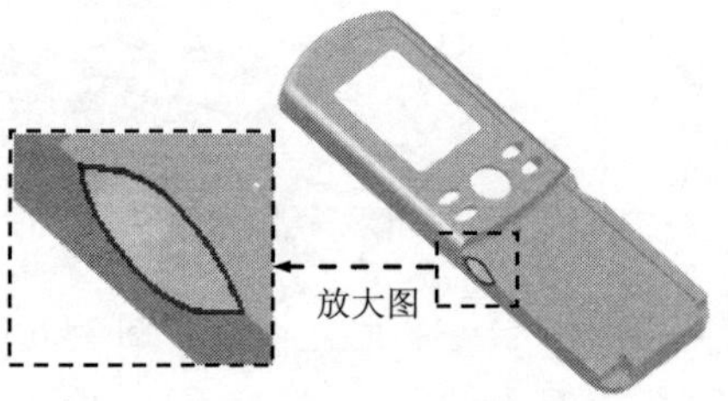

图 34.6.21　减去特征 3

（1）选择命令。在 主页 功能选项卡的 实体 区域中单击 后的 ，单击“减去”按钮 减去 。

（2）定义布尔运算的工具及方向。在绘图区域选取镜像 1 为布尔运算的工具，减去方向如图 34.6.22 所示。

（3）单击 完成 按钮。完成减去特征 3 的创建。

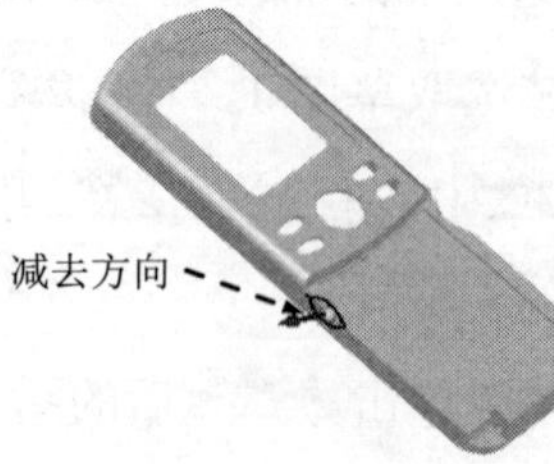

图 34.6.22　定义布尔运算方向

Step15. 创建图 34.6.23 所示的除料特征 5。

（1）选择命令。在 实体 区域中选择 命令。

（2）定义特征的横断面草图。选取图 34.6.23 所示的平面作为草图平面，进入草绘环境，绘制图 34.6.24 所示的截面草图。

（3）定义拉伸属性。在“除料”命令条中确认和按钮不被按下，在距离:下拉列表中输入值 10，切除方向可参考图 34.6.23 所示。

（4）单击“除料”命令条中的完成按钮，单击取消按钮，完成除料特征 5 的创建。

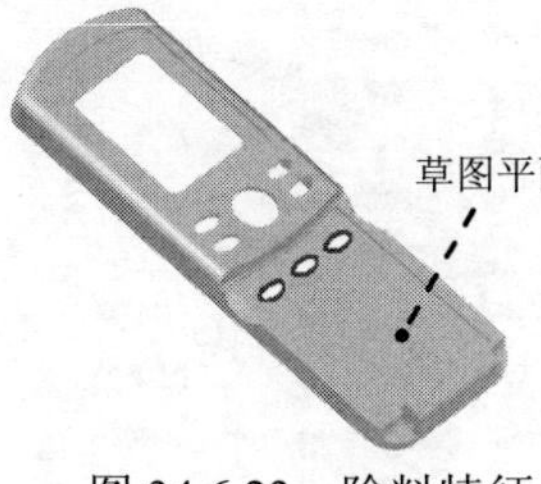

图 34.6.23　除料特征 5

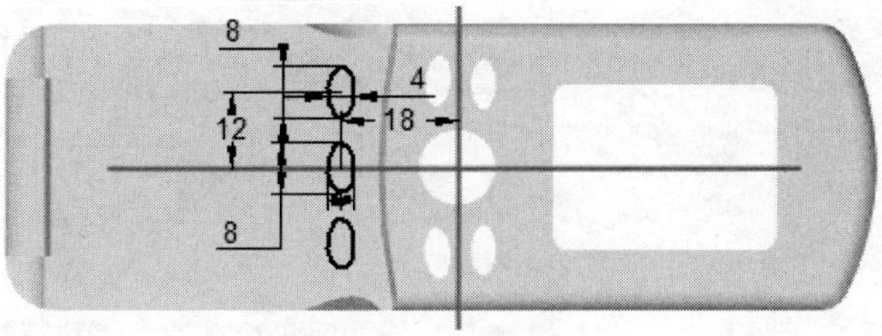

图 34.6.24　截面草图

Step16. 创建图 34.6.25 所示的阵列特征 1。

（1）选择命令。在阵列区域中单击阵列按钮。

（2）选取要阵列的特征。在路径查找器中选择“除料 5”特征。单击按钮完成特征的选取。

（3）定义要阵列的草图平面。选取俯视图（XY）平面为阵列草图平面。

（4）绘制轮廓并设置参数。

① 选择命令。单击特征区域中的按钮，绘制图 34.6.26 所示的矩形。

② 定义阵列类型。在“阵列”命令条的翻转下拉列表中选择固定选项。

③ 定义阵列参数。在“阵列”命令条的X:文本框中输入阵列个数为 4，输入间距值 9。在“阵列”命令条的Y:文本框中输入阵列个数为 1。单击右键确定。

④ 单击按钮，退出草绘环境。

（5）在“阵列”命令条中单击完成按钮，完成阵列特征 1 的创建。

图 34.6.25　阵列特征 1

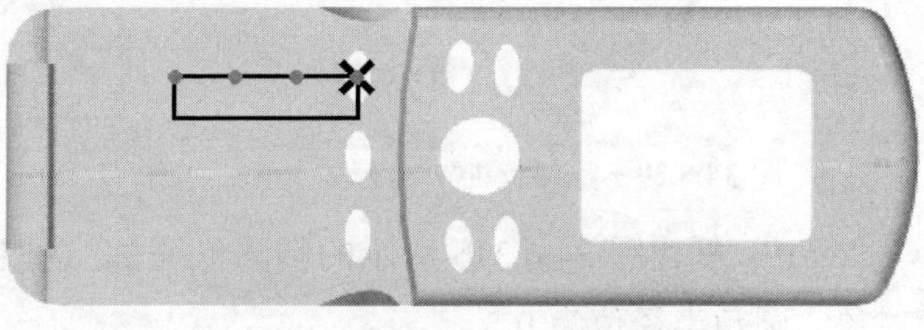

图 34.6.26　矩形阵列轮廓

Step17. 创建图 34.6.27 所示的除料特征 6。

（1）选择命令。在实体区域中选择命令。

（2）定义特征的横断面草图。选取图 34.6.27 所示的平面作为草图平面，进入草绘环境，绘制图 34.6.28 所示的截面草图。

（3）定义拉伸属性。在“除料”命令条中确认和按钮被按下，在 距离: 下拉列表中输入值 10，切除方向可参考图 34.6.27 所示。

（4）单击“除料”命令条中的 完成 按钮，单击 取消 按钮，完成除料特征 6 的创建。

图 34.6.27　除料特征 6

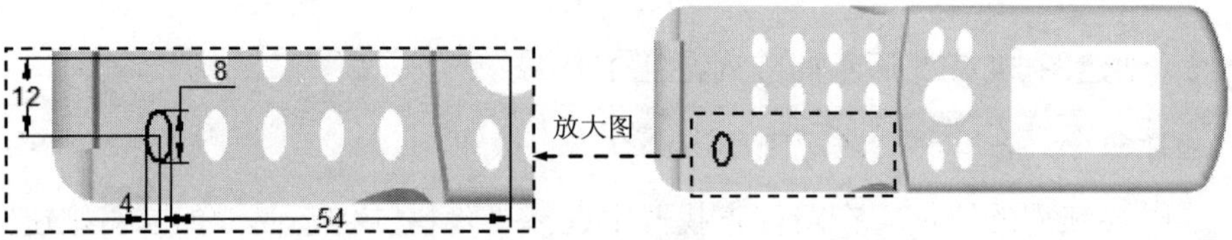

图 34.6.28　截面草图

Step18. 创建图 34.6.29 所示的除料特征 7。

（1）选择命令。在 实体 区域中选择命令。

（2）定义特征的横断面草图。选取图 34.6.29 所示的平面作为草图平面，进入草绘环境，绘制图 34.6.30 所示的截面草图。

（3）定义拉伸属性。在“除料”命令条中确认和按钮被按下，在 距离: 下拉列表中输入 10，切除方向可参考图 34.6.29 所示。

（4）单击“除料”命令条中的 完成 按钮，单击 取消 按钮，完成除料特征 7 的创建。

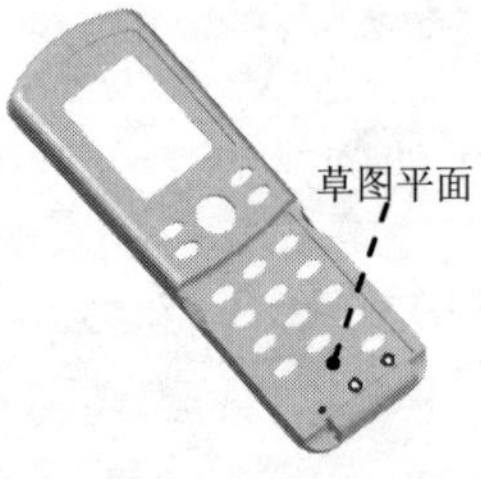

图 34.6.29　除料特征 7

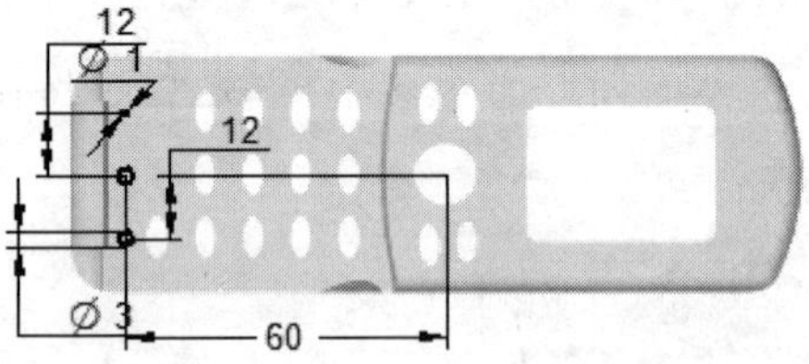

图 34.6.30　截面草图

Step19. 创建图 34.6.31b 所示的倒圆特征 2。选取图 34.6.31a 所示的四条边线为要倒圆的对象，圆角半径值为 0.5。

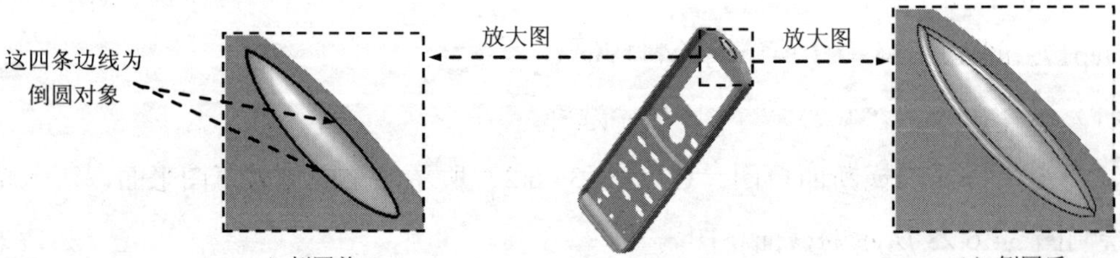

a）倒圆前　　b）倒圆后

图 34.6.31　倒圆特征 2

Step20. 创建图 34.6.32 所示的拉伸特征 1。

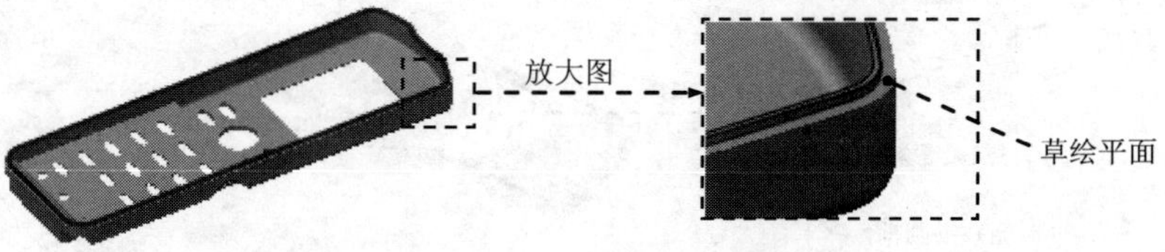

图 34.6.32 拉伸特征 1

（1）选择命令。在 实体 区域中单击按钮。

（2）定义特征的截面草图。选取图 34.6.32 所示的平面作为草图平面，进入草绘环境。绘制图 34.6.33 所示的截面草图，单击按钮。

（3）定义拉伸属性。在“拉伸”命令条中单击按钮，确认与按钮不被按下，在 距离: 下拉列表中输入值 0.75，并按 Enter 键，拉伸方向参考图 34.6.32 所示。

（4）单击“拉伸”命令条中的 完成 按钮，单击 取消 按钮，完成拉伸特征 1 的创建。

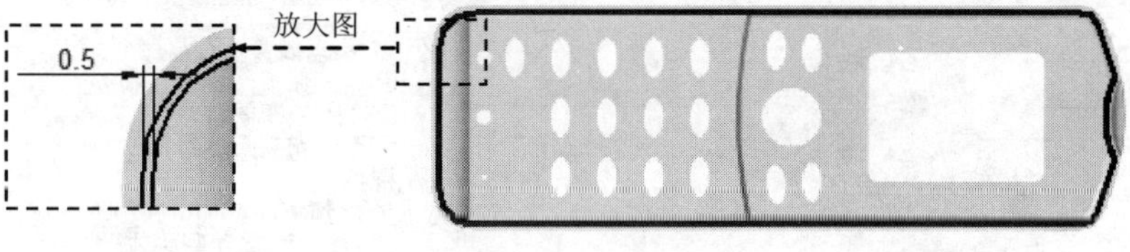

图 34.6.33 截面草图

Step21. 创建图 34.6.34 所示的除料特征 8。

（1）选择命令。在 实体 区域中选择命令。

（2）定义特征的横断面草图。选取前视图（XZ）平面作为草图平面，进入草绘环境，绘制图 34.6.35 所示的截面草图。

（3）定义拉伸属性。在“除料”命令条中单击按钮，确认与按钮未被按下，单击“贯通”按钮。切除方向沿 Y 轴正方向。

（4）单击“除料”命令条中的 完成 按钮，单击 取消 按钮，完成除料特征 8 的创建。

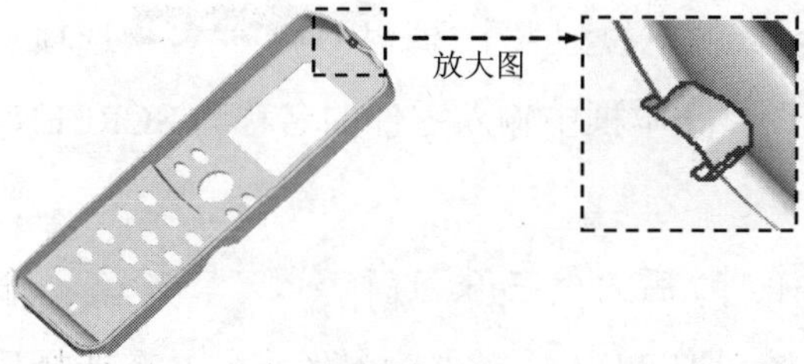

图 34.6.34 除料特征 8

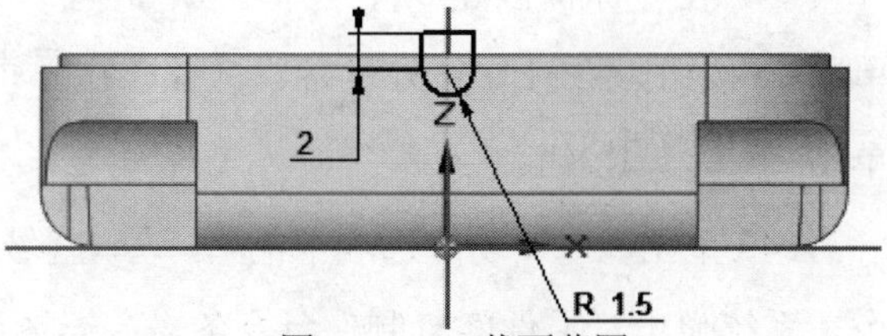

图 34.6.35 截面草图

Step22. 创建图 34.6.36b 所示的倒圆特征 3。选取图 34.6.36a 所示的四条边线为要倒圆的对象，圆角半径值为 0.5。

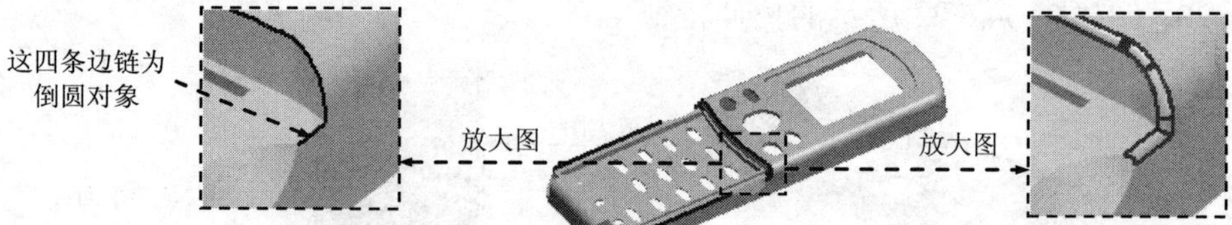

a）倒圆前　　b）倒圆后

图 34.6.36　倒圆特征 3

Step23. 保存并关闭模型文件。

34.7　创建遥控器屏幕

下面讲解遥控器屏幕（SCREEN.PAR）的创建过程，零件模型及路径查找器如图 34.7.1 所示。

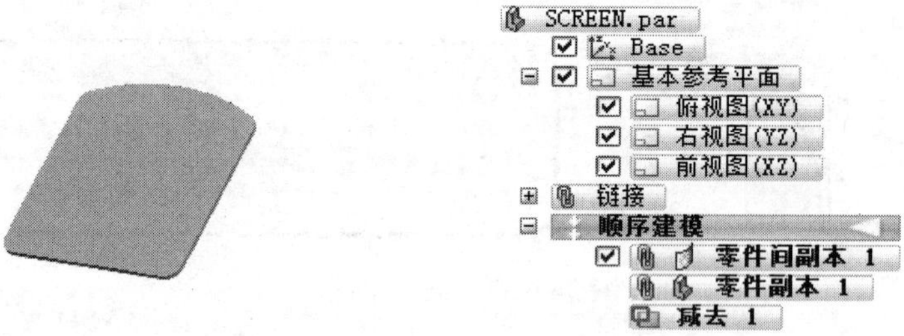

图 34.7.1　零件模型及路径查找器

Step1. 在装配体中建立遥控器屏幕 SCREEN。

（1）单击 装配 区域中的“原位创建零件”按钮。系统弹出“原位创建零件”命令条与“原位创建零件选项”对话框。

（2）在“原位创建零件选项”对话框中的 放置原点 区域选中 与装配原点重合(C) 单选项，在 原位创建 区域选中 创建部件并原位编辑(E) 单选项，然后单击“原位创建零件选项”对话框中的 确定 按钮。

（3）在“原位创建零件”命令条的 模板(T): 区域的下拉列表中选择 gb part.par 选项，单击按钮，系统弹出“另存为”对话框，在 文件名(N): 文本框中输入零件的名称为 SCREEN，单击 保存(S) 按钮。

（4）单击 主页 功能选项卡的 剪贴板 区域中的后的小三角，选择 零件间复制 命令，系统弹出“零件间复制”命令条，在绘图区域选取 THIRD 零件为参考零件，在选择后的下拉列表中选择 特征 选项，在绘图区域选取 THIRD 中的缝合曲面 3。单击按钮，单击 完成 按钮，单击 取消 按钮，完成“零件间复制”的操作。

注：若绘图区域没有显示出缝合曲面 3，可先退出“零件间复制”命令，然后在路径查找器中选中 THIRD.par:1 右击，在系统弹出的快捷菜单中选择显示/隐藏部件命令，然后将“曲面”选中即可。

（5）单击剪贴板区域中的按钮，系统弹出“零件副本”命令条，以及“选择零件副本”对话框。在“选择零件副本”对话框中选择“THIRD”零件，然后单击打开(O)按钮。系统弹出“零件副本参数”对话框，在该对话框中选中链接到文件(F)复选框、复制颜色(L)复选框与复制为设计体(D)单选项，单击确定按钮。单击完成按钮，

（6）单击按钮。

Step2. 选择下拉菜单 → 保存命令。在路径查找器中选中 SCREEN.par:1 后右击选择打开命令

Step3. 创建图 34.7.2 所示的减去特征 1。

（1）选择命令。在主页功能选项卡的实体区域中单击后的，单击“减去”按钮减去。

（2）定义布尔运算的工具及方向。在绘图区域选取图 34.7.3 所示的曲面为布尔运算的工具，减去方向如图 34.7.3 所示。

（3）单击完成按钮，完成减去特征 1 的创建。

Step4. 保存并关闭模型文件。

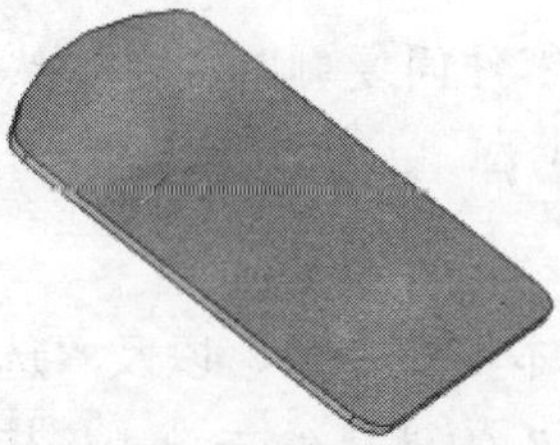

图 34.7.2　减去特征 1

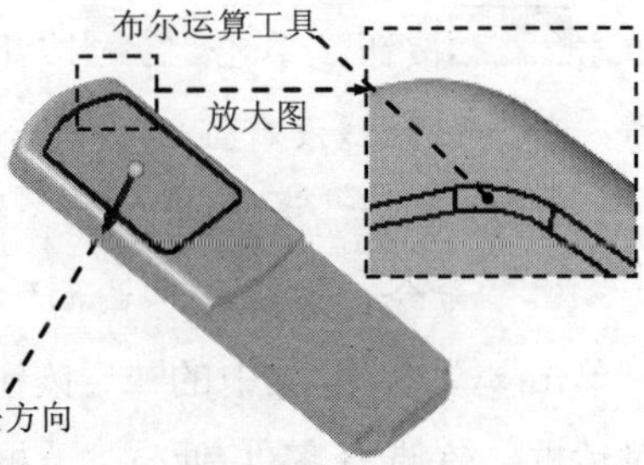

图 34.7.3　定义布尔运算工具及方向

34.8　创建遥控器按键盖

下面讲解遥控器按键盖（KEYSTOKE.PAR）的创建过程，零件模型及路径查找器如图 34.8.1 所示。

Step1. 在装配体中建立遥控器按键盖 KEYSTOKE。

（1）单击装配区域中的“原位创建零件”按钮。系统弹出“原位创建零件”命令条与“原位创建零件选项”对话框。

（2）在“原位创建零件选项”对话框的放置原点区域选中⊙ 与装配原点重合(C)单选项，在原位创建区域选中⊙ 创建部件并原位编辑(E)单选项，然后单击“原位创建零件选项”对话框中的确定按钮。

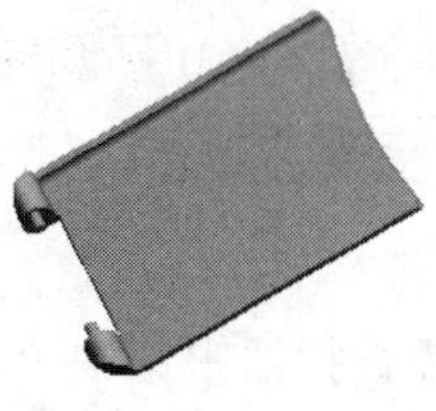
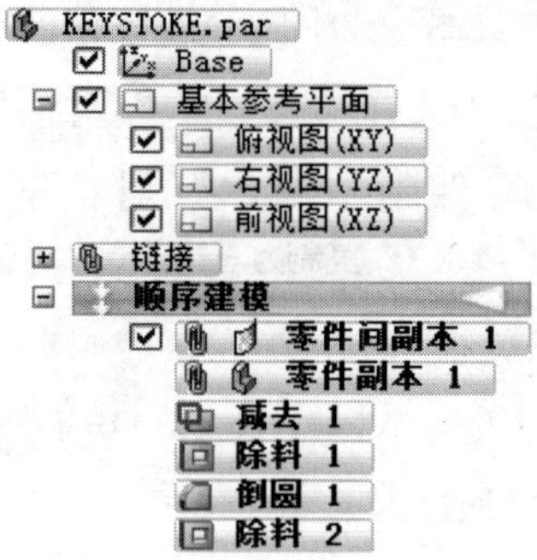

图 34.8.1 零件模型及路径查找器

（3）在“原位创建零件”命令条模板(T):区域的下拉列表中选择gb part.par选项，单击按钮，系统弹出“另存为”对话框，在文件名(N):文本框中输入零件的名称为KEYSTOKE，单击保存(S)按钮。

（4）单击主页功能选项卡剪贴板区域中后的小三角，选择零件间复制命令，系统弹出“零件间复制”命令条，在绘图区域选取“SECOND01”零件为参考零件，在选择后的下拉列表中选择面选项，在绘图区域选取“SECOND01”中的缝合曲面 5。单击按钮，单击完成按钮，单击取消按钮，完成“零件间复制”的操作。

注意：若绘图区域没有显示出缝合曲面 5，可先退出“零件间复制”命令，然后在路径查找器中选中 SECOND01.par:1 右击，在系统弹出的快捷菜单中选择显示/隐藏部件命令，然后将“曲面”选中即可。

（5）单击剪贴板区域中的按钮，系统弹出“零件副本”命令条，以及“选择零件副本”对话框。在选择零件副本对话框中选择“SECOND01”零件，然后单击打开(O)按钮。系统弹出“零件副本参数”对话框，在该对话框中选中☑ 链接到文件(F)复选框、☑ 复制颜色(L)复选框与⊙ 复制为设计体(D)单选项，单击确定按钮。单击完成按钮，

（6）单击按钮。

Step2. 选择下拉菜单 → 保存命令。在路径查找器中选中 KEYSTOKE.par:1 后右击选择打开命令

Step3. 创建图 34.8.2 所示的减去特征 1。

（1）选择命令。在主页功能选项卡的实体区域中单击后的，单击“减去”按钮减去。

（2）定义布尔运算的工具及方向。在绘图区域选取图 34.8.3 所示的曲面为布尔运算的工具，减去方向如图 34.8.3 所示。

（3）单击完成按钮。完成减去特征 1 的创建。

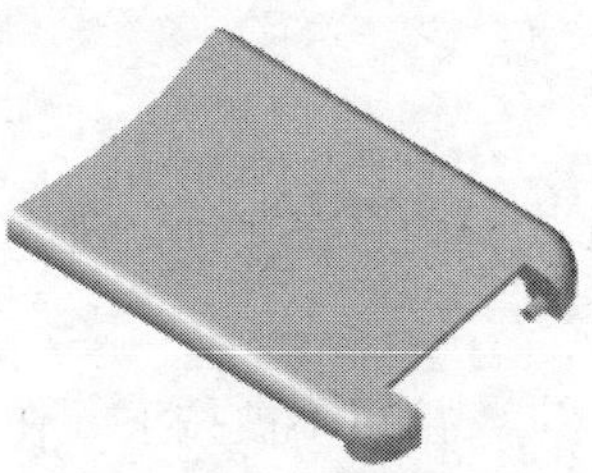

图 34.8.2 减去特征 1

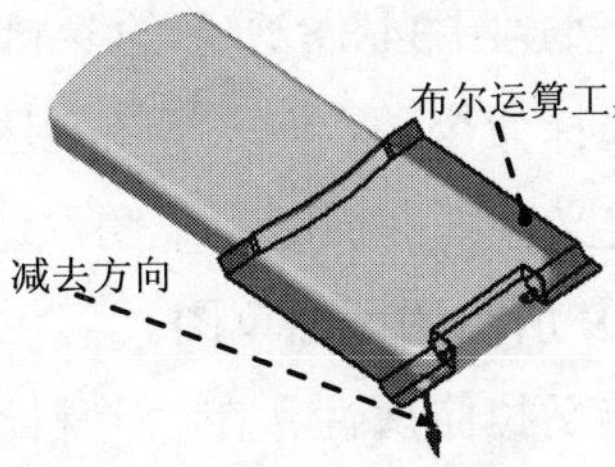

图 34.8.3 定义布尔运算工具及方向

Step4. 创建图 34.8.4 所示的除料特征 1。

（1）选择命令。在 实体 区域中选择命令。

（2）定义特征的横断面草图。选取右视图（YZ）平面作为草图平面，进入草绘环境，绘制图 34.8.5 所示的截面草图。

图 34.8.4 除料特征 1

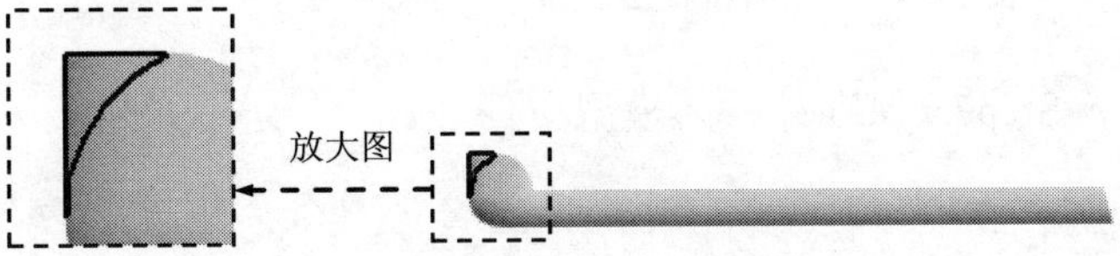

图 34.8.5 截面草图

（3）定义拉伸属性。在“除料”命令条中单击按钮，确认与按钮未被按下，单击“贯通”按钮，切除方向如图 34.8.6 所示。

（4）单击“除料”命令条中的 完成 按钮，单击 取消 按钮，完成除料特征 1 的创建。

Step5. 创建图 34.8.7b 所示的倒圆特征 1。选取图 34.8.7a 所示的两条边线为要倒圆的对象，圆角半径值为 2.0。

图 34.8.6 切除方向

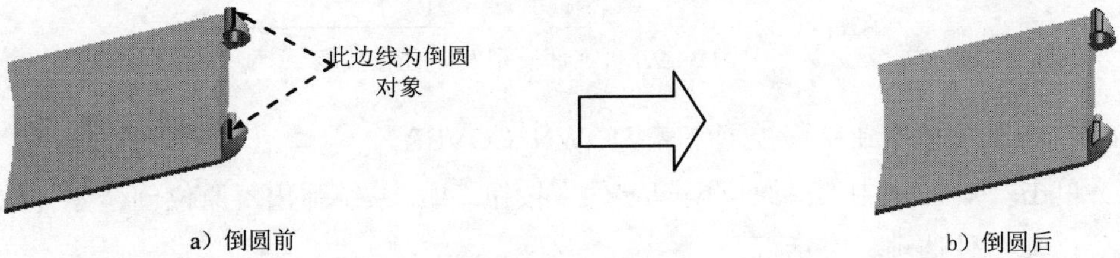

a）倒圆前

b）倒圆后

图 34.8.7 倒圆特征 1

Step6. 创建图 34.8.8 所示的除料特征 2。

（1）选择命令。在 实体 区域中选择命令。

（2）定义特征的横断面草图。选取前视图（XZ）平面作为草图平面，进入草绘环境，绘制图 34.8.9 所示的截面草图。

（3）定义拉伸属性。在“除料”命令条中确认和按钮不被按下，在 距离: 下拉列表中输入值 64，切除方向可参考图 34.8.8 所示。

（4）单击“除料”命令条中的 完成 按钮，单击 取消 按钮，完成除料特征 2 的创建。

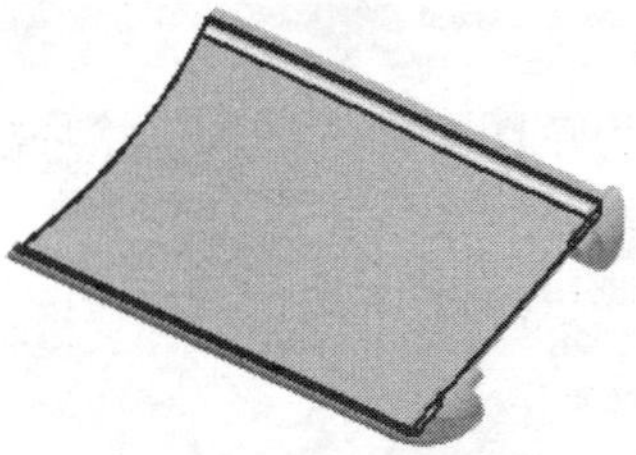

图 34.8.8 除料特征 2

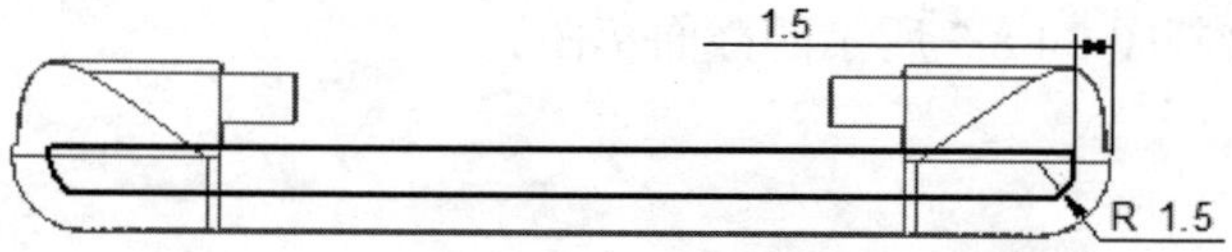

图 34.8.9 截面草图

Step7. 保存并关闭模型文件。

34.9 创建遥控器下盖

下面讲解遥控器下盖（DOWN_COVER.PAR）的创建过程，零件模型及路径查找器如图 34.9.1 所示。

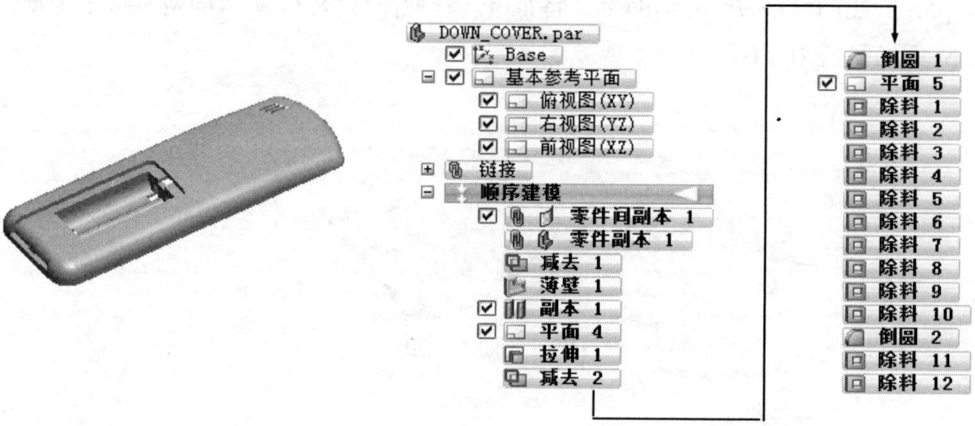

图 34.9.1 零件模型及路径查找器

Step1. 在装配体中建立遥控器下盖 DOWN_COVER。

（1）单击 装配 区域中的“原位创建零件”按钮。系统弹出“原位创建零件”命令条与“原位创建零件选项”对话框。

（2）在“原位创建零件选项”对话框的放置原点区域选中 ⊙ 与装配原点重合(C) 单选项，在原位创建区域选中 ⊙ 创建部件并原位编辑(E) 单选项，然后单击“原位创建零件选项”对话框中的确定按钮。

（3）在“原位创建零件”命令条模板(T):区域的下拉列表中选择 gb part.par 选项，单击✔按钮，系统弹出“另存为”对话框，在文件名(N):文本框中输入零件的名称为SECOND02，单击保存(S)按钮。

（4）单击主页功能选项卡剪贴板区域后的小三角，选择 零件间复制 命令，系统弹出“零件间复制”命令条，在绘图区域选取“SECOND02”零件为参考零件，在选择后的下拉列表中选择面选项，在绘图区域选取“SECOND02”中的缝合曲面 1。单击✔按钮，单击完成按钮，单击取消按钮，完成“零件间复制”的操作。

注意：若绘图区域没有显示出缝合曲面 5，可先退出“零件间复制”命令，然后在路径查找器中选中 ☑ SECOND02.par:1 右击，在系统弹出的快捷菜单中选择显示/隐藏部件命令，然后将“曲面”选中即可。

（5）单击剪贴板区域中的按钮，系统弹出“零件副本”命令条，以及“选择零件副本”对话框。在选择零件副本对话框中选择“SECOND02”零件，然后单击打开(O)按钮。系统弹出“零件副本参数”对话框，在该对话框中选中 ☑ 链接到文件(F) 复选框、☑ 复制颜色(L) 复选框与 ⊙ 复制为设计体(D) 单选项，单击确定按钮。单击完成按钮，

（6）单击✖按钮。

Step2. 选择下拉菜单 → 保存 命令。在路径查找器中选中 ☑ DOWN_COVER.par:1 后右击选择 打开 命令。

Step3. 创建图 34.9.2 所示的减去特征 1。

（1）选择命令。在主页功能选项卡的实体区域中单击后的，单击“减去”按钮 减去。

（2）定义布尔运算的工具及方向。在绘图区域选取图 34.9.3 所示的曲面为布尔运算的工具，减去方向如图 34.9.3 所示。

（3）单击完成按钮。完成减去特征 1 的创建。

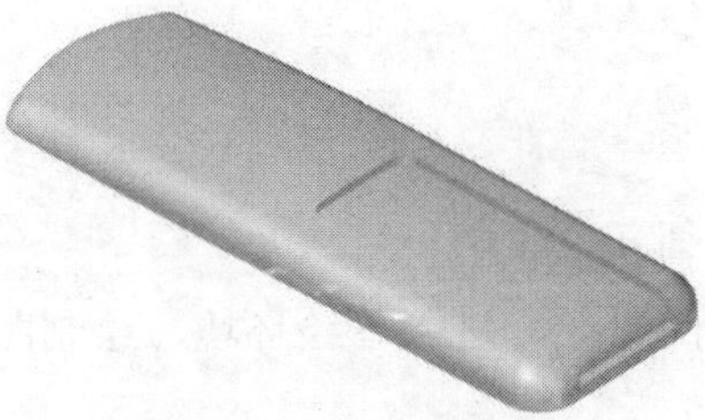

图 34.9.2　减去特征 1

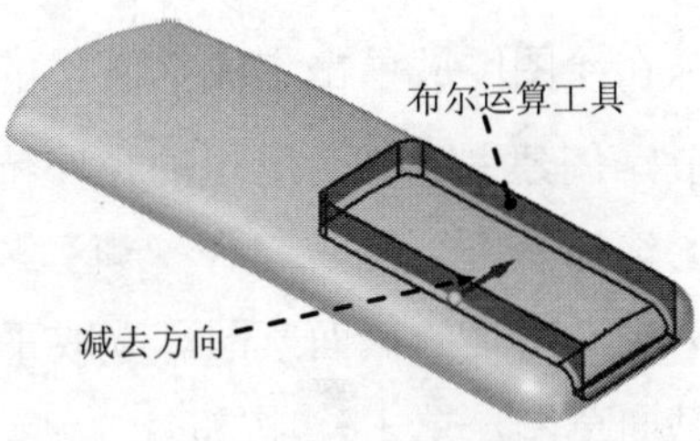

图 34.9.3　定义布尔运算工具及方向

Step4. 创建图 34.9.4b 所示的薄壁特征 1。

（1）选择命令。在实体区域中单击按钮。

（2）定义薄壁厚度。在“薄壁”命令条的同一厚度:文本框中输入薄壁厚度值 1.5，然后右击。

（3）选择要移除的面。在系统提示下，选择图 34.9.4a 所示的模型表面为要移除的面，然后右击。

（4）单击“薄壁”命令条中的预览按钮，单击完成按钮，完成薄壁特征 1 的创建。

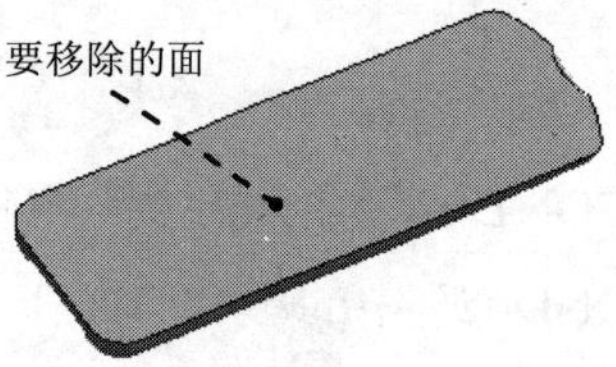

a）薄壁前

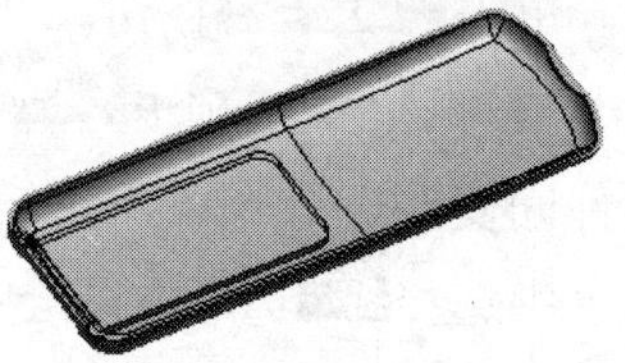

b）薄壁后

图 34.9.4　薄壁特征 1

Step5. 创建图 34.9.5 所示的复制曲面 1。

（1）选择命令。在曲面区域中单击复制按钮。

（2）定义要复制的面。选择图 34.9.5 所示的面为要复制的面，单击右键。

（3）单击完成按钮，单击取消按钮，完成复制曲面 1 的创建。

Step6. 创建图 34.9.6 所示的平面 4。

（1）选择命令。在平面区域中单击按钮，选择平行选项。

（2）定义基准面的参考实体。选取俯视图（XY）平面作为参考实体。

（3）定义偏移距离及方向。在距离:下拉列表中输入偏移距离值 20。偏移方向可参考图 34.9.6。

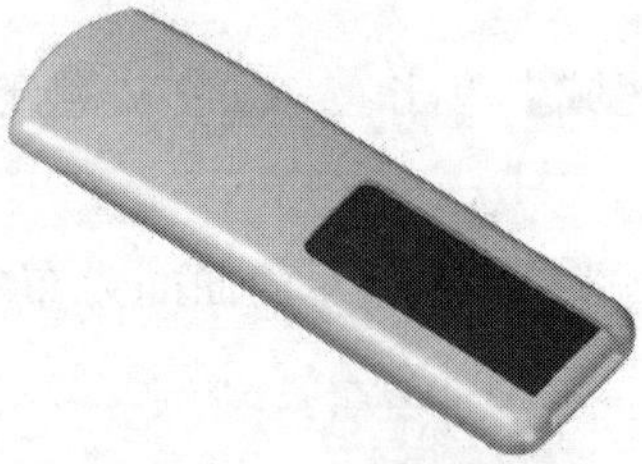

图 34.9.5　复制曲面 1

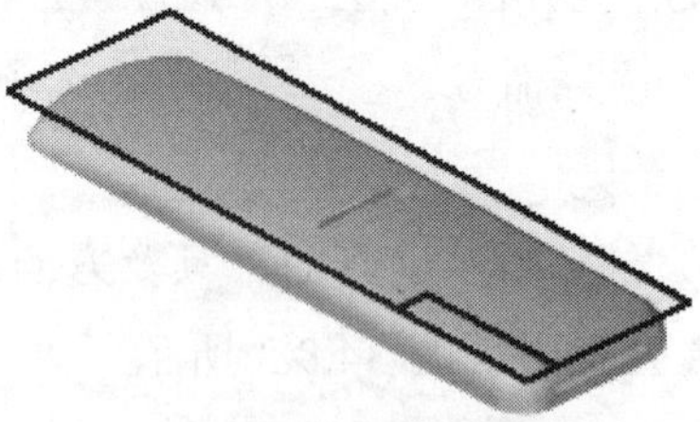

图 34.9.6　平面 4

（4）在绘图区域单击完成平面 4 的创建。

Step7. 创建图 34.9.7 所示的拉伸特征 1。

（1）选择命令。在实体区域中单击按钮。

（2）定义特征的截面草图。选取平面 4 作为草图平面，进入草绘环境，绘制图 34.9.8 所示的截面草图，单击按钮。

（3）定义拉伸属性。在“拉伸”命令条中单击按钮，确认与按钮不被按下，在距离:下拉列表中输入值 12，并按 Enter 键，拉伸方向可参考图 34.9.7 所示。

（4）单击“拉伸”命令条中的完成按钮，单击取消按钮，完成拉伸特征 1 的创建。

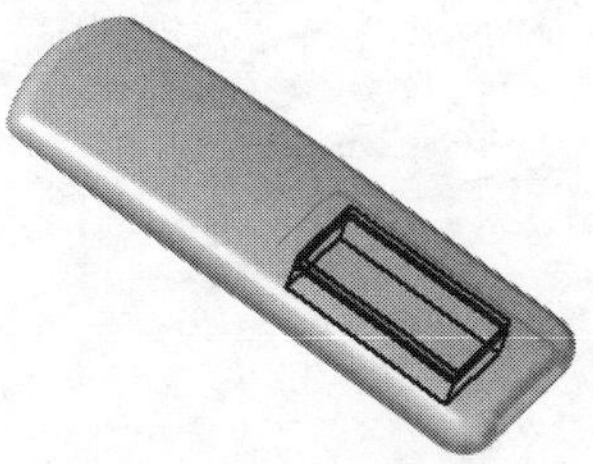

图 34.9.7 拉伸特征 1

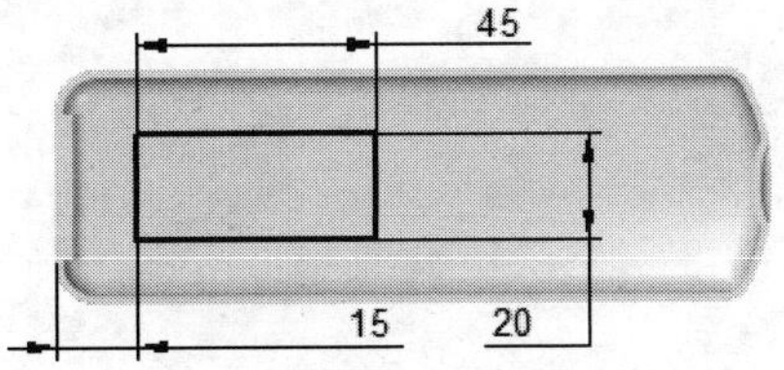

图 34.9.8 截面草图

Step8. 创建图 34.9.9 所示的减去特征 2。

（1）选择命令。在 主页 功能选项卡的 实体 区域中单击 后的 。单击“减去”按钮 减去 。

（2）定义布尔运算的工具及方向。在绘图区域选取复制曲面 1 为布尔运算的工具，减去方向如图 34.9.10 所示。

（3）单击 完成 按钮。完成减去特征 2 的创建。

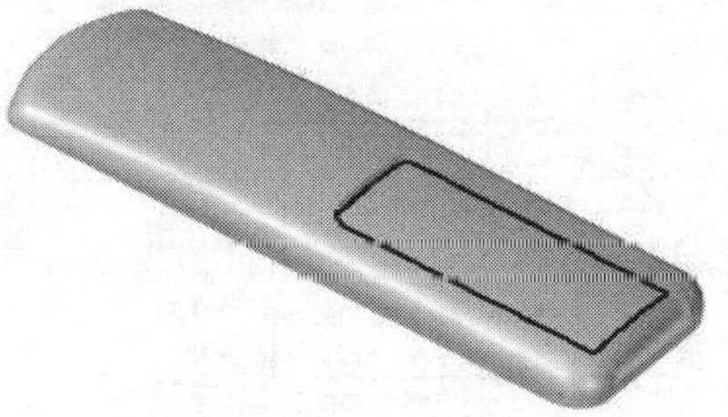

图 34.9.9 减去特征 2

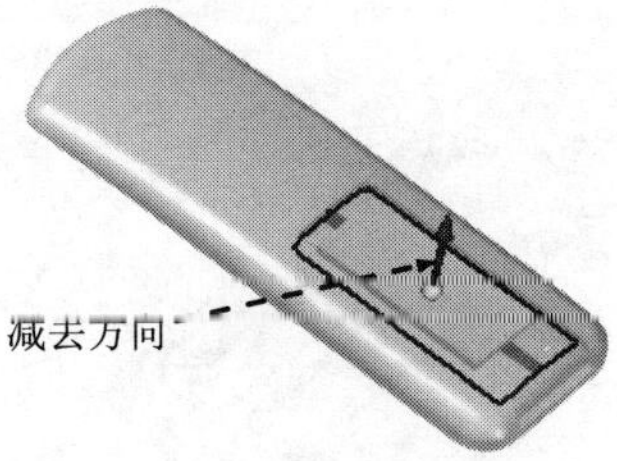

图 34.9.10 定义布尔运算方向

Step9. 创建图 34.9.11b 所示的倒圆特征 1。选取图 34.9.11a 所示的两条边线为要倒圆的对象，圆角半径值为 6.0。

Step10. 创建图 34.9.12 所示的平面 5。

（1）选择命令。在 平面 区域中单击 按钮，选择 平行 选项。

（2）定义基准面的参考实体。选取图 34.9.12 所示的平面作为参考实体。

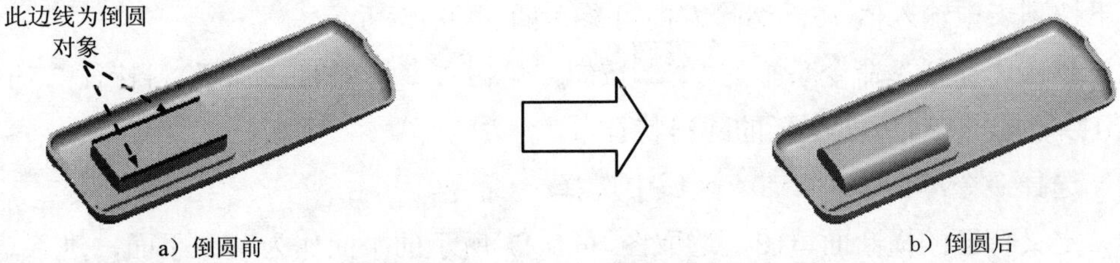

a）倒圆前 b）倒圆后

图 34.9.11 倒圆特征 1

（3）定义偏移距离及方向。在 距离: 下拉列表中输入偏移距离值 2.0。偏移方向可参考图 34.9.12 所示。

（4）在绘图区域单击完成平面 5 的创建。

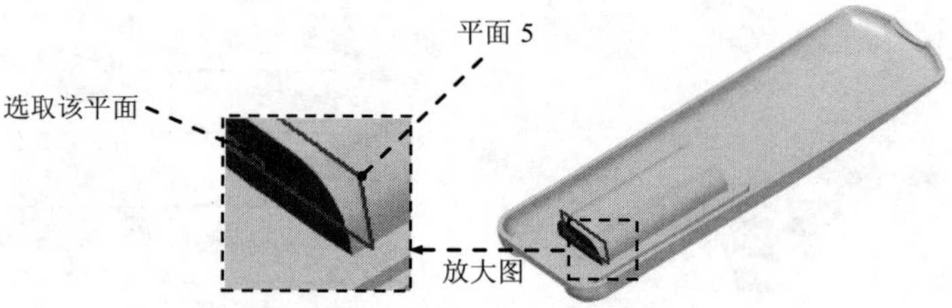

图 34.9.12　平面 5

Step11. 创建图 34.9.13 所示的除料特征 1。

（1）选择命令。在 实体 区域中选择命令。

（2）定义特征的横断面草图。选取平面 5 作为草图平面，进入草绘环境，绘制图 34.9.14 所示的截面草图。

（3）定义拉伸属性。在“除料”命令条中单击按钮，确认与按钮未被按下，在 距离: 下拉列表中输入值 41，切除方向可参考图 34.9.13 所示。

（4）单击“除料”命令条中的 完成 按钮，单击 取消 按钮，完成除料特征 1 的创建。

图 34.9.13　除料特征 1

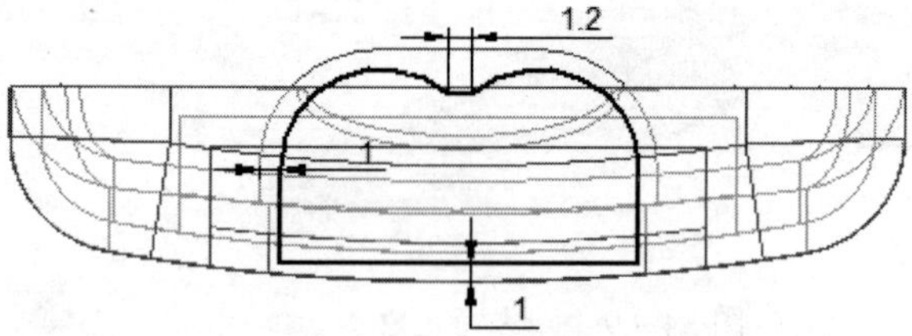

图 34.9.14　截面草图

Step12. 创建图 34.9.15 所示的除料特征 2。

（1）选择命令。在 实体 区域中选择命令。

（2）定义特征的横断面草图。选取图 34.9.15 所示的平面作为草图平面，进入草绘环境，绘制图 34.9.16 所示的截面草图。

（3）定义拉伸属性。在“除料”命令条中单击按钮，确认与按钮未被按下，在 距离: 下拉列表中输入值 15，切除方向可参考图 34.9.15 所示。

（4）单击“除料”命令条中的 完成 按钮，单击 取消 按钮，完成除料特征 2 的创建。

Step13. 创建图 34.9.17 所示的除料特征 3。

（1）选择命令。在 实体 区域中选择命令。

（2）定义特征的横断面草图。选取图 34.9.17 所示的平面作为草图平面，进入草绘环境，绘制图 34.9.18 所示的截面草图。

（3）定义拉伸属性。在“除料”命令条中单击按钮，确认与按钮不被按下，在 距离: 下拉列表中输入值 10，切除方向可参考图 34.9.17 所示。

（4）单击“除料”命令条中的 完成 按钮，单击 取消 按钮，完成除料特征 3 的创建。

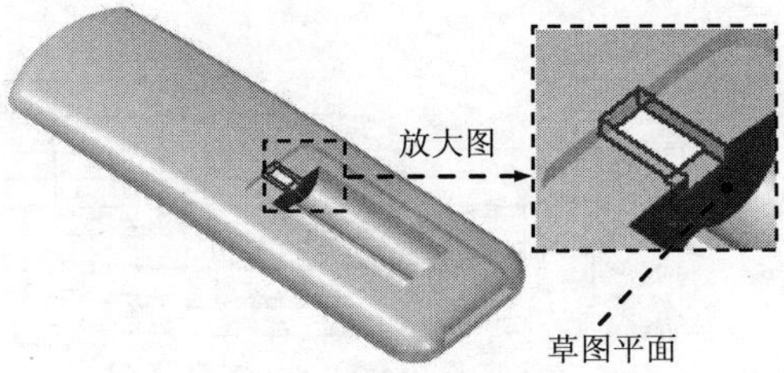

图 34.9.15　除料特征 2

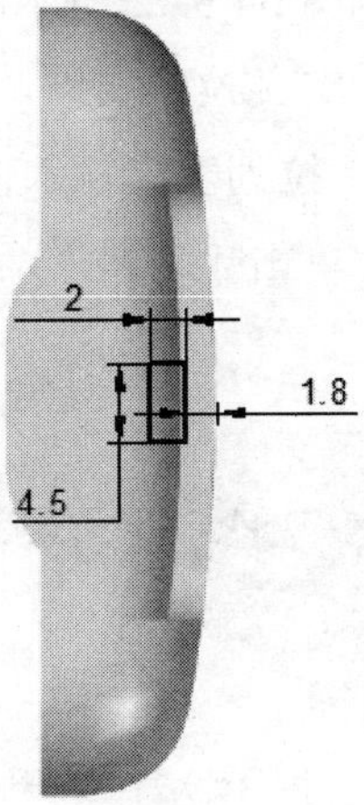

图 34.9.16　截面草图

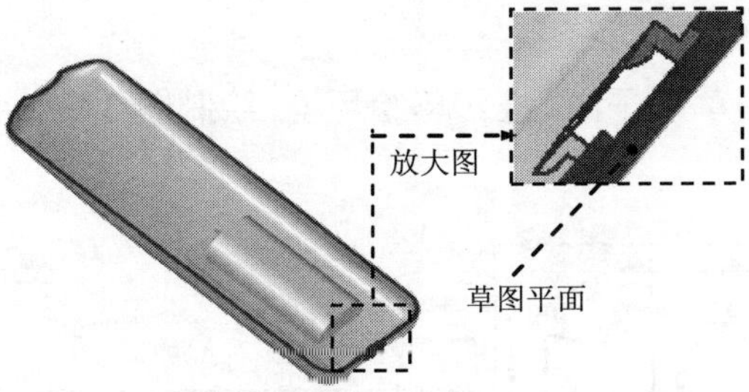

图 34.9.17　除料特征 3

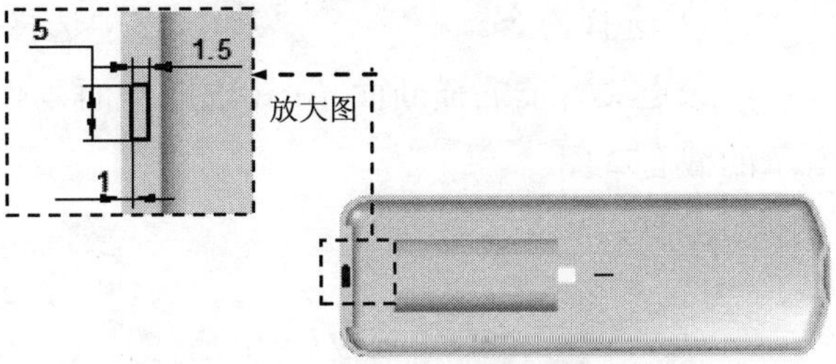

图 34.9.18　截面草图

Step14. 创建图 34.9.19 所示的除料特征 4。

（1）选择命令。在 实体 区域中选择命令。

（2）定义特征的横断面草图。选取图 34.9.19 所示的平面作为草图平面，进入草绘环境，绘制图 34.9.20 所示的截面草图。

（3）定义拉伸属性。在“除料”命令条中单击按钮，确认与按钮未被按下，在 距离: 下拉列表中输入值 5，切除方向可参考图 34.9.19 所示。

（4）单击“除料”命令条中的 完成 按钮，单击 取消 按钮，完成除料特征 4 的创建。

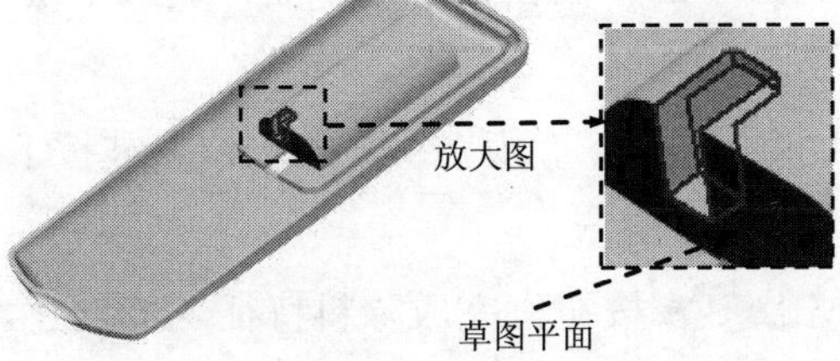

图 34.9.19　除料特征 4

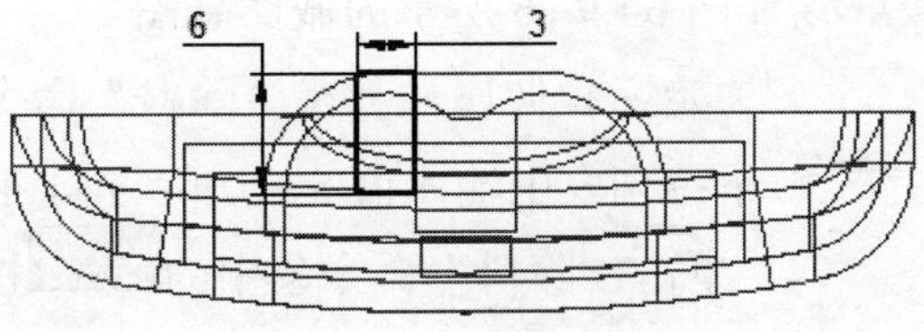

图 34.9.20　截面草图

Step15. 创建图 34.9.21 所示的除料特征 5。

（1）选择命令。在 实体 区域中选择命令。

（2）定义特征的横断面草图。选取图 34.9.21 所示的平面作为草图平面，进入草绘环境，绘制图 34.9.22 所示的截面草图。

（3）定义拉伸属性。在“除料”命令条中单击按钮，确认与按钮不被按下，在距离下拉列表中输入值 2，切除方向可参考图 34.9.21 所示。

（4）单击“除料”命令条中的完成按钮，单击取消按钮，完成除料特征 5 的创建。

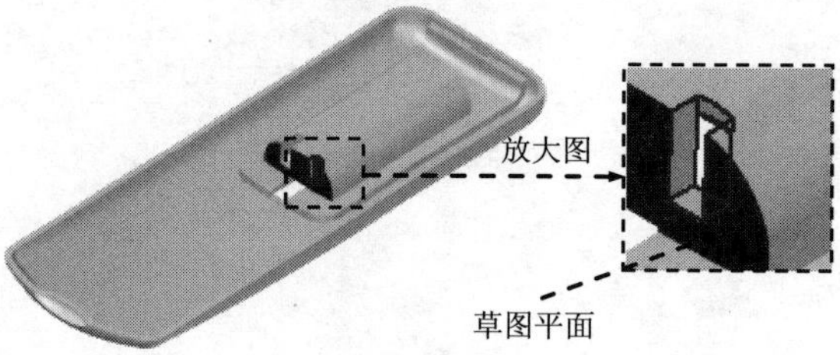

图 34.9.21　除料特征 5

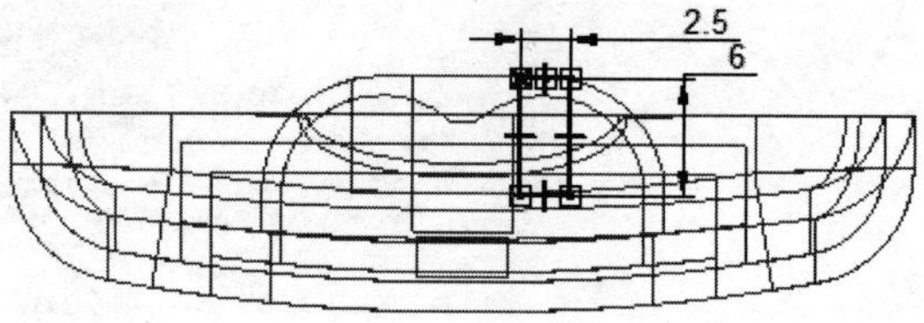

图 34.9.22　截面草图

Step16. 创建图 34.9.23 所示的除料特征 6。

（1）选择命令。在实体区域中选择命令。

（2）定义特征的横断面草图。选取平面 4 作为草图平面，进入草绘环境，绘制图 34.9.24 所示的截面草图。

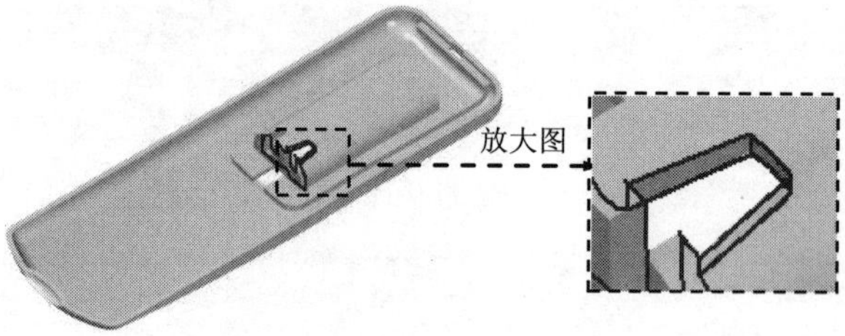

图 34.9.23　除料特征 6

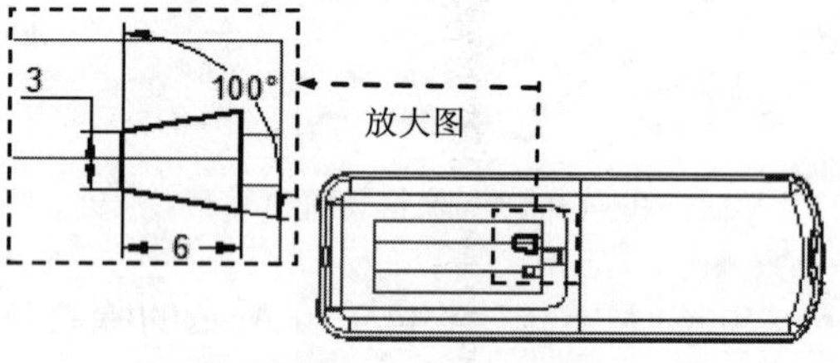

图 34.9.24　截面草图

（3）定义拉伸属性。在“除料”命令条中单击按钮，确认与按钮不被按下，单击“贯通”按钮，切除方向沿 Z 轴负方向。

（4）单击“除料”命令条中的完成按钮，单击取消按钮，完成除料特征 6 的创建。

Step17. 创建图 34.9.25 所示的除料特征 7。

（1）选择命令。在实体区域中选择命令。

（2）定义特征的横断面草图。选取图 34.9.25 所示的平面作为草图平面，进入草绘环境，绘制图 34.9.26 所示的截面草图。

（3）定义拉伸属性。在“除料”命令条中单击按钮，确认与按钮未被按下，在距离下拉列表中输入值 5，切除方向可参考图 34.9.25 所示。

（4）单击“除料”命令条中的完成按钮，单击取消按钮，完成除料特征 7 的创建。

Step18. 创建图 34.9.27 所示的除料特征 8。

（1）选择命令。在实体区域中选择命令。

（2）定义特征的横断面草图。选取图 34.9.27 所示的平面作为草图平面，进入草绘环境，绘制图 34.9.28 所示的截面草图。

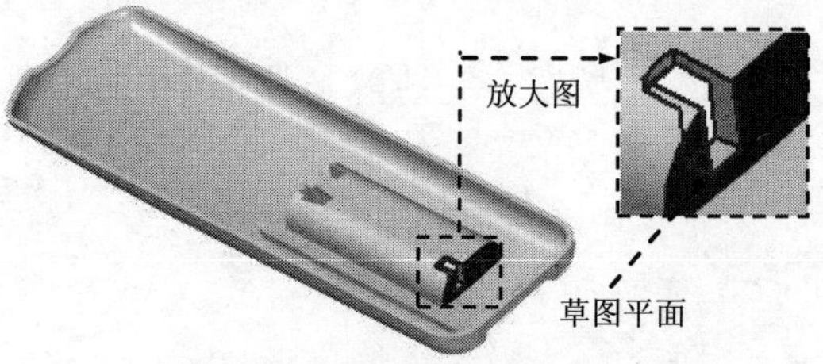

图 34.9.25　除料特征 7

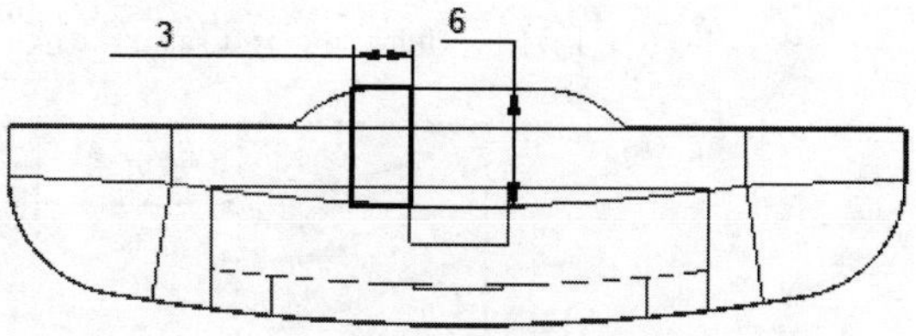

图 34.9.26　截面草图

（3）定义拉伸属性。在“除料”命令条中单击按钮，确认与按钮未被按下，在距离:下拉列表中输入值 2，切除方向可参考图 34.9.27 所示。

（4）单击“除料”命令条中的完成按钮，单击取消按钮，完成除料特征 8 的创建。

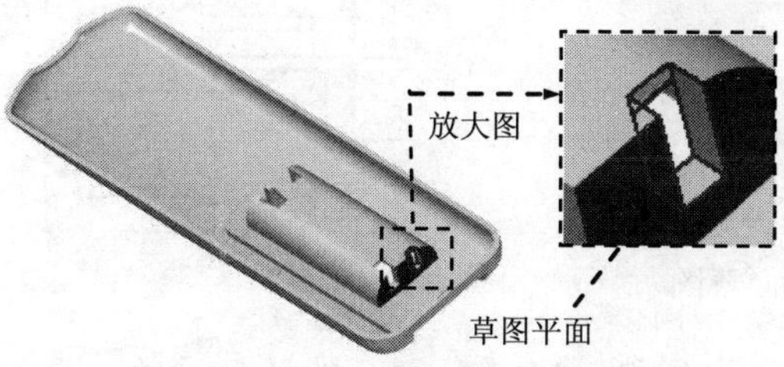

图 34.9.27　除料特征 8

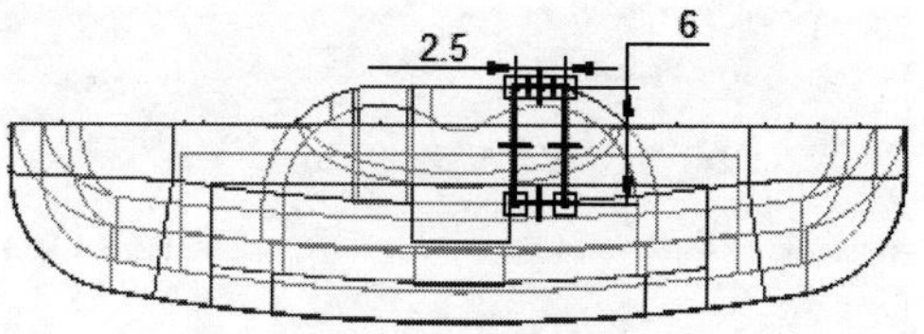

图 34.9.28　截面草图

Step19. 创建图 34.9.29 所示的除料特征 9。

（1）选择命令。在实体区域中选择命令。

（2）定义特征的横断面草图。选取平面 4 作为草图平面，进入草绘环境，绘制图 34.9.30 所示的截面草图。

（3）定义拉伸属性。在“除料”命令条中单击按钮，确认与按钮未被按下，单击“贯通”按钮，切除方向沿 Z 轴负方向。

（4）单击“除料”命令条中的完成按钮，单击取消按钮，完成除料特征 9 的创建。

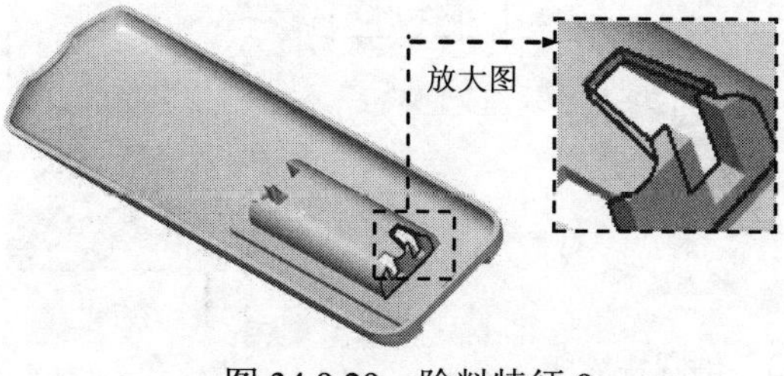

图 34.9.29　除料特征 9

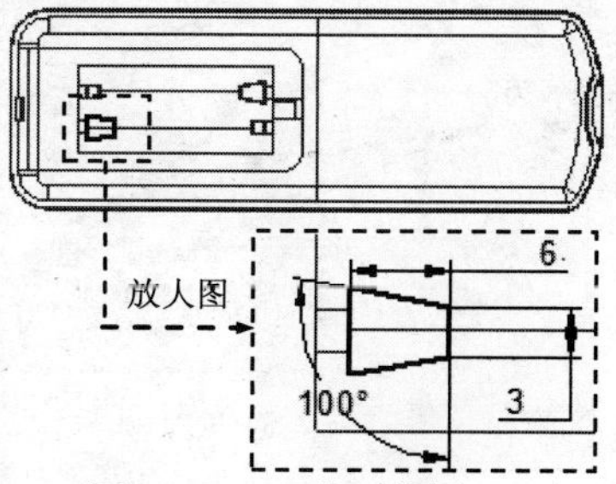

图 34.9.30　截面草图

Step20. 创建图 34.9.31 所示的除料特征 10。

（1）选择命令。在实体区域中选择命令。

（2）定义特征的横断面草图。选取平面 4 作为草图平面，进入草绘环境，绘制图 34.9.32 所示的截面草图。

（3）定义拉伸属性。在“除料”命令条中单击按钮，确认与按钮不被按下，单击“贯通”按钮，切除方向沿 Z 轴负方向。

（4）单击“除料”命令条中的完成按钮，单击取消按钮，完成除料特征 10 的创建。

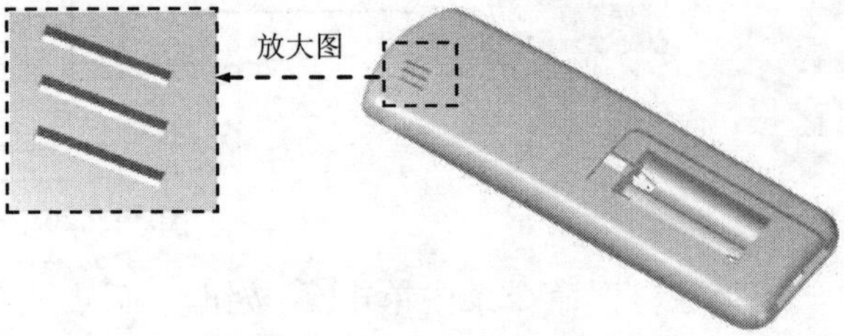

图 34.9.31　除料特征 10

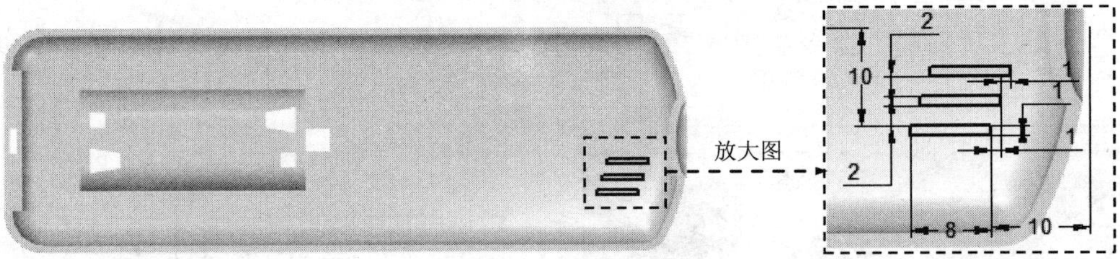

图 34.9.32　截面草图

Step21. 创建图 34.9.33b 所示的倒圆特征 2。选取图 34.9.33a 所示的两条边线为要倒圆的对象，圆角半径值为 0.5。

Step22. 创建图 34.9.34 所示的除料特征 11。

（1）选择命令。在实体区域中选择命令。

（2）定义特征的横断面草图。选取图 34.9.34 所示的平面作为草图平面，进入草绘环境，绘制图 34.9.35 所示的截面草图。

（3）定义拉伸属性。在“除料”命令条中单击按钮，确认与按钮不被按下，在距离:下拉列表中输入值 0.75，切除方向可参考图 34.9.34 所示。

（4）单击“除料”命令条中的完成按钮，单击取消按钮，完成除料特征 11 的创建。

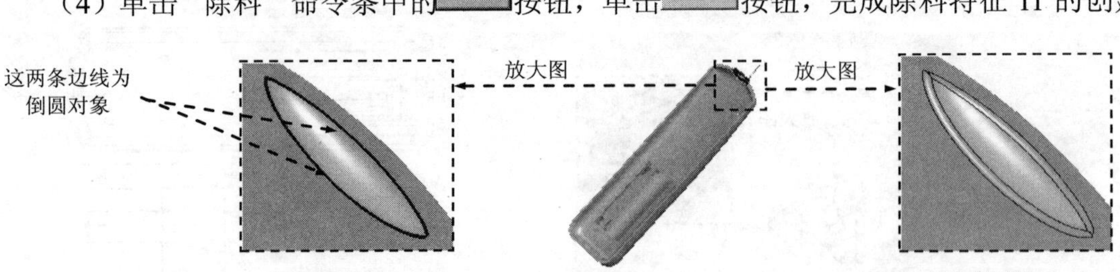

a）倒圆前　　b）倒圆后

图 34.9.33　倒圆特征 2

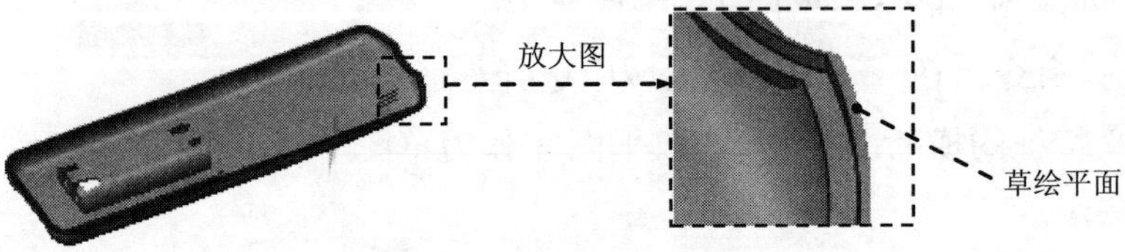

图 34.9.34　除料特征 11

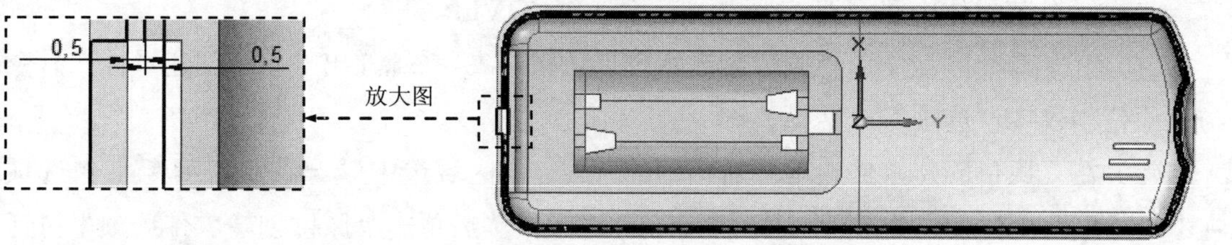

图 34.9.35　截面草图

Step23. 创建图 34.9.36 所示的除料特征 12。

（1）选择命令。在 实体 区域中选择 命令。

（2）定义特征的横断面草图。选取前视图（XZ）平面作为草图平面，进入草绘环境，绘制图 34.9.37 所示的截面草图。

（3）定义拉伸属性。在“除料”命令条中单击 按钮，确认 与 按钮不被按下，单击“贯通”按钮，切除方向沿 Y 轴正方向。

（4）单击“除料”命令条中的 完成 按钮，单击 取消 按钮，完成除料特征 12 的创建。

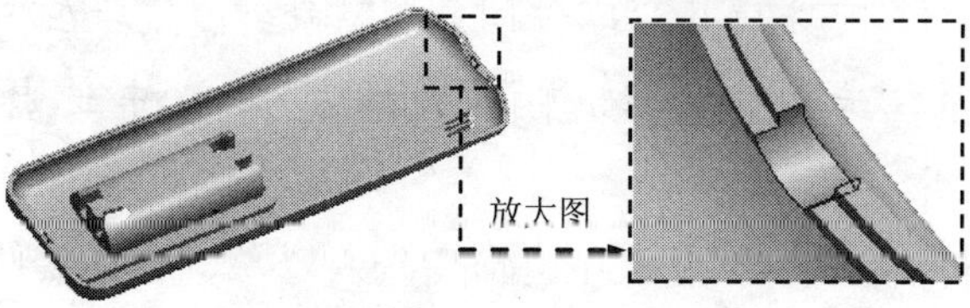

图 34.9.36　除料特征 12

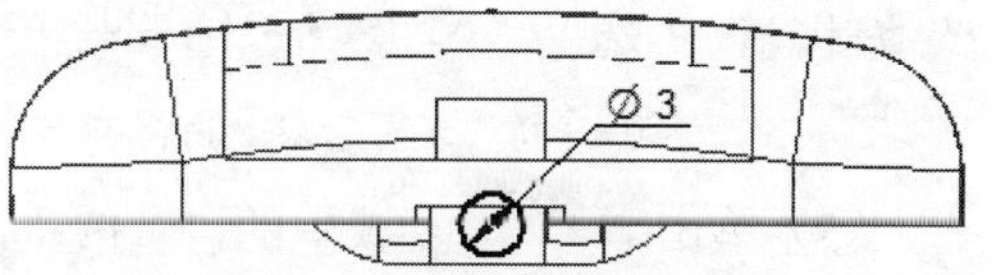

图 34.9.37　截面草图

Step24. 保存并关闭模型文件。

34.10　创建遥控器电池盖

下面讲解遥控器电池盖（CELL_COVER.PAR）的创建过程，零件模型及模型树如图 34.10.1 所示。

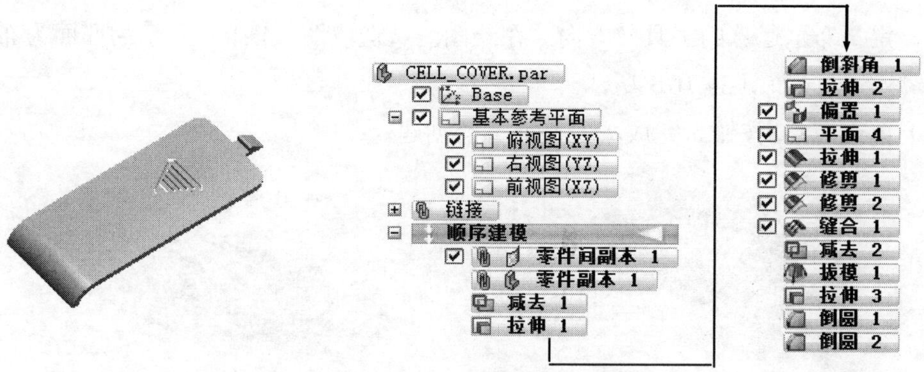

图 34.10.1　零件模型及模型树

Step1. 在装配体中建立遥控器电池盖 CELL_COVER。

（1）单击装配区域中的“原位创建零件”按钮。系统弹出“原位创建零件”命令条与“原位创建零件选项”对话框。

（2）在“原位创建零件选项”对话框的放置原点区域选中 与装配原点重合(C) 单选项，在原位创建区域选中 创建部件并原位编辑(E) 单选项，然后单击“原位创建零件选项”对话框中的 确定 按钮。

（3）在“原位创建零件”命令条模板(T):区域的下拉列表中选择 gb part.par 选项，单击按钮，系统弹出“另存为”对话框，在文件名(N):文本框中输入零件的名称为 CELL_COVER，单击 保存(S) 按钮。

（4）单击 主页 功能选项卡剪贴板区域后的小三角，选择 零件间复制 命令，系统弹出“零件间复制”命令条，在绘图区域选取“SECOND02”零件为参考零件，在选择后的下拉列表中选择面选项，在绘图区域选取“SECOND02”中的缝合曲面 1。单击按钮，单击 完成 按钮，单击 取消 按钮，完成“零件间复制”的操作。

说明： 若绘图区域没有显示出缝合曲面 1，可先退出“零件间复制”命令，然后在路径查找器中选中 SECOND02.par:1 右击，在系统弹出的快捷菜单中选择 显示/隐藏部件 命令，然后将“曲面”选中即可。

（5）单击剪贴板区域中的按钮，系统弹出“零件副本”命令条，以及“选择零件副本”对话框。在“选择零件副本”对话框中选择“SECOND02”零件，然后单击 打开(O) 按钮。系统弹出“零件副本参数”对话框，在该对话框中选中 链接到文件(F) 复选框、复制颜色(L) 复选框与 复制为设计体(D) 单选项，单击 确定 按钮，单击 完成 按钮。

（6）单击按钮。

Step2. 选择下拉菜单 → 保存 命令。在路径查找器中选中 CELL_COVER.par:1 后右击选择 打开 命令。

Step3. 创建图 34.10.2 所示的减去特征 1。

（1）选择命令。在 主页 功能选项卡的 实体 区域中单击后的，单击“减去”按钮 减去。

（2）定义布尔运算的工具及方向。在绘图区域选取图 34.10.3 所示的曲面为布尔运算的工具，减去方向如图 34.10.3 所示。

（3）单击 完成 按钮。完成减去特征 1 的创建。

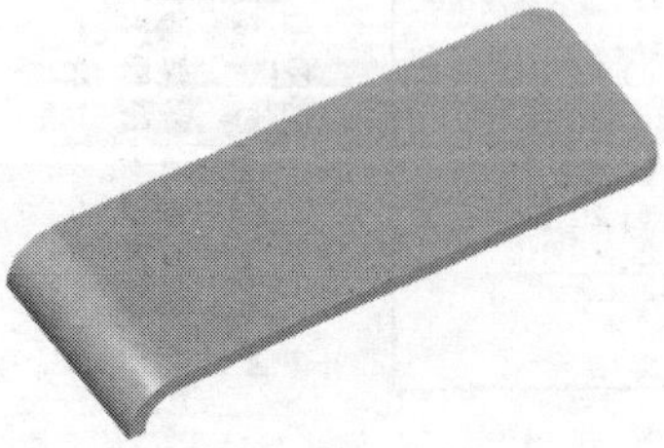

图 34.10.2 减去特征 1

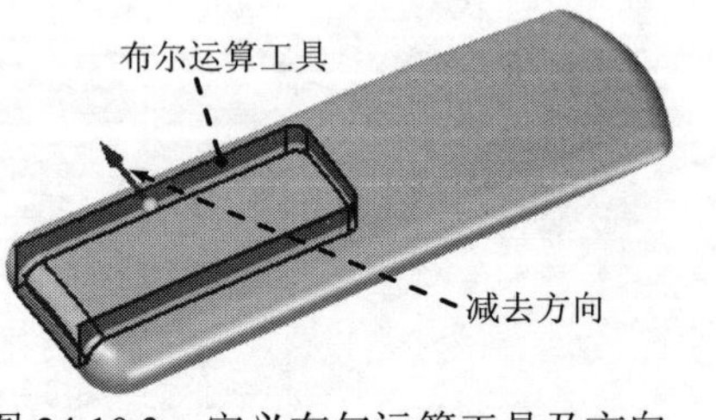

图 34.10.3 定义布尔运算工具及方向

Step4. 创建图 34.10.4 所示的拉伸特征 1。

（1）选择命令。在 实体 区域中单击按钮。

（2）定义特征的截面草图。选取右视图（YZ）平面作为草图平面，进入草绘环境。绘制图 34.10.5 所示的截面草图，单击按钮。

（3）定义拉伸属性。在“拉伸”命令条中单击按钮，确认按钮被按下，在 距离: 下拉列表中输入值 4.5，并按 Enter 键，在绘图区空白区域单击。

（4）单击“拉伸”命令条中的 完成 按钮，单击 取消 按钮，完成拉伸特征 1 的创建。

图 34.10.4　拉伸特征 1

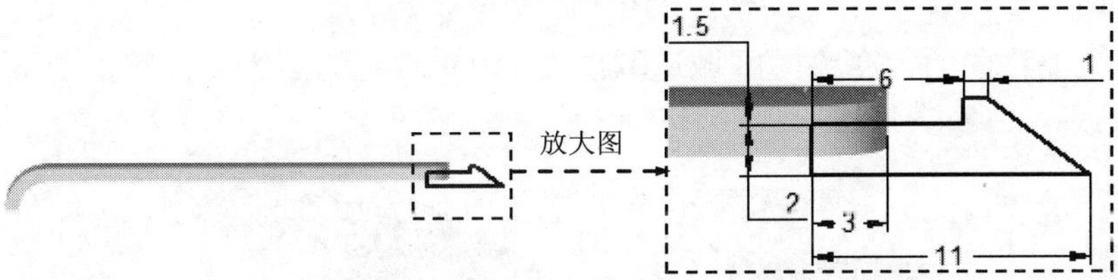

图 34.10.5　截面草图

Step5. 创建图 34.10.6b 所示的倒斜角特征 1。

（1）选择命令。在 实体 区域中单击 倒圆 按钮，选择 倒斜角 命令。

（2）定义倒角类型。单击按钮，系统弹出“倒斜角选项”对话框。选取倒斜角边类型为 深度相等(E)。单击 确定 按钮。

（3）选取模型中要倒角的边线，如图 34.10.6a 所示。

（4）定义倒角参数。在“倒斜角”命令条的 深度: 文本框中输入值 1.0。

（5）单击“倒斜角”命令条 选择: 区域后的按钮，单击 完成 按钮，完成倒斜角特征 1 的定义。

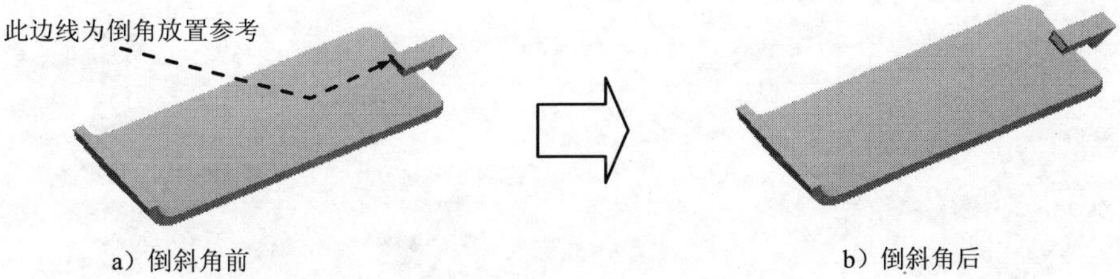

a）倒斜角前　　b）倒斜角后

图 34.10.6　倒斜角特征 1

Step6. 创建图 34.10.7 所示的拉伸特征 2。

（1）选择命令。在 实体 区域中单击按钮。

（2）定义特征的截面草图。选取右视图（YZ）平面作为草图平面，进入草绘环境。绘制图 34.10.8 所示的截面草图，单击按钮。

（3）定义拉伸属性。在“拉伸”命令条中单击按钮，确认按钮被按下，在距离:下拉列表中输入值 5.0，并按 Enter 键，在绘图区空白区域单击。

（4）单击“拉伸”命令条中的完成按钮，单击取消按钮，完成拉伸特征 2 的创建。

图 34.10.7　拉伸特征 2

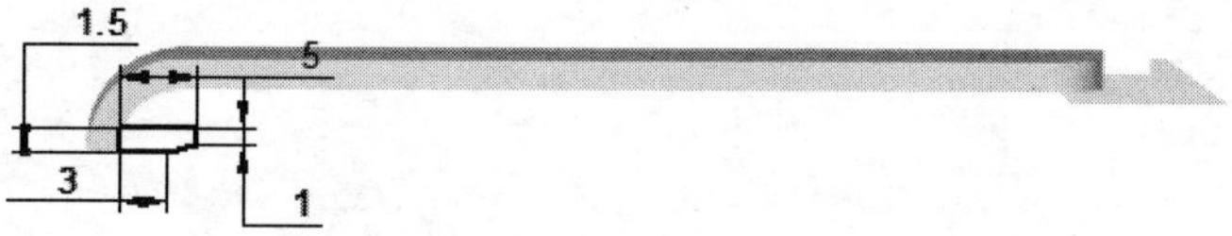

图 34.10.8　截面草图

Step7. 创建图 34.10.9 所示的偏移曲面 1。

（1）选择命令。在曲面区域中单击偏移按钮。

（2）定义偏移曲面。在绘图区域选取图 34.10.9 所示的面为要偏移的曲面，单击右键。

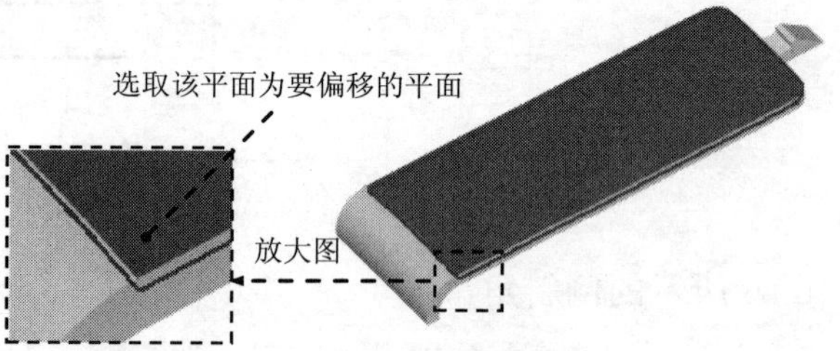

图 34.10.9　偏移曲面 1

（3）定义偏移距离。在“偏移”命令条的距离:文本框中输入值 0.5，按 Enter 键。

（4）定义偏移方向。偏移方向朝实体的内侧。

（5）单击完成按钮，单击取消按钮，完成偏移曲面 1 的创建。

Step8. 创建图 34.10.10 所示的平面 4。

（1）选择命令。在平面区域中单击按钮，选择平行选项。

（2）定义基准面的参考实体。选取图 34.10.11 所示的模型表面作为参考实体。

图 34.10.10　平面 4

图 34.10.11　定义参考面的参考实体

（3）定义偏移距离及方向。在距离:下拉列表中输入偏移距离值 7，偏移方向可参考图

34.10.10 所示。

（4）在绘图区域单击完成平面 4 的创建。

Step9. 创建图 34.10.12 所示的拉伸曲面 1。

（1）选择命令。单击 曲面 区域中的按钮。

（2）定义特征的截面草图。选取平面 4 作为草图基准面，进入草绘环境，绘制图 34.10.13 所示的截面草图。

（3）定义拉伸属性。在“拉伸”命令条中单击按钮，确认与按钮未被按下，在 距离: 下拉列表中输入值 3，并按 Enter 键，拉伸方向可参考图 34.10.12 所示。

（4）单击“拉伸”命令条中的 完成 按钮，单击 取消 按钮，完成拉伸曲面 1 的创建。

Step10. 创建图 34.10.14 所示的曲面修剪 1。

图 34.10.12 拉伸曲面 1

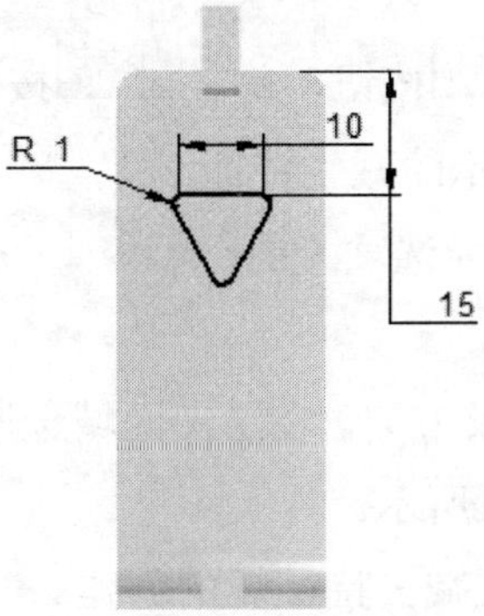

图 34.10.13 截面草图

图 34.10.14 曲面修剪 1

（1）选择命令。在 修改曲面 区域中单击按钮。

（2）选择要修剪的面。在绘图区域选取复制曲面 1 为要修剪的曲面，单击按钮。

（3）选择修剪工具。在绘图区域选取拉伸曲面 1 为修剪工具，单击按钮。

（4）定义要修剪的一侧。特征修剪方向箭头如图 34.10.15 所示，单击左键确定。

（5）单击 完成 按钮，单击 取消 按钮，完成曲面修剪 1 的创建。

说明：为了选取要修剪的面的方便，可先将实体隐藏。

Step11. 创建图 34.10.16 所示的曲面修剪 2。

（1）选择命令。在 修改曲面 区域中单击按钮。

（2）选择要修剪的面。在绘图区域选取拉伸曲面 1 为要修剪的曲面，单击按钮。

（3）选择修剪工具。在绘图区域选取曲面修剪 1 为修剪工具，单击按钮。

（4）定义要修剪的一侧。特征修剪方向箭头如图 34.10.17 所示，单击左键确定。

（5）单击 完成 按钮，单击 取消 按钮，完成曲面修剪 2 的创建。

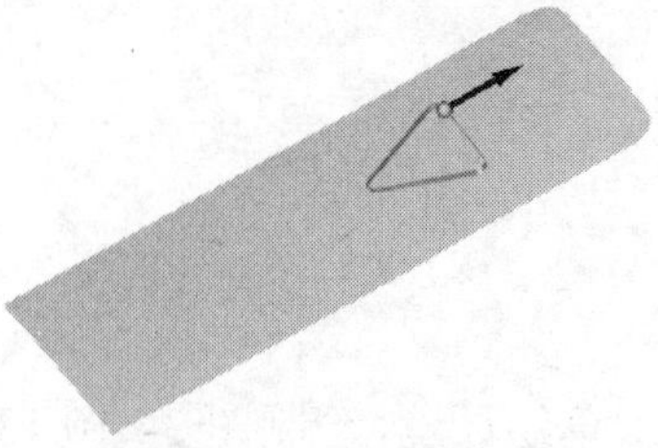

图 34.10.15　修剪方向

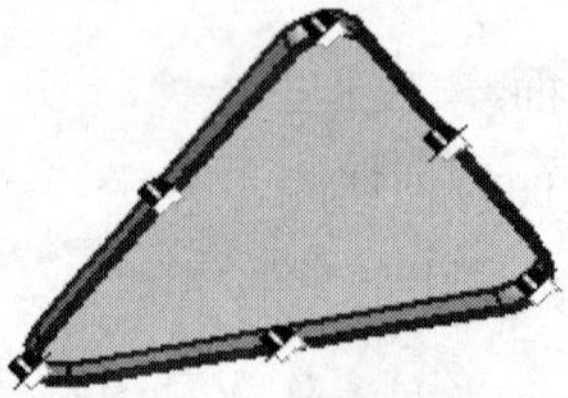

图 34.10.16　曲面修剪 2

图 34.10.17　修剪方向

Step12. 创建缝合曲面 1。

（1）选择命令。在 修改曲面 区域中单击 缝合 按钮，系统弹出“缝合曲面选项”对话框，在该对话框中取消选中 □ 修复已缝合的表面(E)，单击 确定 按钮。

（2）选择要缝合的曲面。在绘图区域选取曲面修剪 1 与曲面修剪 2 为要缝合的曲面，单击✓按钮。

（3）单击✓按钮，单击 完成 按钮，单击 取消 按钮，完成缝合曲面 1 的创建。

Step13. 创建图 34.10.18 所示的减去特征 2。

（1）选择命令。在 主页 功能选项卡的 实体 区域中单击 后的 。单击“减去”按钮 减去 。

（2）定义布尔运算的工具及方向。在绘图区域选取图 34.10.19 所示的曲面为布尔运算的工具，减去方向如图 34.10.19 所示。

（3）单击 完成 按钮。完成减去特征 2 的创建。

Step14. 创建图 34.10.20 所示的拔模特征 1。

（1）选择命令。在 实体 区域中单击 按钮。

（2）定义拔模类型。单击 按钮，系统弹出“拔模选项”对话框，选择拔模类型为 ⊙ 从平面(F)，选中 ☑ 分割拔模(R) 复选框，单击 确定 按钮，完成拔模类型的设置。

（3）定义参考面。在系统的提示下，选取平面 4 为拔模参考面。

（4）定义拔模面。在系统的提示下，选取图 34.10.20 所示的模型表面为需要拔模的面。

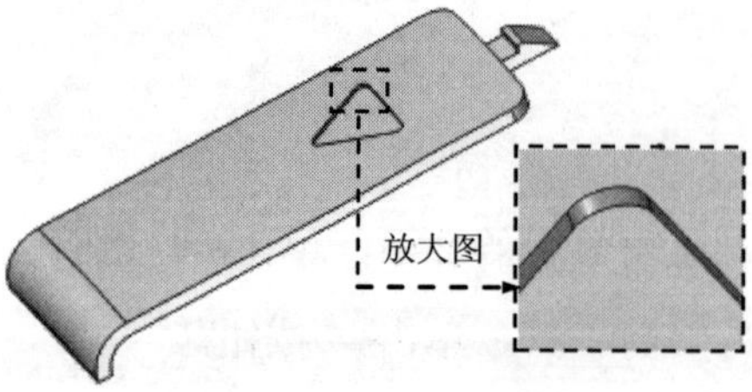

图 34.10.18　减去特征 2

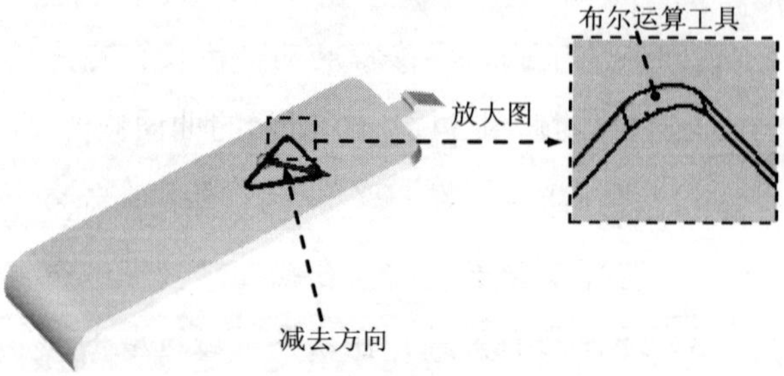

图 34.10.19　定义布尔运算工具及方向

（5）定义拔模属性。在“拔模”命令条的拔模角度文本框中输入角度值 20.0，单击鼠标右键。然后单击 下一步 按钮。

（6）定义拔模方向。移动鼠标将拔模方向调整至图 34.10.21 所示的位置后单击。

（7）单击“拔模”命令条中的完成按钮，单击取消按钮。

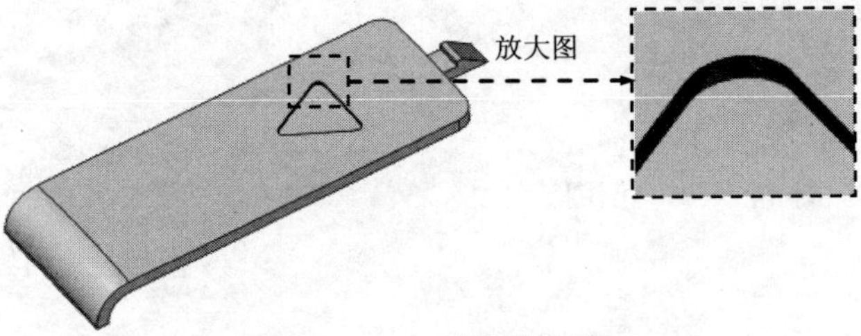

图 34.10.20　需拔模的面

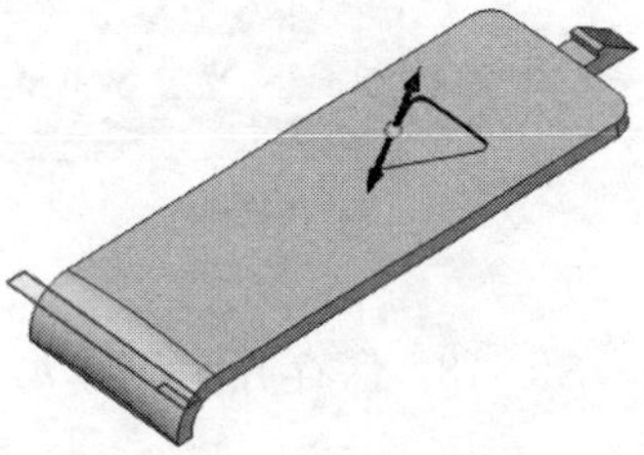
图 34.10.21　定义拔模方向

Step15. 创建图 34.10.22 所示的拉伸特征 3。

（1）选择命令。在实体区域中单击按钮。

（2）定义特征的截面草图。选取平面 4 作为草图平面，进入草绘环境，绘制图 34.10.23 所示的截面草图，单击按钮。

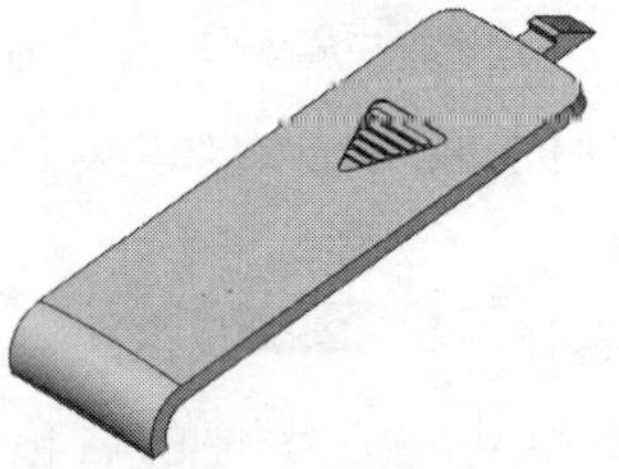
图 34.10.22　拉伸特征 3

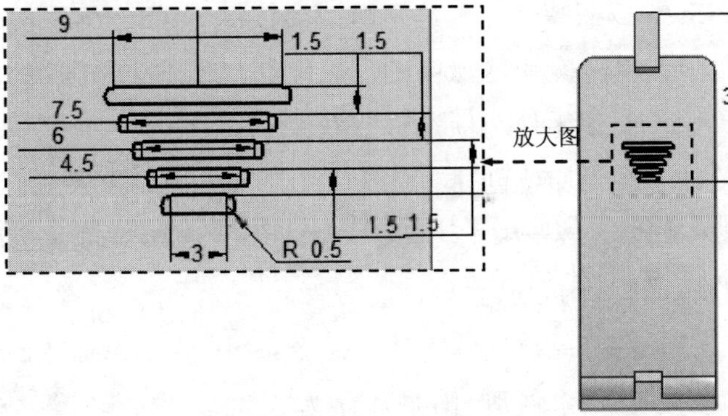

图 34.10.23　截面草图

（3）定义拉伸属性。在“拉伸”命令条中单击按钮，确认与按钮未被按下，单击“穿过下一个”按钮，拉伸方向沿 Z 轴负方向。

（4）单击“拉伸”命令条中的完成按钮，单击取消按钮，完成拉伸特征 3 的创建。

Step16. 创建图 34.10.24b 所示的倒圆特征 1。选取图 34.10.24a 所示的边线为要倒圆的对象，圆角半径值为 0.2。

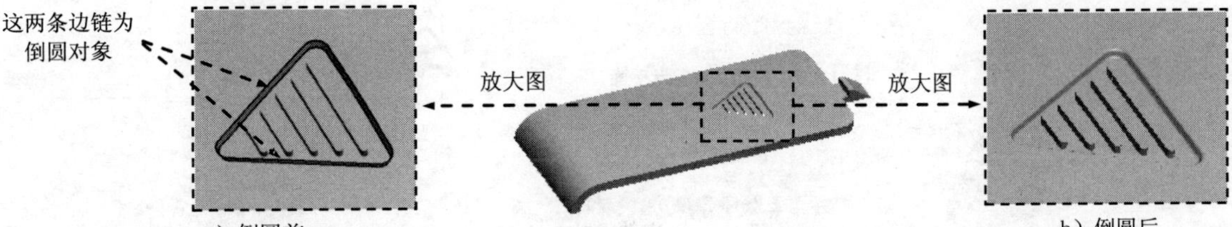

a）倒圆前　　b）倒圆后

图 34.10.24　倒圆特征 1

Step17. 创建图 34.10.25b 所示的倒圆特征 2。选取图 34.10.25a 所示的边线为要倒圆的对象，圆角半径值为 0.1。

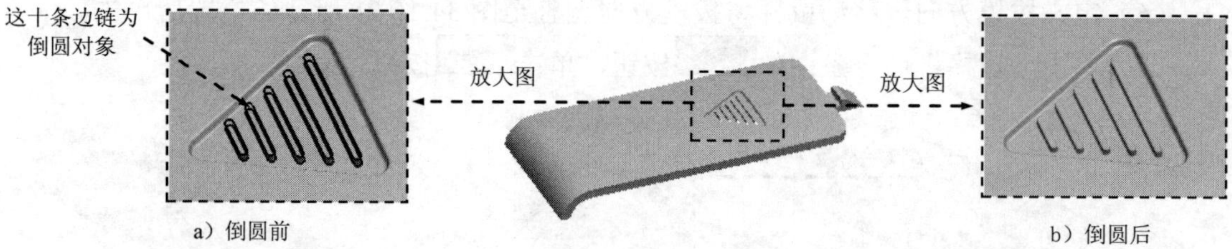

a）倒圆前　　　b）倒圆后

图 34.10.25　倒圆特征 2

Step18. 保存并关闭模型文件。

34.11　创建遥控器按键 1

下面讲解遥控器按键 1（KEYSTOKE01.PAR）的创建过程，零件模型及路径查找器如图 34.11.1 所示。

Step1. 在装配体中建立遥控器按键 1（KEYSTOKE01）。

（1）单击 装配 区域中的“原位创建零件”按钮。系统弹出“原位创建零件”命令条与“原位创建零件选项”对话框。

（2）在“原位创建零件选项”对话框的 放置原点 区域选中 ⊙ 与装配原点重合(C) 单选项，在 原位创建 区域选中 ⊙ 创建部件并原位编辑(E) 单选项，然后单击“原位创建零件选项”对话框中的 确定 按钮。

（3）在“原位创建零件”命令条 模板(T): 区域的下拉列表中选择 gb part.par 选项，单击按钮，系统弹出“另存为”对话框，在 文件名(N): 文本框中输入零件的名称为 KEYSTOKE01，单击 保存(S) 按钮。

（4）单击 主页 功能选项卡 剪贴板 区域中后的小三角，选择 零件间复制 命令，系统弹出“零件间复制”命令条，在绘图区域选取“TOP_COVER”零件为参考零件，在选择后的下拉列表中选择 面 选项，在绘图区域选取图 34.11.2 所示的曲面。单击按钮，单击 完成 按钮，单击 取消 按钮，完成“零件间复制 1”的操作。

说明： 图 34.11.2 所示的曲面为“TOP_COVER”零件的内表面。

图 34.11.1　零件模型及路径查找器

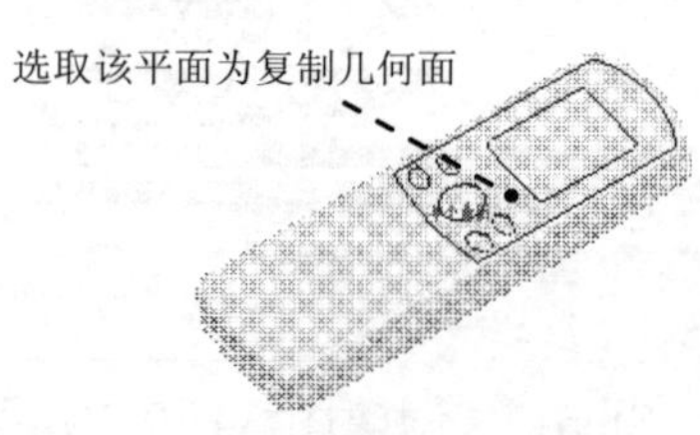

图 34.11.2　选取复制几何面

（5）单击按钮。

Step2. 选择下拉菜单 → 保存 命令，在路径查找器中选中 KEYSTOKE01.par:1 后，右击选择 打开 命令。

Step3. 创建图 34.11.3 所示的拉伸特征 1。

（1）选择命令。在 实体 区域中单击按钮。

（2）定义特征的截面草图。选取图 34.11.3 所示的面作为草图平面，进入草绘环境。绘制图 34.11.4 所示的截面草图，单击按钮。

（3）定义拉伸属性。在“拉伸”命令条中单击按钮，确认与按钮未被按下，在 距离: 下拉列表中输入值 2.5，并按 Enter 键，拉伸方向沿 Z 轴负方向。

（4）单击“拉伸”命令条中的 完成 按钮，单击 取消 按钮，完成拉伸特征 1 的创建。

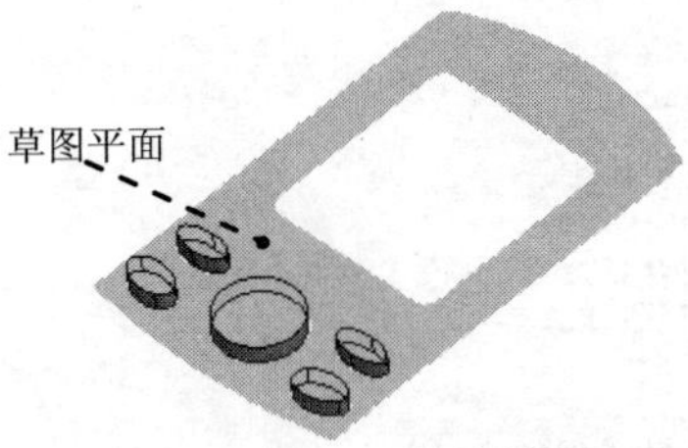

图 34.11.3　拉伸特征 1

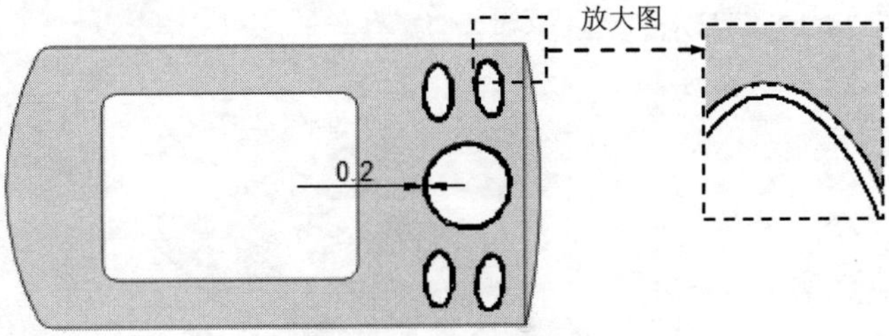

图 34.11.4　截面草图

Step4. 创建图 34.11.5 所示的拉伸特征 2。

（1）选择命令。在 实体 区域中单击按钮。

（2）定义特征的截面草图。选取图 34.11.5 所示的面作为草图平面，进入草绘环境。绘制图 34.11.6 所示的截面草图，单击按钮。

（3）定义拉伸属性。在“拉伸”命令条中单击按钮，确认与按钮未被按下，在 距离: 下拉列表中输入值 1.0，并按 Enter 键，拉伸方向沿 Z 轴正方向。

（4）单击“拉伸”命令条中的 完成 按钮，单击 取消 按钮，完成拉伸特征 2 的创建。

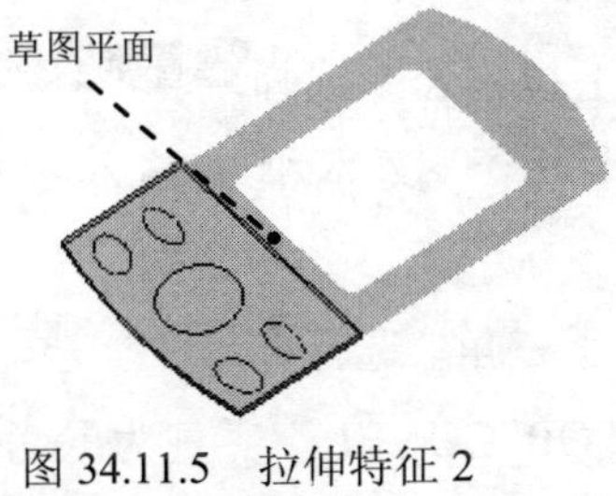

图 34.11.5　拉伸特征 2

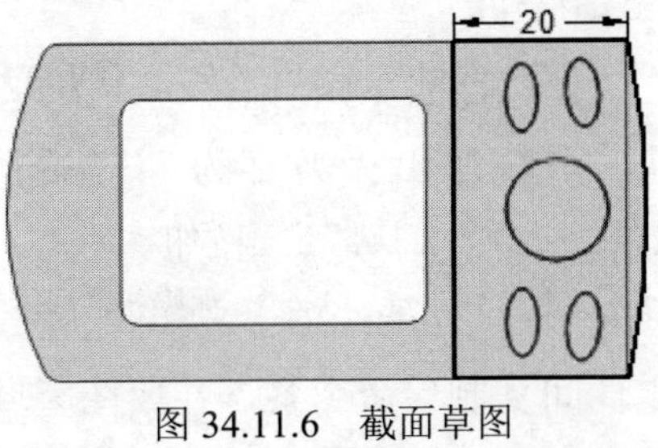

图 34.11.6　截面草图

Step5. 创建图 34.11.7b 所示的倒圆特征 1。选取图 34.11.7a 所示的五条边链为要倒圆的对象，圆角半径值为 0.1。

Step6. 保存并关闭模型文件。

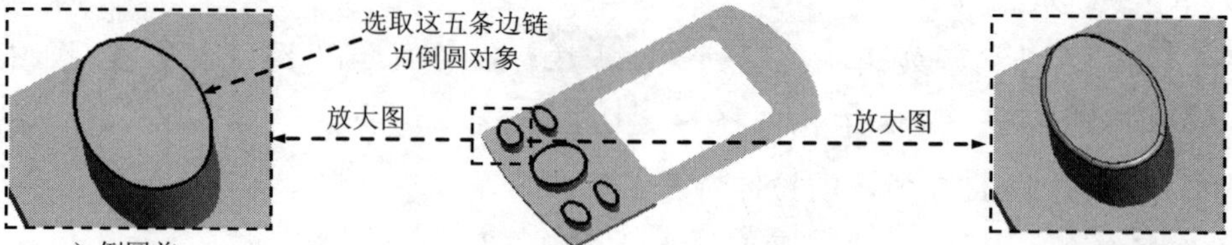

a）倒圆前　　b）倒圆后

图 34.11.7　倒圆特征 1

34.12　创建遥控器按键 2

下面讲解遥控器按键 2（KEYSTOKE02.PAR）的创建过程，零件模型及路径查找器如图 34.12.1 所示。

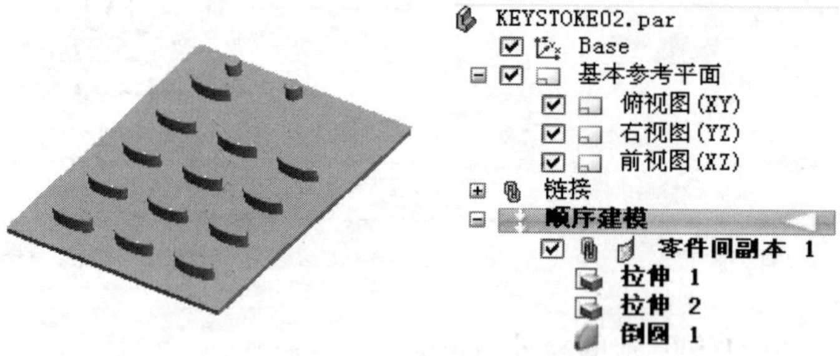

图 34.12.1　零件模型及路径查找器

Step1. 在装配体中建立遥控器按键 2（KEYSTOKE02.PAR）。

（1）单击装配区域中的“原位创建零件”按钮。系统弹出“原位创建零件”命令条与“原位创建零件选项”对话框。

（2）在“原位创建零件选项”对话框的放置原点区域选中 与装配原点重合(C) 单选项，在原位创建区域选中 创建部件并原位编辑(E) 单选项，然后单击“原位创建零件选项”对话框中的 确定 按钮。

（3）在“原位创建零件”命令条模板(T):区域的下拉列表中选择 gb part.par 选项，单击按钮，系统弹出“另存为”对话框，在文件名(N):文本框中输入零件的名称为 KEYSTOKE02，单击 保存(S) 按钮。

（4）单击 主页 功能选项卡 剪贴板 区域后的小三角，选择 零件间复制 命令，系统弹出“零件间复制”命令条，在绘图区域选取“TOP_COVER”零件为参考零件，在选择后的下拉列表中选择 面 选项，在绘图区域选取图 34.12.2 所示的曲面。单击按钮，单击 完成 按钮，单击 取消 按钮，完成“零件间复制”的操作。

说明： 图 34.12.2 所示的曲面为“TOP_COVER”零件的内表面。

（5）单击按钮。

Step2. 选择下拉菜单 → 保存 命令，在路径查找器中选中 KEYSTOKE02.par:1 后右击选择 打开 命令。

图 34.12.2　选取复制几何面

Step3. 创建图 34.12.3 所示的拉伸特征 1。

（1）选择命令。在 实体 区域中单击 按钮。

（2）定义特征的截面草图。选取图 34.12.3 所示的面作为草图平面，进入草绘环境。绘制图 34.12.4 所示的截面草图，单击 按钮。

（3）定义拉伸属性。在“拉伸”命令条中单击 按钮，确认 与 按钮未被按下，在 距离: 下拉列表中输入值 2.5，并按 Enter 键，拉伸方向沿 Z 轴负方向。

（4）单击“拉伸”命令条中的 完成 按钮，单击 取消 按钮，完成拉伸特征 1 的创建。

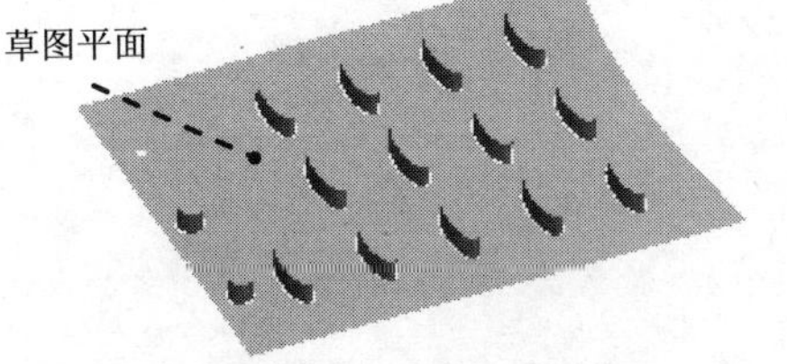

图 34.12.3　拉伸特征 1

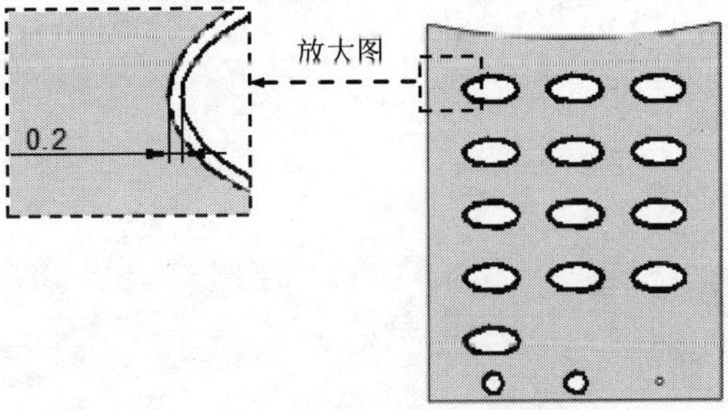

图 34.12.4　截面草图

Step4. 创建图 34.12.5 所示的拉伸特征 2。

（1）选择命令。在 实体 区域中单击 按钮。

（2）定义特征的截面草图。选取图 34.12.5 所示的面作为草图平面，进入草绘环境。绘制图 34.12.6 所示的截面草图，单击 按钮。

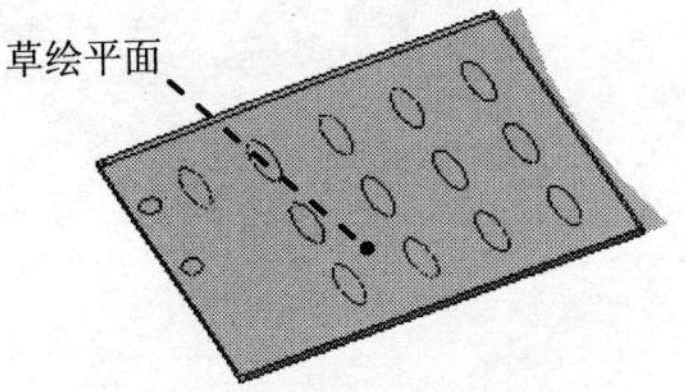

图 34.12.5　拉伸特征 2

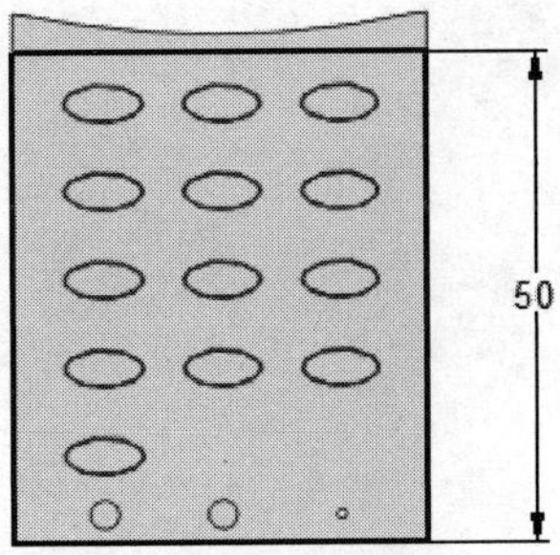

图 34.12.6　截面草图

（3）定义拉伸属性。在“拉伸”命令条中单击按钮，确认与按钮未被按下，在距离:下拉列表中输入值 1.0，并按 Enter 键，拉伸方向沿 Z 轴正方向。

（4）单击“拉伸”命令条中的完成按钮，单击取消按钮，完成拉伸特征 2 的创建。

Step5. 创建图 34.12.7b 所示的倒圆特征 1。选取图 34.12.7a 所示的十五条边线为要倒圆的对象，圆角半径值为 0.2。

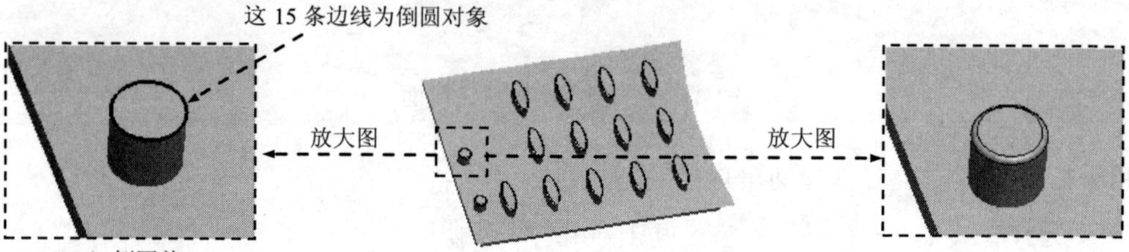

a）倒圆前　　b）倒圆后

图 34.12.7　倒圆特征 1

Step6. 保存并关闭模型文件，然后将总装配文件保存。